计算力学前沿丛书

力学分析中的对称性和守恒律

邱志平 姜 南 著

科学出版社

北 京

内 容 简 介

本书以力学分析中的对称性和守恒律为中心，从基本概念出发，结合实际应用，系统地、深入浅出地介绍了对称性和守恒律的主要内容。本书首先由变分原理和 Euler-Lagrange 方程引出对称性和守恒律中常用的微分算子，作为后续分析的预备知识。后续内容主要分为三部分：第一部分详细介绍了微分方程（组）中 Lie 对称、Noether 守恒律和 Ibragimov 守恒律的基本知识；第二部分是第一部分的推广，研究了扰动微分方程(组)的近似 Lie 对称性、近似 Noether 守恒律和近似 Ibragimov 守恒律，此外还简要介绍了势对称和近似势对称；第三部分通过大量应用实例，介绍了对称性和守恒律在弹性力学、流体力学、一般力学和数学物理方程等领域中的应用。

本书读者对象为高年级本科生、研究生、高等学校教师及数学、力学工作者，也可作为对称性和守恒律研究人员的入门书籍或参考书。

图书在版编目（CIP）数据

力学分析中的对称性和守恒律/邱志平，姜南著. —北京：科学出版社，2022.12

(计算力学前沿丛书)

ISBN 978-7-03-074264-3

I.①力… II.①邱… ②姜… III.①力学-研究 IV.①O3

中国版本图书馆 CIP 数据核字（2022）第 237841 号

责任编辑：赵敬伟 赵 颖 / 责任校对：杨聪敏
责任印制：吴兆东 / 封面设计：无极书装

科 学 出 版 社 出版
北京东黄城根北街 16 号
邮政编码：100717
http://www.sciencep.com

北京虎彩文化传播有限公司 印刷
科学出版社发行 各地新华书店经销

*

2022 年 12 月第 一 版 开本：720×1000 B5
2023 年 10 月第二次印刷 印张：29
字数：585 000

定价：**228.00 元**
（如有印装质量问题，我社负责调换）

编 委 会

丛 书 序

　　力学是工程科学的基础,是连接基础科学与工程技术的桥梁。钱学森先生曾指出,"今日的力学要充分利用计算机和现代计算技术去回答一切宏观的实际科学技术问题,计算方法非常重要"。计算力学正是根据力学基本理论,研究工程结构与产品及其制造过程分析、模拟、评价、优化和智能化的数值模型与算法,并利用计算机数值模拟技术和软件解决实际工程中力学问题的一门学科。它横贯力学的各个分支,不断扩大各个领域中力学的研究和应用范围,在解决新的前沿科学与技术问题以及与其他学科交叉渗透中不断完善和拓展其理论和方法体系,成为力学学科最具活力的一个分支。当前,计算力学已成为现代科学研究的重要手段之一,在计算机辅助工程(CAE)中占据核心地位,也是航空、航天、船舶、汽车、高铁、机械、土木、化工、能源、生物医学等工程领域不可或缺的重要工具,在科学技术和国民经济发展中发挥了日益重要的作用。

　　计算力学是在力学基本理论和重大工程需求的驱动下发展起来的。20 世纪60 年代,计算机的出现促使力学工作者开始重视和发展数值计算这一与理论分析和实验并列的科学研究手段。在航空航天结构分析需求的强劲推动下,一批学者提出了有限元法的基本思想和方法。此后,有限元法短期内迅速得到了发展,模拟对象从最初的线性静力学分析拓展到非线性分析、动力学分析、流体力学分析等,也涌现了一批通用的有限元分析大型程序系统和可不断扩展的集成分析平台,在工业领域得到了广泛应用。时至今日,计算力学理论和方法仍在持续发展和完善中,研究对象已从结构系统拓展到多相介质和多物理场耦合系统,从连续介质力学行为拓展到损伤、破坏、颗粒流动等宏微观非连续行为,从确定性系统拓展到不确定性系统,从单一尺度分析拓展到时空多尺度分析。计算力学还出现了进一步与信息技术、计算数学、计算物理等学科交叉和融合的趋势。例如,数据驱动、数字孪生、人工智能等新兴技术为计算力学研究提供了新的机遇。

　　中国一直是计算力学研究最为活跃的国家之一。我国计算力学的发展可以追溯到近 60 年前。冯康先生 20 世纪 60 年代就提出"基于变分原理的差分格式",被国际学术界公认为中国独立发展有限元法的标志。早在 20 世纪 70 年代,我国计算力学的奠基人钱令希院士就致力于创建计算力学学科,倡导研究优化设计理论与方法,引领了中国计算力学走向国际舞台。我国学者在计算力学理论、方法和工程应用研究中都做出了贡献,其中包括有限元构造及其数学基础、结构力学与最优控制的相互模拟理论、结构拓扑优化基本理论等方向的先驱性工作。进入 21 世纪以来，我国计算力学研究队伍不断扩大，取得了一批有重要学术影响的研究成果，也为解决我国载人航天、高速列车、深海开发、核电装备等一批重大工程中的力学问题做出了突出贡献。

"计算力学前沿丛书"集中展现了我国计算力学领域若干重要方向的研究成果，广泛涉及计算力学研究热点和前瞻性方向。系列专著所涉及的研究领域，既包括计算力学基本理论体系和基础性数值方法，也包括面向力学与相关领域新的问题所发展的数学模型、高性能算法及其应用。例如，丛书纳入了我国计算力学学者关于 Hamilton 系统辛数学理论和保辛算法、周期材料和周期结构等效性能的高效数值预测、力学分析中对称性和守恒律、工程结构可靠性分析与风险优化设计、不确定性结构鲁棒性与非概率可靠性优化、结构随机振动与可靠度分析、动力学常微分方程高精度高效率时间积分、多尺度分析与优化设计等基本理论和方法的创新性成果，以及声学和声振问题的边界元法、计算颗粒材料力学、近场动力学方法、全速域计算空气动力学方法等面向特色研究对象的计算方法研究成果。丛书作者结合严谨的理论推导、新颖的算法构造和翔实的应用案例对各自专题进行了深入阐述。

本套丛书的出版，将为传播我国计算力学学者的学术思想、推广创新性的研究成果起到积极作用，也有助于加强计算力学向其他基础科学与工程技术前沿研究方向的交叉和渗透。丛书可为我国力学、计算数学、计算物理等相关领域的教学、科研提供参考，对于航空、航天、船舶、汽车、机械、土木、能源、化工等工程技术研究与开发的人员也将具有很好的借鉴价值。

"计算力学前沿丛书"从发起、策划到编著，是在一批计算力学同行的响应和支持下进行的。没有他们的大力支持，丛书面世是不可能的。同时，丛书的出版承蒙科学出版社全力支持。在此，对支持丛书编著和出版的全体同仁及编审人员表示深切谢意。

感谢大连理工大学工业装备结构分析优化与 CAE 软件全国重点实验室对"计算力学前沿丛书"出版的资助。

钟万勰   程耿东

2022 年 6 月

前　言

　　自然界中的运动千变万化，但都会从某些方面呈现出各式各样的对称性，同时又通过对称性反映运动变化的特点。这里的对称性是人们在观察和认识自然的过程中所形成的一种观念。它最早是几何学上的一个概念，其实就是某种不变性。在实际中，人们对某一规律的认识，更多的是先认识其中所包含的对称性，并且对这些对称性的认识往往在进一步认识物理规律中起着重要作用。在力学中，对称性有着深刻含义，它指的是物理规律在某种变化中的不变性。比如，力学规律在匀速坐标系下的不变性，即伽利略变换下的不变性，是牛顿力学的基础之一。

　　现实世界中的许多物理现象都可以用微分方程 (组) 描述。建立与求解能够反映物理现象的微分方程 (组)，应用对称性探索物理现象背后的一般规律，是人们不懈的追求。微分方程 (组) 如何建立？如何求解？规律如何寻找？这是人们在科学、工程探索中面临的重要问题。

　　守恒律是自然界的基本定律，力学中的守恒律指一个孤立系统的某个可测量属性不随特定变量变化。例如，质点系的能量守恒指系统总能量不随时间变化；质点系的动量守恒指系统总动量不随质点空间位置变化。守恒律有整体守恒律、局部守恒律，确定守恒律、近似守恒律等分类。例如，质量守恒在经典力学中是一个"确定"守恒律，数学上可以"整体"表示为总质量 (密度函数的积分) 不变，也可以"局部"表示为偏微分方程组 (连续性方程)；量子力学中质量守恒则是一个"近似"守恒律。

　　对称性和守恒律密切相关，其联系由数学家 Noether 首先建立，并为守恒律的求解提供了系统的方法。Noether 定理指出，作用量的每一种对称性都对应一个守恒律。在力学中，对称性和守恒律是密不可分的。数学家和力学家已经证明，存在运动规律的某种对称性就必然相应存在一个守恒律，这是一个普遍的数学和力学原理。例如，对质点运动方程的时间坐标进行平移变换，发现方程形式不变，以此给出能量守恒。对称性和守恒律的联系进一步促进了势对称等其他对称理论、Ibragimov 守恒律等其他守恒定律的建立与发展。

　　对称性理论给出了线性/非线性微分方程 (组) 求解的系统方法，守恒律理论给出了寻找物理系统潜在规律的系统方法。揭示力学系统所具有的各种对称性，探寻对应的守恒律，或者反过来用守恒律寻求力学系统所具有的对称性，已成为当代学者研究的热点问题。国外对对称性和守恒律已经进行了长期、深入的研究，相关书籍数量繁多，难易层次分明；国内关于对称性和守恒律方面的书籍较少，导致初学者入门较困难，不利于对称性和守恒律研究的开展与推广。

基于上述背景，本书以力学分析中的对称性和守恒律为中心，从基本概念出发，结合实际应用，系统整理了微分方程对称性和守恒律的主要内容，从整体上把握对称性和守恒律的框架，是一部理论与应用并重的著作，为推动国内对称性和守恒律的研究工作贡献自己的力量。本书文笔简练，用词准确，朴实无华，证明、推导详细易懂，实例丰富，不仅梳理了大量中外文献，而且对许多定理的证明进行补充，对部分复杂的证明进行简化，增加了若干力学分析中对称性和守恒律求解实例，适合作为工程技术人员、研究人员关于对称性和守恒律的入门书籍。

本书共 13 章。第 1 章由变分原理和泛函的概念引入，将泛函驻立值问题转化为微分方程问题，导出 Euler-Lagrange 方程，从而引出对称性和守恒律中常用的微分算子，作为后续对称性和守恒律分析的预备知识。主体内容为三部分：第 2~5 章为第一部分，介绍了确定性微分方程 (组) 的对称性和守恒律的主要内容，包括 Lie 对称、Noether 守恒律和 Ibragimov 守恒律，其中 Lie 对称分析分为常微分方程和偏微分方程组两种情形，分别详细介绍；第 6~9 章为第二部分，将第一部分内容扩展到扰动微分方程 (组) 的情形，依次介绍了近似 Lie 对称、近似 Noether 守恒律和近似 Ibragimov 守恒律，此外还简要介绍了势对称和近似势对称；第 10~13 章为第三部分，是对前面内容的应用与扩展，将对称性和守恒律理论应用于弹性力学、流体力学、一般力学中的常见微分方程以及热传导方程、波动方程等典型数学物理方程中。

书稿的编写参考借鉴了 Lie、Noether、Ibragimov、Olver、Baikov、Bluman、Kara、孙博华、施伟辰等前人的工作，对上述作者及其他参考文献作者表示感谢。课题组各位研究生参与了书稿的编写和整理工作，其中仵涵同学完成了大量的推导工作，张泽晟、刘东亮、夏海军、祝博、唐海峻、马铭、琚承宜和邱宇同学参与了部分内容的整理，赵旺、唐依婷、张博文和谢冯启同学参与了校审工作。科学出版社对本书的出版给予了很大支持。在此一并表示衷心的感谢！

由于作者水平有限，书中不妥之处在所难免，请广大读者予以批评指正。

作　者

2022 年 10 月

目 录

第 1 章　变分原理、Euler-Lagrange 方程与微分算子

本章由变分原理和泛函的概念引入，将泛函驻立值问题转化为微分方程问题，导出 Euler-Lagrange 方程，从而引出对称性和守恒律中常用的微分算子，作为后续对称性和守恒律分析的预备知识。

1.1　变分原理与泛函

变分原理是力学分析中重要的数学工具之一，能量法、有限元法、加权残值法等力学方法都是以变分原理为数学基础的。变分原理以变分形式表示物理定律，即在满足一定约束条件的所有可能的物体运动状态中，真实的运动状态使某物理量 (如势能泛函) 取极值或驻立值 [1-5]。变分问题可以等价地转换为微分方程问题，即物理问题可以有变分原理和微分方程两种等价的表示方法 [2]。

变分法的早期思想源于 Johann Bernoulli 在 1696 年以公开信的方式提出的最速降线命题，并于 1697 年得以解决。关于变分法的一般理论，是 Euler 于 1774 年、Lagrange 于 1762 年共同奠基的，称为 Euler-Lagrange 变分原理。1872 年 Betti 提出了功的互等定理。1876 年意大利学者 Castigliano 提出了最小功原理。德国学者 Hellinger 于 1914 年发表了有关不完全广义变分原理的论文 [6]，后来美国学者 Reissner 发表了与 Hellinger 相类似的工作 [7]，此工作被称为 Hellinger-Reissner 变分原理。我国学者钱令希于 1950 年发表《余能理论》论文 [8]。胡海昌于 1954 年发表了有关广义变分原理的论文 [9]，日本学者鹫津久一郎 (Washizu) 于 1955 年发表了与胡海昌相类似的工作 [10]，此工作被称为胡–鹫变分原理。1956 年 Biot 建立了热弹性力学变分原理 [11]。此后，钱伟长提出了用 Lagrange 乘子构造广义变分原理的方法 [12,13]。

在力学分析中，变分原理之所以非常重要，至少有三方面的因素：物理学中存在 Lagrange 极小值原理；许多物理问题的域内平衡微分方程和自然边界条件可以直接从变分原理导出；从变分原理出发，可以用简单的方式推导有限元等数值计算方法，也可以用变分原理直接计算许多问题的数值解 [1]。

变分原理是求解泛函驻立值的原理，**泛函**可以理解为函数的函数。函数是变量与变量之间的关系，泛函则是变量与函数之间的关系。在应用变分原理时，求

泛函的一阶变分和二阶变分是最基本的两个变分运算。

1.2 　Euler-Lagrange 方程

力学涉及的泛函极值问题中，许多泛函都能用积分表达 [2]。从这类泛函极值问题出发，可以导出平衡方程 (Euler-Lagrange 方程)、边界条件、几何方程及本构方程等。本节介绍如何将泛函驻立值问题转化为微分方程问题。

1.2.1 　一阶泛函的驻立值问题

1.2.1.1 　单自变量–单因变量

首先考虑单自变量–单因变量情形。

一阶泛函的驻立值问题如下 [2]：

在自变量 x 的区间 $a \leqslant x \leqslant b$ 内，确定因变量 $u(x)$，使其满足边界条件

$$u(a) = \alpha, \quad u(b) = \beta \tag{1.1}$$

并使泛函

$$S = \int_a^b \mathcal{L}(x, u, u')\, \mathrm{d}x \tag{1.2}$$

取极值。

根据变分运算法则，对式 (1.2) 两边求变分 [2]

$$\delta S = \delta \int_a^b \mathcal{L}(x, u, u')\, \mathrm{d}x \tag{1.3}$$

式 (1.3) 右边转化为

$$\delta \int_a^b \mathcal{L}(x, u, u')\, \mathrm{d}x = \int_a^b \delta \mathcal{L}(x, u, u')\, \mathrm{d}x = \int_a^b \left(\frac{\partial \mathcal{L}}{\partial u} \delta u + \frac{\partial \mathcal{L}}{\partial u'} \delta u' \right) \mathrm{d}x \tag{1.4}$$

式 (1.4) 右边第二项根据变分运算性质，有

$$\delta u' = (\delta u)' \tag{1.5}$$

因此式 (1.4) 进一步写为

$$\delta \int_a^b \mathcal{L}(x, u, u')\, \mathrm{d}x = \int_a^b \left[\frac{\partial \mathcal{L}}{\partial u} \delta u + \frac{\partial \mathcal{L}}{\partial u'} (\delta u)' \right] \mathrm{d}x \tag{1.6}$$

对式 (1.6) 右边第二项分部积分，得到

$$\delta \int_a^b \mathcal{L}(x, u, u') \, \mathrm{d}x = \int_a^b \left[\frac{\partial \mathcal{L}}{\partial u} - \frac{\mathrm{d}}{\mathrm{d}x} \left(\frac{\partial \mathcal{L}}{\partial u'} \right) \right] \delta u \mathrm{d}x + \frac{\partial \mathcal{L}}{\partial u'} \delta u \bigg|_a^b \quad (1.7)$$

式 (1.7) 右边第二项根据边界条件等于零，d/dx 表示对 x 的全微分，根据复合函数求导的链式法则，任意函数 $G(x, u, u')$ 对 x 的全微分的具体表达式为

$$\frac{\mathrm{d}}{\mathrm{d}x} G(x, u, u') = \frac{\partial G}{\partial x} + u' \frac{\partial G}{\partial u} \quad (1.8)$$

由 δu 任意性知式 (1.7) 右边第一项被积函数恒等于零，即

$$\frac{\partial \mathcal{L}}{\partial u} - \frac{\mathrm{d}}{\mathrm{d}x} \left(\frac{\partial \mathcal{L}}{\partial u'} \right) = 0 \quad (1.9)$$

式 (1.9) 称为 **Euler-Lagrange 方程**，函数 $\mathcal{L}(x, u, u')$ 称为方程的 **Lagrange 函数**。

1.2.1.2 多自变量–多因变量

下面将单自变量–单因变量情形推广至多自变量–多因变量情形。

此时一阶泛函的驻立值问题为：

在自变量 $\boldsymbol{x} = (x^1, \cdots, x^n)$ 的集合 $\boldsymbol{x} \in V$ 内，确定因变量 $\boldsymbol{u}(\boldsymbol{x}) = (u^1(\boldsymbol{x}), \cdots, u^m(\boldsymbol{x}))$，使其满足边界条件

$$\boldsymbol{u}|_{x \in \partial V} = \overline{\boldsymbol{u}} \quad (1.10)$$

其中 ∂V 表示 V 的边界，并使泛函

$$S = \int_V \mathcal{L}\left(\boldsymbol{x}, \boldsymbol{u}, \boldsymbol{u}_{(1)} \right) \mathrm{d}x \quad (1.11)$$

取极值。式 (1.11) 中 $\boldsymbol{u}_{(1)}$ 表示 $\boldsymbol{u}$ 的一阶偏导的全体。

为便于表示，引入如下记法：第 i 个自变量记为 x^i，第 j 个因变量记为 u^j，第 j 个因变量对第 i 个自变量的偏导记为 u_i^j；乘积式子中使用求和约定，例如

$$x^i u_i^j = \sum_{i=1}^n x^i u_i^j, \quad \frac{\partial \mathcal{L}}{\partial u^\alpha} \delta u^\alpha = \sum_{\alpha=1}^m \frac{\partial \mathcal{L}}{\partial u^\alpha} \delta u^\alpha \text{。}$$

同样，对式 (1.11) 求变分

$$\delta S = \delta \int_V \mathcal{L}\left(\boldsymbol{x}, \boldsymbol{u}, \boldsymbol{u}_{(1)} \right) \mathrm{d}x = \int_V \delta \mathcal{L}\left(\boldsymbol{x}, \boldsymbol{u}, \boldsymbol{u}_{(1)} \right) \mathrm{d}x \quad (1.12)$$

其中

$$\delta\mathcal{L}\left(\boldsymbol{x},\boldsymbol{u},\boldsymbol{u}_{(1)}\right)=\frac{\partial\mathcal{L}}{\partial u^{\alpha}}\delta u^{\alpha}+\frac{\partial\mathcal{L}}{\partial u_{i}^{\alpha}}\delta u_{i}^{\alpha} \tag{1.13}$$

根据变分性质，$\delta u_{i}^{\alpha}=\left(\delta u^{\alpha}\right)_{i}$，因此式 (1.13) 化为

$$\delta\mathcal{L}\left(\boldsymbol{x},\boldsymbol{u},\boldsymbol{u}_{(1)}\right)=\frac{\partial\mathcal{L}}{\partial u^{\alpha}}\delta u^{\alpha}+\frac{\partial\mathcal{L}}{\partial u_{i}^{\alpha}}\left(\delta u^{\alpha}\right)_{i} \tag{1.14}$$

将式 (1.14) 代入式 (1.12)，得到

$$\delta S=\int_{V}\left[\frac{\partial\mathcal{L}}{\partial u^{\alpha}}\delta u^{\alpha}+\frac{\partial\mathcal{L}}{\partial u_{i}^{\alpha}}\left(\delta u^{\alpha}\right)_{i}\right]\mathrm{d}x \tag{1.15}$$

对式 (1.15) 右边第二项分部积分，得到

$$\delta S=\int_{V}\left[\frac{\partial\mathcal{L}}{\partial u^{\alpha}}-\frac{\mathrm{d}}{\mathrm{d}x^{i}}\left(\frac{\partial\mathcal{L}}{\partial u_{i}^{\alpha}}\right)\right]\delta u^{\alpha}\mathrm{d}x+\int_{\partial V}\frac{\partial\mathcal{L}}{\partial u_{i}^{\alpha}}\delta u^{\alpha}\mathrm{d}x \tag{1.16}$$

由边界条件知边界 ∂V 上 δu^{α} 为零，$\mathrm{d}/\mathrm{d}x^{i}$ 表示对 x^{i} 的全微分，根据复合函数求导的链式法则，任意函数 $G\left(\boldsymbol{x},\boldsymbol{u},\boldsymbol{u}_{(1)}\right)$ 对 x^{i} 的全微分的具体表达式为

$$\frac{\mathrm{d}}{\mathrm{d}x^{i}}G\left(\boldsymbol{x},\boldsymbol{u},\boldsymbol{u}_{(1)}\right)=\frac{\partial G}{\partial x^{i}}+\frac{\partial G}{\partial u^{\alpha}}u_{i}^{\alpha}=\frac{\partial G}{\partial x^{i}}+u_{i}^{\alpha}\frac{\partial G}{\partial u^{\alpha}} \tag{1.17}$$

由 δu^{α} 任意性知式 (1.16) 右边第一项被积函数为零，即

$$\frac{\partial\mathcal{L}}{\partial u^{\alpha}}-\frac{\mathrm{d}}{\mathrm{d}x^{i}}\left(\frac{\partial\mathcal{L}}{\partial u_{i}^{\alpha}}\right)=0,\quad\alpha=1,2,\cdots,n \tag{1.18}$$

式 (1.18) 为 **Euler-Lagrange 方程组**，注意第二项需对 i 求和。$\mathcal{L}\left(\boldsymbol{x},\boldsymbol{u},\boldsymbol{u}_{(1)}\right)$ 为该方程组的 **Lagrange 函数**。

1.2.2　高阶泛函的驻立值问题

考虑多自变量-多因变量情形下 s 阶泛函的驻立值问题：

在自变量 $\boldsymbol{x}=\left(x^{1},\cdots,x^{n}\right)$ 的集合 $\boldsymbol{x}\in V$ 内，确定因变量 $\boldsymbol{u}\left(x\right)=\left(u^{1}\left(x\right),\cdots,u^{m}\left(x\right)\right)$，使其满足边界条件

$$\boldsymbol{u}|_{x\in\partial V}=\overline{\boldsymbol{u}},\quad\boldsymbol{u}_{(i)}\big|_{x\in\partial V}=\overline{\boldsymbol{u}}_{(i)},\quad i=1,2,\cdots,s-1 \tag{1.19}$$

其中，∂V 表示 V 的边界，并使泛函

$$S=\int_{V}\mathcal{L}\left(\boldsymbol{x},\boldsymbol{u},\boldsymbol{u}_{(1)},\cdots,\boldsymbol{u}_{(s)}\right)\mathrm{d}x \tag{1.20}$$

取极值。式 (1.19) 中 $\boldsymbol{u}_{(i)}$ 表示 $\boldsymbol{u}$ 的 i 阶偏导的全体。

对式 (1.20) 求变分

$$\delta S = \delta \int_V \mathcal{L}\left(\boldsymbol{x}, \boldsymbol{u}, \boldsymbol{u}_{(1)}, \cdots, \boldsymbol{u}_{(s)}\right) \mathrm{d}x = \int_V \delta \mathcal{L}\left(\boldsymbol{x}, \boldsymbol{u}, \boldsymbol{u}_{(1)}, \cdots, \boldsymbol{u}_{(s)}\right) \mathrm{d}x \quad (1.21)$$

其中

$$\delta \mathcal{L}\left(\boldsymbol{x}, \boldsymbol{u}, \boldsymbol{u}_{(1)}, \cdots, \boldsymbol{u}_{(s)}\right) = \frac{\partial \mathcal{L}}{\partial u^\alpha} \delta u^\alpha + \frac{\partial \mathcal{L}}{\partial u^\alpha_{i_1}} \delta u^\alpha_{i_1} + \cdots + \frac{\partial \mathcal{L}}{\partial u^\alpha_{i_1 \cdots i_s}} \delta u^\alpha_{i_1 \cdots i_s} \quad (1.22)$$

根据变分性质，$\delta u^\alpha_{i_1} = (\delta u^\alpha)_{i_1}$，$\delta u^\alpha_{i_1 \cdots i_s} = \left(\delta u^\alpha_{i_1 \cdots i_{s-1}}\right)_{i_s} = \cdots = (\delta u^\alpha)_{i_1 \cdots i_s}$，因此式 (1.22) 化为

$$\delta \mathcal{L}\left(\boldsymbol{x}, \boldsymbol{u}, \boldsymbol{u}_{(1)}, \cdots, \boldsymbol{u}_{(s)}\right) = \frac{\partial \mathcal{L}}{\partial u^\alpha} \delta u^\alpha + \frac{\partial \mathcal{L}}{\partial u^\alpha_{i_1}} (\delta u^\alpha)_{i_1} + \cdots + \frac{\partial \mathcal{L}}{\partial u^\alpha_{i_1 \cdots i_s}} (\delta u^\alpha)_{i_1 \cdots i_s}$$

$$(1.23)$$

将式 (1.23) 代入式 (1.21)，得

$$\delta S = \int_V \left[\frac{\partial \mathcal{L}}{\partial u^\alpha} \delta u^\alpha + \frac{\partial \mathcal{L}}{\partial u^\alpha_{i_1}} (\delta u^\alpha)_{i_1} + \cdots + \frac{\partial \mathcal{L}}{\partial u^\alpha_{i_1 \cdots i_s}} (\delta u^\alpha)_{i_1 \cdots i_s} \right] \mathrm{d}x \quad (1.24)$$

若对 $(\delta u^\alpha)_{i_1 \cdots i_s}$ 分部积分，并利用边界条件 (1.19)，有

$$\int_V \frac{\partial \mathcal{L}}{\partial u^\alpha_{i_1 \cdots i_s}} (\delta u^\alpha)_{i_1 \cdots i_s} \, \mathrm{d}x$$

$$= \int_{\partial V} \frac{\partial \mathcal{L}}{\partial u^\alpha_{i_1 \cdots i_s}} (\delta u^\alpha)_{i_1 \cdots i_{s-1}} \, \mathrm{d}x - \int_V \frac{\mathrm{d}}{\mathrm{d}x^{i_s}} \left(\frac{\partial \mathcal{L}}{\partial u^\alpha_{i_1 \cdots i_s}} \right) (\delta u^\alpha)_{i_1 \cdots i_{s-1}} \, \mathrm{d}x$$

$$= -\int_{\partial V} \frac{\mathrm{d}}{\mathrm{d}x^{i_s}} \left(\frac{\partial \mathcal{L}}{\partial u^\alpha_{i_1 \cdots i_s}} \right) (\delta u^\alpha)_{i_1 \cdots i_{s-2}} \, \mathrm{d}x$$

$$\quad + \int_V \frac{\mathrm{d}}{\mathrm{d}x^{i_{s-1}}} \frac{\mathrm{d}}{\mathrm{d}x^{i_s}} \left(\frac{\partial \mathcal{L}}{\partial u^\alpha_{i_1 \cdots i_s}} \right) (\delta u^\alpha)_{i_1 \cdots i_{s-2}} \, \mathrm{d}x$$

$$\vdots$$

$$= \int_V (-1)^s \frac{\mathrm{d}}{\mathrm{d}x^{i_1}} \cdots \frac{\mathrm{d}}{\mathrm{d}x^{i_s}} \left(\frac{\partial \mathcal{L}}{\partial u^\alpha_{i_1 \cdots i_s}} \right) \delta u^\alpha \mathrm{d}x \quad (1.25)$$

其中 $\mathrm{d}/\mathrm{d}x^i$ 表示对 x^i 的全微分，根据复合函数求导的链式法则，任意函数 $G\left(\boldsymbol{x}, \boldsymbol{u},\right.$

$\boldsymbol{u}_{(1)}, \cdots, \boldsymbol{u}_{(s)}$) 对 x^i 的全微分的具体表达式为

$$\frac{\mathrm{d}}{\mathrm{d}x^i} G\left(\boldsymbol{x}, \boldsymbol{u}, \boldsymbol{u}_{(1)}, \cdots, \boldsymbol{u}_{(s)}\right) = \frac{\partial G}{\partial x^i} + u_i^\alpha \frac{\partial G}{\partial u^\alpha} + u_{ii_1}^\alpha \frac{\partial G}{\partial u_{i_1}^\alpha} + \cdots + u_{ii_1 \cdots i_s}^\alpha \frac{\partial G}{\partial u_{i_1 \cdots i_s}^\alpha}$$

$$(1.26)$$

依次在式 (1.25) 中取 $s = 1, 2, \cdots, s$，并代入式 (1.24)，得到

$$\delta S = \int_V \left[\frac{\partial \mathcal{L}}{\partial u^\alpha} - \frac{\mathrm{d}}{\mathrm{d}x^{i_1}} \left(\frac{\partial \mathcal{L}}{\partial u_{i_1}^\alpha} \right) + \cdots + (-1)^s \frac{\mathrm{d}}{\mathrm{d}x^{i_1}} \cdots \frac{\mathrm{d}}{\mathrm{d}x^{i_s}} \left(\frac{\partial \mathcal{L}}{\partial u_{i_1 \cdots i_s}^\alpha} \right) \right] \delta u^\alpha \mathrm{d}x$$

$$(1.27)$$

由 δu^α 任意性知被积函数为零，即

$$\frac{\partial \mathcal{L}}{\partial u^\alpha} - \frac{\mathrm{d}}{\mathrm{d}x^{i_1}} \left(\frac{\partial \mathcal{L}}{\partial u_{i_1}^\alpha} \right) + \cdots + (-1)^s \frac{\mathrm{d}}{\mathrm{d}x^{i_1}} \cdots \frac{\mathrm{d}}{\mathrm{d}x^{i_s}} \left(\frac{\partial \mathcal{L}}{\partial u_{i_1 \cdots i_s}^\alpha} \right) = 0, \quad \alpha = 1, 2, \cdots, n$$

$$(1.28)$$

式 (1.28) 为 **Euler-Lagrange 方程组**，注意第二项之后各项均需对相同指标求和。$\mathcal{L}\left(\boldsymbol{x}, \boldsymbol{u}, \boldsymbol{u}_{(1)}, \cdots, \boldsymbol{u}_{(s)}\right)$ 为该方程组的 **Lagrange 函数**。

1.3 微 分 算 子

微分算子是对函数的微分运算的抽象表述。本节介绍常用的两个微分算子——全微分算子和 Euler-Lagrange 算子。

1.3.1 全微分算子

考虑式 (1.28) 中对 x^i 的全微分，由于式 (1.26) 中每一项均为关于函数 G 的微分运算，将 G 提出，得

$$\frac{\mathrm{d}}{\mathrm{d}x^i} G\left(\boldsymbol{x}, \boldsymbol{u}, \boldsymbol{u}_{(1)}, \cdots, \boldsymbol{u}_{(s)}\right) = \left(\frac{\partial}{\partial x^i} + u_i^\alpha \frac{\partial}{\partial u^\alpha} + u_{ii_1}^\alpha \frac{\partial}{\partial u_{i_1}^\alpha} + \cdots + u_{ii_1 \cdots i_s}^\alpha \frac{\partial}{\partial u_{i_1 \cdots i_s}^\alpha} \right) G$$

$$(1.29)$$

对 G 的微分运算抽象出来，简单记为 D_i，称为**全微分算子** [14]。

定义 1.1 对变量 x^i 的全微分算子为

$$D_i = \frac{\partial}{\partial x^i} + u_i^\alpha \frac{\partial}{\partial u^\alpha} + u_{ij}^\alpha \frac{\partial}{\partial u_j^\alpha} + \cdots$$

$$= \frac{\partial}{\partial x^i} + u_i^\alpha \frac{\partial}{\partial u^\alpha} + \sum_{s=1}^{\infty} u_{ii_1 \cdots i_s}^\alpha \frac{\partial}{\partial u_{i_1 \cdots i_s}^\alpha} \tag{1.30}$$

则有

$$u_i^\alpha = D_i \left(u^\alpha \right), \quad u_{ij}^\alpha = D_i \left(u_j^\alpha \right) = D_i D_j \left(u^\alpha \right), \quad \cdots \tag{1.31}$$

u^α 也称作微分变量。

全微分算子有如下性质:

(1) 全微分算子可以交换顺序:

$$u_{ij}^\alpha = D_j \left(u_i^\alpha \right) = D_i D_j \left(u^\alpha \right) = D_i \left(u_j^\alpha \right) \tag{1.32}$$

即

$$D_i D_j = D_j D_i \tag{1.33}$$

(2) 全微分算子与散度的关系。

对于向量场 $\boldsymbol{C} = \left(C^1, C^2, \cdots, C^n \right)$, $D_i \, (i = 1, 2, \cdots, n)$ 是对变量 x^i 的全微分算子, 则向量场的散度为

$$\mathrm{div}\boldsymbol{C} = D_1 \left(C^1 \right) + D_2 \left(C^2 \right) + \cdots + D_n \left(C^n \right) = D_i \left(C^i \right) \tag{1.34}$$

利用全微分算子的定义, 式 (1.28) 重新表示为

$$\frac{\partial \mathcal{L}}{\partial u^\alpha} - D_{i_1} \frac{\partial \mathcal{L}}{\partial u_{i_1}^\alpha} + \cdots + (-1)^s D_{i_1} \cdots D_{i_s} \frac{\partial \mathcal{L}}{\partial u_{i_1 \cdots i_s}^\alpha} = 0, \quad \alpha = 1, 2, \cdots, n \tag{1.35}$$

例 1.1 若自变量为 x, y, 因变量为 u, v, 且 u, v 具有各阶偏导数, 则全微分 D_x, D_y 写作

$$D_x = \frac{\partial}{\partial x} + \left(u_x \frac{\partial}{\partial u} + v_x \frac{\partial}{\partial v} \right) + \left(u_{xx} \frac{\partial}{\partial u_x} + u_{xy} \frac{\partial}{\partial u_y} + v_{xx} \frac{\partial}{\partial v_x} + v_{xy} \frac{\partial}{\partial v_y} \right) + \cdots$$
$$D_y = \frac{\partial}{\partial y} + \left(u_y \frac{\partial}{\partial u} + v_y \frac{\partial}{\partial v} \right) + \left(u_{yy} \frac{\partial}{\partial u_y} + u_{yx} \frac{\partial}{\partial u_x} + v_{yy} \frac{\partial}{\partial v_y} + v_{yx} \frac{\partial}{\partial v_x} \right) + \cdots$$
$$\tag{1.36}$$

1.3.2 Euler-Lagrange 算子

类似式 (1.29), 同样可以将式 (1.35) 对于 $\mathcal{L}$ 的微分运算抽象出来, 简记为 $\frac{\delta}{\delta u^\alpha}$, 称为**变分算子**, 也称 **Euler-Lagrange 算子** [14]。

定义 1.2 Euler-Lagrange 算子定义为

$$\frac{\delta}{\delta u^\alpha} = \frac{\partial}{\partial u^\alpha} + \sum_{s=1}^{\infty} (-1)^s D_{i_1} \cdots D_{i_s} \frac{\partial}{\partial u_{i_1 \cdots i_s}^\alpha}, \quad \alpha = 1, 2, \cdots, m \tag{1.37}$$

从而 Euler-Lagrange 方程组可以简单记为

$$\frac{\delta\mathcal{L}}{\delta u^\alpha} = 0, \quad \alpha = 1, 2, \cdots, m \tag{1.38}$$

Euler-Lagrange 算子有如下性质。

全微分算子和 Euler-Lagrange 算子存在如下关系：

$$\frac{\delta}{\delta u^\alpha} D = 0$$
$$\frac{\delta}{\delta u^\alpha_{k+1}} D = \frac{\partial}{\partial u^\alpha_k}, \quad k = 0, 1, 2, \cdots \tag{1.39}$$

证明　对于

$$\frac{\delta}{\delta u^\alpha} D = \left(\frac{\partial}{\partial u^\alpha} - D\frac{\partial}{\partial u^\alpha_1} + D^2\frac{\partial}{\partial u^\alpha_2} - D^3\frac{\partial}{\partial u^\alpha_3} + \cdots \right) D \tag{1.40}$$

只需证

$$\frac{\partial}{\partial u^\alpha_1} D = D\frac{\partial}{\partial u^\alpha_1} + \frac{\partial}{\partial u^\alpha}, \quad \frac{\partial}{\partial u^\alpha_i} D = D\frac{\partial}{\partial u^\alpha_i} + \frac{\partial}{\partial u^\alpha_{i-1}} \tag{1.41}$$

若对 $\dfrac{\partial}{\partial u^\alpha_1} D$ 作用函数 $\mathcal{L}$，则

$$\frac{\partial}{\partial u^\alpha_1} D(\mathcal{L})$$

$$= \frac{\partial}{\partial u^\alpha_1}\left(\frac{\partial\mathcal{L}}{\partial x} + u^\beta_1\frac{\partial\mathcal{L}}{\partial u^\beta} + u^\beta_2\frac{\partial\mathcal{L}}{\partial u^\beta_1} + \cdots \right) \tag{1.42}$$

$$= \frac{\partial^2\mathcal{L}}{\partial u^\alpha_1\partial x} + \left[\frac{\partial}{\partial u^\alpha_1}\left(u^\beta_1 \right)\frac{\partial\mathcal{L}}{\partial u^\beta} + u^\beta_1\frac{\partial}{\partial u^\alpha_1}\frac{\partial\mathcal{L}}{\partial u^\beta} \right] + \left[\frac{\partial}{\partial u^\alpha_1}\left(u^\beta_2 \right)\frac{\partial\mathcal{L}}{\partial u^\beta_1} + u^\beta_2\frac{\partial}{\partial u^\alpha_1}\frac{\partial\mathcal{L}}{\partial u^\beta_1} \right] + \cdots$$

由于 $u^\alpha_i = D_i(u^\alpha), u^\alpha_{ij} = D_i(u^\alpha_j) = D_iD_j(u^\alpha), \cdots$，根据式 (1.30) 可知 $\dfrac{\partial u^\alpha_k}{\partial u^\alpha_m} = 0\,(k \neq m)$。因此式 (1.42) 可以化简为

$$\frac{\partial}{\partial u^\alpha_1} D(\mathcal{L}) = \frac{\partial\mathcal{L}}{\partial u^\alpha} + \left(\frac{\partial}{\partial x} + u^\beta_1\frac{\partial}{\partial u^\beta} + u^\beta_2\frac{\partial}{\partial u^\beta_1} + \cdots \right)\frac{\partial\mathcal{L}}{\partial u^\alpha_1} = \frac{\partial\mathcal{L}}{\partial u^\alpha} + D\frac{\partial\mathcal{L}}{\partial u^\alpha_1} \tag{1.43}$$

类似地，可以得出

$$\frac{\partial}{\partial u^\alpha_i} D = D\frac{\partial}{\partial u^\alpha_i} + \frac{\partial}{\partial u^\alpha_{i-1}} \tag{1.44}$$

从而得证。

应用这一关系式还可得到

$$\frac{\delta}{\delta u_1^\alpha} D$$

$$= \left(\frac{\partial}{\partial u_1^\alpha} - D\frac{\partial}{\partial u_2^\alpha} + D^2 \frac{\partial}{\partial u_3^\alpha} - D^3 \frac{\partial}{\partial u_4^\alpha} + \cdots \right) D$$

$$= \frac{\partial}{\partial u^\alpha} + D\frac{\partial}{\partial u_1^\alpha} - D\frac{\partial}{\partial u_1^\alpha} - D^2 \frac{\partial}{\partial u_2^\alpha} + D^2 \frac{\partial}{\partial u_2^\alpha} + D^3 \frac{\partial}{\partial u_3^\alpha} - D^3 \frac{\partial}{\partial u_3^\alpha} + \cdots$$

$$= \frac{\partial}{\partial u^\alpha} \tag{1.45}$$

$$\frac{\delta}{\delta u_2^\alpha} D$$

$$= \left(\frac{\partial}{\partial u_2^\alpha} - D\frac{\partial}{\partial u_3^\alpha} + D^2 \frac{\partial}{\partial u_4^\alpha} - D^3 \frac{\partial}{\partial u_5^\alpha} + \cdots \right) D$$

$$= \frac{\partial}{\partial u_1^\alpha} + D\frac{\partial}{\partial u_2^\alpha} - D\frac{\partial}{\partial u_2^\alpha} - D^2 \frac{\partial}{\partial u_3^\alpha} + D^2 \frac{\partial}{\partial u_3^\alpha} + D^3 \frac{\partial}{\partial u_4^\alpha} - D^3 \frac{\partial}{\partial u_4^\alpha} + \cdots$$

$$= \frac{\partial}{\partial u_1^\alpha} \tag{1.46}$$

对于 $k > 2$ 阶的式子，可以仿式 (1.46) 得到结果。

例 1.2 对于一个自变量 x 和一个因变量 y，对因变量 y 的 Euler-Lagrange 算子定义为

$$\frac{\delta}{\delta y} = \frac{\partial}{\partial y} + \sum_{s=1}^{\infty} (-1)^s D_x^s \frac{\partial}{\partial y^{(s)}} \tag{1.47}$$

其中 $y^{(s)}$ 表示 y 对 x 的 s 阶导数。

第 2 章　常微分方程的 Lie 对称分析

挪威数学家 Sophus Lie 于 1870 年提出了一种连续变换群的方法，并于 1888 年至 1893 年间出版了 3 卷本专著《变换群论》[15-17]，这种方法也被称为 Lie 群或 Lie 对称方法。利用 Lie 群方法，可以简化原来的方程并获得精确解。这个方法不需要特别的变换技巧，是一种系统方法，不仅适用于线性微分方程，也适用于非线性微分方程，是目前强有力的一般解析工具 [18]。对称性是 Lie 群方法的核心。Lie 对称分析不仅可用于解析求解，也可以指导构造数值算法 [19]。

本章主要研究常微分方程的 Lie 对称分析方法，即只有 1 个自变量和 1 个因变量。2.1 节介绍单参数 Lie 变换群及其延拓，2.2 节介绍 Lie 代数，2.3 节给出正则变量方法求解微分方程，2.4 节研究微分方程的对称性，2.5~ 2.7 节分别介绍 Lie-Bäcklund 算子、代数及其对称性，2.8 节给出多参数 Lie 变换群及其延拓，2.9 节介绍基于符号计算系统的 Lie 对称分析。

2.1　单参数 Lie 变换群及其延拓

Lie 群是一个群，也是一个微分流形，具有在群操作下保持光滑结构的性质。Lie 群是一类光滑流形，能够利用微积分对其进行研究。本节介绍 Lie 群分析的一些基本概念，为后续分析奠定基础。

2.1.1　单参数 Lie 变换群

定义 2.1　群 G 是由满足如下性质的组合律 ϕ 的元素组成的集合 [20]：

(1) **封闭性**　对群 G 中任意元素 a, b，$\phi(a, b)$ 也是群 G 中的元素；

(2) **结合律**　对群 G 中任意元素 a, b, c，有

$$\phi(a, \phi(b, c)) = \phi(\phi(a, b), c) \tag{2.1}$$

(3) **恒等元素**　群 G 中存在唯一恒等元素 e 使得对群 G 中任意元素 a，有

$$\phi(a, e) = \phi(e, a) = a \tag{2.2}$$

(4) **逆元素**　对群 G 中任意元素 a，群 G 中存在唯一逆元素 a^{-1}，使得

$$\phi(a, a^{-1}) = \phi(a^{-1}, a) = e \tag{2.3}$$

定义 2.2 在平面 (x, y) 内，设有变换

$$T_\varepsilon : \overline{x} = \phi(x, y, \varepsilon), \quad \overline{y} = \psi(x, y, \varepsilon) \tag{2.4}$$

其中 ε 是小参数，如果满足如下性质，则称变换 T_ε 是**单参数 Lie 变换群** [21,22]：

(1) **恒等式** 当 $\varepsilon = 0$ 时，恒等变换

$$T_0 : x = \phi(x, y, 0), \quad y = \psi(x, y, 0) \tag{2.5}$$

(2) **反向** 当 ε 变号为 $-\varepsilon$ 时，有反向变换

$$T_{-\varepsilon} : x = \phi(\overline{x}, \overline{y}, -\varepsilon), \quad y = \psi(\overline{x}, \overline{y}, -\varepsilon) \tag{2.6}$$

(3) **闭合** 变换

$$T_\delta : x_2 = \phi(\overline{x}, \overline{y}, \delta), \quad y_2 = \psi(\overline{x}, \overline{y}, \delta) \tag{2.7}$$

也属于变换 (2.4)，而且变换参数是 $\varepsilon + \delta$，即

$$T_{\varepsilon+\delta} : x_2 = \phi(\overline{x}, \overline{y}, \delta) = \phi(x, y, \varepsilon + \delta), \quad y_2 = \psi(\overline{x}, \overline{y}, \delta) = \psi(x, y, \varepsilon + \delta) \tag{2.8}$$

下面列举几个典型的单参数 Lie 变换群。

例 2.1 (1) 平移群

$$\overline{x} = x + \varepsilon, \quad \overline{y} = y + \varepsilon \tag{2.9}$$

当 $\varepsilon = 0$ 时，平移群为

$$\overline{x} = x, \quad \overline{y} = y \tag{2.10}$$

当 ε 变号为 $-\varepsilon$ 时，平移群反向变换

$$x = \overline{x} - \varepsilon, \quad y = \overline{y} - \varepsilon \tag{2.11}$$

对于

$$x_2 = \overline{x} + \delta, \quad y_2 = \overline{y} + \delta \tag{2.12}$$

将式 (2.9) 代入式 (2.12)，得到

$$x_2 = x + \varepsilon + \delta, \quad y_2 = y + \varepsilon + \delta \tag{2.13}$$

式 (2.10)、(2.11) 和 (2.13) 分别满足定义 2.2 中的 3 个条件，平移群 (2.9) 是单参数 Lie 变换群。

(2) 缩放群

$$\overline{x} = e^\varepsilon x, \quad \overline{y} = e^\varepsilon y \tag{2.14}$$

当 $\varepsilon = 0$ 时，缩放群为

$$\overline{x} = x, \quad \overline{y} = y \tag{2.15}$$

当 ε 变号为 $-\varepsilon$ 时，缩放群反向变换

$$x = \mathrm{e}^{-\varepsilon}\overline{x}, \quad y = \mathrm{e}^{-\varepsilon}\overline{y} \tag{2.16}$$

对于

$$x_2 = \mathrm{e}^{\delta}\overline{x}, \quad y_2 = \mathrm{e}^{\delta}\overline{y} \tag{2.17}$$

将式 (2.14) 代入式 (2.17)，得到

$$x_2 = \mathrm{e}^{\varepsilon+\delta}x, \quad y_2 = \mathrm{e}^{\varepsilon+\delta}y \tag{2.18}$$

式 (2.15)、(2.16) 和 (2.18) 分别满足定义 2.2 中的 3 个条件，缩放群 (2.14) 是单参数 Lie 变换群。

(3) 旋转群

$$\overline{x} = x\cos\varepsilon - y\sin\varepsilon, \quad \overline{y} = x\sin\varepsilon + y\cos\varepsilon \tag{2.19}$$

当 $\varepsilon = 0$ 时，旋转群为

$$\overline{x} = x, \quad \overline{y} = y \tag{2.20}$$

当 ε 变号为 $-\varepsilon$ 时，旋转群反向变换

$$x = \overline{x}\cos\varepsilon + \overline{y}\sin\varepsilon, \quad y = -\overline{x}\sin\varepsilon + \overline{y}\cos\varepsilon \tag{2.21}$$

对于

$$x_2 = \overline{x}\cos\delta - \overline{y}\sin\delta, \quad y_2 = \overline{x}\sin\delta + \overline{y}\cos\delta \tag{2.22}$$

将式 (2.19) 代入式 (2.22)，得到

$$
\begin{aligned}
x_2 &= (x\cos\varepsilon - y\sin\varepsilon)\cos\delta - (x\sin\varepsilon + y\cos\varepsilon)\sin\delta \\
&= x\cos\varepsilon\cos\delta - y\sin\varepsilon\cos\delta - x\sin\varepsilon\sin\delta - y\cos\varepsilon\sin\delta \\
&= x(\cos\varepsilon\cos\delta - \sin\varepsilon\sin\delta) - y(\sin\varepsilon\cos\delta + \cos\varepsilon\sin\delta) \\
&= x\cos(\varepsilon+\delta) - y\sin(\varepsilon+\delta) \\
y_2 &= (x\cos\varepsilon - y\sin\varepsilon)\sin\delta + (x\sin\varepsilon + y\cos\varepsilon)\cos\delta \\
&= x\cos\varepsilon\sin\delta - y\sin\varepsilon\sin\delta + x\sin\varepsilon\cos\delta + y\cos\varepsilon\cos\delta \\
&= x(\cos\varepsilon\sin\delta + \sin\varepsilon\cos\delta) + y(\cos\varepsilon\cos\delta - \sin\varepsilon\sin\delta) \\
&= x\sin(\varepsilon+\delta) + y\cos(\varepsilon+\delta)
\end{aligned}
\tag{2.23}
$$

式 (2.20)、(2.21) 和 (2.23) 分别满足定义 2.2 中的 3 个条件, 旋转群 (2.19) 是单参数 Lie 变换群。

(4) 投影变换

$$\overline{x} = \frac{x}{1 - \varepsilon x}, \quad \overline{y} = \frac{y}{1 - \varepsilon x} \tag{2.24}$$

当 $\varepsilon = 0$ 时, 投影变换为

$$\overline{x} = x, \quad \overline{y} = y \tag{2.25}$$

当 ε 变号为 $-\varepsilon$ 时, 投影反向变换

$$x = \frac{\overline{x}}{1 + \varepsilon \overline{x}}, \quad y = \frac{\overline{y}}{1 + \varepsilon \overline{x}} \tag{2.26}$$

对于

$$x_2 = \frac{\overline{x}}{1 - \delta \overline{x}}, \quad y_2 = \frac{\overline{y}}{1 - \delta \overline{x}} \tag{2.27}$$

将式 (2.24) 代入式 (2.27), 得到

$$
\begin{aligned}
x_2 &= \frac{\overline{x}}{1 - \delta \overline{x}} = \frac{x}{1 - \varepsilon x} \Big/ \left(1 - \frac{\delta x}{1 - \varepsilon x}\right) = \frac{x}{1 - (\varepsilon + \delta)\, x} \\
y_2 &= \frac{\overline{y}}{1 - \delta \overline{x}} = \frac{y}{1 - \varepsilon x} \Big/ \left(1 - \frac{\delta x}{1 - \varepsilon x}\right) = \frac{y}{1 - (\varepsilon + \delta)\, x}
\end{aligned}
\tag{2.28}
$$

式 (2.25)、(2.26) 和 (2.28) 分别满足定义 2.2 中的 3 个条件, 投影变换 (2.24) 是单参数 Lie 变换群。

一般而言, 单参数 Lie 变换群不变的微分方程都可以进行简化。如果方程是一阶微分方程, 就可以分离变量; 如果是二阶微分方程, 就可以降低一阶。

例 2.2 考虑一阶非线性齐次微分方程 [23]

$$\frac{\mathrm{d}y}{\mathrm{d}x} = \frac{x^2 + y^2}{xy} \tag{2.29}$$

考虑变换

$$\overline{x} = \mathrm{e}^{\varepsilon} x, \quad \overline{y} = \mathrm{e}^{\varepsilon} y \tag{2.30}$$

其中 ε 是小参数。

变换 (2.30) 是单参数 Lie 变换群。在变换 (2.30) 下, 方程 (2.29) 在使用 $\overline{x}, \overline{y}$ 分别代替 x, y 后的形式不变, 即

$$\frac{\mathrm{d}\overline{y}}{\mathrm{d}\overline{x}} = \frac{\overline{x}^2 + \overline{y}^2}{\overline{x}\,\overline{y}} \tag{2.31}$$

令 $u = y/x$，变换 (2.30) 可以使 $u = y/x$ 不变，即

$$u(\overline{x}, \overline{y}) = \overline{y}/\overline{x} = y/x = u(x, y) \tag{2.32}$$

这里的不变就是数学上的对称。

从而，可以通过引入 $u = y/x$ 进行分离变量求解，方程 (2.29) 可以变换成

$$u\mathrm{d}u = \frac{\mathrm{d}x}{x} \tag{2.33}$$

方程 (2.33) 可以积分得到

$$\frac{u^2}{2} = \ln x - C \tag{2.34}$$

即

$$\ln x - \frac{1}{2}\left(\frac{y}{x}\right)^2 = C \tag{2.35}$$

其中 C 是常数。

例 2.3 考虑一阶非线性齐次微分方程 [23]

$$y\frac{\mathrm{d}y}{\mathrm{d}x} = \frac{2}{x^3} - \frac{3}{x^2}y \tag{2.36}$$

方程 (2.36) 在变换

$$\overline{x} = \mathrm{e}^\varepsilon x, \quad \overline{y} = \mathrm{e}^{-\varepsilon}y \tag{2.37}$$

下保持不变。

由此可以取 $u = \overline{x}\,\overline{y} = xy$ 作为新的变量，方程 (2.36) 改写为

$$xu\frac{\mathrm{d}u}{\mathrm{d}x} = u^2 - 3u + 2 \tag{2.38}$$

对方程 (2.38) 进行积分并代回参数后得

$$(xy - 2)^2 = Cx(xy - 1) \tag{2.39}$$

其中 C 是常数。

2.1.2 无穷小生成元

对于小参数 ε，$\overline{x}, \overline{y}$ 可以分别在 $\varepsilon = 0$ 附近展开成

$$\overline{x} = x + \varepsilon\frac{\mathrm{d}\overline{x}}{\mathrm{d}\varepsilon}\Big|_{\varepsilon=0} + O(\varepsilon^2), \quad \overline{y} = y + \varepsilon\frac{\mathrm{d}\overline{y}}{\mathrm{d}\varepsilon}\Big|_{\varepsilon=0} + O(\varepsilon^2) \tag{2.40}$$

如果引入函数 $\xi(x, y)$ 和 $\eta(x, y)$

$$\xi = \left.\frac{\mathrm{d}\overline{x}}{\mathrm{d}\varepsilon}\right|_{\varepsilon=0}, \quad \eta = \left.\frac{\mathrm{d}\overline{y}}{\mathrm{d}\varepsilon}\right|_{\varepsilon=0} \tag{2.41}$$

从而得到

$$\overline{x} = x + \varepsilon\xi + O\left(\varepsilon^2\right), \quad \overline{y} = y + \varepsilon\eta + O\left(\varepsilon^2\right) \tag{2.42}$$

这个在 $\varepsilon = 0$ 附近展开的式 (2.42) 称为变换群 (2.4) 的**无穷小形式** [20]。

定义 2.3 单参数 Lie 变换群 (2.4) 的**无穷小生成元**是算子 [20]

$$X = \xi(x, y)\frac{\partial}{\partial x} + \eta(x, y)\frac{\partial}{\partial y} \tag{2.43}$$

其中 $\xi(x, y), \eta(x, y)$ 被称为**算子坐标**。

定义 2.4 设在平面 (x, y) 上定义一个函数 $f(x, y)$，在式 (2.42) 的变换作用下变为其整体相似的 $f(\overline{x}, \overline{y})$，在 $\varepsilon = 0$ 附近展开，得到

$$f(\overline{x}, \overline{y}) = f(x, y) + \varepsilon Xf + \frac{1}{2!}\varepsilon^2 X^2 f + \frac{1}{3!}\varepsilon^3 X^3 f + \cdots = \sum_{n=0}^{\infty}\frac{1}{n!}\varepsilon^n X^n f \tag{2.44}$$

其中 X 为无穷小生成元，则级数 (2.44) 被称为 **Lie 级数** [20]。

Lie 级数可以表示为 [24]

$$f(\overline{x}, \overline{y}) = \mathrm{e}^{\varepsilon X} f(x, y) \tag{2.45}$$

其中

$$\mathrm{e}^{\varepsilon X} = \sum_{n=0}^{\infty}\frac{1}{n!}\varepsilon^n X^n \tag{2.46}$$

如果在式 (2.45) 中分别取 $f(\overline{x}, \overline{y})$ 为 $\overline{x}$ 和 $\overline{y}$，可以得到

$$\overline{x} = \mathrm{e}^{\varepsilon X}x, \quad \overline{y} = \mathrm{e}^{\varepsilon X}y \tag{2.47}$$

结合式 (2.45) 和 (2.47)，可以得到 Lie 群恒等式

$$f\left(\mathrm{e}^{\varepsilon X}x, \mathrm{e}^{\varepsilon X}y\right) = \mathrm{e}^{\varepsilon X}f(x, y) \tag{2.48}$$

此外，还可以得到恒等式

$$Xx = \xi, \quad Xy = \eta \tag{2.49}$$

$$Xf(x,y) = Xx\frac{\partial f}{\partial x} + Xy\frac{\partial f}{\partial y} \tag{2.50}$$

例 2.4　将例 2.1 中各单参数 Lie 变换群采用无穷小生成元形式表示，分别如下 [24]：

(1) 平移群

$$\xi = 1, \quad \eta = 1, \quad X = \frac{\partial}{\partial x} + \frac{\partial}{\partial y} \tag{2.51}$$

(2) 缩放群

$$\xi = x, \quad \eta = y, \quad X = x\frac{\partial}{\partial x} + y\frac{\partial}{\partial y} \tag{2.52}$$

(3) 旋转群

$$\xi = y, \quad \eta = -x, \quad X = y\frac{\partial}{\partial x} - x\frac{\partial}{\partial y} \tag{2.53}$$

(4) 投影变换

投影变换 (2.24) 有两种无穷小生成元表示形式，分别为

$$\xi = x^2, \quad \eta = xy, \quad X = x^2\frac{\partial}{\partial x} + xy\frac{\partial}{\partial y} \tag{2.54}$$

和

$$\xi = xy, \quad \eta = y^2, \quad X = xy\frac{\partial}{\partial x} + y^2\frac{\partial}{\partial y} \tag{2.55}$$

2.1.3　正则坐标

可以通过引进变量 u, v 对无穷小生成元 X 进行变换。

设坐标变换 $(x, y) \mapsto (u, v)$

$$u = u(x, y), \quad v = v(x, y) \tag{2.56}$$

这样有全微分

$$\begin{aligned}
\mathrm{d}f(x,y) &= \frac{\partial f}{\partial x}\mathrm{d}x + \frac{\partial f}{\partial y}\mathrm{d}y = \frac{\partial f}{\partial u}\mathrm{d}u + \frac{\partial f}{\partial v}\mathrm{d}v \\
&= \frac{\partial f}{\partial u}\left(\frac{\partial u}{\partial x}\mathrm{d}x + \frac{\partial u}{\partial y}\mathrm{d}y\right) + \frac{\partial f}{\partial v}\left(\frac{\partial v}{\partial x}\mathrm{d}x + \frac{\partial v}{\partial y}\mathrm{d}y\right) \\
&= \left(\frac{\partial f}{\partial u}\frac{\partial u}{\partial x} + \frac{\partial f}{\partial v}\frac{\partial v}{\partial x}\right)\mathrm{d}x + \left(\frac{\partial f}{\partial u}\frac{\partial u}{\partial y} + \frac{\partial f}{\partial v}\frac{\partial v}{\partial y}\right)\mathrm{d}y
\end{aligned} \tag{2.57}$$

比较式 (2.57) 两边微分系数，可以得到变换关系

$$\frac{\partial}{\partial x} = \frac{\partial u}{\partial x}\frac{\partial}{\partial u} + \frac{\partial v}{\partial x}\frac{\partial}{\partial v}, \quad \frac{\partial}{\partial y} = \frac{\partial u}{\partial y}\frac{\partial}{\partial u} + \frac{\partial v}{\partial y}\frac{\partial}{\partial v} \tag{2.58}$$

将变换关系 (2.58) 代入式 (2.43) 得到

$$\begin{aligned}
X &= \xi\frac{\partial}{\partial x} + \eta\frac{\partial}{\partial y} \\
&= \xi\left(\frac{\partial u}{\partial x}\frac{\partial}{\partial u} + \frac{\partial v}{\partial x}\frac{\partial}{\partial v}\right) + \eta\left(\frac{\partial u}{\partial y}\frac{\partial}{\partial u} + \frac{\partial v}{\partial y}\frac{\partial}{\partial v}\right) \\
&= \left(\xi\frac{\partial u}{\partial x} + \eta\frac{\partial u}{\partial y}\right)\frac{\partial}{\partial u} + \left(\xi\frac{\partial v}{\partial x} + \eta\frac{\partial v}{\partial y}\right)\frac{\partial}{\partial v} \\
&= Xu\frac{\partial}{\partial u} + Xv\frac{\partial}{\partial v}
\end{aligned} \tag{2.59}$$

如果令参数 u, v 的选择满足条件

$$Xu = \xi\frac{\partial u}{\partial x} + \eta\frac{\partial u}{\partial y} = 0, \quad Xv = \xi\frac{\partial v}{\partial x} + \eta\frac{\partial v}{\partial y} = 1 \tag{2.60}$$

这样就把无穷小生成元 X 简化为

$$X = \frac{\partial}{\partial v} \tag{2.61}$$

这样的 u, v 就称为**正则坐标** [25]。

2.1.4 对称性

由式 (2.44) 可知，如果 $Xf(x, y) = 0$，那么 $f(x, y)$ 在变换 $(x, y) \mapsto (\overline{x}, \overline{y})$ 下保持不变，即为保持对称性。

定理 2.1 (对称性定理) 在 Lie 群 Xf 的变换下，$f(x, y)$ 保持不变的充分必要条件是 $Xf = 0$。或者说在 $Xf = 0$ 的条件下，一定有 $f(\overline{x}, \overline{y}) = f(x, y)$ [20,26]。

定理 2.1 指出 $f(x, y)$ 不变的充分必要条件是在无穷小生成元的变换下保持不变。

Lie 对称分析的一个重要问题就是寻找方程的无穷小生成元。

保持不变的条件：

$$Xf = \xi(x, y)\frac{\partial f}{\partial x} + \eta(x, y)\frac{\partial f}{\partial y} = 0 \tag{2.62}$$

对应的特征方程为 [24]

$$\frac{\mathrm{d}x}{\xi} = \frac{\mathrm{d}y}{\eta} = \frac{\mathrm{d}f}{0} \tag{2.63}$$

方程 (2.63) 对应的不变性解是 $f(x, y)$ 为常数。

方程 (2.63) 还可以通过积分, 获得其特解, 作为不变量, 用于简化原方程。这个不变量的方法适用于任何阶数的常微分方程和偏微分方程。

2.1.5　无穷小生成元的延拓

本小节对因变量的一阶导数、二阶导数和多阶导数进行变换, 寻找对应的生成元。

2.1.5.1　一阶延拓

在变换群 (2.4) 作用下, 一阶导数 $y' = \mathrm{d}y/\mathrm{d}x$ 变换到 $\overline{y'} = \mathrm{d}\overline{y}/\mathrm{d}\overline{x}$, 包括一阶导数的整体变换可以写为

$$T_\varepsilon : \overline{x} = \phi(x, y, \varepsilon), \quad \overline{y} = \psi(x, y, \varepsilon), \quad \overline{y'} = \frac{\mathrm{d}\overline{y}}{\mathrm{d}\overline{x}} = \varphi_1(x, y, y', \varepsilon) \tag{2.64}$$

将式 (2.64) 中 $\mathrm{d}\overline{x}$ 和 $\mathrm{d}\overline{y}$ 展开表示, 分别为

$$\begin{aligned}
\mathrm{d}\overline{x} &= D\phi(x, y, \varepsilon) = \frac{\partial \phi}{\partial x}(x, y, \varepsilon) + y'\frac{\partial \phi}{\partial y}(x, y, \varepsilon) \\
\mathrm{d}\overline{y} &= D\psi(x, y, \varepsilon) = \frac{\partial \psi}{\partial x}(x, y, \varepsilon) + y'\frac{\partial \psi}{\partial y}(x, y, \varepsilon)
\end{aligned} \tag{2.65}$$

其中 D 是全微分算子

$$D = \frac{\partial}{\partial x} + y'\frac{\partial}{\partial y} \tag{2.66}$$

将式 (2.65) 代入式 (2.64) 中的最后一式, 得到

$$\overline{y'} = \varphi_1(x, y, y', \varepsilon) = \frac{\dfrac{\partial \psi}{\partial x} + y'\dfrac{\partial \psi}{\partial y}}{\dfrac{\partial \phi}{\partial x} + y'\dfrac{\partial \phi}{\partial y}} \tag{2.67}$$

定理 2.2　作用在平面 (x, y) 上的单参数 Lie 变换群 (2.4) 延拓到作用在空间 (x, y, y') 上的单参数 Lie 变换群为 [20]

$$T_\varepsilon : \overline{x} = \phi(x, y, \varepsilon), \quad \overline{y} = \psi(x, y, \varepsilon), \quad \overline{y'} = \varphi_1(x, y, y', \varepsilon) \tag{2.68}$$

其中 $\varphi_1(x, y, y', \varepsilon)$ 由式 (2.67) 给出。

下面确定无穷小生成元的一阶延拓表达式。

将 $\overline{x}$ 和 $\overline{y}$ 的展开表达式 (2.42) 分别代入 $D\phi$ 和 $D\psi$ 中, 省略所有的二阶项, 得到

$$D\phi = D(x + \varepsilon\xi) = 1 + \varepsilon D(\xi), \quad D\psi = D(y + \varepsilon\eta) = y' + \varepsilon D(\eta) \qquad (2.69)$$

从而 $\varphi_1(x, y, y', \varepsilon)$ 可以进一步写为 [27]

$$\varphi_1(x, y, y', \varepsilon) = \frac{y' + \varepsilon D(\eta)}{1 + \varepsilon D(\xi)} \approx [y' + \varepsilon D(\eta)][1 - \varepsilon D(\xi)] \approx y' + [D(\eta) - y'D(\xi)]\varepsilon \tag{2.70}$$

这样就有变换

$$f(\overline{x}, \overline{y}, \overline{y}') = f(x, y, y') + \varepsilon X^{(1)} f(x, y, y') + O(\varepsilon^2) \tag{2.71}$$

因此, 无穷小生成元的一阶延拓为 [25]

$$X^{(1)} = X + \zeta_1 \frac{\partial}{\partial y'} = \xi \frac{\partial}{\partial x} + \eta \frac{\partial}{\partial y} + \zeta_1 \frac{\partial}{\partial y'} \tag{2.72}$$

其中

$$\zeta_1 = D(\eta) - y'D(\xi) = \eta_x + \eta_y y' - y'(\xi_x + \xi_y y') = \eta_x + (\eta_y - \xi_x)y' - \xi_y(y')^2 \tag{2.73}$$

例 2.5 旋转群生成元为

$$X = y\frac{\partial}{\partial x} - x\frac{\partial}{\partial y} \tag{2.74}$$

其一阶延拓为

$$X^{(1)} = y\frac{\partial}{\partial x} - x\frac{\partial}{\partial y} - (1 + y'^2)\frac{\partial}{\partial y'} \tag{2.75}$$

对于一阶延拓, 有对称性条件

$$X^{(1)} f(x, y, y') = \xi\frac{\partial f}{\partial x} + \eta\frac{\partial f}{\partial y} + \zeta_1 \frac{\partial f}{\partial y'} = 0 \tag{2.76}$$

对应的特征方程为

$$\frac{\mathrm{d}x}{\xi} = \frac{\mathrm{d}y}{\eta} = \frac{\mathrm{d}y'}{\zeta_1} = \frac{\mathrm{d}f}{0} \tag{2.77}$$

2.1.5.2　二阶延拓

在一阶延拓的基础上研究二阶延拓, 变换二阶导数为 $\overline{y}'' = \mathrm{d}\overline{y}'/\mathrm{d}\overline{x}$。将 $\mathrm{d}\overline{y}'$ 展开, 得到

$$\mathrm{d}\overline{y}' = D\varphi_1\left(x, y, y', \varepsilon\right) = \frac{\partial\varphi_1}{\partial x}\left(x, y, y', \varepsilon\right) + y'\frac{\partial\varphi_1}{\partial y}\left(x, y, y', \varepsilon\right) + y''\frac{\partial\varphi_1}{\partial y'}\left(x, y, y', \varepsilon\right) \tag{2.78}$$

其中

$$D = \frac{\partial}{\partial x} + y'\frac{\partial}{\partial y} + y''\frac{\partial}{\partial y'} \tag{2.79}$$

从而可得

$$\overline{y}'' = \varphi_2\left(x, y, y', y'', \varepsilon\right) = \frac{D\varphi_1}{D\phi} = \frac{\dfrac{\partial\varphi_1}{\partial x} + y'\dfrac{\partial\varphi_1}{\partial y} + y''\dfrac{\partial\varphi_1}{\partial y'}}{\dfrac{\partial\phi}{\partial x} + y'\dfrac{\partial\phi}{\partial y}} \tag{2.80}$$

定理 2.3　单参数 Lie 变换群 (2.4) 的二阶延拓为作用在空间 (x, y, y', y'') 上的单参数 Lie 变换群 [20]

$$T_\varepsilon: \overline{x} = \phi\left(x, y, \varepsilon\right), \quad \overline{y} = \psi\left(x, y, \varepsilon\right), \quad \overline{y}' = \varphi_1\left(x, y, y', \varepsilon\right), \quad \overline{y}'' = \varphi_2\left(x, y, y', y'', \varepsilon\right) \tag{2.81}$$

其中 $\varphi_2\left(x, y, y', y'', \varepsilon\right)$ 由式 (2.80) 给出。

二阶延拓有变换

$$f\left(\overline{x}, \overline{y}, \overline{y}', \overline{y}''\right) = f\left(x, y, y', y''\right) + \varepsilon X^{(2)}f\left(x, y, y', y''\right) + O\left(\varepsilon^2\right) \tag{2.82}$$

无穷小生成元的二阶延拓为 [25]

$$X^{(2)} = X + \zeta_2\frac{\partial}{\partial y''} = \xi\frac{\partial}{\partial x} + \eta\frac{\partial}{\partial y} + \zeta_1\frac{\partial}{\partial y'} + \zeta_2\frac{\partial}{\partial y''} \tag{2.83}$$

其中

$$\begin{aligned}
\zeta_2 &= D\left(\zeta_1\right) - y''D\left(\xi\right) = D\left[\eta_x + \left(\eta_y - \xi_x\right)y' - \xi_y\left(y'\right)^2\right] - y''D\left(\xi\right) \\
&= \eta_{xx} + \eta_{xy}y' + y'\left[\eta_{xy} - \xi_{xx} + y'\left(\eta_{yy} - \xi_{xy}\right)\right] + \left(\eta_y - \xi_x\right)y'' - \left(y'\right)^2\left(\xi_{xy} + \xi_{yy}y'\right) \\
&\quad - 2\xi_y y'y'' - y''\left(\xi_x + \xi_y y'\right) \\
&= \eta_{xx} + \left(2\eta_{xy} - \xi_{xx}\right)y' + \left(\eta_{yy} - 2\xi_{xy}\right)\left(y'\right)^2 - \xi_{yy}\left(y'\right)^3 + \left(\eta_y - 2\xi_x - 3\xi_y y'\right)y''
\end{aligned} \tag{2.84}$$

对于二阶延拓，有对称性条件

$$X^{(2)}f(x,y,y',y'') = \xi\frac{\partial f}{\partial x} + \eta\frac{\partial f}{\partial y} + \zeta_1\frac{\partial f}{\partial y'} + \zeta_2\frac{\partial f}{\partial y''} = 0 \tag{2.85}$$

对应的特征方程为

$$\frac{\mathrm{d}x}{\xi} = \frac{\mathrm{d}y}{\eta} = \frac{\mathrm{d}y'}{\zeta_1} = \frac{\mathrm{d}y''}{\zeta_2} = \frac{\mathrm{d}f}{0} \tag{2.86}$$

2.1.5.3 高阶延拓

定理 2.4 单参数 Lie 变换群 (2.4) 的 $k\,(k \geqslant 2)$ 阶延拓为作用在空间 $(x,y,y', \cdots, y^{(k)})$ 上的单参数 Lie 变换群 [20]

$$T_\varepsilon : \overline{x} = \phi(x,y,\varepsilon), \quad \overline{y} = \psi(x,y,\varepsilon), \quad \overline{y'} = \varphi_1(x,y,y',\varepsilon), \quad \cdots$$

$$\overline{y^{(k)}} = \varphi_k(x,y,y',\cdots,y^{(k)},\varepsilon) = \frac{D\varphi_{k-1}}{D\phi} = \frac{\dfrac{\partial\varphi_{k-1}}{\partial x} + y'\dfrac{\partial\varphi_{k-1}}{\partial y} + \cdots + y^{(k)}\dfrac{\partial\varphi_{k-1}}{\partial y^{(k-1)}}}{\dfrac{\partial\phi}{\partial x} + y'\dfrac{\partial\phi}{\partial y}} \tag{2.87}$$

其中，$\varphi_1(x,y,y',\varepsilon)$ 由式 (2.67) 给出，$\varphi_{k-1} = \varphi_{k-1}(x,y,y',\cdots,y^{(k-1)},\varepsilon)$，全微分算子

$$D = \frac{\partial}{\partial x} + y'\frac{\partial}{\partial y} + y''\frac{\partial}{\partial y'} + \cdots + y^{(k)}\frac{\partial}{\partial y^{(k-1)}} \tag{2.88}$$

例 2.6 变换群延拓。

(1) 平移群。对于平移群

$$\overline{x} = \phi = x + \varepsilon, \quad \overline{y} = \psi = y \tag{2.89}$$

由定理 2.4 有

$$\overline{y'} = \varphi_1 = \frac{y'\dfrac{\partial\psi}{\partial y}}{\dfrac{\partial\phi}{\partial x}} = y', \quad \overline{y^{(k)}} = \varphi_k = \frac{y^{(k)}\dfrac{\partial\varphi_{k-1}}{\partial y^{(k-1)}}}{\dfrac{\partial\phi}{\partial x}} = y^{(k)}, \quad k = 2,3,\cdots \tag{2.90}$$

因此变换群 (2.89) 的 $k\,(k \geqslant 2)$ 阶延拓为

$$\overline{x} = x + \varepsilon, \quad \overline{y} = y, \quad \overline{y'} = y', \quad \overline{y^{(k)}} = y^{(k)}, \quad k = 2,3,\cdots \tag{2.91}$$

(2) 缩放群。对于缩放群

$$\overline{x} = \phi = \mathrm{e}^{\varepsilon}x, \quad \overline{y} = \psi = \mathrm{e}^{2\varepsilon}y \tag{2.92}$$

由定理 2.4 有

$$\overline{y'} = \varphi_1 = \frac{y'\dfrac{\partial \psi}{\partial y}}{\dfrac{\partial \phi}{\partial x}} = \mathrm{e}^{\varepsilon}y', \quad \overline{y^{(k)}} = \varphi_k = \frac{y^{(k)}\dfrac{\partial \varphi_{k-1}}{\partial y^{(k-1)}}}{\dfrac{\partial \phi}{\partial x}} = \mathrm{e}^{(2-k)\varepsilon}y^{(k)}, \quad k = 2,3,\cdots \tag{2.93}$$

因此变换群 (2.92) 的 $k\,(k \geqslant 2)$ 阶延拓为

$$\overline{x} = \mathrm{e}^{\varepsilon}x, \quad \overline{y} = \mathrm{e}^{2\varepsilon}y, \quad \overline{y'} = \mathrm{e}^{\varepsilon}y', \quad \overline{y^{(k)}} = \mathrm{e}^{(2-k)\varepsilon}y^{(k)}, \quad k = 2,3,\cdots \tag{2.94}$$

(3) 旋转群。对于旋转群

$$\overline{x} = \phi = x\cos\varepsilon + y\sin\varepsilon, \quad \overline{y} = \psi = -x\sin\varepsilon + y\cos\varepsilon \tag{2.95}$$

得到

$$\frac{\partial \phi}{\partial x} = \cos\varepsilon, \quad \frac{\partial \phi}{\partial y} = \sin\varepsilon, \quad \frac{\partial \psi}{\partial x} = -\sin\varepsilon, \quad \frac{\partial \psi}{\partial y} = \cos\varepsilon \tag{2.96}$$

由式 (2.67) 得到

$$\overline{y'} = \varphi_1 = \frac{\dfrac{\partial \psi}{\partial x} + y'\dfrac{\partial \psi}{\partial y}}{\dfrac{\partial \phi}{\partial x} + y'\dfrac{\partial \phi}{\partial y}} = \frac{-\sin\varepsilon + y'\cos\varepsilon}{\cos\varepsilon + y'\sin\varepsilon} \tag{2.97}$$

那么

$$\frac{\partial \varphi_1}{\partial x} = \frac{\partial \varphi_1}{\partial y} = 0, \quad \frac{\partial \varphi_1}{\partial y'} = \frac{1}{(\cos\varepsilon + y'\sin\varepsilon)^2} \tag{2.98}$$

由式 (2.80) 得到

$$\overline{y''} = \varphi_2 = \frac{y''\dfrac{\partial \varphi_1}{\partial y'}}{\dfrac{\partial \phi}{\partial x} + y'\dfrac{\partial \phi}{\partial y}} = \frac{y''}{(\cos\varepsilon + y'\sin\varepsilon)^3} \tag{2.99}$$

那么

$$\frac{\partial \varphi_2}{\partial x} = \frac{\partial \varphi_2}{\partial y} = 0, \quad \frac{\partial \varphi_2}{\partial y'} = \frac{-3\sin\varepsilon y''}{(\cos\varepsilon + y'\sin\varepsilon)^4}, \quad \frac{\partial \varphi_2}{\partial y''} = \frac{1}{(\cos\varepsilon + y'\sin\varepsilon)^3} \tag{2.100}$$

进一步得到

$$\varphi_3 = \frac{y''\dfrac{\partial \varphi_2}{\partial y'} + y^{(3)}\dfrac{\partial \varphi_2}{\partial y''}}{\dfrac{\partial \phi}{\partial x} + y'\dfrac{\partial \phi}{\partial y}} = \frac{(\cos\varepsilon + y'\sin\varepsilon)\, y^{(3)} - 3\sin\varepsilon\,(y'')^2}{(\cos\varepsilon + y'\sin\varepsilon)^5} \qquad (2.101)$$

因此变换群 (2.95) 的三阶延拓为

$$\overline{x} = x\cos\varepsilon + y\sin\varepsilon, \quad \overline{y} = -x\sin\varepsilon + y\cos\varepsilon,$$

$$\overline{y'} = \frac{-\sin\varepsilon + y'\cos\varepsilon}{\cos\varepsilon + y'\sin\varepsilon}, \quad \overline{y''} = \frac{y''}{(\cos\varepsilon + y'\sin\varepsilon)^3}, \qquad (2.102)$$

$$\overline{y^{(3)}} = \frac{(y'\sin\varepsilon + \cos\varepsilon)\, y^{(3)} - 3\sin\varepsilon\,(y'')^2}{(\cos\varepsilon + y'\sin\varepsilon)^5}$$

$k\,(k \geqslant 2)$ 阶延拓一般可以写为

$$f\left(\overline{x}, \overline{y}, \overline{y'}, \cdots, \overline{y^{(k)}}\right) = f\left(x, y, y', \cdots, y^{(k)}\right) + \varepsilon X^{(k)} f\left(x, y, y', \cdots, y^{(k)}\right) + O\left(\varepsilon^2\right) \qquad (2.103)$$

定理 2.5 在 Lie 群 $X^{(k)} f$ 的变换下，$f\left(x, y, y', \cdots, y^{(k)}\right)$ 保持不变的充分必要条件是 $X^{(k)} f = 0$。或者说在 $X^{(k)} f = 0$ 的条件下，一定有 $f\left(\overline{x}, \overline{y}, \overline{y'}, \cdots, \overline{y^{(k)}}\right) = f\left(x, y, y', \cdots, y^{(k)}\right)$[20]。

定理 2.5 指出 $f\left(x, y, y', \cdots, y^{(k)}\right)$ 不变的充分必要条件是在无穷小生成元 k 阶延拓的变换下保持不变。

无穷小生成元的 $k\,(k \geqslant 2)$ 阶延拓为

$$X^{(k)} = X^{(k-1)} + \zeta_k \frac{\partial}{\partial y^{(k)}} = \xi \frac{\partial}{\partial x} + \eta \frac{\partial}{\partial y} + \zeta_1 \frac{\partial}{\partial y'} + \cdots + \zeta_k \frac{\partial}{\partial y^{(k)}} \qquad (2.104)$$

其中

$$\zeta_k = D\left(\zeta_{k-1}\right) - y^{(k)} D\left(\xi\right) \qquad (2.105)$$

对于 $k\,(k \geqslant 2)$ 阶延拓，有对称性条件

$$X^{(k)} f\left(x, y, y', \cdots, y^{(k)}\right) = \xi \frac{\partial f}{\partial x} + \eta \frac{\partial f}{\partial y} + \zeta_1 \frac{\partial f}{\partial y'} + \cdots + \zeta_k \frac{\partial f}{\partial y^{(k)}} = 0 \qquad (2.106)$$

对应的特征方程为 [24]

$$\frac{\mathrm{d}x}{\xi} = \frac{\mathrm{d}y}{\eta} = \frac{\mathrm{d}y'}{\zeta_1} = \cdots = \frac{\mathrm{d}y^{(k)}}{\zeta_k} = \frac{\mathrm{d}f}{0} \qquad (2.107)$$

定理 2.6　$\zeta_k\,(k \geqslant 2)$ 有如下性质 [20]：

(1) ζ_k 关于 $y^{(k)}$ 是线性的；

(2) ζ_k 为 $y', y'', \cdots, y^{(k)}$ 的多项式，ζ_k 的系数关于 $\xi(x,y), \eta(x,y)$ 及其到 k 阶的偏导数为线性的。

特别地，无穷小生成元的三阶延拓为

$$X^{(3)} = X^{(2)} + \zeta_3 \frac{\partial}{\partial y^{(3)}} = \xi \frac{\partial}{\partial x} + \eta \frac{\partial}{\partial y} + \zeta_1 \frac{\partial}{\partial y'} + \zeta_2 \frac{\partial}{\partial y''} + \zeta_3 \frac{\partial}{\partial y^{(3)}} \tag{2.108}$$

其中

$$\begin{aligned}
\zeta_3 =& D\left(\zeta_2\right) - y^{(3)} D\left(\xi\right) \\
=& \eta_{xxx} + \left(3\eta_{xxy} - \xi_{xxx}\right) y' + 3\left(\eta_{xyy} - \xi_{xxy}\right) \left(y'\right)^2 + \left(\eta_{yyy} - 3\xi_{xyy}\right) \left(y'\right)^3 - \xi_{yyy} \left(y'\right)^4 \\
& + 3\left[\eta_{xy} - \xi_{xx} + \left(\eta_{yy} - 3\xi_{xy}\right) y' - 2\xi_{xy} \left(y'\right)^2\right] y'' - 3\xi_y \left(y''\right)^2 \\
& + \left(\eta_y - 3\xi_x - 4\xi_y y'\right) \left(y'\right)^3
\end{aligned} \tag{2.109}$$

对称性条件为

$$X^{(3)} f\left(x, y, y', y'', y^{(3)}\right) = \xi \frac{\partial f}{\partial x} + \eta \frac{\partial f}{\partial y} + \zeta_1 \frac{\partial f}{\partial y'} + \zeta_2 \frac{\partial f}{\partial y''} + \zeta_3 \frac{\partial f}{\partial y^{(3)}} = 0 \tag{2.110}$$

对应的特征方程为

$$\frac{\mathrm{d}x}{\xi} = \frac{\mathrm{d}y}{\eta} = \frac{\mathrm{d}y'}{\zeta_1} = \frac{\mathrm{d}y''}{\zeta_2} = \frac{\mathrm{d}y^{(3)}}{\zeta_3} = \frac{\mathrm{d}f}{0} \tag{2.111}$$

2.2　Lie 代数

Lie 群作为流形，存在一个特殊的单位元。通俗地说，Lie 群被表示成一个曲面，Lie 代数就是包含曲面微分性质的单位元上的切空间 [27,28]。数学上，Lie 代数是一个代数结构，主要用于研究像 Lie 群和微分流形之类的几何对象。与 Lie 群的流形结构相比，Lie 代数是性质更为简单的线性向量空间。

2.2.1　Lie 代数与 Lie 括号

定义 2.5　如果在 n 维向量空间中引入一种对易交换算符运算，记作 $[\cdot, \cdot]$，满足如下性质：

(1) **反对称性**

$$[X, Y] = -[Y, X] \tag{2.112}$$

(2) 双线性性

$$[c_1 X + c_2 Y, Z] = c_1 [X, Z] + c_2 [Y, Z] \tag{2.113}$$

(3) **Jacobi 恒等式**

$$[X, [Y, Z]] + [Z, [X, Y]] + [Y, [Z, X]] = 0 \tag{2.114}$$

其中 X, Y, Z 是向量空间中的任意向量场,c_1, c_2 是任意常数,则称该向量空间是一个 n 维 **Lie 代数**,对易交换算符 $[\cdot, \cdot]$ 被称为 **Lie 括号** [29]。

对于 n 参数 Lie 变换群,其无穷小生成元

$$X_i = \xi_i \frac{\partial}{\partial x} + \eta_i \frac{\partial}{\partial y}, \quad i = 1, 2, \cdots, n \tag{2.115}$$

构成一个 $\mathbb{R}$ 上的 n 维的 Lie 代数,表示为 $\mathcal{L}^n$ [30]。

任意两个无穷小生成元 X_i, X_j 的 Lie 括号表示为

$$[X_i, X_j] = X_i X_j - X_j X_i = (X_i(\xi_j) - X_j(\xi_i)) \frac{\partial}{\partial x} - (X_i(\eta_j) - X_j(\eta_i)) \frac{\partial}{\partial y} \tag{2.116}$$

2.2.2 Lie 代数的性质

n 参数 Lie 变换群的任意两个无穷小生成元 X_i, X_j 的 Lie 括号 $[X_i, X_j]$ 有如下性质 [31]:

(1) 反对称性

$$[X_i, X_j] = -[X_j, X_i] \tag{2.117}$$

(2) 双线性性

$$[c_1 X_i + c_2 X_j, X_k] = c_1 [X_i, X_k] + c_2 [X_j, X_k] \tag{2.118}$$

(3) **Jacobi 恒等式**

$$[X_i, [X_j, X_k]] + [X_k, [X_i, X_j]] + [X_j, [X_k, X_i]] = 0 \tag{2.119}$$

(4) $[X_i, X_j]$ 也是无穷小生成元,即

$$[X_i, X_j] \in \mathcal{L}^n \tag{2.120}$$

证明 用 G^n 表示 n 参数 Lie 变换群。G^n 的任一单参数 (ε) 子群有在 $\mathcal{L}^n$ 中对应的无穷小生成元。例如,$X_i \in \mathcal{L}^n$ 对应 $e^{\varepsilon X_i} f \in G^n$ $(i = 1, 2, \cdots, n)$;$c_1 X_i + c_2 X_j \in \mathcal{L}^n$ 对应 $e^{\varepsilon(c_1 X_i + c_2 X_j)} f \in G^n$ 和 $e^{\varepsilon c_1 X_i} e^{\varepsilon c_2 X_j} f \in G^n$ $(i = 1, 2, \cdots, n)$。

如果 $X_i, X_j \in \mathcal{L}^n$, 那么对任意的 $\varepsilon, \delta \in \mathbb{R}$, 有 $\mathrm{e}^{\varepsilon X_i} f \in G^n$ 和 $\mathrm{e}^{\varepsilon X_j} f \in G^n$ $(i = 1, 2, \cdots, n)$。所以单参数 (ε) 变换群

$$\mathrm{e}^{-\varepsilon X_i} \mathrm{e}^{-\varepsilon X_j} \mathrm{e}^{\varepsilon X_i} \mathrm{e}^{\varepsilon X_j} f = \left(\mathrm{e}^{\varepsilon X_i}\right)^{-1} \left(\mathrm{e}^{\varepsilon X_j}\right)^{-1} \mathrm{e}^{\varepsilon X_i} \mathrm{e}^{\varepsilon X_j} f \in G^n \tag{2.121}$$

且有

$$\mathrm{e}^{-\varepsilon X_i} \mathrm{e}^{-\varepsilon X_j} \mathrm{e}^{\varepsilon X_i} \mathrm{e}^{\varepsilon X_j}$$

$$= \left[1 - \varepsilon X_i + \frac{\varepsilon^2}{2} (X_i)^2\right] \left[1 - \varepsilon X_j + \frac{\varepsilon^2}{2} (X_j)^2\right]$$

$$\times \left[1 + \varepsilon X_i + \frac{\varepsilon^2}{2} (X_i)^2\right] \left[1 + \varepsilon X_j + \frac{\varepsilon^2}{2} (X_j)^2\right] + O\left(\varepsilon^3\right)$$

$$= \left\{1 - \varepsilon (X_i + X_j) + \varepsilon^2 \left[X_i X_j + \frac{1}{2} (X_i)^2 + \frac{1}{2} (X_j)^2\right]\right\}$$

$$\times \left\{1 + \varepsilon (X_i + X_j) + \varepsilon^2 \left[X_i X_j + \frac{1}{2} (X_i)^2 + \frac{1}{2} (X_j)^2\right]\right\} + O\left(\varepsilon^3\right)$$

$$= 1 + \varepsilon^2 \left[2 X_i X_j + (X_i)^2 + (X_j)^2 - (X_i + X_j)^2\right] + O\left(\varepsilon^3\right)$$

$$= 1 + \varepsilon^2 \left(2 X_i X_j - X_i X_j - X_j X_i\right) + O\left(\varepsilon^3\right)$$

$$= 1 + \varepsilon^2 \left(X_i X_j - X_j X_i\right) + O\left(\varepsilon^3\right)$$

$$= 1 + \varepsilon^2 [X_i, X_j] + O\left(\varepsilon^3\right) \tag{2.122}$$

所以 $[X_i, X_j] \in \mathcal{L}^n$, 并且当且仅当 $[X_i, X_j] = 0$ 时, 有 $\mathrm{e}^{\varepsilon X_i} \mathrm{e}^{\delta X_j} = \mathrm{e}^{\delta X_j} \mathrm{e}^{\varepsilon X_i} = \mathrm{e}^{\varepsilon X_i + \delta X_j}$, 称 X_i, X_j 是**可交换**的, 否则为不可交换的。

(5) 记 $X_i^{(k)}, X_j^{(k)}$ 分别为无穷小生成元 X_i, X_j 的 k 阶延拓, 如果 $[X_i, X_j] = X_m$, 那么有 $\left[X_i^{(k)}, X_j^{(k)}\right] = X_m^{(k)}$。

(6) 坐标变换不改变 Lie 括号, 或者说 Lie 括号与坐标无关。

证明 假设有坐标变换 $(x, y) \mapsto (u, v)$, 对每个无穷小生成元 X_i 利用求导的链式法则进行转换, 得到对 (u, v) 的无穷小生成元

$$\overline{X}_i = X_i u \frac{\partial}{\partial u} + X_i v \frac{\partial}{\partial v} \tag{2.123}$$

对任意函数 $F(u, v)$, 有

$$\left[\overline{X}_i, \overline{X}_j\right] F = \left[\overline{X}_i \overline{X}_j - \overline{X}_j \overline{X}_i\right] F$$

$$= \overline{X}_i \left(\overline{X}_j F\right) - \overline{X}_j \left(\overline{X}_i F\right)$$

$$= \overline{X}_i \left[\left(X_j u \frac{\partial}{\partial u} + X_j v \frac{\partial}{\partial v}\right) F\right] - \overline{X}_j \left[\left(X_i u \frac{\partial}{\partial u} + X_i v \frac{\partial}{\partial v}\right) F\right]$$

$$=\overline{X}_i \left(X_j u F_u + X_j v F_v \right) - \overline{X}_j \left(X_i u F_u + X_i v F_v \right)$$

$$=X_i X_j u F_u - X_j X_i u F_u + X_i X_j v F_v - X_j X_i v F_v$$

$$=[X_i, X_j] u F_u + [X_i, X_j] v F_v$$

$$=[X_i, X_j] F \tag{2.124}$$

因此有关系

$$\left[\overline{X}_i, \overline{X}_j \right] = [X_i, X_j] \tag{2.125}$$

定义 2.6 由于 $[X_i, X_j] \in \mathcal{L}^n$，存在常数 c_{ij}^k 使得

$$[X_i, X_j] = c_{ij}^k X_k \tag{2.126}$$

常数 c_{ij}^k 称为**结构常数** [30]。

例 2.7 考虑无穷小生成元

$$X_1 = \frac{\partial}{\partial x}, \quad X_2 = x\frac{\partial}{\partial x} + \frac{3}{4}y\frac{\partial}{\partial y} \tag{2.127}$$

可以计算出几种组合 Lie 括号为

$$[X_1, X_2] = [X_1(x) - X_2(1)]\frac{\partial}{\partial x} + \left[X_1\left(\frac{3}{4}y\right) - X_2(0)\right]\frac{\partial}{\partial y} = \frac{\partial}{\partial x} = X_1$$

$$[X_1, X_1] = [X_2, X_2] = 0, \quad [X_2, X_1] = -[X_1, X_2] = -X_1$$

$$\tag{2.128}$$

因此，结构常数为

$$c_{12}^1 = 1, \quad c_{21}^1 = -1 \tag{2.129}$$

例 2.8 考虑 $\mathbb{R}^2$ 中将直线变为直线的映射变换，实际上是由 8 参数 Lie 变换群定义的

$$\overline{x} = \frac{(1+\varepsilon_3)x + \varepsilon_4 y + \varepsilon_5}{\varepsilon_1 x + \varepsilon_2 y + 1}, \quad \overline{y} = \frac{\varepsilon_6 x + (1+\varepsilon_7)y + \varepsilon_8}{\varepsilon_1 x + \varepsilon_2 y + 1} \tag{2.130}$$

其中参数 $\varepsilon_i \in \mathbb{R} \, (i = 1, 2, \cdots, 8)$。

对应的在八维 Lie 代数 $\mathcal{L}^8$ 中的无穷小生成元为

$$X_1 = x^2\frac{\partial}{\partial x} + xy\frac{\partial}{\partial y}, \quad X_2 = xy\frac{\partial}{\partial x} + y^2\frac{\partial}{\partial y}, \quad X_3 = x\frac{\partial}{\partial x}, \quad X_4 = y\frac{\partial}{\partial x},$$

$$X_5 = \frac{\partial}{\partial x}, \quad X_6 = x\frac{\partial}{\partial y}, \quad X_7 = y\frac{\partial}{\partial y}, \quad X_8 = \frac{\partial}{\partial y}$$

$$\tag{2.131}$$

可以用 Lie 代数结构常数表表示，如表 2.1 所示。

表 2.1　八维 Lie 代数结构常数表

$[X_i, X_j]$	X_1	X_2	X_3	X_4	X_5	X_6	X_7	X_8
X_1	0	0	$-X_1$	$-X_2$	$-2X_3-X_7$	0	0	$-X_6$
X_2	0	0	0	0	$-X_4$	$-X_1$	$-X_2$	$-X_3-2X_7$
X_3	X_1	0	0	$-X_4$	$-X_5$	X_6	0	0
X_4	X_2	0	X_4	0	0	X_7-X_3	$-X_4$	$-X_5$
X_5	$2X_3+X_7$	X_4	X_5	0	0	X_8	0	0
X_6	0	X_1	$-X_6$	X_3-X_7	$-X_8$	0	X_6	0
X_7	0	X_2	0	X_4	0	$-X_6$	0	$-X_8$
X_8	X_6	X_3+2X_7	0	X_5	0	0	X_8	0

2.2.3　可解 Lie 代数

给定任意 Lie 代数 $\mathcal{L} = \{X_1, X_2, \cdots, X_n\}$，可以构造一个导出子代数 $\mathcal{L}^{(1)}$，其包含的所有 Lie 括号，即

$$\mathcal{L}^{(1)} = [\mathcal{L}, \mathcal{L}] \tag{2.132}$$

如果 $\mathcal{L}^{(1)} \neq \mathcal{L}$，可以继续构造 $\mathcal{L}^{(1)}$ 的导出子代数

$$\mathcal{L}^{(2)} = \left[\mathcal{L}^{(1)}, \mathcal{L}^{(1)}\right] \tag{2.133}$$

继续这个过程

$$\mathcal{L}^{(k)} = \left[\mathcal{L}^{(k-1)}, \mathcal{L}^{(k-1)}\right] \tag{2.134}$$

直到不能得到一个新的子代数为止。

定义 2.7　对于 Lie 代数 $\mathcal{L}$，如果 $\mathcal{L}$ 导出的子代数 $\mathcal{L}^{(1)}, \mathcal{L}^{(2)}, \cdots, \mathcal{L}^{(k-1)} \neq \{0\}$，其中 k 是正整数，那么称 $\mathcal{L}$ 是**可解**的[31]。

定理 2.7　任意二维 Lie 代数 $\mathcal{L}^2$ 都是可解的[31]。

对于二维 Lie 代数 $\mathcal{L}^2$，无穷小生成元为 X_1, X_2，如下等式成立

$$[X_1, X_2] = cX_1 \tag{2.135}$$

其中 c 为常数。

因此，由 X_1 展开的一维代数 $\mathcal{L}^1$ 可以看作由 $\mathcal{L}^2$ 变换简化得到的，商代数 X_2/X_1 可以认为是由 X_2 展开而成的。如果 X_2 是一个常微分方程的无穷小生成元，可以利用 X_1 把微分方程的阶数降低一阶，降阶后的方程满足商代数 X_2/X_1。这是可以利用 Lie 群对称性逐步降阶求解微分方程的理论基础[24]。

例 2.9　考虑一个四阶非线性微分方程[24]

$$y^{(4)} = \left(y^{(3)}\right)^{\frac{4}{3}} \tag{2.136}$$

对应五维 Lie 代数 $\mathcal{L}^5$ 中的无穷小生成元

$$X_1 = \frac{\partial}{\partial y}, \quad X_2 = x\frac{\partial}{\partial y}, \quad X_3 = x^2\frac{\partial}{\partial y}, \quad X_4 = \frac{\partial}{\partial x}, \quad X_5 = x\frac{\partial}{\partial x} \tag{2.137}$$

Lie 代数结构常数表如表 2.2 所示。

表 2.2 五维 Lie 代数结构常数表

$[X_i, X_j]$	X_1	X_2	X_3	X_4	X_5
X_1	0	0	0	0	0
X_2	0	0	0	$-X_1$	$-X_2$
X_3	0	0	0	$-2X_2$	$-2X_3$
X_4	0	X_1	$2X_2$	0	X_4
X_5	0	X_2	$2X_3$	$-X_4$	0

表 2.2 中有 X_1, X_2, X_3, X_4，无 X_5，所以 $\mathcal{L}^5$ 有导出子代数

$$\mathcal{L}^{(1)} = \{X_1, X_2, X_3, X_4\} \tag{2.138}$$

由于 $\mathcal{L}^{(1)} \neq \mathcal{L}$，可以继续计算 $\mathcal{L}^{(2)}$。由表 2.2，X_1, X_2, X_3, X_4 之间的 Lie 括号运算结果只有 X_1, X_2，所以

$$\mathcal{L}^{(2)} = \{X_1, X_2\} \tag{2.139}$$

由表 2.2，X_1, X_2 之间的 Lie 括号运算结果为零，所以

$$\mathcal{L}^{(3)} = \{0\} \tag{2.140}$$

这表明 $\mathcal{L}^5$ 是可解的。

2.3 正则变量方法求解微分方程

本节介绍 Lie 群对称性中的正则变量方法，以逐步降阶求解二阶微分方程 [32]。

2.3.1 正则变量方法

首先引入两个生成元

$$X_1 = \xi_1\frac{\partial}{\partial x} + \eta_1\frac{\partial}{\partial y}, \quad X_2 = \xi_2\frac{\partial}{\partial x} + \eta_2\frac{\partial}{\partial y} \tag{2.141}$$

的反对称运算

$$X_1 \vee X_2 = \xi_1\eta_2 - \xi_2\eta_1 \tag{2.142}$$

定理 2.8　适当选择基 X_1, X_2，任何二维 Lie 代数都可以简化成如下 4 种正则情况之一 [24]:

$$
\begin{aligned}
&\mathrm{I} : [X_1, X_2] = 0, \quad X_1 \vee X_2 \neq 0 \\
&\mathrm{II} : [X_1, X_2] = 0, \quad X_1 \vee X_2 = 0 \\
&\mathrm{III} : [X_1, X_2] = X_1, \quad X_1 \vee X_2 \neq 0 \\
&\mathrm{IV} : [X_1, X_2] = X_1, \quad X_1 \vee X_2 = 0
\end{aligned}
\tag{2.143}
$$

定理 2.9　适当选择变量，任何二维 Lie 代数的基都可以简化成如下 4 种正则情况之一 [24]:

$$
\begin{aligned}
&\mathrm{I} : X_1 = \frac{\partial}{\partial x}, \quad X_2 = \frac{\partial}{\partial y} \\
&\mathrm{II} : X_1 = \frac{\partial}{\partial y}, \quad X_2 = x\frac{\partial}{\partial y} \\
&\mathrm{III} : X_1 = \frac{\partial}{\partial y}, \quad X_2 = x\frac{\partial}{\partial x} + y\frac{\partial}{\partial y} \\
&\mathrm{IV} : X_1 = \frac{\partial}{\partial y}, \quad X_2 = y\frac{\partial}{\partial y}
\end{aligned}
\tag{2.144}
$$

其中变量 x, y 称为正则变量。

2.3.2　求解微分方程步骤

利用 Lie 群求解微分方程的步骤如下 [28]:

(1) 计算微分方程的无穷小生成元 X_r;

(2) 如果 $r = 2$，微分方程可解; 如果 $r > 2$，需要确定其子代数 $\mathcal{L}^2 \subset \mathcal{L}^r$; 如果 $r < 2$，微分方程不能利用 Lie 群进行简化求解;

(3) 计算 X_2 基的交换算符 $[X_1, X_2]$ 和 $X_1 \vee X_2$，如果需要，可以改变基以便对应式 (2.143);

(4) 引入正则变量，把微分方程改写为正则变量的形式，积分求解;

(5) 把解变成原来变量的形式，即得到方程的解。

例 2.10　用 Lie 群方法求解非线性二阶常微分方程 [33]

$$
y'' = \frac{y'}{y^2} - \frac{1}{xy}
\tag{2.145}
$$

计算微分方程 (2.145) 的无穷小生成元，得到

$$
X = c_1 X_1 + c_2 X_2, \quad X_1 = x^2\frac{\partial}{\partial x} + xy\frac{\partial}{\partial y}, \quad X_2 = x\frac{\partial}{\partial x} + \frac{y}{2}\frac{\partial}{\partial y}
\tag{2.146}
$$

显然，这时 $r = 2$，是可解的，可用 Lie 群简化。

这时有关系

$$[X_1, X_2] = -X_1, \quad X_1 \vee X_2 = -\frac{1}{2}x^2 y \neq 0 \tag{2.147}$$

把 X_2 变号后即可对应 $\mathcal{L}_2$ 的情况 Ⅲ，变号后，由如下基展开得到 $\mathcal{L}_2$ 代数就有正则结构 Ⅲ

$$X = c_1 X_1 + c_2 X_2, \quad X_1 = x^2 \frac{\partial}{\partial x} + xy\frac{\partial}{\partial y}, \quad X_2 = -x\frac{\partial}{\partial x} - \frac{y}{2}\frac{\partial}{\partial y} \tag{2.148}$$

对应于 X_1，正则变量 u, v 满足的正则方程为

$$x^2 \frac{\partial}{\partial x}u + xy\frac{\partial}{\partial y}v = 0, \quad x^2 \frac{\partial}{\partial x}u + xy\frac{\partial}{\partial y}v = 1 \tag{2.149}$$

由于只要求方程 (2.149) 的一个特解，设 u, v 都具有形式 $x^a y^b$，代入即可确定最简单的正则变量

$$u = \frac{y}{x}, \quad v = -x^{-1} \tag{2.150}$$

把 (x, y) 变为 (u, v) 后，X_1 变换为

$$X_1 = \frac{\partial}{\partial v} \tag{2.151}$$

相应地，X_2 变换为

$$X_2 = \frac{1}{2}u\frac{\partial}{\partial u} + v\frac{\partial}{\partial v} \tag{2.152}$$

选择 u, v 作为新变量，微分方程 (2.145) 变为

$$\frac{u''}{(u')^2} + \frac{1}{v^2} = 0 \tag{2.153}$$

积分后得到两个解

$$v = -\frac{u^2}{2} + c \tag{2.154}$$

$$v = \frac{u}{c_1} + \frac{1}{c_1^2}\ln|c_1 u - 1| + c_2 \tag{2.155}$$

注意到微分方程 (2.145) 还有一个解，就是当 $y'' = 0$ 时，有解 $y = cx$。

把原变量代入以上解中得到微分方程 (2.145) 的三个解

$$y = \pm\sqrt{2x + cx^2} \tag{2.156}$$

$$c_1 y + c_2 x + x \ln \left| c_1 \frac{y}{x} - 1 \right| + c_1^2 = 0 \tag{2.157}$$

$$y = cx \tag{2.158}$$

其中 c 和 c_1, c_2 均为任意积分常数。

例 2.11 设有非线性常微分方程

$$F(x, y, y', y'') = y'' - \frac{(y')^2}{y} - (y - y^{-1}) y' = 0 \tag{2.159}$$

可得到

$$\xi = 1, \quad \eta = 0 \tag{2.160}$$

代表平移变换。

方程 (2.159) 只有一个无穷小生成元 $X = \dfrac{\partial}{\partial x}$，所以

$$\eta_1 = \frac{\mathrm{d}\eta}{\mathrm{d}x} - y' \frac{\mathrm{d}\xi}{\mathrm{d}x} = 0, \quad \eta_2 = \frac{\mathrm{d}\eta_1}{\mathrm{d}x} - y'' \frac{\mathrm{d}\xi}{\mathrm{d}x} = 0 \tag{2.161}$$

对于二阶延拓，有对称性条件

$$X^{(2)} F(x, y, y', y'') = \xi \frac{\partial}{\partial x} F + \eta \frac{\partial}{\partial y} F + \eta_1 \frac{\partial}{\partial y'} F + \eta_2 \frac{\partial}{\partial y''} F = \frac{\partial}{\partial x} F(x, y, y', y'') = 0 \tag{2.162}$$

对应的特征方程为

$$\frac{\mathrm{d}x}{1} = \frac{\mathrm{d}y}{0} = \frac{\mathrm{d}y'}{0} = \frac{\mathrm{d}y''}{0} = \frac{\mathrm{d}F}{0} \tag{2.163}$$

积分后的常数就是不变量或正则变量，所以

$$u = y, \quad v = y' \tag{2.164}$$

方程 (2.159) 可以变为

$$\frac{\mathrm{d}v}{\mathrm{d}u} = \frac{v}{u} + u - \frac{1}{u} \tag{2.165}$$

直接积分得到

$$v = u^2 - 2c_1 u + 1 \tag{2.166}$$

把式 (2.164) 代入式 (2.166)，得到

$$\frac{\mathrm{d}y}{\mathrm{d}x} = y^2 - 2c_1 y + 1 \tag{2.167}$$

积分后可以得到方程 (2.159) 的解

$$
y = \begin{cases} c_1 - \sqrt{c_1^2 - 1} \tanh\left[\sqrt{c_1^2 - 1}\,(x + c_2)\right], & c_1^2 > 1 \\ c_1 - (x + c_2)^{-1}, & c_1^2 = 1 \\ c_1 + \sqrt{1 - c_1^2} \tanh\left[\sqrt{1 - c_1^2}\,(x + c_2)\right], & c_1^2 < 1 \end{cases} \tag{2.168}
$$

其中 c_1, c_2 为任意积分常数。

例 2.12 给定非线性常微分方程 [27]

$$
F\left(x, y, y', y''\right) = yy'' - (y')^2 + y^3 = 0 \tag{2.169}
$$

方程 (2.169) 有二维对称 Lie 代数

$$
X_1 = \frac{\partial}{\partial x}, \quad X_2 = x\frac{\partial}{\partial x} - 2y\frac{\partial}{\partial y} \tag{2.170}
$$

其中，X_1 代表平移，X_2 代表旋转，Lie 括号 $[X_1, X_2] = \dfrac{\partial}{\partial x} = X_1$。

现在利用 Lie 群求解方程 (2.169)。

对于对称 $X_1 = \dfrac{\partial}{\partial x}$，有

$$
\eta_1 = \frac{\mathrm{d}\eta}{\mathrm{d}x} - y'\frac{\mathrm{d}\xi}{\mathrm{d}x} = 0, \quad \eta_2 = \frac{\mathrm{d}\eta_1}{\mathrm{d}x} - y''\frac{\mathrm{d}\xi}{\mathrm{d}x} = 0 \tag{2.171}
$$

对于二阶延拓，有对称性条件

$$
X^{(2)}F\left(x, y, y', y''\right) = \xi\frac{\partial}{\partial x}F + \eta\frac{\partial}{\partial y}F + \eta_1\frac{\partial}{\partial y'}F + \eta_2\frac{\partial}{\partial y''}F = \frac{\partial}{\partial x}F\left(x, y, y', y''\right) = 0 \tag{2.172}
$$

对应的特征方程为

$$
\frac{\mathrm{d}x}{1} = \frac{\mathrm{d}y}{0} = \frac{\mathrm{d}y'}{0} = \frac{\mathrm{d}y''}{0} = \frac{\mathrm{d}F}{0} \tag{2.173}
$$

积分后的常数就是不变量或正则变量，所以

$$
u = y, \quad v = y' \tag{2.174}
$$

式 (2.169) 可以简化为一阶微分方程

$$
\frac{\mathrm{d}v}{\mathrm{d}u} = \frac{v}{u} - \frac{u^2}{v} \tag{2.175}
$$

对于方程 (2.175)，可以继续使用 Lie 群方法求解。对称性条件为

$$X = 2u\frac{\partial}{\partial u} + 3v\frac{\partial}{\partial v} \tag{2.176}$$

即有

$$\xi = 2u, \quad \eta = 3v \tag{2.177}$$

一阶延拓

$$\eta_1 = \frac{\mathrm{d}\eta}{\mathrm{d}u} - v'\frac{\mathrm{d}\xi}{\mathrm{d}u} = -2v' = -2\frac{\mathrm{d}v}{\mathrm{d}u} \tag{2.178}$$

对称性条件的特征方程为

$$\frac{\mathrm{d}u}{2u} = \frac{\mathrm{d}v}{3v} = \frac{\mathrm{d}v'}{-2v'} = \frac{\mathrm{d}F}{0} \tag{2.179}$$

积分后的常数就是不变量或正则变量。

所以，正则变量可以取

$$r = v^2/u^3, \quad s = uv' \tag{2.180}$$

可得方程 (2.169) 的解为

$$y = \frac{A}{2}\left[1 - \tanh\left(\pm\frac{\sqrt{A}\,(B-x)}{2}\right)^2\right] \tag{2.181}$$

其中 A, B 为待定常数。

2.4　微分方程的对称性

本节研究微分方程的对称性，以便可以将 Lie 群应用到微分方程的求解过程中。

2.4.1　微分方程的对称性定理

考虑 n 阶微分方程

$$F\left(x, y, \cdots, y^{(n)}\right) = y^{(n)} - \omega\left(x, y, \cdots, y^{(n-1)}\right) \tag{2.182}$$

其中 ω 是局部处处光滑的函数。

定理 2.10 (对称性定理)　方程 (2.182) 对称的充分必要条件是其无穷小生成元的 n 阶延拓作用到方程后为零，即当 $y^{(k)} = \omega\left(x, y, \cdots, y^{(n-1)}\right)$ 时

$$X^{(n)}\left[y^{(k)} - \omega\left(x, y, \cdots, y^{(n-1)}\right)\right] = 0 \tag{2.183}$$

对于给定的 ω，通过方程 (2.183) 可以计算出给定方程的对称性，称方程 (2.183) 为 **Lie 群对称性决定方程** [24]。

下面给出一阶和二阶微分方程的决定方程，即用以确定无穷小生成元坐标 ξ, η 的方程。

2.4.2 一阶微分方程的决定方程

当 $n = 1$ 时，有微分方程

$$F(x, y, y') = y' - \omega(x, y) = 0 \tag{2.184}$$

无穷小生成元的一阶延拓为

$$
\begin{aligned}
X^{(1)} &= X + \zeta_1 \frac{\partial}{\partial y'} = \xi \frac{\partial}{\partial x} + \eta \frac{\partial}{\partial y} + \zeta_1 \frac{\partial}{\partial y'} \\
&= \xi \frac{\partial}{\partial x} + \eta \frac{\partial}{\partial y} + \left[\eta_x + (\eta_y - \xi_x) y' - \xi_y (y')^2\right] \frac{\partial}{\partial y'}
\end{aligned} \tag{2.185}
$$

由定理 2.10，有一阶微分方程的对称性决定方程

$$
\begin{aligned}
&X^{(1)} F(x, y, y') \\
={}& X^{(1)} [y' - \omega(x, y)] \\
={}& \left\{\xi \frac{\partial}{\partial x} + \eta \frac{\partial}{\partial y} + \left[\eta_x + (\eta_y - \xi_x) y' - \xi_y (y')^2\right] \frac{\partial}{\partial y'}\right\} [y' - \omega(x, y)] = 0
\end{aligned} \tag{2.186}
$$

由于 x, y, y' 是相互独立的变量，用 ω 代替 y' 后简化为

$$
\begin{aligned}
&X^{(1)} F(x, y, y') \\
={}& \left\{\xi \frac{\partial}{\partial x} + \eta \frac{\partial}{\partial y} + \left[\eta_x + (\eta_y - \xi_x) y' - \xi_y (y')^2\right] \frac{\partial}{\partial y'}\right\} [y' - \omega(x, y)] \\
={}& {-\xi \omega_x} - \eta \omega_y + \eta_x + (\eta_y - \xi_x) y' - (y')^2 \xi_y = 0
\end{aligned} \tag{2.187}
$$

从而得到一阶微分方程的对称性决定方程 [33]

$$\xi \omega_x + \eta \omega_y = \eta_x + (\eta_y - \xi_x) \omega - \omega^2 \xi_y \tag{2.188}$$

在给定 ω 的情况下就可以确定 ξ, η。

例 2.13 考虑一阶微分方程

$$\frac{\mathrm{d}a}{\mathrm{d}t} = Q a^b \tag{2.189}$$

对于方程 (2.189)，有 $\omega = Qa^b$，从而有

$$\omega_t = 0, \quad \omega_a = bQa^{b-1} \tag{2.190}$$

将式 (2.190) 代入一阶微分方程的对称性决定方程 (2.188)，得到决定方程

$$\eta bQa^{b-1} = \eta_t + (\eta_a - \xi_t) Qa^b - (Qa^b)^2 \xi_a \tag{2.191}$$

通过比较式 (2.191) 中 a 各幂次前的系数，有

$$\begin{aligned}
&a^{2b}: \quad Q^2 \xi_a = 0 \\
&a^b: \quad (\eta_a - \xi_t) Q = 0 \\
&a^{b-1}: \quad \eta bQ = 0 \\
&a^0: \quad \eta_t = 0
\end{aligned} \tag{2.192}$$

从而得到

$$\xi = c, \quad \eta = 0 \tag{2.193}$$

其中 c 表示任意常数。

因此，方程 (2.189) 的无穷小生成元是

$$X = \xi \frac{\partial}{\partial t} + \eta \frac{\partial}{\partial a} = c \frac{\partial}{\partial t} \tag{2.194}$$

例 2.14 考虑一阶微分方程

$$\frac{\mathrm{d}x}{\mathrm{d}t} = Ax + f(t) \tag{2.195}$$

对于方程 (2.195)，有 $\omega = Ax + f(t)$，从而有

$$\omega_t = f'(t), \quad \omega_x = A \tag{2.196}$$

将式 (2.196) 代入一阶微分方程的对称性决定方程 (2.188)，得到决定方程

$$\xi f'(t) + \eta A = \eta_t + (\eta_x - \xi_t) [Ax + f(t)] - [Ax + f(t)]^2 \xi_x \tag{2.197}$$

展开方程 (2.197) 并比较 x 各幂次前的系数，有

$$\begin{aligned}
&x^2: A^2 \xi_x = 0 \\
&x: (\eta_x - \xi_t) A - 2Af(t) \xi_x = 0 \\
&x^0: \xi f'(t) + \eta A = \eta_t + (\eta_x - \xi_t) f(t) - f^2(t) \xi_x
\end{aligned} \tag{2.198}$$

由式 (2.198) 中第一式得到

$$\xi = g(t) \tag{2.199}$$

其中 $g(t)$ 是关于 t 的任意函数。

将式 (2.199) 代入式 (2.198) 中的第二式，得到

$$\eta = xg'(t) + c \tag{2.200}$$

其中 c 表示任意常数。

将式 (2.199)、(2.200) 代入式 (2.198) 中的最后一式，得到

$$g(t) f'(t) + [xg'(t) + c] A = xg''(t) \tag{2.201}$$

通过比较式 (2.201) 中 x 各幂次前的系数，有

$$\begin{aligned} x &: g'(t) A = g''(t) \\ x^0 &: g(t) f'(t) + cA = 0 \end{aligned} \tag{2.202}$$

由式 (2.202) 中的第一式可得

$$g(t) = c_1 e^{At} + c_2 \tag{2.203}$$

其中 c_1, c_2 是任意常数。

将式 (2.203) 代入式 (2.202) 中的第二式得到

$$\left(c_1 e^{At} + c_2\right) f'(t) + cA = 0 \tag{2.204}$$

若存在能满足式 (2.204) 的常数 c 和 c_1, c_2，方程 (2.195) 的无穷小生成元是

$$X = \xi \frac{\partial}{\partial t} + \eta \frac{\partial}{\partial x} = \left(c_1 e^{At} + c_2\right) \frac{\partial}{\partial t} + \left(x c_1 A e^{At} + c\right) \frac{\partial}{\partial x} \tag{2.205}$$

如不存在满足式 (2.204) 的常数 c 和 c_1, c_2，方程 (2.195) 不存在对称性。

2.4.3 二阶微分方程的决定方程

当 $n = 2$ 时，有微分方程

$$F(x, y, y', y'') = y'' - \omega(x, y, y') = 0 \tag{2.206}$$

无穷小生成元的二阶延拓为

$$X^{(2)} = X + \zeta_2 \frac{\partial}{\partial y''} = \xi \frac{\partial}{\partial x} + \eta \frac{\partial}{\partial y} + \zeta_1 \frac{\partial}{\partial y'} + \zeta_2 \frac{\partial}{\partial y''}$$

$$= \xi \frac{\partial}{\partial x} + \eta \frac{\partial}{\partial y} + \left[\eta_x + (\eta_y - \xi_x) y' - \xi_y (y')^2 \right] \frac{\partial}{\partial y'} + \zeta_2 \frac{\partial}{\partial y''} \tag{2.207}$$

由定理 2.10, 有二阶微分方程的对称性决定方程

$$X^{(2)} F(x,y,y',y'') = X^{(2)} [y'' - \omega(x,y,y')]$$
$$= \left\{ \xi \frac{\partial}{\partial x} + \eta \frac{\partial}{\partial y} + \left[\eta_x + (\eta_y - \xi_x) y' - \xi_y (y')^2 \right] \frac{\partial}{\partial y'} + \zeta_2 \frac{\partial}{\partial y''} \right\}$$
$$\times [y'' - \omega(x,y,y')] = 0 \tag{2.208}$$

用 ω 代替 y'' 后简化得到二阶微分方程的对称性决定方程 [33]

$$\eta_{xx} + (2\eta_{xy} - \xi_{xx}) y' + (\eta_{yy} - 2\xi_{xy})(y')^2 - (y')^3 \xi_{yy} + (\eta_y - 2\xi_x - 3\xi_y y')\omega$$
$$= \xi\omega_x + \eta\omega_y + \left[\eta_x + (\eta_y - \xi_x) y' - (y')^2 \xi_y \right] \omega_{y'} \tag{2.209}$$

通过比较公式两边的有关 y' 的幂次同类项系数, 就可以确定 ξ, η。

例 2.15　考虑二阶微分方程 [27]

$$y'' = 0 \tag{2.210}$$

此时 $\omega = 0$, 二阶微分方程的对称性决定方程 (2.209) 变为

$$\eta_{xx} + (2\eta_{xy} - \xi_{xx}) y' + (\eta_{yy} - 2\xi_{xy})(y')^2 - (y')^3 \xi_{yy} = 0 \tag{2.211}$$

比较方程 (2.211) 中 y' 各幂次前的系数, 有

$$\begin{aligned} (y')^3 &: \xi_{yy} = 0 \\ (y')^2 &: \eta_{yy} - 2\xi_{xy} = 0 \\ y' &: 2\eta_{xy} - \xi_{xx} = 0 \\ (y')^0 &: \eta_{xx} = 0 \end{aligned} \tag{2.212}$$

由式 (2.212) 中的第一式得到

$$\xi = a(x)y + b(x) \tag{2.213}$$

其中 $a(x), b(x)$ 分别是关于 x 的任意函数。

将式 (2.213) 代入式 (2.212) 中的第二式得到

$$\eta = a'(x)y^2 + c(x)y + d(x) \tag{2.214}$$

其中 $c(x), d(x)$ 也分别是关于 x 的任意函数。

将式 (2.213)、(2.214) 代入式 (2.212) 中的后两式得到

$$3a''(x)y + 2c'(x) - b''(x) = 0$$
$$a^{(3)}(x)y^2 + c''(x)y + d''(x) = 0 \tag{2.215}$$

比较方程 (2.215) 中 y 各幂次前的系数，有

$$
\begin{aligned}
&y^2\colon\ a^{(3)}(x) = 0 \\
&y\colon\ 3a''(x) = 0, \quad c''(x) = 0 \\
&y^0\colon\ 2c'(x) - b''(x) = 0, \quad d''(x) = 0
\end{aligned} \tag{2.216}
$$

由式 (2.216) 中的第二、三和最后一式得到

$$a(x) = c_1 x + c_2, \quad c(x) = c_3 x + c_4, \quad d(x) = c_5 x + c_6 \tag{2.217}$$

将式 (2.217) 中的第二式代入式 (2.216) 中的第四式，得到

$$b(x) = c_3 x^2 + c_7 x + c_8 \tag{2.218}$$

将式 (2.217)、(2.218) 代入式 (2.213)、(2.214)，分别得到

$$\xi = (c_1 x + c_2)y + c_3 x^2 + c_7 x + c_8, \quad \eta = c_1 y^2 + (c_3 x + c_4)y + c_5 x + c_6 \tag{2.219}$$

因此，方程 (2.210) 的无穷小生成元是

$$
\begin{aligned}
X =& \xi \frac{\partial}{\partial x} + \eta \frac{\partial}{\partial y} \\
=& \left[(c_1 x + c_2)y + c_3 x^2 + c_7 x + c_8 \right] \frac{\partial}{\partial x} + \left[c_1 y^2 + (c_3 x + c_4)y + c_5 x + c_6 \right] \frac{\partial}{\partial y}
\end{aligned} \tag{2.220}
$$

例 2.16 考虑二阶微分方程[28]

$$y'' = \mathrm{e}^y - \frac{y'}{x} \tag{2.221}$$

对于方程 (2.221)，有 $\omega = \mathrm{e}^y - \dfrac{y'}{x}$，从而有

$$\omega_x = \frac{y'}{x^2}, \quad \omega_y = \mathrm{e}^y, \quad \omega_{y'} = -\frac{1}{x} \tag{2.222}$$

将式 (2.222) 代入二阶微分方程的对称性决定方程 (2.209)，得到决定方程

$$\eta_{xx}+(2\eta_{xy}-\xi_{xx})\,y'+(\eta_{yy}-2\xi_{xy})\,(y')^2-(y')^3\,\xi_{yy}+(\eta_y-2\xi_x-3\xi_y y')\left(\mathrm{e}^y-\frac{y'}{x}\right)$$

$$=\xi\frac{y'}{x^2}+\eta\mathrm{e}^y-\left[\eta_x+(\eta_y-\xi_x)\,y'-(y')^2\,\xi_y\right]\frac{1}{x} \tag{2.223}$$

比较方程 (2.223) 中 y' 各幂次前的系数，有

$$\begin{aligned}
(y')^3 &: \xi_{yy}=0\\
(y')^2 &: \eta_{yy}-2\xi_{xy}+\frac{3\xi_y}{x}=\frac{\xi_y}{x}\\
y' &: 2\eta_{xy}-\xi_{xx}-\frac{\eta_y-2\xi_x}{x}-3\xi_y\mathrm{e}^y=\frac{\xi}{x^2}-\frac{\eta_y-\xi_x}{x}\\
(y')^0 &: \eta_{xx}+(\eta_y-2\xi_x)\,\mathrm{e}^y=\eta\mathrm{e}^y-\frac{\eta_x}{x}
\end{aligned} \tag{2.224}$$

由式 (2.224) 中第一式得到

$$\xi=p\,(x)\,y+a\,(x) \tag{2.225}$$

其中 $p\,(x),a\,(x)$ 分别是关于 x 的任意函数。

将式 (2.225) 代入式 (2.224) 中的第二式得到

$$\eta_{yy}-2p'\,(x)+\frac{2p\,(x)}{x}=0 \tag{2.226}$$

进而可以得到

$$\eta=\left[p'\,(x)-\frac{p\,(x)}{x}\right]y^2+q\,(x)\,y+b\,(x) \tag{2.227}$$

其中 $q\,(x),b\,(x)$ 也分别是关于 x 的任意函数。

考虑式 (2.224) 中后两式，e^y 前的系数必须为零，即有

$$\xi_y=0,\quad \eta_y-2\xi_x-\eta=0 \tag{2.228}$$

将式 (2.225) 代入式 (2.228) 中的第一式，得到

$$p\,(x)=0 \tag{2.229}$$

从而 ξ 写为

$$\xi=a\,(x) \tag{2.230}$$

将式 (2.230) 代入式 (2.228) 中的第二式，得到

$$\eta_y - 2a'(x) - \eta = 0 \tag{2.231}$$

要使式 (2.231) 成立，η 应与 y 无关，即有

$$\eta = -2a'(x) \tag{2.232}$$

将式 (2.230)、(2.232) 代入式 (2.224) 中的第三式，得到

$$a''(x) - \frac{a'(x)}{x} + \frac{a(x)}{x^2} = 0 \tag{2.233}$$

积分式 (2.233) 得到

$$a(x) = c_1 x \ln x + c_2 x \tag{2.234}$$

将式 (2.230)、(2.232) 代入式 (2.224) 中的第四式也得到同样的结果。

将式 (2.234) 代入式 (2.230)、(2.232)，得到

$$\xi = c_1 x \ln x + c_2 x, \quad \eta = -2c_1(1 + \ln x) - 2c_2 \tag{2.235}$$

因此，方程 (2.221) 的无穷小生成元是

$$X = \xi \frac{\partial}{\partial x} + \eta \frac{\partial}{\partial y} = (c_1 x \ln x + c_2 x)\frac{\partial}{\partial x} - [2c_1(1 + \ln x) + 2c_2]\frac{\partial}{\partial y} \tag{2.236}$$

2.5 Lie-Bäcklund 算子

由 2.1.5 节可知，对于一个单参数 Lie 变换群，其算子坐标 $\xi, \eta, \zeta_1, \zeta_2, \cdots$ 分别是 $(x, y), (x, y), (x, y, y'), (x, y, y', y''), \cdots$ 的函数，k 阶延拓后不存在高于 k 阶的偏导项。若将 Lie 变换群进行拓展，使其算子坐标 $\xi, \eta, \zeta_1, \zeta_2, \cdots$ 可以是所有变量 $(x, y, y', y'', \cdots, y^{(s)})$ 的函数。这样就可以得到一个单参数 Lie-Bäcklund 变换群，此时该算子被称为 **Lie-Bäcklund 算子**。

2.5～ 2.7 节介绍 Lie-Bäcklund 变换群相关理论知识，包括 Lie-Bäcklund 算子、Lie-Bäcklund 代数和 Lie-Bäcklund 对称性。本节首先引入 Lie-Bäcklund 算子，并给出其性质。

如果包含有限个变量 $x, y, y', \cdots$ 的函数 $f(x, y, y', \cdots)$ 是局部解析的，称 f 为**微分函数**。微分函数的最高阶偏导称为微分函数的阶次。所有有限阶微分函数的集合记作 $\mathcal{A}$[14]。

考虑微分方程

$$F\left(x, y, y', y'', \cdots, y^{(s)}\right) = 0 \tag{2.237}$$

其单参数 Lie-Bäcklund 变换群为 [20]

$$\begin{aligned}
\overline{x} &= \phi\left(x, y, y', y'', \cdots, \varepsilon\right), & \phi|_{\varepsilon=0} &= x \\
\overline{y} &= \psi\left(x, y, y', y'', \cdots, \varepsilon\right), & \psi|_{\varepsilon=0} &= y \\
\overline{y'} &= \varphi_1\left(x, y, y', y'', \cdots, \varepsilon\right), & \varphi_1|_{\varepsilon=0} &= y' \\
\overline{y''} &= \varphi_2\left(x, y, y', y'', \cdots, \varepsilon\right), & \varphi_2|_{\varepsilon=0} &= y'' \\
&\qquad\qquad\vdots
\end{aligned} \tag{2.238}$$

其中 ε 为小参数。

设 $\xi, \eta \in \mathcal{A}$ 是关于 $x, y, y', \cdots$ 的微分函数，定义一阶线性微分算子 [14]

$$X = \xi\frac{\partial}{\partial x} + \eta\frac{\partial}{\partial y} + \zeta_1\frac{\partial}{\partial y'} + \zeta_2\frac{\partial}{\partial y''} + \cdots \tag{2.239}$$

其中

$$\zeta_1 = D\left(\eta - \xi y'\right) + \xi y'', \quad \zeta_2 = DD\left(\eta - \xi y'\right) + \xi y^{(3)}, \quad \cdots \tag{2.240}$$

或写成递推形式

$$\begin{aligned}
\zeta_1 &= D\left(\eta - \xi y'\right) + \xi y'' = D\left(\eta\right) - y' D\left(\xi\right) \\
\zeta_k &= D\left(\zeta_{k-1} - \xi y^{(k)}\right) + \xi y^{(k+1)} = D\left(\zeta_{k-1}\right) - y^{(k)} D\left(\xi\right), \quad k \geqslant 2
\end{aligned} \tag{2.241}$$

与 Lie 变换类似，Lie-Bäcklund 方程为

$$\begin{aligned}
\left.\frac{\mathrm{d}\overline{x}}{\mathrm{d}\varepsilon}\right|_{\varepsilon=0} &= \xi\left(x, y, y', y'', \cdots\right) \\
\left.\frac{\mathrm{d}\overline{y}}{\mathrm{d}\varepsilon}\right|_{\varepsilon=0} &= \eta\left(x, y, y', y'', \cdots\right) \\
\left.\frac{\mathrm{d}\overline{y'}}{\mathrm{d}\varepsilon}\right|_{\varepsilon=0} &= \zeta_1\left(x, y, y', y'', \cdots\right) \\
\left.\frac{\mathrm{d}\overline{y''}}{\mathrm{d}\varepsilon}\right|_{\varepsilon=0} &= \zeta_2\left(x, y, y', y'', \cdots\right) \\
&\qquad\qquad\vdots
\end{aligned} \tag{2.242}$$

对于小参数 ε，同样可以在 $\varepsilon = 0$ 附近展开成

$$\overline{x} = x + \varepsilon\left.\frac{\mathrm{d}\overline{x}}{\mathrm{d}\varepsilon}\right|_{\varepsilon=0} + O\left(\varepsilon^2\right)$$

$$\overline{y} = y + \varepsilon\left.\frac{\mathrm{d}\overline{y}}{\mathrm{d}\varepsilon}\right|_{\varepsilon=0} + O\left(\varepsilon^2\right)$$

$$\overline{y'} = y' + \varepsilon \left.\frac{\mathrm{d}\overline{y'}}{\mathrm{d}\varepsilon}\right|_{\varepsilon=0} + O\left(\varepsilon^2\right) \tag{2.243}$$

$$\overline{y''} = y'' + \varepsilon \left.\frac{\mathrm{d}\overline{y''}}{\mathrm{d}\varepsilon}\right|_{\varepsilon=0} + O\left(\varepsilon^2\right)$$

$$\vdots$$

从而得到

$$\overline{x} = x + \varepsilon\xi\left(x, y, y', y'', \cdots\right) + O\left(\varepsilon^2\right)$$
$$\overline{y} = y + \varepsilon\eta\left(x, y, y', y'', \cdots\right) + O\left(\varepsilon^2\right)$$
$$\overline{y'} = y' + \varepsilon\zeta_1\left(x, y, y', y'', \cdots\right) + O\left(\varepsilon^2\right) \tag{2.244}$$
$$\overline{y''} = y'' + \varepsilon\zeta_2\left(x, y, y', y'', \cdots\right) + O\left(\varepsilon^2\right)$$

$$\vdots$$

式 (2.244) 显然是 Lie 变换群的自然推广。

若将式 (2.240) 代入式 (2.239)，X 可进一步表示为

$$\begin{aligned}
X =&\xi\frac{\partial}{\partial x} + \eta\frac{\partial}{\partial y} + \{D\left(\eta\right) + [\xi y'' - D\left(\xi y'\right)]\}\frac{\partial}{\partial y'} \\
&+ \left\{DD\left(\eta\right) + \left[\xi y^{(3)} - DD\left(\xi y'\right)\right]\right\}\frac{\partial}{\partial y''} + \cdots \\
=&\xi\frac{\partial}{\partial x} + [\xi y'' - D\left(\xi y'\right)]\frac{\partial}{\partial y'} + \left[\xi y^{(3)} - DD\left(\xi y'\right)\right]\frac{\partial}{\partial y''} + \cdots \\
&+ \eta\frac{\partial}{\partial y} + D\left(\eta\right)\frac{\partial}{\partial y'} + DD\left(\eta\right)\frac{\partial}{\partial y''} + \cdots
\end{aligned} \tag{2.245}$$

利用 $\eta = \xi y' + \eta - \xi y'$，对式 (2.245) 进一步变形，得

$$\begin{aligned}
X =&\xi\frac{\partial}{\partial x} + \left[\xi y''\frac{\partial}{\partial y'} - D\left(\xi y'\right)\frac{\partial}{\partial y'}\right] + \left[\xi y^{(3)}\frac{\partial}{\partial y''} - DD\left(\xi y'\right)\frac{\partial}{\partial y''}\right] + \cdots \\
&+ (\xi y' + \eta - \xi y')\frac{\partial}{\partial y} + D\left(\xi y' + \eta - \xi y'\right)\frac{\partial}{\partial y'} + DD\left(\xi y' + \eta - \xi y'\right)\frac{\partial}{\partial y''} + \cdots \\
=&\xi\frac{\partial}{\partial x} + \xi y''\frac{\partial}{\partial y'} + \xi y^{(3)}\frac{\partial}{\partial y''} + \cdots - D\left(\xi y'\right)\frac{\partial}{\partial y'} - DD\left(\xi y'\right)\frac{\partial}{\partial y''} - \cdots \\
&+ \xi y'\frac{\partial}{\partial y} + (\eta - \xi y')\frac{\partial}{\partial y} + D\left(\xi y'\right)\frac{\partial}{\partial y'} + D\left(\eta - \xi y'\right)\frac{\partial}{\partial y'} \\
&+ DD\left(\xi y'\right)\frac{\partial}{\partial y''} + DD\left(\eta - \xi y'\right)\frac{\partial}{\partial y''} + \cdots
\end{aligned}$$

$$=\xi\frac{\partial}{\partial x}+\xi y'\frac{\partial}{\partial y}+\xi y''\frac{\partial}{\partial y'}+\xi y^{(3)}\frac{\partial}{\partial y''}+\cdots$$

$$+\left(\eta-\xi y'\right)\frac{\partial}{\partial y}+D\left(\eta-\xi y'\right)\frac{\partial}{\partial y'}+DD\left(\eta-\xi y'\right)\frac{\partial}{\partial y''}+\cdots \tag{2.246}$$

令 $W=\eta-\xi y'$，式 (2.246) 还可以进一步写为 [33]

$$X=\xi D+W\frac{\partial}{\partial y}+D\left(W\right)\frac{\partial}{\partial y'}+DD\left(W\right)\frac{\partial}{\partial y''}+\cdots \tag{2.247}$$

X 算子称为 **Lie-Bäcklund** 算子。

下面考虑具有什么特征的 Lie-Bäcklund 变换是等价的。考虑变换

$$\begin{aligned}\overline{x}&=x+\varepsilon\xi\left(x,y,y',y'',\cdots\right)+O\left(\varepsilon^2\right)\\\overline{y}\left(\overline{x}\right)&=y\left(x\right)+\varepsilon\eta\left(x,y,y',y'',\cdots\right)+O\left(\varepsilon^2\right)\end{aligned} \tag{2.248}$$

对于不同的 Lie-Bäcklund 变换，如果 $\overline{y}\left(\overline{x}\right)$ 相同，则变换是等价的。为得到 $\overline{y}\left(\overline{x}\right)$，从式 (2.248) 中的第一式解出 x，即

$$\begin{aligned}x&=\overline{x}-\varepsilon\xi\left(x,y,y',y'',\cdots\right)+O\left(\varepsilon^2\right)\\&=\overline{x}-\varepsilon\xi\left(\overline{x}-\varepsilon\xi\left(x,y,y',y'',\cdots\right),y\left(\overline{x}-\varepsilon\xi\left(x,y,y',y'',\cdots\right)\right),\cdots\right)+O\left(\varepsilon^2\right)\\&=\overline{x}-\varepsilon\xi\left(\overline{x},y\left(\overline{x}\right),y'\left(\overline{x}\right),y''\left(\overline{x}\right),\cdots\right)+O\left(\varepsilon^2\right)\end{aligned} \tag{2.249}$$

将式 (2.249) 代入式 (2.248) 中的第二式得

$$\begin{aligned}\overline{y}\left(\overline{x}\right)&=y\left(x\right)+\varepsilon\eta\left(x,y,y',y'',\cdots\right)+O\left(\varepsilon^2\right)\\&=\left[y\left(\overline{x}\right)-y'\varepsilon\xi^i\left(\overline{x},y\left(\overline{x}\right),y'\left(\overline{x}\right),y''\left(\overline{x}\right),\cdots\right)\right]+\varepsilon\Big[\eta\left(\overline{x},y\left(\overline{x}\right),y'\left(\overline{x}\right),y''\left(\overline{x}\right),\cdots\right)\\&\quad-\varepsilon\frac{\partial\eta}{\partial x}\xi\left(\overline{x},y\left(\overline{x}\right),y'\left(\overline{x}\right),y''\left(\overline{x}\right),\cdots\right)\Big]+O\left(\varepsilon^2\right)\\&=y\left(\overline{x}\right)+\varepsilon\left[\eta\left(\overline{x},y\left(\overline{x}\right),y'\left(\overline{x}\right),y''\left(\overline{x}\right),\cdots\right)-y'\xi\left(\overline{x},y\left(\overline{x}\right),y'\left(\overline{x}\right),y''\left(\overline{x}\right),\cdots\right)\right]\\&\quad+O\left(\varepsilon^2\right)\end{aligned} \tag{2.250}$$

如果将式 (2.250) 中的 $\overline{x}$ 替换为 x，则

$$\begin{aligned}\overline{y}\left(x\right)&=y\left(x\right)+\varepsilon\left[\eta\left(x,y\left(x\right),y'\left(x\right),y''\left(x\right),\cdots\right)\right.\\&\quad\left.-y'\xi\left(x,y\left(x\right),y'\left(x\right),y''\left(x\right),\cdots\right)\right]+O\left(\varepsilon^2\right)\end{aligned} \tag{2.251}$$

观察式 (2.251)，可知通过变换

$$
\begin{aligned}
\overline{x} &= x \\
\overline{y} &= y + \varepsilon \left[\eta\left(x, y, y', y'', \cdots\right) - y'\xi\left(x, y, y', y'', \cdots\right) \right] + O\left(\varepsilon^2\right)
\end{aligned}
\tag{2.252}
$$

得到与式 (2.248) 相同的 $\overline{y}\,(\overline{x})$。

因此，如下两种无穷小生成元

$$
X = \xi\left(x, y, y', y'', \cdots\right) \frac{\partial}{\partial x} + \eta^\alpha\left(x, y, y', y'', \cdots\right) \frac{\partial}{\partial y}
\tag{2.253}
$$

$$
\hat{X} = \left[\eta\left(x, y, y', y'', \cdots\right) - y'\xi\left(x, y, y', y'', \cdots\right) \right] \frac{\partial}{\partial y}
\tag{2.254}
$$

是等价的。

2.6 Lie-Bäcklund 代数

与 2.2 节给出的 Lie 代数类似，Lie-Bäcklund 群也相应具有 Lie-Bäcklund 代数。本节介绍 Lie-Bäcklund 代数的相关性质。

定义 2.8 全体 Lie-Bäcklund 算子的集合关于 Lie 括号构成无限维 Lie 代数，称为 **Lie-Bäcklund 代数**，记作 L_{B}。

L_{B} 具有如下性质 [14]：

(1) $D \in L_{\mathrm{B}}$，即全微分算子是一个 Lie-Bäcklund 算子。更进一步，一个微分函数乘以全微分算子也是一个 Lie-Bäcklund 算子，即

$$
X_* = \xi_* D \in L_{\mathrm{B}}
\tag{2.255}
$$

对任意 $\xi_* \in \mathcal{A}$ 均成立。

证明 在 Lie-Bäcklund 算子表达式 (2.247) 中，若取 $\xi = 1$，$W = 0$，则算子 $X = D_i$。

进一步，对任意 $\xi_* \in \mathcal{A}$，取 $\xi = \xi_*$，$W = 0$，则算子 $X = \xi_* D_i$。

(2) 若两个算子 X_1, X_2 满足 $X_1 - X_2 \in L_*$，称二者**等价**。特别地，任意 Lie-Bäcklund 算子等价于一个规范 Lie-Bäcklund 算子，即 $X \sim \tilde{X}$，$\tilde{X}$ 写作

$$
\tilde{X} = X - \xi D = (\eta - \xi y') \frac{\partial}{\partial y} + D(\eta - \xi y') \frac{\partial}{\partial y'} + DD(\eta - \xi y') \frac{\partial}{\partial y''} + \cdots
\tag{2.256}
$$

任意规范 Lie-Bäcklund 算子具有如下形式：

$$
X = \eta \frac{\partial}{\partial y} + D(\eta) \frac{\partial}{\partial y'} + DD(\eta) \frac{\partial}{\partial y''} + \cdots
$$

$$=W\frac{\partial}{\partial y}+D\left(W\right)\frac{\partial}{\partial y'}+DD\left(W\right)\frac{\partial}{\partial y''}+\cdots \tag{2.257}$$

证明　将式 (2.247) 写为

$$X-\xi D=W\frac{\partial}{\partial y}+D\left(W\right)\frac{\partial}{\partial y'}+DD\left(W\right)\frac{\partial}{\partial y''}+\cdots \tag{2.258}$$

令式 (2.258) 等于 $\tilde{X}$，即得

$$\tilde{X}=X-\xi^{i}D_{i}$$

$$=W\frac{\partial}{\partial y}+D\left(W\right)\frac{\partial}{\partial y'}+DD\left(W\right)\frac{\partial}{\partial y''}+\cdots \tag{2.259}$$

规范 Lie-Bäcklund 算子形式本质上是一个 Lie-Bäcklund 算子，因此不能用于经典 Lie 群理论。

(3) 设 L_* 是满足式 (2.255) 的所有 Lie-Bäcklund 算子的集合，称 L_* 是 L_B 的一个典范，即对任意 $X\in L_B$，$[X,X_*]=(X\left(\xi_*\right)-X_*\left(\xi\right))D\in L_*$。

证明

$$[X,X_*]=XX_*-X_*X=X\left(\xi_*D\right)-X_*X$$

$$=X\left(\xi_*\right)D+\xi_*XD-X_*\left[\xi D+W\frac{\partial}{\partial y}+D\left(W\right)\frac{\partial}{\partial y'}+DD\left(W\right)\frac{\partial}{\partial y''}+\cdots\right]$$

$$=X\left(\xi_*\right)D+\xi_*XD-X_*\left(\xi\right)D-\xi X_*D$$

$$\quad -X_*\left[W\frac{\partial}{\partial y}+D\left(W\right)\frac{\partial}{\partial y'}+DD\left(W\right)\frac{\partial}{\partial y''}+\cdots\right]$$

$$=\left(X\left(\xi_*\right)-X_*\left(\xi\right)\right)D+\xi_*XD-\xi X_*D$$

$$\quad -X_*\left[W\frac{\partial}{\partial y}+D\left(W\right)\frac{\partial}{\partial y'}+DD\left(W\right)\frac{\partial}{\partial y''}+\cdots\right]$$

$$=\left(X\left(\xi_*\right)-X_*\left(\xi\right)\right)D+\xi_*\left[\xi D+W\frac{\partial}{\partial y}+D\left(W\right)\frac{\partial}{\partial y'}+DD\left(W\right)\frac{\partial}{\partial y''}+\cdots\right]D$$

$$\quad -\xi\xi_*DD-\xi_*D\left[W\frac{\partial}{\partial y}+D\left(W\right)\frac{\partial}{\partial y'}+DD\left(W\right)\frac{\partial}{\partial y''}+\cdots\right]$$

$$=\left(X\left(\xi_*\right)-X_*\left(\xi\right)\right)D+\xi_*\left\{\left[W\frac{\partial}{\partial y}+D\left(W\right)\frac{\partial}{\partial y'}+DD\left(W\right)\frac{\partial}{\partial y''}+\cdots\right]D\right.$$

$$\quad \left.-D\left[W\frac{\partial}{\partial y}+D\left(W\right)\frac{\partial}{\partial y'}+DD\left(W\right)\frac{\partial}{\partial y''}+\cdots\right]\right\} \tag{2.260}$$

式 (2.260) 中的 $W\dfrac{\partial}{\partial y}+D\left(W\right)\dfrac{\partial}{\partial y'}+DD\left(W\right)\dfrac{\partial}{\partial y''}+\cdots$ 为规范 Lie-Bäcklund 算子，而规范 Lie-Bäcklund 算子可以与全微分算子交换顺序。从而由式 (2.260) 即可得到

$$[X,X_*]=(X\left(\xi_*\right)-X_*\left(\xi\right))D+\xi_*\left\{\left[W\dfrac{\partial}{\partial y}+D\left(W\right)\dfrac{\partial}{\partial y'}+DD\left(W\right)\dfrac{\partial}{\partial y''}+\cdots\right]D\right.$$

$$\left.-D\left[W\dfrac{\partial}{\partial y}+D\left(W\right)\dfrac{\partial}{\partial y'}+DD\left(W\right)\dfrac{\partial}{\partial y''}+\cdots\right]\right\}$$

$$=(X\left(\xi_*\right)-X_*\left(\xi\right))D\in L_* \tag{2.261}$$

(4) 一个 Lie-Bäcklund 算子与 Lie 变换群的无穷小生成元

$$X=\xi\left(x,y\right)\dfrac{\partial}{\partial x}+\eta\left(x,y\right)\dfrac{\partial}{\partial y} \tag{2.262}$$

等价，当且仅当坐标满足 $\xi=\xi_1\left(x,y\right)+\xi_*$，$\eta=\eta_1\left(x,u\right)+\left(\xi_2\left(x,u\right)+\xi_*\right)y'$，其中 ξ_* 为任意微分函数，ξ_1,ξ_2,η_1 为任意关于 x,y 的函数。

证明

a. 充分性。

将 $\xi=\xi_1\left(x,y\right)+\xi_*$，$\eta=\eta_1\left(x,u\right)+\left(\xi_2\left(x,u\right)+\xi_*\right)y'$ 代入 Lie-Bäcklund 算子表达式 (2.247)，得到

$$X_1=(\xi_1\left(x,y\right)+\xi_*)D+\left[\eta_1\left(x,u\right)+\left(\xi_2\left(x,u\right)+\xi_*\right)y'-\left(\xi_1\left(x,y\right)+\xi_*\right)y'\right]\dfrac{\partial}{\partial y}$$

$$+D\left[\eta_1\left(x,u\right)+\left(\xi_2\left(x,u\right)+\xi_*\right)y'-\left(\xi_1\left(x,y\right)+\xi_*\right)u_i^\alpha\right]\dfrac{\partial}{\partial y'}$$

$$+DD\left[\eta_1\left(x,u\right)+\left(\xi_2\left(x,u\right)+\xi_*\right)y'-\left(\xi_1\left(x,y\right)+\xi_*\right)u_i^\alpha\right]\dfrac{\partial}{\partial y''}+\cdots$$

$$=(\xi_1\left(x,y\right)+\xi_*)D+\left[\eta_1\left(x,u\right)+\left(\xi_2\left(x,u\right)-\xi_1\left(x,y\right)\right)y'\right]\dfrac{\partial}{\partial y}$$

$$+D\left[\eta_1\left(x,u\right)+\left(\xi_2\left(x,u\right)-\xi_1\left(x,y\right)\right)y'\right]\dfrac{\partial}{\partial y'}$$

$$+DD\left[\eta_1\left(x,u\right)+\left(\xi_2\left(x,u\right)-\xi_1\left(x,y\right)\right)y'\right]\dfrac{\partial}{\partial y''}+\cdots \tag{2.263}$$

接下来求解无穷小生成元的表达式，有

$$X_1-\left(\xi_*+\xi_2\left(x,y\right)\right)D$$

$$= (\xi_1(x,y) + \xi_*)D + [\eta_1(x,u) + (\xi_2(x,u) - \xi_1(x,y))y']\frac{\partial}{\partial y}$$

$$+ D[\eta_1(x,u) + (\xi_2(x,u) - \xi_1(x,y))y']\frac{\partial}{\partial y'}$$

$$+ DD[\eta_1(x,u) + (\xi_2(x,u) - \xi_1(x,y))y']\frac{\partial}{\partial y''} + \cdots - (\xi_* + \xi_2(x,y))D$$

$$= (\xi_1(x,y) - \xi_2(x,y))D + [\eta_1(x,u) + (\xi_2(x,u) - \xi_1(x,y))y']\frac{\partial}{\partial y}$$

$$+ D[\eta_1(x,u) + (\xi_2(x,u) - \xi_1(x,y))y']\frac{\partial}{\partial y'}$$

$$+ DD[\eta_1(x,u) + (\xi_2(x,u) - \xi_1(x,y))y']\frac{\partial}{\partial y''} + \cdots$$

$$= (\xi_1(x,y) - \xi_2(x,y))\frac{\partial}{\partial x} + \eta_1(x,y)\frac{\partial}{\partial y} + \zeta_1\frac{\partial}{\partial y'} + \zeta_2\frac{\partial}{\partial y''} + \cdots \tag{2.264}$$

令

$$\xi(x,y) = \xi_1(x,y) - \xi_2(x,y), \quad \eta(x,y) = \eta_1(x,y) \tag{2.265}$$

则无穷小生成元为

$$X = \xi(x,y)\frac{\partial}{\partial x} + \eta_1(x,y)\frac{\partial}{\partial y} + \zeta_1\frac{\partial}{\partial y'} + \zeta_2\frac{\partial}{\partial y''} + \cdots \tag{2.266}$$

因此

$$X_1 - X = (\xi_* + \xi_2(x,y))D \in L_* \tag{2.267}$$

即 $X_1 \sim X$。充分性得证。

b. 必要性。

设 Lie-Bäcklund 算子为

$$X_1 = \xi_0 D + (\eta_0 - \xi_0 y')\frac{\partial}{\partial y} + D(\eta_0 - \xi_0 y')\frac{\partial}{\partial y'} + DD(\eta_0 - \xi_0 y')\frac{\partial}{\partial y''} + \cdots \tag{2.268}$$

其中 ξ_0, η_0 为 $x, y, y', \cdots$ 的函数。

设 Lie 变换群的无穷小生成元为

$$X = \xi(x,y)D + [\eta(x,y) - \xi(x,y)y']\frac{\partial}{\partial y} + D[\eta(x,y) - \xi(x,y)y']\frac{\partial}{\partial y'}$$

$$+ DD[\eta(x,y) - \xi(x,y)y']\frac{\partial}{\partial y''} + \cdots \tag{2.269}$$

将式 (2.268) 和 (2.269) 相减得

$$
\begin{aligned}
X_1 - X =& \xi_0 D + (\eta_0 - \xi_0 y') \frac{\partial}{\partial y} + D(\eta_0 - \xi_0 y') \frac{\partial}{\partial y'} + DD(\eta_0 - \xi_0 y') \frac{\partial}{\partial y''} + \cdots \\
& - \Big\{ \xi(x,y) D + [\eta(x,y) - \xi(x,y) y'] \frac{\partial}{\partial y} + D[\eta(x,y) - \xi(x,y) y'] \frac{\partial}{\partial y'} \\
& + DD[\eta(x,y) - \xi(x,y) y'] \frac{\partial}{\partial y''} + \cdots \Big\} \\
=& (\xi_0 - \xi(x,y)) D + [\eta_0 - \xi_0 y' - \eta(x,y) + \xi(x,y) y'] \frac{\partial}{\partial y} \\
& + D[\eta_0 - \xi_0 y' - \eta(x,y) + \xi(x,y) y'] \frac{\partial}{\partial y'} \\
& + DD[\eta_0 - \xi_0 y' - \eta(x,y) + \xi(x,y) y'] \frac{\partial}{\partial y''} + \cdots \\
=& (\xi_0 - \xi(x,y)) D + [\eta_0 - \eta(x,y) - (\xi_0 - \xi(x,y)) y'] \frac{\partial}{\partial y} \\
& + D[\eta_0 - \eta(x,y) - (\xi_0 - \xi(x,y)) y'] \frac{\partial}{\partial y'} \\
& + DD[\eta_0 - \eta(x,y) - (\xi_0 - \xi(x,y)) y'] \frac{\partial}{\partial y''} + \cdots
\end{aligned}
\tag{2.270}
$$

若 $X_1 \sim X$，则需

$$
\eta_0 - \eta(x,y) - (\xi_0 - \xi(x,y)) y' = 0
\tag{2.271}
$$

由于 ξ_0, η_0 为 $x, y, y', \cdots$ 的函数，不妨设 $\xi_0 = \xi_1(x,y) + \xi_*$，其中 ξ_* 为 $x, y, y', \cdots$ 的函数，$\xi_1(x,y)$ 为 x, y 的函数。将 ξ_0 的表达式代入式 (2.271) 得

$$
\eta_0 - \eta(x,y) - (\xi_1(x,y) + \xi_* - \xi(x,y)) y' = 0
\tag{2.272}
$$

再令 $\eta(x,y) = \eta_1(x,y)$，$\xi(x,y) = \xi_1(x,y) - \xi_2(x,y)$，代入式 (2.272) 有

$$
\eta_0 = \eta_1(x,y) + (\xi_2(x,y) + \xi_*) y'
\tag{2.273}
$$

因此，若 Lie-Bäcklund 算子的坐标满足：

$$
\xi_0 = \xi_1(x,y) + \xi_*, \quad \eta_0 = \eta_1(x,y) + (\xi_2(x,y) + \xi_*) y'
\tag{2.274}
$$

其中 $\eta_1(x,y), \xi_1(x,y), \xi_2(x,y)$ 为 x, y 的任意函数，Lie-Bäcklund 算子与 Lie 变换群的无穷小生成元等价。

必要性得证。

2.7   Lie-Bäcklund 对称性

基于 Lie-Bäcklund 变换群以及 Lie-Bäcklund 算子，本节讨论 Lie-Bäcklund 对称性。

2.7.1   扩展标架

首先引入扩展标架的概念。

为简化表示，将变量记为

$$z = (x, y, y', y'', \cdots) \tag{2.275}$$

其分量记为 z^ν $(\nu \geqslant 1)$，用 $[z]$ 表示 z 的任意子序列，则空间 $\mathcal{A}$ 中的元素可以记作 $f([z])$。

考虑含符号 ε 的形式幂级数 f 和 g 分别表示为

$$f(z, \varepsilon) = \sum_{k=0}^{\infty} f_k([z]) \varepsilon^k, \quad f_k([z]) \in \mathcal{A} \tag{2.276}$$

$$g(z, \varepsilon) = \sum_{k=0}^{\infty} g_k([z]) \varepsilon^k, \quad g_k([z]) \in \mathcal{A} \tag{2.277}$$

其中，形式幂级数是一个数学中的抽象概念，是从幂级数中抽离出来的代数对象，允许无穷多项因子相加，但不像幂级数一般要求研究是否收敛和是否有确定的取值。

式 (2.276) 和 (2.277) 中关于常系数 λ 和 μ 的线性组合及乘积分别定义为

$$\lambda \sum_{k=0}^{\infty} f_k([z]) \varepsilon^k + \mu \sum_{k=0}^{\infty} g_k([z]) \varepsilon^k = \sum_{k=0}^{\infty} \left\{ \lambda f_k([z]) + \mu g_k([z]) \right\} \varepsilon^k$$

$$\left(\sum_{k=0}^{\infty} f_k([z]) \varepsilon^k \right) \left(\sum_{k=0}^{\infty} g_k([z]) \varepsilon^k \right) = \sum_{k=0}^{\infty} \left(\sum_{p+q=k} f_p([z]) g_q([z]) \right) \varepsilon^k \tag{2.278}$$

全体形式幂级数 (2.276) 以及加法与乘法运算组成的空间记作 $[[\mathcal{A}]]$。把 $[[\mathcal{A}]]$ 称为现代群分析的表示空间。

设 $F \in \mathcal{A}$ 为任意 k 阶微分函数，即 $F = F(x, y, y', y'', \cdots, y^{(k)})$，考虑 k 阶微分方程

$$F(x, y, y', y'', \cdots, y^{(k)}) = 0 \tag{2.279}$$

类似序列 (2.275)，将如下无穷个方程记为 $[F]$

$$[F]: \quad F = 0, \quad D(F) = 0, \quad DD(F) = 0, \quad \cdots \tag{2.280}$$

集合 $[F]$ 称为微分方程 (2.279) 的**扩展标架** [20]。

2.7.2 Lie-Bäcklund 对称性表达式

定义 2.9 如果扩展标架 (2.280) 在变换群 G(2.238) 下是不变的，则称方程 (2.279) 对应一个 **Lie-Bäcklund 变换群** [26]。

定理 2.11 设 G 是无穷小生成元为 X 的 Lie-Bäcklund 变换群，方程 (2.279) 对应群 G，当且仅当

$$X(F)|_{[F]} = 0, \quad XD(F)|_{[F]} = 0, \quad XDD(F)|_{[F]} = 0, \quad \cdots \qquad (2.281)$$

证明

(1) 充分性。由定义 2.9 易知充分性成立。

(2) 必要性。由 $F = 0$，易知 $D(F) = 0$，$DD(F) = 0, \cdots$ 成立。定义无穷序列

$$[F]: \quad F = 0, \quad D(F) = 0, \quad DD(F) = 0, \quad \cdots \qquad (2.282)$$

与 Lie 对称性类似，Lie-Bäcklund 对称要求

$$
\begin{aligned}
F([\bar{z}]) &= F([z]) + \varepsilon XF([z]) + \frac{1}{2!}\varepsilon^2 X^2 F([z]) + \cdots + \frac{1}{n!}\varepsilon^n X^n F([z]) + \cdots \\
&= F([z]) + \left(\varepsilon + \frac{1}{2!}\varepsilon^2 X + \cdots + \frac{1}{n!}\varepsilon^n X^{n-1} + \cdots\right) XF([z]) \\
&= F([z])
\end{aligned}
\qquad (2.283)
$$

因此需要

$$X(F)|_{[F]} = 0 \qquad (2.284)$$

设 Lie-Bäcklund 算子为

$$X = \xi_* D + \left[W\frac{\partial}{\partial y} + D(W)\frac{\partial}{\partial y'} + DD(W)\frac{\partial}{\partial y''} + \cdots\right] = \xi_* D + \tilde{X} \qquad (2.285)$$

其中 $\tilde{X}$ 表示规范 Lie-Bäcklund 算子，可以与全微分算子交换次序，即 $\tilde{X}D = D\tilde{X}$。

将全微分算子 D 作用于式 (2.284)，则有

$$
\begin{aligned}
DX(F)|_{[F]} &= D\left(\xi_* D + \tilde{X}\right)(F)\Big|_{[F]} = D\left[\xi_* D(F) + \tilde{X}(F)\right]\Big|_{[F]} \\
&= \left\{D\left[\xi_* D(F)\right] + D\tilde{X}(F)\right\}\Big|_{[F]} \\
&= \left\{D(\xi_*)D(F) + \xi_* DD(F) + \tilde{X}D(F)\right\}\Big|_{[F]}
\end{aligned}
$$

$$= \left\{ D\left(\xi_*\right) D\left(F\right) + \left(\xi_* D + \tilde{X}\right) D\left(F\right) \right\}\Big|_{[F]}$$

$$= \left\{ D\left(\xi_*\right) D\left(F\right) + X D\left(F\right) \right\}\big|_{[F]}$$

$$= D_{i_1}\left(\xi_*^i\right) D_i\left(F\right)\big|_{[F]} + X D_{i_1}\left(F\right)\big|_{[F]}$$

$$= X D_{i_1}\left(F\right)\big|_{[F]} = 0 \tag{2.286}$$

进一步, 将全微分算子 D 作用于 $X D\left(F\right)|_{[F]} = 0$ 两边, 同理可证 $X D D\left(F\right)|_{[F]} = 0$, 以此类推, 最终得到

$$X\left(F\right)|_{[F]} = 0, \quad X D\left(F\right)|_{[F]} = 0, \quad X D D\left(F\right)|_{[F]} = 0, \quad \cdots \tag{2.287}$$

必要性得证。

应用定理 2.11 需要进行无限个无穷小测试, 然而根据如下定理, 可以将条件简化为有限个无穷小测试。

定理 2.12　方程 (2.279) 对应由 Lie-Bäcklund 算子生成的形式群 G, 当且仅当

$$X\left(F\right)|_{[F]} = 0 \tag{2.288}$$

其中 $|_{[F]}$ 表示在扩展标架 (2.280) 上计算取值。方程 (2.288) 称为微分方程 Lie-Bäcklund 对称的**决定方程** [33]。

证明

(1) 充分性。若式 (2.288) 成立, 由式 (2.283) 易知 $F\left([\bar{z}]\right) = F\left([z]\right)$, 因此方程 (2.279) 对应由 Lie-Bäcklund 算子生成的形式群。

(2) 必要性。见定理 2.11 的必要性证明。

决定方程 (2.288) 具有如下性质:

(1) 典范 $L_* \subset L_B$ 与任意微分方程组对应, 因此将 Lie-Bäcklund 对称性应用于微分方程组时, 通常只考虑商代数 L_B / L_*。

证明　令 $X_* \in L_*$, 则 X_* 为如下形式

$$X_* = \xi_* D \tag{2.289}$$

因此代入式 (2.288) 有

$$X\left(F\right)|_{[F]} = \xi_* D_i\left(F\right)|_{[F]} = \xi_* D_i\left(F\right)|_{F = 0,\, D(F) = 0,\, \cdots} = 0 \tag{2.290}$$

(2) 微分方程 (2.279) 在任意一个规范 Lie-Bäcklund 算子 X 的变换下成立, 如果坐标 η 满足条件

$$\eta|_{[F]} = 0 \tag{2.291}$$

证明 对于一个局部解析的函数 η，在标架 $[F]$ 下写作

$$\eta = \eta\left(F, D\left(F\right), DD\left(F\right), \cdots\right) \tag{2.292}$$

将 η 在 $(F, D(F), DD(F), \cdots) = (0, 0, 0, \cdots)$ 处展开，保留一阶小量，得到

$$\eta = \eta|_{F=0,\, D(F)=0,\, \cdots} + \eta^0 F + \eta' D\left(F\right) + \eta'' DD\left(F\right) + \cdots \tag{2.293}$$

因此，若 $\eta|_{[F]} = 0$，式 (2.293) 变为

$$\eta = \eta^0 F + \eta' D\left(F\right) + \eta'' DD\left(F\right) + \cdots \tag{2.294}$$

因此

$$\left(\eta\frac{\partial}{\partial y}\right) F\bigg|_{[F]} = \left[\eta^0 F + \eta' D\left(F\right) + \eta'' DD\left(F\right) + \cdots\right] \frac{\partial F}{\partial y}\bigg|_{[F]} = 0$$

$$\left(D\left(\eta\right)\frac{\partial}{\partial y'}\right) F\bigg|_{[F]} = D\left[\eta^0 F + \eta' D\left(F\right) + \eta'' DD\left(F\right) + \cdots\right] \frac{\partial F}{\partial y'}\bigg|_{[F]}$$

$$= \left[D\left(\eta^0\right) F + D\left(\eta'\right) D\left(F\right) + D\left(\eta''\right) DD\left(F\right) + \cdots\right.$$

$$\left. +\eta^0 D\left(F\right) + \eta' DD\left(F\right) + \eta_j'' DD\left(F\right) + \cdots\right] \frac{\partial F}{\partial y'}\bigg|_{[F]} = 0$$

$$\vdots$$

$$\left(D\cdots D\left(\eta\right)\frac{\partial}{\partial y^{(k)}}\right) F\bigg|_{[F]} = 0 \tag{2.295}$$

则决定方程

$$X\left(F\right)|_{[F]} = \left[\eta\frac{\partial}{\partial y} + D\left(\eta\right)\frac{\partial}{\partial y'} + DD\left(\eta\right)\frac{\partial}{\partial y''} + \cdots\right]\left(F\right)\bigg|_{[F]} = 0 \tag{2.296}$$

得证。

对于一个任意的 Lie-Bäcklund 算子，很容易将性质 (2) 的条件推广为

$$\xi|_{[F]} = 0, \quad \eta|_{[F]} = 0 \tag{2.297}$$

证明 在性质 (2) 证明的基础上，将式 (2.294) 中的 η 换为 ξ，有

$$\xi = \xi^0 F + \xi' D\left(F\right) + \xi'' DD\left(F\right) + \cdots \tag{2.298}$$

因此

$$\xi|_{[F]} = 0, \quad \eta|_{[F]} = 0 \tag{2.299}$$

根据式 (2.241)，将 ζ_1 表示为 η 和 ξ 的组合

$$\begin{aligned}
\zeta_1 &= D\left(\eta - \xi y'\right) + \xi y'' = D\left(\eta\right) - y' D\left(\xi\right) \\
&= D\left[\eta^0 F + \eta' D\left(F\right) + \eta'' DD\left(F\right) + \cdots\right] \\
&\quad - y' D\left[\xi^0 F + \xi' D\left(F\right) + \xi'' DD\left(F\right) + \cdots\right] \\
&= \left[D\left(\eta^0\right) - y' D\left(\xi^0\right)\right] F + \left[D\left(\eta'\right) - y' D\left(\xi'\right)\right] D\left(F\right) \\
&\quad + \left[D\left(\eta''\right) - y' D\left(\xi''\right)\right] DD\left(F\right) + \cdots + \left(\eta^0 - y' \xi^0\right) D\left(F\right) \\
&\quad + \left(\eta' - y' \xi'\right) DD\left(F\right) + \left(\eta'' - y' \xi''\right) DDD\left(F\right) + \cdots
\end{aligned} \tag{2.300}$$

由式 (2.300) 易知

$$\zeta_1|_{[F]} = 0 \tag{2.301}$$

再根据式 (2.241) 的递推关系，有

$$\zeta_2 = D\left(\zeta_1\right) - y'' D\left(\xi\right) \tag{2.302}$$

与式 (2.300) 的推导一致，只需将 ζ_1 替换为 ζ_2，η 替换为 ζ_1，y' 替换为 y''，立即得到与式 (2.301) 类似的结果

$$\zeta_2|_{[F]} = 0 \tag{2.303}$$

之后继续根据递推关系 $\zeta_l = D\left(\zeta_{l-1}\right) - y^{(l)} D\left(\xi\right)$，最终得到

$$\zeta_l|_{[F]} = 0 \tag{2.304}$$

根据式 (2.299)、(2.304)，Lie-Bäcklund 算子每一项对 F 的作用在扩展标架上取值分别为

$$\left(\xi \frac{\partial}{\partial x}\right) F \bigg|_{[F]} = \left(\xi \frac{\partial F}{\partial x}\right) \bigg|_{[F]} = \xi|_{[F]} \cdot \frac{\partial F}{\partial x} \bigg|_{[F]} = 0$$

$$\left(\eta \frac{\partial}{\partial y}\right) F \bigg|_{[F]} = \left(\eta \frac{\partial F}{\partial y}\right) \bigg|_{[F]} = \eta|_{[F]} \cdot \frac{\partial F}{\partial y} \bigg|_{[F]} = 0$$

$$\left(\zeta_1 \frac{\partial}{\partial y'}\right) F\bigg|_{[F]} = \left(\zeta_1 \frac{\partial F}{\partial y'}\right)\bigg|_{[F]} = \zeta_1|_{[F]} \cdot \frac{\partial F}{\partial y'}\bigg|_{[F]} = 0 \qquad (2.305)$$

$$\vdots$$

$$\left(\zeta_l \frac{\partial}{\partial y^{(l)}}\right) F\bigg|_{[F]} = \left(\zeta_l \frac{\partial F}{\partial y^{(l)}}\right)\bigg|_{[F]} = \zeta_l|_{[F]} \cdot \frac{\partial F}{\partial y^{(l)}}\bigg|_{[F]} = 0$$

$$\vdots$$

将式 (2.305) 代入 $X(F)|_{[F]}$，即得

$$X(F)|_{[F]} = \left(\xi\frac{\partial}{\partial x} + \eta\frac{\partial}{\partial y} + \zeta_1\frac{\partial}{\partial y'} + \cdots + \zeta_l\frac{\partial}{\partial y^{(l)}} + \cdots\right) F\bigg|_{[F]}$$

$$= \left(\xi\frac{\partial}{\partial x}\right) F\bigg|_{[F]} + \left(\eta\frac{\partial}{\partial y}\right) F\bigg|_{[F]} + \left(\zeta_1\frac{\partial}{\partial y'}\right) F\bigg|_{[F]} + \cdots$$

$$+ \left(\zeta_l\frac{\partial}{\partial y^{(l)}}\right) F\bigg|_{[F]} + \cdots = 0 \qquad (2.306)$$

在上述证明过程中，根据式 (2.294)、(2.298)、(2.300)，以及递推关系 $\zeta_l = D(\zeta_{l-1}) - y^{(l)}D(\xi)$，易知 $\xi, \eta, \zeta_1, \zeta_2, \cdots$ 均可表示为标架 $F, D(F), DD(F), \cdots$ 的线性组合，分别记为

$$\xi = \xi^0 F + \xi' D(F) + \xi'' DD(F) + \cdots + \xi^{(k)} D\cdots D(F) + \cdots$$

$$\eta = \eta^0 F + \eta' D(F) + \eta'' DD(F) + \cdots + \eta^{(k)} D\cdots D(F) + \cdots$$

$$\zeta_1 = \zeta_1^0 F + \zeta_1' D(F) + \zeta_1'' DD(F) + \cdots + \zeta_1^{(k)} D\cdots D(F) + \cdots \qquad (2.307)$$

$$\vdots$$

$$\zeta_l = \zeta_l^0 F + \zeta_l' D(F) + \zeta_l'' DD(F) + \cdots + \zeta_l^{(k)} D\cdots D(F) + \cdots$$

$$\vdots$$

由式 (2.307) 得

$$X(F) = \left(\xi\frac{\partial}{\partial x} + \eta\frac{\partial}{\partial y} + \zeta_1\frac{\partial}{\partial y'} + \cdots + \zeta_l\frac{\partial}{\partial y^{(l)}} + \cdots\right) F$$

$$= \left(\xi^0\frac{\partial F}{\partial x} + \eta^0\frac{\partial F}{\partial y} + \zeta_1^0\frac{\partial F}{\partial y'} + \cdots + \zeta_l^0\frac{\partial F}{\partial y^{(l)}} + \cdots\right) F$$

$$+ \left(\xi'\frac{\partial F}{\partial x} + \eta'\frac{\partial F}{\partial y} + \zeta_1'\frac{\partial F}{\partial y'} + \cdots + \zeta_l'\frac{\partial F}{\partial y^{(l)}} + \cdots\right) D(F)$$

$$+ \left(\xi'' \frac{\partial F}{\partial x} + \eta'' \frac{\partial F}{\partial y} + \zeta_1'' \frac{\partial F}{\partial y'} + \cdots + \zeta_l'' \frac{\partial F}{\partial y^{(l)}} + \cdots \right) DD\left(F \right) + \cdots$$

$$+ \left(\xi^{(k)} \frac{\partial F}{\partial x} + \eta^{(k)} \frac{\partial F}{\partial y} + \zeta_k^{(k)} \frac{\partial F}{\partial y'} + \cdots + \zeta_l^{(k)} \frac{\partial F}{\partial y^{(l)}} + \cdots \right) D \cdots D\left(F \right) + \cdots$$

$$\tag{2.308}$$

令

$$\lambda_0 = \xi^0 \frac{\partial F}{\partial x} + \eta^0 \frac{\partial F}{\partial y} + \zeta_1^0 \frac{\partial F}{\partial y'} + \cdots + \zeta_l^0 \frac{\partial F}{\partial y^{(l)}} + \cdots$$

$$\lambda_1 = \xi' \frac{\partial F}{\partial x} + \eta' \frac{\partial F}{\partial y} + \zeta_1' \frac{\partial F}{\partial y'} + \cdots + \zeta_l' \frac{\partial F}{\partial y^{(l)}} + \cdots$$

$$\lambda_2 = \xi'' \frac{\partial F}{\partial x} + \eta'' \frac{\partial F}{\partial y} + \zeta_1'' \frac{\partial F}{\partial y'} + \cdots + \zeta_l'' \frac{\partial F}{\partial y^{(l)}} + \cdots \tag{2.309}$$

$$\vdots$$

$$\lambda_k = \xi^{(k)} \frac{\partial F}{\partial x} + \eta^{(k)} \frac{\partial F}{\partial y} + \zeta_k^{(k)} \frac{\partial F}{\partial y'} + \cdots + \zeta_l^{(k)} \frac{\partial F}{\partial y^{(l)}} + \cdots$$

$$\vdots$$

将式 (2.309) 代入式 (2.308)，得

$$X\left(F \right) = \lambda_0 F + \lambda_1 D\left(F \right) + \lambda_2 DD\left(F \right) + \cdots + \lambda_k D \cdots D\left(F \right) + \cdots \tag{2.310}$$

2.8　多参数 Lie 变换群及其延拓

本章前述内容主要基于单参数 Lie 变换群及其延拓变换，然而在实际分析中也会遇到多参数情况，因此本节进一步讨论多参数 Lie 变换群及其延拓。

2.8.1　多参数 Lie 变换群及其无穷小生成元

定义 2.10　在平面 (x, y) 上，设有变换

$$T_{\boldsymbol{\varepsilon}} : \overline{x} = \phi\left(x, y, \boldsymbol{\varepsilon} \right), \quad \overline{y} = \psi\left(x, y, \boldsymbol{\varepsilon} \right) \tag{2.311}$$

其中 $\boldsymbol{\varepsilon} = \left(\varepsilon_1, \varepsilon_2, \cdots, \varepsilon_r \right)^{\mathrm{T}}$ 是小参数，如果满足如下性质，则称变换 $T_{\boldsymbol{\varepsilon}}$ 是 r 参数 Lie 变换群 [25]：

(1) **恒等式**　当 $\boldsymbol{\varepsilon} = \boldsymbol{0}$ 时，恒等变换

$$T_0 : x = \phi\left(x, y, \boldsymbol{0} \right), \quad y = \psi\left(x, y, \boldsymbol{0} \right) \tag{2.312}$$

(2) **反向**　当 $\boldsymbol{\varepsilon}$ 变号为 $-\boldsymbol{\varepsilon}$ 时，有反向变换

$$T_{-\boldsymbol{\varepsilon}} : x = \phi\left(\overline{x}, \overline{y}, -\boldsymbol{\varepsilon} \right), \quad y = \psi\left(\overline{x}, \overline{y}, -\boldsymbol{\varepsilon} \right) \tag{2.313}$$

(3) **闭合** 变换

$$T_{\delta} : x_2 = \phi\left(\overline{x}, \overline{y}, \delta\right), \quad y_2 = \psi\left(\overline{x}, \overline{y}, \delta\right) \tag{2.314}$$

也属于变换 (2.311)，其中 $\delta = (\delta_1, \delta_2, \cdots, \delta_r)^{\mathrm{T}}$，而且变换参数是 $\varepsilon + \delta$，即

$$T_{\varepsilon+\delta} : x_2 = \phi\left(\overline{x}, \overline{y}, \delta\right) = \phi\left(x, y, \varepsilon + \delta\right), \quad y_2 = \psi\left(\overline{x}, \overline{y}, \delta\right) = \psi\left(x, y, \varepsilon + \delta\right) \tag{2.315}$$

对于小参数 ε，可以在 $\varepsilon = 0$ 附近展开成

$$\begin{aligned}
\overline{x} &= x + \varepsilon_1 \frac{\mathrm{d}\overline{x}}{\mathrm{d}\varepsilon_1}\Big|_{\varepsilon=0} + \varepsilon_2 \frac{\mathrm{d}\overline{x}}{\mathrm{d}\varepsilon_2}\Big|_{\varepsilon=0} + \cdots + \varepsilon_r \frac{\mathrm{d}\overline{x}}{\mathrm{d}\varepsilon_r}\Big|_{\varepsilon=0} + O\left(\varepsilon^2\right) \\
\overline{y} &= y + \varepsilon_1 \frac{\mathrm{d}\overline{y}}{\mathrm{d}\varepsilon_1}\Big|_{\varepsilon=0} + \varepsilon_2 \frac{\mathrm{d}\overline{y}}{\mathrm{d}\varepsilon_2}\Big|_{\varepsilon=0} + \cdots + \varepsilon_r \frac{\mathrm{d}\overline{y}}{\mathrm{d}\varepsilon_r}\Big|_{\varepsilon=0} + O\left(\varepsilon^2\right)
\end{aligned} \tag{2.316}$$

令

$$\xi_{\gamma} = \frac{\mathrm{d}\overline{x}}{\mathrm{d}\varepsilon_{\gamma}}\Big|_{\varepsilon=0}, \quad \eta_{\gamma} = \frac{\mathrm{d}\overline{y}}{\mathrm{d}\varepsilon_{\gamma}}\Big|_{\varepsilon=0}, \quad \gamma = 1, 2, \cdots, r \tag{2.317}$$

从而得到

$$\overline{x} = x + \varepsilon_1\xi_1 + \varepsilon_2\xi_2 + \cdots + \varepsilon_r\xi_r + O\left(\varepsilon^2\right), \quad \overline{y} = y + \varepsilon_1\eta_1 + \varepsilon_2\eta_2 + \cdots + \varepsilon_r\eta_r + O\left(\varepsilon^2\right) \tag{2.318}$$

定义 2.11 r 参数 Lie 变换群 (2.311) 的**无穷小生成元**是 r 个算子[20]

$$X_{\gamma} = \xi_{\gamma}\left(x, y\right)\frac{\partial}{\partial x} + \eta_{\gamma}\left(x, y\right)\frac{\partial}{\partial y}, \quad \gamma = 1, 2, \cdots, r \tag{2.319}$$

2.8.2 双参数 Lie 变换群无穷小生成元的延拓

本小节给出双参数 Lie 变换群无穷小生成元延拓的推导过程，同理可推导多参数结论。

考虑双参数 Lie 变换群

$$T_{\varepsilon_1, \varepsilon_2} : \overline{x} = \phi\left(x, y, \varepsilon_1, \varepsilon_2\right), \quad \overline{y} = \psi\left(x, y, \varepsilon_1, \varepsilon_2\right) \tag{2.320}$$

作用下的一阶导数变换

$$\overline{y'} = \frac{\mathrm{d}\overline{y}}{\mathrm{d}\overline{x}} = \varphi_1\left(x, y, y', \varepsilon_1, \varepsilon_2\right) \tag{2.321}$$

对式 (2.320) 取微分, 并展开表示为

$$
\begin{aligned}
\mathrm{d}\overline{x} &= D\phi\left(x,y,\varepsilon_1,\varepsilon_2\right) = \frac{\partial\phi}{\partial x}\left(x,y,\varepsilon_1,\varepsilon_2\right) + y'\frac{\partial\phi}{\partial y}\left(x,y,\varepsilon_1,\varepsilon_2\right) \\
\mathrm{d}\overline{y} &= D\psi\left(x,y,\varepsilon_1,\varepsilon_2\right) = \frac{\partial\psi}{\partial x}\left(x,y,\varepsilon_1,\varepsilon_2\right) + y'\frac{\partial\psi}{\partial y}\left(x,y,\varepsilon_1,\varepsilon_2\right)
\end{aligned}
\tag{2.322}
$$

将式 (2.322) 代入式 (2.321), 得到

$$
\overline{y'} = \varphi_1\left(x,y,y',\varepsilon_1,\varepsilon_2\right) = \frac{\dfrac{\partial\psi}{\partial x} + y'\dfrac{\partial\psi}{\partial y}}{\dfrac{\partial\phi}{\partial x} + y'\dfrac{\partial\phi}{\partial y}}
\tag{2.323}
$$

定理 2.13　作用在平面 (x,y) 上的双参数 Lie 变换群 (2.320) 延拓到作用在空间 (x,y,y') 上的双参数 Lie 变换群为 [20]

$$
T_{\varepsilon_1,\varepsilon_2}: \overline{x} = \phi\left(x,y,\varepsilon_1,\varepsilon_2\right), \quad \overline{y} = \psi\left(x,y,\varepsilon_1,\varepsilon_2\right), \quad \overline{y'} = \varphi_1\left(x,y,y',\varepsilon_1,\varepsilon_2\right)
\tag{2.324}
$$

其中 $\varphi_1\left(x,y,y',\varepsilon_1,\varepsilon_2\right)$ 由式 (2.323) 给出。

同理, 进而可以得到双参数 Lie 变换群的 $k\,(k \geqslant 2)$ 阶延拓。

定理 2.14　双参数 Lie 变换群 (2.320) 的 $k\,(k \geqslant 2)$ 阶延拓为作用在空间 $\left(x,y,y',\cdots,y^{(k)}\right)$ 上的双参数 Lie 变换群 [20]

$$
\begin{aligned}
T_{\varepsilon_1,\varepsilon_2}: \overline{x} &= \phi\left(x,y,\varepsilon_1,\varepsilon_2\right), \quad \overline{y} = \psi\left(x,y,\varepsilon_1,\varepsilon_2\right), \\
\overline{y'} &= \varphi_1\left(x,y,y',\varepsilon_1,\varepsilon_2\right), \quad \cdots, \\
\overline{y^{(k)}} &= \varphi_k\left(x,y,y',\cdots,y^{(k)},\varepsilon_1,\varepsilon_2\right) = \frac{D\varphi_{k-1}}{D\phi} \\
&= \frac{\dfrac{\partial\varphi_{k-1}}{\partial x} + y'\dfrac{\partial\varphi_{k-1}}{\partial y} + \cdots + y^{(k)}\dfrac{\partial\varphi_{k-1}}{\partial y^{(k-1)}}}{\dfrac{\partial\phi}{\partial x} + y'\dfrac{\partial\phi}{\partial y}}
\end{aligned}
\tag{2.325}
$$

其中 $\varphi_1\left(x,y,y',\varepsilon_1,\varepsilon_2\right)$ 由式 (2.323) 给出,$\varphi_{k-1} = \varphi_{k-1}\left(x,y,y',\cdots,y^{(k-1)},\varepsilon_1,\varepsilon_2\right)$。

下面推导无穷小生成元的延拓:

双参数的 Lie 变换为

$$
\begin{aligned}
\overline{x} &= \overline{x}\left(x,y,\varepsilon_1,\varepsilon_2\right) = x + \varepsilon_1\xi_1\left(x,y\right) + \varepsilon_2\xi_2\left(x,y\right) + O\left(\varepsilon^2\right) \\
\overline{y} &= \overline{y}\left(x,y,\varepsilon_1,\varepsilon_2\right) = y + \varepsilon_1\eta_1\left(x,y\right) + \varepsilon_2\eta_2\left(x,y\right) + O\left(\varepsilon^2\right)
\end{aligned}
\tag{2.326}
$$

将式 (2.326) 分别代入 $D\phi$ 和 $D\psi$ 中, 省略二阶项, 得到

$$
\begin{aligned}
D\phi &= D\left(x + \varepsilon_1\xi_1 + \varepsilon_2\xi_2\right) = 1 + \varepsilon_1 D\left(\xi_1\right) + \varepsilon_2 D\left(\xi_2\right) \\
D\psi &= D\left(y + \varepsilon_1\eta_1 + \varepsilon_2\eta_2\right) = y' + \varepsilon_1 D\left(\eta_1\right) + \varepsilon_2 D\left(\eta_2\right)
\end{aligned} \tag{2.327}
$$

从而 $\varphi_1\left(x, y, y', \varepsilon_1, \varepsilon_2\right)$ 可以进一步写为

$$
\begin{aligned}
\varphi_1\left(x, y, y', \varepsilon_1, \varepsilon_2\right) &= \frac{y' + \varepsilon_1 D\left(\eta_1\right) + \varepsilon_2 D\left(\eta_2\right)}{1 + \varepsilon_1 D\left(\xi_1\right) + \varepsilon_2 D\left(\xi_2\right)} \\
&\approx \left[y' + \varepsilon_1 D\left(\eta_1\right) + \varepsilon_2 D\left(\eta_2\right)\right]\left[1 - \varepsilon_1 D\left(\xi_1\right) - \varepsilon_2 D\left(\xi_2\right)\right] \\
&\approx y' + \left[D\left(\eta_1\right) - y' D\left(\xi_1\right)\right]\varepsilon_1 + \left[D\left(\eta_2\right) - y' D\left(\xi_2\right)\right]\varepsilon_2
\end{aligned} \tag{2.328}
$$

因此, 无穷小生成元的一阶延拓为 [25]

$$
X_1^{(1)} = X_1 + \zeta_1^1 \frac{\partial}{\partial y'} = \xi_1 \frac{\partial}{\partial x} + \eta_1 \frac{\partial}{\partial y} + \zeta_1^1 \frac{\partial}{\partial y'} \tag{2.329}
$$

$$
X_2^{(1)} = X_2 + \zeta_1^2 \frac{\partial}{\partial y'} = \xi_2 \frac{\partial}{\partial x} + \eta_2 \frac{\partial}{\partial y} + \zeta_1^2 \frac{\partial}{\partial y'} \tag{2.330}
$$

其中

$$
\zeta_1^1 = D\left(\eta_1\right) - y' D\left(\xi_1\right) = \eta_{1x} + \left(\eta_{1y} - \xi_{1x}\right) y' - \xi_{1y}\left(y'\right)^2 \tag{2.331}
$$

$$
\zeta_1^2 = D\left(\eta_2\right) - y' D\left(\xi_2\right) = \eta_{2x} + \left(\eta_{2y} - \xi_{2x}\right) y' - \xi_{2y}\left(y'\right)^2 \tag{2.332}
$$

同理, 双参数 Lie 变换群的 $k\,(k \geqslant 2)$ 阶延拓应满足:

$$
\overline{y^{(k)}} = \overline{y^{(k)}}\left(x, y, y', \cdots, y^{(k)}, \varepsilon_1, \varepsilon_2\right) = y^{(k)} + \varepsilon_1 \zeta_k^1 + \varepsilon_2 \zeta_k^2 + O\left(\varepsilon^2\right) \tag{2.333}
$$

相应的 $k\,(k \geqslant 2)$ 阶无穷小生成元为 [25]

$$
X_1^{(k)} = \xi_1 \frac{\partial}{\partial x} + \eta_1 \frac{\partial}{\partial y} + \zeta_1^1 \frac{\partial}{\partial y'} + \zeta_2^1 \frac{\partial}{\partial y''} + \cdots + \zeta_k^1 \frac{\partial}{\partial y^{(k)}} \tag{2.334}
$$

$$
X_2^{(k)} = \xi_2 \frac{\partial}{\partial x} + \eta_2 \frac{\partial}{\partial y} + \zeta_1^2 \frac{\partial}{\partial y'} + \zeta_2^2 \frac{\partial}{\partial y''} + \cdots + \zeta_k^2 \frac{\partial}{\partial y^{(k)}} \tag{2.335}
$$

变换群的 $k\,(k \geqslant 2)$ 阶延拓满足:

$$
\begin{aligned}
&\varphi_k\left(x, y, y', \cdots, y^{(k)}, \varepsilon_1, \varepsilon_2\right) \\
&= \frac{D\varphi_{k-1}}{D\phi} = \frac{D\left(y^{(k-1)} + \varepsilon_1 \zeta_{k-1}^1 + \varepsilon_2 \zeta_{k-1}^2\right)}{D\left(x + \varepsilon_1\xi_1 + \varepsilon_2\xi_2\right)}
\end{aligned}
$$

$$\begin{aligned}
=&\frac{y^{(k)} + \varepsilon_1 D\left(\zeta_{k-1}^1\right) + \varepsilon_2 D\left(\zeta_{k-1}^2\right)}{1 + \varepsilon_1 D\left(\xi_1\right) + \varepsilon_2 D\left(\xi_2\right)} \\
\approx&\left[y^{(k)} + \varepsilon_1 D\left(\zeta_{k-1}^1\right) + \varepsilon_2 D\left(\zeta_{k-1}^2\right)\right]\left[1 - \varepsilon_1 D\left(\xi_1\right) - \varepsilon_2 D\left(\xi_2\right)\right] \\
\approx&y^{(k)} + \left[D\left(\zeta_{k-1}^1\right) - y^{(k)} D\left(\xi_1\right)\right]\varepsilon_1 + \left[D\left(\zeta_{k-1}^2\right) - y^{(k)} D\left(\xi_2\right)\right]\varepsilon_2 \qquad (2.336)
\end{aligned}$$

于是有

$$\zeta_1^1 = D\left(\zeta_{k-1}^1\right) - y^{(k)} D\left(\xi_1\right) \qquad (2.337)$$

$$\zeta_1^2 = D\left(\zeta_{k-1}^2\right) - y^{(k)} D\left(\xi_2\right) \qquad (2.338)$$

2.9   基于符号计算系统的 Lie 对称分析

由于数学表达式或方程的运算常常较为复杂，本节介绍用于简化处理的符号计算系统以及常用的符号计算软件，并简要介绍各软件在 Lie 对称分析方面的相关进展。

2.9.1   符号计算系统

19 世纪前，计算是数学家们工作的主要部分。19 世纪以后，数学研究发生了重大的改变，计算的色彩日渐淡薄，数学家们对数学理论、数学结构，远比对特殊问题的解的计算更为关心。现代计算机问世以后，通过计算机求解成为可行的手段。一提起计算机求解，人们立刻想到的是数值求解，其实数值求解是计算机求解的一个方面，计算机进行计算的另一个方面即对数学表达式的处理。在计算数学中，计算机代数又称符号计算或代数计算，是指研究和开发处理数学表达式等数学对象的算法和软件科学领域。虽然计算机代数可以被认为是科学计算的一个子领域，但它们通常被认为是不同的领域，因为科学计算通常是基于带有近似浮点数的数值计算，而符号计算强调带有包含变量 (或符号) 表达式的精确计算。它是一门研究使用计算机进行数学公式推导的学科。数学公式推导的理论和算法是它研究的中心课题[34]。

符号计算系统是进行符号计算的计算机软件系统，由符号计算语言和若干软件包组成。符号计算包括数值计算和数学推理，数学推理表现在对数学表达式的化简和函数变换上。例如：各种数学表达式的化简、多项式的四则运算、因式分解、常微分方程和偏微分方程的解函数、各种函数的推导、函数的级数展开、符号矩阵和行列式的各种运算、线性方程组的符号解等。符号计算的处理对象是具有含义的数学符号，如整数、数学常数、字母、函数等。在符号计算环境下，表达式仍由常量、变量、函数和运算符等组成，最后的计算结果是经过数学变换的表达式。

符号计算已成功地应用于几乎所有的科学技术和工程领域，它也是数学领域和数学定理机械化证明的有力工具。由于它能正确地完成人脑在短时间内无法完成的公式推导计算，符号计算系统的应用使得不少研究领域的前沿得到了进一步推进[35]。

2.9.2 常用符号计算软件

Matlab、Mathematica 和 Maple 是在科学研究和学习工作中应用最广泛的三个数学计算软件。

1) Matlab

Matlab 以矩阵运算为基础，能够将编程语言和科学计算、数据可视化等很好地结合起来，应用于众多领域，如数学中的数值计算与函数求解；物理学中的仿真模拟、图像处理、信号检测；生物学中的基因序列分析、统计推论与预测等。编程语言与各个系统的有效结合，为科学研究在数值计算过程中提供了一个完备的解决方案，对研究工作的有效开展有很大帮助。Matlab 符号计算是通过集成在 Matlab 中的符号数学工具箱 (Symbolic Math Toolbox) 来实现的。该工具箱不是基于矩阵的数值分析，而是利用字符串来进行符号分析和计算。Matlab 的符号数学工具箱能够完成多数常用的符号计算功能，主要包括：符号表达式计算、符号表达式的化简、符号矩阵的计算、符号微积分、符号函数画图、符号代数方程求解和符号微分方程求解等。然而，Matlab 中的符号数学工具箱是建立在 Maple 基础上的，当进行 Matlab 符号运算时，它会请求 Maple 软件去实施计算并将结果返回给 Matlab[36]。

2) Mathematica

Mathematica 是美国 Wolfram 研究公司开发的符号计算系统，因为其系统精致的结构和强大的计算能力而广为流传。现代科学计算的起源与发展得益于 Mathematica 的运用，自发布以来已经对现代科学计算产生了深远的影响。Mathematica 基于 Wolfram 语言，其开发初期的目的即解决不可能手算的数学问题，它内容丰富、功能强大的函数覆盖了初等数学、微积分和线性代数等众多数学领域[37]。在给用户最大自由限度的集成环境和优良的系统开放性能的前提下，吸引了各领域和各行各业的用户。Mathematica 最主要的使用对象是数学计算的研究人员。数学计算往往涉及大量、重复的数值或符号计算，计算过程非常复杂，且计算结果往往也存在着较大的误差。Mathematica 将编程语言与科学计算系统、图像系统、文本系统等结合起来使用，可以将复杂问题简单化，而且将编程语言应用到科学计算中可以保证结果的准确性，易于维护。Mathematica 语法规则较为严格，但相比 Maple 更为规范，用户帮助文档编写翔实[38]。在 Lie 对称分析方面，已有学者开展了基于 Mathematica 的 Lie 对称分析[39]，以及相关软件包的开发

工作 [40]。

3) Maple

Maple 作为世界上应用广泛的科学计算软件之一,主要被应用在数学研究和工程计算领域。目前国内外对 Maple 的应用已经非常广泛,主要集中于高校和研究所,这是因为 Maple 系统包含了强大的科学计算功能,比如高级的建模和仿真技术、高精度的数值计算技术,并且涵盖数学界几乎所有的符号计算功能。以符号计算为例,Maple 系统内置了 5000 多个符号计算命令,在计算过程中只需要几个简单的命令便可以完成工程浩大的数学计算,给科学研究带来了极大的方便。Maple 提供了约 300 多个任务模板和 4000 多个数学函数来解决常见的数学问题,涵盖了微积分、线性代数、微分方程、几何、群论、数论、图论、组合、运筹、优化、概率、统计等诸多领域。Maple 语法规则灵活,函数调用简单,基础操作入门快,数学方面的工具箱功能齐全。此外,Maple 还是一种面向对象的高级编程语言,用户可以自行编写、调试程序,生成自制函数包,从而扩展 Maple 的功能 [35]。在 Lie 对称分析方面,Maple 提供了专用软件包 liesymm 用以处理经典 Lie 对称问题 [41],后来又有学者针对不同需求开发了一些新的 Lie 对称软件包 [42]。

第 3 章　偏微分方程组的 Lie 对称分析

第 2 章讨论了常微分方程的 Lie 对称分析，只有 1 个自变量和 1 个因变量。然而，更常见的则是有多个自变量和多个因变量的情况，形式更为复杂也更具普遍性。

为此，本章在第 2 章的基础上，研究偏微分方程组的 Lie 对称分析。3.1 节介绍具有多个自变量和多个因变量的单参数 Lie 变换群及其延拓，3.2 节和 3.3 节分别研究方程组和微分方程组的对称性，3.4 节和 3.5 节介绍 Lie-Bäcklund 算子与代数及其对称性，3.6 节给出多参数 Lie 变换群及其延拓。

3.1　单参数 Lie 变换群及其延拓

本节将 2.1 节介绍的单个自变量和单个因变量情况下的 Lie 变换群的基本概念拓展至多个自变量和多个因变量，包括单参数 Lie 变换群、无穷小生成元及其延拓等内容。

3.1.1　单参数 Lie 变换群

定义 3.1　令变量 $\boldsymbol{x} = (x^1, \cdots, x^n)$，$\boldsymbol{u} = (u^1, \cdots, u^m)$ 在区域 D 中，根据 D 中每一个 $\boldsymbol{x}, \boldsymbol{u}$ 定义的变换集合

$$\overline{\boldsymbol{x}} = \phi(\boldsymbol{x}, \boldsymbol{u}, \varepsilon), \quad \overline{\boldsymbol{u}} = \psi(\boldsymbol{x}, \boldsymbol{u}, \varepsilon) \tag{3.1}$$

依赖于集合 $S \subset \mathbb{R}$ 中的参数 ε，其中 S 中的参数 ε 和 δ 的组合律定义为 $\sigma(\varepsilon, \delta)$，如果满足如下性质，则称形成了一个 D 中的**单参数 Lie 变换群** [20]：

(1) ε 是一个连续参数，即 S 是 $\mathbb{R}$ 中的区间；

(2) 对 S 中的每一个参数 ε，变换是一对一到 D 的，特别地，$\overline{\boldsymbol{x}}, \overline{\boldsymbol{u}}$ 在 D 中；

(3) 当 $\varepsilon = 0$ 时，有恒等变换，即

$$\boldsymbol{x} = \phi(\boldsymbol{x}, \boldsymbol{u}, 0), \quad \boldsymbol{u} = \psi(\boldsymbol{x}, \boldsymbol{u}, 0) \tag{3.2}$$

(4) 如果有变换

$$\boldsymbol{x}_2 = \phi(\overline{\boldsymbol{x}}, \overline{\boldsymbol{u}}, \delta), \quad \boldsymbol{u}_2 = \psi(\overline{\boldsymbol{x}}, \overline{\boldsymbol{u}}, \delta) \tag{3.3}$$

那么有

$$\boldsymbol{x}_2 = \phi\left(\boldsymbol{x}, \boldsymbol{u}, \sigma\left(\varepsilon, \delta\right)\right), \quad \boldsymbol{u}_2 = \psi\left(\boldsymbol{x}, \boldsymbol{u}, \sigma\left(\varepsilon, \delta\right)\right) \tag{3.4}$$

其中组合律 $\sigma\left(\varepsilon, \delta\right)$ 是 ε 和 δ 的解析函数, $\varepsilon, \delta \in S$。

如果把 ε 看作时间变量, $\boldsymbol{x}, \boldsymbol{u}$ 看作空间变量, 那么一个单参数 Lie 变换群实际上定义了一个平稳流。

第 2 章提到, 单参数 Lie 变换群不变的微分方程可以进行简化。不同于常微分方程, Lie 群用于偏微分方程能否成功取决于相应的边界条件。只有当方程和边界条件都不变时, Lie 群方法才可以使用, 如例 3.1 所示。如果边界条件的不变性得不到满足, 就会造成对称破缺问题, 这时一般不能求得精确解, 只能求得数值解 [24]。

例 3.1   考虑一维热传导问题, 确定其源 $u\left(x, t\right)$ 的解 [24]。

$$\frac{\partial u}{\partial t} = \frac{\partial^2 u}{\partial x^2} \tag{3.5}$$

这个问题的点源解就是要寻求在初始时间不为零的解

$$u\left(x, 0\right) = u_0 \delta\left(x\right) \tag{3.6}$$

其中 u_0 为常数, δ 为 Dirac 函数。

假设方程 (3.5) 中的 x, t, u 按如下规律变换

$$\overline{x} = \mathrm{e}^a x, \quad \overline{t} = \mathrm{e}^b t, \quad \overline{u} = \mathrm{e}^c u \tag{3.7}$$

其中 a, b, c 为待定常数。

将式 (3.7) 代入式 (3.5), 有

$$\mathrm{e}^{b-c}\frac{\partial \overline{u}}{\partial \overline{t}} = \mathrm{e}^{2a-c}\frac{\partial^2 \overline{u}}{\partial \overline{x}^2} \tag{3.8}$$

为保持不变性, 必须有 $2a - b = 0$。如果取 $a = \varepsilon$, 则 $b = 2\varepsilon$。所以有变换

$$\overline{x} = \mathrm{e}^\varepsilon x, \quad \overline{t} = \mathrm{e}^{2\varepsilon} t, \quad \overline{u} = \mathrm{e}^c u \tag{3.9}$$

目前, 参数 c 还不能确定, 需要边界或初始条件。根据 Dirac 函数性质, 有

$$\delta\left(\lambda x\right) = \frac{\delta\left(x\right)}{\lambda} \tag{3.10}$$

证明   令 $y = \lambda x$, $\displaystyle\int_{-\infty}^{\infty} \delta\left(x\right)\mathrm{d}x = \int_{-\infty}^{\infty} \delta\left(y\right)\mathrm{d}y = \int_{-\infty}^{\infty} \delta\left(\lambda x\right)\mathrm{d}\left(\lambda x\right) = \int_{-\infty}^{\infty} \lambda\delta \cdot$
$\left(\lambda x\right)\mathrm{d}x$, 根据 Dirac 函数定义有 $\delta\left(x\right) = \lambda\delta\left(\lambda x\right)$, 即得式 (3.10)。

点源条件变换为

$$\overline{u}\left(\overline{x},0\right) = \mathrm{e}^c u\left(x,0\right) = \mathrm{e}^c u_0 \delta\left(x\right) = \mathrm{e}^c u_0 \delta\left(\mathrm{e}^{-a}\overline{x}\right) = \mathrm{e}^{a+c} u_0 \delta\left(\overline{x}\right) \tag{3.11}$$

为保证点源条件的不变性, 有 $c = -a = -\varepsilon$, 因此 Lie 群变换 (3.7) 为

$$\overline{x} = \mathrm{e}^\varepsilon x, \quad \overline{t} = \mathrm{e}^{2\varepsilon} t, \quad \overline{u} = \mathrm{e}^{-\varepsilon} u \tag{3.12}$$

由变换 (3.12) 可得两个不变关系

$$\overline{u}\sqrt{\overline{t}} = \mathrm{e}^{-\varepsilon} u\sqrt{\mathrm{e}^{2\varepsilon} t} = u\sqrt{t}, \quad \frac{\overline{x}}{\sqrt{\overline{t}}} = \frac{\mathrm{e}^\varepsilon x}{\sqrt{\mathrm{e}^{2\varepsilon} t}} = \frac{x}{\sqrt{t}} \tag{3.13}$$

引入变量

$$\xi = \frac{x}{\sqrt{t}}, \quad v = u\sqrt{t} \tag{3.14}$$

偏微分方程 (3.8) 的解可以写为函数关系 $v = \psi\left(\xi\right)$, 即

$$u = \frac{\psi\left(\xi\right)}{\sqrt{t}} = \frac{1}{\sqrt{t}}\psi\left(\frac{x}{\sqrt{t}}\right) \tag{3.15}$$

其中 ψ 为待定函数。

将关系 (3.15) 代入方程 (3.8), 得到

$$-\frac{1}{2} t^{-\frac{3}{2}}\psi\left(t^{-\frac{1}{2}}x\right) + t^{-\frac{1}{2}}\psi'\left(t^{-\frac{1}{2}}x\right)\left(-\frac{1}{2} t^{-\frac{3}{2}}x\right) = t^{-\frac{3}{2}}\psi''\left(t^{-\frac{1}{2}}x\right) \tag{3.16}$$

整理式 (3.16), 并将 ξ 的表达式代入, 就可以得到 ψ 对 ξ 的常微分方程

$$2\psi''\left(\xi\right) + \xi\psi'\left(\xi\right) + \psi\left(\xi\right) = 0 \tag{3.17}$$

直接积分式 (3.17) 得到

$$2\psi'\left(\xi\right) + \xi\psi\left(\xi\right) = 2C_1 \tag{3.18}$$

其中 C_1 为常数。

当 $t \to \infty$ 时, 即 $\xi \to 0$, 热传导达到稳态, 变量 $\psi\left(\xi\right)$ 的变化趋于零, 因此有初始条件

$$\psi'\left(0\right) = C_1 = 0 \tag{3.19}$$

式 (3.18) 化为

$$\psi'\left(\xi\right) = -\frac{1}{2}\xi\psi\left(\xi\right) \tag{3.20}$$

直接积分式 (3.20)，得

$$\psi\left(\xi\right) = Ce^{-\frac{1}{4}\xi^2} \tag{3.21}$$

其中 C 也为常数。

因此有

$$u = t^{-\frac{1}{2}}\psi\left(t^{-\frac{1}{2}}x\right) = Ct^{-\frac{1}{2}}e^{-\frac{x^2}{4t}} \tag{3.22}$$

由式 (3.6) 有守恒关系

$$\int_{-\infty}^{\infty} u\left(x,t\right)\mathrm{d}x = \int_{-\infty}^{\infty} u\left(x,0\right)\mathrm{d}x = \int_{-\infty}^{\infty} u_0\delta\left(x\right)\mathrm{d}x = u_0 \tag{3.23}$$

将式 (3.22) 积分得到

$$C = \frac{u_0}{2\sqrt{\pi}} \tag{3.24}$$

将式 (3.24) 代入式 (3.22)，最终得到

$$u = \frac{u_0}{2\sqrt{\pi}}t^{-\frac{1}{2}}e^{-\frac{x^2}{4t}} = \frac{u_0}{2\sqrt{\pi t}}e^{-\frac{x^2}{4t}} \tag{3.25}$$

式 (3.25) 即为 Fourier 得到的热传导点源解[43]。

例 3.1 一方面展示了方程和非零边界条件同时满足不变性时求解精确解的过程，另一方面展示了含有两个变量的偏微分方程在有不变性的情况下可以简化成常微分方程进行求解。

3.1.2　无穷小生成元

考虑将带有参数 ε 和组合律 σ 的单参数 Lie 变换群 (3.1) 在 $\varepsilon = 0$ 附近展开，得到

$$\overline{x} = x + \varepsilon\left.\frac{\partial\phi}{\partial\varepsilon}\left(x, u, \varepsilon\right)\right|_{\varepsilon=0} + O\left(\varepsilon^2\right), \quad \overline{u} = u + \varepsilon\left.\frac{\partial\psi}{\partial\varepsilon}\left(x, u, \varepsilon\right)\right|_{\varepsilon=0} + O\left(\varepsilon^2\right) \tag{3.26}$$

令

$$\boldsymbol{\xi}\left(\boldsymbol{x}, \boldsymbol{u}\right) = \left.\frac{\partial\phi}{\partial\varepsilon}\left(\boldsymbol{x}, \boldsymbol{u}, \varepsilon\right)\right|_{\varepsilon=0}, \quad \boldsymbol{\eta}\left(\boldsymbol{x}, \boldsymbol{u}\right) = \left.\frac{\partial\psi}{\partial\varepsilon}\left(\boldsymbol{x}, \boldsymbol{u}, \varepsilon\right)\right|_{\varepsilon=0} \tag{3.27}$$

从而得到

$$\overline{\boldsymbol{x}} = \boldsymbol{x} + \varepsilon\boldsymbol{\xi}\left(\boldsymbol{x}, \boldsymbol{u}\right) + O\left(\varepsilon^2\right), \quad \overline{\boldsymbol{u}} = \boldsymbol{u} + \varepsilon\boldsymbol{\eta}\left(\boldsymbol{x}, \boldsymbol{u}\right) + O\left(\varepsilon^2\right) \tag{3.28}$$

变换 (3.28) 称为 Lie 变换群 (3.1) 的**无穷小变换**。

定理 3.1 (Lie 的第一基本定理) 存在一个参数 $\tau(\varepsilon)$ 使得 Lie 变换群 (3.1) 等价于一阶微分方程组初值问题的解 [20]

$$\frac{\mathrm{d}\overline{\boldsymbol{x}}}{\mathrm{d}\tau} = \boldsymbol{\xi}(\overline{\boldsymbol{x}}, \overline{\boldsymbol{u}}), \quad \frac{\mathrm{d}\overline{\boldsymbol{u}}}{\mathrm{d}\tau} = \boldsymbol{\eta}(\overline{\boldsymbol{x}}, \overline{\boldsymbol{u}}) \tag{3.29}$$

其中, 当 $\tau = 0$ 时, $\overline{\boldsymbol{x}} = \boldsymbol{x}, \overline{\boldsymbol{u}} = \boldsymbol{u}$。

特别地

$$\tau(\varepsilon) = \int_0^\varepsilon \Gamma(\varepsilon')\mathrm{d}\varepsilon' \tag{3.30}$$

其中

$$\Gamma(\varepsilon) = \left.\frac{\partial \sigma(a,b)}{\partial b}\right|_{(a,b)=(\varepsilon^{-1},\varepsilon)}, \quad \Gamma(0) = 1 \tag{3.31}$$

方程 (3.29) 还可以写为

$$\frac{\mathrm{d}\overline{\boldsymbol{x}}}{\mathrm{d}\varepsilon} = \Gamma(\varepsilon)\boldsymbol{\xi}(\overline{\boldsymbol{x}}, \overline{\boldsymbol{u}}), \quad \frac{\mathrm{d}\overline{\boldsymbol{u}}}{\mathrm{d}\varepsilon} = \Gamma(\varepsilon)\boldsymbol{\eta}(\overline{\boldsymbol{x}}, \overline{\boldsymbol{u}}) \tag{3.32}$$

其中, 当 $\tau = 0$ 时, $\overline{\boldsymbol{x}} = \boldsymbol{x}, \overline{\boldsymbol{u}} = \boldsymbol{u}$。

考虑 Lie 的第一基本定理, 不失一般性, 假定单参数 Lie 变换群的组合律为 $\sigma(a,b) = a+b$, 从而 $\varepsilon^{-1} = \varepsilon$, $\Gamma(\varepsilon) \equiv 1$。单参数 Lie 变换群 (3.1) 成为

$$\frac{\mathrm{d}\overline{\boldsymbol{x}}}{\mathrm{d}\varepsilon} = \boldsymbol{\xi}(\overline{\boldsymbol{x}}, \overline{\boldsymbol{u}}), \quad \frac{\mathrm{d}\overline{\boldsymbol{u}}}{\mathrm{d}\varepsilon} = \boldsymbol{\eta}(\overline{\boldsymbol{x}}, \overline{\boldsymbol{u}}) \tag{3.33}$$

其中, 当 $\varepsilon = 0$ 时, $\overline{\boldsymbol{x}} = \boldsymbol{x}, \overline{\boldsymbol{u}} = \boldsymbol{u}$。

式 (3.33) 称为 **Lie 方程**。

定义 3.2 单参数 Lie 变换群 (3.1) 的**无穷小生成元**是算子 [20]

$$X = \xi^i(\boldsymbol{x}, \boldsymbol{u})\frac{\partial}{\partial x^i} + \eta^\alpha(\boldsymbol{x}, \boldsymbol{u})\frac{\partial}{\partial u^\alpha} \tag{3.34}$$

其中 $i = 1, 2, \cdots, n$, $\alpha = 1, 2, \cdots, m$, 且

$$\xi^i(\boldsymbol{x}, \boldsymbol{u}) = \left.\frac{\partial \overline{x}^i}{\partial \varepsilon}\right|_{\varepsilon=0} = \left.\frac{\partial \phi^i(\boldsymbol{x}, \boldsymbol{u}, \varepsilon)}{\partial \varepsilon}\right|_{\varepsilon=0}, \quad \eta^\alpha(\boldsymbol{x}, \boldsymbol{u}) = \left.\frac{\partial \overline{u}^\alpha}{\partial \varepsilon}\right|_{\varepsilon=0} = \left.\frac{\partial \psi^\alpha(\boldsymbol{x}, \boldsymbol{u}, \varepsilon)}{\partial \varepsilon}\right|_{\varepsilon=0} \tag{3.35}$$

由此可知, 从 Lie 的第一基本定理得到的单参数 Lie 变换群与其无穷小变换是 "等价的", 也与其无穷小生成元是 "等价的"。如下定理表明, 使用无穷小生成元 (3.34) 可以找到式 (3.33) 的显式解。

定理 3.2   单参数 Lie 变换群 (3.1) 等价于

$$\overline{\boldsymbol{x}} = \mathrm{e}^{\varepsilon X}\boldsymbol{x} = \boldsymbol{x} + \varepsilon X\boldsymbol{x} + \frac{1}{2!}\varepsilon^2 X^2\boldsymbol{x} + \frac{1}{3!}\varepsilon^3 X^3\boldsymbol{x} + \cdots = \sum_{n=0}^{\infty}\frac{1}{n!}\varepsilon^n X^n\boldsymbol{x}$$

$$\overline{\boldsymbol{u}} = \mathrm{e}^{\varepsilon X}\boldsymbol{u} = \boldsymbol{u} + \varepsilon X\boldsymbol{u} + \frac{1}{2!}\varepsilon^2 X^2\boldsymbol{u} + \frac{1}{3!}\varepsilon^3 X^3\boldsymbol{u} + \cdots = \sum_{n=0}^{\infty}\frac{1}{n!}\varepsilon^n X^n\boldsymbol{u}$$

(3.36)

其中算子 X 由式 (3.34) 定义,算子 $X^k = XX^{k-1}\,(k=1,2,\cdots)$;特别地,$X^k F(\boldsymbol{x},\boldsymbol{u})$ 是算子 X 应用于函数 $X^{k-1}F(\boldsymbol{x},\boldsymbol{u})\,(k=1,2,\cdots)$ 而得的函数,其中 $X^0 F(\boldsymbol{x},\boldsymbol{u}) \equiv F(\boldsymbol{x},\boldsymbol{u})$。式 (3.36) 称为 **Lie 级数** [20]。

3.1.3   无穷小生成元的延拓

对于有 n 个自变量 $\boldsymbol{x} = (x^1,\cdots,x^n)$ 和 m 个因变量 $\boldsymbol{u} = (u^1,\cdots,u^m)$ 的 k 阶常微分方程 $\boldsymbol{u} = \boldsymbol{u}(\boldsymbol{x})$ 的情况,需要考虑由空间 $(\boldsymbol{x},\boldsymbol{u})$ 到空间 $(\boldsymbol{x},\boldsymbol{u},\boldsymbol{u}_{(1)},\cdots,\boldsymbol{u}_{(k)})$ 的延拓变换,其中 $\boldsymbol{u}_{(k)}$ 表示 $\boldsymbol{u}$ 对 $\boldsymbol{x}$ 的所有 k 阶偏导数 [21,22]。

这些变换保持微分条件

$$\mathrm{d}\boldsymbol{u} = \boldsymbol{u}_{(1)}\mathrm{d}\boldsymbol{x},\quad \cdots,\quad \mathrm{d}\boldsymbol{u}_{(k-1)} = \boldsymbol{u}_{(k)}\mathrm{d}\boldsymbol{x} \tag{3.37}$$

其中两式分别表示

$$\mathrm{d}u_i^\alpha = u^\alpha \mathrm{d}x^i,\quad \mathrm{d}u_{i_1 i_2\cdots i_n}^\alpha = u_{ii_1 i_2\cdots i_n}^\alpha \mathrm{d}x^i,\quad i,i_1,\cdots,i_n = 1,2,\cdots,n, \\ \alpha = 1,2,\cdots,m \tag{3.38}$$

全微分算子为 [25]

$$D_i = \frac{\partial}{\partial x^i} + u_i^\alpha\frac{\partial}{\partial u^\alpha} + u_{ii_1}^\alpha\frac{\partial}{\partial u_{i_1}^\alpha} + \cdots + u_{ii_1 i_2\cdots i_n}^\alpha\frac{\partial}{\partial u_{i_1 i_2\cdots i_n}^\alpha} + \cdots \tag{3.39}$$

对于微分函数 $F(\boldsymbol{x},\boldsymbol{u},\boldsymbol{u}_{(1)},\cdots,\boldsymbol{u}_{(l)})$, 有

$$D_i F(\boldsymbol{x},\boldsymbol{u},\boldsymbol{u}_{(1)},\cdots,\boldsymbol{u}_{(k)}) = \frac{\partial F}{\partial x^i} + u_i^\alpha\frac{\partial F}{\partial u^\alpha} + u_{ii_1}^\alpha\frac{\partial F}{\partial u_{i_1}^\alpha} + \cdots + u_{ii_1 i_2\cdots i_k}^\alpha\frac{\partial F}{\partial u_{i_1 i_2\cdots i_k}^\alpha}$$

(3.40)

作用在空间 $(\boldsymbol{x},\boldsymbol{u})$ 上的自变量 $\boldsymbol{x} = (x^1,\cdots,x^n)$ 和因变量 $\boldsymbol{u} = (u^1,\cdots,u^m)$ 的单参数 Lie 变换群

$$\overline{\boldsymbol{x}} = \phi(\boldsymbol{x},\boldsymbol{u},\varepsilon),\quad \overline{\boldsymbol{u}} = \psi(\boldsymbol{x},\boldsymbol{u},\varepsilon) \tag{3.41}$$

到空间 $(\boldsymbol{x},\boldsymbol{u},\boldsymbol{u}_{(1)},\cdots,\boldsymbol{u}_{(k)})$ 的 k 阶延拓 [25]

$$\overline{\boldsymbol{x}} = \phi(\boldsymbol{x},\boldsymbol{u},\varepsilon),\quad \overline{\boldsymbol{u}} = \psi(\boldsymbol{x},\boldsymbol{u},\varepsilon),\quad \overline{\boldsymbol{u}}_{(1)} = \varphi_{(1)}(\boldsymbol{x},\boldsymbol{u},\boldsymbol{u}_{(1)},\varepsilon),\quad \cdots \\ \overline{\boldsymbol{u}}_{(k)} = \varphi_{(k)}(\boldsymbol{x},\boldsymbol{u},\boldsymbol{u}_{(1)},\cdots,\boldsymbol{u}_{(k)},\varepsilon)$$

(3.42)

定义了 k 阶延拓单参数 Lie 变换群，其中 $\overline{u_i^\alpha} = \varphi_i^\alpha$ 是 $\overline{\boldsymbol{u}}_{(1)} = \varphi_{(1)}$ 的分量 [20]

$$
\begin{pmatrix} \overline{u_1^\alpha} \\ \overline{u_2^\alpha} \\ \vdots \\ \overline{u_n^\alpha} \end{pmatrix} = \begin{pmatrix} \varphi_1^\alpha \\ \varphi_2^\alpha \\ \vdots \\ \varphi_n^\alpha \end{pmatrix} = \boldsymbol{A}^{-1} \begin{pmatrix} D_1 \psi^\alpha \\ D_2 \psi^\alpha \\ \vdots \\ D_n \psi^\alpha \end{pmatrix} \tag{3.43}
$$

$\overline{u_{i_1 i_2 \cdots i_{k-1} i}^\alpha} = \varphi_{i_1 i_2 \cdots i_{k-1} i}^\alpha$ 是 $\overline{\boldsymbol{u}}_{(k)} = \varphi_{(k)}$ 的分量

$$
\begin{pmatrix} \overline{u_{i_1 i_2 \cdots i_{k-1} 1}^\alpha} \\ \overline{u_{i_1 i_2 \cdots i_{k-1} 2}^\alpha} \\ \vdots \\ \overline{u_{i_1 i_2 \cdots i_{k-1} n}^\alpha} \end{pmatrix} = \begin{pmatrix} \varphi_{i_1 i_2 \cdots i_{k-1} 1}^\alpha \\ \varphi_{i_1 i_2 \cdots i_{k-1} 2}^\alpha \\ \vdots \\ \varphi_{i_1 i_2 \cdots i_{k-1} n}^\alpha \end{pmatrix} = \boldsymbol{A}^{-1} \begin{pmatrix} D_1 \varphi_{i_1 i_2 \cdots i_{k-1}}^\alpha \\ D_2 \varphi_{i_1 i_2 \cdots i_{k-1}}^\alpha \\ \vdots \\ D_n \varphi_{i_1 i_2 \cdots i_{k-1}}^\alpha \end{pmatrix} \tag{3.44}
$$

式中，$i_1, i_2, \cdots, i_{k-1} = 1, 2, \cdots, n$，$k = 2, 3, \cdots$

$$
\boldsymbol{A} = \begin{pmatrix} D_1 \phi^1 & \cdots & D_1 \phi^n \\ \vdots & & \vdots \\ D_n \phi^1 & \cdots & D_n \phi^n \end{pmatrix} \tag{3.45}
$$

下面对无穷小生成元 X 进行延拓。首先考虑一阶延拓。将作用在空间 $(\boldsymbol{x}, \boldsymbol{u})$ 上的单参数 Lie 变换群在 $\varepsilon = 0$ 附近展开，得到

$$
\begin{aligned}
\overline{x^i} &= \phi^i(\boldsymbol{x}, \boldsymbol{u}, \varepsilon) = x^i + \varepsilon \xi^i(\boldsymbol{x}, \boldsymbol{u}) + O(\varepsilon^2) \\
\overline{u^\alpha} &= \psi^\alpha(\boldsymbol{x}, \boldsymbol{u}, \varepsilon) = u^\alpha + \varepsilon \eta^\alpha(\boldsymbol{x}, \boldsymbol{u}) + O(\varepsilon^2)
\end{aligned} \tag{3.46}
$$

式 (3.46) 的一阶延拓变换为

$$
\overline{u_i^\alpha} = \varphi_i^\alpha(\boldsymbol{x}, \boldsymbol{u}, \boldsymbol{u}_{(1)}, \varepsilon) = u_i^\alpha + \varepsilon \zeta_i^\alpha(\boldsymbol{x}, \boldsymbol{u}, \boldsymbol{u}_{(1)}) + O(\varepsilon^2) \tag{3.47}
$$

相应无穷小生成元的一阶延拓是

$$
X^{(1)} = X + \zeta_i^\alpha(\boldsymbol{x}, \boldsymbol{u}, \boldsymbol{u}_{(1)}) \frac{\partial}{\partial u_i^\alpha} = \xi^i(\boldsymbol{x}, \boldsymbol{u}) \frac{\partial}{\partial x^i} + \eta^\alpha(\boldsymbol{x}, \boldsymbol{u}) \frac{\partial}{\partial u^\alpha} + \zeta_i^\alpha(\boldsymbol{x}, \boldsymbol{u}, \boldsymbol{u}_{(1)}) \frac{\partial}{\partial u_i^\alpha} \tag{3.48}
$$

下面求出 ζ_i^α 的表达式。根据式 (3.42)，有多变量的链式法则

$$
D_j = D_j(\phi^i) \overline{D}_i \tag{3.49}
$$

其中 $\overline{D}_i$ 表示对 $\overline{x}_i$ 的全微分。

一方面，由链式法则知

$$\overline{u_j^\alpha} = D_j\left(\overline{u^\alpha}\right) = D_j\left(\phi^i\right)\overline{D}_i\left(\overline{u^\alpha}\right) = D_j\left(\phi^i\right)\overline{u_i^\alpha} \tag{3.50}$$

另一方面，由式 (3.42) 知

$$D_j\left(\overline{u^\alpha}\right) = D_j\left(\psi^\alpha\right) \tag{3.51}$$

由式 (3.50) 和 (3.51)，得到

$$D_j\left(\phi^i\right)\overline{u_i^\alpha} = D_j\left(\psi^\alpha\right) \tag{3.52}$$

式 (3.52) 为导数变换法则的张量表示，实际上给出了以 $\overline{u_i^\alpha}$ 为变量的方程组，为得到 ζ_i^α，只需从中解出 $\overline{u_i^\alpha}$。

由式 (3.46)，得

$$\begin{aligned}
D_j\left(\phi^i\right) &= D_j\left(x^i + \varepsilon\xi^i\right) = \delta_j^i + \varepsilon D_j\left(\xi^i\right) \\
D_j\left(\psi^\alpha\right) &= D_j\left(u^\alpha + \varepsilon\eta^\alpha\right) = u_j^\alpha + \varepsilon D_j\left(\eta^\alpha\right)
\end{aligned} \tag{3.53}$$

其中 δ_j^i 为 Kronecker 函数

$$\delta_j^i = \begin{cases} 1, & i = j \\ 0, & i \neq j \end{cases} \tag{3.54}$$

将式 (3.53) 代入式 (3.52)，得到

$$\left[\delta_j^i + \varepsilon D_j\left(\xi^i\right)\right]\overline{u_i^\alpha} = u_j^\alpha + \varepsilon D_j\left(\eta^\alpha\right) \tag{3.55}$$

由 Neumann 级数得

$$\left[\delta_j^i + \varepsilon D_j\left(\xi^i\right)\right]^{-1} = \delta_i^j - \varepsilon D_i\left(\xi^j\right) + \varepsilon^2\left[D_i\left(\xi^j\right)\right]^2 + \cdots \approx \delta_i^j - \varepsilon D_i\left(\xi^j\right) \tag{3.56}$$

因此，式 (3.55) 可以写为 [27]

$$\begin{aligned}
\overline{u}_i^\alpha &\approx \left[\delta_i^j - \varepsilon D_i\left(\xi^j\right)\right]\left[u_j^\alpha + \varepsilon D_j\left(\eta^\alpha\right)\right] \\
&= \delta_i^j u_j^\alpha + \varepsilon\delta_i^j D_j\left(\eta^\alpha\right) - \varepsilon u_j^\alpha D_i\left(\xi^j\right) - \varepsilon^2 D_i\left(\xi^j\right)D_j\left(\eta^\alpha\right) \\
&\approx u_i^\alpha + \varepsilon\left[D_i\left(\eta^\alpha\right) - u_j^\alpha D_i\left(\xi^j\right)\right] \\
&= u_i^\alpha + \varepsilon\left[D_i\left(\eta^\alpha - \xi^j u_j^\alpha\right) + \xi^j u_{ij}^\alpha\right]
\end{aligned} \tag{3.57}$$

比较式 (3.47) 和 (3.57)，得到

$$\zeta_i^\alpha = D_i\left(\eta^\alpha\right) - u_j^\alpha D_i\left(\xi^j\right) = D_i\left(\eta^\alpha - \xi^j u_j^\alpha\right) + \xi^j u_{ij}^\alpha \tag{3.58}$$

因此，无穷小生成元 X 的一阶延拓为 [25]

$$X^{(1)} = \xi^i \frac{\partial}{\partial x^i} + \eta^\alpha \frac{\partial}{\partial u^\alpha} + \zeta_i^\alpha \frac{\partial}{\partial u_i^\alpha} = \xi^i \frac{\partial}{\partial x^i} + \eta^\alpha \frac{\partial}{\partial u^\alpha} + \left[D_i\left(\eta^\alpha\right) - u_j^\alpha D_i\left(\xi^j\right)\right]\frac{\partial}{\partial u_i^\alpha} \tag{3.59}$$

进一步求出无穷小生成元 X 的二阶延拓。式 (3.46) 的二阶延拓变换为

$$\overline{u_{i_1 i_2}^\alpha} = \varphi_{i_1 i_2}^\alpha\left(\boldsymbol{x}, \boldsymbol{u}, \boldsymbol{u}_{(1)}, \boldsymbol{u}_{(2)}, \varepsilon\right) = u_{i_1 i_2}^\alpha + \varepsilon \zeta_{i_1 i_2}^\alpha\left(\boldsymbol{x}, \boldsymbol{u}, \boldsymbol{u}_{(1)}, \boldsymbol{u}_{(2)}\right) + O\left(\varepsilon^2\right) \tag{3.60}$$

相应无穷小生成元 X 的二阶延拓是

$$X^{(2)} = X^{(1)} + \zeta_{i_1 i_2}^\alpha\left(\boldsymbol{x}, \boldsymbol{u}, \boldsymbol{u}_{(1)}, \boldsymbol{u}_{(2)}\right)\frac{\partial}{\partial u_{i_1 i_2}^\alpha} \tag{3.61}$$

仿照求一阶延拓的过程，将对应式子中的 u_i^α 替换为 $u_{i_1 i_2}^\alpha$，$\overline{u_i^\alpha}$ 替换为 $\overline{u_{i_1 i_2}^\alpha}$，$\psi^\alpha$ 替换为 φ_i^α，最终得到 [25]

$$\zeta_{i_1 i_2}^\alpha = D_{i_2}\left(\zeta_{i_1}^\alpha\right) - u_{i_1 j}^\alpha D_{i_2}\left(\xi^j\right) = D_{i_1} D_{i_2}\left(\eta^\alpha - \xi^j u_j^\alpha\right) + \xi^j u_{i_1 i_2 j}^\alpha \tag{3.62}$$

以此类推，式 (3.46) 的 k 阶延拓变换为

$$\begin{aligned}
\overline{u_{i_1 i_2 \cdots i_k}^\alpha} &= \varphi_{i_1 i_2 \cdots i_k}^\alpha\left(\boldsymbol{x}, \boldsymbol{u}, \boldsymbol{u}_{(1)}, \boldsymbol{u}_{(2)}, \cdots, \boldsymbol{u}_{(k)}, \varepsilon\right) \\
&= u_{i_1 i_2 \cdots i_k}^\alpha + \varepsilon \zeta_{i_1 i_2 \cdots i_k}^\alpha\left(\boldsymbol{x}, \boldsymbol{u}, \boldsymbol{u}_{(1)}, \boldsymbol{u}_{(2)}, \cdots, \boldsymbol{u}_{(k)}\right) + O\left(\varepsilon^2\right)
\end{aligned} \tag{3.63}$$

最终得到 [25]

$$\begin{aligned}
\zeta_{i_1 i_2 \cdots i_k}^\alpha &= D_{i_k}\left(\zeta_{i_1 i_2 \cdots i_{k-1}}^\alpha\right) - u_{i_1 i_2 \cdots i_{k-1} j}^\alpha D_{i_k}\left(\xi^j\right) \\
&= D_{i_1} D_{i_2} \cdots D_{i_k}\left(\eta^\alpha - \xi^j u_j^\alpha\right) + \xi^j u_{i_1 i_2 \cdots i_k j}^\alpha
\end{aligned} \tag{3.64}$$

因此 k 阶延拓后的单参数 Lie 变换群为

$$\begin{aligned}
\overline{x^i} &= \phi^i\left(\boldsymbol{x}, \boldsymbol{u}, \varepsilon\right), \quad \left.\phi^i\right|_{\varepsilon=0} = x^i \\
\overline{u^\alpha} &= \psi^\alpha\left(\boldsymbol{x}, \boldsymbol{u}, \varepsilon\right), \quad \left.\psi^\alpha\right|_{\varepsilon=0} = u^\alpha \\
\overline{u_i^\alpha} &= \varphi_i^\alpha\left(\boldsymbol{x}, \boldsymbol{u}, \boldsymbol{u}_{(1)}, \varepsilon\right), \quad \left.\varphi_i^\alpha\right|_{\varepsilon=0} = u_i^\alpha \\
\overline{u_{i_1 i_2}^\alpha} &= \varphi_{i_1 i_2}^\alpha\left(\boldsymbol{x}, \boldsymbol{u}, \boldsymbol{u}_{(1)}, \boldsymbol{u}_{(2)}, \varepsilon\right), \quad \left.\varphi_{i_1 i_2}^\alpha\right|_{\varepsilon=0} = u_{i_1 i_2}^\alpha \\
&\qquad\qquad\qquad \vdots \\
\overline{u_{i_1 i_2 \cdots i_k}^\alpha} &= \varphi_{i_1 i_2 \cdots i_k}^\alpha\left(\boldsymbol{x}, \boldsymbol{u}, \boldsymbol{u}_{(1)}, \boldsymbol{u}_{(2)}, \cdots, \boldsymbol{u}_{(k)}, \varepsilon\right), \quad \left.\varphi_{i_1 i_2 \cdots i_k}^\alpha\right|_{\varepsilon=0} = u_{i_1 i_2 \cdots i_k}^\alpha
\end{aligned} \tag{3.65}$$

相应无穷小生成元 X 的 k 阶延拓为 [25]

$$X^{(k)} = \xi^i \frac{\partial}{\partial x^i} + \eta^\alpha \frac{\partial}{\partial u^\alpha} + \zeta_i^\alpha \frac{\partial}{\partial u_i^\alpha} + \zeta_{i_1 i_2}^\alpha \frac{\partial}{\partial u_{i_1 i_2}^\alpha} + \cdots + \zeta_{i_1 i_2 \cdots i_k}^\alpha \frac{\partial}{\partial u_{i_1 i_2 \cdots i_k}^\alpha} \quad (3.66)$$

坐标为

$$\xi^i (\boldsymbol{x}, \boldsymbol{u}) = \left. \frac{\partial \phi^i (\boldsymbol{x}, \boldsymbol{u}, \varepsilon)}{\partial \varepsilon} \right|_{\varepsilon=0}, \quad \eta^\alpha (\boldsymbol{x}, \boldsymbol{u}) = \left. \frac{\partial \psi^\alpha (\boldsymbol{x}, \boldsymbol{u}, \varepsilon)}{\partial \varepsilon} \right|_{\varepsilon=0}$$

$$\zeta_i^\alpha \left(\boldsymbol{x}, \boldsymbol{u}, \boldsymbol{u}_{(1)}\right) = \left. \frac{\partial \varphi_i^\alpha \left(\boldsymbol{x}, \boldsymbol{u}, \boldsymbol{u}_{(1)}, \varepsilon\right)}{\partial \varepsilon} \right|_{\varepsilon=0}$$

$$\zeta_{i_1 i_2}^\alpha \left(\boldsymbol{x}, \boldsymbol{u}, \boldsymbol{u}_{(1)}, \boldsymbol{u}_{(2)}\right) = \left. \frac{\partial \varphi_{i_1 i_2}^\alpha \left(\boldsymbol{x}, \boldsymbol{u}, \boldsymbol{u}_{(1)}, \boldsymbol{u}_{(2)}, \varepsilon\right)}{\partial \varepsilon} \right|_{\varepsilon=0}$$

$$\vdots$$

$$\zeta_{i_1 i_2 \cdots i_k}^\alpha \left(\boldsymbol{x}, \boldsymbol{u}, \boldsymbol{u}_{(1)}, \boldsymbol{u}_{(2)}, \cdots, \boldsymbol{u}_{(k)}\right) = \left. \frac{\partial \psi_{i_1 i_2 \cdots i_k}^\alpha \left(\boldsymbol{x}, \boldsymbol{u}, \boldsymbol{u}_{(1)}, \boldsymbol{u}_{(2)}, \cdots, \boldsymbol{u}_{(s)}, \varepsilon\right)}{\partial \varepsilon} \right|_{\varepsilon=0}$$

$$(3.67)$$

基于式 (3.45) 的矩阵变换运算同样可以得到关系式 (3.58) 和 (3.64)[20]。

由式 (3.45) 和式 (3.46) 中第一式可得

$$\boldsymbol{A} = \begin{pmatrix} D_1 \left(x^1 + \varepsilon \xi^1\right) & D_1 \left(x^2 + \varepsilon \xi^2\right) & \cdots & D_1 \left(x^n + \varepsilon \xi^n\right) \\ D_2 \left(x^1 + \varepsilon \xi^1\right) & D_2 \left(x^2 + \varepsilon \xi^2\right) & \cdots & D_2 \left(x^n + \varepsilon \xi^n\right) \\ \vdots & \vdots & \ddots & \vdots \\ D_n \left(x^1 + \varepsilon \xi^1\right) & D_n \left(x^2 + \varepsilon \xi^2\right) & \cdots & D_n \left(x^n + \varepsilon \xi^n\right) \end{pmatrix} + O\left(\varepsilon^2\right)$$

$$= \boldsymbol{I} + \varepsilon \boldsymbol{B} + O\left(\varepsilon^2\right) \quad (3.68)$$

其中 $\boldsymbol{I}$ 是 n 阶单位矩阵，且

$$\boldsymbol{B} = \begin{pmatrix} D_1 \xi^1 & D_1 \xi^2 & \cdots & D_1 \xi^n \\ D_2 \xi^1 & D_2 \xi^2 & \cdots & D_2 \xi^n \\ \vdots & \vdots & & \vdots \\ D_n \xi^1 & D_n \xi^2 & \cdots & D_n \xi^n \end{pmatrix} \quad (3.69)$$

由式 (3.68) 则有

$$\boldsymbol{A}^{-1} = \boldsymbol{I} - \varepsilon \boldsymbol{B} + O\left(\varepsilon^2\right) \quad (3.70)$$

由式 (3.43)、(3.47) 和 (3.70)，可得 [20]

$$
\begin{pmatrix} u_1^\alpha + \varepsilon \zeta_1^\alpha \\ u_2^\alpha + \varepsilon \zeta_2^\alpha \\ \vdots \\ u_n^\alpha + \varepsilon \zeta_n^\alpha \end{pmatrix} = (\boldsymbol{I} - \varepsilon \boldsymbol{B}) \cdot \begin{pmatrix} u_1^\alpha + \varepsilon D_1 \left(\eta^\alpha \right) \\ u_2^\alpha + \varepsilon D_2 \left(\eta^\alpha \right) \\ \vdots \\ u_n^\alpha + \varepsilon D_n \left(\eta^\alpha \right) \end{pmatrix} + O \left(\varepsilon^2 \right) \tag{3.71}
$$

因此有

$$
\begin{pmatrix} \zeta_1^\alpha \\ \zeta_2^\alpha \\ \vdots \\ \zeta_n^\alpha \end{pmatrix} = \begin{pmatrix} D_1 \left(\eta^\alpha \right) \\ D_2 \left(\eta^\alpha \right) \\ \vdots \\ D_n \left(\eta^\alpha \right) \end{pmatrix} - \boldsymbol{B} \begin{pmatrix} u_1^\alpha \\ u_2^\alpha \\ \vdots \\ u_n^\alpha \end{pmatrix} \tag{3.72}
$$

从而得到式 (3.58)。

由式 (3.44)、(3.63) 和 (3.70)，可得 [20]

$$
\begin{pmatrix} u_{i_1 i_2 \cdots i_{k-1} 1}^\alpha + \varepsilon \zeta_{i_1 i_2 \cdots i_{k-1} 1}^\alpha \\ u_{i_1 i_2 \cdots i_{k-1} 2}^\alpha + \varepsilon \zeta_{i_1 i_2 \cdots i_{k-1} 2}^\alpha \\ \vdots \\ u_{i_1 i_2 \cdots i_{k-1} n}^\alpha + \varepsilon \zeta_{i_1 i_2 \cdots i_{k-1} n}^\alpha \end{pmatrix} = (\boldsymbol{I} - \varepsilon \boldsymbol{B}) \cdot \begin{pmatrix} u_{i_1 i_2 \cdots i_{k-1} 1}^\alpha + \varepsilon D_1 \left(\zeta_{i_1 i_2 \cdots i_{k-1}}^\alpha \right) \\ u_{i_1 i_2 \cdots i_{k-1} 2}^\alpha + \varepsilon D_2 \left(\zeta_{i_1 i_2 \cdots i_{k-1}}^\alpha \right) \\ \vdots \\ u_{i_1 i_2 \cdots i_{k-1} n}^\alpha + \varepsilon D_n \left(\zeta_{i_1 i_2 \cdots i_{k-1}}^\alpha \right) \end{pmatrix} + O \left(\varepsilon^2 \right)
$$
$$\tag{3.73}$$

因此

$$
\begin{pmatrix} \zeta_{i_1 i_2 \cdots i_{k-1} 1}^\alpha \\ \zeta_{i_1 i_2 \cdots i_{k-1} 2}^\alpha \\ \vdots \\ \zeta_{i_1 i_2 \cdots i_{k-1} n}^\alpha \end{pmatrix} = \begin{pmatrix} D_1 \left(\zeta_{i_1 i_2 \cdots i_{k-1}}^\alpha \right) \\ D_2 \left(\zeta_{i_1 i_2 \cdots i_{k-1}}^\alpha \right) \\ \vdots \\ D_n \left(\zeta_{i_1 i_2 \cdots i_{k-1}}^\alpha \right) \end{pmatrix} - \boldsymbol{B} \begin{pmatrix} u_{i_1 i_2 \cdots i_{k-1} 1}^\alpha \\ u_{i_1 i_2 \cdots i_{k-1} 2}^\alpha \\ \vdots \\ u_{i_1 i_2 \cdots i_{k-1} n}^\alpha \end{pmatrix} \tag{3.74}
$$

从而得到式 (3.64)。

例 3.2 写出常见的有 2 个自变量和 1 个因变量的微分方程

$$
F \left(x, t, y \right) = 0 \tag{3.75}
$$

的无穷小生成元的 k 阶延拓形式 [24]。

方程 (3.75) 的 Lie 变换群的无穷小生成元为

$$
X = \xi \frac{\partial}{\partial x} + \tau \frac{\partial}{\partial t} + \eta \frac{\partial}{\partial y} \tag{3.76}
$$

X 的一阶延拓为

$$X^{(1)} = X + \zeta^x \frac{\partial}{\partial y_x} + \zeta^t \frac{\partial}{\partial y_t} = \xi \frac{\partial}{\partial x} + \tau \frac{\partial}{\partial t} + \eta \frac{\partial}{\partial y} + \zeta_1^x \frac{\partial}{\partial y_x} + \zeta_1^t \frac{\partial}{\partial y_t} \qquad (3.77)$$

其中

$$\zeta_1^x = D_x(\eta) - y_x D_x(\xi) - y_t D_x(\tau) = \eta_x + (\eta_y - \xi_x) y_x - \tau_x y_t - \xi_y y_x^2 - \tau_y y_x y_t$$
$$\zeta_1^t = D_t(\eta) - y_x D_t(\xi) - y_t D_t(\tau) = \eta_t + (\eta_y - \tau_t) y_t - \xi_t y_x - \tau_y y_t^2 - \xi_y y_x y_t$$
$$\hspace{11cm} (3.78)$$

二阶延拓为

$$X^{(2)} = X^{(1)} + \zeta_2^{xx} \frac{\partial}{\partial y_{xx}} + \zeta_2^{xt} \frac{\partial}{\partial y_{xt}} + \zeta_2^{tt} \frac{\partial}{\partial y_{tt}} \qquad (3.79)$$

其中

$$\zeta_2^{xx} = D_x(\zeta_1^x) - y_{xx} D_x(\xi) - y_{xt} D_x(\tau)$$
$$\zeta_2^{xt} = D_t(\zeta_1^x) - y_{xt} D_t(\tau) - y_{xx} D_t(\xi) \qquad (3.80)$$
$$\zeta_2^{tt} = D_t(\zeta_1^t) - y_{xt} D_t(\xi) - y_{tt} D_t(\tau)$$

式 (3.80) 可以进一步写为

$$
\begin{aligned}
\zeta_2^{xx} =& \frac{\partial}{\partial x} \left[\eta_x + (\eta_y - \xi_x) y_x - \tau_x y_t - \xi_y y_x^2 - \tau_y y_x y_t \right] + y_x \frac{\partial}{\partial y} \left[\eta_x + (\eta_y - \xi_x) y_x - \tau_x y_t \right. \\
& \left. - \xi_y y_x^2 - \tau_y y_x y_t \right] - y_{xx} \left[\frac{\partial}{\partial x}(\xi) + y_x \frac{\partial}{\partial y}(\xi) \right] - y_{xt} \left[\frac{\partial}{\partial x}(\tau) + y_x \frac{\partial}{\partial y}(\tau) \right] \\
=& \eta_{xx} + (\eta_{xy} - \xi_{xx}) y_x + (\eta_y - \xi_x) y_{xx} - \tau_{xx} y_t - \tau_x y_{xt} - \xi_{xy} y_x^2 - 2\xi_y y_x y_{xx} \\
& - \tau_{xy} y_x y_t - \tau_y y_{xx} y_t - \tau_y y_x y_{xt} + y_x \left[\eta_{xy} + (\eta_{yy} - \xi_{xy}) y_x - \tau_{xy} y_t - \xi_{yy} y_x^2 \right. \\
& \left. - \tau_{yy} y_x y_t \right] - y_{xx} (\xi_x + y_x \xi_y) - y_{xt} (\tau_x + y_x \tau_y) \\
=& \eta_{xx} + (2\eta_{xy} - \xi_{xx}) y_x - \tau_{xx} y_t + (\eta_{yy} - 2\xi_{xy}) y_x^2 - 2\tau_{xy} y_x y_t - \xi_{yy} y_x^3 - \tau_{yy} y_x^2 y_t \\
& + (\eta_y - 2\xi_x) y_{xx} - 2\tau_x y_{xt} - 3\xi_y y_{xx} y_x - \tau_y y_{xx} y_t - 2\tau_y y_x y_{xt} \qquad (3.81)
\end{aligned}
$$

$$
\begin{aligned}
\zeta_2^{xt} =& \frac{\partial}{\partial t} \left[\eta_x + (\eta_y - \xi_x) y_x - \tau_x y_t - \xi_y y_x^2 - \tau_y y_x y_t \right] + y_t \frac{\partial}{\partial y} \left[\eta_x + (\eta_y - \xi_x) y_x - \tau_x y_t \right. \\
& \left. - \xi_y y_x^2 - \tau_y y_x y_t \right] - y_{xt} \left[\frac{\partial}{\partial t}(\tau) + y_t \frac{\partial}{\partial y}(\tau) \right] - y_{xx} \left[\frac{\partial}{\partial t}(\xi) + y_t \frac{\partial}{\partial y}(\xi) \right] \\
=& \eta_{xt} + (\eta_{yt} - \xi_{xt}) y_x + (\eta_y - \xi_x) y_{xt} - \tau_{xt} y_t - \tau_x y_{tt} - \xi_{yt} y_x^2 - 2\xi_y y_x y_{xt} - \tau_{yt} y_x y_t \\
& - \tau_y y_{xt} y_t - \tau_y y_x y_{tt} + y_t \left[\eta_{xy} + (\eta_{yy} - \xi_{xy}) y_x - \tau_{xy} y_t - \xi_{yy} y_x^2 - \tau_{yy} y_x y_t \right]
\end{aligned}
$$

$$- y_{xt}\left(\tau_t + y_t \tau_y\right) - y_{xx}\left(\xi_t + y_t \xi_y\right)$$

$$=\eta_{xt} + \left(\eta_{yt} - \xi_{xt}\right) y_x + \left(\eta_{xy} - \tau_{xt}\right) y_t - \xi_{yt} y_x^2 + \left(\eta_{yy} - \xi_{xy} - \tau_{yt}\right) y_x y_t - \tau_{xy} y_t^2$$

$$- \xi_{yy} y_t y_x^2 - \tau_{yy} y_x y_t^2 - \xi_t y_{xx} - \xi_y y_t y_{xx} + \left(\eta_y - \xi_x - \tau_t\right) y_{xt} - 2\xi_y y_x y_{xt}$$

$$- 2\tau_y y_{xt} y_t - \tau_x y_{tt} - \tau_y y_x y_{tt} \tag{3.82}$$

$$\zeta_2^{tt} = \frac{\partial}{\partial t}\left[\eta_t + \left(\eta_y - \tau_t\right) y_t - \xi_t y_x - \xi_y y_x y_t - \tau_y y_t^2\right] + y_t \frac{\partial}{\partial y}\left[\eta_t + \left(\eta_y - \tau_t\right) y_t - \xi_t y_x\right.$$

$$\left. -\xi_y y_x y_t - \tau_y y_t^2\right] - y_{xt}\left[\frac{\partial}{\partial t}\left(\xi\right) + y_t \frac{\partial}{\partial y}\left(\xi\right)\right] - y_{tt}\left[\frac{\partial}{\partial t}\left(\tau\right) + y_t \frac{\partial}{\partial y}\left(\tau\right)\right]$$

$$=\eta_{tt} + \left(\eta_{yt} - \tau_{tt}\right) y_t + \left(\eta_y - \tau_t\right) y_{tt} - \xi_{tt} y_x - \xi_t y_{xt} - \xi_{yt} y_x y_t - \xi_y y_{xt} y_t - \xi_y y_x y_{tt}$$

$$- \tau_{yt} y_t^2 - 2\tau_y y_t y_{tt} + y_t \left[\eta_{yt} + \left(\eta_{yy} - \tau_{yt}\right) y_t - \xi_{yt} y_x - \xi_{yy} y_x y_t - \tau_{yy} y_t^2\right]$$

$$- y_{xt}\left(\xi_t + y_t \xi_y\right) - y_{tt}\left(\tau_t + y_t \tau_y\right)$$

$$=\eta_{tt} - \xi_{tt} y_x + \left(2\eta_{yt} - \tau_{tt}\right) y_t - 2\xi_{yt} y_x y_t + \left(\eta_{yy} - 2\tau_{yt}\right) y_t^2 - \xi_{yy} y_t^2 y_x - \tau_{yy} y_t^3$$

$$- 2\xi_t y_{xt} - 2\xi_y y_t y_{xt} + \left(\eta_y - 2\tau_t\right) y_{tt} - \xi_y y_{tt} y_x - 3\tau_y y_{tt} y_t \tag{3.83}$$

三阶延拓为

$$X^{(3)} = X^{(2)} + \zeta_3^{xxx} \frac{\partial}{\partial y_{xxx}} + \zeta_3^{xxt} \frac{\partial}{\partial y_{xxt}} + \zeta_3^{xtt} \frac{\partial}{\partial y_{xtt}} + \zeta_3^{ttt} \frac{\partial}{\partial y_{ttt}} \tag{3.84}$$

其中

$$\begin{aligned}
\zeta_3^{xxx} &= D_x\left(\zeta_2^{xx}\right) - y_{xxx} D_x\left(\xi\right) - y_{xxt} D_x\left(\tau\right) \\
\zeta_3^{xxt} &= D_x\left(\zeta_2^{xt}\right) - y_{xxt} D_x\left(\xi\right) - y_{xtt} D_x\left(\tau\right) \\
\zeta_3^{xtt} &= D_x\left(\zeta_2^{tt}\right) - y_{xtt} D_x\left(\xi\right) - y_{ttt} D_x\left(\tau\right) \\
\zeta_3^{ttt} &= D_t\left(\zeta_2^{tt}\right) - y_{xtt} D_t\left(\xi\right) - y_{ttt} D_t\left(\tau\right)
\end{aligned} \tag{3.85}$$

式 (3.85) 可以进一步写为

$$\zeta_3^{xxx} =\eta_{xxx} + \left(3\eta_{xxy} - \xi_{xxx}\right) y_x - \tau_{xxx} y_t + 3\left(\eta_{xyy} - \xi_{xxy}\right) y_x^2 - 3\tau_{xxy} y_x y_t$$

$$+ \left(\eta_{yyy} - 3\xi_{xyy}\right) y_x^3 - 3\tau_{xyy} y_x^2 y_t - \xi_{yyy} y_x^4 - \tau_{yyy} y_x^3 y_t + 3(\eta_{xy} - \xi_{xx}) y_{xx}$$

$$- 3\tau_{xx} y_{xt} + 3(\eta_{yy} - 3\xi_{xy}) y_{xx} y_x - 3\tau_{xy} y_{xx} y_t - 6\tau_{xy} y_x y_{xt} - 3\xi_y y_{xx}^2$$

$$- 6\xi_{yy} y_{xx} y_x^2 - 3\tau_{yy} y_x y_{xx} y_t - 3\tau_y y_{xx} y_{xt} - 3\tau_{yy} y_x^2 y_{xt} + \left(\eta_y - 3\xi_x\right) y_{xxx}$$

$$- 3\tau_x y_{xxt} - 4\xi_y y_{xxx} y_x - \tau_y y_{xxx} y_t - 3\tau_y y_x y_{xxt} \tag{3.86}$$

$$
\begin{aligned}
\zeta_3^{xxt} =& \eta_{xxt} + (2\eta_{xyt} - \xi_{xxt})\,y_x + (\eta_{xxy} - \tau_{xxt})\,y_t + (\eta_{yyt} - 2\xi_{xyt})\,y_x^2 \\
& + (2\eta_{xyy} - \xi_{xxy} - 2\tau_{xyt}) \times y_x y_t - \tau_{xxy}y_t^2 - \xi_{yyt}y_x^3 \\
& + (\eta_{yyy} - 2\xi_{xyy} - \tau_{yyt})\,y_t y_x^2 - 2\tau_{xyy}y_x y_t^2 - \xi_{yyy}y_t y_x^3 - \tau_{yyy}y_x^2 y_t^2 \\
& + (\eta_{yt} - 2\xi_{xt})\,y_{xx} + (2\eta_{xy} - \xi_{xx} - 2\tau_{xt})\,y_{xt} - \tau_{xx}y_{tt} - 3\xi_{yt}y_x y_{xx} \\
& + (\eta_{yy} - 2\xi_{xy} - \tau_{yt}) \times y_{xx}y_t + 2(\eta_{yy} - 2\xi_{xy} - \tau_{yt})\,y_x y_{xt} - 4\tau_{xy}y_{xt}y_t \\
& - 2\tau_{xy}y_x y_{tt} - 3\xi_{yy}y_{xx}y_x y_t - \tau_{yy}y_{xx}y_t^2 - 3\xi_{yy}y_{xt}y_x^2 - 4\tau_{yy}y_x y_{xt}y_t \\
& - \tau_{yy}y_x^2 y_{tt} - 3\xi_y y_{xt}y_{xx} - \tau_y y_{xx}y_{tt} - 2\tau_y y_{xt}^2 - \xi_t y_{xxx} + (\eta_y - 2\xi_x - \tau_t)\,y_{xxt} \\
& - 2\tau_x y_{xtt} - \xi_y y_t y_{xxx} - 3\xi_y y_x y_{xxt} - 2\tau_y y_{xxt}y_t - 2\tau_y y_x y_{xtt} \quad\quad (3.87)
\end{aligned}
$$

$$
\begin{aligned}
\zeta_3^{xtt} =& \eta_{xtt} + (\eta_{ytt} - \xi_{xtt})\,y_x + (2\eta_{xyt} - \tau_{xtt})\,y_t - \xi_{ytt}y_x^2 + (2\eta_{yyt} - 2\xi_{xyt} - \tau_{ytt})\,y_x y_t \\
& + (\eta_{xyy} - 2\tau_{xyt})\,y_t^2 - 2\xi_{yyt}y_x^2 y_t + (\eta_{yyy} - \xi_{xyy} - 2\tau_{yyt})\,y_x y_t^2 - \tau_{xyy}y_t^3 \\
& - \tau_{yyy}y_x y_t^3 - \xi_{yyy}y_x^2 y_t^2 - \xi_{tt}y_{xx} + (2\eta_{yt} - 2\xi_{xt} - \tau_{tt})\,y_{xt}(\eta_{xy} - 2\tau_{xt})\,y_{tt} \\
& - 2\xi_{yt}y_{xx}y_t - 4\xi_{yt}y_x y_{xt} + 2(\eta_{yy} - \xi_{xy} - 2\tau_{yt})\,y_{xt}y_t + (\eta_{yy} - \xi_{xy} - 2\tau_{yt})\,y_{tt}y_x \\
& - 3\tau_{xy}y_{tt}y_t - \xi_{yy}y_t^2 y_{xx} - 4\xi_{yy}y_{xt}y_t y_x - 3\tau_{yy}y_{xt}y_t^2 - \xi_{yy}y_{tt}y_x^2 - 3\tau_{yy}y_{tt}y_x y_t \\
& - \xi_y y_{tt}y_{xx} - 2\xi_y y_{xt}^2 - 3\tau_y y_{tt}y_{xt} + (\eta_y - \xi_x - 2\tau_t)\,y_{xtt} - 2\xi_t y_{xxt} \\
& - \tau_x y_{ttt} - 2\xi_y y_t y_{xxt} - 2\xi_y y_{xtt}y_x - 3\tau_y y_{xtt}y_t - \tau_y y_x y_{ttt} \quad\quad (3.88)
\end{aligned}
$$

$$
\begin{aligned}
\zeta_3^{ttt} =& \eta_{ttt} - \xi_{ttt}y_x + (3\eta_{ytt} - \tau_{ttt})\,y_t - 3\xi_{ytt}y_x y_t + 3(\eta_{yyt} - \tau_{ytt})\,y_t^2 - 3\xi_{yyt}y_x y_t^2 \\
& + (\eta_{yyy} - 3\tau_{yyt})\,y_t^3 - \xi_{yyy}y_x y_t^3 - \tau_{yyy}y_t^4 - 3\xi_{tt}y_{xt} + 3(\eta_{yt} - \tau_{tt})\,y_{tt} \\
& - 6\xi_{yt}y_{xt}y_t - 3\xi_{yt}y_x y_{tt} + 3(\eta_{yy} - 3\tau_{yt})\,y_{tt}y_t - 3\xi_{yy}y_t^2 y_{xt} - 3\xi_{yy}y_{tt}y_t y_x \\
& - 6\tau_{yy}y_{tt}y_t^2 - 3\xi_y y_{tt}y_{xt} - 3\tau_y y_{tt}^2 - 3\xi_t y_{xtt} + (\eta_y - 3\tau_t)\,y_{ttt} - 3\xi_y y_t y_{xtt} \\
& - \xi_y y_{ttt}y_x - 4\tau_y y_{ttt}y_t \quad\quad (3.89)
\end{aligned}
$$

四阶延拓为

$$
X^{(4)} = X^{(3)} + \zeta_4^{xxxx}\frac{\partial}{\partial y_{xxxx}} + \zeta_4^{xxxt}\frac{\partial}{\partial y_{xxxt}} + \zeta_4^{xxtt}\frac{\partial}{\partial y_{xxtt}} + \zeta_4^{xttt}\frac{\partial}{\partial y_{xttt}} + \zeta_4^{tttt}\frac{\partial}{\partial y_{tttt}}
$$

$$(3.90)$$

其中

$$\begin{aligned}
\zeta_4^{xxxx} &= D_x\left(\zeta_3^{xxx}\right) - y_{xxxx}D_x\left(\xi\right) - y_{xxxt}D_x\left(\tau\right)\\
\zeta_4^{xxxt} &= D_x\left(\zeta_3^{xxt}\right) - y_{xxxt}D_x\left(\xi\right) - y_{xxtt}D_x\left(\tau\right)\\
\zeta_4^{xxtt} &= D_x\left(\zeta_3^{xtt}\right) - y_{xxtt}D_x\left(\xi\right) - y_{xttt}D_x\left(\tau\right)\\
\zeta_4^{xttt} &= D_x\left(\zeta_3^{ttt}\right) - y_{xttt}D_x\left(\xi\right) - y_{tttt}D_x\left(\tau\right)\\
\zeta_4^{tttt} &= D_t\left(\zeta_3^{ttt}\right) - y_{xttt}D_t\left(\xi\right) - y_{tttt}D_t\left(\tau\right)
\end{aligned} \tag{3.91}$$

k 阶延拓为

$$X^{(k)} = X^{(k-1)} + \zeta_k^{xx\cdots xx}\frac{\partial}{\partial y_{xx\cdots xx}} + \zeta_k^{xx\cdots xt}\frac{\partial}{\partial y_{xx\cdots xt}} + \cdots + \zeta_k^{xt\cdots tt}\frac{\partial}{\partial y_{xt\cdots tt}} + \zeta_k^{tt\cdots tt}\frac{\partial}{\partial y_{tt\cdots tt}} \tag{3.92}$$

其中

$$\begin{aligned}
\zeta_k^{xx\cdots xx} &= D_x\left(\zeta_{k-1}^{xx\cdots x}\right) - y_{xx\cdots xx}D_x\left(\xi\right) - y_{xx\cdots xt}D_x\left(\tau\right)\\
\zeta_k^{x\cdots xt\cdots t} &= D_x\left(\zeta_{k-1}^{x\cdots t\cdots t}\right) - y_{x\cdots xt\cdots t}D_x\left(\xi\right) - y_{x\cdots tt\cdots t}D_x\left(\tau\right)\\
\zeta_k^{tt\cdots tt} &= D_t\left(\zeta_{k-1}^{tt\cdots t}\right) - y_{xt\cdots tt}D_t\left(\xi\right) - y_{tt\cdots tt}D_t\left(\tau\right)
\end{aligned} \tag{3.93}$$

3.2 方程组的对称性

本节引入对称性的思想，利用 Lie 变换群的基本概念研究方程组的对称性。

定义 3.3 称方程组 $F_\alpha\left(\boldsymbol{x}, \boldsymbol{u}\right) = 0\,(\alpha = 1, 2, \cdots, m)$ 在 Lie 变换群 (3.1) 的作用下是保持**不变**的，即如果 $\boldsymbol{x}, \boldsymbol{u}$ 是方程组的解，则 $\overline{\boldsymbol{x}}, \overline{\boldsymbol{u}}$ 也是方程组的解[26]。换句话说

$$F_\alpha\left(\overline{\boldsymbol{x}}, \overline{\boldsymbol{u}}\right)\big|_{F_\alpha(\boldsymbol{x}, \boldsymbol{u}) = 0} = 0, \quad \alpha = 1, 2, \cdots, m \tag{3.94}$$

流形也称为 Lie 变换群的不变流形。

引理 3.1 设 $g\left(x\right)\left(x \in \mathbb{R}\right)$ 是一个解析函数，对任意满足 $g'\left(x\right) \neq 0$ 的 x 均有 $g\left(x\right) = 0$。如果 $f\left(y\right)$ 是一个解析函数且 $f\left(0\right) = 0$，则存在一个正则函数 $h\left(x\right)$，使得

$$f\left(g\left(x\right)\right) = h\left(x\right)g\left(x\right) \tag{3.95}$$

证明 由于 $f\left(y\right)$ 是一个解析函数且 $f\left(0\right) = 0$，在原点附近的 Maclaurin 展开为

$$f\left(y\right) = f'\left(0\right)y + \frac{f''\left(0\right)}{2!}y^2 + \frac{f'''\left(0\right)}{3!}y^3 + \cdots \tag{3.96}$$

因此

$$f\left(y\right) = y\tilde{h}\left(y\right) \tag{3.97}$$

其中

$$\tilde{h}(y) = f'(0) + \frac{f''(0)}{2!}y + \frac{f'''(0)}{3!}y^2 + \cdots \tag{3.98}$$

利用 $g(x)$ 的条件，引入新的变量 $y = g(x)$，则

$$f(g(x)) = g(x)\,\tilde{h}(g(x)) \tag{3.99}$$

记 $\tilde{h}(g(x)) = h(x)$，则得到式 (3.95)。

引理 3.1 可以拓展至高维情况，即当 $\boldsymbol{g}(x) = (g_1(x), g_2(x), \cdots, g_m(x))$ 时，对每一个分量 $g_\alpha(x)\,(\alpha = 1, 2, \cdots, m)$，有

$$f(g_\alpha(x)) = h_\alpha^\beta(x)\,g_\beta(x), \quad \alpha, \beta = 1, 2, \cdots, m \tag{3.100}$$

定理 3.3　方程组 $F_\alpha(\boldsymbol{x}, \boldsymbol{u}) = 0\,(\alpha = 1, 2, \cdots, m)$ 在 Lie 变换群的无穷小生成元 X 下保持不变，当且仅当

$$XF_\alpha|_{F_\alpha(\boldsymbol{x}, \boldsymbol{u})=0} = 0, \quad \alpha = 1, 2, \cdots, m \tag{3.101}$$

证明

(1) 必要性。

若方程组不变，即满足式 (3.94)。$F_\alpha(\overline{\boldsymbol{x}}, \overline{\boldsymbol{u}})\,(\alpha = 1, 2, \cdots, m)$ 的无穷小表达式为

$$F_\alpha(\overline{\boldsymbol{x}}, \overline{\boldsymbol{u}}) = F_\alpha(\boldsymbol{x}, \boldsymbol{u}) + \varepsilon XF_\alpha(\boldsymbol{x}, \boldsymbol{u}) + \frac{1}{2!}\varepsilon^2 X^2 F_\alpha(\boldsymbol{x}, \boldsymbol{u}) + \cdots$$
$$+ \frac{1}{n!}\varepsilon^n X^n F_\alpha(\boldsymbol{x}, \boldsymbol{u}) + \cdots \tag{3.102}$$

根据式 (3.94)，令 ε 各幂次的系数为零，即得 $XF_\alpha|_{F_\alpha(\boldsymbol{x}, \boldsymbol{u})=0} = 0$。必要性得证。

(2) 充分性。

若式 (3.101) 成立，假设 $X^n F_\alpha(\boldsymbol{x}, \boldsymbol{u})\,(n = 1, 2, \cdots)$ 在流形 $F_\alpha(\boldsymbol{x}, \boldsymbol{u}) = 0$ 的邻域内是解析函数，利用高维情况的引理 3.1，立即得到

$$XF_\alpha(\boldsymbol{x}, \boldsymbol{u}) = \lambda_\alpha^\nu f_\nu(\boldsymbol{x}, \boldsymbol{u}) \tag{3.103}$$

$$X^2 F_\alpha(\boldsymbol{x}, \boldsymbol{u}) = X\left[\lambda_\alpha^\nu f_\nu(\boldsymbol{x}, \boldsymbol{u})\right]$$
$$= X(\lambda_\alpha^\nu) f_\nu(\boldsymbol{x}, \boldsymbol{u}) + \lambda_\alpha^\nu X f_\nu(\boldsymbol{x}, \boldsymbol{u})$$
$$= X(\lambda_\alpha^\nu) f_\nu(\boldsymbol{x}, \boldsymbol{u}) + \lambda_\alpha^\nu \lambda_\nu^{\nu_1} f_{\nu_1}(\boldsymbol{x}, \boldsymbol{u})$$

$$= X\left(\lambda_\alpha^\nu\right) f_\nu\left(\boldsymbol{x}, \boldsymbol{u}\right) + \lambda_\alpha^{\nu_1} \lambda_{\nu_1}^\nu f_\nu\left(\boldsymbol{x}, \boldsymbol{u}\right)$$

$$= \left[X\left(\lambda_\alpha^\nu\right) + \lambda_\alpha^{\nu_1} \lambda_{\nu_1}^\nu\right] f_\nu\left(\boldsymbol{x}, \boldsymbol{u}\right) \tag{3.104}$$

若令

$$\lambda_{1,\alpha}^\nu = \lambda_\alpha^\nu, \quad \lambda_{2,\alpha}^\nu = X\left(\lambda_{1,\alpha}^\nu\right) + \lambda_{1,\alpha}^{\nu_1} \lambda_{\nu_1}^\nu \tag{3.105}$$

以此类推，则

$$X^3 F_\alpha\left(\boldsymbol{x}, \boldsymbol{u}\right) = X\left[\lambda_{2,\alpha}^\nu f_\nu\left(\boldsymbol{x}, \boldsymbol{u}\right)\right] = \left[X\left(\lambda_{2,\alpha}^\nu\right) + \lambda_{2,\alpha}^{\nu_2} \lambda_{\nu_2}^\nu\right] f_\nu\left(\boldsymbol{x}, \boldsymbol{u}\right) = \lambda_{3,\alpha}^\nu f_\nu\left(\boldsymbol{x}, \boldsymbol{u}\right)$$

$$X^4 F_\alpha\left(\boldsymbol{x}, \boldsymbol{u}\right) = X\left[\lambda_{3,\alpha}^\nu f_\nu\left(\boldsymbol{x}, \boldsymbol{u}\right)\right] = \left[X\left(\lambda_{3,\alpha}^\nu\right) + \lambda_{3,\alpha}^{\nu_3} \lambda_{\nu_3}^\nu\right] f_\nu\left(\boldsymbol{x}, \boldsymbol{u}\right) = \lambda_{4,\alpha}^\nu f_\nu\left(\boldsymbol{x}, \boldsymbol{u}\right)$$

$$\vdots$$

$$X^n F_\alpha\left(\boldsymbol{x}, \boldsymbol{u}\right) = X\left[\lambda_{n-1,\alpha}^\nu f_\nu\left(\boldsymbol{x}, \boldsymbol{u}\right)\right] = \left[X\left(\lambda_{n-1,\alpha}^\nu\right) + \lambda_{n-1,\alpha}^{\nu_{n-1}} \lambda_{\nu_{n-1}}^\nu\right] f_\nu\left(\boldsymbol{x}, \boldsymbol{u}\right)$$

$$= \lambda_{n,\alpha}^\nu f_\nu\left(\boldsymbol{x}, \boldsymbol{u}\right) \tag{3.106}$$

其中 $\lambda_{n,\alpha}^\nu$ 满足递推关系

$$\lambda_{1,\alpha}^\nu = \lambda_\alpha^\nu, \quad \lambda_{n,\alpha}^\nu = X\left(\lambda_{n-1,\alpha}^\nu\right) + \lambda_{n-1,\alpha}^{\nu_{n-1}} \lambda_{\nu_{n-1}}^\nu, \quad n \geqslant 2 \tag{3.107}$$

将式 (3.103)、(3.104) 和 (3.106) 代入式 (3.102)，有

$$\begin{aligned} F_\alpha\left(\overline{\boldsymbol{x}}, \overline{\boldsymbol{u}}\right) =& F_\alpha\left(\boldsymbol{x}, \boldsymbol{u}\right) + \varepsilon X F_\alpha\left(\boldsymbol{x}, \boldsymbol{u}\right) + \frac{1}{2!}\varepsilon^2 X^2 F_\alpha\left(\boldsymbol{x}, \boldsymbol{u}\right) + \cdots \\ &+ \frac{1}{n!}\varepsilon^n X^n F_\alpha\left(\boldsymbol{x}, \boldsymbol{u}\right) + \cdots \\ =& f_\nu\left(\boldsymbol{x}, \boldsymbol{u}\right) + \varepsilon \lambda_{1,\alpha}^\nu f_\nu\left(\boldsymbol{x}, \boldsymbol{u}\right) + \frac{1}{2!}\varepsilon^2 \lambda_{2,\alpha}^\nu f_\nu\left(\boldsymbol{x}, \boldsymbol{u}\right) + \cdots \\ &+ \frac{1}{n!}\varepsilon^n \lambda_{n,\alpha}^\nu f_\nu\left(\boldsymbol{x}, \boldsymbol{u}\right) + \cdots \\ =& \left(1 + \varepsilon \lambda_{1,\alpha}^\nu + \frac{1}{2!}\varepsilon^2 \lambda_{2,\alpha}^\nu + \cdots + \frac{1}{n!}\varepsilon^n \lambda_{n,\alpha}^\nu + \cdots\right) f_\nu\left(\boldsymbol{x}, \boldsymbol{u}\right) \end{aligned} \tag{3.108}$$

其中第二个等式利用了求和约定。

令

$$\lambda_\alpha^\nu = 1 + \varepsilon \lambda_{1,\alpha}^\nu + \frac{1}{2!}\varepsilon^2 \lambda_{2,\alpha}^\nu + \cdots + \frac{1}{n!}\varepsilon^n \lambda_{n,\alpha}^\nu + \cdots \tag{3.109}$$

则

$$F_\alpha\left(\overline{\boldsymbol{x}}, \overline{\boldsymbol{u}}\right) = \lambda_\alpha^\nu f_\nu\left(\boldsymbol{x}, \boldsymbol{u}\right) \tag{3.110}$$

因此在流形 $F_\alpha\left(\boldsymbol{x}, \boldsymbol{u}\right) = 0$ 上，有

$$F_\alpha\left(\overline{\boldsymbol{x}},\overline{\boldsymbol{u}}\right)\big|_{F_\alpha(\boldsymbol{x},\boldsymbol{u})=0}=\lambda_\alpha^\nu\left(\boldsymbol{x},\boldsymbol{u}\right)f_\nu\left(\boldsymbol{x},\boldsymbol{u}\right)\big|_{F_\alpha(\boldsymbol{x},\boldsymbol{u})=0}=\lambda_\alpha^\nu\left(\boldsymbol{x},\boldsymbol{u}\right)\cdot 0=0 \quad (3.111)$$

充分性得证。证毕。

3.3　微分方程组的对称性

本节在 3.2 节方程组对称性的基础上进一步研究微分方程组的对称性。

定义 3.4　当 s 阶微分方程组在 Lie 变换群的 s 阶延拓的作用下保持不变时，式 (3.42) 定义的 Lie 变换群称为微分方程组的**对称群** [26]。

定理 3.4　微分方程组 $F_\alpha\left(\boldsymbol{x},\boldsymbol{u},\boldsymbol{u}_{(1)},\cdots,\boldsymbol{u}_{(k)}\right)=0\,(\alpha=1,2,\cdots,m)$ 在无穷小生成元 X 下保持不变，当且仅当 [20]

$$XF_\alpha\big|_{F_\alpha(\boldsymbol{x},\boldsymbol{u},\boldsymbol{u}_{(1)},\cdots,\boldsymbol{u}_{(s)})=0}=0,\quad \alpha=1,2,\cdots,m \quad (3.112)$$

其中无穷小生成元 X 延拓至 s 阶。

证明　微分方程组在无穷小生成元 X 下保持不变，即

$$F_\alpha\left(\overline{\boldsymbol{x}},\overline{\boldsymbol{u}},\overline{\boldsymbol{u}}_{(1)},\cdots,\overline{\boldsymbol{u}}_{(s)}\right)\big|_{F_\alpha(\boldsymbol{x},\boldsymbol{u},\boldsymbol{u}_{(1)},\cdots,\boldsymbol{u}_{(s)})=0}=0,\quad \alpha=1,2,\cdots,m \quad (3.113)$$

(1) 必要性。

$F_\alpha\left(\overline{\boldsymbol{x}},\overline{\boldsymbol{u}},\overline{\boldsymbol{u}}_{(1)},\cdots,\overline{\boldsymbol{u}}_{(s)}\right)(\alpha=1,2,\cdots,m)$ 的无穷小表达式为

$$\begin{aligned}F_\alpha\left(\overline{\boldsymbol{x}},\overline{\boldsymbol{u}},\overline{\boldsymbol{u}}_{(1)},\cdots,\overline{\boldsymbol{u}}_{(s)}\right)=&F_\alpha\left(\boldsymbol{x},\boldsymbol{u},\boldsymbol{u}_{(1)},\cdots,\boldsymbol{u}_{(s)}\right)+\varepsilon XF_\alpha\left(\boldsymbol{x},\boldsymbol{u},\boldsymbol{u}_{(1)},\cdots,\boldsymbol{u}_{(s)}\right)\\&+\frac{1}{2!}\varepsilon^2 X^2 F_\alpha\left(\boldsymbol{x},\boldsymbol{u},\boldsymbol{u}_{(1)},\cdots,\boldsymbol{u}_{(s)}\right)+\cdots\\&+\frac{1}{n!}\varepsilon^n X^n F_\alpha\left(\boldsymbol{x},\boldsymbol{u},\boldsymbol{u}_{(1)},\cdots,\boldsymbol{u}_{(s)}\right)+\cdots\end{aligned} \quad (3.114)$$

根据式 (3.113)，令 ε 各幂次的系数为零，即得 $XF_\alpha\big|_{F_\alpha(\boldsymbol{x},\boldsymbol{u},\boldsymbol{u}_{(1)},\cdots,\boldsymbol{u}_{(s)})=0}=0$。必要性得证。

(2) 充分性。

若式 (3.112) 成立，假设 $X^n F_\alpha\left(\boldsymbol{x},\boldsymbol{u},\boldsymbol{u}_{(1)},\cdots,\boldsymbol{u}_{(s)}\right)(n=1,2,\cdots)$ 在流形 $F_\alpha\left(\boldsymbol{x},\boldsymbol{u},\boldsymbol{u}_{(1)},\cdots,\boldsymbol{u}_{(k)}\right)=0$ 的邻域内是解析函数，将 $\boldsymbol{x},\boldsymbol{u},\boldsymbol{u}_{(1)},\cdots,\boldsymbol{u}_{(s)}$ 看作是相互独立的变量，利用高维情况的引理 3.1，仿照定理 3.3 的证明，得到

$$\begin{aligned}XF_\alpha\left(\boldsymbol{x},\boldsymbol{u},\boldsymbol{u}_{(1)},\cdots,\boldsymbol{u}_{(s)}\right)&=\lambda_\alpha^\nu f_\nu\left(\boldsymbol{x},\boldsymbol{u},\boldsymbol{u}_{(1)},\cdots,\boldsymbol{u}_{(s)}\right)\\&=\lambda_{1,\alpha}^\nu f_\nu\left(\boldsymbol{x},\boldsymbol{u},\boldsymbol{u}_{(1)},\cdots,\boldsymbol{u}_{(s)}\right)\end{aligned}$$

$$X^2 F_\alpha\left(\boldsymbol{x},\boldsymbol{u},\boldsymbol{u}_{(1)},\cdots,\boldsymbol{u}_{(s)}\right)=X\left[\lambda_{1,\alpha}^\nu f_\nu\left(\boldsymbol{x},\boldsymbol{u},\boldsymbol{u}_{(1)},\cdots,\boldsymbol{u}_{(s)}\right)\right]$$

$$= \lambda_{2,\alpha}^{\nu} f_{\nu}\left(\boldsymbol{x}, \boldsymbol{u}, \boldsymbol{u}_{(1)}, \cdots, \boldsymbol{u}_{(s)}\right)$$

$$X^3 F_{\alpha}\left(\boldsymbol{x}, \boldsymbol{u}, \boldsymbol{u}_{(1)}, \cdots, \boldsymbol{u}_{(s)}\right) = X\left[\lambda_{2,\alpha}^{\nu} f_{\nu}\left(\boldsymbol{x}, \boldsymbol{u}, \boldsymbol{u}_{(1)}, \cdots, \boldsymbol{u}_{(s)}\right)\right]$$

$$= \lambda_{3,\alpha}^{\nu} f_{\nu}\left(\boldsymbol{x}, \boldsymbol{u}, \boldsymbol{u}_{(1)}, \cdots, \boldsymbol{u}_{(s)}\right)$$

$$X^4 F_{\alpha}\left(\boldsymbol{x}, \boldsymbol{u}, \boldsymbol{u}_{(1)}, \cdots, \boldsymbol{u}_{(s)}\right) = X\left[\lambda_{3,\alpha}^{\nu} f_{\nu}\left(\boldsymbol{x}, \boldsymbol{u}, \boldsymbol{u}_{(1)}, \cdots, \boldsymbol{u}_{(s)}\right)\right]$$

$$= \lambda_{4,\alpha}^{\nu} f_{\nu}\left(\boldsymbol{x}, \boldsymbol{u}, \boldsymbol{u}_{(1)}, \cdots, \boldsymbol{u}_{(s)}\right)$$

$$\vdots$$

$$X^n F_{\alpha}\left(\boldsymbol{x}, \boldsymbol{u}, \boldsymbol{u}_{(1)}, \cdots, \boldsymbol{u}_{(s)}\right) = \left[X^{n-1}\left(\lambda_{n-1,\alpha}^{\nu}\right) + \lambda_{n-1,\alpha}^{\nu_{n-1}} \lambda_{\nu_{n-1}}^{\nu}\right] f_{\nu}\left(\boldsymbol{x}, \boldsymbol{u}, \boldsymbol{u}_{(1)}, \cdots, \boldsymbol{u}_{(s)}\right)$$

$$= \lambda_{n,\alpha}^{\nu} f_{\nu}\left(\boldsymbol{x}, \boldsymbol{u}, \boldsymbol{u}_{(1)}, \cdots, \boldsymbol{u}_{(s)}\right) \tag{3.115}$$

其中 $\lambda_{n,\alpha}^{\nu}$ 满足递推关系

$$\lambda_{1,\alpha}^{\nu} = \lambda_{\alpha}^{\nu}, \quad \lambda_{n,\alpha}^{\nu} = X\left(\lambda_{n-1,\alpha}^{\nu}\right) + \lambda_{n-1,\alpha}^{\nu_{n-1}} \lambda_{\nu_{n-1}}^{\nu}, \quad n \geqslant 2 \tag{3.116}$$

将式 (3.115) 代入式 (3.114), 有

$$F_{\alpha}\left(\overline{\boldsymbol{x}}, \overline{\boldsymbol{u}}, \overline{\boldsymbol{u}}_{(1)}, \cdots, \overline{\boldsymbol{u}}_{(s)}\right)$$

$$= F_{\alpha}\left(\boldsymbol{x}, \boldsymbol{u}, \boldsymbol{u}_{(1)}, \cdots, \boldsymbol{u}_{(s)}\right) + \varepsilon X F_{\alpha}\left(\boldsymbol{x}, \boldsymbol{u}, \boldsymbol{u}_{(1)}, \cdots, \boldsymbol{u}_{(s)}\right)$$

$$+ \frac{1}{2!} \varepsilon^2 X^2 F_{\alpha}\left(\boldsymbol{x}, \boldsymbol{u}, \boldsymbol{u}_{(1)}, \cdots, \boldsymbol{u}_{(s)}\right) + \cdots + \frac{1}{n!} \varepsilon^n X^n F_{\alpha}\left(\boldsymbol{x}, \boldsymbol{u}, \boldsymbol{u}_{(1)}, \cdots, \boldsymbol{u}_{(s)}\right) + \cdots$$

$$= f_{\nu}\left(\boldsymbol{x}, \boldsymbol{u}, \boldsymbol{u}_{(1)}, \cdots, \boldsymbol{u}_{(s)}\right) + \varepsilon \lambda_{1,\alpha}^{\nu} f_{\nu}\left(\boldsymbol{x}, \boldsymbol{u}, \boldsymbol{u}_{(1)}, \cdots, \boldsymbol{u}_{(s)}\right)$$

$$+ \frac{1}{2!} \varepsilon^2 \lambda_{2,\alpha}^{\nu} f_{\nu}\left(\boldsymbol{x}, \boldsymbol{u}, \boldsymbol{u}_{(1)}, \cdots, \boldsymbol{u}_{(s)}\right) + \cdots + \frac{1}{n!} \varepsilon^n \lambda_{n,\alpha}^{\nu} f_{\nu}\left(\boldsymbol{x}, \boldsymbol{u}, \boldsymbol{u}_{(1)}, \cdots, \boldsymbol{u}_{(s)}\right) + \cdots$$

$$= \left(1 + \varepsilon \lambda_{1,\alpha}^{\nu} + \frac{1}{2!} \varepsilon^2 \lambda_{2,\alpha}^{\nu} + \cdots + \frac{1}{n!} \varepsilon^n \lambda_{n,\alpha}^{\nu}\right) f_{\nu}\left(\boldsymbol{x}, \boldsymbol{u}, \boldsymbol{u}_{(1)}, \cdots, \boldsymbol{u}_{(s)}\right) \tag{3.117}$$

其中第二个等式利用了求和约定.

令

$$\lambda_{\alpha}^{\nu}\left(\boldsymbol{x}, \boldsymbol{u}, \boldsymbol{u}_{(1)}, \cdots, \boldsymbol{u}_{(s)}\right) = 1 + \varepsilon \lambda_{1,\alpha}^{\nu} + \frac{1}{2!} \varepsilon^2 \lambda_{2,\alpha}^{\nu} + \cdots + \frac{1}{n!} \varepsilon^n \lambda_{n,\alpha}^{\nu} \tag{3.118}$$

则

$$F_{\alpha}\left(\overline{\boldsymbol{x}}, \overline{\boldsymbol{u}}, \overline{\boldsymbol{u}}_{(1)}, \cdots, \overline{\boldsymbol{u}}_{(s)}\right) = \lambda_{\alpha}^{\nu}\left(\boldsymbol{x}, \boldsymbol{u}, \boldsymbol{u}_{(1)}, \cdots, \boldsymbol{u}_{(s)}\right) f_{\nu}\left(\boldsymbol{x}, \boldsymbol{u}, \boldsymbol{u}_{(1)}, \cdots, \boldsymbol{u}_{(s)}\right) \tag{3.119}$$

因此在流形 $F_\alpha\left(\boldsymbol{x},\boldsymbol{u},\boldsymbol{u}_{(1)},\cdots,\boldsymbol{u}_{(s)}\right)=0$ 上，有

$$
F_\alpha\left(\overline{\boldsymbol{x}},\overline{\boldsymbol{u}},\overline{\boldsymbol{u}}_{(1)},\cdots,\overline{\boldsymbol{u}}_{(s)}\right)\big|_{F_\alpha\left(\boldsymbol{x},\boldsymbol{u},\boldsymbol{u}_{(1)},\cdots,\boldsymbol{u}_{(s)}\right)=0}
$$
$$
=\lambda_\alpha^\nu\left(\boldsymbol{x},\boldsymbol{u},\boldsymbol{u}_{(1)},\cdots,\boldsymbol{u}_{(s)}\right)f_\nu\left(\boldsymbol{x},\boldsymbol{u},\boldsymbol{u}_{(1)},\cdots,\boldsymbol{u}_{(s)}\right)\big|_{F_\alpha\left(\boldsymbol{x},\boldsymbol{u},\boldsymbol{u}_{(1)},\cdots,\boldsymbol{u}_{(s)}\right)=0}=0
$$
$$(3.120)$$

充分性得证。证毕。

例 3.3　考虑

$$
K\frac{\partial u}{\partial t}+M\frac{\partial u}{\partial x}+L\frac{\partial u}{\partial y}+H\frac{\partial u}{\partial z}=S\left(t,x,y,z\right) \tag{3.121}
$$

的 Lie 对称分析方程。

方程写为

$$
f\left(t,x,y,z,u,u_t,u_x,u_y,u_z\right)=Ku_t+Mu_x+Lu_y+Hu_z-S=0 \tag{3.122}
$$

设 Lie 算子为

$$
X=\xi^t\frac{\partial}{\partial t}+\xi^x\frac{\partial}{\partial x}+\xi^y\frac{\partial}{\partial y}+\xi^z\frac{\partial}{\partial z}+\eta\frac{\partial}{\partial u}+\zeta_1^t\frac{\partial}{\partial u_t}+\zeta_1^x\frac{\partial}{\partial u_x}+\zeta_1^y\frac{\partial}{\partial u_y}+\zeta_1^z\frac{\partial}{\partial u_z} \tag{3.123}
$$

其中

$$
\zeta_1^i=D_i\left(\eta\right)-u_jD_i\left(\xi^j\right)=\eta_i-u_t\xi_i^t-u_x\xi_i^x-u_y\xi_i^y-u_z\xi_i^z,\quad i=t,x,y,z \tag{3.124}
$$

则

$$
\begin{aligned}
Xf=&\left[\xi^t\frac{\partial}{\partial t}+\xi^x\frac{\partial}{\partial x}+\xi^y\frac{\partial}{\partial y}+\xi^z\frac{\partial}{\partial z}+\eta\frac{\partial}{\partial u}+\left(\eta_t-u_t\xi_t^t-u_x\xi_t^x-u_y\xi_t^y-u_z\xi_t^z\right)\frac{\partial}{\partial u_t}\right.\\
&+\left(\eta_x-u_t\xi_x^t-u_x\xi_x^x-u_y\xi_x^y-u_z\xi_x^z\right)\frac{\partial}{\partial u_x}+\left(\eta_y-u_t\xi_y^t-u_x\xi_y^x-u_y\xi_y^y-u_z\xi_y^z\right)\frac{\partial}{\partial u_y}\\
&\left.+\left(\eta_z-u_t\xi_z^t-u_x\xi_z^x-u_y\xi_z^y-u_z\xi_z^z\right)\frac{\partial}{\partial u_z}\right]\left(Ku_t+Mu_x+Lu_y+Hu_z-S\right)\\
=&K\eta_t+M\eta_x+L\eta_y+H\eta_z-\left(\xi^tS_t+\xi^xS_x+\xi^yS_y+\xi^zS_z+\eta S_u\right)\\
&-\left(K\xi_t^t+M\xi_x^t+L\xi_y^t+H\xi_z^t\right)u_t-\left(K\xi_t^x+M\xi_x^x+L\xi_y^x+H\xi_z^x\right)u_x\\
&-\left(K\xi_t^y+M\xi_x^y+L\xi_y^y+H\xi_z^y\right)u_y-\left(K\xi_t^z+M\xi_x^z+L\xi_y^z+H\xi_z^z\right)u_z \tag{3.125}
\end{aligned}
$$

对于 Lie 对称性，有

$$
Xf=\lambda f=\lambda\left(Ku_t+Mu_x+Lu_y+Hu_z-S\right) \tag{3.126}
$$

由式 (3.125)、(3.126)，比较 u 的各阶导数项的系数可得

$$u^0 : K\eta_t + M\eta_x + L\eta_y + H\eta_z - \left(\xi^t S_t + \xi^x S_x + \xi^y S_y + \xi^z S_z + \eta S_u\right) = -\lambda S$$
$$u_t : -\left(K\xi_t^t + M\xi_x^t + L\xi_y^t + H\xi_z^t\right) = K\lambda$$
$$u_x : -\left(K\xi_t^x + M\xi_x^x + L\xi_y^x + H\xi_z^x\right) = M\lambda \tag{3.127}$$
$$u_y : -\left(K\xi_t^y + M\xi_x^y + L\xi_y^y + H\xi_z^y\right) = L\lambda$$
$$u_z : -\left(K\xi_t^z + M\xi_x^z + L\xi_y^z + H\xi_z^z\right) = H\lambda$$

若 S 为常数，假设 $\lambda = k$ 为常数，式 (3.127) 的一组解为

$$\xi^t = -kt, \quad \xi^x = -kx, \quad \xi^y = -ky, \quad \xi^z = -kz, \quad \eta = -\frac{kS}{4}\left(\frac{t}{K} + \frac{x}{M} + \frac{y}{L} + \frac{z}{H}\right) \tag{3.128}$$

Lie 变换群的无穷小生成元为

$$X = -kt\frac{\partial}{\partial t} - kx\frac{\partial}{\partial x} - ky\frac{\partial}{\partial y} - kz\frac{\partial}{\partial z} - \frac{kS}{4}\left(\frac{t}{K} + \frac{x}{M} + \frac{y}{L} + \frac{z}{H}\right)\frac{\partial}{\partial u} \tag{3.129}$$

3.4 Lie-Bäcklund 算子与代数

类似 2.5 节所述，单参数 Lie 变换群的算子坐标 $\xi^i, \eta^\alpha, \zeta_i^\alpha, \zeta_{i_1 i_2}^\alpha, \cdots$ 分别是 $(\boldsymbol{x}, \boldsymbol{u}), (\boldsymbol{x}, \boldsymbol{u}), (\boldsymbol{x}, \boldsymbol{u}, \boldsymbol{u}_{(1)}), (\boldsymbol{x}, \boldsymbol{u}, \boldsymbol{u}_{(1)}, \boldsymbol{u}_{(2)}), \cdots$ 的函数，将 Lie 变换群推广得到的 Lie-Bäcklund 变换群的算子坐标 $\xi^i, \eta^\alpha, \zeta_i^\alpha, \zeta_{i_1 i_2}^\alpha \cdots$ 可以是所有变量 $(\boldsymbol{x}, \boldsymbol{u}, \boldsymbol{u}_{(1)}, \cdots, \boldsymbol{u}_{(s)})$ 的函数。

3.4 节和 3.5 节介绍多个自变量和多个因变量情况下 Lie-Bäcklund 算子、Lie-Bäcklund 代数和 Lie-Bäcklund 对称性相关内容。本节介绍 Lie-Bäcklund 算子与代数。

3.4.1 Lie-Bäcklund 算子

考虑有 n 个自变量 $\boldsymbol{x} = \left(x^1, \cdots, x^n\right)$ 和 m 个因变量 $\boldsymbol{u} = \left(u^1, \cdots, u^m\right)$ 的微分方程

$$F\left(\boldsymbol{x}, \boldsymbol{u}, \boldsymbol{u}_{(1)}, \boldsymbol{u}_{(2)}, \cdots, \boldsymbol{u}_{(k)}\right) = 0 \tag{3.130}$$

其单参数 Lie-Bäcklund 变换群为 [20]

$$\overline{x^i} = \phi^i\left(\boldsymbol{x}, \boldsymbol{u}, \boldsymbol{u}_{(1)}, \boldsymbol{u}_{(2)}, \cdots, \varepsilon\right), \quad \phi^i\big|_{\varepsilon=0} = x^i$$
$$\overline{u^\alpha} = \psi^\alpha\left(\boldsymbol{x}, \boldsymbol{u}, \boldsymbol{u}_{(1)}, \boldsymbol{u}_{(2)}, \cdots, \varepsilon\right), \quad \psi^\alpha\big|_{\varepsilon=0} = u^\alpha$$
$$\overline{u_i^\alpha} = \varphi_i^\alpha\left(\boldsymbol{x}, \boldsymbol{u}, \boldsymbol{u}_{(1)}, \boldsymbol{u}_{(2)}, \cdots, \varepsilon\right), \quad \varphi_i^\alpha\big|_{\varepsilon=0} = u_i^\alpha \tag{3.131}$$
$$\overline{u_{i_1 i_2}^\alpha} = \varphi_{i_1 i_2}^\alpha\left(\boldsymbol{x}, \boldsymbol{u}, \boldsymbol{u}_{(1)}, \boldsymbol{u}_{(2)}, \cdots, \varepsilon\right), \quad \varphi_{i_1 i_2}^\alpha\big|_{\varepsilon=0} = u_{i_1 i_2}^\alpha$$
$$\vdots$$

其中 ε 为小参数, $i, i_1, i_2 = 1, 2, \cdots, n$, $\alpha = 1, 2, \cdots, m$。

定义 3.5　Lie-Bäcklund 算子定义为 [14]

$$X = \xi^i \frac{\partial}{\partial x^i} + \eta^\alpha \frac{\partial}{\partial u^\alpha} + \zeta_i^\alpha \frac{\partial}{\partial u_i^\alpha} + \zeta_{i_1 i_2}^\alpha \frac{\partial}{\partial u_{i_1 i_2}^\alpha} + \cdots \tag{3.132}$$

其中 $\xi^i, \eta^\alpha \in \mathcal{A}$ 是关于 $\boldsymbol{x}, \boldsymbol{u}, \boldsymbol{u}_{(1)} \cdots$ 的微分函数, $\mathcal{A}$ 是所有有限阶微分函数的集合, 且

$$\zeta_i^\alpha = D_i \left(\eta^\alpha - \xi^j u_j^\alpha \right) + \xi^j u_{ij}^\alpha, \quad \zeta_{i_1 i_2}^\alpha = D_{i_1} D_{i_2} \left(\eta^\alpha - \xi^j u_j^\alpha \right) + \xi^j u_{i_1 i_2 j}^\alpha, \quad \cdots \tag{3.133}$$

或写作递推形式

$$\zeta_i^\alpha = D_i \left(\eta^\alpha - \xi^j u_j^\alpha \right) + \xi^j u_{ij}^\alpha = D_i \left(\eta^\alpha \right) - u_j^\alpha D_i \left(\xi^j \right)$$

$$\zeta_{i_1 \cdots i_k}^\alpha = D_{i_k} \left(\zeta_{i_1 \cdots i_{k-1}}^\alpha - \xi^j u_{i_1 \cdots i_{k-1} j}^\alpha \right) + \xi^j u_{i_1 \cdots i_k j}^\alpha = D_{i_k} \left(\zeta_{i_1 \cdots i_{k-1}}^\alpha \right) - u_{i_1 \cdots i_{k-1} j}^\alpha D_{i_k} \left(\xi^j \right) \tag{3.134}$$

Lie-Bäcklund 算子的作用定义于空间 $\mathcal{A}$ 上。与 Lie 方程类似, Lie-Bäcklund 方程为

$$\left. \frac{\mathrm{d}\overline{x^i}}{\mathrm{d}\varepsilon} \right|_{\varepsilon=0} = \xi^i \left(\overline{\boldsymbol{x}}, \overline{\boldsymbol{u}}, \overline{\boldsymbol{u}}_{(1)}, \overline{\boldsymbol{u}}_{(2)}, \cdots \right)$$

$$\left. \frac{\mathrm{d}\overline{u^\alpha}}{\mathrm{d}\varepsilon} \right|_{\varepsilon=0} = \eta^\alpha \left(\overline{\boldsymbol{x}}, \overline{\boldsymbol{u}}, \overline{\boldsymbol{u}}_{(1)}, \overline{\boldsymbol{u}}_{(2)}, \cdots \right)$$

$$\left. \frac{\mathrm{d}\overline{u_i^\alpha}}{\mathrm{d}\varepsilon} \right|_{\varepsilon=0} = \zeta_i^\alpha \left(\overline{\boldsymbol{x}}, \overline{\boldsymbol{u}}, \overline{\boldsymbol{u}}_{(1)}, \overline{\boldsymbol{u}}_{(2)}, \cdots \right) \tag{3.135}$$

$$\left. \frac{\mathrm{d}\overline{u_{i_1 i_2}^\alpha}}{\mathrm{d}\varepsilon} \right|_{\varepsilon=0} = \zeta_{i_1 i_2}^\alpha \left(\overline{\boldsymbol{x}}, \overline{\boldsymbol{u}}, \overline{\boldsymbol{u}}_{(1)}, \overline{\boldsymbol{u}}_{(2)}, \cdots \right)$$

$$\vdots$$

对应的初始条件为

$$\left. \overline{x^i} \right|_{\varepsilon=0} = x^i$$

$$\left. \overline{u^\alpha} \right|_{\varepsilon=0} = u^\alpha$$

$$\left. \overline{u_i^\alpha} \right|_{\varepsilon=0} = u_i^\alpha \tag{3.136}$$

$$\left. \overline{u_{i_1 i_2}^\alpha} \right|_{\varepsilon=0} = u_{i_1 i_2}^\alpha$$

$$\vdots$$

利用式 (3.135)、(3.136), 可以将式 (3.131) 展开写为

$$\overline{x^i} = x^i + \varepsilon \xi^i \left(\boldsymbol{x}, \boldsymbol{u}, \boldsymbol{u}_{(1)}, \boldsymbol{u}_{(2)}, \cdots\right) + O\left(\varepsilon^2\right)$$

$$\overline{u^\alpha} = u^\alpha + \varepsilon \eta^\alpha \left(\boldsymbol{x}, \boldsymbol{u}, \boldsymbol{u}_{(1)}, \boldsymbol{u}_{(2)}, \cdots\right) + O\left(\varepsilon^2\right)$$

$$\overline{u_i^\alpha} = u_i^\alpha + \varepsilon \zeta_i^\alpha \left(\boldsymbol{x}, \boldsymbol{u}, \boldsymbol{u}_{(1)}, \boldsymbol{u}_{(2)}, \cdots\right) + O\left(\varepsilon^2\right) \tag{3.137}$$

$$\overline{u_{i_1 i_2}^\alpha} = u_{i_1 i_2}^\alpha + \varepsilon \zeta_{i_1 i_2}^\alpha \left(\boldsymbol{x}, \boldsymbol{u}, \boldsymbol{u}_{(1)}, \boldsymbol{u}_{(2)}, \cdots\right) + O\left(\varepsilon^2\right)$$

$$\vdots$$

若将式 (3.133) 代入式 (3.132)，X 进一步表示为

$$
\begin{aligned}
X = & \xi^i \frac{\partial}{\partial x^i} + \eta^\alpha \frac{\partial}{\partial u^\alpha} + \left\{ D_i\left(\eta^\alpha\right) + \left[\xi^j u_{ij}^\alpha - D_i\left(\xi^j u_j^\alpha\right)\right]\right\} \frac{\partial}{\partial u_i^\alpha} \\
& + \left\{ D_{i_1} D_{i_2}\left(\eta^\alpha\right) + \left[\xi^j u_{i_1 i_2 j}^\alpha - D_{i_1} D_{i_2}\left(\xi^j u_j^\alpha\right)\right]\right\} \frac{\partial}{\partial u_{i_1 i_2}^\alpha} + \cdots \\
= & \xi^i \frac{\partial}{\partial x^i} + \left[\xi^j u_{ij}^\alpha - D_i\left(\xi^j u_j^\alpha\right)\right] \frac{\partial}{\partial u_i^\alpha} + \left[\xi^j u_{i_1 i_2 j}^\alpha - D_{i_1} D_{i_2}\left(\xi^j u_j^\alpha\right)\right] \frac{\partial}{\partial u_{i_1 i_2}^\alpha} \\
& + \cdots + \eta^\alpha \frac{\partial}{\partial u^\alpha} + D_i\left(\eta^\alpha\right) \frac{\partial}{\partial u_i^\alpha} + D_{i_1} D_{i_2}\left(\eta^\alpha\right) \frac{\partial}{\partial u_{i_1 i_2}^\alpha} + \cdots
\end{aligned}
\tag{3.138}
$$

利用 $\eta^\alpha = \xi^j u_j^\alpha + \eta^\alpha - \xi^j u_j^\alpha$，对式 (3.138) 进一步变形，得

$$
\begin{aligned}
X = & \xi^i \frac{\partial}{\partial x^i} + \left[\xi^j u_{ij}^\alpha \frac{\partial}{\partial u_i^\alpha} - D_i(\xi^j u_j^\alpha) \frac{\partial}{\partial u_i^\alpha}\right] + \left[\xi^j u_{i_1 i_2 j}^\alpha \frac{\partial}{\partial u_{i_1 i_2}^\alpha} - D_{i_1} D_{i_2}\left(\xi^j u_j^\alpha\right) \frac{\partial}{\partial u_{i_1 i_2}^\alpha}\right] \\
& + \cdots + \left(\xi^j u_j^\alpha + \eta^\alpha - \xi^j u_j^\alpha\right) \frac{\partial}{\partial u^\alpha} + D_i\left(\xi^j u_j^\alpha + \eta^\alpha - \xi^j u_j^\alpha\right) \frac{\partial}{\partial u_i^\alpha} \\
& + D_{i_1} D_{i_2}\left(\xi^j u_j^\alpha + \eta^\alpha - \xi^j u_j^\alpha\right) \frac{\partial}{\partial u_{i_1 i_2}^\alpha} + \cdots \\
= & \xi^i \frac{\partial}{\partial x^i} + \xi^j u_{ij}^\alpha \frac{\partial}{\partial u_i^\alpha} + \xi^j u_{i_1 i_2 j}^\alpha \frac{\partial}{\partial u_{i_1 i_2}^\alpha} + \cdots - D_i\left(\xi^j u_j^\alpha\right) \frac{\partial}{\partial u_i^\alpha} \\
& - D_{i_1} D_{i_2}\left(\xi^j u_j^\alpha\right) \frac{\partial}{\partial u_{i_1 i_2}^\alpha} - \cdots + \xi^j u_j^\alpha \frac{\partial}{\partial u^\alpha} + \left(\eta^\alpha - \xi^i u_i^\alpha\right) \frac{\partial}{\partial u^\alpha} + D_i\left(\xi^j u_j^\alpha\right) \frac{\partial}{\partial u_i^\alpha} \\
& + D_i\left(\eta^\alpha - \xi^j u_j^\alpha\right) \frac{\partial}{\partial u_i^\alpha} + D_{i_1} D_{i_2}\left(\xi^j u_j^\alpha\right) \frac{\partial}{\partial u_{i_1 i_2}^\alpha} + D_{i_1} D_{i_2}\left(\eta^\alpha - \xi^j u_j^\alpha\right) \frac{\partial}{\partial u_{i_1 i_2}^\alpha} + \cdots \\
= & \xi^i \frac{\partial}{\partial x^i} + \xi^j u_j^\alpha \frac{\partial}{\partial u^\alpha} + \xi^j u_{ij}^\alpha \frac{\partial}{\partial u_i^\alpha} + \xi^j u_{i_1 i_2 j}^\alpha \frac{\partial}{\partial u_{i_1 i_2}^\alpha} + \cdots \\
& + \left(\eta^\alpha - \xi^i u_i^\alpha\right) \frac{\partial}{\partial u^\alpha} + D_i\left(\eta^\alpha - \xi^j u_j^\alpha\right) \frac{\partial}{\partial u_i^\alpha} + D_{i_1} D_{i_2}\left(\eta^\alpha - \xi^j u_j^\alpha\right) \frac{\partial}{\partial u_{i_1 i_2}^\alpha} + \cdots
\end{aligned}
\tag{3.139}
$$

令 $W^\alpha = \eta^\alpha - \xi^i u_i^\alpha$, 式 (3.139) 还可以进一步写为 [33]

$$X = \xi^i D_i + W^\alpha \frac{\partial}{\partial u^\alpha} + \sum_{k=1}^{\infty} D_{i_1} \cdots D_{i_k} (W^\alpha) \frac{\partial}{\partial u_{i_1 \cdots i_k}^\alpha} \tag{3.140}$$

3.4.2 Lie-Bäcklund 代数

对于 Lie-Bäcklund 代数 L_B, 如 2.6 节所述, 具有如下性质, 相关证明不再赘述 [14]。

(1) $D_i \in L_B$, 即全微分算子是一个 Lie-Bäcklund 算子。更进一步, 一个微分函数乘以全微分算子也是一个 Lie-Bäcklund 算子, 即

$$X_* = \xi_*^i D_i \in L_B \tag{3.141}$$

对任意 $\xi_*^i \in \mathcal{A}$ 均成立。

(2) 若两个算子 X_1, X_2 满足 $X_1 - X_2 \in L_*$, 称二者**等价**。特别地, 任意 Lie-Bäcklund 算子等价于一个规范 Lie-Bäcklund 算子, 即 $X \sim \tilde{X}$, $\tilde{X}$ 写作

$$\tilde{X} = X - \xi^i D_i$$
$$= \left(\eta^\alpha - \xi^i u_i^\alpha\right) \frac{\partial}{\partial u^\alpha} + D_i \left(\eta^\alpha - \xi^i u_i^\alpha\right) \frac{\partial}{\partial u_i^\alpha} + D_{i_1} D_{i_2} \left(\eta^\alpha - \xi^i u_i^\alpha\right) \frac{\partial}{\partial u_{i_1 i_2}^\alpha} + \cdots$$
$$\tag{3.142}$$

(3) 设 L_* 是满足式 (3.141) 的所有 Lie-Bäcklund 算子的集合, 称 L_* 是 L_B 的一个典范, 即对任意 $X \in L_B$, $[X, X_*] = \left(X\left(\xi_*^i\right) - X_*\left(\xi^i\right)\right) D_i \in L_*$。

(4) 一个 Lie-Bäcklund 算子与 Lie 变换群的无穷小生成元

$$X = \xi^i (\boldsymbol{x}, \boldsymbol{u}) \frac{\partial}{\partial x^i} + \eta^\alpha (\boldsymbol{x}, \boldsymbol{u}) \frac{\partial}{\partial u^\alpha} \tag{3.143}$$

等价, 当且仅当坐标满足 $\xi^i = \xi_1^i (\boldsymbol{x}, \boldsymbol{u}) + \xi_*^i$, $\eta^\alpha = \eta_1^\alpha (\boldsymbol{x}, \boldsymbol{u}) + \left(\xi_2^i (\boldsymbol{x}, \boldsymbol{u}) + \xi_*^i\right) u_i^\alpha$, 其中 ξ_*^i 为任意微分函数, $\xi_1^i, \xi_2^i, \eta_1^\alpha$ 为任意关于 $\boldsymbol{x}, \boldsymbol{u}$ 的函数。

例 3.4　设 t, x 为自变量, 伽利略变换的生成元及其规范 Lie-Bäcklund 形式 (3.142) 写作 [14]

$$X = \frac{\partial}{\partial u} - t \frac{\partial}{\partial x}$$
$$\sim \tilde{X} = X - [(-t) D_x + 0 \cdot D_t]$$
$$= \frac{\partial}{\partial u} - t \frac{\partial}{\partial x} - (-t) \left(\frac{\partial}{\partial x} + u_x \frac{\partial}{\partial u} + \cdots\right) = (1 + t u_x) \frac{\partial}{\partial u} + \cdots \tag{3.144}$$

例 3.5 非均匀膨胀的生成元及其规范 Lie-Bäcklund 表示式 (3.142) 写作

$$X = 2u\frac{\partial}{\partial u} - 3t\frac{\partial}{\partial t} - x\frac{\partial}{\partial x}$$

$$\sim \tilde{X} = 2u\frac{\partial}{\partial u} - 3t\frac{\partial}{\partial t} - x\frac{\partial}{\partial x} - (-3tD_t - xD_x)$$

$$= 2u\frac{\partial}{\partial u} - 3t\frac{\partial}{\partial t} - x\frac{\partial}{\partial x} - \left[-3t\left(\frac{\partial}{\partial t} + u_t\frac{\partial}{\partial u} + \cdots\right) - x\left(\frac{\partial}{\partial x} + u_x\frac{\partial}{\partial u} + \cdots\right)\right]$$

$$= (2u + 3tu_t + xu_x)\frac{\partial}{\partial u} + \cdots \tag{3.145}$$

3.5 Lie-Bäcklund 对称性

基于 Lie-Bäcklund 变换群以及 Lie-Bäcklund 算子，本节讨论 Lie-Bäcklund 对称性。

为简化表示，将变量记为

$$z = \left(\boldsymbol{x}, \boldsymbol{u}, \boldsymbol{u}_{(1)}, \boldsymbol{u}_{(2)}, \cdots\right) \tag{3.146}$$

其分量记为 z^ν $(\nu \geqslant 1)$，用 $[z]$ 表示 z 的任意子序列，则空间 $\mathcal{A}$ 中的元素可以记作 $f([z])$。

设 $F \in \mathcal{A}$ 为任意 k 阶微分函数，即 $F = F\left(\boldsymbol{x}, \boldsymbol{u}, \boldsymbol{u}_{(1)}, \boldsymbol{u}_{(2)}, \cdots, \boldsymbol{u}_{(k)}\right)$，考虑 k 阶微分方程

$$F\left(\boldsymbol{x}, \boldsymbol{u}, \boldsymbol{u}_{(1)}, \boldsymbol{u}_{(2)}, \cdots, \boldsymbol{u}_{(k)}\right) = 0 \tag{3.147}$$

微分方程 (3.147) 的扩展标架为

$$[F]: F = 0, \quad D_i(F) = 0, \quad D_iD_j(F) = 0, \quad \cdots \tag{3.148}$$

定义 3.6 如果扩展标架 (3.148) 在变换群 G(3.131) 下是不变的，则称方程 (3.147) 对应一个 **Lie-Bäcklund 变换群** [26]。

定理 3.5 设 G 是无穷小生成元为 X 的 Lie-Bäcklund 变换群，方程 (3.147) 对应群 G，当且仅当

$$X(F)|_{[F]} = 0, \quad XD_i(F)|_{[F]} = 0, \quad XD_iD_j(F)|_{[F]} = 0, \quad \cdots \tag{3.149}$$

证明

(1) 充分性。由定义 3.6 易知充分性成立。

(2) 必要性。由 $F = 0$，易知 $D_i(F) = 0$, $D_iD_j(F) = 0, \cdots$ 成立。定义无穷序列

$$[F]: F = 0, \quad D_i(F) = 0, \quad D_iD_j(F) = 0, \quad \cdots \tag{3.150}$$

Lie-Bäcklund 对称要求

$$F\left([\overline{z}]\right) = F\left([z]\right) + \varepsilon X F\left([z]\right) + \frac{1}{2!}\varepsilon^2 X^2 F\left([z]\right) + \cdots + \frac{1}{n!}\varepsilon^n X^n F\left([z]\right) + \cdots$$

$$= F\left([z]\right) + \left(\varepsilon + \frac{1}{2!}\varepsilon^2 X + \cdots + \frac{1}{n!}\varepsilon^n X^{n-1} + \cdots\right) X F\left([z]\right)$$

$$= F\left([z]\right) \tag{3.151}$$

因此需要

$$X\left(F\right)\big|_{[F]} = 0 \tag{3.152}$$

设 Lie-Bäcklund 算子为

$$X = \xi_*^i D_i + \left[W^\alpha \frac{\partial}{\partial u^\alpha} + \sum_{k=1}^{\infty} D_{i_1}\cdots D_{i_k}\left(W^\alpha\right)\frac{\partial}{\partial u_{i_1\cdots i_k}^\alpha}\right] = \xi_*^i D_i + \tilde{X} \tag{3.153}$$

其中 $\tilde{X}$ 表示规范 Lie-Bäcklund 算子, 可以与全微分算子交换次序, 即 $\tilde{X}D_i = D_i\tilde{X}$。

将全微分算子 D_{i_1} 作用于式 (3.152), 则

$$D_{i_1}X\left(F\right)\big|_{[F]} = D_{i_1}\left(\xi_*^i D_i + \tilde{X}\right)\left(F\right)\Big|_{[F]} = D_{i_1}\left[\xi_*^i D_i\left(F\right) + \tilde{X}\left(F\right)\right]\Big|_{[F]}$$

$$= \left\{D_{i_1}\left[\xi_*^i D_i\left(F\right)\right] + D_{i_1}\tilde{X}\left(F\right)\right\}\big|_{[F]}$$

$$= \left\{D_{i_1}\left(\xi_*^i\right)D_i\left(F\right) + \xi_*^i D_{i_1}D_i\left(F\right) + \tilde{X}D_{i_1}\left(F\right)\right\}\big|_{[F]}$$

$$= \left\{D_{i_1}\left(\xi_*^i\right)D_i\left(F\right) + \left(\xi_*^i D_i + \tilde{X}\right)D_{i_1}\left(F\right)\right\}\big|_{[F]}$$

$$= \left\{D_{i_1}\left(\xi_*^i\right)D_i\left(F\right) + XD_{i_1}\left(F\right)\right\}\big|_{[F]}$$

$$= D_{i_1}\left(\xi_*^i\right)D_i\left(F\right)\big|_{[F]} + XD_{i_1}\left(F\right)\big|_{[F]}$$

$$= XD_{i_1}\left(F\right)\big|_{[F]} = 0 \tag{3.154}$$

进一步, 将全微分算子 D_{i_2} 作用于 $XD_{i_1}\left(F\right)\big|_{[F]} = 0$ 的两边, 同理可证 $XD_{i_1}D_{i_2}\left(F\right)\big|_{[F]} = 0$, 以此类推, 最终得到

$$X\left(F\right)\big|_{[F]} = 0, \quad XD_i\left(F\right)\big|_{[F]} = 0, \quad XD_iD_j\left(F\right)\big|_{[F]} = 0, \quad \cdots \tag{3.155}$$

必要性得证。

定理 3.6 方程 (3.147) 对应由 Lie-Bäcklund 算子生成的形式群 G, 当且仅当

$$X(F)|_{[F]} = 0 \tag{3.156}$$

其中 $|_{[F]}$ 表示在扩展标架式 (3.148) 上计算取值。方程 (3.156) 称为微分方程 Lie-Bäcklund 对称的**决定方程**[33]。

与 2.7.2 节所述类似，决定方程 (3.156) 具有如下性质：

(1) 典范 $L_* \subset L_B$ 与任意微分方程组对应，因此将 Lie-Bäcklund 对称性应用于微分方程组时，通常只考虑商代数 L_B/L_*。

证明 令 $X_* \in L_*$，则 X_* 为如下形式

$$X_* = \xi_*^i D_i \tag{3.157}$$

因此代入式 (3.156) 有

$$X(F)|_{[F]} = \xi_*^i D_i(F)|_{[F]} = \xi_*^i D_i(F)\big|_{F=0,\ D_i(F)=0,\ \cdots} = 0 \tag{3.158}$$

(2) 微分方程 (3.147) 在任意一个规范 Lie-Bäcklund 算子 X 变换下成立，如果坐标 η^α 满足条件

$$\eta^\alpha|_{[F]} = 0, \quad \alpha = 1, 2, \cdots, m \tag{3.159}$$

证明 对于一个局部解析的函数 η^α，在标架 $[F]$ 下写作

$$\eta^\alpha = \eta^\alpha(F, D_i(F), D_i D_j(F), \cdots) \tag{3.160}$$

将 η^α 在 $(F, D_i(F), D_i D_j(F), \cdots) = (0, 0, 0, \cdots)$ 处展开，保留一阶小量，得到

$$\eta^\alpha = \eta^\alpha|_{F=0,\ D_i(F)=0,\ \cdots} + \eta^{\alpha,0}F + \eta^{\alpha,i_1}D_{i_1}(F) + \eta^{\alpha,i_1 i_2}D_{i_1}D_{i_2}(F) + \cdots$$
$$+ \eta^{\alpha,i_1 \cdots i_k}D_{i_1} \cdots D_{i_k}(F) \tag{3.161}$$

因此，若 $\eta^\alpha|_{[F]} = 0$, 式 (3.161) 变为

$$\eta^\alpha = \eta^{\alpha,0}F + \eta^{\alpha,i_1}D_{i_1}(F) + \eta^{\alpha,i_1 i_2}D_{i_1}D_{i_2}(F) + \cdots + \eta^{\alpha,i_1 \cdots i_k}D_{i_1} \cdots D_{i_k}(F) \tag{3.162}$$

因此

$$\left(\eta^\alpha \frac{\partial}{\partial u^\alpha}\right) F\bigg|_{[F]}$$

$$= \left[\eta^{\alpha,0}F + \eta^{\alpha,i_1}D_{i_1}(F) + \eta^{\alpha,i_1 i_2}D_{i_1}D_{i_2}(F) + \cdots + \eta^{\alpha,i_1 \cdots i_k}D_{i_1} \cdots D_{i_k}(F)\right] \frac{\partial F}{\partial u^\alpha}\bigg|_{[F]} = 0$$

$$\left(D_i\left(\eta^\alpha\right)\frac{\partial}{\partial u_i^\alpha}\right)F\bigg|_{[F]}$$

$$=D_j\left[\eta^{\alpha,0}F+\eta^{\alpha,i_1}D_{i_1}(F)+\eta^{\alpha,i_1i_2}D_{i_1}D_{i_2}(F)+\cdots+\eta^{\alpha,i_1\cdots i_k}D_{i_1}\cdots D_{i_k}(F)\right]\frac{\partial F}{\partial u_j^\alpha}\bigg|_{[F]}$$

$$=\left[D_j\left(\eta^{\alpha,0}\right)F+D_j\left(\eta^{\alpha,i_1}\right)D_i(F)+D_j\left(\eta^{\alpha,i_1i_2}\right)D_{i_1}D_{i_2}(F)+\cdots\right.$$

$$+D_j\left(\eta^{\alpha,i_1\cdots i_k}\right)D_{i_1}\cdots D_{i_k}(F)+\eta^{\alpha,0}D_j(F)+\eta^{\alpha,i_1}D_jD_i(F)$$

$$\left.+\eta^{\alpha,i_1i_2}D_jD_{i_1}D_{i_2}(F)+\cdots+\eta^{\alpha,i_1\cdots i_k}D_jD_{i_1}\cdots D_{i_k}(F)\right]\frac{\partial F}{\partial u_j^\alpha}\bigg|_{[F]}=0$$

$$\vdots$$

$$\left(D_{i_1}D_{i_2}\cdots\left(\eta^\alpha\right)\frac{\partial}{\partial u_{i_1i_2\cdots}^\alpha}\right)F\bigg|_{[F]}=0 \tag{3.163}$$

则决定方程

$$X(F)|_{[F]}=\left[\eta^\alpha\frac{\partial}{\partial u^\alpha}+D_i\left(\eta^\alpha\right)\frac{\partial}{\partial u_i^\alpha}+D_{i_1}D_{i_2}\left(\eta^\alpha\right)\frac{\partial}{\partial u_{i_1i_2}^\alpha}+\cdots\right](F)\bigg|_{[F]}=0 \tag{3.164}$$

得证。

对于一个任意的 Lie-Bäcklund 算子，很容易将性质 (2) 的条件推广为

$$\xi^i\big|_{[F]}=0,\quad \eta^\alpha\big|_{[F]}=0 \tag{3.165}$$

证明　在性质 (2) 证明的基础上，将式 (3.162) 中的 η^α 换为 ξ^i，有

$$\xi^i=\xi^{i,0}F+\xi^{i,i_1}D_{i_1}(F)+\xi^{i,i_1i_2}D_{i_1}D_{i_2}(F)+\cdots+\xi^{i,i_1\cdots i_k}D_{i_1}\cdots D_{i_k}(F) \tag{3.166}$$

因此

$$\xi^i\big|_{[F]}=0,\quad \eta^\alpha\big|_{[F]}=0 \tag{3.167}$$

根据式 (3.134)，将 ζ_i^α 表示为 η^α 和 ξ^i 的组合

$$\zeta_{s_1}^\alpha$$

$$=D_{s_1}\left(\eta^\alpha-\xi^ju_j^\alpha\right)+\xi^ju_{js_1}^\alpha$$

$$=D_{s_1}\left(\eta^\alpha\right)-u_j^\alpha D_{s_1}\left(\xi^j\right)$$

$$=D_{s_1}\left(\eta^{\alpha,0}F+\eta^{\alpha,i_1}D_{i_1}(F)+\eta^{\alpha,i_1i_2}D_{i_1}D_{i_2}(F)+\cdots+\eta^{\alpha,i_1\cdots i_k}D_{i_1}\cdots D_{i_k}(F)\right)$$

$$- u_j^\alpha D_{s_1} \left[\xi^{i,0} F + \xi^{i,i_1} D_{i_1}(F) + \xi^{i,i_1 i_2} D_{i_1} D_{i_2}(F) + \cdots + \xi^{i,i_1 \cdots i_k} D_{i_1} \cdots D_{i_k}(F) \right]$$

$$= \left[D_{s_1}\left(\eta^{\alpha,0}\right) - u_j^\alpha D_{s_1}\left(\xi^{i,0}\right) \right] F + \cdots$$

$$+ \left[D_{s_1}\left(\eta^{\alpha,i_1 \cdots i_k}\right) - u_j^\alpha D_{s_1}\left(\xi^{i,i_1 \cdots i_k}\right) \right] D_{i_1} \cdots D_{i_k}(F)$$

$$+ \left(\eta^{\alpha,0} - u_j^\alpha \xi^{i,0}\right) D_{s_1}(F) + \cdots + \left(\eta^{\alpha,i_1 \cdots i_k} - u_j^\alpha \xi^{i,i_1 \cdots i_k}\right) D_{s_1} D_{i_1} \cdots D_{i_k}(F)$$

$$\tag{3.168}$$

由式 (3.168) 易知

$$\zeta_{s_1}^\alpha \big|_{[F]} = 0 \tag{3.169}$$

再根据式 (3.134) 的递推关系，有

$$\zeta_{s_1 s_2}^\alpha = D_{s_2}\left(\zeta_{s_1}^\alpha\right) - u_{j s_1}^\alpha D_{s_2}\left(\xi^j\right) \tag{3.170}$$

与式 (3.168) 推导一致，只需将 $\zeta_{s_1}^\alpha$ 替换为 $\zeta_{s_1 s_2}^\alpha$，η^α 替换为 $\zeta_{s_1}^\alpha$，u_j^α 替换为 $u_{j s_i}^\alpha$，$u_{j s_i}^\alpha$ 替换为 $u_{s_1 s_2 j}^\alpha$，立即得到与式 (3.169) 类似的结果

$$\zeta_{s_1 s_2}^\alpha \big|_{[F]} = 0 \tag{3.171}$$

之后继续根据递推关系 $\zeta_{s_1 \cdots s_l}^\alpha = D_{s_l}\left(\zeta_{s_1 \cdots s_{l-1}}^\alpha\right) - u_{s_1 \cdots s_{l-1} j}^\alpha D_{s_l}\left(\xi^j\right)$，并重复式 (3.170)~(3.171) 的过程，最终得到

$$\zeta_{s_1 \cdots s_l}^\alpha \big|_{[F]} = 0 \tag{3.172}$$

根据式 (3.167)、(3.172)，Lie-Bäcklund 算子每一项对 F 的作用在扩展标架上取值分别为

$$\left(\xi^i \frac{\partial}{\partial x^i}\right) F \Big|_{[F]} = \left(\xi^i \frac{\partial F}{\partial x^i}\right) \Big|_{[F]} = \xi^i \big|_{[F]} \cdot \frac{\partial F}{\partial x^i}\Big|_{[F]} = 0$$

$$\left(\eta^\alpha \frac{\partial}{\partial u^\alpha}\right) F \Big|_{[F]} = \left(\eta^\alpha \frac{\partial F}{\partial u^\alpha}\right) \Big|_{[F]} = \eta^\alpha \big|_{[F]} \cdot \frac{\partial F}{\partial u^\alpha}\Big|_{[F]} = 0$$

$$\left(\zeta_{s_1}^\alpha \frac{\partial}{\partial u_{s_1}^\alpha}\right) F \Big|_{[F]} = \left(\zeta_{s_1}^\alpha \frac{\partial F}{\partial u_{s_1}^\alpha}\right) \Big|_{[F]} = \zeta_{s_1}^\alpha \big|_{[F]} \cdot \frac{\partial F}{\partial u_{s_1}^\alpha}\Big|_{[F]} = 0$$

$$\vdots$$

$$\left(\zeta_{s_1 \cdots s_l}^\alpha \frac{\partial}{\partial u_{s_1 \cdots s_l}^\alpha}\right) F \Big|_{[F]} = \left(\zeta_{s_1 \cdots s_l}^\alpha \frac{\partial F}{\partial u_{s_1 \cdots s_l}^\alpha}\right) \Big|_{[F]} = \zeta_{s_1 \cdots s_l}^\alpha \big|_{[F]} \cdot \frac{\partial F}{\partial u_{s_1 \cdots s_l}^\alpha}\Big|_{[F]} = 0$$

$$\vdots$$

$$\tag{3.173}$$

将式 (3.173) 代入 $X(F)|_{[F]}$，即得

$$
\begin{aligned}
X(F)|_{[F]} &= \left(\xi^i \frac{\partial}{\partial x^i} + \eta^\alpha \frac{\partial}{\partial u^\alpha} + \zeta^\alpha_{s_1} \frac{\partial}{\partial u^\alpha_{s_1}} + \cdots + \zeta^\alpha_{s_1\cdots s_l} \frac{\partial}{\partial u^\alpha_{s_1\cdots s_l}} + \cdots\right) F\bigg|_{[F]}\\
&= \left(\xi^i \frac{\partial}{\partial x^i}\right) F\bigg|_{[F]} + \left(\eta^\alpha \frac{\partial}{\partial u^\alpha}\right) F\bigg|_{[F]} + \left(\zeta^\alpha_{s_1} \frac{\partial}{\partial u^\alpha_{s_1}}\right) F\bigg|_{[F]} + \cdots\\
&\quad + \left(\zeta^\alpha_{s_1\cdots s_l} \frac{\partial}{\partial u^\alpha_{s_1\cdots s_l}}\right) F\bigg|_{[F]} + \cdots\\
&= 0
\end{aligned}
\tag{3.174}
$$

在上述证明过程中，根据式 (3.162)、(3.166)、(3.168)，以及递推关系 $\zeta^\alpha_{s_1\cdots s_l} = D_{s_l}\left(\zeta^\alpha_{s_1\cdots s_{l-1}}\right) - u^\alpha_{s_1\cdots s_{l-1}j} D_{s_l}\left(\xi^j\right)$，易知 $\xi^i, \eta^\alpha, \zeta^\alpha_{s_1}, \zeta^\alpha_{s_1 s_2}, \cdots$ 均可表示为标架 F，$D_{i_1}(F)$，$D_{i_1}D_{i_2}(F)$，$\cdots$ 的线性组合，分别记为

$$
\begin{aligned}
\xi^i &= \xi^{i,0} F + \xi^{i,i_1} D_{i_1}(F) + \xi^{i,i_1 i_2} D_{i_1}D_{i_2}(F) + \cdots + \xi^{i,i_1\cdots i_k} D_{i_1}\cdots D_{i_k}(F) + \cdots\\
\eta^\alpha &= \eta^{\alpha,0} F + \eta^{\alpha,i_1} D_{i_1}(F) + \eta^{\alpha,i_1 i_2} D_{i_1}D_{i_2}(F) + \cdots + \eta^{\alpha,i_1\cdots i_k} D_{i_1}\cdots D_{i_k}(F) + \cdots\\
\zeta^\alpha_{s_1} &= \zeta^{\alpha,0}_{s_1} F + \zeta^{\alpha,i_1}_{s_1} D_{i_1}(F) + \zeta^{\alpha,i_1 i_2}_{s_1} D_{i_1}D_{i_2}(F) + \cdots + \zeta^{\alpha,i_1\cdots i_k}_{s_1} D_{i_1}\cdots D_{i_k}(F) + \cdots\\
&\quad\quad\quad\quad\quad\quad\quad\quad\quad\vdots\\
\zeta^\alpha_{s_1\cdots s_l} &= \zeta^{\alpha,0}_{s_1\cdots s_l} F + \zeta^{\alpha,i_1}_{s_1\cdots s_l} D_{i_1}(F) + \zeta^{\alpha,i_1 i_2}_{s_1\cdots s_l} D_{i_1}D_{i_2}(F) + \cdots\\
&\quad + \zeta^{\alpha,i_1\cdots i_k}_{s_1\cdots s_l} D_{i_1}\cdots D_{i_k}(F) + \cdots\\
&\quad\quad\quad\quad\quad\quad\quad\quad\quad\vdots
\end{aligned}
\tag{3.175}
$$

对于式 (3.175) 中的第一个等式，第三项之后各项系数为

$$
\xi^{i,i_1 i_2} = \frac{\partial \xi^i}{\partial(D_{i_1}D_{i_2}(F))}\bigg|_{[F]=0}, \quad \cdots, \quad \xi^{i,i_1\cdots i_k} = \frac{\partial \xi^i}{\partial(D_{i_1}\cdots D_{i_k}(F))}\bigg|_{[F]=0}
\tag{3.176}
$$

若将 $i_1, i_2, \cdots$ 交换顺序，根据全微分算子的可交换性，有

$$
\begin{aligned}
&D_{i_1}D_{i_2}(F) = D_{i_2}D_{i_1}(F)\\
&D_{i_1}D_{i_2}D_{i_3}(F) = D_{i_2}D_{i_1}D_{i_3}(F) = D_{i_2}D_{i_3}D_{i_1}(F) = \cdots\\
&\quad\quad\quad\quad\quad\quad\quad\quad\quad\vdots
\end{aligned}
\tag{3.177}
$$

因此

$$\xi^{i,i_2i_1} = \frac{\partial \xi^i}{\partial \left(D_{i_2}D_{i_1}\left(F\right)\right)}\Bigg|_{[F]=0} = \frac{\partial \xi^i}{\partial \left(D_{i_1}D_{i_2}\left(F\right)\right)}\Bigg|_{[F]=0} = \xi^{i,i_1i_2}$$

$$\xi^{i,i_1i_2i_3} = \frac{\partial \xi^i}{\partial \left(D_{i_1}D_{i_2}D_{i_3}\left(F\right)\right)}\Bigg|_{[F]=0} = \frac{\partial \xi^i}{\partial \left(D_{i_2}D_{i_1}D_{i_3}\left(F\right)\right)}\Bigg|_{[F]=0} = \xi^{i,i_2i_1i_3}$$

$$\hspace{2cm}= \frac{\partial \xi^i}{\partial \left(D_{i_2}D_{i_3}D_{i_1}\left(F\right)\right)}\Bigg|_{[F]=0} = \xi^{i,i_2i_3i_1} = \cdots$$

(3.178)

$$\vdots$$

即 $\xi^{i,i_1i_2}, \xi^{i,i_1i_2i_3}, \cdots$ 的上标 $i_1, i_2, \cdots$ 可以任意交换次序。同理可得 η^{α,i_1i_2}，$\eta^{\alpha,i_1i_2i_3}, \cdots, \zeta_{s_1}^{\alpha,i_1i_2}, \zeta_{s_1}^{\alpha,i_1i_2i_3}, \cdots$ 等系数的上标 $i_1, i_2, \cdots$ 均可任意交换次序。

由式 (3.175) 得

$$X(F) = \left(\xi^i \frac{\partial}{\partial x^i} + \eta^\alpha \frac{\partial}{\partial u^\alpha} + \zeta_{s_1}^\alpha \frac{\partial}{\partial u_{s_1}^\alpha} + \cdots + \zeta_{s_1\cdots s_l}^\alpha \frac{\partial}{\partial u_{s_1\cdots s_l}^\alpha} + \cdots\right) F$$

$$= \left(\xi^{i,0} \frac{\partial F}{\partial x^i} + \eta^{\alpha,0} \frac{\partial F}{\partial u^\alpha} + \zeta_{s_1}^{\alpha,0} \frac{\partial F}{\partial u_{s_1}^\alpha} + \cdots + \zeta_{s_1\cdots s_l}^{\alpha,0} \frac{\partial F}{\partial u_{s_1\cdots s_l}^\alpha} + \cdots\right) F$$

$$+ \left(\xi^{i,i_1} \frac{\partial F}{\partial x^i} + \eta^{\alpha,i_1} \frac{\partial F}{\partial u^\alpha} + \zeta_{s_1}^{\alpha,i_1} \frac{\partial F}{\partial u_{s_1}^\alpha} + \cdots + \zeta_{s_1\cdots s_l}^{\alpha,i_1} \frac{\partial F}{\partial u_{s_1\cdots s_l}^\alpha} + \cdots\right) D_{i_1}(F)$$

$$+ \left(\xi^{i,i_1i_2} \frac{\partial F}{\partial x^i} + \eta^{\alpha,i_1i_2} \frac{\partial F}{\partial u^\alpha} + \zeta_{s_1}^{\alpha,i_1i_2} \frac{\partial F}{\partial u_{s_1}^\alpha} + \cdots + \zeta_{s_1\cdots s_l}^{\alpha,i_1i_2} \frac{\partial F}{\partial u_{s_1\cdots s_l}^\alpha} + \cdots\right)$$

$$\times D_{i_1}D_{i_2}(F) + \cdots + \left(\xi^{i,i_1\cdots i_k} \frac{\partial F}{\partial x^i} + \eta^{\alpha,i_1\cdots i_k} \frac{\partial F}{\partial u^\alpha} + \zeta_{s_1}^{\alpha,i_1\cdots i_k} \frac{\partial F}{\partial u_{s_1}^\alpha}\right.$$

$$\left. + \cdots + \zeta_{s_1\cdots s_l}^{\alpha,i_1\cdots i_k} \frac{\partial F}{\partial u_{s_1\cdots s_l}^\alpha} + \cdots\right) \cdot D_{i_1}\cdots D_{i_k}(F) + \cdots$$

(3.179)

令

$$\lambda_0 = \xi^{i,0} \frac{\partial F}{\partial x^i} + \eta^{\alpha,0} \frac{\partial F}{\partial u^\alpha} + \zeta_{s_1}^{\alpha,0} \frac{\partial F}{\partial u_{s_1}^\alpha} + \cdots + \zeta_{s_1\cdots s_l}^{\alpha,0} \frac{\partial F}{\partial u_{s_1\cdots s_l}^\alpha} + \cdots$$

$$\lambda_1^{i_i} = \xi^{i,i_1} \frac{\partial F}{\partial x^i} + \eta^{\alpha,i_1} \frac{\partial F}{\partial u^\alpha} + \zeta_{s_1}^{\alpha,i_1} \frac{\partial F}{\partial u_{s_1}^\alpha} + \cdots + \zeta_{s_1\cdots s_l}^{\alpha,i_1} \frac{\partial F}{\partial u_{s_1\cdots s_l}^\alpha} + \cdots$$

$$\lambda_2^{i_1 i_2} = \xi^{i, i_1 i_2} \frac{\partial F}{\partial x^i} + \eta^{\alpha, i_1 i_2} \frac{\partial F}{\partial u^\alpha} + \zeta_{s_1}^{\alpha, i_1 i_2} \frac{\partial F}{\partial u_{s_1}^\alpha} + \cdots + \zeta_{s_1 \cdots s_l}^{\alpha, i_1 i_2} \frac{\partial F}{\partial u_{s_1 \cdots s_l}^\alpha} + \cdots$$

$$\vdots$$

$$\lambda_k^{i_1 \cdots i_k} = \xi^{i, i_1 \cdots i_k} \frac{\partial F}{\partial x^i} + \eta^{\alpha, i_1 \cdots i_k} \frac{\partial F}{\partial u^\alpha} + \zeta_{s_1}^{\alpha, i_1 \cdots i_k} \frac{\partial F}{\partial u_{s_1}^\alpha} + \cdots + \zeta_{s_1 \cdots s_l}^{\alpha, i_1 \cdots i_k} \frac{\partial F}{\partial u_{s_1 \cdots s_l}^\alpha} + \cdots$$

$$\vdots \tag{3.180}$$

由于 $\xi^{i, i_1 i_2}, \eta^{\alpha, i_1 i_2}, \zeta_{s_1}^{\alpha, i_1 i_2}, \cdots$ 上标 $i_1, i_2, \cdots$ 可以任意交换次序，则其线性组合 $\lambda_2^{i_1 i_2}$ 的上标也可交换次序；同理可知对任意 $k \geqslant 2, \xi^{i, i_1 \cdots i_k}, \eta^{\alpha, i_1 \cdots i_k}, \zeta_{s_1}^{\alpha, i_1 \cdots i_k}, \cdots$ 的上标 $i_1, i_2, \cdots$ 均可任意交换次序。

将式 (3.180) 代入式 (3.179)，得

$$X(F) = \lambda_0 F + \lambda_1^{i_i} D_{i_1}(F) + \lambda_2^{i_1 i_2} D_{i_1} D_{i_2}(F) + \cdots + \lambda_k^{i_1 \cdots i_k} D_{i_1} \cdots D_{i_k}(F) + \cdots$$

$$\tag{3.181}$$

对于 Lie-Bäcklund 算子作用于微分方程组的情形，利用引理 3.1 的高维情况，可得

$$X(F_\alpha) = \lambda_{\alpha,0}^\beta F_\beta + \lambda_{\alpha,1}^{\beta, i_1} D_{i_1}(F_\beta) + \lambda_{\alpha,2}^{\beta, i_1 i_2} D_{i_1} D_{i_2}(F_\beta) + \lambda_{\alpha,3}^{\beta, i_1 i_2 i_3} D_{i_1} D_{i_2} D_{i_3}(F_\beta) + \cdots$$

$$\tag{3.182}$$

3.6　多参数 Lie 变换群及其延拓

类似 2.8 节单个自变量和单个因变量情况下的多参数 Lie 变换群及其延拓，本节将多个自变量和多个因变量情况下的单参数 Lie 变换群及其延拓扩展至多参数，并给出相应推导过程。

3.6.1　多参数 Lie 变换群及其无穷小生成元

对于 r 参数 Lie 变换群

$$\overline{\boldsymbol{x}} = \phi(\boldsymbol{x}, \boldsymbol{u}, \boldsymbol{\varepsilon}), \quad \overline{\boldsymbol{u}} = \psi(\boldsymbol{x}, \boldsymbol{u}, \boldsymbol{\varepsilon}) \tag{3.183}$$

其中 $\boldsymbol{\varepsilon} = (\varepsilon_1, \varepsilon_2, \cdots, \varepsilon_r)^{\mathrm{T}}$ 是小参数，无穷小生成元为 [20]

$$X_\gamma = \xi_\gamma^i(\boldsymbol{x}, \boldsymbol{u}) \frac{\partial}{\partial x^i} + \eta_\gamma^\alpha(\boldsymbol{x}, \boldsymbol{u}) \frac{\partial}{\partial u^\alpha}, \quad \gamma = 1, 2, \cdots, r \tag{3.184}$$

其中

$$\xi_\gamma^i(\boldsymbol{x}, \boldsymbol{u}) = \left. \frac{\partial \overline{x}^i}{\partial \varepsilon_\gamma} \right|_{\boldsymbol{\varepsilon}=0} = \left. \frac{\partial \phi^i(\boldsymbol{x}, \boldsymbol{u}, \boldsymbol{\varepsilon})}{\partial \varepsilon_\gamma} \right|_{\varepsilon=0}, \quad \eta_\gamma^\alpha(\boldsymbol{x}, \boldsymbol{u}) = \left. \frac{\partial \overline{u}^\alpha}{\partial \varepsilon_\gamma} \right|_{\boldsymbol{\varepsilon}=0} = \left. \frac{\partial \psi^\alpha(\boldsymbol{x}, \boldsymbol{u}, \boldsymbol{\varepsilon})}{\partial \varepsilon_\gamma} \right|_{\varepsilon=0}$$

$$\tag{3.185}$$

定理 3.7 r 参数 Lie 变换群 (3.183) 等价于 [25]

$$
\begin{aligned}
\overline{\boldsymbol{x}} =& \mathrm{e}^{\varepsilon_1 X_1}\mathrm{e}^{\varepsilon_2 X_2}\cdots\mathrm{e}^{\varepsilon_r X_r}\boldsymbol{x} = \mathrm{e}^{\varepsilon_1 X_1+\varepsilon_2 X_2+\cdots+\varepsilon_r X_r}\boldsymbol{x} \\
=& \boldsymbol{x} + (\varepsilon_1 X_1 + \varepsilon_2 X_2 + \cdots + \varepsilon_r X_r)\,\boldsymbol{x} + \frac{1}{2!}\,(\varepsilon_1 X_1 + \varepsilon_2 X_2 + \cdots + \varepsilon_r X_r)^2\,\boldsymbol{x} \\
& + \frac{1}{3!}\,(\varepsilon_1 X_1 + \varepsilon_2 X_2 + \cdots + \varepsilon_r X_r)^3\,\boldsymbol{x} + \cdots \\
\overline{\boldsymbol{u}} =& \mathrm{e}^{\varepsilon_1 X_1}\mathrm{e}^{\varepsilon_2 X_2}\cdots\mathrm{e}^{\varepsilon_r X_\gamma}\boldsymbol{u} = \mathrm{e}^{\varepsilon_1 X_1+\varepsilon_2 X_2+\cdots+\varepsilon_r X_r}\boldsymbol{u} \\
=& \boldsymbol{u} + (\varepsilon_1 X_1 + \varepsilon_2 X_2 + \cdots + \varepsilon_r X_r)\,\boldsymbol{u} + \frac{1}{2!}\,(\varepsilon_1 X_1 + \varepsilon_2 X_2 + \cdots + \varepsilon_r X_r)^2\,\boldsymbol{u} \\
& + \frac{1}{3!}\,(\varepsilon_1 X_1 + \varepsilon_2 X_2 + \cdots + \varepsilon_r X_r)^3\,\boldsymbol{u} + \cdots
\end{aligned}
\tag{3.186}
$$

其中 $X_\gamma\,(\gamma = 1, 2, \cdots, r)$ 由式 (3.184) 定义。

3.6.2 双参数 Lie 变换群无穷小生成元的延拓

本小节以双参数为例，推导多参数 Lie 变换群无穷小生成元延拓变换表达式。

考虑 n 个自变量 $\boldsymbol{x} = (x_1, x_2, \cdots, x_n)$ 和 m 个因变量 $\boldsymbol{u} = (u_1, u_2, \cdots, u_m)$ 的双参数 Lie 变换群

$$
\overline{\boldsymbol{x}} = \phi\,(\boldsymbol{x}, \boldsymbol{u}, \varepsilon_1, \varepsilon_2), \quad \overline{\boldsymbol{u}} = \psi\,(\boldsymbol{x}, \boldsymbol{u}, \varepsilon_1, \varepsilon_2)
\tag{3.187}
$$

双参数 Lie 变换群 (3.187) 的 k 阶延拓为

$$
\overline{\boldsymbol{x}} = \phi\,(\boldsymbol{x}, \boldsymbol{u}, \varepsilon_1, \varepsilon_2), \quad \overline{\boldsymbol{u}} = \psi\,(\boldsymbol{x}, \boldsymbol{u}, \varepsilon_1, \varepsilon_2), \quad \overline{\boldsymbol{u}}_{(1)} = \varphi_{(1)}\,(\boldsymbol{x}, \boldsymbol{u}, \boldsymbol{u}_{(1)}, \varepsilon_1, \varepsilon_2),
$$
$$
\cdots, \quad \overline{\boldsymbol{u}}_{(k)} = \varphi_{(k)}\,(\boldsymbol{x}, \boldsymbol{u}, \boldsymbol{u}_{(1)}, \cdots, \boldsymbol{u}_{(k)}, \varepsilon_1, \varepsilon_2)
\tag{3.188}
$$

将双参数 Lie 变换群在 $\varepsilon_1 = 0$ 处展开，得到

$$
\begin{aligned}
\overline{x^i} &= \phi^i\,(\boldsymbol{x}, \boldsymbol{u}, \varepsilon_1, \varepsilon_2) = x^i + \varepsilon_1 \xi_1^i\,(\boldsymbol{x}, \boldsymbol{u}) + \varepsilon_2 \xi_2^i\,(\boldsymbol{x}, \boldsymbol{u}) + O\,(\varepsilon^2) \\
\overline{u^\alpha} &= \psi^\alpha\,(\boldsymbol{x}, \boldsymbol{u}, \varepsilon_1, \varepsilon_2) = u^\alpha + \varepsilon_1 \eta_1^\alpha\,(\boldsymbol{x}, \boldsymbol{u}) + \varepsilon_2 \eta_2^\alpha\,(\boldsymbol{x}, \boldsymbol{u}) + O\,(\varepsilon^2)
\end{aligned}
\tag{3.189}
$$

式 (3.189) 的 k 阶延拓变换为 [20]

$$
\begin{aligned}
\overline{u_i^\alpha} =& \varphi_i^\alpha\,(\boldsymbol{x}, \boldsymbol{u}, \boldsymbol{u}_{(1)}, \varepsilon_1, \varepsilon_2) \\
=& u_i^\alpha + \varepsilon_1 \zeta_i^{1\alpha}\,(\boldsymbol{x}, \boldsymbol{u}, \boldsymbol{u}_{(1)}) + \varepsilon_2 \zeta_i^{2\alpha}\,(\boldsymbol{x}, \boldsymbol{u}, \boldsymbol{u}_{(1)}) + O\,(\varepsilon^2) \\
\overline{u_{i_1 i_2}^\alpha} =& \varphi_{i_1 i_2}^\alpha\,(\boldsymbol{x}, \boldsymbol{u}, \boldsymbol{u}_{(1)}, \boldsymbol{u}_{(2)}, \varepsilon_1, \varepsilon_2)
\end{aligned}
$$

$$=u_{i_1 i_2}^\alpha + \varepsilon_1 \zeta_{i_1 i_2}^{1\alpha}\left(\boldsymbol{x},\boldsymbol{u},\boldsymbol{u}_{(1)},\boldsymbol{u}_{(2)}\right) + \varepsilon_2 \zeta_{i_1 i_2}^{2\alpha}\left(\boldsymbol{x},\boldsymbol{u},\boldsymbol{u}_{(1)},\boldsymbol{u}_{(2)}\right) + O\left(\varepsilon^2\right)$$

$$\vdots$$

$$\overline{u_{i_1 i_2 \cdots i_k}^\alpha} = \varphi_{i_1 i_2 \cdots i_k}^\alpha \left(\boldsymbol{x},\boldsymbol{u},\boldsymbol{u}_{(1)},\boldsymbol{u}_{(2)},\cdots,\boldsymbol{u}_{(k)},\varepsilon_1,\varepsilon_2\right)$$
$$= u_{i_1 i_2 \cdots i_k}^\alpha + \varepsilon_1 \zeta_{i_1 i_2 \cdots i_k}^{1\alpha}\left(\boldsymbol{x},\boldsymbol{u},\boldsymbol{u}_{(1)},\boldsymbol{u}_{(2)},\cdots,\boldsymbol{u}_{(k)}\right)$$
$$+ \varepsilon_2 \zeta_{i_1 i_2 \cdots i_k}^{2\alpha}\left(\boldsymbol{x},\boldsymbol{u},\boldsymbol{u}_{(1)},\boldsymbol{u}_{(2)},\cdots,\boldsymbol{u}_{(k)}\right) + O\left(\varepsilon^2\right) \tag{3.190}$$

同样由 3.1.3 节中的链式法则运算, 得到

$$D_j\left(\phi^i\right)\overline{u}_i^\alpha = D_j\left(\psi^\alpha\right) \tag{3.191}$$

由式 (3.189), 得

$$D_j\left(\phi^i\right) = D_j\left(x^i + \varepsilon_1 \xi_1^i + \varepsilon_2 \xi_2^i\right) = \delta_j^i + \varepsilon_1 D_j\left(\xi_1^i\right) + \varepsilon_2 D_j\left(\xi_2^i\right)$$
$$D_j\left(\psi^\alpha\right) = D_j\left(u^\alpha + \varepsilon_1 \eta_1^\alpha + \varepsilon_2 \eta_2^\alpha\right) = u_j^\alpha + \varepsilon_1 D_j\left(\eta_1^\alpha\right) + \varepsilon_2 D_j\left(\eta_2^\alpha\right) \tag{3.192}$$

将式 (3.192) 代入式 (3.191), 得到

$$\left[\delta_j^i + \varepsilon_1 D_j\left(\xi_1^i\right) + \varepsilon_2 D_j\left(\xi_2^i\right)\right]\overline{u}_i^\alpha = u_j^\alpha + \varepsilon_1 D_j\left(\eta_1^\alpha\right) + \varepsilon_2 D_j\left(\eta_2^\alpha\right) \tag{3.193}$$

由 Neumann 级数得

$$\left[\delta_j^i + \varepsilon_1 D_j\left(\xi_1^i\right) + \varepsilon_2 D_j\left(\xi_2^i\right)\right]^{-1} \approx \delta_i^j - \varepsilon_1 D_i\left(\xi_1^j\right) - \varepsilon_2 D_i\left(\xi_2^j\right) \tag{3.194}$$

因此, 式 (3.55) 可以写为 [27]

$$\overline{u_i^\alpha} \approx \left[\delta_i^j - \varepsilon_1 D_i\left(\xi_1^j\right) - \varepsilon_2 D_i\left(\xi_2^j\right)\right]\left[u_j^\alpha + \varepsilon_1 D_j\left(\eta_1^\alpha\right) + \varepsilon_2 D_j\left(\eta_2^\alpha\right)\right]$$
$$= \delta_i^j u_j^\alpha + \varepsilon_1 \delta_i^j D_j\left(\eta_1^\alpha\right) + \varepsilon_2 \delta_i^j D_j\left(\eta_2^\alpha\right) - \varepsilon_1 u_j^\alpha D_i\left(\xi_1^j\right) - \varepsilon_2 u_j^\alpha D_i\left(\xi_2^j\right)$$
$$- \varepsilon_1^2 D_i\left(\xi_1^j\right)D_j\left(\eta_1^\alpha\right) - \varepsilon_2^2 D_i\left(\xi_2^j\right)D_j\left(\eta_2^\alpha\right) - \varepsilon_1\varepsilon_2 D_i\left(\xi_1^j\right)D_j\left(\eta_2^\alpha\right)$$
$$- \varepsilon_1\varepsilon_2 D_i\left(\xi_2^j\right)D_j\left(\eta_1^\alpha\right)$$
$$\approx u_i^\alpha + \varepsilon_1\left[D_i\left(\eta_1^\alpha\right) - u_j^\alpha D_i\left(\xi_1^j\right)\right] + \varepsilon_2\left[D_i\left(\eta_2^\alpha\right) - u_j^\alpha D_i\left(\xi_2^j\right)\right]$$
$$= u_i^\alpha + \varepsilon_1\left[D_i\left(\eta_1^\alpha - \xi_1^j u_j^\alpha\right) + \xi_1^j u_{ij}^\alpha\right] + \varepsilon_2\left[D_i\left(\eta_2^\alpha - \xi_2^j u_j^\alpha\right) + \xi_2^j u_{ij}^\alpha\right] \tag{3.195}$$

比较式 (3.190) 中的第一式和式 (3.195), 得到 [25]

$$\zeta_i^{1\alpha} = D_i\left(\eta_1^\alpha\right) - u_j^\alpha D_i\left(\xi_1^j\right) = D_i\left(\eta_1^\alpha - \xi_1^j u_j^\alpha\right) + \xi_1^j u_{ij}^\alpha \tag{3.196}$$

$$\zeta_i^{2\alpha} = D_i\left(\eta_2^\alpha\right) - u_j^\alpha D_i\left(\xi_2^j\right) = D_i\left(\eta_2^\alpha - \xi_2^j u_j^\alpha\right) + \xi_2^j u_{ij}^\alpha \tag{3.197}$$

同理, 对于 k 阶延拓的链式法则运算, 有

$$D_j\left(\phi^{i_k}\right)\overline{u_{i_1 i_2 \cdots i_k}^\alpha} = D_j\left(\varphi_{i_1 i_2 \cdots i_{k-1}}^\alpha\right) \tag{3.198}$$

式 (3.198) 右边满足

$$D_j\left(\varphi_{i_1 i_2 \cdots i_{k-1}}^\alpha\right) = D_j\left(u_{i_1 i_2 \cdots i_{k-1}}^\alpha + \varepsilon_1 \zeta_{i_1 i_2 \cdots i_{k-1}}^{1\alpha} + \varepsilon_2 \zeta_{i_1 i_2 \cdots i_{k-1}}^{2\alpha}\right)$$

$$= u_{i_1 i_2 \cdots i_{k-1} j}^\alpha + \varepsilon_1 D_j\left(\zeta_{i_1 i_2 \cdots i_{k-1}}^{1\alpha}\right) + \varepsilon_2 D_j\left(\zeta_{i_1 i_2 \cdots i_{k-1}}^{2\alpha}\right) \tag{3.199}$$

将式 (3.192) 中的第一式和式 (3.199) 代入式 (3.198), 得到

$$\left[\delta_j^{i_k} + \varepsilon_1 D_j\left(\xi_1^{i_k}\right) + \varepsilon_2 D_j\left(\xi_2^{i_k}\right)\right]\overline{u_{i_1 i_2 \cdots i_k}^\alpha} = u_{i_1 i_2 \cdots i_{k-1} j}^\alpha + \varepsilon_1 D_j\left(\zeta_{i_1 i_2 \cdots i_{k-1}}^{1\alpha}\right)$$

$$+ \varepsilon_2 D_j\left(\zeta_{i_1 i_2 \cdots i_{k-1}}^{2\alpha}\right) \tag{3.200}$$

因此, 式 (3.200) 可以写为 [27]

$$\overline{u_{i_1 i_2 \cdots i_k}^\alpha} \approx \left[\delta_{i_k}^j - \varepsilon_1 D_{i_k}\left(\xi_1^j\right) - \varepsilon_2 D_{i_k}\left(\xi_2^j\right)\right]\left[u_{i_1 i_2 \cdots i_{k-1} j}^\alpha + \varepsilon_1 D_j\left(\zeta_{i_1 i_2 \cdots i_{k-1}}^{1\alpha}\right)\right.$$

$$\left. + \varepsilon_2 D_j\left(\zeta_{i_1 i_2 \cdots i_{k-1}}^{2\alpha}\right)\right]$$

$$= \delta_{i_k}^j u_{i_1 i_2 \cdots i_{k-1} j}^\alpha + \varepsilon_1 \delta_{i_k}^j D_j\left(\zeta_{i_1 i_2 \cdots i_{k-1}}^{1\alpha}\right) + \varepsilon_2 \delta_{i_k}^j D_j\left(\zeta_{i_1 i_2 \cdots i_{k-1}}^{2\alpha}\right)$$

$$- \varepsilon_1 u_{i_1 i_2 \cdots i_{k-1} j}^\alpha D_{i_k}\left(\xi_1^j\right) - \varepsilon_2 u_{i_1 i_2 \cdots i_{k-1} j}^\alpha D_{i_k}\left(\xi_2^j\right)$$

$$- \varepsilon_1^2 D_{i_k}\left(\xi_1^j\right) D_j\left(\zeta_{i_1 i_2 \cdots i_{k-1}}^{1\alpha}\right) - \varepsilon_2^2 D_{i_k}\left(\xi_2^j\right) D_j\left(\zeta_{i_1 i_2 \cdots i_{k-1}}^{2\alpha}\right)$$

$$- \varepsilon_1 \varepsilon_2 D_{i_k}\left(\xi_1^j\right) D_j\left(\zeta_{i_1 i_2 \cdots i_{k-1}}^{2\alpha}\right) - \varepsilon_1 \varepsilon_2 D_{i_k}\left(\xi_2^j\right) D_j\left(\zeta_{i_1 i_2 \cdots i_{k-1}}^{1\alpha}\right)$$

$$\approx u_{i_1 i_2 \cdots i_k}^\alpha + \varepsilon_1\left[D_{i_k}\left(\zeta_{i_1 i_2 \cdots i_{k-1}}^{1\alpha}\right) - u_{i_1 i_2 \cdots i_{k-1} j}^\alpha D_{i_k}\left(\xi_1^j\right)\right]$$

$$+ \varepsilon_2\left[D_{i_k}\left(\zeta_{i_1 i_2 \cdots i_{k-1}}^{2\alpha}\right) - u_{i_1 i_2 \cdots i_{k-1} j}^\alpha D_{i_k}\left(\xi_2^j\right)\right] \tag{3.201}$$

比较式 (3.190) 中的最后一式和式 (3.201), 得到 [25]

$$\zeta_{i_1 i_2 \cdots i_k}^{1\alpha} = D_{i_k}\left(\zeta_{i_1 i_2 \cdots i_{k-1}}^{1\alpha}\right) - u_{i_1 i_2 \cdots i_{k-1} j}^\alpha D_{i_k}\left(\xi_1^j\right) \tag{3.202}$$

$$\zeta_{i_1 i_2 \cdots i_k}^{2\alpha} = D_{i_k}\left(\zeta_{i_1 i_2 \cdots i_{k-1}}^{2\alpha}\right) - u_{i_1 i_2 \cdots i_{k-1} j}^\alpha D_{i_k}\left(\xi_2^j\right) \tag{3.203}$$

式 (3.202)、(3.203) 还可以进一步写为

$$\zeta_{i_1 i_2 \cdots i_k}^{1\alpha} = D_{i_1} D_{i_2} \cdots D_{i_k} \left(\eta_1^\alpha - \xi_1^j u_j^\alpha \right) + \xi_1^j u_{i_1 i_2 \cdots i_k j}^\alpha \tag{3.204}$$

$$\zeta_{i_1 i_2 \cdots i_k}^{2\alpha} = D_{i_1} D_{i_2} \cdots D_{i_k} \left(\eta_2^\alpha - \xi_2^j u_j^\alpha \right) + \xi_2^j u_{i_1 i_2 \cdots i_k j}^\alpha \tag{3.205}$$

因此, 双参数 Lie 变换群的无穷小生成元 k 阶延拓为 [25]

$$X_1^{(k)} = \xi_1^i \frac{\partial}{\partial x^i} + \eta_1^\alpha \frac{\partial}{\partial u^\alpha} + \zeta_i^{1\alpha} \frac{\partial}{\partial u_i^\alpha} + \zeta_{i_1 i_2}^{1\alpha} \frac{\partial}{\partial u_{i_1 i_2}^\alpha} + \cdots + \zeta_{i_1 i_2 \cdots i_k}^{1\alpha} \frac{\partial}{\partial u_{i_1 i_2 \cdots i_k}^\alpha} \tag{3.206}$$

$$X_2^{(k)} = \xi_2^i \frac{\partial}{\partial x^i} + \eta_2^\alpha \frac{\partial}{\partial u^\alpha} + \zeta_i^{2\alpha} \frac{\partial}{\partial u_i^\alpha} + \zeta_{i_1 i_2}^{2\alpha} \frac{\partial}{\partial u_{i_1 i_2}^\alpha} + \cdots + \zeta_{i_1 i_2 \cdots i_k}^{2\alpha} \frac{\partial}{\partial u_{i_1 i_2 \cdots i_k}^\alpha} \tag{3.207}$$

第 4 章　Noether 守恒律

　　物理定律的对称性意味着物理定律在各种变换条件下的不变性，进而可以得到一种不变的物理量，称为守恒量，这种守恒关系则称为守恒律 [44,45]。

　　对于一个具有自变量 x 和因变量 u 的系统，其守恒律是一个具有如下形式的方程

$$\text{div}\, \boldsymbol{C} = D_1\left(C^1\right) + D_2\left(C^2\right) + \cdots + D_n\left(C^n\right) = 0 \tag{4.1}$$

其中，向量函数 $\boldsymbol{C} = \left(C^1, C^2, \cdots, C^n\right)$ 取决于 x、u 及 u 的各阶偏导数，D_i 是关于 x^i 的全微分算子。

　　对于一个物理系统，$\boldsymbol{x} = (t, x, y, z)$，守恒律写作

$$\text{div}\, \boldsymbol{C} = D_t\left(C^1\right) + D_x\left(C^2\right) + D_y\left(C^3\right) + D_z\left(C^4\right) = 0 \tag{4.2}$$

变形后得

$$D_t\left(C^1\right) = -\left[D_x\left(C^2\right) + D_y\left(C^3\right) + D_z\left(C^4\right)\right] \tag{4.3}$$

意味着在任意空间区域中，C^1 随时间的变化率等于 $\left(C^2, C^3, C^4\right)$ 流经区域表面的量。对于经典力学中的系统，由于时间 t 是唯一的自变量，所以守恒律简化为 $D_t C^1 = 0$，此时 C^1 表示一个运动不变量。每一个对系统运动的定常约束可以用来减少一个系统自由度。寻找系统守恒律通常是寻找解的第一步：找到的守恒律越多，就越接近完整的解。

　　通常建立一个给定系统的守恒律是一个重大的任务。然而对于从 Lagrange 函数推导出来的系统，Noether 证明了对于每一个使 Lagrange 系统积分后不变的无穷小变换，都能构造一个守恒律。例如，角动量守恒对应旋转不变量，能量守恒对应关于时间的平移不变量。

　　Noether[46] 考虑的无穷小变换，其 ξ, η 不仅是 x, u 的函数，而且是 u 各阶偏导的函数。这种变换通常称为 Lie-Bäcklund 变换。Lie-Bäcklund 算子与 Lie 算子的性质不尽相同，特别是一个 Lie-Bäcklund 形式的无穷小变换不能通过特征函数方法积分得到全局变换。但是无穷小 Lie-Bäcklund 变换能够用于构造守恒律及不变解。进一步，对于一个给定的系统，可以将求 Lie 点变换的方法扩展到求 Lie-Bäcklund 变换。

　　4.1 节和 4.2 节分别研究具有单变量、多变量的物理系统的 Noether 守恒律，其中，为了让读者更容易理解 Noether 定理及守恒律的使用方法，特别在 4.1 节

中除了一般 Noether 定理的证明外，又分别对一阶和二阶 Euler-Lagrange 方程进行了守恒量的推导，4.3 节将单参数变换群的 Noether 守恒律拓展至双参数，推导出相应的 Noether 守恒律。

4.1　具有单变量的物理系统的 Noether 守恒律

针对具有单变量的物理系统，本节从 Euler-Lagrange 方程出发，给出了 Noether 定理及其证明。

4.1.1　单变量情形下的 Euler-Lagrange 方程

设一个具有单变量的物理系统的 Lagrange 函数为 [14,20]

$$\mathcal{L} = \mathcal{L}\left(x, \boldsymbol{u}, \boldsymbol{u}_{(1)}, \boldsymbol{u}_{(2)}, \cdots, \boldsymbol{u}_{(s)}\right) \tag{4.4}$$

其中，x 为单个自变量，$\boldsymbol{u} = \left(u^1, \cdots, u^m\right)$ 为 m 个具有 s 阶导数的因变量，各阶导数记为 $\boldsymbol{u}_{(1)} = \{u_1^\alpha\}$，$\boldsymbol{u}_{(2)} = \{u_2^\alpha\}$，$\cdots$。其中，$u_1^\alpha = \mathrm{d}u^\alpha/\mathrm{d}x$，$u_s^\alpha = \mathrm{d}^s u^\alpha/\mathrm{d}x^s$，$\alpha = 1, \cdots, m$。

根据全微分算子和 Euler-Lagrange 算子定义，单变量情况下

$$D = \frac{\partial}{\partial x} + u_1^\alpha \frac{\partial}{\partial u^\alpha} + u_2^\alpha \frac{\partial}{\partial u_1^\alpha} + \cdots \tag{4.5}$$

$$\frac{\delta}{\delta u^\alpha} = \frac{\partial}{\partial u^\alpha} + \sum_{s=1}^{\infty} (-1)^s D^s \frac{\partial}{\partial u_s^\alpha} \tag{4.6}$$

于是 Lagrange 函数 $\mathcal{L}$ 的 Euler-Lagrange 方程组写作

$$\frac{\delta \mathcal{L}}{\delta u^\alpha} = \frac{\partial \mathcal{L}}{\partial u^\alpha} + \sum_{s=1}^{\infty} (-1)^s D^s \frac{\partial \mathcal{L}}{\partial u_s^\alpha} = 0 \tag{4.7}$$

物理系统的泛函为

$$S = \int \mathcal{L}\left(x, \boldsymbol{u}, \boldsymbol{u}_{(1)}, \boldsymbol{u}_{(2)}, \cdots, \boldsymbol{u}_{(s)}\right) \mathrm{d}x \tag{4.8}$$

4.1.2　单变量情形下的 Noether 守恒律及其证明

Noether 守恒律可由 Noether 定理推导而来，它揭示了物理定律对称性和物理量守恒定律之间的对应关系，即根据不同的对称性变换得到不同的守恒律。本小节主要介绍传统形式的 Noether 定理以及 Boyer 形式的 Noether 定理，其中 Boyer 形式的 Noether 定理在形式上更为简便，但传统形式的 Noether 定理则更容易理解。

4.1.2.1 传统 Noether 定理

定理 4.1 (Noether 定理) 如果 Lagrange 函数 $\mathcal{L}\left(x, \boldsymbol{u}, \boldsymbol{u}_{(1)}, \boldsymbol{u}_{(2)}, \cdots, \boldsymbol{u}_{(s)}\right)$ 的变分积分 (4.8) 在具有如下无穷小生成元的 Lie-Bäcklund 群 G 下是不变的

$$X = \xi\left(x, \boldsymbol{u}, \boldsymbol{u}_{(1)}, \cdots\right)\frac{\partial}{\partial x} + \boldsymbol{\eta}^{\alpha}\left(x, \boldsymbol{u}, \boldsymbol{u}_{(1)}, \cdots\right)\frac{\partial}{\partial u^{\alpha}} \tag{4.9}$$

则标量

$$C = \xi\mathcal{L} + W^{\alpha}\frac{\delta\mathcal{L}}{\delta u_1^{\alpha}} + \sum_{s=1}^{\infty}D_s\left(W^{\alpha}\right)\frac{\delta\mathcal{L}}{\delta u_{1,s}^{\alpha}} - B \tag{4.10}$$

其中，$W^{\alpha} = \eta^{\alpha} - \xi u^{\alpha}$，$B$ 为任意标量函数，对于满足 Euler-Lagrange 方程 (4.7) 的所有解，具有守恒律 [47,48]

$$D\left(C\right) = 0 \tag{4.11}$$

为了方便起见，定义 Noether 算子。

定义 4.1　Noether 算子定义为 [44]

$$\mathcal{N}^i = \xi^i + W^{\alpha}\frac{\delta}{\delta u_i^{\alpha}} + \sum_{s=1}^{\infty}D_{i_1}\cdots D_{i_s}\left(W^{\alpha}\right)\frac{\delta}{\delta u_{ii_1\cdots i_s}^{\alpha}}, \quad i, i_1, \cdots, i_s = 1, 2, \cdots, n \tag{4.12}$$

其中，$W^{\alpha} = \eta^{\alpha} - \xi^i u_i^{\alpha}$。

于是式 (4.10) 中守恒量 C 可以简写为

$$C = \mathcal{N}\left(\mathcal{L}\right) - B \tag{4.13}$$

Noether 算子具有如下性质：

(1) 如下等式成立

$$\mathcal{N}D = X \tag{4.14}$$

其中，X 代表 Lie-Bäcklund 算子，详见前述章节，本章后续叙述中，如无特别说明，X 均代表 Lie-Bäcklund 算子。

证明

$$\mathcal{N}D = \left[\xi^i + W^{\alpha}\frac{\delta}{\delta u_i^{\alpha}} + \sum_{s=1}^{\infty}D_{i_1}\cdots D_{i_s}\left(W^{\alpha}\right)\frac{\delta}{\delta u_{ii_1\cdots i_s}^{\alpha}}\right]D$$

$$= \xi D^i + W^{\alpha}\frac{\delta}{\delta u_i^{\alpha}}D + \sum_{s=1}^{\infty}D_{i_1}\cdots D_{i_s}\left(W^{\alpha}\right)\frac{\delta}{\delta u_{ii_1\cdots i_s}^{\alpha}}D$$

$$= \xi D^i + W^\alpha \frac{\partial}{\partial u^\alpha} + \sum_{s=1}^{\infty} D_{i_1} \cdots D_{i_s} \left(W^\alpha \right) \frac{\delta}{\partial u_{ii_1 \cdots i_s}^\alpha}$$

$$= X$$

(4.15)

(2) Lie-Bäcklund 算子和 Noether 算子通过如下等式关联 [49]

$$\left[X + D_k \left(\xi^k \right), \mathcal{N} \right] = D_k \left(\xi^k \right) \mathcal{N}^k \tag{4.16}$$

证明

a. 一维情况。

等式 (4.16) 具有形式

$$[X, \mathcal{N}] = \mathcal{N} D \left(\xi \right) \tag{4.17}$$

其中

$$[X, \mathcal{N}] = X\mathcal{N} - \mathcal{N}X \tag{4.18}$$

X 可以表示为

$$X = \xi D + W \frac{\partial}{\partial u} + D \left(W \right) \frac{\partial}{\partial u'} + \cdots \tag{4.19}$$

将 Noether 算子中的变分展开, 改写为

$$\mathcal{N} = \xi + W \frac{\delta}{\delta u'} + D \left(W \right) \frac{\delta}{\delta u''} + \cdots$$

$$= \xi + W \left[\frac{\partial}{\partial u'} + \sum_{s=1}^{\infty} (-1)^s D^s \frac{\partial}{\partial u^{s+1}} \right] + D \left(W \right) \left[\frac{\partial}{\partial u''} + \sum_{s=1}^{\infty} (-1)^s D^s \frac{\partial}{\partial u^{s+1}} \right]$$

$$+ \cdots$$

$$= \xi + W \frac{\partial}{\partial u'} + [D \left(W \right) - WD] \frac{\partial}{\partial u''} + [D^2 \left(W \right) + WD^2 - D \left(W \right) D] \frac{\partial}{\partial u'''} + \cdots \tag{4.20}$$

将式 (4.14) 代入式 (4.18) 得

$$X\mathcal{N} - \mathcal{N}X$$

$$= \mathcal{N}D\mathcal{N} - \mathcal{N}\mathcal{N}D$$

$$= \mathcal{N} \left(D\mathcal{N} - \mathcal{N}D \right)$$

$$= \mathcal{N}\left[D\left(\xi + W\frac{\partial}{\partial u'} + \cdots\right) - \left(\xi + W\frac{\partial}{\partial u'} + \cdots\right)D\right]$$

$$= \mathcal{N}\left[D\left(\xi\right) + \xi D + D\left(W\right)\frac{\partial}{\partial u'} + WD\frac{\partial}{\partial u''} + \cdots - \xi D - W\frac{\partial}{\partial u'}D - \cdots\right] \quad (4.21)$$

根据

$$\frac{\partial}{\partial u_i^\alpha}D = D\frac{\partial}{\partial u_i^\alpha} + \frac{\partial}{\partial u_{i-1}^\alpha} \quad (4.22)$$

式 (4.21) 化简为

$$X\mathcal{N} - \mathcal{N}X = \mathcal{N}\left[D\left(\xi\right) + D\left(W\right)\frac{\partial}{\partial u'} + \cdots - W\frac{\partial}{\partial u} - \cdots\right] \quad (4.23)$$

再根据 $D\left(W\right)\frac{\partial}{\partial u^{i+1}} = W\frac{\partial}{\partial u^i}$，式 (4.23) 化简为

$$[X, \mathcal{N}] = X\mathcal{N} - \mathcal{N}X = \mathcal{N}D\left(\xi\right) \quad (4.24)$$

b. 高维情况。

类似于一维情况的证明，直接计算得

$$[X + D_k\left(\xi^k\right), \mathcal{N}] = [X + D_k\left(\xi^k\right)]\mathcal{N} - \mathcal{N}[X + D_k\left(\xi^k\right)]$$

$$= X\mathcal{N} - \mathcal{N}X + D_k\left(\xi^k\right)\mathcal{N} - \mathcal{N}D_k\left(\xi^k\right)$$

$$= D_k\left(\xi^k\right)\mathcal{N}^k \quad (4.25)$$

证毕。

(3) 基本恒等式。

Euler-Lagrange 算子、Lie-Bäcklund 算子、全微分算子和 Noether 算子满足基本恒等式 [50]

$$X + D_i\left(\xi^i\right) = W^\alpha\frac{\delta}{\delta u^\alpha} + D_i\mathcal{N}^i \quad (4.26)$$

证明　从右向左推导

$$W^\alpha\frac{\delta}{\delta u^\alpha} + D_i\mathcal{N}^i$$

$$= W^\alpha\frac{\delta}{\delta u^\alpha} + D_i\left[\xi^i + W^\alpha\frac{\delta}{\delta u_i^\alpha} + \sum_{s=1}^\infty D_{i_1}\cdots D_{i_s}\left(W^\alpha\right)\frac{\delta}{\delta u_{ii_1\cdots i_s}^\alpha}\right]$$

$$= W^\alpha\frac{\delta}{\delta u^\alpha} + D_i\left(\xi^i\right) + \xi^i D_i + D_i\left(W^\alpha\right)\frac{\delta}{\delta u_i^\alpha} + W^\alpha D_i\frac{\delta}{\delta u_i^\alpha}$$

$$+ \sum_{s=1}^{\infty} D_i D_{i_1} \cdots D_{i_s} (W^\alpha) \frac{\delta}{\delta u_{ii_1 \cdots i_s}^\alpha} + \sum_{s=1}^{\infty} D_{i_1} \cdots D_{i_s} (W^\alpha) D_i \frac{\delta}{\delta u_{ii_1 \cdots i_s}^\alpha}$$

$$= W^\alpha \left(\frac{\partial}{\partial u^\alpha} - D_{i_1} \frac{\partial}{\partial u_{i_1}^\alpha} + D_{i_1} D_{i_2} \frac{\partial}{\partial u_{i_1 i_2}^\alpha} + \cdots \right) + D_i \left(\xi^i \right) + \xi^i D_i$$

$$+ \left[D_i (W^\alpha) + W^\alpha D_i \right] \left(\frac{\partial}{\partial u_i^\alpha} - D_{i_1} \frac{\partial}{\partial u_{ii_1}^\alpha} + D_{i_1} D_{i_2} \frac{\partial}{\partial u_{ii_1 i_2}^\alpha} + \cdots \right)$$

$$+ \left[D_i D_{i_1} (W^\alpha) + D_{i_1} W^\alpha D_i \right] \left(\frac{\partial}{\partial u_{ii_1}^\alpha} - D_{i_2} \frac{\partial}{\partial u_{ii_1 i_2}^\alpha} + D_{i_2} D_{i_3} \frac{\partial}{\partial u_{ii_1 i_2 i_3}^\alpha} + \cdots \right) + \cdots$$

$$= W^\alpha \frac{\partial}{\partial u^\alpha} + D_{i_1} (W^\alpha) \frac{\partial}{\partial u_{i_1}^\alpha} + D_{i_1} D_{i_2} (W^\alpha) \frac{\partial}{\partial u_{i_1 i_2}^\alpha} + \cdots + D_i \left(\xi^i \right) + \xi^i D_i$$

$$= X + D_i \left(\xi^i \right) \tag{4.27}$$

例 4.1 旋转群生成元为

$$X = y \frac{\partial}{\partial x} - x \frac{\partial}{\partial y} \tag{4.28}$$

其中

$$\xi = y, \quad \eta = -x \tag{4.29}$$

则

$$W = -x - yy' \tag{4.30}$$

对应的 Noether 算子为

$$\mathcal{N} = y - (x + yy') \frac{\delta}{\delta y'} + \sum_{s=1}^{\infty} D_x^s (x + yy') \frac{\delta}{\delta y^{(s+1)}} \tag{4.31}$$

下面给出 Noether 定理的证明过程。

研究 Lagrange 函数的泛函在 Lie-Bäcklund 群变换下的对称性。

单参数 Lie-Bäcklund 群为

$$\begin{aligned}
\overline{x} &= x + \varepsilon \xi \left(x, \boldsymbol{u}, \boldsymbol{u}_{(1)}, \cdots, \boldsymbol{u}_{(r)} \right) + \cdots \\
\overline{u^\alpha} &= u^\alpha + \varepsilon \eta^\alpha \left(x, \boldsymbol{u}, \boldsymbol{u}_{(1)}, \cdots, \boldsymbol{u}_{(r)} \right) + \cdots \\
\overline{u_1^\alpha} &= u_1^\alpha + \varepsilon \zeta_1^\alpha \left(x, \boldsymbol{u}, \boldsymbol{u}_{(1)}, \cdots, \boldsymbol{u}_{(r)}, \boldsymbol{u}_{(r+1)} \right) + \cdots \\
\overline{u_2^\alpha} &= u_2^\alpha + \varepsilon \zeta_2^\alpha \left(x, \boldsymbol{u}, \boldsymbol{u}_{(1)}, \cdots, \boldsymbol{u}_{(r)}, \boldsymbol{u}_{(r+1)}, \boldsymbol{u}_{(r+2)} \right) + \cdots \\
&\qquad\qquad\qquad\qquad \vdots \\
\overline{u_p^\alpha} &= u_p^\alpha + \varepsilon \zeta_p^\alpha \left(x, \boldsymbol{u}, \boldsymbol{u}_{(1)}, \cdots, \boldsymbol{u}_{(r)}, \boldsymbol{u}_{(r+1)}, \boldsymbol{u}_{(r+2)}, \cdots, \boldsymbol{u}_{(r+p)} \right) + \cdots
\end{aligned} \tag{4.32}$$

其中对于 s 阶延拓有

$$\zeta_s^\alpha = D\left(\zeta_{s-1}^\alpha\right) - u_{s-1}^\alpha D\left(\xi\right) \tag{4.33}$$

取 ε 的一阶项, 有坐标变换

$$d\overline{x} = \left[1 + \varepsilon D\left(\xi\right) + O\left(\varepsilon^2\right)\right] dx \tag{4.34}$$

然后将 Lie-Bäcklund 群变换后的 Lagrange 函数在 $\varepsilon = 0$ 处展开

$$\mathcal{L}\left(\overline{x}, \overline{u}, \overline{u}_{(1)}, \overline{u}_{(2)}, \cdots, \overline{u}_{(s)}\right) = \mathcal{L}\left(x, u, u_{(1)}, u_{(2)}, \cdots, u_{(s)}\right) + \varepsilon X\mathcal{L} + O\left(\varepsilon^2\right) \tag{4.35}$$

其中 X 为 Lie-Bäcklund 算子

$$X = \xi\frac{\partial}{\partial x} + \eta^\alpha\frac{\partial}{\partial u^\alpha} + \zeta_1^\alpha\frac{\partial}{\partial u_1^\alpha} + \zeta_2^\alpha\frac{\partial}{\partial u_2^\alpha} + \cdots + \zeta_s^\alpha\frac{\partial}{\partial u_s^\alpha} \tag{4.36}$$

根据式 (4.8)、(4.34) 及式 (4.35), 泛函 S 相应地变成 $\overline{S}$, 有

$$\begin{aligned}
\overline{S} &= \int \mathcal{L}\left(\overline{x}, \overline{u}, \overline{u}_{(1)}, \overline{u}_{(2)}, \cdots, \overline{u}_{(s)}\right) d\overline{x} \\
&= \int \left[\mathcal{L}\left(x, u, u_{(1)}, u_{(2)}, \cdots, u_{(s)}\right) + \varepsilon X\mathcal{L}\left(x, u, u_{(1)}, u_{(2)}, \cdots, u_{(s)}\right) + O\left(\varepsilon^2\right)\right] \\
&\quad \times \left[1 + \varepsilon D\left(\xi\right) + O\left(\varepsilon^2\right)\right] dx \\
&= \int \mathcal{L}\left(x, u, u_{(1)}, u_{(2)}, \cdots, u_{(s)}\right) dx + \int \left[\varepsilon X\mathcal{L} + \varepsilon\mathcal{L}D\left(\xi\right)\right] dx + O\left(\varepsilon^2\right) \\
&= S + \varepsilon \int \left[X\mathcal{L} + \mathcal{L}D\left(\xi\right)\right] dx + O\left(\varepsilon^2\right)
\end{aligned} \tag{4.37}$$

考虑 ε 的一阶项, 由式 (4.37) 易知泛函不变 $(\overline{S} = S)$ 的充分条件为

$$X\left(\mathcal{L}\right) + \mathcal{L}D\left(\xi\right) = 0 \tag{4.38}$$

根据基本恒等式

$$X\left(\mathcal{L}\right) + \mathcal{L}D\left(\xi\right) = W^\alpha\frac{\delta\mathcal{L}}{\delta u^\alpha} + D\mathcal{N}\left(\mathcal{L}\right) \tag{4.39}$$

式 (4.37) 还可写作

$$\overline{S} = S + \varepsilon \int \left[W^\alpha\frac{\delta\mathcal{L}}{\delta u^\alpha} + D\mathcal{N}\left(\mathcal{L}\right)\right] dx + O\left(\varepsilon^2\right) + \cdots \tag{4.40}$$

由于积分体积是任意的, 所以 Lie 群对称性就必须要求积分函数等于零, 即

$$W^\alpha\frac{\delta\mathcal{L}}{\delta u^\alpha} + D\mathcal{N}\left(\mathcal{L}\right) = 0 \tag{4.41}$$

引理 4.1　一个具有自变量 $\boldsymbol{x} = \left(x^1, \cdots, x^n\right)$ 和因变量 $\boldsymbol{u} = \left(u^1, \cdots, u^m\right)$ 的微分函数 $f\left(\boldsymbol{x}, \boldsymbol{u}, \cdots, \boldsymbol{u}_{(s)}\right) \in \mathcal{A}$ 是一个向量场 $\boldsymbol{H} = \left(h^1, \cdots, h^n\right), h^i \in \mathcal{A}$ 的散度, 即

$$f = \operatorname{div} \boldsymbol{H} = D_i\left(h^i\right) \tag{4.42}$$

当且仅当如下 Euler-Lagrange 方程对于 $\boldsymbol{x}, \boldsymbol{u}, \boldsymbol{u}_{(1)}, \cdots$ 恒成立

$$\frac{\delta f}{\delta u^\alpha} = 0, \quad \alpha = 1, \cdots, m \tag{4.43}$$

因此, 假设边界积分是在整个表面, 可以将任意向量场的散度加到泛函 S 中, 根据引理 4.1, 可以将不变性条件 (4.38) 扩展为

$$X(\mathcal{L}) + \mathcal{L}D(\xi) = D(B) \tag{4.44}$$

其中 B 是任意函数。

式 (4.40) 进一步写作

$$\overline{S} = S + \varepsilon \int \left[W^\alpha \frac{\delta \mathcal{L}}{\delta u^\alpha} + D\mathcal{N}(\mathcal{L}) - D(B)\right] \mathrm{d}x + O\left(\varepsilon^2\right) + \cdots \tag{4.45}$$

此时, 泛函的对称性保证了下式成立

$$W^\alpha \frac{\delta \mathcal{L}}{\delta u^\alpha} + D\left[\mathcal{N}(\mathcal{L}) - B\right] = 0 \tag{4.46}$$

进一步, 对于 Euler-Lagrange 方程 (4.7), 有 $\dfrac{\delta \mathcal{L}}{\delta u^\alpha} = 0$, 因此式 (4.46) 变为

$$D\left[\mathcal{N}(\mathcal{L}) - B\right]\big|_{\frac{\delta \mathcal{L}}{\delta u^\alpha} = 0} = 0 \tag{4.47}$$

用 $C = \mathcal{N}(\mathcal{L}) - B$ 代表 Noether 流, 式 (4.47) 表示 Noether 流是一个守恒量, 即

$$D(C)\big|_{\frac{\delta \mathcal{L}}{\delta u^\alpha} = 0} = 0 \tag{4.48}$$

4.1.2.2　一阶和二阶 Euler-Lagrange 方程的 Noether 守恒律

基于前述理论, 本小节特别给出常用的一阶和二阶 Euler-Lagrange 方程对应的 Noether 守恒律。

当定理 4.1 中微分阶数 $s = 1$ 时, 一阶 Lagrange 函数 $\mathcal{L}(x, \boldsymbol{u}, \boldsymbol{u}_1)$ 的泛函的单参数 Lie-Bäcklund 群为

$$\begin{aligned}
\overline{x} &= x + \varepsilon \xi\left(x, \boldsymbol{u}, \boldsymbol{u}_{(1)}, \boldsymbol{u}_{(2)}\right) + \cdots \\
\overline{u^\alpha} &= u^\alpha + \varepsilon \eta^\alpha\left(x, \boldsymbol{u}, \boldsymbol{u}_{(1)}, \boldsymbol{u}_{(2)}\right) + \cdots \\
\overline{u_1^\alpha} &= u_1^\alpha + \varepsilon \zeta_1^\alpha\left(x, \boldsymbol{u}, \boldsymbol{u}_{(1)}, \boldsymbol{u}_{(2)}, \boldsymbol{u}_{(3)}\right) + \cdots \\
\overline{u_2^\alpha} &= u_2^\alpha + \varepsilon \zeta_2^\alpha\left(x, \boldsymbol{u}, \boldsymbol{u}_{(1)}, \boldsymbol{u}_{(2)}, \boldsymbol{u}_{(3)}, \boldsymbol{u}_{(4)}\right) + \cdots
\end{aligned} \tag{4.49}$$

其中一阶延拓满足

$$\zeta_1^\alpha = D(\eta^\alpha) - u^\alpha D(\xi) \tag{4.50}$$

Lie-Bäcklund 算子为

$$X = \xi \frac{\partial}{\partial x} + \eta^\alpha \frac{\partial}{\partial u^\alpha} + \zeta_1^\alpha \frac{\partial}{\partial u_1^\alpha} \tag{4.51}$$

全微分算子和 Euler-Lagrange 方程分别为

$$D = \frac{\partial}{\partial x} + u_1^\alpha \frac{\partial}{\partial u^\alpha} \tag{4.52}$$

$$\frac{\delta \mathcal{L}}{\delta u^\alpha} \equiv \frac{\partial \mathcal{L}}{\partial u^\alpha} - D\left(\frac{\partial \mathcal{L}}{\partial u_1^\alpha}\right) = 0 \tag{4.53}$$

Noether 算子为

$$\mathcal{N} = \xi + W^\alpha \frac{\delta}{\delta u_1^\alpha} \tag{4.54}$$

将式 (4.53) 代入式 (4.54) 后再应用定理 4.1 可得到一阶 Lagrange 函数对应的守恒量

$$C = \mathcal{N}(\mathcal{L}) - B = \xi \mathcal{L} + W^\alpha \frac{\partial \mathcal{L}}{\partial u_1^\alpha} - B \tag{4.55}$$

当定理 4.1 中微分阶数 $s = 2$ 时，二阶 Lagrange 函数 $\mathcal{L}(x, \boldsymbol{u}, \boldsymbol{u}_1, \boldsymbol{u}_2)$ 的泛函的单参数 Lie-Bäcklund 群为

$$\begin{aligned}
\overline{x} &= x + \varepsilon \xi\left(x, \boldsymbol{u}, \boldsymbol{u}_{(1)}, \boldsymbol{u}_{(2)}\right) + \cdots \\
\overline{u^\alpha} &= u^\alpha + \varepsilon \eta^\alpha\left(x, \boldsymbol{u}, \boldsymbol{u}_{(1)}, \boldsymbol{u}_{(2)}\right) + \cdots \\
\overline{u_1^\alpha} &= u_1^\alpha + \varepsilon \zeta_1^\alpha\left(x, \boldsymbol{u}, \boldsymbol{u}_{(1)}, \boldsymbol{u}_{(2)}, \boldsymbol{u}_{(3)}\right) + \cdots \\
\overline{u_2^\alpha} &= u_2^\alpha + \varepsilon \zeta_2^\alpha\left(x, \boldsymbol{u}, \boldsymbol{u}_{(1)}, \boldsymbol{u}_{(2)}, \boldsymbol{u}_{(3)}, \boldsymbol{u}_{(4)}\right) + \cdots
\end{aligned} \tag{4.56}$$

其中一阶、二阶延拓满足

$$\begin{aligned}
\zeta_1^\alpha &= D(\eta^\alpha) - u^\alpha D(\xi) \\
\zeta_2^\alpha &= D(\zeta_1^\alpha) - u_1^\alpha D(\xi)
\end{aligned} \tag{4.57}$$

Lie-Bäcklund 算子为

$$X = \xi \frac{\partial}{\partial x} + \eta^\alpha \frac{\partial}{\partial u^\alpha} + \zeta_1^\alpha \frac{\partial}{\partial u_1^\alpha} + \zeta_2^\alpha \frac{\partial}{\partial u_2^\alpha} \tag{4.58}$$

全微分算子和 Euler-Lagrange 方程分别为

$$D = \frac{\partial}{\partial x} + u_1^\alpha \frac{\partial}{\partial u^\alpha} + u_2^\alpha \frac{\partial}{\partial u_1^\alpha} \tag{4.59}$$

$$\frac{\delta \mathcal{L}}{\delta u^\alpha} \equiv \frac{\partial \mathcal{L}}{\partial u^\alpha} - D\left(\frac{\partial \mathcal{L}}{\partial u_1^\alpha}\right) + D^2\left(\frac{\partial \mathcal{L}}{\partial u_2^\alpha}\right) = 0 \tag{4.60}$$

Noether 算子为

$$\mathcal{N} = \xi + W^\alpha \frac{\delta}{\delta u_1^\alpha} + D\left(W^\alpha\right) \frac{\delta}{\delta u_2^\alpha} \tag{4.61}$$

将式 (4.60) 代入式 (4.61) 后再应用定理 4.1 可得到守恒量

$$C = \mathcal{N}(\mathcal{L}) - B = \xi \mathcal{L} + W^\alpha \frac{\delta \mathcal{L}}{\delta u_1^\alpha} + D\left(W^\alpha\right) \frac{\delta \mathcal{L}}{\delta u_2^\alpha} - B \tag{4.62}$$

同理，对于高阶 Lagrange 函数 $\mathcal{L}\left(x, \boldsymbol{u}, \boldsymbol{u}_{(1)}, \boldsymbol{u}_{(2)}, \boldsymbol{u}_{(3)}, \cdots, \boldsymbol{u}_{(s)}\right)$，Euler-Lagrange 方程和守恒向量分别为

$$\begin{aligned} \frac{\delta \mathcal{L}}{\delta u^\alpha} &\equiv \frac{\partial \mathcal{L}}{\partial u^\alpha} + \sum_{k=1}^s (-1)^k D^k \frac{\partial \mathcal{L}}{\partial u_k^\alpha} \\ &= \frac{\partial \mathcal{L}}{\partial u^\alpha} - D\frac{\partial \mathcal{L}}{\partial u_1^\alpha} + \cdots + (-1)^s D^s \frac{\partial \mathcal{L}}{\partial u_s^\alpha} = 0 \end{aligned} \tag{4.63}$$

$$\begin{aligned} C = \mathcal{N}(\mathcal{L}) &= \xi \mathcal{L} + W^\alpha \frac{\delta \mathcal{L}}{\delta u_1^\alpha} + \sum_{k=1}^\infty D^k\left(W^\alpha\right) \frac{\delta \mathcal{L}}{\delta u_{k+1}^\alpha} \\ &= \xi \mathcal{L} + W^\alpha \left[\frac{\partial \mathcal{L}}{\partial u_1^\alpha} - D\frac{\partial \mathcal{L}}{\partial u_2^\alpha} + \cdots + (-1)^{s-1} \frac{\partial \mathcal{L}}{\partial u_s^\alpha}\right] + \cdots \\ &\quad + D^{s-2}\left(W^\alpha\right)\left[\frac{\partial \mathcal{L}}{\partial u_{s-1}^\alpha} - D\frac{\partial \mathcal{L}}{\partial u_s^\alpha}\right] + D^{s-1}\left(W^\alpha\right)\frac{\partial \mathcal{L}}{\partial u_s^\alpha} \end{aligned} \tag{4.64}$$

4.1.2.3　Boyer 形式的 Noether 定理

1) 变分问题的基本方程

为了建立 Noether 定理，首先要导出变分问题的基本方程。

考虑关于 $\boldsymbol{u}$ 的无穷小变换 $\boldsymbol{u}(x): \boldsymbol{u}(x) \rightarrow \boldsymbol{u}(x) + \varepsilon \boldsymbol{v}(x)$，对应 Lagrange 函数的变化为

$$\delta \mathcal{L} = \mathcal{L}\left(x, \boldsymbol{u} + \varepsilon \boldsymbol{v}, \boldsymbol{u}_{(1)} + \varepsilon \boldsymbol{v}_{(1)}, \boldsymbol{u}_{(2)} + \varepsilon \boldsymbol{v}_{(2)}, \cdots, \boldsymbol{u}_{(s)} + \varepsilon \boldsymbol{v}_{(s)}\right)$$

$$- \mathcal{L}\left(x, \boldsymbol{u}, \boldsymbol{u}_{(1)}, \boldsymbol{u}_{(2)}, \cdots, \boldsymbol{u}_{(s)}\right)$$

$$= \varepsilon \left(\frac{\partial \mathcal{L}}{\partial u^{\alpha}} v^{\alpha} + \frac{\partial \mathcal{L}}{\partial u_{1}^{\alpha}} v_{1}^{\alpha} + \cdots + \frac{\partial \mathcal{L}}{\partial u_{s}^{\alpha}} v_{s}^{\alpha}\right) + O\left(\varepsilon^{2}\right) \tag{4.65}$$

对式 (4.65) 每一项进行分部积分

$$\frac{\partial \mathcal{L}}{\partial u_{1}^{\alpha}} v_{i}^{\alpha} = -v^{\alpha} D \frac{\partial \mathcal{L}}{\partial u_{1}^{\alpha}} + D \left(v^{\alpha} \frac{\partial \mathcal{L}}{\partial u_{1}^{\alpha}}\right)$$

$$\frac{\partial \mathcal{L}}{\partial u_{2}^{\alpha}} v_{2}^{\alpha} = -v_{1}^{\alpha} D \frac{\partial \mathcal{L}}{\partial u_{2}^{\alpha}} + D \left(v_{1}^{\alpha} \frac{\partial \mathcal{L}}{\partial u_{2}^{\alpha}}\right)$$

$$= v^{\alpha} D^{2} \frac{\partial \mathcal{L}}{\partial u_{2}^{\alpha}} - D \left(v^{\alpha} D \frac{\partial \mathcal{L}}{\partial u_{2}^{\alpha}}\right) + D \left(v_{1}^{\alpha} \frac{\partial \mathcal{L}}{\partial u_{2}^{\alpha}}\right)$$

$$\vdots$$

$$\frac{\partial \mathcal{L}}{\partial u_{s}^{\alpha}} v_{s}^{\alpha} = (-1)^{s} v^{\alpha} D^{s} \frac{\partial \mathcal{L}}{\partial u_{s}^{\alpha}} + (-1)^{s-1} D \left(v^{\alpha} D^{s-1} \frac{\partial \mathcal{L}}{\partial u_{s}^{\alpha}}\right) + \cdots$$

$$+ (-1) D \left(v_{s-2}^{\alpha} D \frac{\partial \mathcal{L}}{\partial u_{s}^{\alpha}}\right) + D \left(v_{s-1}^{\alpha} \frac{\partial \mathcal{L}}{\partial u_{s}^{\alpha}}\right) \tag{4.66}$$

则有

$$\delta \mathcal{L} = \varepsilon \left[v^{\alpha} \frac{\partial \mathcal{L}}{\partial u^{\alpha}} - v^{\alpha} D \frac{\partial \mathcal{L}}{\partial u_{1}^{\alpha}} + v^{\alpha} D^{2} \frac{\partial \mathcal{L}}{\partial u_{2}^{\alpha}} + \cdots + (-1)^{s} v^{\alpha} D^{s} \frac{\partial \mathcal{L}}{\partial u_{s}^{\alpha}} \right.$$

$$+ D \left(v^{\alpha} \frac{\partial \mathcal{L}}{\partial u_{1}^{\alpha}} - v^{\alpha} D \frac{\partial \mathcal{L}}{\partial u_{2}^{\alpha}} + \cdots + (-1)^{s-1} v^{\alpha} D^{s-1} \frac{\partial \mathcal{L}}{\partial u_{1}^{\alpha}}\right)$$

$$+ D \left(v_{1}^{\alpha} \frac{\partial \mathcal{L}}{\partial u_{2}^{\alpha}} - v_{1}^{\alpha} D \frac{\partial \mathcal{L}}{\partial u_{3}^{\alpha}} + \cdots + (-1)^{s-2} v_{1}^{\alpha} D^{s-2} \frac{\partial \mathcal{L}}{\partial u_{s}^{\alpha}}\right)$$

$$+ \cdots + D \left(v_{s-1}^{\alpha} \frac{\partial \mathcal{L}}{\partial u_{s}^{\alpha}}\right) \bigg] + O\left(\varepsilon^{2}\right) \tag{4.67}$$

式 (4.67) 中的中括号内后三项为散度表达式。

取 Euler 算子

$$\frac{\delta}{\delta u^{\alpha}} = \frac{\partial}{\partial u^{\alpha}} + \sum_{s=1}^{\infty} (-1)^{s} D^{s} \frac{\partial}{\partial u_{s}^{\alpha}} \tag{4.68}$$

并取

$$Q\left(\boldsymbol{u}, \boldsymbol{v}\right) = v^{\alpha} \left[\frac{\partial \mathcal{L}}{\partial u_{1}^{\alpha}} + \cdots + (-1)^{s-1} D^{s-1} \frac{\partial \mathcal{L}}{\partial u_{1,s-1}^{\alpha}} \right]$$

$$+ v_1^\alpha \left[\frac{\partial \mathcal{L}}{\partial u_2^\alpha} + \cdots + (-1)^{s-2} D^{s-2} \frac{\partial \mathcal{L}}{\partial u_{2,s-2}^\alpha} \right] + \cdots + v_{s-1}^\alpha \frac{\partial \mathcal{L}}{\partial u_s^\alpha} \quad (4.69)$$

式 (4.65) 最终化为

$$\delta \mathcal{L} = \varepsilon \left[v^\alpha \frac{\delta \mathcal{L}}{\delta u^\alpha} + DQ\left(\boldsymbol{u}, \boldsymbol{v}\right) \right] + O\left(\varepsilon^2\right) \quad (4.70)$$

式 (4.70) 中 $\dfrac{\delta \mathcal{L}}{\delta u^\alpha}$ 表达式为

$$\frac{\delta \mathcal{L}}{\delta u^\alpha} = \frac{\partial \mathcal{L}}{\partial u^\alpha} + \sum_{s=1}^\infty (-1)^s D^s \frac{\partial \mathcal{L}}{\partial u_s^\alpha} = 0 \quad (4.71)$$

注意到式 (4.70) 不体现 $\boldsymbol{u}(x)$ 的边界条件, 因此只要式 (4.69)、(4.71) 中 $\boldsymbol{u}(x)$、$\boldsymbol{v}(x)$ 的导数存在, 这些方程均成立。

下面确定 $\boldsymbol{u}(x)$ 应当满足的条件。计算无穷小变换 $\boldsymbol{u}(x) \to \boldsymbol{u}(x) + \varepsilon \boldsymbol{v}(x)$ 下 $S(\boldsymbol{u})$ 的变分。根据式 (4.70), 得到 $S(\boldsymbol{u})$ 的变分为

$$\begin{aligned}
\delta S\left(\boldsymbol{u}\right) &= \delta S\left(\boldsymbol{u} + \varepsilon \boldsymbol{v}\right) - \delta S\left(\boldsymbol{u}\right) \\
&= \int \delta \mathcal{L} \mathrm{d}x \\
&= \varepsilon \int \left[v^\alpha \frac{\delta \mathcal{L}}{\delta u^\alpha} + DQ\left(\boldsymbol{u}, \boldsymbol{v}\right) \right] \mathrm{d}x + O\left(\varepsilon^2\right) \\
&= \varepsilon \left[\int v^\alpha \frac{\delta \mathcal{L}}{\delta u^\alpha} \mathrm{d}x + Q\left(\boldsymbol{u}, \boldsymbol{v}\right)|_{\underline{x}}^{\overline{x}} \right] + O\left(\varepsilon^2\right)
\end{aligned} \quad (4.72)$$

其中 $Q\left(\boldsymbol{u}, \boldsymbol{v}\right)|_{\underline{x}}^{\overline{x}}$ 表示在边界 $\underline{x}$, $\overline{x}$ 上的取值差。

为了使 $\boldsymbol{u}(x)$ 成为 $S(\boldsymbol{u})$ 的一个极值函数, 其 $O(\varepsilon)$ 项必须等于零

$$\int v^\alpha \frac{\delta \mathcal{L}}{\delta u^\alpha} \mathrm{d}x + Q\left(\boldsymbol{u}, \boldsymbol{v}\right)|_{\underline{x}}^{\overline{x}} = 0 \quad (4.73)$$

由于函数 $\boldsymbol{v}(x)$ 不会改变 $\boldsymbol{u}(x)$ 的边界条件, 不失一般性假设 $Q(\boldsymbol{u}, \boldsymbol{v})$ 中的 $\boldsymbol{v}(x)$ 以及其导函数在边界 $\underline{x}$, $\overline{x}$ 上取值均为零。由于 $Q(\boldsymbol{u}, \boldsymbol{v})$ 是 $\boldsymbol{v}(x)$ 及其导函数的线性组合, 所以 $Q(\boldsymbol{u}, \boldsymbol{v})|_{\underline{x}}^{\overline{x}}$ 等于零。同样, 体积分中的 $\boldsymbol{v}(x)$ 也要保证相同的边界条件。由于 $\boldsymbol{v}(x)$ 在定义域内取值是任意的, 式 (4.73) 成立则满足

$$\frac{\delta \mathcal{L}}{\delta u^\alpha} = \frac{\partial \mathcal{L}}{\partial u^\alpha} + \sum_{s=1}^\infty (-1)^s D^s \frac{\partial \mathcal{L}}{\partial u_s^\alpha} = 0, \quad \alpha = 1, \cdots, m \quad (4.74)$$

式 (4.74) 即为 $S(\boldsymbol{u})$ 的极值函数 $\boldsymbol{u}(x)$ 的 Euler-Lagrange 方程组。由此得到如下定理：

定理 4.2 对于如下作用量积分

$$S(\boldsymbol{u}) = \int \mathcal{L}\left(x, \boldsymbol{u}, \boldsymbol{u}_{(1)}, \boldsymbol{u}_{(2)}, \cdots, \boldsymbol{u}_{(s)}\right)\mathrm{d}x \tag{4.75}$$

一个光滑函数 $\boldsymbol{u}(x)$ 成为其极值的必要条件是满足 Euler-Lagrange 方程组 (4.74)。

定理 4.3 对于式 (4.68) 定义的 Euler 算子，如下性质对于任意至少二次连续可微函数 $F\left(x, \boldsymbol{u}, \boldsymbol{u}_{(1)}, \boldsymbol{u}_{(2)}, \cdots, \boldsymbol{u}_{(s)}\right)$ 均成立

$$\frac{\delta}{\delta u^{\alpha}} DF\left(x, \boldsymbol{u}, \boldsymbol{u}_{(1)}, \boldsymbol{u}_{(2)}, \cdots, \boldsymbol{u}_{(s)}\right) \equiv 0 \tag{4.76}$$

证明 直接化简式 (4.76)

$$\frac{\delta}{\delta u^{\alpha}} DF$$

$$= \left(\frac{\partial}{\partial u^{\alpha}} + \sum_{s=1}^{\infty}(-1)^{s} D^{s}\frac{\partial}{\partial u_{s}^{\alpha}}\right)\left(\frac{\partial F}{\partial x} + u_{1}^{\beta}\frac{\partial F}{\partial u^{\beta}} + \sum_{s=1}^{\infty}u_{s+1}^{\beta}\frac{\partial F}{\partial u_{s}^{\beta}}\right)$$

$$= \left(\frac{\partial}{\partial u^{\alpha}}\frac{\partial F}{\partial x} + u_{1}^{\beta}\frac{\partial}{\partial u^{\alpha}}\frac{\partial F}{\partial u^{\beta}} + \sum_{s=1}^{\infty}u_{s+1}^{\beta}\frac{\partial}{\partial u^{\alpha}}\frac{\partial F}{\partial u_{s}^{\beta}}\right)$$

$$\quad + \sum_{s=1}^{\infty}(-1)^{s}D^{s}\frac{\partial}{\partial u_{s}^{\alpha}}\left(\frac{\partial F}{\partial x} + u_{1}^{\beta}\frac{\partial F}{\partial u^{\beta}} + \sum_{t=1}^{\infty}u_{t+1}^{\beta}\frac{\partial F}{\partial u_{t}^{\beta}}\right)$$

$$= \left(\frac{\partial}{\partial x} + u_{1}^{\beta}\frac{\partial}{\partial u^{\beta}} + \sum_{s=1}^{\infty}u_{s+1}^{\beta}\frac{\partial}{\partial u_{s}^{\beta}}\right)\frac{\partial F}{\partial u^{\alpha}}$$

$$\quad + \sum_{s=1}^{\infty}(-1)^{s}D^{s}\frac{\partial}{\partial u_{s}^{\alpha}}\left(\frac{\partial F}{\partial x} + u_{1}^{\beta}\frac{\partial F}{\partial u^{\beta}} + \sum_{t=1}^{\infty}u_{t+1}^{\beta}\frac{\partial F}{\partial u_{t}^{\beta}}\right)$$

$$= D\frac{\partial F}{\partial u^{\alpha}} + \sum_{s=1}^{\infty}(-1)^{s}D^{s}\left[\frac{\partial}{\partial u_{s}^{\alpha}}\frac{\partial F}{\partial x} + \frac{\partial}{\partial u_{s}^{\alpha}}\left(u_{1}^{\beta}\frac{\partial F}{\partial u^{\beta}}\right) + \sum_{t=1}^{\infty}\frac{\partial}{\partial u_{s}^{\alpha}}\left(u_{t+1}^{\beta}\frac{\partial F}{\partial u_{t}^{\beta}}\right)\right]$$

$$= D\frac{\partial F}{\partial u^{\alpha}} + \sum_{s=1}^{\infty}(-1)^{s}D^{s}\left(\frac{\partial}{\partial x}\frac{\partial F}{\partial u_{s}^{\alpha}} + u^{\beta}\frac{\partial}{\partial u^{\beta}}\frac{\partial F}{\partial u_{s}^{\alpha}} + \sum_{t=1}^{\infty}u_{t+1}^{\beta}\frac{\partial}{\partial u_{t}^{\beta}}\frac{\partial F}{\partial u_{s}^{\alpha}}\right)$$

$$\quad + \sum_{s=1}^{\infty}(-1)^{s}D^{s}\left(\frac{\partial u_{1}^{\beta}}{\partial u_{s}^{\alpha}}\frac{\partial F}{\partial u^{\beta}} + \sum_{t=1}^{\infty}\frac{\partial u_{t+1}^{\beta}}{\partial u_{s}^{\alpha}}\frac{\partial F}{\partial u_{t}^{\beta}}\right)$$

$$= D\frac{\partial F}{\partial u^\alpha} + \sum_{s=1}^{\infty}(-1)^s D^{s+1}\frac{\partial F}{\partial u_s^\alpha} + \sum_{s=1}^{\infty}(-1)^s D^s\left(\frac{\partial u_1^\beta}{\partial u_s^\alpha}\frac{\partial F}{\partial u^\beta} + \sum_{t=1}^{\infty}\frac{\partial u_{t+1}^\beta}{\partial u_s^\beta}\frac{\partial F}{\partial u_t^\beta}\right) \tag{4.77}$$

根据 $\dfrac{\partial u_i^\alpha}{\partial u_j^\beta}=0\ (i\neq j)$，有

$$\sum_{s=1}^{\infty}(-1)^s D^s\left(\frac{\partial u_1^\beta}{\partial u_s^\alpha}\frac{\partial F}{\partial u^\beta} + \sum_{t=1}^{\infty}\frac{\partial u_{t+1}^\beta}{\partial u_s^\beta}\frac{\partial F}{\partial u_t^\beta}\right)$$

$$= -D\frac{\partial F}{\partial u^\alpha} + \sum_{s=2}^{\infty}(-1)^s D^s\frac{\partial F}{\partial u_{s-1}^\alpha}$$

$$= -D\frac{\partial F}{\partial u^\alpha} - \sum_{s=1}^{\infty}(-1)^s D^{s+1}\frac{\partial F}{\partial u_s^\alpha} \tag{4.78}$$

因此式 (4.77) 化为

$$\frac{\delta}{\delta u^\alpha}DF = D\frac{\partial F}{\partial u^\alpha} + \sum_{s=1}^{\infty}(-1)^s D^{s+1}\frac{\partial F}{\partial u_s^\alpha} - D\frac{\partial F}{\partial u^\alpha} - \sum_{s=1}^{\infty}(-1)^s D^{s+1}\frac{\partial F}{\partial u_s^\alpha} = 0 \tag{4.79}$$

得证。由定理 4.3 易得如下定理 4.4 和定理 4.5。

定理 4.4　一个 Lagrange 函数 $\mathcal{L}$ 的 Euler-Lagrange 方程组恒等于零，如果 $\mathcal{L}$ 能表示为散度形式

$$\mathcal{L} = DF\left(x, \boldsymbol{u}, \boldsymbol{u}_{(1)}, \boldsymbol{u}_{(2)}, \cdots, \boldsymbol{u}_{(s)}\right) \tag{4.80}$$

定理 4.5　如果两个 Lagrange 函数具有关系 $\mathcal{L} - \mathcal{L}' = DA$，则 $\mathcal{L}$ 和 $\mathcal{L}'$ 有相同的 Euler-Lagrange 方程组，其中 $A = A\left(x, \boldsymbol{u}, \boldsymbol{u}_{(1)}, \boldsymbol{u}_{(2)}, \cdots, \boldsymbol{u}_{(s)}\right)$。

定理 4.3、定理 4.4 和定理 4.5 的逆定理也成立。

2) 变分对称性及守恒律

由于 Euler-Lagrange 方程是许多物理系统的控制方程，希望守恒律能够直接从 Euler-Lagrange 方程的性质中导出。然而在寻找守恒律的过程中，Noether 表明了研究使作用量积分 $S\left(\boldsymbol{u}\right) = \displaystyle\int \mathcal{L}\mathrm{d}x$ 不变的变换能得到更多成果。她建立了这种不变性与守恒律的直接关系。Noether 考虑的变换形式为

$$\begin{aligned}\overline{x} &= x + \varepsilon\xi\left(x, \boldsymbol{u}, \boldsymbol{u}_{(1)}, \boldsymbol{u}_{(2)}, \cdots, \boldsymbol{u}_{(s)}\right) + O\left(\varepsilon^2\right)\\ \overline{\boldsymbol{u}} &= \boldsymbol{u} + \varepsilon\eta\left(x, \boldsymbol{u}, \boldsymbol{u}_{(1)}, \boldsymbol{u}_{(2)}, \cdots, \boldsymbol{u}_{(s)}\right) + O\left(\varepsilon^2\right)\end{aligned} \tag{4.81}$$

Boyer 认识到这种变换的形式是多余的, 因为上述变换与如下 x 不变的变换等价

$$\overline{x} = x, \quad \overline{u} = u + \varepsilon \eta \left(x, u, u_{(1)}, u_{(2)}, \cdots, u_{(s)} \right) + O \left(\varepsilon^2 \right) \tag{4.82}$$

下面对 Noether 定理进行证明:

根据算子延拓表达式, 易知式 (4.82) 对应高阶导数的变换为

$$\overline{u_1^\alpha} = u_1^\alpha + \varepsilon D \eta^\alpha + O \left(\varepsilon^2 \right), \quad \overline{u_2^\alpha} = u_2^\alpha + \varepsilon D^2 \eta^\alpha + O \left(\varepsilon^2 \right) \tag{4.83}$$

对应的无穷小生成元 s 阶延拓为

$$X^{(s)} = \eta^\alpha \frac{\partial}{\partial u^\alpha} + \eta_1^\alpha \frac{\partial}{\partial u_1^\alpha} + \eta_2^\alpha \frac{\partial}{\partial u_2^\alpha} + \cdots + \eta_s^\alpha \frac{\partial}{\partial u_s^\alpha} \tag{4.84}$$

其中 $\eta_s^\alpha = D^s \left(\eta^\alpha \right)$。

在式 (4.82)、(4.84) 的变换下, Lagrange 函数的变化量为

$$\delta\mathcal{L} = \overline{\mathcal{L}} - \mathcal{L} = \varepsilon X^{(s)} \left(\mathcal{L} \right) + O \left(\varepsilon^2 \right) \tag{4.85}$$

定义 4.2 如果对于任意的 $u(x)$, 存在函数

$$A = A \left(x, u, u_{(1)}, u_{(2)}, \cdots, u_{(s)} \right) \tag{4.86}$$

使得

$$X^{(s)} \left(\mathcal{L} \right) = DA \tag{4.87}$$

则变换 (4.82) 称为作用量积分 $S(u)$ 的**变分对称性**。变分对称性也称作 **Noether 对称性**。

现在考虑对任意 u, v 均成立的性质 (4.70)。令式 (4.70) 中 $v = \eta, v_1 = \eta_1, v_2 = \eta_2, \cdots$, 结合式 (4.70) 和 (4.85), 有

$$X^{(s)} \left(\mathcal{L} \right) = \eta^\alpha \frac{\delta\mathcal{L}}{\delta u^\alpha} + DQ \left(u, \eta \right) \tag{4.88}$$

比较式 (4.87) 和 (4.88), 得到对于任意的变分对称性 (4.82)Lagrange 函数均需满足的关系式

$$\eta^\alpha \frac{\delta\mathcal{L}}{\delta u^\alpha} + DQ \left(u, \eta \right) = DA \tag{4.89}$$

如果 $u(x)$ 是 Euler-Lagrange 方程的一组解, 即 $\dfrac{\delta}{\delta u^\alpha}\mathcal{L}(x, u, u_{(1)}, u_{(2)}, \cdots, u_{(s)}) = 0$, 从式 (4.89) 得到守恒律 $D \left(Q \left(u, \eta \right) - A \right) = 0$。由此得到如下定理:

定理 4.6 (Boyer 形式的单变量 Noether 定理)　令无穷小生成元为 $X = \eta^\alpha \dfrac{\partial}{\partial u^\alpha}$，$X^{(s)}$ 表示其 s 阶延拓，如果 X 是作用量积分的变分对称性的一个无穷小生成元，即对任意的 $u(x)$ 均有 $X^{(s)}\mathcal{L} = DA$，当 $u(x)$ 为 Euler-Lagrange 方程的一组解时，成立守恒律 [27,51]

$$D\left(Q\left(u,\eta\right) - A\right) = 0 \tag{4.90}$$

4.2　具有多变量的物理系统的 Noether 守恒律

本节在 4.1 节的基础上研究具有多变量的物理系统，分别给出传统 Noether 定理和 Boyer 形式的 Noether 定理及其证明，还讨论在具有部分或全表面边界条件下 Noether 守恒律的形式。

4.2.1　多变量情形下的 Euler-Lagrange 方程

设一个具有多变量的物理系统的 Lagrange 函数为 [14,20]

$$\mathcal{L} = \mathcal{L}\left(x, u, u_{(1)}, u_{(2)}, \cdots, u_{(s)}\right) \tag{4.91}$$

其中，$x = \left(x^1, \cdots, x^n\right)$ 为 n 个自变量，$u = \left(u^1, \cdots, u^m\right)$ 为 m 个具有 s 阶偏导数的因变量，各阶偏导记为 $u_{(1)} = \{u_1^\alpha\}, u_{(2)} = \{u_2^\alpha\}, \cdots$。

基于单变量情形，可以推导出多变量情形下的 Euler-Lagrange 算子表达式

$$\frac{\delta}{\delta u^\alpha} = \frac{\partial}{\partial u^\alpha} + \sum_{s=1}^{\infty} (-1)^s D_{j_1} \cdots D_{j_s} \frac{\partial}{\partial u_{j_1 \cdots j_s}^\alpha} \tag{4.92}$$

于是多变量情形下的 Lagrange 函数 $\mathcal{L}$ 的 Euler-Lagrange 方程组写作

$$\frac{\delta \mathcal{L}}{\delta u^\alpha} = \frac{\partial \mathcal{L}}{\partial u^\alpha} + \sum_{s=1}^{\infty} (-1)^s D_{j_1} \cdots D_{j_s} \frac{\partial \mathcal{L}}{\partial u_{j_1 \cdots j_s}^\alpha} = 0 \tag{4.93}$$

类比于单变量情形，物理系统的泛函为

$$\begin{aligned}
S &= \int_V \mathcal{L}\left(x, u, u_{(1)}, u_{(2)}, \cdots, u_{(s)}\right) \mathrm{d}V \\
&= \int_V \mathcal{L}\left(x, u, u_{(1)}, u_{(2)}, \cdots, u_{(s)}\right) \mathrm{d}x^1 \mathrm{d}x^2 \cdots \mathrm{d}x^n
\end{aligned} \tag{4.94}$$

其中多维体积 $\mathrm{d}V = \mathrm{d}x^1 \mathrm{d}x^2 \cdots \mathrm{d}x^n$。

4.2.2 多变量情形下的 Noether 守恒律及其证明

本小节介绍多变量情形下的传统 Noether 定理和 Boyer 形式的 Noether 定理，并讨论两种 Noether 定理证明的等价性。需要说明的是，本节中的定理和定义都是根据单变量情形推广而来的，为了方便读者阅读和理解，特别在本节中对这些相似的内容重新予以描述。

4.2.2.1 传统 Noether 定理

定理 4.7 (多变量情形下的 Noether 定理) 如果 Lagrange 函数 $\mathcal{L}(\boldsymbol{x}, \boldsymbol{u}, \boldsymbol{u}_{(1)}, \boldsymbol{u}_{(2)}, \cdots, \boldsymbol{u}_{(s)})$ 的变分积分式 (4.94) 在具有如下无穷小生成元的 Lie-Bäcklund 群 G 下是不变的

$$X = \xi^i\left(\boldsymbol{x}, \boldsymbol{u}, \boldsymbol{u}_{(1)}, \cdots\right)\frac{\partial}{\partial x^i} + \eta^\alpha\left(\boldsymbol{x}, \boldsymbol{u}, \boldsymbol{u}_{(1)}, \cdots\right)\frac{\partial}{\partial u^\alpha} \tag{4.95}$$

则向量场

$$\boldsymbol{C} = \left(C^1, C^2, \cdots, C^n\right), \quad C^i = \mathcal{N}^i(\mathcal{L}) - B^i, \quad i = 1, 2, \cdots, n \tag{4.96}$$

其中，$\mathcal{N}^i$ 代表 Noether 算子，B^i 为任意向量场分量，对于满足 Euler-Lagrange 方程 (4.93) 的所有解，具有守恒律 [47,48]

$$\mathrm{div}\,\boldsymbol{C} \equiv D_i\left(C^i\right) = 0 \tag{4.97}$$

下面给出多变量情形下 Noether 定理的证明过程：

证明的过程与单变量情形思路一致，即研究 Lagrange 函数的泛函在 Lie-Bäcklund 群变换下的对称性。单参数 Lie-Bäcklund 群为

$$\overline{x^i} = x^i + \varepsilon\xi^i\left(\boldsymbol{x}, \boldsymbol{u}, \boldsymbol{u}_{(1)}, \cdots, \boldsymbol{u}_{(r)}\right) + \cdots$$
$$\overline{u^\alpha} = u^\alpha + \varepsilon\eta^\alpha\left(\boldsymbol{x}, \boldsymbol{u}, \boldsymbol{u}_{(1)}, \cdots, \boldsymbol{u}_{(r)}\right) + \cdots$$
$$\overline{u_i^\alpha} = u_i^\alpha + \varepsilon\zeta_i^\alpha\left(\boldsymbol{x}, \boldsymbol{u}, \boldsymbol{u}_{(1)}, \cdots, \boldsymbol{u}_{(r)}, \boldsymbol{u}_{(r+1)}\right) + \cdots$$
$$\overline{u_{i_1 i_2}^\alpha} = u_{i_1 i_2}^\alpha + \varepsilon\zeta_{i_1 i_2}^\alpha\left(\boldsymbol{x}, \boldsymbol{u}, \boldsymbol{u}_{(1)}, \cdots, \boldsymbol{u}_{(r)}, \boldsymbol{u}_{(r+1)}, \boldsymbol{u}_{(r+2)}\right) + \cdots$$
$$\vdots$$
$$\overline{u_{i_1 i_2 \cdots i_s}^\alpha} = u_{i_1 i_2 \cdots i_s}^\alpha + \varepsilon\zeta_{i_1 i_2 \cdots i_s}^\alpha\left(\boldsymbol{x}, \boldsymbol{u}, \boldsymbol{u}_{(1)}, \cdots, \boldsymbol{u}_{(r)}, \boldsymbol{u}_{(r+1)}, \boldsymbol{u}_{(r+2)}, \cdots, \boldsymbol{u}_{(r+s)}\right) + \cdots \tag{4.98}$$

其中对于 s 阶延拓有

$$\zeta_{i_1 i_2 \cdots i_s}^\alpha = D_{i_s}\left(\zeta_{i_1 i_2 \cdots i_{s-1}}^\alpha\right) - u_{i i_1 i_2 \cdots i_{s-1}}^\alpha D_{i_s}\left(\xi^i\right) \tag{4.99}$$

取 ε 的一阶项，有坐标的变换

$$\mathrm{d}\overline{x^i} = \left[1 + \varepsilon D_i\left(\xi^i\right) + O\left(\varepsilon^2\right)\right]\mathrm{d}x^i \tag{4.100}$$

和体元变换

$$
\begin{aligned}
\mathrm{d}\overline{V} &= \mathrm{d}\overline{x^1}\mathrm{d}\overline{x^2}\cdots\mathrm{d}\overline{x^n} \\
&= \left[\left(1 + \varepsilon D_1\xi^1\right)\mathrm{d}x^1\right]\left[\left(1 + \varepsilon D_2\xi^2\right)\mathrm{d}x^2\right]\cdots\left[\left(1 + \varepsilon D_n\xi^n\right)\mathrm{d}x^n\right] \\
&= \mathrm{d}x^1\mathrm{d}x^2\cdots\mathrm{d}x^n\left(1 + \varepsilon\sum_{j=1}^n D_j\xi^j + \varepsilon^2\sum_{j_1,j_2=1}^n D_{j_1 j_2}\xi^{j_1 j_2} + \cdots \right. \\
&\qquad\qquad\qquad\quad \left. + \varepsilon^n\sum_{j_1,j_2,\cdots,j_n=1}^n D_{j_1 j_2\cdots j_n}\xi^{j_1 j_2\cdots j_n}\right) \\
&\approx \mathrm{d}x^1\mathrm{d}x^2\cdots\mathrm{d}x^n\left(1 + \varepsilon\sum_{j=1}^n D_j\xi^j\right) \\
&= \mathrm{d}V\left(1 + \varepsilon\sum_{j=1}^n D_j\xi^j\right)
\end{aligned}
\tag{4.101}
$$

由上述过程可见，多变量情形中出现了以角标 i 计数的参数分量，单变量中的坐标变换也拓展为了多变量条件下的体元变换。

然后将 Lie-Bäcklund 群变换后的 Lagrange 函数在 $\varepsilon = 0$ 处展开

$$\mathcal{L}\left(\overline{\boldsymbol{x}},\overline{\boldsymbol{u}},\overline{\boldsymbol{u}}_{(1)},\overline{\boldsymbol{u}}_{(2)},\cdots,\overline{\boldsymbol{u}}_{(s)}\right) = \mathcal{L}\left(\boldsymbol{x},\boldsymbol{u},\boldsymbol{u}_{(1)},\boldsymbol{u}_{(2)},\cdots,\boldsymbol{u}_{(s)}\right) + \varepsilon X\left(\mathcal{L}\right) + O\left(\varepsilon^2\right) \tag{4.102}$$

其中 X 为多变量情形下的 Lie-Bäcklund 算子

$$X = \xi^i\frac{\partial}{\partial x^i} + \eta^\alpha\frac{\partial}{\partial u^\alpha} + \zeta_i^\alpha\frac{\partial}{\partial u_i^\alpha} + \zeta_{i_1 i_2}^\alpha\frac{\partial}{\partial u_{i_1 i_2}^\alpha} + \cdots + \zeta_{i_1 i_2\cdots i_s}^\alpha\frac{\partial}{\partial u_{i_1 i_2\cdots i_s}^\alpha} \tag{4.103}$$

根据式 (4.94)、(4.101) 及式 (4.102)，泛函 S 相应地变成 $\overline{S}$，有

$$
\begin{aligned}
\overline{S} &= \int_V \mathcal{L}\left(\overline{\boldsymbol{x}},\overline{\boldsymbol{u}},\overline{\boldsymbol{u}}_{(1)},\overline{\boldsymbol{u}}_{(2)},\cdots,\overline{\boldsymbol{u}}_{(s)}\right)\mathrm{d}\overline{V} \\
&= \int_V \left[\mathcal{L}\left(\boldsymbol{x},\boldsymbol{u},\boldsymbol{u}_{(1)},\boldsymbol{u}_{(2)},\cdots,\boldsymbol{u}_{(s)}\right) + \varepsilon X\mathcal{L}\left(\boldsymbol{x},\boldsymbol{u},\boldsymbol{u}_{(1)},\boldsymbol{u}_{(2)},\cdots,\boldsymbol{u}_{(s)}\right) + O\left(\varepsilon^2\right)\right] \\
&\qquad \times \left[1 + \varepsilon\sum_{i=1}^n D_i\left(\xi^i\right) + O\left(\varepsilon^2\right)\right]\mathrm{d}V
\end{aligned}
$$

$$= \int_V \mathcal{L}\left(\boldsymbol{x}, \boldsymbol{u}, \boldsymbol{u}_{(1)}, \boldsymbol{u}_{(2)}, \cdots, \boldsymbol{u}_{(s)}\right) \mathrm{d}V + \int_V \left[\varepsilon X\left(\mathcal{L}\right) + \varepsilon \mathcal{L} D_i\left(\xi^i\right)\right]\mathrm{d}V + O\left(\varepsilon^2\right)$$

$$= S + \varepsilon \int_V \left[X\left(\mathcal{L}\right) + \mathcal{L} D_i\left(\xi^i\right)\right] \mathrm{d}V + O\left(\varepsilon^2\right) \tag{4.104}$$

考虑 ε 的一阶项，由式 (4.104) 可知泛函不变 $(\overline{S} = S)$ 的充分条件为

$$X\left(\mathcal{L}\right) + \mathcal{L} D_i\left(\xi^i\right) = 0 \tag{4.105}$$

根据基本恒等式

$$X\left(\mathcal{L}\right) + \mathcal{L} D_i\left(\xi^i\right) = W^\alpha \frac{\delta \mathcal{L}}{\delta u^\alpha} + D_i \mathcal{N}^i\left(\mathcal{L}\right) \tag{4.106}$$

式 (4.104) 还可写作

$$\overline{S} = S + \varepsilon \int_V \left[W^\alpha \frac{\delta \mathcal{L}}{\delta u^\alpha} + D_i \mathcal{N}^i\left(\mathcal{L}\right)\right] \mathrm{d}V + O\left(\varepsilon^2\right) + \cdots \tag{4.107}$$

从而得到

$$W^\alpha \frac{\delta \mathcal{L}}{\delta u^\alpha} + D_i \mathcal{N}^i\left(\mathcal{L}\right) = 0 \tag{4.108}$$

此外，即使不使用基本恒等式，也可以推导出同样的结论。以下给出证明，根据特征函数 W^α 的性质，式 (4.99) 可改写为

$$\begin{aligned}
\zeta_{i_1}^\alpha &= D_{i_1} \eta^\alpha - u_i^\alpha \left(D_{i_1} \xi^i\right) \\
&= D_{i_1}\left(W^\alpha + u_i^\alpha \xi^i\right) - u_i^\alpha \left(D_{i_1} \xi^i\right) \\
&= D_{i_1} W^\alpha + u_i^\alpha \left(D_{i_1} \xi^i\right) + \left(D_{i_1} u_i^\alpha\right) \xi^i - u_i^\alpha \left(D_{i_1} \xi^i\right) \\
&= D_{i_1} W^\alpha + \left(D_{i_1} u_i^\alpha\right) \xi^i \\
&= D_{i_1} W^\alpha + u_{ii_1}^\alpha \xi^i
\end{aligned} \tag{4.109}$$

$$\zeta_{i_1 i_2}^\alpha = D_{i_1 i_2} W^\alpha + u_{ii_1 i_2}^\alpha \xi^i$$

$$\zeta_{i_1 i_2 i_3}^\alpha = D_{i_1 i_2 i_3} W^\alpha + u_{ii_1 i_2 i_3}^\alpha \xi^i$$

$$\vdots$$

$$\zeta_{i_1 i_2 i_3 \cdots i_s}^\alpha = D_{i_1 i_2 i_3 \cdots i_s} W^a + u_{ii_1 i_2 i_3 \cdots i_s}^a \xi^i$$

进一步有

$$X\left(\mathcal{L}\right) + \mathcal{L} D_i\left(\xi^i\right) = \mathcal{L}\left(D_i \xi^i\right) + \xi^i \frac{\partial \mathcal{L}}{\partial x^i} + \eta^\alpha \frac{\partial \mathcal{L}}{\partial u^\alpha} + \zeta_{i_1}^\alpha \frac{\partial \mathcal{L}}{\partial u_{i_1}^\alpha} + \cdots + \zeta_{i_1 i_2 \cdots i_s}^\alpha \frac{\partial \mathcal{L}}{\partial u_{i_1 i_2 \cdots i_s}^\alpha}$$
$$\tag{4.110}$$

将式 (4.109) 代入式 (4.110) 中

$$X\left(\mathcal{L}\right) + \mathcal{L}\left(D_i \xi^i\right)$$

$$= \mathcal{L}\left(D_i \xi^i\right) + \xi^i \frac{\partial \mathcal{L}}{\partial x^i} + \eta^\alpha \frac{\partial \mathcal{L}}{\partial u^\alpha} + \left(D_{i_1} W^\alpha + u_{ii_1}^\alpha \xi^i\right)\frac{\partial \mathcal{L}}{\partial u_{i_1}^\alpha} + \cdots$$

$$+ \left(D_{i_1 i_2 \cdots i_s} W^\alpha + u_{ii_1 i_2 \cdots i_s}^\alpha \xi^i\right)\frac{\partial \mathcal{L}}{\partial u_{i_1 i_2 \cdots i_s}^\alpha}$$

$$= D_i\left(\mathcal{L}\xi^i\right) + W^\alpha \frac{\partial \mathcal{L}}{\partial u^\alpha} + \left(D_{i_1} W^\alpha\right)\frac{\partial \mathcal{L}}{\partial u_{i_1}^\alpha} + \left(D_{i_1 i_2} W^\alpha\right)\frac{\partial \mathcal{L}}{\partial u_{i_1 i_2}^\alpha} + \cdots$$

$$+ \left(D_{i_1 i_2 \cdots i_s} W^\alpha\right)\frac{\partial \mathcal{L}}{\partial u_{i_1 i_2 \cdots i_s}^\alpha} \tag{4.111}$$

将 Euler 算子表示为

$$E_\alpha\left(\right) \equiv E_{u^\alpha}\left(\right) = \frac{\partial\left(\right)}{\partial u^\alpha} - D_{i_1}\frac{\partial\left(\right)}{\partial u_{i_1}^\alpha} + D_{i_1 i_2}\frac{\partial\left(\right)}{\partial u_{i_1 i_2}^\alpha} - \cdots + (-1)^s D_{i_1 i_2 \cdots i_s}\frac{\partial\left(\right)}{\partial u_{i_1 i_2 \cdots i_s}^\alpha} \tag{4.112}$$

于是式 (4.111) 可改写为

$$X\left(\mathcal{L}\right) + \mathcal{L}\left(D_i \xi^i\right) = D_i\left(\mathcal{L}\xi^i\right) + W^\alpha E_\alpha\left(\mathcal{L}\right) + W^\alpha F_\alpha\left(\mathcal{L}\right) + G_\alpha\left(\mathcal{L}\right) \tag{4.113}$$

其中算子 F_α 和 G_α 分别为

$$F_\alpha = D_{i_1}\frac{\partial\left(\right)}{\partial u_{i_1}^\alpha} - D_{i_1 i_2}\frac{\partial\left(\right)}{\partial u_{i_1 i_2}^\alpha} + \cdots + (-1)^{s-1} D_{i_1 i_2 \cdots i_s}\frac{\partial\left(\right)}{\partial u_{i_1 i_2 \cdots i_s}^\alpha} \tag{4.114}$$

$$G_\alpha = \left(D_{i_1} W^\alpha\right)\frac{\partial\left(\right)}{\partial u_{i_1}^\alpha} + \left(D_{i_1 i_2} W^\alpha\right)\frac{\partial\left(\right)}{\partial u_{i_1 i_2}^\alpha} + \cdots + \left(D_{i_1 i_2 \cdots i_s} W^\alpha\right)\frac{\partial\left(\right)}{\partial u_{i_1 i_2 \cdots i_s}^\alpha} \tag{4.115}$$

利用泛函积分的分部积分，并重复分部积分运算，最终可以得到

$$X\left(\mathcal{L}\right) + \mathcal{L}\left(D_i \xi^i\right) = D_i\left(\mathcal{L}\xi^i\right) + W^\alpha E_\alpha\left(\mathcal{L}\right) + D_{i_1}\theta^{i_1} \tag{4.116}$$

其中

$$\theta^{i_1} = W^\alpha\left[\frac{\partial \mathcal{L}}{\partial u_{i_1}^\alpha} - D_{i_2}\frac{\partial \mathcal{L}}{\partial u_{i_1 i_2}^\alpha} + D_{i_2 i_3}\frac{\partial \mathcal{L}}{\partial u_{i_1 i_2 i_3}^\alpha} - \cdots + (-1)^{s-1} D_{i_2 \cdots i_s}\frac{\partial \mathcal{L}}{\partial u_{i_1 i_2 \cdots i_s}^\alpha}\right]$$

$$+ D_{i_2} W^\alpha\left[\frac{\partial \mathcal{L}}{\partial u_{i_1 i_2}^\alpha} - D_{i_3}\frac{\partial \mathcal{L}}{\partial u_{i_1 i_2 i_3}^\alpha} + D_{i_3 i_4}\frac{\partial \mathcal{L}}{\partial u_{i_1 i_2 i_3 i_4}^\alpha} - \cdots\right.$$

$$+ (-1)^{s-2} D_{i_3 \cdots i_s} \frac{\partial \mathcal{L}}{\partial u^\alpha_{i_1 i_2 \cdots i_s}} \Bigg]$$

$$+ D_{i_2 i_3} W^\alpha \left[\frac{\partial \mathcal{L}}{\partial u^\alpha_{i_1 i_2 i_3}} - D_{i_4} \frac{\partial \mathcal{L}}{\partial u^\alpha_{i_1 i_2 i_3 i_4}} + \cdots + (-1)^{s-3} D_{i_4 \cdots i_s} \frac{\partial \mathcal{L}}{\partial u^\alpha_{i_1 i_2 \cdots i_s}} \right] + \cdots$$

$$+ D_{i_2 \cdots i_{s-1}} W^\alpha \left(\frac{\partial \mathcal{L}}{\partial u^\alpha_{i_1 i_2 \cdots i_{s-1}}} - D_{i_s} \frac{\partial \mathcal{L}}{\partial u^\alpha_{i_1 i_2 \cdots i_s}} \right) + D_{i_2 \cdots i_s} W^\alpha \left(\frac{\partial \mathcal{L}}{\partial u^\alpha_{i_1 i_2 \cdots i_s}} \right)$$

$$\tag{4.117}$$

推导过程如下:

$$W^\alpha F_\alpha (\mathcal{L}) + G_\alpha (\mathcal{L})$$

$$= W^\alpha \left[D_{i_1} \frac{\partial \mathcal{L}}{\partial u^\alpha_{i_1}} - D_{i_1 i_2} \frac{\partial \mathcal{L}}{\partial u^\alpha_{i_1 i_2}} + \cdots + (-1)^{s-1} D_{i_1 i_2 \cdots i_s} \frac{\partial \mathcal{L}}{\partial u^\alpha_{i_1 i_2 \cdots i_s}} \right]$$

$$+ (D_{i_1} W^\alpha) \frac{\partial \mathcal{L}}{\partial u^\alpha_{i_1}} + (D_{i_1 i_2} W^\alpha) \frac{\partial \mathcal{L}}{\partial u^\alpha_{i_1 i_2}} + \cdots + (D_{i_1 i_2 \cdots i_s} W^\alpha) \frac{\partial \mathcal{L}}{\partial u^\alpha_{i_1 i_2 \cdots i_s}} \tag{4.118}$$

其中

$$W^\alpha D_{i_1} \frac{\partial \mathcal{L}}{\partial u^\alpha_{i_1}} + (D_{i_1} W^\alpha) \frac{\partial \mathcal{L}}{\partial u^\alpha_{i_1}} = D_{i_1} \left(W^\alpha \frac{\partial \mathcal{L}}{\partial u^\alpha_{i_1}} \right) \tag{4.119}$$

$$- W^\alpha D_{i_1 i_2} \frac{\partial \mathcal{L}}{\partial u^\alpha_{i_1 i_2}} + (D_{i_1 i_2} W^\alpha) \frac{\partial \mathcal{L}}{\partial u^\alpha_{i_1 i_2}}$$

$$= - W^\alpha D_{i_1 i_2} \frac{\partial \mathcal{L}}{\partial u^\alpha_{i_1 i_2}} + D_{i_1 i_2} \left(W^\alpha \frac{\partial \mathcal{L}}{\partial u^\alpha_{i_1 i_2}} \right) - W^\alpha D_{i_1 i_2} \frac{\partial \mathcal{L}}{\partial u^\alpha_{i_1 i_2}}$$

$$= D_{i_1} D_{i_2} \left(W^\alpha \frac{\partial \mathcal{L}}{\partial u^\alpha_{i_1 i_2}} \right) - 2 D_{i_1} W^\alpha D_{i_2} \frac{\partial \mathcal{L}}{\partial u^\alpha_{i_1 i_2}}$$

$$= D_{i_1} \left[D_{i_2} \left(W^\alpha \frac{\partial \mathcal{L}}{\partial u^\alpha_{i_1 i_2}} \right) - 2 W^\alpha D_{i_2} \frac{\partial \mathcal{L}}{\partial u^\alpha_{i_1 i_2}} \right]$$

$$= D_{i_1} \left[W^\alpha D_{i_2} \left(\frac{\partial \mathcal{L}}{\partial u^\alpha_{i_1 i_2}} \right) + (D_{i_2} W^\alpha) \frac{\partial \mathcal{L}}{\partial u^\alpha_{i_1 i_2}} - 2 W^\alpha D_{i_2} \frac{\partial \mathcal{L}}{\partial u^\alpha_{i_1 i_2}} \right]$$

$$= D_{i_1} \left[- W^\alpha D_{i_2} \left(\frac{\partial \mathcal{L}}{\partial u^\alpha_{i_1 i_2}} \right) + (D_{i_2} W^\alpha) \frac{\partial \mathcal{L}}{\partial u^\alpha_{i_1 i_2}} \right] \tag{4.120}$$

$$W^\alpha D_{i_1 i_2 i_3} \frac{\partial \mathcal{L}}{\partial u^\alpha_{i_1 i_2 i_3}} + (D_{i_1 i_2 i_3} W^\alpha) \frac{\partial \mathcal{L}}{\partial u^\alpha_{i_1 i_2 i_3}}$$

$$
= W^\alpha D_{i_1 i_2 i_3} \frac{\partial \mathcal{L}}{\partial u_{i_1 i_2}^\alpha} + D_{i_1 i_2 i_3} \left(W^\alpha \frac{\partial \mathcal{L}}{\partial u_{i_1 i_2}^\alpha} \right) - W^\alpha D_{i_1 i_2 i_3} \frac{\partial \mathcal{L}}{\partial u_{i_1 i_2}^\alpha}
$$

$$
= (D_{i_1} W^\alpha) \left(D_{i_2} D_{i_3} \frac{\partial \mathcal{L}}{\partial u_{i_1 i_2}^\alpha} \right) - (D_{i_1} D_{i_2} W^\alpha) \left(D_{i_3} \frac{\partial \mathcal{L}}{\partial u_{i_1 i_2}^\alpha} \right) + D_{i_1 i_2 i_3} \left(W^\alpha \frac{\partial \mathcal{L}}{\partial u_{i_1 i_2}^\alpha} \right)
$$

$$
= D_{i_1} \left[W^\alpha \left(D_{i_2} D_{i_3} \frac{\partial \mathcal{L}}{\partial u_{i_1 i_2}^\alpha} \right) - (D_{i_2} W^\alpha) \left(D_{i_3} \frac{\partial \mathcal{L}}{\partial u_{i_1 i_2}^\alpha} \right) + D_{i_2 i_3} \left(W^\alpha \frac{\partial \mathcal{L}}{\partial u_{i_1 i_2}^\alpha} \right) \right]
$$

$$
\tag{4.121}
$$

同理，可得

$$
W^\alpha (-1)^{s-1} D_{i_1 i_2 \cdots i_s} \frac{\partial \mathcal{L}}{\partial u_{i_1 i_2 \cdots i_s}^\alpha} + (D_{i_1 i_2 \cdots i_s} W^\alpha) \frac{\partial \mathcal{L}}{\partial u_{i_1 i_2 \cdots i_s}^\alpha}
$$

$$
= D_{i_1} W^\alpha (-1)^{s-1} D_{i_2 \cdots i_s} \frac{\partial \mathcal{L}}{\partial u_{i_1 i_2 \cdots i_s}^\alpha} + (D_{i_2} W^\alpha)(-1)^{s-2} D_{i_3 \cdots i_s} \frac{\partial \mathcal{L}}{\partial u_{i_1 i_2 \cdots i_s}^\alpha}
$$

$$
+ \cdots - (D_{i_2 \cdots i_{s-1}} W^\alpha) D_{i_s} \frac{\partial \mathcal{L}}{\partial u_{i_1 i_2 \cdots i_s}^\alpha} + D_{i_2 \cdots i_s} W^\alpha \left(\frac{\partial \mathcal{L}}{\partial u_{i_1 i_2 \cdots i_s}^\alpha} \right) \tag{4.122}
$$

因此，有

$$
W^\alpha F_\alpha (\mathcal{L}) + G_\alpha (\mathcal{L})
$$

$$
= W^\alpha \left[D_{i_1} \frac{\partial \mathcal{L}}{\partial u_{i_1}^\alpha} - D_{i_1 i_2} \frac{\partial \mathcal{L}}{\partial u_{i_1 i_2}^\alpha} + \cdots + (-1)^{s-1} D_{i_1 i_2 \cdots i_s} \frac{\partial \mathcal{L}}{\partial u_{i_1 i_2 \cdots i_s}^\alpha} \right]
$$

$$
+ (D_{i_1} W^\alpha) \frac{\partial \mathcal{L}}{\partial u_{i_1}^\alpha} + (D_{i_1 i_2} W^\alpha) \frac{\partial \mathcal{L}}{\partial u_{i_1 i_2}^\alpha} + \cdots + (D_{i_1 i_2 \cdots i_s} W^\alpha) \frac{\partial \mathcal{L}}{\partial u_{i_1 i_2 \cdots i_s}^\alpha}
$$

$$
= D_{i_1} \left\{ W^\alpha \left[\frac{\partial \mathcal{L}}{\partial u_{i_1}^\alpha} - D_{i_2} \frac{\partial \mathcal{L}}{\partial u_{i_1 i_2}^\alpha} + D_{i_2 i_3} \frac{\partial \mathcal{L}}{\partial u_{i_1 i_2 i_3}^\alpha} - \cdots + (-1)^{s-1} D_{i_2 \cdots i_s} \frac{\partial \mathcal{L}}{\partial u_{i_1 i_2 \cdots i_s}^\alpha} \right] \right.
$$

$$
+ D_{i_2} W^\alpha \left[\frac{\partial \mathcal{L}}{\partial u_{i_1 i_2}^\alpha} - D_{i_3} \frac{\partial \mathcal{L}}{\partial u_{i_1 i_2 i_3}^\alpha} + D_{i_3 i_4} \frac{\partial \mathcal{L}}{\partial u_{i_1 i_2 i_3 i_4}^\alpha} - \cdots + (-1)^{s-2} D_{i_3 \cdots i_s} \frac{\partial \mathcal{L}}{\partial u_{i_1 i_2 \cdots i_s}^\alpha} \right]
$$

$$
+ D_{i_2 i_3} W^\alpha \left[\frac{\partial \mathcal{L}}{\partial u_{i_1 i_2 i_3}^\alpha} - D_{i_4} \frac{\partial \mathcal{L}}{\partial u_{i_1 i_2 i_3 i_4}^\alpha} + \cdots + (-1)^{s-3} D_{i_4 \cdots i_s} \frac{\partial \mathcal{L}}{\partial u_{i_1 i_2 \cdots i_s}^\alpha} \right] + \cdots
$$

$$
\left. + D_{i_2 \cdots i_{s-1}} W^\alpha \left(\frac{\partial \mathcal{L}}{\partial u_{i_1 i_2 \cdots i_{s-1}}^\alpha} - D_{i_p} \frac{\partial \mathcal{L}}{\partial u_{i_1 i_2 \cdots i_s}^\alpha} \right) + D_{i_p \cdots i_s} W^\alpha \left(\frac{\partial \mathcal{L}}{\partial u_{i_1 i_2 \cdots i_s}^\alpha} \right) \right\}
$$

$$
= D_{i_1} \theta^{i_1} \tag{4.123}
$$

于是原泛函 (4.104) 可写作

$$
\overline{S} = S + \varepsilon \int_V \left[W^\alpha E_\alpha (\mathcal{L}) + D_i (\mathcal{L} \xi^i + \theta^i) \right] \mathrm{d}V \tag{4.124}
$$

根据 Noether 算子的定义，显然有

$$\mathcal{N}^i\left(\mathcal{L}\right) = \mathcal{L}\xi^i + \theta^i \tag{4.125}$$

由此可知泛函 (4.124) 和 (4.107) 是等价的。由于积分体积是任意的，所以 Lie 群对称性就必须要求积分函数等于零，即

$$W^\alpha \frac{\delta\mathcal{L}}{\delta u^\alpha} + D_i\mathcal{N}^i\left(\mathcal{L}\right) = 0 \tag{4.126}$$

或

$$W^\alpha \frac{\delta\mathcal{L}}{\delta u^\alpha} + D_i\left(\mathcal{L}\xi^i + \theta^i\right) = 0 \tag{4.127}$$

根据引理 4.1，可以给 Lagrange 函数 $\mathcal{L}$ 增加一个取决于群参数的任意向量场散度，将不变性条件 (4.105) 扩展为散度条件

$$X\left(\mathcal{L}\right) + \mathcal{L}D_i\left(\xi^i\right) - D_i\left(B^i\right) = 0 \tag{4.128}$$

则式 (4.107) 进一步写作

$$\overline{S} = S + \varepsilon \int_V \left[W^\alpha \frac{\delta\mathcal{L}}{\delta u^\alpha} + D_i\mathcal{N}^i\left(\mathcal{L}\right) - D_i\left(B^i\right)\right]\mathrm{d}V + O\left(\varepsilon^2\right) + \cdots \tag{4.129}$$

此时，泛函的对称性保证了下式成立

$$W^\alpha \frac{\delta\mathcal{L}}{\delta u^\alpha} + D_i\left[\mathcal{N}^i\left(\mathcal{L}\right) - B^i\right] = 0 \tag{4.130}$$

进一步，对于 Euler-Lagrange 方程 (4.93)，有 $\dfrac{\delta\mathcal{L}}{\delta u^\alpha} = 0$，因此式 (4.130) 变为

$$D_i\left[\mathcal{N}^i\left(\mathcal{L}\right) - B^i\right]\Big|_{\frac{\delta\mathcal{L}}{\delta u^\alpha}=0} = 0 \tag{4.131}$$

用 $C^i = \mathcal{N}^i\left(\mathcal{L}\right) - B^i$ 代表 Noether 流，式 (4.131) 表示 Noether 流是一个守恒量，即

$$\mathrm{div}\, C\big|_{\frac{\delta\mathcal{L}}{\delta u^\alpha}=0} \equiv D_i\left(C^i\right)\big|_{\frac{\delta\mathcal{L}}{\delta u^\alpha}=0} = 0 \tag{4.132}$$

与 4.1 节单变量情形同理，对于一阶 Lagrange 函数 $\mathcal{L}\left(\boldsymbol{x}, \boldsymbol{u}, \boldsymbol{u}_{(1)}\right)$，Euler-Lagrange 方程和守恒向量分别为

$$\frac{\delta\mathcal{L}}{\delta u^\alpha} \equiv \frac{\partial\mathcal{L}}{\partial u^\alpha} - D_i\left(\frac{\partial\mathcal{L}}{\partial u_i^\alpha}\right) = 0 \tag{4.133}$$

$$C^i = \mathcal{N}^i\left(\mathcal{L}\right) = \xi^i \mathcal{L} + W^\alpha \frac{\partial \mathcal{L}}{\partial u_i^\alpha} \tag{4.134}$$

对于二阶 Lagrange 函数 $\mathcal{L}\left(\boldsymbol{x}, \boldsymbol{u}, \boldsymbol{u}_{(1)}, \boldsymbol{u}_{(2)}\right)$，Euler-Lagrange 方程和守恒向量分别为

$$\frac{\delta \mathcal{L}}{\delta u^\alpha} \equiv \frac{\partial \mathcal{L}}{\partial u^\alpha} - D_i\left(\frac{\partial \mathcal{L}}{\partial u_i^\alpha}\right) + D_i D_k\left(\frac{\partial \mathcal{L}}{\partial u_{ik}^\alpha}\right) = 0 \tag{4.135}$$

$$C^i = \mathcal{N}^i\left(\mathcal{L}\right) = \xi^i \mathcal{L} + W^\alpha\left[\frac{\partial \mathcal{L}}{\partial u_i^\alpha} - D_j\left(\frac{\partial \mathcal{L}}{\partial u_{ij}^\alpha}\right)\right] + D_j\left(W^\alpha\right)\frac{\partial \mathcal{L}}{\partial u_{ij}^\alpha} \tag{4.136}$$

对于三阶 Lagrange 函数 $\mathcal{L}\left(\boldsymbol{x}, \boldsymbol{u}, \boldsymbol{u}_{(1)}, \boldsymbol{u}_{(2)}, \boldsymbol{u}_{(3)}\right)$，Euler-Lagrange 方程和守恒向量分别为

$$\frac{\delta \mathcal{L}}{\delta u^\alpha} \equiv \frac{\partial \mathcal{L}}{\partial u^\alpha} - D_i\left(\frac{\partial \mathcal{L}}{\partial u_i^\alpha}\right) + D_i D_k\left(\frac{\partial \mathcal{L}}{\partial u_{ik}^\alpha}\right) - D_i D_j D_k\left(\frac{\partial \mathcal{L}}{\partial u_{ijk}^\alpha}\right) = 0 \tag{4.137}$$

$$C^i = \mathcal{N}^i\left(\mathcal{L}\right) = \xi^i \mathcal{L} + W^\alpha\left[\frac{\partial \mathcal{L}}{\partial u_i^\alpha} - D_j\left(\frac{\partial \mathcal{L}}{\partial u_{ij}^\alpha}\right) + D_j D_k\left(\frac{\partial \mathcal{L}}{\partial u_{ijk}^\alpha}\right)\right]$$
$$+ D_j\left(W^\alpha\right)\left[\frac{\partial \mathcal{L}}{\partial u_{ij}^\alpha} - D_k\left(\frac{\partial \mathcal{L}}{\partial u_{ijk}^\alpha}\right)\right] + D_j D_k\left(W^\alpha\right)\frac{\partial \mathcal{L}}{\partial u_{ijk}^\alpha} \tag{4.138}$$

对于高阶 Lagrange 函数 $\mathcal{L}\left(\boldsymbol{x}, \boldsymbol{u}, \boldsymbol{u}_{(1)}, \boldsymbol{u}_{(2)}, \boldsymbol{u}_{(3)}, \cdots, \boldsymbol{u}_{(s)}\right)$，Euler-Lagrange 方程和守恒向量分别为

$$\frac{\delta \mathcal{L}}{\delta u^\alpha} \equiv \frac{\partial \mathcal{L}}{\partial u^\alpha} + \sum_{k=1}^{s}\left(-1\right)^k D_{j_1}\cdots D_{j_k}\frac{\partial \mathcal{L}}{\partial u_{j_1\cdots j_k}^\alpha}$$
$$= \frac{\partial \mathcal{L}}{\partial u^\alpha} - D_{j_1}\frac{\partial \mathcal{L}}{\partial u_{j_1}^\alpha} + \cdots + \left(-1\right)^s D_{j_1}\cdots D_{j_s}\frac{\partial \mathcal{L}}{\partial u_{j_1\cdots j_s}^\alpha} = 0 \tag{4.139}$$

$$C^i = \mathcal{N}^i\left(\mathcal{L}\right) = \xi^i \mathcal{L} + W^\alpha \frac{\delta \mathcal{L}}{\delta u_i^\alpha} + \sum_{k=1}^{\infty} D_{i_1}\cdots D_{i_k}\left(W^\alpha\right)\frac{\delta \mathcal{L}}{\delta u_{ii_1\cdots i_k}^\alpha}$$
$$= \xi^i \mathcal{L} + W^\alpha \frac{\delta \mathcal{L}}{\delta u_i^\alpha} + \sum_{k=2}^{s} D_{i_1}\cdots D_{i_{k-1}}\left(W^\alpha\right)\frac{\delta \mathcal{L}}{\delta u_{ii_1\cdots i_{k-1}}^\alpha}$$
$$= \xi^i \mathcal{L} + W^\alpha\left[\frac{\partial \mathcal{L}}{\partial u_i^\alpha} - D_{j_1}\frac{\partial \mathcal{L}}{\partial u_{ij_1}^\alpha} + \cdots + \left(-1\right)^{s-1}\frac{\partial \mathcal{L}}{\partial u_{ij_1\cdots j_{s-1}}^\alpha}\right] + \cdots$$

$$+ D_{i_1} \cdots D_{i_{s-2}} (W^\alpha) \left[\frac{\partial \mathcal{L}}{\partial u^\alpha_{ii_1 \cdots i_{s-2}}} - D_{j_1} \frac{\partial \mathcal{L}}{\partial u^\alpha_{ii_1 \cdots i_{s-2} j_1}} \right]$$

$$+ D_{i_1} \cdots D_{i_{s-1}} (W^\alpha) \frac{\partial \mathcal{L}}{\partial u^\alpha_{ii_1 \cdots i_{s-1}}} \tag{4.140}$$

4.2.2.2 Boyer 形式的 Noether 定理

1) 变分问题的基本方程

为了建立 Noether 定理, 首先要导出变分问题的基本方程。

考虑关于 $\boldsymbol{u}$ 的无穷小变换 $\boldsymbol{u}(\boldsymbol{x}) : \boldsymbol{u}(\boldsymbol{x}) \to \boldsymbol{u}(\boldsymbol{x}) + \varepsilon \boldsymbol{v}(\boldsymbol{x})$, 对应 Lagrange 函数的变化为

$$\begin{aligned} \delta \mathcal{L} &= \mathcal{L} \left(\boldsymbol{x}, \boldsymbol{u} + \varepsilon \boldsymbol{v}, \boldsymbol{u}_{(1)} + \varepsilon \boldsymbol{v}_{(1)}, \boldsymbol{u}_{(2)} + \varepsilon \boldsymbol{v}_{(2)}, \cdots, \boldsymbol{u}_{(s)} + \varepsilon \boldsymbol{v}_{(s)} \right) \\ &\quad - \mathcal{L} \left(\boldsymbol{x}, \boldsymbol{u}, \boldsymbol{u}_{(1)}, \boldsymbol{u}_{(2)}, \cdots, \boldsymbol{u}_{(s)} \right) \\ &= \varepsilon \left(\frac{\partial \mathcal{L}}{\partial u^\alpha} v^\alpha + \frac{\partial \mathcal{L}}{\partial u^\alpha_i} v^\alpha_i + \cdots + \frac{\partial \mathcal{L}}{\partial u^\alpha_{ii_1 i_2 \cdots i_{s-1}}} v^\alpha_{ii_1 i_2 \cdots i_{s-1}} \right) + O\left(\varepsilon^2\right) \end{aligned} \tag{4.141}$$

与单变量情形不同的是, 式 (4.141) 中 v 的微分对象不再是单一变量。对每一项分部积分得到

$$\frac{\partial \mathcal{L}}{\partial u^\alpha_i} v^\alpha_i = -v^\alpha D_i \frac{\partial \mathcal{L}}{\partial u^\alpha_i} + D_i \left(v^\alpha \frac{\partial \mathcal{L}}{\partial u^\alpha_i} \right)$$

$$\frac{\partial \mathcal{L}}{\partial u^\alpha_{ii_1}} v^\alpha_{ii_1} = v^\alpha D_i D_{i_1} \frac{\partial \mathcal{L}}{\partial u^\alpha_{ii_1}} - D_i \left(v^\alpha D_{i_1} \frac{\partial \mathcal{L}}{\partial u^\alpha_{ii_1}} \right) + D_{i_1} \left(v^\alpha_i \frac{\partial \mathcal{L}}{\partial u^\alpha_{ii_1}} \right)$$

$$\vdots$$

$$\frac{\partial \mathcal{L}}{\partial u^\alpha_{ii_1 i_2 \cdots i_{s-1}}} v^\alpha_{ii_1 i_2 \cdots i_{s-1}} = (-1)^s \, v^\alpha D_i D_{i_1} \cdots D_{i_{s-1}} \frac{\partial \mathcal{L}}{\partial u^\alpha_{ii_1 i_2 \cdots i_{s-1}}}$$

$$+ (-1)^{s-1} D_i \left(v^\alpha D_{i_1} \cdots D_{i_{s-1}} \frac{\partial \mathcal{L}}{\partial u^\alpha_{ii_1 i_2 \cdots i_{s-1}}} \right) + \cdots$$

$$+ (-1) D_{i_{s-2}} \left(v^\alpha_{ii_1 i_2 \cdots i_{s-3}} D_{i_{s-1}} \frac{\partial \mathcal{L}}{\partial u^\alpha_{ii_1 i_2 \cdots i_{s-1}}} \right)$$

$$+ D_{i_{s-1}} \left(v^\alpha_{ii_1 i_2 \cdots i_{s-2}} \frac{\partial \mathcal{L}}{\partial u^\alpha_{ii_1 i_2 \cdots i_{s-1}}} \right) \tag{4.142}$$

则有

$$
\begin{aligned}
\delta\mathcal{L} = \varepsilon\Bigg[& v^\alpha\frac{\partial\mathcal{L}}{\partial u^\alpha} - v^\alpha D_i\frac{\partial\mathcal{L}}{\partial u_i^\alpha} + v^\alpha D_i D_{i_1}\frac{\partial\mathcal{L}}{\partial u_{ii_1}^\alpha} + \cdots + (-1)^s v^\alpha D_i D_{i_1}\cdots D_{i_{s-1}} \\
& \frac{\partial\mathcal{L}}{\partial u_{ii_1 i_2\cdots i_{s-1}}^\alpha} + D_i\Bigg(v^\alpha\frac{\partial\mathcal{L}}{\partial u_i^\alpha} - v^\alpha D_{i_1}\frac{\partial\mathcal{L}}{\partial u_{ii_1}^\alpha} + \cdots + (-1)^{s-1} v^\alpha D_{i_1}\cdots D_{i_{s-1}} \\
& \frac{\partial\mathcal{L}}{\partial u_{ii_1 i_2\cdots i_{s-1}}^\alpha}\Bigg) + D_{i_1}\Bigg(v_i^\alpha\frac{\partial\mathcal{L}}{\partial u_{ii_1}^\alpha} - v_i^\alpha D_{i_2}\frac{\partial\mathcal{L}}{\partial u_{ii_1 i_2}^\alpha} + \cdots + (-1)^{s-2} v_i^\alpha D_{i_2}\cdots \\
& D_{i_{s-1}}\frac{\partial\mathcal{L}}{\partial u_{ii_1 i_2\cdots i_{s-1}}^\alpha}\Bigg) + \cdots + D_{i_{s-1}}\Bigg(v_{ii_1 i_2\cdots i_{s-2}}^\alpha\frac{\partial\mathcal{L}}{\partial u_{ii_1 i_2\cdots i_{s-1}}^\alpha}\Bigg)\Bigg] + O\left(\varepsilon^2\right)
\end{aligned}
\tag{4.143}
$$

同理，式 (4.143) 中的中括号内后三项为散度表达式。

取多变量情形下的 Euler 算子

$$
\frac{\delta}{\delta u^\alpha} = \frac{\partial}{\partial u^\alpha} + \sum_{s=1}^{\infty}(-1)^s D_{j_1}\cdots D_{j_s}\frac{\partial}{\partial u_{j_1\cdots j_s}^\alpha}
\tag{4.144}
$$

并取

$$
\begin{aligned}
Q^i\left(\boldsymbol{u},\boldsymbol{v}\right) = {} & v^\alpha\Bigg[\frac{\partial\mathcal{L}}{\partial u_i^\alpha} + \cdots + (-1)^{s-1} D_{i_1}\cdots D_{i_{s-1}}\frac{\partial\mathcal{L}}{\partial u_{ii_1 i_2\cdots i_{s-1}}^\alpha}\Bigg] \\
& + v_{i_1}^\alpha\Bigg[\frac{\partial\mathcal{L}}{\partial u_{ii_1}^\alpha} + \cdots + (-1)^{s-2} D_{i_2}\cdots D_{i_{s-1}}\frac{\partial\mathcal{L}}{\partial u_{ii_1 i_2\cdots i_{s-1}}^\alpha}\Bigg] + \cdots \\
& + v_{i_1 i_2\cdots i_{s-1}}^\alpha\frac{\partial\mathcal{L}}{\partial u_{ii_1 i_2\cdots i_{s-1}}^\alpha} \\
= {} & v^\alpha\frac{\delta\mathcal{L}}{\delta u_i^\alpha} + v_{i_1}^\alpha\frac{\delta\mathcal{L}}{\delta u_{ii_1}^\alpha} + \cdots + v_{i_1 i_2\cdots i_{s-1}}^\alpha\frac{\delta\mathcal{L}}{\delta u_{ii_1 i_2\cdots i_{s-1}}^\alpha}
\end{aligned}
\tag{4.145}
$$

若 $v^\alpha = \eta^\alpha - u_i^\alpha\xi^i$，式 (4.145) 相当于 $\mathcal{N}^i\left(\mathcal{L}\right) - \xi^i\mathcal{L}$。

式 (4.141) 可以表示为

$$
\delta\mathcal{L} = \varepsilon\left[v^\alpha\frac{\delta\mathcal{L}}{\delta u^\alpha} + D_i Q^i\left(\boldsymbol{u},\boldsymbol{v}\right)\right] + O\left(\varepsilon^2\right)
\tag{4.146}
$$

式 (4.146) 中 $\dfrac{\delta \mathcal{L}}{\delta u^{\alpha}}$ 表达式为

$$\frac{\delta \mathcal{L}}{\delta u^{\alpha}} = \frac{\partial \mathcal{L}}{\partial u^{\alpha}} + \sum_{s=1}^{\infty} (-1)^s D_{j_1} \cdots D_{j_s} \frac{\partial \mathcal{L}}{\partial u^{\alpha}_{j_1 \cdots j_s}} \tag{4.147}$$

由于式 (4.146) 不体现 $u(x)$ 的边界条件, 因此在式 (4.145)、(4.147) 中 $u(x)$、$v(x)$ 的导数存在的条件下, 这些方程均成立。

下面通过计算无穷小变换 $u(x) \to u(x) + \varepsilon v(x)$ 下 $S(u)$ 的变分来确定 $u(x)$ 应当满足的条件。根据式 (4.146) 以及散度定理, 得到 $S(u)$ 的变分为

$$\begin{aligned} \delta S(u) &= \delta S(u + \varepsilon v) - \delta S(u) \\ &= \int_V \delta \mathcal{L} \mathrm{d}V \\ &= \varepsilon \int_V \left[v^{\alpha} \frac{\delta \mathcal{L}}{\delta u^{\alpha}} + D_i W^i(u, v) \right] \mathrm{d}V + O(\varepsilon^2) \\ &= \varepsilon \left[\int_V v^{\alpha} \frac{\delta \mathcal{L}}{\delta u^{\alpha}} \mathrm{d}V + \int_{\partial V} W^i(u, v) n_i \mathrm{d}\sigma \right] + O(\varepsilon^2) \end{aligned} \tag{4.148}$$

其中, $\displaystyle\int_{\partial V}$ 表示在 V 的边界 ∂V 上的面积分, ∂V 的单位外法向量为 $n = (n_1, n_2, \cdots, n_n)$。

为了使 $u(x)$ 成为 $S(u)$ 的一个极值函数, 其 $O(\varepsilon)$ 项必须等于零, 即

$$\int_V v^{\alpha} \frac{\delta \mathcal{L}}{\delta u^{\alpha}} \mathrm{d}V + \int_{\partial V} Q^i(u, v) n_i \mathrm{d}\sigma = 0 \tag{4.149}$$

单变量情形中的第二项在多变量情形中扩展为了体边界项。由于函数 $v(x)$ 不会改变 $u(x)$ 的边界条件, 我们假设 $Q^i(u, v)$ 中出现的 $v(x)$ 以及 $v(x)$ 的导函数在体边界 ∂V 上取值均为零。由于 $Q^i(u, v)$ 是 $v(x)$ 及其导函数的线性组合, 所以式 (4.149) 中的第二项面积分等于零。同样, 体积分中的 $v(x)$ 也要保证相同的边界条件。由于 $v(x)$ 在 V 内取值是任意的, 式 (4.149) 成立则满足

$$\frac{\delta \mathcal{L}}{\delta u^{\alpha}} = \frac{\partial \mathcal{L}}{\partial u^{\alpha}} + \sum_{s=1}^{\infty} (-1)^s D_{j_1} \cdots D_{j_s} \frac{\partial \mathcal{L}}{\partial u^{\alpha}_{j_1 \cdots j_s}} = 0, \quad \alpha = 1, \cdots, m \tag{4.150}$$

式 (4.150) 为 $S(u)$ 的极值函数 $u(x)$ 的 Euler-Lagrange 方程组。由此得到如下定理:

定理 4.8 对于如下作用量积分

$$S(\boldsymbol{u}) = \int_V \mathcal{L}\left(\boldsymbol{x}, \boldsymbol{u}, \boldsymbol{u}_{(1)}, \boldsymbol{u}_{(2)}, \cdots, \boldsymbol{u}_{(s)}\right) \mathrm{d}\boldsymbol{x} \tag{4.151}$$

一个光滑函数 $\boldsymbol{u}(\boldsymbol{x})$ 成为其极值的必要条件是满足 Euler-Lagrange 方程组 (4.150)。

定理 4.9 对于式 (4.144) 定义的 Euler 算子，如下性质对于任意至少二次连续可微函数 $F\left(\boldsymbol{x}, \boldsymbol{u}, \boldsymbol{u}_{(1)}, \boldsymbol{u}_{(2)}, \cdots, \boldsymbol{u}_{(s)}\right)$ 均成立

$$\frac{\delta}{\delta u^\alpha} D_i F\left(\boldsymbol{x}, \boldsymbol{u}, \boldsymbol{u}_{(1)}, \boldsymbol{u}_{(2)}, \cdots, \boldsymbol{u}_{(s)}\right) \equiv 0 \tag{4.152}$$

证明   直接化简式 (4.152)

$$\frac{\delta}{\delta u^\alpha} D_i F$$

$$= \left(\frac{\partial}{\partial u^\alpha} + \sum_{s=1}^\infty (-1)^s D_{j_1} \cdots D_{j_s} \frac{\partial}{\partial u^\alpha_{j_1 \cdots j_s}}\right) \left(\frac{\partial F}{\partial x^i} + u^\beta_i \frac{\partial F}{\partial u^\beta} + \sum_{s=1}^\infty u^\beta_{i i_1 \cdots i_s} \frac{\partial F}{\partial u^\beta_{i_1 \cdots i_s}}\right)$$

$$= \left(\frac{\partial}{\partial u^\alpha} \frac{\partial F}{\partial x^i} + u^\beta_i \frac{\partial}{\partial u^\alpha} \frac{\partial F}{\partial u^\beta} + \sum_{s=1}^\infty u^\beta_{i i_1 \cdots i_s} \frac{\partial}{\partial u^\alpha} \frac{\partial F}{\partial u^\beta_{i_1 \cdots i_s}}\right)$$

$$\quad + \sum_{s=1}^\infty (-1)^s D_{j_1} \cdots D_{j_s} \frac{\partial}{\partial u^\alpha_{j_1 \cdots j_s}} \left(\frac{\partial F}{\partial x^i} + u^\beta_i \frac{\partial F}{\partial u^\beta} + \sum_{t=1}^\infty u^\beta_{i i_1 \cdots i_t} \frac{\partial F}{\partial u^\beta_{i_1 \cdots i_t}}\right)$$

$$= \left(\frac{\partial}{\partial x^i} + u^\beta_i \frac{\partial}{\partial u^\beta} + \sum_{s=1}^\infty u^\beta_{i i_1 \cdots i_s} \frac{\partial}{\partial u^\beta_{i_1 \cdots i_s}}\right) \frac{\partial F}{\partial u^\alpha}$$

$$\quad + \sum_{s=1}^\infty (-1)^s D_{j_1} \cdots D_{j_s} \frac{\partial}{\partial u^\alpha_{j_1 \cdots j_s}} \left(\frac{\partial F}{\partial x^i} + u^\beta_i \frac{\partial F}{\partial u^\beta} + \sum_{t=1}^\infty u^\beta_{i i_1 \cdots i_t} \frac{\partial F}{\partial u^\beta_{i_1 \cdots i_t}}\right) \tag{4.153}$$

式 (4.153) 进一步写为

$$\frac{\delta}{\delta u^\alpha} D_i F$$

$$= D_i \frac{\partial F}{\partial u^\alpha} + \sum_{s=1}^\infty (-1)^s D_{j_1} \cdots D_{j_s} \left[\frac{\partial}{\partial u^\alpha_{j_1 \cdots j_s}} \frac{\partial F}{\partial x^i} + \frac{\partial}{\partial u^\alpha_{j_1 \cdots j_s}} \left(u^\beta_i \frac{\partial F}{\partial u^\beta}\right)\right.$$

$$\left. + \sum_{t=1}^\infty \frac{\partial}{\partial u^\alpha_{j_1 \cdots j_s}} \left(u^\beta_{i i_1 \cdots i_t} \frac{\partial F}{\partial u^\beta_{i_1 \cdots i_t}}\right)\right]$$

$$= D_i \frac{\partial F}{\partial u^\alpha} + \sum_{s=1}^\infty (-1)^s D_{j_1} \cdots D_{j_s} \left(\frac{\partial}{\partial x^i} \frac{\partial F}{\partial u^\alpha_{j_1 \cdots j_s}} + u^\beta_i \frac{\partial}{\partial u^\beta} \frac{\partial F}{\partial u^\alpha_{j_1 \cdots j_s}}\right.$$

$$+ \sum_{t=1}^{\infty} u_{ii_1 \cdots i_t}^{\beta} \frac{\partial}{\partial u_{i_1 \cdots i_t}^{\beta}} \frac{\partial F}{\partial u_{j_1 \cdots j_s}^{\alpha}} \Bigg) + \sum_{s=1}^{\infty} (-1)^s D_{j_1} \cdots D_{j_s} \left(\frac{\partial u_i^{\beta}}{\partial u_{j_1 \cdots j_s}^{\alpha}} \frac{\partial F}{\partial u^{\beta}} \right.$$

$$\left. + \sum_{t=1}^{\infty} \frac{\partial u_{ii_1 \cdots i_t}^{\beta}}{\partial u_{i_1 \cdots i_s}^{\beta}} \frac{\partial F}{\partial u_{j_1 \cdots j_t}^{\alpha}} \right)$$

$$= D_i \frac{\partial F}{\partial u^{\alpha}} + \sum_{s=1}^{\infty} (-1)^s D_{j_1} \cdots D_{j_s} \left(\frac{\partial}{\partial x^i} + u_i^{\beta} \frac{\partial}{\partial u^{\beta}} + \sum_{t=1}^{\infty} u_{ii_1 \cdots i_t}^{\beta} \frac{\partial}{\partial u_{i_1 \cdots i_t}^{\beta}} \right) \frac{\partial F}{\partial u_{j_1 \cdots j_s}^{\alpha}}$$

$$+ \sum_{s=1}^{\infty} (-1)^s D_{j_1} \cdots D_{j_s} \left(\frac{\partial u_i^{\beta}}{\partial u_{j_1 \cdots j_s}^{\alpha}} \frac{\partial F}{\partial u^{\beta}} + \sum_{t=1}^{\infty} \frac{\partial u_{ii_1 \cdots i_t}^{\beta}}{\partial u_{i_1 \cdots i_s}^{\beta}} \frac{\partial F}{\partial u_{i_1 \cdots i_t}^{\beta}} \right)$$

$$= D_i \frac{\partial F}{\partial u^{\alpha}} + \sum_{s=1}^{\infty} (-1)^s D_{j_1} \cdots D_{j_s} D_i \frac{\partial F}{\partial u_{j_1 \cdots j_s}^{\alpha}}$$

$$+ \sum_{s=1}^{\infty} (-1)^s D_{j_1} \cdots D_{j_s} \left(\frac{\partial u_i^{\beta}}{\partial u_{j_1 \cdots j_s}^{\alpha}} \frac{\partial F}{\partial u^{\beta}} + \sum_{t=1}^{\infty} \frac{\partial u_{ii_1 \cdots i_t}^{\beta}}{\partial u_{i_1 \cdots i_s}^{\beta}} \frac{\partial F}{\partial u_{i_1 \cdots i_t}^{\beta}} \right) \tag{4.154}$$

根据 $\dfrac{\partial u_i^{\alpha}}{\partial u_j^{\beta}} = 0 \ (i \neq j)$, 有

$$\sum_{s=1}^{\infty} (-1)^s D_{j_1} \cdots D_{j_s} \left(\frac{\partial u_i^{\beta}}{\partial u_{j_1 \cdots j_s}^{\alpha}} \frac{\partial F}{\partial u^{\beta}} + \sum_{t=1}^{\infty} \frac{\partial u_{ii_1 \cdots i_t}^{\beta}}{\partial u_{i_1 \cdots i_s}^{\beta}} \frac{\partial F}{\partial u_{i_1 \cdots i_t}^{\beta}} \right)$$

$$= -D_i \frac{\partial F}{\partial u^{\alpha}} + \sum_{s=1}^{\infty} (-1)^s D_{j_1} \cdots D_{j_s} \left(\sum_{t=1}^{\infty} \frac{\partial u_{ii_1 \cdots i_t}^{\beta}}{\partial u_{i_1 \cdots i_s}^{\beta}} \frac{\partial F}{\partial u_{i_1 \cdots i_t}^{\beta}} \right)$$

$$= -D_i \frac{\partial F}{\partial u^{\alpha}} + \sum_{s=2}^{\infty} (-1)^s D_{j_1} \cdots D_{j_s} \frac{\partial F}{\partial u_{j_1 \cdots j_{s-1}}^{\alpha}}$$

$$= -D_i \frac{\partial F}{\partial u^{\alpha}} - \sum_{s=1}^{\infty} (-1)^s D_i D_{j_1} \cdots D_{j_s} \frac{\partial F}{\partial u_{j_1 \cdots j_s}^{\alpha}} \tag{4.155}$$

因此式 (4.153) 化为

$$\frac{\delta}{\delta u^{\alpha}} D_i F = D_i \frac{\partial F}{\partial u^{\alpha}} + \sum_{s=1}^{\infty} (-1)^s D_{j_1} \cdots D_{j_s} D_i \frac{\partial F}{\partial u_{j_1 \cdots j_s}^{\alpha}}$$

$$+ \left[-D_i \frac{\partial F}{\partial u^{\alpha}} - \sum_{s=1}^{\infty} (-1)^s D_i D_{j_1} \cdots D_{j_s} \frac{\partial F}{\partial u_{j_1 \cdots j_s}^{\alpha}} \right]$$

$$= 0 \tag{4.156}$$

得证。由定理 4.9 易得如下定理 4.10、定理 4.11：

定理 4.10　一个 Lagrange 函数 $\mathcal{L}$ 的 Euler-Lagrange 方程组恒等于零，如果 $\mathcal{L}$ 能表示为散度形式

$$\mathcal{L} = D_i F^i \left(\boldsymbol{x}, \boldsymbol{u}, \boldsymbol{u}_{(1)}, \boldsymbol{u}_{(2)}, \cdots, \boldsymbol{u}_{(s)} \right) \tag{4.157}$$

定理 4.11　如果两个 Lagrange 函数具有关系 $\mathcal{L} - \mathcal{L}' = \operatorname{div} A$，则 $\mathcal{L}$ 和 $\mathcal{L}'$ 有相同的 Euler-Lagrange 方程组，其中 $\boldsymbol{A} \left(\boldsymbol{x}, \boldsymbol{u}, \boldsymbol{u}_{(1)}, \boldsymbol{u}_{(2)}, \cdots, \boldsymbol{u}_{(s)} \right) = (A^1, A^2, \cdots, A^n)$。

定理 4.9、定理 4.10 和定理 4.11 的逆定理也成立。

2) 变分对称性及守恒律

由于 Euler-Lagrange 方程是许多物理系统的控制方程，希望守恒律能够直接从 Euler-Lagrange 方程的性质中导出。对于多变量情形的作用量积分 $S(\boldsymbol{u}) = \displaystyle\int_V \mathcal{L} \mathrm{d}V$，Noether 考虑的变换形式为

$$\begin{aligned}
\overline{\boldsymbol{x}} &= \boldsymbol{x} + \varepsilon \xi \left(\boldsymbol{x}, \boldsymbol{u}, \boldsymbol{u}_{(1)}, \boldsymbol{u}_{(2)}, \cdots, \boldsymbol{u}_{(s)} \right) + O \left(\varepsilon^2 \right) \\
\overline{\boldsymbol{u}} &= \boldsymbol{u} + \varepsilon \eta \left(\boldsymbol{x}, \boldsymbol{u}, \boldsymbol{u}_{(1)}, \boldsymbol{u}_{(2)}, \cdots, \boldsymbol{u}_{(s)} \right) + O \left(\varepsilon^2 \right)
\end{aligned} \tag{4.158}$$

同理有等价变换

$$\overline{\boldsymbol{x}} = \boldsymbol{x}, \quad \overline{\boldsymbol{u}} = \boldsymbol{u} + \varepsilon \eta \left(\boldsymbol{x}, \boldsymbol{u}, \boldsymbol{u}_{(1)}, \boldsymbol{u}_{(2)}, \cdots, \boldsymbol{u}_{(s)} \right) + O \left(\varepsilon^2 \right) \tag{4.159}$$

下面对 Noether 定理进行证明：

根据算子延拓表达式，易知式 (4.159) 对应高阶导数的变换为

$$\overline{\boldsymbol{u}}_i = \boldsymbol{u}_i + \varepsilon D_i \boldsymbol{\eta} + O \left(\varepsilon^2 \right), \quad \overline{\boldsymbol{u}}_{ij} = \boldsymbol{u}_{ij} + \varepsilon D_i D_j \boldsymbol{\eta} + O \left(\varepsilon^2 \right) \tag{4.160}$$

对应的无穷小生成元 s 阶延拓为

$$X^{(s)} = \eta^\alpha \frac{\partial}{\partial u^\alpha} + \eta_i^\alpha \frac{\partial}{\partial u_i^\alpha} + \eta_{i_1 i_2}^\alpha \frac{\partial}{\partial u_{i_1 i_2}^\alpha} + \cdots + \eta_{i_1 i_2 \cdots i_s}^\alpha \frac{\partial}{\partial u_{i_1 i_2 \cdots i_s}^\alpha} \tag{4.161}$$

其中 $\eta_{i_1 i_2 \cdots i_s}^\alpha = D_{i_1} D_{i_2} \cdots D_{i_s} (\eta^\alpha)$。

在式 (4.158)、(4.160) 的变换下，Lagrange 函数的变化量为

$$\delta \mathcal{L} = \overline{\mathcal{L}} - \mathcal{L} = \varepsilon X^{(s)} (\mathcal{L}) + O \left(\varepsilon^2 \right) \tag{4.162}$$

定义 4.3　如果对于任意的 $\boldsymbol{u}(x)$，存在一些向量函数

$$\boldsymbol{A} \left(\boldsymbol{x}, \boldsymbol{u}, \boldsymbol{u}_{(1)}, \boldsymbol{u}_{(2)}, \cdots, \boldsymbol{u}_{(s)} \right) = (A^1, A^2, \cdots, A^n) \tag{4.163}$$

使得

$$X^{(s)}(\mathcal{L}) = D_i A^i \tag{4.164}$$

则变换 (4.159) 称为作用量积分 $S(\boldsymbol{u})$ 的**变分对称性**, 变分对称性也称作 **Noether 对称性**.

现在考虑对任意 $\boldsymbol{u}, \boldsymbol{v}$ 均成立的性质 (4.146). 令式 (4.146) 中 $\boldsymbol{v} = \boldsymbol{\eta}, v_i = \eta_i, v_{ij} = \eta_{ij}, \cdots$, 结合式 (4.146) 和式 (4.162), 有

$$X^{(s)}(\mathcal{L}) = \eta^\alpha \frac{\delta \mathcal{L}}{\delta u^\alpha} + D_i Q^i(\boldsymbol{u}, \boldsymbol{\eta}) \tag{4.165}$$

比较式 (4.164) 和式 (4.165), 得到对于任意的变分对称性 (4.159)Lagrange 函数均需满足的关系式

$$\eta^\alpha \frac{\delta \mathcal{L}}{\delta u^\alpha} + D_i Q^i(\boldsymbol{u}, \boldsymbol{\eta}) = D_i A^i \tag{4.166}$$

如果 $\boldsymbol{u}(\boldsymbol{x})$ 是 Euler-Lagrange 方程的一组解, 即 $\dfrac{\delta}{\delta u^\alpha} \mathcal{L}(\boldsymbol{x}, \boldsymbol{u}, \boldsymbol{u}_{(1)}, \boldsymbol{u}_{(2)}, \cdots, \boldsymbol{u}_{(s)}) = 0$, 从式 (4.166) 得到守恒律 $D^i(Q^i(\boldsymbol{u}, \boldsymbol{\eta}) - A^i) = 0$. 由此得到如下定理:

定理 4.12 (多变量情形下 Boyer 形式的 Noether 定理) 令无穷小生成元为 $X = \eta^\alpha \dfrac{\partial}{\partial u^\alpha}$, $X^{(s)}$ 表示其 s 阶延拓, 如果 X 是作用量积分的变分对称性的一个无穷小生成元, 即对任意的 $\boldsymbol{u}(\boldsymbol{x})$ 均有 $X^{(s)}(\mathcal{L}) = D_i A^i$, 当 $\boldsymbol{u}(\boldsymbol{x})$ 为 Euler-Lagrange 方程的一组解时, 成立守恒律 [27,51]

$$D^i(Q^i(\boldsymbol{u}, \boldsymbol{\eta}) - A^i) = 0 \tag{4.167}$$

4.2.2.3　两种 Noether 定理证明的等价性

以上两种证明所得到的结果虽然形式不同, 但实际都是 Noether 定理, 具有等价性. 现给出证明.

定理 4.13 令 $\hat{\eta}^\alpha = \eta^\alpha - u_i^\alpha \xi^i$, 则 $\hat{X} = \hat{\eta}^\alpha \dfrac{\partial}{\partial u^\alpha}$ 满足守恒条件 (4.164), 即 $\hat{X}^{(s)}(\mathcal{L}) = D_i(A^i)$, 等价于 $X = \xi^i \dfrac{\partial}{\partial x^i} + \eta^\alpha \dfrac{\partial}{\partial u^\alpha}$ 满足守恒条件 (4.128), 即 $X^{(s)}(\mathcal{L}) + \mathcal{L} D_i(\xi^i) = D_i(B^i)$.

证明　因为

$$X^{(s)}(\mathcal{L}) = \xi^i D_i(\mathcal{L}) + (\eta^\alpha - u_i^\alpha \xi^i) \frac{\partial}{\partial u^\alpha} + \sum_{s=1}^{\infty} D_{i_1} \cdots D_{i_s} (\eta^\alpha - u_i^\alpha \xi^i) \frac{\partial}{\partial u^\alpha}$$

$$= \hat{X}^{(s)}\left(\mathcal{L}\right) + \xi^i D_i\left(\mathcal{L}\right) \tag{4.168}$$

则

$$\begin{aligned}
D_i\left(A^i\right) &= \hat{X}^{(s)}\left(\mathcal{L}\right) \\
&= X^{(s)}\left(\mathcal{L}\right) - \xi^i D_i\left(\mathcal{L}\right) \\
&= D_i\left(B^i\right) - \mathcal{L}D_i\left(\xi^i\right) - \xi^i D_i\left(\mathcal{L}\right) \\
&= D_i\left(B^i - \xi^i\mathcal{L}\right)
\end{aligned} \tag{4.169}$$

即当向量场 $\boldsymbol{B} = \boldsymbol{A} + \xi\mathcal{L}$ 时,两个条件完全一致,进而有守恒量

$$\begin{aligned}
D^i\left(Q^i\left(\boldsymbol{u}, \hat{\boldsymbol{\eta}}\right) - A^i\right) &= D^i\left[\left(\mathcal{N}^i\left(\mathcal{L}\right) - \xi^i\mathcal{L}\right) - \left(B^i - \xi^i\mathcal{L}\right)\right] \\
&= D^i\left(\mathcal{N}^i\left(\mathcal{L}\right) - B^i\right) = 0
\end{aligned} \tag{4.170}$$

因此守恒量也是等价的。

4.2.3　关于部分/全表面边界条件的讨论

通过 4.2.2.1 节中 Noether 守恒律证明时使用的不变性条件可知,$\overline{S} = S$ 的充分条件为式 (4.105)。式 (4.105) 表示了无边界条件的情形。然而在实际问题中,通常还存在边界条件,对称性条件 (4.105) 和守恒律 (4.126) 较为理想化,下面将讨论边界条件类型在 Noether 守恒律应用中的处理方式。

假设边界条件为全表面积分,其可以转化为体积分,此时对称性条件和守恒律可分别表示为

$$X\left(\mathcal{L}\right) + \mathcal{L}D_i\left(\xi^i\right) = D_i\left(B^i\right) \tag{4.171}$$

$$W^\alpha \frac{\delta\mathcal{L}}{\delta u^\alpha} + D_i\mathcal{N}^i\left(\mathcal{L}\right) = D_i\left(B^i\right) \tag{4.172}$$

等式右侧的 $D_i\left(B^i\right)$ 即为全表面积分边界条件转化为体积分后的积分项。它们恰好对应了 4.2.2.1 节中增加了任意向量场散度的对称性条件 (4.128) 和守恒律 (4.130),该现象能够使读者从实际问题的角度更直观地理解 Noether 守恒律。

当边界条件为部分表面积分时,由于 Noether 守恒律是基于体积分推导的,因此如果要应用 Noether 守恒律,就需要引入 δ 函数,将部分边界条件扩展到全部边界后再转化为体积分,后续的步骤即按照全表面情况进行。

下面将以弹性力学势能的 Noether 守恒律为例进行说明 [24,52]:

考虑三维情形,以位移 u_i 为变量的弹性势能 Π 可写作

$$\Pi = \iiint \left[A\left(E_{ij}\right) - f_i u_i\right] \mathrm{d}x_1 \mathrm{d}x_2 \mathrm{d}x_3 - \iint_{S_p} \overline{p}_i u_i \mathrm{d}S, \quad \delta\Pi = 0 \tag{4.173}$$

其中，$\overline{p}_i$ 是已知面力，f_i 为已知体力，$A(E_{ij})$ 为单位弹性变形能，E_{ij} 是 Green 应变张量分量，应力张量分量 $\sigma_{ij} = \partial A/\partial E_{ij}$，$S_p$ 为已知边界表面。

特别地，当不考虑边界条件时，Noether 守恒律为

$$X\left(A\left(E_{ij}\right)-f_iu_i\right)+\left(A\left(E_{ij}\right)-f_iu_i\right)D_i\left(\xi^i\right)=0 \tag{4.174}$$

当 S_p 为全表面边界时，$S_p = S_\Omega$，可以把表面力转化为应力 $\overline{p}_i = \overline{\sigma}_{ij}n_j$，于是可将积分边界条件转化为体积分

$$\begin{aligned}
\iint_{S_p}\overline{p}_iu_i\mathrm{d}S &= \iint_{S_\Omega}\overline{\sigma}_{ij}n_ju_i\mathrm{d}S \\
&= \iiint\left(\overline{\sigma}_{ij}u_i\right)_{,j}\mathrm{d}x_1\mathrm{d}x_2\mathrm{d}x_3 \\
&= \iiint\left(\overline{\sigma}_{ij,j}u_i+\overline{\sigma}_{ij}u_{i,j}\right)\mathrm{d}x_1\mathrm{d}x_2\mathrm{d}x_3
\end{aligned} \tag{4.175}$$

此时守恒律为

$$X\left(A\left(E_{ij}\right)-f_iu_i-\overline{\sigma}_{ij,j}u_i-\overline{\sigma}_{ij,j}u_{i,j}\right)+\left(A\left(E_{ij}\right)-f_iu_i-\overline{\sigma}_{ij,j}u_i-\overline{\sigma}_{ij,j}u_{i,j}\right)D_i\left(\xi^i\right)$$
$$=0 \tag{4.176}$$

当 S_p 为部分表面边界时，无法直接将面积分转化为体积分，因此需要引入 Heaviside 函数

$$H(x)=\begin{cases} 1, & x \geqslant 0 \\ 0, & x < 0 \end{cases} \tag{4.177}$$

Heaviside 函数的导数是 $\mathrm{d}H(x)/\mathrm{d}x = \delta(x)$。由于 S_p 的形状不规则，记表面 S_p 的封闭边界曲线方程是 $b(x_i) = 0$，假设在表面 S_p 内 $b(x_i) < 0$、表面外 $b(x_i) > 0$，将 Heaviside 函数扩展为

$$H(x)=\begin{cases} 1, & b(x_i) \geqslant 0 \\ 0, & b(x_i) < 0 \end{cases} \tag{4.178}$$

这样就可以将部分边界条件的积分扩展到全表面，进而转化为体积分

$$\iint_{S_p}\overline{p}_iu_i\mathrm{d}S = \iint_{S_\Omega}H\left[b\left(x_i\right)\right]\overline{p}_iu_i\mathrm{d}S = \iint_{S_\Omega}H\left[b\left(x_i\right)\right]\overline{\sigma}_{ij}n_ju_i\mathrm{d}S \tag{4.179}$$

$$\iint_{S_\Omega}H\left[b\left(x_i\right)\right]\overline{\sigma}_{ij}n_ju_i\mathrm{d}S$$

$$= \iiint \left\{ H\left[b\left(x_i \right) \right] \overline{\sigma}_{ij} u_i \right\}_{,j} \mathrm{d}x_1 \mathrm{d}x_2 \mathrm{d}x_3$$

$$= \iiint \left\{ H\left[b\left(x_i \right) \right] \overline{\sigma}_{ij,j} u_i + H\left[b\left(x_i \right) \right] \overline{\sigma}_{ij} u_{i,j} + \delta\left[b\left(x_i \right) \right] b_{,j} \overline{\sigma}_{ij} u_i \right\} \mathrm{d}x_1 \mathrm{d}x_2 \mathrm{d}x_3$$

$$(4.180)$$

从而得到部分边界条件下的守恒律

$$X \left\{ A\left(E_{ij} \right) - f_i u_i - \left\{ H\left[b\left(x_i \right) \right] \overline{\sigma}_{ij,j} u_i + H\left[b\left(x_i \right) \right] \overline{\sigma}_{ij} u_{i,j} + \delta\left[b\left(x_i \right) \right] b_{,j} \overline{\sigma}_{ij} u_i \right\} \right\}$$

$$+ \left\{ A\left(E_{ij} \right) - f_i u_i - \left\{ H\left[b\left(x_i \right) \right] \overline{\sigma}_{ij,j} u_i + H\left[b\left(x_i \right) \right] \overline{\sigma}_{ij} u_{i,j} + \delta\left[b\left(x_i \right) \right] b_{,j} \overline{\sigma}_{ij} u_i \right\} \right\}$$

$$\times D_i \left(\xi^i \right) = 0 \tag{4.181}$$

通过以上弹性力学应用实例可以说明 Noether 守恒律在存在边界条件时的处理方式。

4.3　双参数变换群条件下的 Noether 守恒律

正如第 2 章所述，人们在实际物理分析中会遇到多参数变换群问题，而本章前述内容主要讨论了单参数变换群条件下的 Noether 守恒律，为了方便读者更好地处理多参数问题，本节讨论双参数变换群条件下的 Noether 守恒律，并且相关推导过程和结论能够推广至任意多参数的变换群问题当中。

4.3.1　双参数单变量 Noether 定理

定理 4.14 (双参数单变量 Noether 定理)　如果 Lagrange 函数 $\mathcal{L}(x, \boldsymbol{u}, \boldsymbol{u}_{(1)}, \boldsymbol{u}_{(2)}, \cdots, \boldsymbol{u}_{(s)})$ 的变分积分在具有如下无穷小生成元的双参数 Lie-Bäcklund 群 G 下是不变的

$$X_1 = \xi_1 \left(x, \boldsymbol{u}, \boldsymbol{u}_{(1)}, \cdots \right) \frac{\partial}{\partial x} + \eta_1^\alpha \left(x, \boldsymbol{u}, \boldsymbol{u}_{(1)}, \cdots \right) \frac{\partial}{\partial u^\alpha} + \cdots \tag{4.182}$$

$$X_2 = \xi_2 \left(x, \boldsymbol{u}, \boldsymbol{u}_{(1)}, \cdots \right) \frac{\partial}{\partial x} + \eta_2^\alpha \left(x, \boldsymbol{u}, \boldsymbol{u}_{(1)}, \cdots \right) \frac{\partial}{\partial u^\alpha} + \cdots \tag{4.183}$$

则标量

$$C_1 = \mathcal{N}_1 \left(\mathcal{L} \right) - B_1 \tag{4.184}$$

$$C_2 = \mathcal{N}_2 \left(\mathcal{L} \right) - B_2 \tag{4.185}$$

其中，$\mathcal{N}$ 代表 Noether 算子，B_1, B_2 为任意标量函数，对于满足 Euler-Lagrange 方程的所有解，具有守恒律

$$D \left(C_1 \right) = 0 \tag{4.186}$$

$$D\left(C_2\right) = 0 \tag{4.187}$$

证明过程与单参数情形类似。双参数 Lie-Bäcklund 群为

$$\overline{x} = x + \varepsilon_1 \xi_1\left(x, \boldsymbol{u}, \boldsymbol{u}_{(1)}, \cdots, \boldsymbol{u}_{(r)}\right) + \varepsilon_2 \xi_2\left(x, \boldsymbol{u}, \boldsymbol{u}_{(1)}, \cdots, \boldsymbol{u}_{(r)}\right) + \cdots$$

$$\overline{u^\alpha} = u^\alpha + \varepsilon_1 \eta_1^\alpha\left(x, \boldsymbol{u}, \boldsymbol{u}_{(1)}, \cdots, \boldsymbol{u}_{(r)}\right) + \varepsilon_2 \eta_2^\alpha\left(x, \boldsymbol{u}, \boldsymbol{u}_{(1)}, \cdots, \boldsymbol{u}_{(r)}\right) + \cdots$$

$$\overline{u_1^\alpha} = u_1^\alpha + \varepsilon_1 \zeta_1^{1\alpha}\left(x, \boldsymbol{u}, \boldsymbol{u}_{(1)}, \cdots, \boldsymbol{u}_{(r)}, \boldsymbol{u}_{(r+1)}\right)$$
$$\qquad + \varepsilon_2 \zeta_1^{2\alpha}\left(x, \boldsymbol{u}, \boldsymbol{u}_{(1)}, \cdots, \boldsymbol{u}_{(r)}, \boldsymbol{u}_{(r+1)}\right) + \cdots$$

$$\overline{u_2^\alpha} = u_2^\alpha + \varepsilon_1 \zeta_2^{1\alpha}\left(x, \boldsymbol{u}, \boldsymbol{u}_{(1)}, \cdots, \boldsymbol{u}_{(r)}, \boldsymbol{u}_{(r+1)}, \boldsymbol{u}_{(r+2)}\right)$$
$$\qquad + \varepsilon_2 \zeta_2^{2\alpha}\left(x, \boldsymbol{u}, \boldsymbol{u}_{(1)}, \cdots, \boldsymbol{u}_{(r)}, \boldsymbol{u}_{(r+1)}, \boldsymbol{u}_{(r+2)}\right) + \cdots$$

$$\vdots$$

$$\overline{u_s^\alpha} = u_s^\alpha + \varepsilon_1 \zeta_s^{1\alpha}\left(x, \boldsymbol{u}, \boldsymbol{u}_{(1)}, \cdots, \boldsymbol{u}_{(r)}, \boldsymbol{u}_{(r+1)}, \boldsymbol{u}_{(r+2)}, \cdots, \boldsymbol{u}_{(r+s)}\right)$$
$$\qquad + \varepsilon_2 \zeta_s^{2\alpha}\left(x, \boldsymbol{u}, \boldsymbol{u}_{(1)}, \cdots, \boldsymbol{u}_{(r)}, \boldsymbol{u}_{(r+1)}, \boldsymbol{u}_{(r+2)}, \cdots, \boldsymbol{u}_{(r+s)}\right) + \cdots \tag{4.188}$$

其中对于 s 阶延拓有

$$\zeta_s^{1\alpha} = D_{i_s}\left(\zeta_{s-1}^{1\alpha}\right) - u_s^\alpha D_{i_s}\left(\xi_1\right) \tag{4.189}$$

$$\zeta_s^{2\alpha} = D_{i_s}\left(\zeta_{s-1}^{2\alpha}\right) - u_s^\alpha D_{i_s}\left(\xi_2\right) \tag{4.190}$$

取 ε 的一阶项，有坐标变换

$$\mathrm{d}\overline{x} = \left[1 + \varepsilon_1 D\left(\xi_1\right) + \varepsilon_2 D\left(\xi_2\right) + O\left(\varepsilon^2\right)\right] \mathrm{d}x \tag{4.191}$$

然后将 Lie-Bäcklund 群变换后的 Lagrange 函数在 $\varepsilon = 0$ 处展开

$$\mathcal{L}\left(\overline{x}, \overline{\boldsymbol{u}}, \overline{\boldsymbol{u}}_{(1)}, \overline{\boldsymbol{u}}_{(2)}, \cdots, \overline{\boldsymbol{u}}_{(s)}\right) = \mathcal{L}\left(x, \boldsymbol{u}, \boldsymbol{u}_{(1)}, \boldsymbol{u}_{(2)}, \cdots, \boldsymbol{u}_{(s)}\right)$$
$$\qquad + \varepsilon_1 X_1 \mathcal{L} + \varepsilon_2 X_2 \mathcal{L} + O\left(\varepsilon^2\right) \tag{4.192}$$

其中 X 为 Lie-Bäcklund 算子

$$X_1 = \xi_1 \frac{\partial}{\partial x} + \eta_1^\alpha \frac{\partial}{\partial u^\alpha} + \zeta_1^{1\alpha} \frac{\partial}{\partial u_1^\alpha} + \zeta_2^{1\alpha} \frac{\partial}{\partial u_2^\alpha} + \cdots + \zeta_s^{1\alpha} \frac{\partial}{\partial u_s^\alpha} \tag{4.193}$$

$$X_2 = \xi_2 \frac{\partial}{\partial x} + \eta_2^\alpha \frac{\partial}{\partial u^\alpha} + \zeta_1^{2\alpha} \frac{\partial}{\partial u_1^\alpha} + \zeta_2^{2\alpha} \frac{\partial}{\partial u_2^\alpha} + \cdots + \zeta_s^{2\alpha} \frac{\partial}{\partial u_s^\alpha} \tag{4.194}$$

将式 (4.188) 代回泛函 S 得到 $\overline{S}$

$$
\begin{aligned}
\overline{S} &= \int \mathcal{L}\left(\overline{x}, \overline{u}, \overline{u}_{(1)}, \overline{u}_{(2)}, \cdots, \overline{u}_{(s)}\right) \mathrm{d}\overline{x} \\
&= \int \left[\mathcal{L}\left(x, u, u_{(1)}, u_{(2)}, \cdots, u_{(s)}\right) + \varepsilon_1 X_1 \mathcal{L}\left(x, u, u_{(1)}, u_{(2)}, \cdots, u_{(s)}\right)\right. \\
&\quad \left. + \varepsilon_2 X_2 \mathcal{L}\left(x, u, u_{(1)}, u_{(2)}, \cdots, u_{(s)}\right) + O\left(\varepsilon^2\right)\right] \\
&\quad \times \left[1 + \varepsilon_1 D\left(\xi_1\right) + \varepsilon_2 D\left(\xi_2\right) + O\left(\varepsilon^2\right)\right] \mathrm{d}x \\
&= \int \mathcal{L}\left(x, u, u_{(1)}, u_{(2)}, \cdots, u_{(s)}\right) \mathrm{d}x + \int \left[\varepsilon_1 X_1\left(\mathcal{L}\right) + \varepsilon_1 \mathcal{L}D\left(\xi_1\right)\right] \mathrm{d}x \\
&\quad + \int \left[\varepsilon_2 X_2\left(\mathcal{L}\right) + \varepsilon_2 \mathcal{L}D\left(\xi_2\right)\right] \mathrm{d}x + O\left(\varepsilon^2\right) \\
&= S + \int \left[\varepsilon_1 X_1\left(\mathcal{L}\right) + \varepsilon_1 \mathcal{L}D\left(\xi_1\right)\right] \mathrm{d}x + \int \left[\varepsilon_2 X_2\left(\mathcal{L}\right) + \varepsilon_2 \mathcal{L}D\left(\xi_2\right)\right] \mathrm{d}x + O\left(\varepsilon^2\right)
\end{aligned}
$$

$$
\tag{4.195}
$$

考虑 ε 的一阶项, 由式 (4.195) 易知泛函不变 $(\overline{S} = S)$ 的充分条件为

$$
X_1\left(\mathcal{L}\right) + \mathcal{L}D\left(\xi_1\right) = 0 \tag{4.196}
$$

$$
X_2\left(\mathcal{L}\right) + \mathcal{L}D\left(\xi_2\right) = 0 \tag{4.197}
$$

根据基本恒等式

$$
X\left(\mathcal{L}\right) + \mathcal{L}D\left(\xi\right) = W^\alpha \frac{\delta \mathcal{L}}{\delta u^\alpha} + D\mathcal{N}\left(\mathcal{L}\right) \tag{4.198}
$$

式 (4.195) 还可写作

$$
\begin{aligned}
\overline{S} &= S + \varepsilon_1 \int \left[W_1^\alpha \frac{\delta \mathcal{L}}{\delta u^\alpha} + D\mathcal{N}_1\left(\mathcal{L}\right)\right] \mathrm{d}V \\
&\quad + \varepsilon_2 \int \left[W_2^\alpha \frac{\delta \mathcal{L}}{\delta u^\alpha} + D\mathcal{N}_2\left(\mathcal{L}\right)\right] \mathrm{d}V + O\left(\varepsilon^2\right) + \cdots
\end{aligned}
\tag{4.199}
$$

由于积分体积是任意的, 所以 Lie 群对称性就必须要求积分函数等于零, 即

$$
W_1^\alpha \frac{\delta \mathcal{L}}{\delta u^\alpha} + D\mathcal{N}_1\left(\mathcal{L}\right) = 0 \tag{4.200}
$$

$$
W_2^\alpha \frac{\delta \mathcal{L}}{\delta u^\alpha} + D\mathcal{N}_2\left(\mathcal{L}\right) = 0 \tag{4.201}
$$

进一步，根据引理 4.1，可以将不变性条件 (4.196)、(4.197) 扩展为

$$X_1\left(\mathcal{L}\right) + \mathcal{L}D\left(\xi_1\right) = D\left(B_1\right) \tag{4.202}$$

$$X_2\left(\mathcal{L}\right) + \mathcal{L}D\left(\xi_2\right) = D\left(B_2\right) \tag{4.203}$$

其中 B_1, B_2 是任意函数。

式 (4.199) 进一步写作

$$\overline{S} = S + \varepsilon_1 \int \left[W_1^\alpha \frac{\delta\mathcal{L}}{\delta u^\alpha} + D\mathcal{N}_2\left(\mathcal{L}\right) - D\left(B_1\right) \right] \mathrm{d}V$$
$$+ \varepsilon_2 \int \left[W_2^\alpha \frac{\delta\mathcal{L}}{\delta u^\alpha} + D\mathcal{N}_2\left(\mathcal{L}\right) - D\left(B_2\right) \right] \mathrm{d}V + O\left(\varepsilon^2\right) + \cdots \tag{4.204}$$

此时，泛函的对称性保证了下式成立

$$W_1^\alpha \frac{\delta\mathcal{L}}{\delta u^\alpha} + D\left[\mathcal{N}_1\left(\mathcal{L}\right) - B_1\right] = 0 \tag{4.205}$$

$$W_2^\alpha \frac{\delta\mathcal{L}}{\delta u^\alpha} + D\left[\mathcal{N}_2\left(\mathcal{L}\right) - B_2\right] = 0 \tag{4.206}$$

进一步，对于 Euler-Lagrange 方程有 $\frac{\delta\mathcal{L}}{\delta u^\alpha} = 0$，因此式 (4.205)、(4.206) 变为

$$D\left[\mathcal{N}_1\left(\mathcal{L}\right) - B_1\right]\big|_{\frac{\delta\mathcal{L}}{\delta u^\alpha}=0} = 0 \tag{4.207}$$

$$D\left[\mathcal{N}_2\left(\mathcal{L}\right) - B_2\right]\big|_{\frac{\delta\mathcal{L}}{\delta u^\alpha}=0} = 0 \tag{4.208}$$

4.3.2 双参数多变量 Noether 定理

定理 4.15 (双参数多变量 Noether 定理) 如果 Lagrange 函数 $\mathcal{L}(\boldsymbol{x}, \boldsymbol{u}, \boldsymbol{u}_{(1)}, \boldsymbol{u}_{(2)}, \cdots, \boldsymbol{u}_{(s)})$ 的变分积分在具有如下无穷小生成元的 Lie-Bäcklund 群 G 下是不变的

$$X_1 = \xi_1^i\left(\boldsymbol{x}, \boldsymbol{u}, \boldsymbol{u}_{(1)}, \cdots\right) \frac{\partial}{\partial x^i} + \eta_1^\alpha\left(\boldsymbol{x}, \boldsymbol{u}, \boldsymbol{u}_{(1)}, \cdots\right) \frac{\partial}{\partial u^\alpha} + \cdots \tag{4.209}$$

$$X_2 = \xi_2^i\left(\boldsymbol{x}, \boldsymbol{u}, \boldsymbol{u}_{(1)}, \cdots\right) \frac{\partial}{\partial x^i} + \eta_2^\alpha\left(\boldsymbol{x}, \boldsymbol{u}, \boldsymbol{u}_{(1)}, \cdots\right) \frac{\partial}{\partial u^\alpha} + \cdots \tag{4.210}$$

则向量场

$$\boldsymbol{C}_1 = \left(C_1^1, C_1^2, \cdots, C_1^n\right), \quad C_1^i = \mathcal{N}_1^i\left(\mathcal{L}\right) - B_1^i, \quad i = 1, 2, \cdots, n \tag{4.211}$$

$$\boldsymbol{C}_2 = \left(C_2^1, C_2^2, \cdots, C_2^n\right), \quad C_2^i = \mathcal{N}_2^i\left(\mathcal{L}\right) - B_2^i, \quad i = 1, 2, \cdots, n \qquad (4.212)$$

其中 $\mathcal{N}_1^i, \mathcal{N}_2^i$ 代表 Noether 算子, B_1^i, B_2^i 为任意向量场分量, 对于满足 Euler-Lagrange 方程的所有解, 具有守恒律

$$\operatorname{div} \boldsymbol{C}_1 \equiv D_i\left(C_1^i\right) = 0 \qquad (4.213)$$

$$\operatorname{div} \boldsymbol{C}_2 \equiv D_i\left(C_2^i\right) = 0 \qquad (4.214)$$

下面给出双参数多变量 Noether 定理的证明过程:

首先给出双参数多变量 Lie-Bäcklund 群

$$\overline{x^i} = x^i + \varepsilon_1 \xi_1^i\left(\boldsymbol{x}, \boldsymbol{u}, \boldsymbol{u}_{(1)}, \cdots, \boldsymbol{u}_{(r)}\right) + \varepsilon_2 \xi_2^i\left(\boldsymbol{x}, \boldsymbol{u}, \boldsymbol{u}_{(1)}, \cdots, \boldsymbol{u}_{(r)}\right) + \cdots$$

$$\overline{u^\alpha} = u^\alpha + \varepsilon_1 \eta_1^\alpha\left(\boldsymbol{x}, \boldsymbol{u}, \boldsymbol{u}_{(1)}, \cdots, \boldsymbol{u}_{(r)}\right) + \varepsilon_2 \eta_2^\alpha\left(\boldsymbol{x}, \boldsymbol{u}, \boldsymbol{u}_{(1)}, \cdots, \boldsymbol{u}_{(r)}\right) + \cdots$$

$$\overline{u_i^\alpha} = u_i^\alpha + \varepsilon_1 \zeta_i^{1\alpha}\left(\boldsymbol{x}, \boldsymbol{u}, \boldsymbol{u}_{(1)}, \cdots, \boldsymbol{u}_{(r)}, \boldsymbol{u}_{(r+1)}\right)$$
$$+ \varepsilon_2 \zeta_i^{2\alpha}\left(\boldsymbol{x}, \boldsymbol{u}, \boldsymbol{u}_{(1)}, \cdots, \boldsymbol{u}_{(r)}, \boldsymbol{u}_{(r+1)}\right) + \cdots$$

$$\overline{u_{i_1 i_2}^\alpha} = u_{i_1 i_2}^\alpha + \varepsilon_1 \zeta_{i_1 i_2}^{1\alpha}\left(\boldsymbol{x}, \boldsymbol{u}, \boldsymbol{u}_{(1)}, \cdots, \boldsymbol{u}_{(r)}, \boldsymbol{u}_{(r+1)}, \boldsymbol{u}_{(r+2)}\right)$$
$$+ \varepsilon_2 \zeta_{i_1 i_2}^{2\alpha}\left(\boldsymbol{x}, \boldsymbol{u}, \boldsymbol{u}_{(1)}, \cdots, \boldsymbol{u}_{(r)}, \boldsymbol{u}_{(r+1)}, \boldsymbol{u}_{(r+2)}\right) + \cdots$$

$$\vdots$$

$$\overline{u_{i_1 i_2 \cdots i_s}^\alpha} = u_{i_1 i_2 \cdots i_s}^\alpha + \varepsilon_1 \zeta_{i_1 i_2 \cdots i_s}^{1\alpha}\left(\boldsymbol{x}, \boldsymbol{u}, \boldsymbol{u}_{(1)}, \cdots, \boldsymbol{u}_{(r)}, \boldsymbol{u}_{(r+1)}, \boldsymbol{u}_{(r+2)}, \cdots, \boldsymbol{u}_{(r+s)}\right)$$
$$+ \varepsilon_2 \zeta_{i_1 i_2 \cdots i_s}^{2\alpha}\left(\boldsymbol{x}, \boldsymbol{u}, \boldsymbol{u}_{(1)}, \cdots, \boldsymbol{u}_{(r)}, \boldsymbol{u}_{(r+1)}, \boldsymbol{u}_{(r+2)}, \cdots, \boldsymbol{u}_{(r+s)}\right) + \cdots$$
$$(4.215)$$

其中对于 s 阶延拓有

$$\zeta_{i_1 i_2 \cdots i_s}^{1\alpha} = D_{i_s}\left(\zeta_{i_1 i_2 \cdots i_{s-1}}^{1\alpha}\right) - u_{i i_1 i_2 \cdots i_{s-1}}^\alpha D_{i_s}\left(\xi_1^i\right) \qquad (4.216)$$

$$\zeta_{i_1 i_2 \cdots i_s}^{2\alpha} = D_{i_s}\left(\zeta_{i_1 i_2 \cdots i_{s-1}}^{2\alpha}\right) - u_{i i_1 i_2 \cdots i_{s-1}}^\alpha D_{i_s}\left(\xi_2^i\right) \qquad (4.217)$$

取 ε 的一阶项, 有坐标变换

$$\mathrm{d}\overline{x^i} = \left[1 + \varepsilon_1 D_i\left(\xi_1^i\right) + \varepsilon_2 D_i\left(\xi_2^i\right) + O\left(\varepsilon^2\right)\right] \mathrm{d}x^i \qquad (4.218)$$

和体元变换

$$\mathrm{d}\overline{V} = \mathrm{d}\overline{x^1}\mathrm{d}\overline{x^2}\cdots\mathrm{d}\overline{x^n}$$

$$
= \left[\left(1 + \varepsilon_1 D_1\left(\xi_1^1\right) + \varepsilon_2 D_1\left(\xi_2^1\right)\right) \mathrm{d}x^1 \right] \left[\left(1 + \varepsilon_1 D_2\left(\xi_1^2\right) + \varepsilon_2 D_2\left(\xi_2^2\right)\right) \mathrm{d}x^2 \right]
$$

$$
\cdots \left[\left(1 + \varepsilon_1 D_n\left(\xi_1^n\right) + \varepsilon_2 D_n\left(\xi_2^n\right)\right) \mathrm{d}x^n \right]
$$

$$
= \mathrm{d}x^1 \mathrm{d}x^2 \cdots \mathrm{d}x^n \left(1 + \varepsilon_1 \sum_{j=1}^{n} D_j \xi_1^j + \varepsilon_2 \sum_{j=1}^{n} D_j \xi_2^j + O\left(\varepsilon^2\right) \right)
$$

$$
\approx \mathrm{d}x^1 \mathrm{d}x^2 \cdots \mathrm{d}x^n \left(1 + \varepsilon_1 \sum_{j=1}^{n} D_j \xi_1^j + \varepsilon_2 \sum_{j=1}^{n} D_j \xi_2^j \right)
$$

$$
= \mathrm{d}V \left(1 + \varepsilon_1 \sum_{j=1}^{n} D_j \xi_1^j + \varepsilon_2 \sum_{j=1}^{n} D_j \xi_2^j \right) \tag{4.219}
$$

然后将 Lie-Bäcklund 群变换后的 Lagrange 函数在 $\varepsilon = 0$ 处展开

$$
\mathcal{L}\left(\overline{\boldsymbol{x}}, \overline{\boldsymbol{u}}, \overline{\boldsymbol{u}}_{(1)}, \overline{\boldsymbol{u}}_{(2)}, \cdots, \overline{\boldsymbol{u}}_{(s)}\right)
$$

$$
= \mathcal{L}\left(\boldsymbol{x}, \boldsymbol{u}, \boldsymbol{u}_{(1)}, \boldsymbol{u}_{(2)}, \cdots, \boldsymbol{u}_{(s)}\right) + \varepsilon_1 X_1\left(\mathcal{L}\right) + \varepsilon_2 X_2\left(\mathcal{L}\right) + O\left(\varepsilon^2\right) \tag{4.220}
$$

其中 X 为 Lie-Bäcklund 算子

$$
X_1 = \xi_1^i \frac{\partial}{\partial x^i} + \eta_1^\alpha \frac{\partial}{\partial u^\alpha} + \zeta_i^{1\alpha} \frac{\partial}{\partial u_i^\alpha} + \zeta_{i_1 i_2}^{1\alpha} \frac{\partial}{\partial u_{i_1 i_2}^\alpha} + \cdots + \zeta_{i_1 i_2 \cdots i_s}^{1\alpha} \frac{\partial}{\partial u_{i_1 i_2 \cdots i_s}^\alpha} \tag{4.221}
$$

$$
X_2 = \xi_2^i \frac{\partial}{\partial x^i} + \eta_2^\alpha \frac{\partial}{\partial u^\alpha} + \zeta_i^{2\alpha} \frac{\partial}{\partial u_i^\alpha} + \zeta_{i_1 i_2}^{2\alpha} \frac{\partial}{\partial u_{i_1 i_2}^\alpha} + \cdots + \zeta_{i_1 i_2 \cdots i_s}^{2\alpha} \frac{\partial}{\partial u_{i_1 i_2 \cdots i_s}^\alpha} \tag{4.222}
$$

于是泛函 S 相应地变成 $\overline{S}$, 有

$$
\overline{S} = \int_V \mathcal{L}\left(\overline{\boldsymbol{x}}, \overline{\boldsymbol{u}}, \overline{\boldsymbol{u}}_{(1)}, \overline{\boldsymbol{u}}_{(2)}, \cdots, \overline{\boldsymbol{u}}_{(s)}\right) \mathrm{d}\overline{V}
$$

$$
= \int_V \left[\mathcal{L}\left(\boldsymbol{x}, \boldsymbol{u}, \boldsymbol{u}_{(1)}, \boldsymbol{u}_{(2)}, \cdots, \boldsymbol{u}_{(s)}\right) + \varepsilon_1 X_1 \mathcal{L}\left(\boldsymbol{x}, \boldsymbol{u}, \boldsymbol{u}_{(1)}, \boldsymbol{u}_{(2)}, \cdots, \boldsymbol{u}_{(s)}\right) \right.
$$

$$
\left. + \varepsilon_2 X_2 \mathcal{L}\left(\boldsymbol{x}, \boldsymbol{u}, \boldsymbol{u}_{(1)}, \boldsymbol{u}_{(2)}, \cdots, \boldsymbol{u}_{(s)}\right) + O\left(\varepsilon^2\right) \right]
$$

$$
\times \left[1 + \varepsilon_1 \sum_{i=1}^{n} D_i \xi_1^i + \varepsilon_2 \sum_{i=1}^{n} D_i \xi_2^i + O\left(\varepsilon^2\right) \right] \mathrm{d}V
$$

$$
= \int_V \mathcal{L}\left(\boldsymbol{x}, \boldsymbol{u}, \boldsymbol{u}_{(1)}, \boldsymbol{u}_{(2)}, \cdots, \boldsymbol{u}_{(s)}\right) \mathrm{d}V + \int_V \left[\varepsilon_1 X_1\left(\mathcal{L}\right) + \varepsilon_1 \mathcal{L} \sum_{i=1}^{n} D_i \xi_1^i \right] \mathrm{d}V
$$

$$
+ \int_V \left[\varepsilon_2 X_2\left(\mathcal{L}\right) + \varepsilon_2 \mathcal{L} \sum_{i=1}^{n} D_i \xi_2^i \right] \mathrm{d}V + O\left(\varepsilon^2\right)
$$

$$= S + \int_V \left[\varepsilon_1 X_1 (\mathcal{L}) + \varepsilon_1 \mathcal{L} \sum_{i=1}^n D_i \xi_1^i \right] \mathrm{d}V$$

$$+ \int_V \left[\varepsilon_2 X_2 (\mathcal{L}) + \varepsilon_2 \mathcal{L} \sum_{i=1}^n D_i \xi_2^i \right] \mathrm{d}V + O\left(\varepsilon^2 \right) \tag{4.223}$$

考虑 ε 的一阶项, 由式 (4.223) 易知泛函不变 $(\overline{S} = S)$ 的充分条件为

$$\varepsilon_1 X_1 (\mathcal{L}) + \varepsilon_1 \mathcal{L} D_i \left(\xi_1^i \right) = 0 \tag{4.224}$$

$$\varepsilon_2 X_2 (\mathcal{L}) + \varepsilon_2 \mathcal{L} D_i \left(\xi_2^i \right) = 0 \tag{4.225}$$

根据基本恒等式

$$X (\mathcal{L}) + \mathcal{L} D_i \left(\xi^i \right) = W^\alpha \frac{\delta \mathcal{L}}{\delta u^\alpha} + D_i \mathcal{N}^i (\mathcal{L}) \tag{4.226}$$

式 (4.223) 还可写作

$$\overline{S} = S + \varepsilon_1 \int_V \left[W_1^\alpha \frac{\delta \mathcal{L}}{\delta u^\alpha} + D_i \mathcal{N}_1^i (\mathcal{L}) \right] \mathrm{d}V$$

$$+ \varepsilon_2 \int_V \left[W_2^\alpha \frac{\delta \mathcal{L}}{\delta u^\alpha} + D_i \mathcal{N}_2^i (\mathcal{L}) \right] \mathrm{d}V + O\left(\varepsilon^2 \right) + \cdots \tag{4.227}$$

由于积分体积是任意的, 所以 Lie 群对称性就必须要求积分函数等于零, 即

$$W_1^\alpha \frac{\delta \mathcal{L}}{\delta u^\alpha} + D_i \mathcal{N}_1^i (\mathcal{L}) = 0 \tag{4.228}$$

$$W_2^\alpha \frac{\delta \mathcal{L}}{\delta u^\alpha} + D_i \mathcal{N}_2^i (\mathcal{L}) = 0 \tag{4.229}$$

同时可将不变性条件 (4.224)、(4.225) 扩展为

$$\varepsilon_1 X_1 (\mathcal{L}) + \varepsilon_1 \mathcal{L} D_i \left(\xi_1^i \right) = D_i \left(B_1^i \right) \tag{4.230}$$

$$\varepsilon_2 X_2 (\mathcal{L}) + \varepsilon_2 \mathcal{L} D_i \left(\xi_2^i \right) = D_i \left(B_2^i \right) \tag{4.231}$$

其中 B_1^i, B_2^i 是任意向量函数的分量。

式 (4.227) 进一步写作

$$\overline{S} = S + \varepsilon_1 \int \left[W_1^\alpha \frac{\delta \mathcal{L}}{\delta u^\alpha} + D_i \mathcal{N}_1^i (\mathcal{L}) - D_i \left(B_1^i \right) \right] \mathrm{d}V$$

$$+ \varepsilon_2 \int \left[W_2^\alpha \frac{\delta \mathcal{L}}{\delta u^\alpha} + D_i \mathcal{N}_2^i (\mathcal{L}) - D_i \left(B_2^i \right) \right] dV + O \left(\varepsilon^2 \right) + \cdots \quad (4.232)$$

此时，泛函的对称性保证了下式成立

$$W_1^\alpha \frac{\delta \mathcal{L}}{\delta u^\alpha} + D_i \left[\mathcal{N}_1^i (\mathcal{L}) - B_1^i \right] = 0 \quad (4.233)$$

$$W_2^\alpha \frac{\delta \mathcal{L}}{\delta u^\alpha} + D_i \left[\mathcal{N}_2^i (\mathcal{L}) - B_2^i \right] = 0 \quad (4.234)$$

进一步，对于 Euler-Lagrange 方程有 $\dfrac{\delta \mathcal{L}}{\delta u^\alpha} = 0$，因此式 (4.233)、(4.234) 变为

$$D_i \left[\mathcal{N}_1^i (\mathcal{L}) - B_1^i \right] \big|_{\frac{\delta \mathcal{L}}{\delta u^\alpha} = 0} = 0 \quad (4.235)$$

$$D_i \left[\mathcal{N}_2^i (\mathcal{L}) - B_2^i \right] \big|_{\frac{\delta \mathcal{L}}{\delta u^\alpha} = 0} = 0 \quad (4.236)$$

第 5 章　Ibragimov 守恒律

Noether 定理建立了微分方程的对称性和守恒律之间的联系，前提是所考虑的方程是由变分原理得到的，即它们是 Euler-Lagrange 方程。然而，只有一些特殊的微分方程存在 Lagrange 函数，这严重限制了 Noether 定理的应用。例如，Noether 定理不能用于演化方程、奇数阶微分方程等[14]。Ibragimov 守恒律是 Noether 守恒律的推广，同时考虑原方程组与伴随方程组，无论对于 Lie 对称性、Lie-Bäcklund 对称性还是非局部对称性，均可适用。

本章主要介绍 Ibragimov 守恒律的相关内容。5.1 节介绍伴随算子的相关概念，并给出线性和非线性微分方程 (组) 情况下的伴随方程 (组)，5.2 节研究微分方程 (组) 情形下伴随方程 (组) 的对称性，5.3 节给出 Ibragimov 守恒律的表达式，5.4 节将单参数变换群条件下的 Ibragimov 守恒律拓展至双参数。

5.1　伴随算子与伴随方程 (组)

本节通过引入伴随算子，分别介绍线性微分方程和非线性微分方程组的伴随方程 (组) 形式。

5.1.1　伴随算子

伴随算子是 Hilbert 空间中的概念。Hilbert 空间是一个有限维的内积空间，它是一个完备的度量空间，其度量由内积生成[53,54]。

设 H 和 G 均为 Hilbert 空间，其中的内积均定义为 $(\cdot, \cdot)$。

定理 5.1　设 $T \in L(H, G)$，其中 $L(H, G)$ 指 H 到 G 上全体有界线性算子组成的集合，则存在唯一的 $T^* \in L(H, G)$，使得 $(T\boldsymbol{x}, \boldsymbol{y}) = (\boldsymbol{x}, T^*\boldsymbol{y})$。

将定理 5.1 中定义的算子 T^* 称为 T 的**伴随算子**或 Hilbert 共轭算子。根据伴随算子的唯一性，实际问题中，只要找到一个满足 $(T\boldsymbol{x}, \boldsymbol{y}) = (\boldsymbol{x}, S\boldsymbol{y})$，$\boldsymbol{x} \in H$，$\boldsymbol{y} \in G$ 的算子 S，利用唯一性即可知 $T^* = S$。

为了给出 $\mathcal{A}$ 中伴随算子的表达式，下面首先构造一个 Hilbert 空间，再应用定理 5.1。

定理 5.2　设对任意微分函数 $f, g \in \mathcal{A}$，均有复数 (f, g) 与之对应，定义为

$$(f, g) = \int_V f\overline{g}\mathrm{d}V \tag{5.1}$$

其中, $\overline{g}$ 表示 g 的复共轭, 积分区域为 $V = \mathbb{R}^n$, 积分变量为 $\boldsymbol{x} = (x^1, x^2, \cdots, x^n)$, 则 $\mathcal{A}$ 按 $(\cdot, \cdot)$ 成为**内积空间**。若在 $\mathcal{A}$ 上定义范数 $\|f\| = \sqrt{(f, f)}$, 则 $\mathcal{A}$ 为 **Hilbert 空间**。

证明 易证 $\mathcal{A}$ 是一个线性空间, 下证 $\mathcal{A}$ 是一个内积空间。

(1) $(f, f) = \displaystyle\int_V \overline{f} f \mathrm{d}V = \int_V f^2 \mathrm{d}V \geqslant 0$, $(f, f) = 0 \Leftrightarrow f = 0$;

(2) $(f + g, h) = \displaystyle\int_V (f + g) \overline{h} \mathrm{d}V = \int_V f \overline{h} \mathrm{d}V + \int_V g \overline{h} \mathrm{d}V = (f, h) + (g, h)$;

(3) $(\alpha f, g) = \displaystyle\int_V \alpha f \overline{g} \mathrm{d}V = \alpha \int_V f \overline{g} \mathrm{d}V = \alpha (f, g)$;

(4) $(f, g) = \displaystyle\int_V f \overline{g} \mathrm{d}V = \int_V \overline{\overline{f} g} \mathrm{d}V = \overline{\int_V \overline{f} g \mathrm{d}V} = \overline{\int_V \overline{f} g \mathrm{d}V} = \overline{(g, f)}$。

因此 $\mathcal{A}$ 是一个内积空间。在 $\mathcal{A}$ 上定义范数 $\|f\| = \sqrt{(f, f)}$, 则 $\mathcal{A}$ 按此范数构成赋范线性空间。L^2 空间的范数定义与 $\mathcal{A}$ 类似, 仿照 L^2 空间完备性证明方法, 可证 $\mathcal{A}$ 空间完备 [54]。因此 $\mathcal{A}$ 是一个 Hilbert 空间。

设线性微分算子 $L \in L(\mathcal{A}, \mathcal{A})$, 根据定理 5.1, 存在唯一的算子 L^*, 对任意的 $\boldsymbol{u}, \boldsymbol{v} \in \mathcal{A}$, 满足 [55]

$$(L[\boldsymbol{u}], \boldsymbol{v}) = (\boldsymbol{u}, L^*[\boldsymbol{v}]) \tag{5.2}$$

即

$$\int_V L[\boldsymbol{u}] \boldsymbol{v} \mathrm{d}V = \int_V \boldsymbol{u} L^*[\boldsymbol{v}] \mathrm{d}V \tag{5.3}$$

在方程对称性问题中, 可以在相差一个散度的情况下定义伴随算子, 此时

$$(L[\boldsymbol{u}], \boldsymbol{v}) = (\boldsymbol{u}, L^*[\boldsymbol{v}]) + \int_V \mathrm{div}(\boldsymbol{P}) \mathrm{d}V \tag{5.4}$$

其中 $\boldsymbol{P} = \boldsymbol{P}(\boldsymbol{x}, \boldsymbol{u}, \boldsymbol{v}, \boldsymbol{u}_{(1)}, \boldsymbol{v}_{(1)}, \cdots) = (p^1, \cdots, p^n)$。

因此式 (5.3) 化为

$$\int_V (L[\boldsymbol{u}] \boldsymbol{v} - \boldsymbol{u} L^*[\boldsymbol{v}]) \mathrm{d}V = \int_V \mathrm{div}(\boldsymbol{P}) \mathrm{d}V \tag{5.5}$$

由 $\boldsymbol{u}, \boldsymbol{v}$ 的任意性, 知

$$\boldsymbol{v} L[\boldsymbol{u}] - \boldsymbol{u} L^*[\boldsymbol{v}] = \mathrm{div}(\boldsymbol{P}) \tag{5.6}$$

式 (5.6) 即线性微分算子 L 的**伴随算子**的定义 [14]。

5.1.2　伴随方程——线性微分方程

伴随方程是研究方程解的工具之一，它与原给定方程具有共轭关系 [55]。这种伴随关系具有对称性。伴随方程的定义如下 [56]：

定义 5.1　设 L 为一个线性微分算子，L^* 为式 (5.6) 确定的伴随算子，则方程 $L^*[\boldsymbol{v}] = 0$ 称为原方程 $L[\boldsymbol{u}] = 0$ 的**伴随方程**。如果 $L[\boldsymbol{u}] = L^*[\boldsymbol{u}]$，则称算子 L 和方程 $L[\boldsymbol{u}] = 0$ 为**自伴随的** [57]。

设 n 阶线性算子为

$$L = a_n^{i_1 i_2 \cdots i_n}(\boldsymbol{x}) D_{i_1} D_{i_2} \cdots D_{i_n} + a_{n-1}^{i_1 i_2 \cdots i_{n-1}}(\boldsymbol{x}) D_{i_1} D_{i_2} \cdots D_{i_{n-1}} + \cdots + a_0(\boldsymbol{x}) \tag{5.7}$$

则

$$
\begin{aligned}
(L[\boldsymbol{u}], \boldsymbol{v}) &= \int_V L[\boldsymbol{u}] \boldsymbol{v} \mathrm{d}V \\
&= \int_V \Big[a_n^{i_1 i_2 \cdots i_n}(\boldsymbol{x}) D_{i_1} D_{i_2} \cdots D_{i_n}(\boldsymbol{u}) + a_n^{i_1 i_2 \cdots i_{n-1}}(\boldsymbol{x}) D_{i_1} D_{i_2} \cdots \\
&\quad D_{i_{n-1}}(\boldsymbol{u}) + \cdots + a_0(\boldsymbol{x}) \boldsymbol{u} \Big] \boldsymbol{v} \mathrm{d}V
\end{aligned} \tag{5.8}
$$

(1) 对于 $\boldsymbol{u}$ 的零阶偏导项，有

$$\int_V [a_0(\boldsymbol{x}) \boldsymbol{u}] \boldsymbol{v} \mathrm{d}V = \int_V \boldsymbol{u} [a_0(\boldsymbol{x}) \boldsymbol{v}] \mathrm{d}V \tag{5.9}$$

式 (5.9) 无散度项，可得微分算子 $a_0(\boldsymbol{x})$ 的伴随算子等于其自身

$$[a_0(\boldsymbol{x})]^* = a_0(\boldsymbol{x}) \tag{5.10}$$

(2) 对于 $\boldsymbol{u}$ 的一阶偏导项，有

$$\int_{V_n} [a_1^{i_1}(\boldsymbol{x}) D_{i_1}(\boldsymbol{u}) \boldsymbol{v}] \mathrm{d}V_n = \int_{V_{n-1}} [a_1^{i_1}(\boldsymbol{x}) \boldsymbol{u}\boldsymbol{v}] \mathrm{d}V_{n-1} - \int_{V_n} [\boldsymbol{u} D_{i_1}(a_1^{i_1}(\boldsymbol{x}) \boldsymbol{v})] \mathrm{d}V_n \tag{5.11}$$

其中 $V_n = V, V_{n-1}$ 分别表示 $n, n-1$ 维积分区域。

对式 (5.11) 右边第一项应用高斯定理

$$\int_{V_{n-1}} [a_1^{i_1}(\boldsymbol{x}) \boldsymbol{u}\boldsymbol{v}] \mathrm{d}V_{n-1} = \int_{V_n} \mathrm{div} [a_1^{i_1}(\boldsymbol{x}) \boldsymbol{u}\boldsymbol{v}] \mathrm{d}V_n \tag{5.12}$$

因此式 (5.11) 化为

$$\int_{V_n} \left[a_1^{i_1} (\boldsymbol{x}) D_{i_1} (\boldsymbol{u}) v \right] \mathrm{d}V_n = \int_{V_n} \mathrm{div} \left[a_1^{i_1} (\boldsymbol{x}) \boldsymbol{u}v \right] \mathrm{d}V_n - \int_{V_n} \boldsymbol{u} D_{i_1} \left(a_1^{i_1} (\boldsymbol{x}) v \right) \mathrm{d}V_n$$

(5.13)

式 (5.13) 右边第一项是散度项, 因此根据式 (5.4), 一阶偏导项的伴随算子为

$$\left[a_1^{i_1} (\boldsymbol{x}) D_{i_1} \right]^* = -D_{i_1} a_1^{i_1} (\boldsymbol{x})$$

(5.14)

(3) 对于 $\boldsymbol{u}$ 的二阶偏导项, 有

$$\int_{V_n} \left[a_2^{i_1 i_2} (\boldsymbol{x}) D_{i_1} D_{i_2} (\boldsymbol{u}) v \right] \mathrm{d}V_n$$

$$= \int_{V_{n-1}} \left[a_2^{i_1 i_2} (\boldsymbol{x}) D_{i_1} (\boldsymbol{u}) v \right] \mathrm{d}V_{n-1} - \int_{V_n} \left[D_{i_1} (\boldsymbol{u}) D_{i_2} \left(a_2^{i_1 i_2} (\boldsymbol{x}) v \right) \right] \mathrm{d}V_n$$

$$= \int_{V_n} \mathrm{div} \left[a_2^{i_1 i_2} (\boldsymbol{x}) D_{i_1} (\boldsymbol{u}) v \right] \mathrm{d}V_n - \left\{ \int_{V_{n-1}} \left[\boldsymbol{u} D_{i_2} \left(a_2^{i_1 i_2} (\boldsymbol{x}) v \right) \right] \mathrm{d}V_{n-1} \right.$$

$$\left. - \int_{V_n} \left[\boldsymbol{u} D_{i_1} D_{i_2} \left(a_2^{i_1 i_2} (\boldsymbol{x}) v \right) \right] \mathrm{d}V_n \right\}$$

$$= \int_{V_n} \mathrm{div} \left[a_2^{i_1 i_2} (\boldsymbol{x}) D_{i_1} (\boldsymbol{u}) v \right] \mathrm{d}V_n - \int_{V_n} \mathrm{div} \left[\boldsymbol{u} D_{i_2} \left(a_2^{i_1 i_2} (\boldsymbol{x}) v \right) \right] \mathrm{d}V_n$$

$$+ \int_{V_n} \left[\boldsymbol{u} D_{i_1} D_{i_2} \left(a_2^{i_1 i_2} (\boldsymbol{x}) v \right) \right] \mathrm{d}V_n$$

$$= \int_{V_n} \mathrm{div} \left[a_2^{i_1 i_2} (\boldsymbol{x}) D_{i_1} (\boldsymbol{u}) v - \boldsymbol{u} D_{i_2} \left(a_2^{i_1 i_2} (\boldsymbol{x}) v \right) \right] \mathrm{d}V_n$$

$$+ \int_{V_n} \left[\boldsymbol{u} D_{i_1} D_{i_2} \left(a_2^{i_1 i_2} (\boldsymbol{x}) v \right) \right] \mathrm{d}V_n$$

(5.15)

式 (5.15) 右边第一项为散度项, 因此二阶偏导项的伴随算子为

$$\left[a_2^{i_1 i_2} (\boldsymbol{x}) D_{i_1} D_{i_2} \right]^* = \boldsymbol{u} D_{i_1} D_{i_2} a_2^{i_1 i_2} (\boldsymbol{x})$$

(5.16)

(4) 根据 (1)、(2)、(3) 的推导方法, 对于 $\boldsymbol{u}$ 的 k $(1 < k \leqslant n)$ 阶偏导项, 有

$$\int_{V_n} \left[a_k^{i_1 i_2 \cdots i_k} (\boldsymbol{x}) D_{i_1} D_{i_2} \cdots D_{i_k} (\boldsymbol{u}) v \right] \mathrm{d}V$$

$$= \int_{V_{n-1}} \left[a_k^{i_1 i_2 \cdots i_k} (\boldsymbol{x}) D_{i_1} D_{i_2} \cdots D_{i_{k-1}} (\boldsymbol{u}) v \right] \mathrm{d}V_{n-1}$$

$$- \int_{V_n} \left[D_{i_1} D_{i_2} \cdots D_{i_{k-1}} \left(\boldsymbol{u} \right) D_{i_k} \left(a_k^{i_1 i_2 \cdots i_k} \left(\boldsymbol{x} \right) \boldsymbol{v} \right) \right] \mathrm{d} V_n$$

$$= \int_{V_n} \operatorname{div} \left[a_k^{i_1 i_2 \cdots i_k} \left(\boldsymbol{x} \right) D_{i_1} D_{i_2} \cdots D_{i_{k-1}} \left(\boldsymbol{u} \right) \boldsymbol{v} \right] \mathrm{d} V_n$$

$$- \int_{V_n} \left[D_{i_1} D_{i_2} \cdots D_{i_{k-1}} \left(\boldsymbol{u} \right) D_{i_k} \left(a_k^{i_1 i_2 \cdots i_k} \left(\boldsymbol{x} \right) \boldsymbol{v} \right) \right] \mathrm{d} V_n$$

$$= \int_{V_n} \operatorname{div} \left[a_k^{i_1 i_2 \cdots i_k} \left(\boldsymbol{x} \right) D_{i_1} D_{i_2} \cdots D_{i_{k-1}} \left(\boldsymbol{u} \right) \boldsymbol{v} \right] \mathrm{d} V_n$$

$$- \int_{V_n} \operatorname{div} \left[D_{i_1} D_{i_2} \cdots D_{i_{k-2}} \left(\boldsymbol{u} \right) D_{i_k} \left(a_k^{i_1 i_2 \cdots i_k} \left(\boldsymbol{x} \right) \boldsymbol{v} \right) \right] \mathrm{d} V_n$$

$$+ \int_{V_n} \left[D_{i_1} D_{i_2} \cdots D_{i_{k-2}} \left(\boldsymbol{u} \right) D_{i_{k-1}} D_{i_k} \left(a_k^{i_1 i_2 \cdots i_k} \left(\boldsymbol{x} \right) \boldsymbol{v} \right) \right] \mathrm{d} V_n$$

$$= \cdots$$

$$= \int_{V_n} \operatorname{div} \left[a_k^{i_1 i_2 \cdots i_k} \left(\boldsymbol{x} \right) D_{i_1} D_{i_2} \cdots D_{i_{k-1}} \left(\boldsymbol{u} \right) \boldsymbol{v} \right] \mathrm{d} V_n$$

$$- \int_{V_n} \operatorname{div} \left[D_{i_1} D_{i_2} \cdots D_{i_{k-2}} \left(\boldsymbol{u} \right) D_{i_k} \left(a_k^{i_1 i_2 \cdots i_k} \left(\boldsymbol{x} \right) \boldsymbol{v} \right) \right] \mathrm{d} V_n$$

$$+ \int_{V_n} \operatorname{div} \left[D_{i_1} D_{i_2} \cdots D_{i_{k-3}} \left(\boldsymbol{u} \right) D_{i_{k-1}} D_{i_k} \left(a_k^{i_1 i_2 \cdots i_k} \left(\boldsymbol{x} \right) \boldsymbol{v} \right) \right] \mathrm{d} V_n + \cdots$$

$$+ (-1)^{k-1} \int_{V_n} \operatorname{div} \left[\boldsymbol{u} D_{i_2} \cdots D_{i_{k-1}} D_{i_k} \left(a_k^{i_1 i_2 \cdots i_k} \left(\boldsymbol{x} \right) \boldsymbol{v} \right) \right] \mathrm{d} V_n$$

$$- \int_{V_n} \left[\boldsymbol{u} D_{i_1} D_{i_2} \cdots D_{i_{k-1}} D_{i_k} \left(a_k^{i_1 i_2 \cdots i_k} \left(\boldsymbol{x} \right) \boldsymbol{v} \right) \right] \mathrm{d} V_n \qquad (5.17)$$

整理得

$$\int_{V_n} \left[a_k^{i_1 i_2 \cdots i_k} \left(\boldsymbol{x} \right) D_{i_1} D_{i_2} \cdots D_{i_k} \left(\boldsymbol{u} \right) \boldsymbol{v} \right] \mathrm{d} V$$

$$= \int_{V_n} \operatorname{div} \left[a_k^{i_1 i_2 \cdots i_k} \left(\boldsymbol{x} \right) D_{i_1} D_{i_2} \cdots D_{i_{k-1}} \left(\boldsymbol{u} \right) \boldsymbol{v} + \cdots \right.$$

$$\left. + (-1)^{k-1} \boldsymbol{u} D_{i_2} \cdots D_{i_{k-1}} D_{i_k} \left(a_k^{i_1 i_2 \cdots i_k} \left(\boldsymbol{x} \right) \boldsymbol{v} \right) \right] \mathrm{d} V_n$$

$$+ (-1)^k \int_{V_n} \left[\boldsymbol{u} D_{i_1} D_{i_2} \cdots D_{i_{k-1}} D_{i_k} \left(a_k^{i_1 i_2 \cdots i_k} \left(\boldsymbol{x} \right) \boldsymbol{v} \right) \right] \mathrm{d} V_n \qquad (5.18)$$

同样第一项是散度项，因此 k 阶偏导项的伴随算子为

$$\left[a_k^{i_1 i_2 \cdots i_k}\left(\boldsymbol{x}\right) D_{i_1} D_{i_2} \cdots D_{i_{k-1}}\left(\boldsymbol{u}\right)\right]^* = (-1)^k D_{i_1} D_{i_2} \cdots D_{i_{k-1}} D_{i_k} a_k^{i_1 i_2 \cdots i_k}\left(\boldsymbol{x}\right) \tag{5.19}$$

根据式 (5.10)、(5.14)、(5.16) 和 (5.19)，可得线性微分算子 (5.7) 的伴随算子为

$$L^* = a_0\left(\boldsymbol{x}\right) + \sum_{s=1}^{n}(-1)^s D_{i_1} D_{i_2} \cdots D_{i_s} a_s^{i_1 i_2 \cdots i_s}\left(\boldsymbol{x}\right) \tag{5.20}$$

伴随方程写作

$$L^*\left[\boldsymbol{v}\right] = a_0\left(\boldsymbol{x}\right)\boldsymbol{v} + \sum_{s=1}^{n}(-1)^s D_{i_1} D_{i_2} \cdots D_{i_s}\left(a_s^{i_1 i_2 \cdots i_s}\left(\boldsymbol{x}\right)\boldsymbol{v}\right) \tag{5.21}$$

若微分方程是自伴随的，即 [14]

$$L\left[\boldsymbol{u}\right] = L^*\left[\boldsymbol{u}\right] \tag{5.22}$$

则

$$a_0\boldsymbol{u} + \sum_{s=1}^{n} a_s^{i_1 i_2 \cdots i_s} D_{i_1} D_{i_2} \cdots D_{i_s}\left(\boldsymbol{u}\right) = a_0\boldsymbol{u} + \sum_{s=1}^{n}(-1)^s D_{i_1} D_{i_2} \cdots D_{i_s}\left(a_s^{i_1 i_2 \cdots i_s}\boldsymbol{u}\right) \tag{5.23}$$

即

$$\sum_{s=1}^{n}\left[a_s^{i_1 i_2 \cdots i_s} D_{i_1} D_{i_2} \cdots D_{i_s}\left(\boldsymbol{u}\right) - (-1)^s D_{i_1} D_{i_2} \cdots D_{i_s}\left(a_s^{i_1 i_2 \cdots i_s}\boldsymbol{u}\right)\right] = 0 \tag{5.24}$$

(1) 对于一阶线性微分方程，自伴随要求

$$a_1^{i_1} D_{i_1}\left(\boldsymbol{u}\right) + D_{i_1}\left(a_1^{i_1}\boldsymbol{u}\right) = 0 \tag{5.25}$$

式 (5.25) 进一步写为

$$2a_1^{i_1} D_{i_1}\left(\boldsymbol{u}\right) + D_{i_1}\left(a_1^{i_1}\right)\boldsymbol{u} = 0 \tag{5.26}$$

由 $\boldsymbol{u}$ 的任意性，令 $\boldsymbol{u}$ 的各阶导数系数为零，得 $a_1^{i_1} = 0$。

因此一阶线性微分方程不是自伴随方程。

(2) 对于二阶线性微分方程，自伴随要求

$$a_1^{i_1} D_{i_1}\left(\boldsymbol{u}\right) + a_2^{i_1 i_2} D_{i_1} D_{i_2}\left(\boldsymbol{u}\right) + D_{i_1}\left(a_1^{i_1}\boldsymbol{u}\right) - D_{i_1} D_{i_2}\left(a_2^{i_1 i_2}\boldsymbol{u}\right) = 0 \tag{5.27}$$

式 (5.27) 进一步展开为

$$2a_1^{i_1} D_{i_1} \left(\boldsymbol{u} \right) + D_{i_1} \left(a_1^{i_1} \right) \boldsymbol{u} - D_{i_1} D_{i_2} \left(a_2^{i_1 i_2} \right) \boldsymbol{u} - 2D_{i_1} \left(\boldsymbol{u} \right) D_{i_2} \left(a_2^{i_1 i_2} \right)$$

$$= \left[2a_1^{i_1} - 2D_{i_2} \left(a_2^{i_1 i_2} \right) \right] D_{i_1} \left(\boldsymbol{u} \right) + \left[D_{i_1} \left(a_1^{i_1} \right) - D_{i_1} D_{i_2} \left(a_2^{i_1 i_2} \right) \right] \boldsymbol{u} = 0 \quad (5.28)$$

同样令 $\boldsymbol{u}$ 的各阶导数的系数为零, 得到

$$a_1^{i_1} = D_{i_2} \left(a_2^{i_1 i_2} \right) \tag{5.29}$$

(3) 对于 n 阶线性微分方程, 自伴随要求

$$\sum_{s=1}^{n} \left[a_s^{i_1 i_2 \cdots i_s} D_{i_1} D_{i_2} \cdots D_{i_s} \left(\boldsymbol{u} \right) - (-1)^s D_{i_1} D_{i_2} \cdots D_{i_s} \left(a_s^{i_1 i_2 \cdots i_s} \boldsymbol{u} \right) \right] = 0 \quad (5.30)$$

式 (5.30) 进一步展开为

$$\sum_{s=1}^{n} \left[a_s^{i_1 i_2 \cdots i_s} D_{i_1} D_{i_2} \cdots D_{i_s} \left(\boldsymbol{u} \right) \right] - \sum_{s=1}^{n} (-1)^s \left[\sum_{l=0}^{s} C_s^l D_{i_1} \cdots D_{i_l} \left(\boldsymbol{u} \right) D_{i_{l+1}} \cdots \right.$$

$$\left. D_{i_s} \left(a_s^{i_1 i_2 \cdots i_s} \right) \right]$$

$$= \sum_{s=1}^{n} \left[a_s^{i_1 i_2 \cdots i_s} D_{i_1} D_{i_2} \cdots D_{i_s} \left(\boldsymbol{u} \right) - \sum_{l=0}^{s} (-1)^s C_s^l D_{i_1} \cdots D_{i_l} \left(\boldsymbol{u} \right) D_{i_{l+1}} \cdots \right.$$

$$\left. D_{i_s} \left(a_s^{i_1 i_2 \cdots i_s} \right) \right] = 0 \tag{5.31}$$

式 (5.31) 利用 Leibniz 求导法则进行展开, 令 $\boldsymbol{u}$ 的各阶导数的系数为零, 得系数满足的关系式

$$\boldsymbol{u}: \quad -(-1)^1 C_1^0 D_{i_1} \left(a_1^{i_1} \right) - \cdots - (-1)^n C_n^0 D_{i_1} \cdots D_{i_n} \left(a_n^{i_1 \cdots i_n} \right) = 0$$

$$\boldsymbol{u}_{(1)}: \quad \frac{1 - (-1)^1}{2} a_1^{i_1} - (-1)^2 C_2^1 D_{i_2} \left(a_2^{i_1 i_2} \right) - \cdots$$

$$- (-1)^n C_n^1 D_{i_2} \cdots D_{i_n} \left(a_n^{i_1 \cdots i_n} \right) = 0$$

$$\vdots$$

$$\boldsymbol{u}_{(k)}: \quad \frac{1 - (-1)^k}{2} a_k^{i_1 \cdots i_k} - (-1)^{k+1} C_{k+1}^k D_{i_{k+1}} \left(a_2^{i_1 \cdots i_{k+1}} \right) - \cdots$$

$$- (-1)^n C_n^k D_{i_{k+1}} \cdots D_{i_n} \left(a_n^{i_1 \cdots i_n} \right) = 0$$

$$\vdots$$

$$\boldsymbol{u}_{(n)}: \quad \frac{1 - (-1)^n}{2} a_n^{i_1 \cdots i_n} = 0$$

$$(5.32)$$

式 (5.32) 中有 n 个未知函数、$n+1$ 个微分方程, 因此可以解出系数之间的关系式。

当 n 为奇数时, 由式 (5.32) 中最后一个式子知 $a_n^{i_1 \cdots i_n} = 0$, 此时方程不再是 n 阶线性微分方程, 因此奇数阶线性微分方程不存在自伴随方程。

当 n 为偶数时, 式 (5.32) 写作

$$\boldsymbol{u}: \quad -(-1)^1 C_1^0 D_{i_1}\left(a_1^{i_1}\right) - \cdots - (-1)^n C_n^0 D_{i_1} \cdots D_{i_n}\left(a_n^{i_1 \cdots i_n}\right) = 0$$

$$\boldsymbol{u}_{(1)}: \frac{1-(-1)^1}{2} a_1^{i_1} - (-1)^2 C_2^1 D_{i_2}\left(a_2^{i_1 i_2}\right) - \cdots - (-1)^n C_n^1 D_{i_2} \cdots D_{i_n}\left(a_n^{i_1 \cdots i_n}\right) = 0$$

$$\vdots$$

$$\boldsymbol{u}_{(n-4)}: \frac{1-(-1)^{n-4}}{2} a_{n-4}^{i_1 \cdots i_{n-4}} - (-1)^{n-3} C_{n-3}^{n-4} D_{i_{n-3}}\left(a_3^{i_1 \cdots i_{n-3}}\right)$$

$$-(-1)^{n-2} C_{n-2}^{n-3} D_{i_{n-3}} D_{i_{n-2}}\left(a_{n-2}^{i_1 \cdots i_{n-2}}\right)$$

$$-(-1)^{n-1} C_{n-1}^{n-3} D_{i_{n-3}} D_{i_{n-2}} D_{i_{n-1}}\left(a_{n-1}^{i_1 \cdots i_{n-1}}\right)$$

$$-(-1)^n C_n^{n-3} D_{i_{n-3}} D_{i_{n-2}} D_{i_{n-1}} D_{i_n}\left(a_n^{i_1 \cdots i_n}\right) = 0$$

$$\boldsymbol{u}_{(n-3)}: \frac{1-(-1)^{n-3}}{2} a_{n-3}^{i_1 \cdots i_{n-3}} - (-1)^{n-2} C_{n-2}^{n-3} D_{i_{n-2}}\left(a_2^{i_1 \cdots i_{n-2}}\right)$$

$$-(-1)^{n-1} C_{n-1}^{n-3} D_{i_{n-2}} D_{i_{n-1}}\left(a_{n-1}^{i_1 \cdots i_{n-1}}\right)$$

$$-(-1)^n C_n^{n-3} D_{i_{n-2}} D_{i_{n-1}} D_{i_n}\left(a_n^{i_1 \cdots i_n}\right) = 0$$

$$\boldsymbol{u}_{(n-2)}: \frac{1-(-1)^{n-2}}{2} a_{n-2}^{i_1 \cdots i_{n-2}} - (-1)^{n-1} C_{n-1}^{n-2} D_{i_{n-1}}\left(a_{n-1}^{i_1 \cdots i_{n-1}}\right)$$

$$-(-1)^n C_n^{n-2} D_{i_{n-1}} D_{i_n}\left(a_n^{i_1 \cdots i_n}\right) = 0$$

$$\boldsymbol{u}_{(n-1)}: \frac{1-(-1)^{n-1}}{2} a_{n-1}^{i_1 \cdots i_{n-1}} - (-1)^n C_n^{n-1} D_{i_n}\left(a_n^{i_1 \cdots i_n}\right) = 0$$

$$\boldsymbol{u}_{(n)}: \frac{1-(-1)^n}{2} a_n^{i_1 \cdots i_n} = 0 \tag{5.33}$$

下面将系数 $a_i^{i_1 \cdots i_i}$ $(i=1,3,\cdots,n-1)$ 表示为 $a_j^{i_1 \cdots i_j}$ $(j=2,4,\cdots,n)$ 的函数。从式 (5.33) 中倒数第二式易得

$$a_{n-1}^{i_1 \cdots i_{n-1}} = \frac{(-1)^n C_n^{n-1} D_{i_n}\left(a_n^{i_1 \cdots i_n}\right)}{\dfrac{1-(-1)^{n-1}}{2}} = C_n^{n-1} D_{i_n}\left(a_n^{i_1 \cdots i_n}\right) \tag{5.34}$$

当 $n \geqslant 2$ 时，将其代入式 (5.33) 中倒数第三式，得到

$$0 - (-1)^{n-1} C_{n-1}^{n-2} C_n^{n-1} - (-1)^n C_n^{n-2} D_{i_{n-1}} D_{i_n} \left(a_n^{i_1\cdots i_n}\right) = 0 \tag{5.35}$$

进而得到

$$D_{i_{n-1}} D_{i_n} \left(a_n^{i_1\cdots i_n}\right) = 0 \tag{5.36}$$

当 $n \geqslant 4$ 时，从式 (5.33) 中倒数第四式得到

$$\begin{aligned}
a_{n-3}^{i_1\cdots i_{n-3}} &= (-1)^{n-2} C_{n-2}^{n-3} D_{i_{n-2}} \left(a_{n-2}^{i_1\cdots i_{n-2}}\right) \\
&\quad + (-1)^{n-1} C_{n-1}^{n-3} D_{i_{n-2}} D_{i_{n-1}} \left(a_{n-1}^{i_1\cdots i_{n-1}}\right) \\
&= (-1)^{n-2} C_{n-2}^{n-3} D_{i_{n-2}} \left(a_{n-2}^{i_1\cdots i_{n-2}}\right) \\
&\quad + (-1)^{n-1} C_{n-1}^{n-3} C_n^{n-1} D_{i_{n-2}} D_{i_{n-1}} D_{i_n} \left(a_n^{i_1\cdots i_n}\right) \\
&= C_{n-2}^{n-3} D_{i_{n-2}} \left(a_{n-2}^{i_1\cdots i_{n-2}}\right)
\end{aligned} \tag{5.37}$$

当 $n \geqslant 6$ 时，从式 (5.33) 中倒数第五式得到

$$D_{i_{n-3}} D_{i_{n-2}} \left(a_{n-2}^{i_1\cdots i_{n-2}}\right) = 0 \tag{5.38}$$

以此类推，得到系数满足的关系式

$$\begin{aligned}
&n \geqslant 0: a_{n-1}^{i_1\cdots i_{n-1}} = C_n^{n-1} D_{i_n} \left(a_n^{i_1\cdots i_n}\right) \\
&n \geqslant 2: D_{i_{n-1}} D_{i_n} \left(a_n^{i_1\cdots i_n}\right) = 0 \\
&n \geqslant 4: a_{n-3}^{i_1\cdots i_{n-3}} = C_{n-2}^{n-3} D_{i_{n-2}} \left(a_{n-2}^{i_1\cdots i_{n-2}}\right) \\
&n \geqslant 6: D_{i_{n-3}} D_{i_{n-2}} \left(a_{n-2}^{i_1\cdots i_{n-2}}\right) = 0 \\
&\qquad\qquad\qquad \vdots \\
&n \geqslant 4k: a_{n-2k-1}^{i_1\cdots i_{n-2k-1}} = C_{n-2k}^{n-2k-1} D_{i_{n-2k}} \left(a_{n-2k}^{i_1\cdots i_{n-2k}}\right) \\
&n \geqslant 4k+2: D_{i_{n-2k-1}} D_{i_{n-2k}} \left(a_{n-2k}^{i_1\cdots i_{n-2k}}\right) = 0 \\
&\qquad\qquad\qquad \vdots
\end{aligned} \tag{5.39}$$

当 $n = 2m$ 时，自伴随要求满足前 $m+1$ 个关系式。

5.1.3 伴随方程组——非线性微分方程组

下面研究非线性微分方程组的伴随方程组。

定义 5.2 考虑含有 n 个自变量 $\boldsymbol{x} = \left(x^1, \cdots, x^n\right)$ 和 m 个因变量 $\boldsymbol{u} = \left(u^1, \cdots, u^m\right)$ 的 s 阶偏微分方程组 [58]

$$F_\alpha\left(\boldsymbol{x}, \boldsymbol{u}, \boldsymbol{u}_{(1)}, \cdots, \boldsymbol{u}_{(s)}\right) = 0, \quad \alpha = 1, 2, \cdots, m \tag{5.40}$$

引入 m 个新的因变量 $\boldsymbol{v} = \left(v^1, \cdots, v^m\right)$, 使得微分方程

$$F_\alpha^*\left(\boldsymbol{x}, \boldsymbol{u}, \boldsymbol{v}, \boldsymbol{u}_{(1)}, \boldsymbol{v}_{(1)}, \cdots, \boldsymbol{u}_{(s)}, \boldsymbol{v}_{(s)}\right) = \frac{\delta\left(v^\beta F_\beta\right)}{\delta u^\alpha}, \quad \alpha, \beta = 1, 2, \cdots, m \tag{5.41}$$

则方程组 (5.40) 的**伴随方程组**定义为 [14]

$$F_\alpha^*\left(\boldsymbol{x}, \boldsymbol{u}, \boldsymbol{v}, \boldsymbol{u}_{(1)}, \boldsymbol{v}_{(1)}, \cdots, \boldsymbol{u}_{(s)}, \boldsymbol{v}_{(s)}\right) = 0, \quad \alpha = 1, 2, \cdots, m \tag{5.42}$$

定理 5.3 由式 (5.6) 定义的线性算子 L 的伴随算子 L^* 与

$$L^*\left[\boldsymbol{v}\right] = \frac{\delta\left(\boldsymbol{v}L\left[\boldsymbol{u}\right]\right)}{\delta \boldsymbol{u}} \tag{5.43}$$

定义的算子 L^* 等价 [14]。

证明 设 L 是一个 n 阶线性算子

$$L = a_n^{i_1 i_2 \cdots i_n}\left(\boldsymbol{x}\right) D_{i_1} D_{i_2} \cdots D_{i_n} + a_{n-1}^{i_1 i_2 \cdots i_{n-1}} D_{i_1} D_{i_2} \cdots D_{i_{n-1}} + \cdots + a_0 \tag{5.44}$$

由式 (5.6) 的定义

$$\boldsymbol{v}L\left[\boldsymbol{u}\right] - \boldsymbol{u}L^*\left[\boldsymbol{v}\right] = \operatorname{div}\boldsymbol{P}\left(\boldsymbol{x}\right) \tag{5.45}$$

伴随算子由下式唯一确定

$$\begin{aligned} L^*\left(\boldsymbol{v}\right) = & D_{i_1} D_{i_2} \cdots D_{i_n}\left[a_n^{i_1 i_2 \cdots i_n}\left(\boldsymbol{x}\right)\boldsymbol{v}\right] \\ & + D_{i_1} D_{i_2} \cdots D_{i_{n-1}}\left[a_{n-1}^{i_1 i_2 \cdots i_{n-1}}\left(\boldsymbol{x}\right)\boldsymbol{v}\right] + \cdots + a_0\boldsymbol{v} \end{aligned} \tag{5.46}$$

而

$$\begin{aligned} & \frac{\delta\left(\boldsymbol{v}L\left[\boldsymbol{u}\right]\right)}{\delta \boldsymbol{u}} \\ = & \frac{\partial\left(\boldsymbol{v}L\left[\boldsymbol{u}\right]\right)}{\partial \boldsymbol{u}} + \sum_{s=1}^\infty (-1)^s D_{i_1} D_{i_2} \cdots D_{i_s} \frac{\partial\left(\boldsymbol{v}L\left[\boldsymbol{u}\right]\right)}{\partial u^{(s)}} \\ = & \sum_{s=1}^\infty (-1)^s D_{i_1} D_{i_2} \cdots D_{i_n} \frac{\partial}{\partial u_{j_1 j_2 \cdots j_n}} \end{aligned}$$

$$\left[v \left(a_n^{i_1 i_2 \cdots i_n} (\boldsymbol{x}) D_{i_1} D_{i_2} \cdots D_{i_n} + \cdots + a_1^{i_1} D_{i_1} \right) u \right] + \frac{\partial}{\partial \boldsymbol{u}} \left[v a_0 (\boldsymbol{x}) \boldsymbol{u} \right]$$

$$= \sum_{s=1}^{\infty} (-1)^s D_{i_1} D_{i_2} \cdots D_{i_n} \left[a_s^{i_1 i_2 \cdots i_s} (\boldsymbol{x}) \boldsymbol{v} \right] + a_0 (\boldsymbol{x}) \boldsymbol{v}$$

$$= L^* (\boldsymbol{v}) \tag{5.47}$$

因此二者等价。

定义 5.3　如果令方程组 (5.40) 的伴随方程组 (5.42) 中的 $\boldsymbol{v} = \boldsymbol{u}$,得到的方程

$$F_\alpha^* \left(\boldsymbol{x}, \boldsymbol{u}, \boldsymbol{u}, \boldsymbol{u}_{(1)}, \boldsymbol{u}_{(1)}, \cdots, \boldsymbol{u}_{(s)}, \boldsymbol{u}_{(s)} \right) = 0, \quad \alpha = 1, 2, \cdots, m \tag{5.48}$$

与原方程组 (5.40) 一致, 则称方程组 (5.40) 为**自伴随**的 [14]。

5.2　伴随方程 (组) 的对称性

本节研究伴随方程 (组) 的对称性, 分为微分方程和微分方程组两种情形。

5.2.1　微分方程情形

定理 5.4　考虑一个具有 n 个自变量 $\boldsymbol{x} = (x^1, x^2, \cdots, x^n)$ 和 1 个因变量 u 的微分方程 [58]

$$F \left(\boldsymbol{x}, u, \boldsymbol{u}_{(1)}, \cdots, \boldsymbol{u}_{(s)} \right) = 0 \tag{5.49}$$

其伴随方程 [49]

$$F^* \left(\boldsymbol{x}, u, v, \boldsymbol{u}_{(1)}, \boldsymbol{v}_{(1)}, \cdots, \boldsymbol{u}_{(s)}, \boldsymbol{v}_{(s)} \right) \equiv \frac{\delta (vF)}{\delta u} = 0 \tag{5.50}$$

继承了方程 (5.49) 的对称性。也就是说, 如果方程 (5.49) 具有算子

$$X = \xi^i \frac{\partial}{\partial x^i} + \eta \frac{\partial}{\partial u} \tag{5.51}$$

其中 X 可以是一个 Lie 算子, 即 $\xi^i = \xi^i (\boldsymbol{x}, u), \eta = \eta (\boldsymbol{x}, u)$, 或者是一个 Lie-Bäcklund 算子, 即 $\xi^i = \xi^i (\boldsymbol{x}, u, \boldsymbol{u}_{(1)}, \cdots, \boldsymbol{u}_{(p)}), \eta = \eta (\boldsymbol{x}, u, \boldsymbol{u}_{(1)}, \cdots, \boldsymbol{u}_{(q)})$, 则伴随方程 (5.50) 具有算子 Y, Y 是 X 扩展到变量 v 的形式

$$Y = \xi^i \frac{\partial}{\partial x^i} + \eta \frac{\partial}{\partial u} + \eta_* \frac{\partial}{\partial v} \tag{5.52}$$

其中 $\eta_* = \eta_* \left(\boldsymbol{x}, u, v, \boldsymbol{u}_{(1)}, \boldsymbol{v}_{(1)}, \cdots \right)$。

证明 首先不加证明地给出一个引理:

引理 5.1 假设 $g(x)$ 为一个解析函数, 在 x 处有 $g'(x) \neq 0$, 且 $g(x) \neq 0$。如果 $f(y)$ 是一个解析函数, 且满足条件 $f(0) = 0$, 那么存在解析函数 $h(x)$, 使得

$$f(g(x)) = h(x)g(x) \tag{5.53}$$

令 X(5.51) 是方程 (5.49) 的 Lie 算子。由于方程 (5.49) 成立, 那么根据引理 5.1 有

$$X(F) = \lambda F \tag{5.54}$$

其中 $\lambda = \lambda(\boldsymbol{x}, u, \cdots)$。

X 理解为延拓到了方程 (5.49) 中 u 的各阶导数, 则联立方程组 (5.49)、(5.50) 具有 Lagrange 函数

$$\mathcal{L} = vF \tag{5.55}$$

用未知微分函数 η_* 把 X(5.51) 扩展到 Y(5.52), 并要求满足不变性条件

$$Y(\mathcal{L}) + \mathcal{L}D_i(\xi^i) = 0 \tag{5.56}$$

得到

$$\begin{aligned}
Y(\mathcal{L}) + \mathcal{L}D_i(\xi^i) &= Y(vF) + vFD_i(\xi^i) \\
&= Y(v)F + vY(F) + vD_i(\xi^i)F \\
&= Y(v)F + v\left(X + \eta_*\frac{\partial}{\partial v}\right)(F) + vD_i(\xi^i)F \\
&= Y(v)F + vX(F) + v\eta_*\frac{\partial F}{\partial v} + vD_i(\xi^i)F \\
&= Y(v)F + vX(F) + vD_i(\xi^i)F \\
&= \left(X + \eta_*\frac{\partial}{\partial v}\right)(v)F + vX(F) + vD_i(\xi^i)F \\
&= X(v)F + \eta_*F + vX(F) + vD_i(\xi^i)F \\
&= \eta_*F + vX(F) + vD_i(\xi^i)F \\
&= \left[\eta_* + v\lambda + vD_i(\xi^i)\right]F \tag{5.57}
\end{aligned}$$

因此, 由条件 (5.56) 导出方程

$$\eta_* = -\left[\lambda + D_i(\xi^i)\right]v \tag{5.58}$$

其中 λ 由式 (5.54) 定义。

由于条件 (5.56) 保证了方程组 (5.49)、(5.50) 的不变性，得出伴随方程 (5.50) 对应算子

$$Y = \xi^i \frac{\partial}{\partial x^i} + \eta \frac{\partial}{\partial u} - \left[\lambda + D_i\left(\xi^i\right)\right] v \frac{\partial}{\partial v} \tag{5.59}$$

由此，Lie 对称性的定理得到证明。

进一步假设 $X(5.51)$ 是一个 Lie-Bäcklund 算子，即有

$$X(F) = \left(\xi^i \frac{\partial}{\partial x^i} + \eta^\alpha \frac{\partial}{\partial u^\alpha} + \zeta^\alpha_{s_1} \frac{\partial}{\partial u^\alpha_{s_1}} + \cdots + \zeta^\alpha_{s_1 \cdots s_l} \frac{\partial}{\partial u^\alpha_{s_1 \cdots s_l}} + \cdots\right) F$$

$$= \xi^i \frac{\partial F}{\partial x^i} + \eta^\alpha \frac{\partial F}{\partial u^\alpha} + \zeta^\alpha_{s_1} \frac{\partial F}{\partial u^\alpha_{s_1}} + \cdots + \zeta^\alpha_{s_1 \cdots s_l} \frac{\partial F}{\partial u^\alpha_{s_1 \cdots s_l}} + \cdots \tag{5.60}$$

其中 $\xi^i, \eta^\alpha, \zeta^\alpha_{s_1}, \cdots$ 均可表示为 $F, D_{i_1}(F), D_{i_1}D_{i_2}(F), \cdots$ 的线性组合。这是因为对于一个局部解析的函数 η^α，在标架

$$[F]: \quad F = 0, \ D_i(F) = 0, \ D_i D_j(F) = 0, \cdots \tag{5.61}$$

下写作

$$\eta^\alpha = \eta^\alpha\left(F, D_i(F), D_i D_j(F), \cdots\right) \tag{5.62}$$

将 η^α 在 $(F, D_i(F), D_i D_j(F), \cdots) = (0, 0, 0, \cdots)$ 处展开，保留一阶小量，得到

$$\eta^\alpha = \eta^\alpha|_{F=0, \ D_i(F)=0, \cdots} + \eta^{\alpha,0} F + \eta^{\alpha,i} D_{i_1}(F)$$

$$+ \eta^{\alpha,ij} D_{i_1} D_{i_2}(F) + \eta^{\alpha,ijk} D_i D_j D_k(F) + \cdots \tag{5.63}$$

若 $\eta^\alpha|_{[F]} = 0$，式 (5.63) 写为

$$\eta^\alpha = \eta^{\alpha,0} F + \eta^{\alpha,i} D_{i_1}(F) + \eta^{\alpha,ij} D_{i_1} D_{i_2}(F) + \eta^{\alpha,ijk} D_i D_j D_k(F) + \cdots \tag{5.64}$$

从而可将式 (5.60) 中的 $\xi^i, \eta^\alpha, \zeta^\alpha_{s_1}, \cdots$ 分别记为

$$\xi^i = \xi^{i,0} F + \xi^{i,i} D_i(F) + \xi^{i,ij} D_i D_j(F) + \xi^{i,ijk} D_i D_j D_k(F) + \cdots$$

$$\eta^\alpha = \eta^{\alpha,0} F + \eta^{\alpha,i} D_i(F) + \eta^{\alpha,ij} D_i D_j(F) + \eta^{\alpha,ijk} D_i D_j D_k(F) + \cdots$$

$$\zeta^\alpha_{s_1} = \zeta^{\alpha,0}_{s_1} F + \zeta^{\alpha,i}_i D_i(F) + \zeta^{\alpha,ij}_{s_1} D_i D_j(F) + \zeta^{\alpha,ijk}_{s_1} D_i D_j D_k(F) + \cdots$$

$$\vdots \tag{5.65}$$

将式 (5.65) 代入式 (5.60)，整理得到

$$
\begin{aligned}
X\left(F\right) = & \left(\xi^{i,0}\frac{\partial F}{\partial x^i} + \eta^{\alpha,0}\frac{\partial F}{\partial u^\alpha} + \zeta_{s_1}^{\alpha,0}\frac{\partial F}{\partial u_{s_1}^\alpha} + \cdots + \zeta_{s_1\cdots s_l}^{\alpha,0}\frac{\partial F}{\partial u_{s_1\cdots s_l}^\alpha} + \cdots\right)F \\
& + \left(\xi^{i,i}\frac{\partial F}{\partial x^i} + \eta^{\alpha,i}\frac{\partial F}{\partial u^\alpha} + \zeta_{s_1}^{\alpha,i}\frac{\partial F}{\partial u_{s_1}^\alpha} + \cdots + \zeta_{s_1\cdots s_l}^{\alpha,i}\frac{\partial F}{\partial u_{s_1\cdots s_l}^\alpha} + \cdots\right)D_i\left(F\right) \\
& + \left(\xi^{i,ij}\frac{\partial F}{\partial x^i} + \eta^{\alpha,ij}\frac{\partial F}{\partial u^\alpha} + \zeta_{s_1}^{\alpha,ij}\frac{\partial F}{\partial u_{s_1}^\alpha} + \cdots + \zeta_{s_1\cdots s_l}^{\alpha,ij}\frac{\partial F}{\partial u_{s_1\cdots s_l}^\alpha} + \cdots\right)D_iD_j\left(F\right) \\
& + \left(\xi^{i,ijk}\frac{\partial F}{\partial x^i} + \eta^{\alpha,ijk}\frac{\partial F}{\partial u^\alpha} + \zeta_{s_1}^{\alpha,ijk}\frac{\partial F}{\partial u_{s_1}^\alpha} + \cdots + \zeta_{s_1\cdots s_l}^{\alpha,ijk}\frac{\partial F}{\partial u_{s_1\cdots s_l}^\alpha} + \cdots\right) \\
& \cdot D_iD_jD_k\left(F\right) + \cdots
\end{aligned}
\tag{5.66}
$$

令

$$
\begin{aligned}
\lambda_0 &= \xi^{i,0}\frac{\partial F}{\partial x^i} + \eta^{\alpha,0}\frac{\partial F}{\partial u^\alpha} + \zeta_{s_1}^{\alpha,0}\frac{\partial F}{\partial u_{s_1}^\alpha} + \cdots + \zeta_{s_1\cdots s_l}^{\alpha,0}\frac{\partial F}{\partial u_{s_1\cdots s_l}^\alpha} + \cdots \\
\lambda_1^i &= \xi^{i,i}\frac{\partial F}{\partial x^i} + \eta^{\alpha,i}\frac{\partial F}{\partial u^\alpha} + \zeta_{s_1}^{\alpha,i}\frac{\partial F}{\partial u_{s_1}^\alpha} + \cdots + \zeta_{s_1\cdots s_l}^{\alpha,i}\frac{\partial F}{\partial u_{s_1\cdots s_l}^\alpha} + \cdots \\
\lambda_2^{ij} &= \xi^{i,ij}\frac{\partial F}{\partial x^i} + \eta^{\alpha,ij}\frac{\partial F}{\partial u^\alpha} + \zeta_{s_1}^{\alpha,ij}\frac{\partial F}{\partial u_{s_1}^\alpha} + \cdots + \zeta_{s_1\cdots s_l}^{\alpha,ij}\frac{\partial F}{\partial u_{s_1\cdots s_l}^\alpha} \\
\lambda_3^{ijk} &= \xi^{i,ijk}\frac{\partial F}{\partial x^i} + \eta^{\alpha,ijk}\frac{\partial F}{\partial u^\alpha} + \zeta_{s_1}^{\alpha,ijk}\frac{\partial F}{\partial u_{s_1}^\alpha} + \cdots + \zeta_{s_1\cdots s_l}^{\alpha,ijk}\frac{\partial F}{\partial u_{s_1\cdots s_l}^\alpha}
\end{aligned}
$$

$$
\vdots
\tag{5.67}
$$

则式 (5.66) 可以写为 [14,58]

$$
X\left(F\right) = \lambda_0 F + \lambda_1^i D_i\left(F\right) + \lambda_2^{ij}D_iD_j\left(F\right) + \lambda_3^{ijk}D_iD_jD_k\left(F\right) + \cdots
\tag{5.68}
$$

其中 $\lambda_2^{ij} = \lambda_2^{ji},\cdots$。

因此，利用算子 Y(5.52)，得到

$$
Y\left(\mathcal{L}\right) + \mathcal{L}D_i\left(\xi^i\right)
$$

$$
= Y\left(v\right)F + vX\left(F\right) + vD_i\left(\xi^i\right)F
$$

$$
= \left(X + \eta_*\frac{\partial}{\partial v}\right)\left(v\right)F + vX\left(F\right) + vD_i\left(\xi^i\right)F
$$

$$
= X\left(v\right)F + \eta_* F + vX\left(F\right) + vD_i\left(\xi^i\right)F
$$

$$= \eta_* F + v \left(\lambda_0 + \lambda_1^i D_i + \lambda_2^{ij} D_i D_j + \lambda_3^{ijk} D_i D_j D_k + \cdots \right) F + v D_i \left(\xi^i \right) F$$

$$= \left[\eta_* + v\lambda_0 + v D_i \left(\xi^i \right) \right] F + v \left(\lambda_1^i D_i + \lambda_2^{ij} D_i D_j + \lambda_3^{ijk} D_i D_j D_k + \cdots \right) F \quad (5.69)$$

根据如下性质

$$v\lambda_1^i D_i (F) = D_i \left(v\lambda_1^i F \right) - F D_i \left(v\lambda_1^i \right)$$
$$v\lambda_2^{ij} D_i D_j (F) = D_i \left[v\lambda_2^{ij} D_j (F) - F D_j \left(v\lambda_2^{ij} \right) \right] + F D_i D_j \left(v\lambda_2^{ij} \right) \quad (5.70)$$
$$v\lambda_3^{ijk} D_i D_j D_k (F) = D_i \left[\cdots \right] - F D_i D_j D_k \left(v\lambda_3^{ijk} \right)$$

得到

$$Y(\mathcal{L}) + \mathcal{L} D_i \left(\xi^i \right)$$

$$= \left[\eta_* + v\lambda_0 + v D_i \left(\xi^i \right) \right] F + v \left(\lambda_1^i D_i + \lambda_2^{ij} D_i D_j + \lambda_3^{ijk} D_i D_j D_k + \cdots \right) F$$

$$= \left[\eta_* + v\lambda_0 + v D_i \left(\xi^i \right) \right] F + \left[D_i \left(v\lambda_1^i F \right) - F D_i \left(v\lambda_1^i \right) \right]$$

$$+ \left[D_i \left[v\lambda_2^{ij} D_j (F) - F D_j \left(v\lambda_2^{ij} \right) \right] + F D_i D_j \left(v\lambda_2^{ij} \right) \right] + \cdots$$

$$= D_i \left(v\lambda_1^i F + v\lambda_2^{ij} D_j (F) - F D_j \left(v\lambda_2^{ij} \right) + \cdots \right)$$

$$+ \left[\eta_* + v\lambda_0 + v D_i \left(\xi^i \right) - D_i \left(v\lambda_1^i \right) + D_i D_j \left(v\lambda_2^{ij} \right) - D_i D_j D_k \left(v\lambda_3^{ijk} \right) + \cdots \right] F$$

$$(5.71)$$

最终，令

$$\eta_* = -v\lambda_0 - v D_i \left(\xi^i \right) + D_i \left(v\lambda_1^i \right) - D_i D_j \left(v\lambda_2^{ij} \right) + D_i D_j D_k \left(v\lambda_3^{ijk} \right) + \cdots$$

$$= -v \left[\lambda_0 + D_i \left(\xi^i \right) \right] + D_i \left(v\lambda_1^i \right) - D_i D_j \left(v\lambda_2^{ij} \right) + D_i D_j D_k \left(v\lambda_3^{ijk} \right) + \cdots$$

$$(5.72)$$

$$B_i = -v\lambda_1^i F - v\lambda_2^{ij} D_j (F) + F D_j \left(v\lambda_2^{ij} \right) + \cdots \quad (5.73)$$

将 η_*、B_i 代入式 (5.71)，得到

$$Y(\mathcal{L}) + \mathcal{L} D_i \left(\xi^i \right) = D_i \left(B^i \right) \quad (5.74)$$

对于具有 m 个因变量的 m 个方程组成的微分方程组，使用类似定理 5.4 的方法可以证明其伴随方程组的对称性。

5.2.2 微分方程组情形

定理 5.5 考虑 m 个具有 n 个自变量 $\boldsymbol{x} = (x^1, \cdots, x^n)$ 和 m 个因变量 $\boldsymbol{u} = (u^1, \cdots, u^m)$ 的方程组成的微分方程组[59,60]

$$F_\alpha\left(\boldsymbol{x}, \boldsymbol{u}, \boldsymbol{u}_{(1)}, \cdots, \boldsymbol{u}_{(s)}\right) = 0, \quad \alpha = 1, 2, \cdots, m \tag{5.75}$$

其伴随方程组[14]

$$F_\alpha^*\left(\boldsymbol{x}, \boldsymbol{u}, \boldsymbol{v}, \boldsymbol{u}_{(1)}, \boldsymbol{v}_{(1)}, \cdots, \boldsymbol{u}_{(s)}, \boldsymbol{v}_{(s)}\right) \equiv \frac{\delta\left(v^\beta F_\beta\right)}{\delta u^\alpha} = 0, \quad \alpha, \beta = 1, 2, \cdots, m \tag{5.76}$$

继承了方程组 (5.75) 的对称性, 即如果方程组 (5.75) 具有算子

$$X = \xi^i \frac{\partial}{\partial x^i} + \eta^\alpha \frac{\partial}{\partial u^\alpha} \tag{5.77}$$

其中 X 可以是一个 Lie 变换群的无穷小生成元, 即 $\xi^i = \xi^i\left(\boldsymbol{x}, \boldsymbol{u}\right), \eta^\alpha = \eta^\alpha\left(\boldsymbol{x}, \boldsymbol{u}\right)$, 或者是一个 Lie-Bäcklund 算子, 即 $\xi^i = \xi^i\left(\boldsymbol{x}, \boldsymbol{u}, \boldsymbol{u}_{(1)}, \cdots, \boldsymbol{u}_{(p)}\right), \eta^\alpha = \eta^\alpha(\boldsymbol{x}, \boldsymbol{u}, \boldsymbol{u}_{(1)}, \cdots, \boldsymbol{u}_{(q)})$, 则伴随方程组 (5.76) 具有由 X 扩展到变量 v^α 后的算子 Y

$$Y = \xi^i \frac{\partial}{\partial x^i} + \eta^\alpha \frac{\partial}{\partial u^\alpha} + \eta_*^\alpha \frac{\partial}{\partial v^\alpha} \tag{5.78}$$

其中 $\eta_*^\alpha = \eta_*^\alpha\left(\boldsymbol{x}, \boldsymbol{u}, \boldsymbol{v}, \boldsymbol{u}_{(1)}, \boldsymbol{v}_{(1)}, \cdots\right)$。

证明 此时, 不变性条件替换为[61]

$$X\left(F_\alpha\right) = \lambda_\alpha^\beta F_\beta \tag{5.79}$$

其中 X 理解为延拓到了方程组 (5.75) 中 $\boldsymbol{u}$ 的各阶导数, 则联立方程组 (5.75)、(5.76) 具有 Lagrange 函数

$$\mathcal{L} = v^\alpha F_\alpha \tag{5.80}$$

用未知的微分函数 η_* 把 $X(5.77)$ 扩展为 $Y(5.78)$, 并要求满足不变性条件

$$Y\left(\mathcal{L}\right) + \mathcal{L} D_i\left(\xi^i\right) = 0 \tag{5.81}$$

得到

$$Y\left(\mathcal{L}\right) + \mathcal{L} D_i\left(\xi^i\right) = Y\left(v^\alpha F_\alpha\right) + v^\alpha F_\alpha D_i\left(\xi^i\right)$$

$$= Y\left(v^\alpha\right) F_\alpha + v^\alpha Y\left(F_\alpha\right) + v^\alpha D_i\left(\xi^i\right) F_\alpha$$

$$= Y\left(v^{\alpha}\right)F_{\alpha} + v^{\beta}\left(X + \eta_{*}^{\alpha}\frac{\partial}{\partial v^{\alpha}}\right)\left(F_{\beta}\right) + v^{\alpha}D_{i}\left(\xi^{i}\right)F_{\alpha}$$

$$= Y\left(v^{\alpha}\right)F_{\alpha} + v^{\beta}X\left(F_{\beta}\right) + v^{\beta}\eta_{*}^{\alpha}\frac{\partial F_{\beta}}{\partial v^{\alpha}} + v^{\alpha}D_{i}\left(\xi^{i}\right)F_{\alpha}$$

$$= Y\left(v^{\alpha}\right)F_{\alpha} + v^{\beta}X\left(F_{\beta}\right) + v^{\alpha}D_{i}\left(\xi^{i}\right)F_{\alpha}$$

$$= \left(X + \eta_{*}^{\alpha}\frac{\partial}{\partial v^{\alpha}}\right)\left(v^{\alpha}\right)F_{\alpha} + v^{\beta}X\left(F_{\beta}\right) + v^{\alpha}D_{i}\left(\xi^{i}\right)F_{\alpha}$$

$$= X\left(v^{\alpha}\right)F_{\alpha} + \eta_{*}^{\alpha}F_{\alpha} + v^{\beta}X\left(F_{\beta}\right) + v^{\alpha}D_{i}\left(\xi^{i}\right)F_{\alpha}$$

$$= \eta_{*}^{\alpha}F_{\alpha} + v^{\beta}X\left(F_{\beta}\right) + v^{\alpha}D_{i}\left(\xi^{i}\right)F_{\alpha}$$

$$= \left[\eta_{*}^{\alpha} + \lambda_{\beta}^{\alpha}v^{\beta} + v^{\alpha}D_{i}\left(\xi^{i}\right)\right]F_{\alpha} \tag{5.82}$$

因此，由条件式 (5.82) 导出方程

$$\eta_{*}^{\alpha} = -\left[\lambda_{\beta}^{\alpha}v^{\beta} + v^{\alpha}D_{i}\left(\xi^{i}\right)\right], \quad \alpha = 1, 2, \cdots, m \tag{5.83}$$

其中 λ_{β}^{α} 由式 (5.79) 确定。

条件 (5.81) 保证了方程组 (5.75)、(5.76) 的对称性，因此伴随方程组 (5.76) 对应算子

$$Y = \xi^{i}\frac{\partial}{\partial x^{i}} + \eta^{\alpha}\frac{\partial}{\partial u_{\alpha}} - \left[\lambda_{\beta}^{\alpha}v^{\beta} + v^{\alpha}D_{i}\left(\xi^{i}\right)\right]\frac{\partial}{\partial v^{\alpha}} \tag{5.84}$$

得证。

定理 5.4 与 5.5 对于非局部对称性同样适用。

5.3　Ibragimov 守恒律表达式

基于 5.2 节伴随方程 (组) 的对称性，本节给出 Ibragimov 守恒律的表达式。

定理 5.6 (Ibragimov 守恒律)　微分方程组 [58]

$$F_{\alpha}\left(\boldsymbol{x}, \boldsymbol{u}, \boldsymbol{u}_{(1)}, \cdots, \boldsymbol{u}_{(s)}\right) = 0, \quad \alpha = 1, 2, \cdots, m \tag{5.85}$$

每一个 Lie 算子、Lie-Bäcklund 算子或者非局部对称性算子 [56]

$$X = \xi^{i}\left(\boldsymbol{x}, \boldsymbol{u}, \boldsymbol{u}_{(1)}, \cdots\right)\frac{\partial}{\partial x^{i}} + \eta^{\alpha}\left(\boldsymbol{x}, \boldsymbol{u}, \boldsymbol{u}_{(1)}, \cdots\right)\frac{\partial}{\partial u^{\alpha}} \tag{5.86}$$

提供了一个对应于方程组 (5.85) 与 (5.76) 联立方程组的守恒律。

证明 与定理 5.4 及 5.5 的证明类似。假设 X 是一个 Lie-Bäcklund 算子，不变性条件替换为 [14]

$$X(F_\alpha) = \lambda_{\alpha,0}^\beta F_\beta + \lambda_{\alpha,1}^{\beta,i} D_i(F_\beta) + \lambda_{\alpha,2}^{\beta,ij} D_i D_j(F_\beta) + \lambda_{\alpha,3}^{\beta,ijk} D_i D_j D_k(F_\beta) + \cdots \quad (5.87)$$

其中 $\lambda_{\alpha,2}^{\beta,ij} = \lambda_{\alpha,2}^{\beta,ji}, \cdots$。

Lagrange 函数为

$$\mathcal{L} = v^\alpha F_\alpha \quad (5.88)$$

得到

$$Y(\mathcal{L}) + \mathcal{L} D_i(\xi^i)$$
$$= Y(v^\alpha) F_\alpha + v^\alpha X(F_\alpha) + v^\alpha D_i(\xi^i) F_\alpha$$
$$= \left(X + \eta_*^\beta \frac{\partial}{\partial v^\beta}\right)(v^\alpha) F_\alpha + v^\alpha X(F_\alpha) + v^\alpha D_i(\xi^i) F_\alpha$$
$$= X(v^\alpha) F_\alpha + \eta_*^\alpha F_\alpha + v^\alpha X(F_\alpha) + v^\alpha D_i(\xi^i) F_\alpha$$
$$= \eta_*^\alpha F_\alpha + v^\alpha \left(\lambda_{\alpha,0}^\beta + \lambda_{\alpha,1}^{\beta,i} D_i + \lambda_{\alpha,2}^{\beta,ij} D_i D_j + \lambda_{\alpha,3}^{\beta,ijk} D_i D_j D_k + \cdots\right) F_\beta$$
$$\quad + v^\alpha D_i(\xi^i) F_\alpha$$
$$= \left[\eta_*^\alpha + v^\beta \lambda_{\beta,0}^\alpha + v^\alpha D_i(\xi^i)\right] F_\alpha$$
$$\quad + v^\alpha \left(\lambda_{\alpha,1}^{\beta,i} D_i + \lambda_{\alpha,2}^{\beta,ij} D_i D_j + \lambda_{\alpha,3}^{\beta,ijk} D_i D_j D_k + \cdots\right) F_\beta \quad (5.89)$$

根据如下性质

$$v^\alpha \lambda_{\alpha,1}^{\beta,i} D_i(F_\beta) = D_i\left(v^\alpha \lambda_{\alpha,1}^{\beta,i} F_\beta\right) - F_\beta D_i\left(v^\alpha \lambda_{\alpha,1}^{\beta,i}\right)$$
$$v^\alpha \lambda_{\alpha,2}^{\beta,ij} D_i D_j(F_\beta) = D_i\left[v^\alpha \lambda_{\alpha,2}^{\beta,ij} D_j(F_\beta) - F_\beta D_j\left(v^\alpha \lambda_{\alpha,2}^{\beta,ij}\right)\right]$$
$$\quad + F_\beta D_i D_j\left(v^\alpha \lambda_{\alpha,2}^{\beta,ij}\right) \quad (5.90)$$
$$v^\alpha \lambda_{\alpha,3}^{\beta,ijk} D_i D_j D_k(F_\beta) = D_i[\cdots] + F_\beta D_i D_j D_k\left(v^\alpha \lambda_{\alpha,3}^{\beta,ijk}\right)$$

得到

$$Y(\mathcal{L}) + \mathcal{L} D_i(\xi^i)$$
$$= \left[\eta_*^\alpha + v^\beta \lambda_{\beta,0}^\alpha + v^\alpha D_i(\xi^i)\right] F_\alpha$$
$$\quad + v^\alpha \left(\lambda_{\alpha,1}^{\beta,i} D_i + \lambda_{\alpha,2}^{\beta,ij} D_i D_j + \lambda_{\alpha,3}^{\beta,ijk} D_i D_j D_k + \cdots\right) F_\beta$$

$$\begin{aligned}
&= \left[\eta_*^\alpha + v^\beta \lambda_{\beta,0}^\alpha + v^\alpha D_i\left(\xi^i\right)\right] F_\alpha + \left[D_i\left(v^\alpha \lambda_{\alpha,1}^{\beta,i} F_\beta\right) - F_\beta D_i\left(v^\alpha \lambda_{\alpha,1}^{\beta,i}\right)\right] \\
&\quad + \left\{D_i\left[v^\alpha \lambda_{\alpha,2}^{\beta,ij} D_j\left(F_\beta\right) - F_\beta D_j\left(v^\alpha \lambda_{\alpha,2}^{\beta,ij}\right)\right] + F_\beta D_i D_j\left(v^\alpha \lambda_{\alpha,2}^{\beta,ij}\right)\right\} + \cdots \\
&= D_i\left[v^\alpha \lambda_{\alpha,1}^{\beta,i} F_\beta + v^\alpha \lambda_{\alpha,2}^{\beta,ij} D_j\left(F_\beta\right) - F_\beta D_j\left(v^\alpha \lambda_{\alpha,2}^{\beta,ij}\right) + \cdots\right] \\
&\quad + \left[\eta_*^\alpha + v^\beta \lambda_{\beta,0}^\alpha + v^\alpha D_i\left(\xi^i\right) - D_i\left(v^\beta \lambda_{\beta,1}^{\alpha,i}\right) + D_i D_j\left(v^\beta \lambda_{\beta,2}^{\alpha,ij}\right)\right. \\
&\quad \left. - D_i D_j D_k\left(v^\beta \lambda_{\beta,3}^{\alpha,ijk}\right) + \cdots\right] F_\alpha
\end{aligned} \tag{5.91}$$

最终，令

$$\eta_*^\alpha = -v^\beta \lambda_{\beta,0}^\alpha - v^\alpha D_i\left(\xi^i\right) + D_i\left(v^\beta \lambda_{\beta,1}^{\alpha,i}\right) - D_i D_j\left(v^\beta \lambda_{\beta,2}^{\alpha,ij}\right) + D_i D_j D_k\left(v^\beta \lambda_{\beta,3}^{\alpha,ijk}\right) + \cdots \tag{5.92}$$

$$B_i = -v^\alpha \lambda_{\alpha,1}^{\beta,i} F_\beta - v^\alpha \lambda_{\alpha,2}^{\beta,ij} D_j\left(F_\beta\right) + F_\beta D_j\left(v^\alpha \lambda_{\alpha,2}^{\beta,ij}\right) + \cdots \tag{5.93}$$

则

$$Y\left(\mathcal{L}\right) + \mathcal{L} D_i\left(\xi^i\right) = D_i\left(B^i\right) \tag{5.94}$$

下面推导守恒律表达式。

根据 Noether 定理，有守恒律 [24,25]

$$D_i\left[\mathcal{N}^{i*}\left(\mathcal{L}\right) - B^i\right] = 0 \tag{5.95}$$

其中

$$\begin{aligned}
\mathcal{N}^{i*} &= \xi^i + W^{\beta*}\frac{\delta}{\delta z_i^\beta} + \sum_{s=1}^{\infty} D_{i_1}\cdots D_{i_s}\left(W^{\alpha*}\right)\frac{\delta}{\delta z_{i i_1 \cdots i_s}^\beta} \\
&= \xi^i + W^\alpha \frac{\delta}{\delta u_i^\beta} + \sum_{s=1}^{\infty} D_{i_1}\cdots D_{i_s}\left(W^\alpha\right)\frac{\delta}{\delta u_{i i_1 \cdots i_s}^\alpha} \\
&\quad + \eta_*^\alpha \frac{\delta}{\delta v_i^\alpha} + \sum_{s=1}^{\infty} D_{i_1}\cdots D_{i_s}\left(\eta_*^\alpha\right)\frac{\delta}{\delta v_{i i_1 \cdots i_s}^\alpha} \\
&= \mathcal{N}^i + \eta_*^\alpha \frac{\delta}{\delta v_i^\alpha} + \sum_{s=1}^{\infty} D_{i_1}\cdots D_{i_s}\left(\eta_*^\alpha\right)\frac{\delta}{\delta v_{i i_1 \cdots i_s}^\alpha} \\
W^{\beta*} &= \begin{cases} \eta^\alpha - \xi^i u_i^\alpha = W^\alpha, & 1 \leqslant \beta \leqslant \alpha \\ \eta_*^\alpha - \xi^i v_i^\alpha = W^{\alpha*}, & \alpha+1 \leqslant \beta \leqslant 2\alpha \end{cases}
\end{aligned}$$

$$z^\beta = \begin{cases} u^\alpha, & 1 \leqslant \beta \leqslant \alpha \\ v^\alpha, & \alpha + 1 \leqslant \beta \leqslant 2\alpha \end{cases} \tag{5.96}$$

式中 $\mathcal{N}^{i*}$、$W^{\beta*}$ 与算子 Y 对应，W^α、$\mathcal{N}^i$ 与算子 X 对应。

将式 (5.96) 代入式 (5.95) 得

$$D_i \left[\mathcal{N}^{i*}(\mathcal{L}) - B^i \right]$$

$$= D_i \left[\mathcal{N}^i(\mathcal{L}) + \eta_*^\alpha \frac{\delta\mathcal{L}}{\delta v_i^\alpha} + \sum_{s=1}^\infty D_{i_1} \cdots D_{i_s}(\eta_*^\alpha) \frac{\delta\mathcal{L}}{\delta v_{ii_1\cdots i_s}^\alpha} - B^i \right]$$

$$= D_i \mathcal{N}^i(\mathcal{L}) + D_i \left[\eta_*^\alpha \frac{\delta\mathcal{L}}{\delta v_i^\alpha} + \sum_{s=1}^\infty D_{i_1} \cdots D_{i_s}(\eta_*^\alpha) \frac{\delta\mathcal{L}}{\delta v_{ii_1\cdots i_s}^\alpha} \right] - D_i(B^i) \tag{5.97}$$

考虑式 (5.97) 右边第二项，由于 $\mathcal{L}$ 不是 v 各阶导数函数，因此

$$D_i \left[\eta_*^\alpha \frac{\delta\mathcal{L}}{\delta v_i^\alpha} + \sum_{s=1}^\infty D_{i_1} \cdots D_{i_s}(\eta_*^\alpha) \frac{\delta\mathcal{L}}{\delta v_{ii_1\cdots i_s}^\alpha} \right] = 0 \tag{5.98}$$

考虑式 (5.97) 右边第三项，在流形 (5.85) 上，易知

$$D_i(B^i) = D_i \left[-v^\alpha \lambda_{\alpha,1}^{\beta,i} F_\beta - v^\alpha \lambda_{\alpha,2}^{\beta,ij} D_j(F_\beta) + F_\beta D_j \left(v^\alpha \lambda_{\alpha,2}^{\beta,ij} \right) + \cdots \right] \Big|_{F_\alpha=0} = 0 \tag{5.99}$$

则守恒定律为

$$D_i(C^i) \big|_{F_\alpha=0} = 0, \quad C^i = \mathcal{N}^i(\mathcal{L}) \tag{5.100}$$

即求得原方程组对称性后，其 Ibragimov 守恒律表达式为式 (5.100)，且使用算子 X 的坐标 ξ^i, η^α 来计算，而不必使用算子 Y 的坐标。

5.4 双参数变换群条件下的 Ibragimov 守恒律

前述内容均是基于单参数变换群，类似 Lie 对称分析和 Noether 守恒律，本节也考虑双参数变换群情形，探究相应 Ibragimov 守恒律。

首先给出伴随方程组的双参数对称性，将定理 5.5 进行推广。

定理 5.7 若方程组 (5.75) 具有如下算子

$$X_1 = \xi_1^i \frac{\partial}{\partial x^i} + \eta_1^\alpha \frac{\partial}{\partial u^\alpha} \tag{5.101}$$

$$X_2 = \xi_2^i \frac{\partial}{\partial x^i} + \eta_2^\alpha \frac{\partial}{\partial u^\alpha} \tag{5.102}$$

则伴随方程组 (5.76) 具有由 X_1, X_2 扩展到变量 v^α 后的算子 Y_1, Y_2

$$Y_1 = \xi_1^i \frac{\partial}{\partial x^i} + \eta_1^\alpha \frac{\partial}{\partial u^\alpha} + \eta_*^{1\alpha} \frac{\partial}{\partial v^\alpha} \tag{5.103}$$

$$Y_2 = \xi_2^i \frac{\partial}{\partial x^i} + \eta_2^\alpha \frac{\partial}{\partial u^\alpha} + \eta_*^{2\alpha} \frac{\partial}{\partial v^\alpha} \tag{5.104}$$

其中 $\eta_*^{1\alpha} = \eta_*^{1\alpha}\left(\boldsymbol{x}, \boldsymbol{u}, \boldsymbol{v}, \boldsymbol{u}_{(1)}, \boldsymbol{v}_{(1)}, \cdots\right), \eta_*^{2\alpha} = \eta_*^{2\alpha}\left(\boldsymbol{x}, \boldsymbol{u}, \boldsymbol{v}, \boldsymbol{u}_{(1)}, \boldsymbol{v}_{(1)}, \cdots\right)$。

证明　与单参数情形类似，将不变性条件替换为

$$X_1\left(F_\alpha\right) = \lambda_\alpha^{1\beta} F_\beta \tag{5.105}$$

$$X_2\left(F_\alpha\right) = \lambda_\alpha^{2\beta} F_\beta \tag{5.106}$$

其中 X_1, X_2 理解为延拓到了方程组 (5.75) 中的各阶导数，用未知参数 η_*^1, η_*^2 把 X_1(式 (5.101))、X_2(式 (5.102)) 扩展为 Y_1(式 (5.103))、Y_2(式 (5.104))，并要求满足不变性条件

$$Y_1\left(\mathcal{L}\right) + \mathcal{L}D_i\left(\xi_1^i\right) = 0 \tag{5.107}$$

$$Y_2\left(\mathcal{L}\right) + \mathcal{L}D_i\left(\xi_2^i\right) = 0 \tag{5.108}$$

其中 $\mathcal{L}$ 是 Lagrange 函数 (5.80)。

与证明过程 (5.82) 同理，能够导出

$$\eta_*^{1\alpha} = -\left[\lambda_\beta^{1\alpha} v^\beta + v^\alpha D_i\left(\xi_1^i\right)\right], \quad \alpha = 1, 2, \cdots, m \tag{5.109}$$

$$\eta_*^{2\alpha} = -\left[\lambda_\beta^{2\alpha} v^\beta + v^\alpha D_i\left(\xi_2^i\right)\right], \quad \alpha = 1, 2, \cdots, m \tag{5.110}$$

其中 $\lambda_\beta^{1\alpha}, \lambda_\beta^{2\alpha}$ 由式 (5.105)、(5.106) 确定。

进而有伴随方程组 (5.76) 在双参数变换条件下的算子

$$Y_1 = \xi_1^i \frac{\partial}{\partial x^i} + \eta_1^\alpha \frac{\partial}{\partial u_\alpha} - \left[\lambda_\beta^{1\alpha} v^\beta + v^\alpha D_i\left(\xi_1^i\right)\right] \frac{\partial}{\partial v^\alpha} \tag{5.111}$$

$$Y_2 = \xi_2^i \frac{\partial}{\partial x^i} + \eta_2^\alpha \frac{\partial}{\partial u_\alpha} - \left[\lambda_\beta^{2\alpha} v^\beta + v^\alpha D_i\left(\xi_2^i\right)\right] \frac{\partial}{\partial v^\alpha} \tag{5.112}$$

得证。

基于定理 5.6 给出的 Ibragimov 守恒律，尝试将其推广至双参数情形。

定理 5.8　针对微分方程组 (5.85)，每一个 Lie 算子、Lie-Bäcklund 算子或者非局部对称性算子 (5.101)、(5.102)，都能提供一个对应于式 (5.85) 与式 (5.76) 联立方程组的守恒律。

证明　与定理 5.6 的证明一致，将不变性条件替换为

$$X_1\left(F_\alpha\right) = \lambda_{\alpha,0}^{1\beta} F_\beta + \lambda_{\alpha,1}^{1\beta,i} D_i\left(F_\beta\right) + \lambda_{\alpha,2}^{1\beta,ij} D_i D_j\left(F_\beta\right) + \lambda_{\alpha,3}^{1\beta,ijk} D_i D_j D_k\left(F_\beta\right) + \cdots$$

(5.113)

$$X_2\left(F_\alpha\right) = \lambda_{\alpha,0}^{2\beta} F_\beta + \lambda_{\alpha,1}^{2\beta,i} D_i\left(F_\beta\right) + \lambda_{\alpha,2}^{2\beta,ij} D_i D_j\left(F_\beta\right) + \lambda_{\alpha,3}^{2\beta,ijk} D_i D_j D_k\left(F_\beta\right) + \cdots$$

(5.114)

其中，$\lambda_{\alpha,2}^{1\beta,ij} = \lambda_{\alpha,2}^{1\beta,ji}, \lambda_{\alpha,2}^{2\beta,ij} = \lambda_{\alpha,2}^{2\beta,ji}$。

由推导过程 (5.89)~(5.91) 同理可得

$$\begin{aligned}
&Y_1\left(\mathcal{L}\right) + \mathcal{L} D_i\left(\xi_1^i\right)\\
&= D_i\left(v^\alpha \lambda_{\alpha,1}^{1\beta,i} F_\beta + v^\alpha \lambda_{\alpha,2}^{1\beta,ij} D_j\left(F_\beta\right) - F_\beta D_j\left(v^\alpha \lambda_{\alpha,2}^{1\beta,ij}\right) + \cdots\right)\\
&\quad + \left[\eta_*^{1\alpha} + v^\beta \lambda_{\beta,0}^{1\alpha} + v^\alpha D_i\left(\xi_1^i\right) - D_i\left(v^\beta \lambda_{\beta,1}^{1\alpha,i}\right) + D_i D_j\left(v^\beta \lambda_{\beta,2}^{1\alpha,ij}\right)\right.\\
&\quad \left. - D_i D_j D_k\left(v^\beta \lambda_{\beta,3}^{1\alpha,ijk}\right) + \cdots\right] F_\alpha
\end{aligned}$$

(5.115)

$$\begin{aligned}
&Y_2\left(\mathcal{L}\right) + \mathcal{L} D_i\left(\xi_2^i\right)\\
&= D_i\left(v^\alpha \lambda_{\alpha,1}^{2\beta,i} F_\beta + v^\alpha \lambda_{\alpha,2}^{2\beta,ij} D_j\left(F_\beta\right) - F_\beta D_j\left(v^\alpha \lambda_{\alpha,2}^{2\beta,ij}\right) + \cdots\right)\\
&\quad + \left[\eta_*^{2\alpha} + v^\beta \lambda_{\beta,0}^{2\alpha} + v^\alpha D_i\left(\xi_2^i\right) - D_i\left(v^\beta \lambda_{\beta,1}^{2\alpha,i}\right) + D_i D_j\left(v^\beta \lambda_{\beta,2}^{2\alpha,ij}\right)\right.\\
&\quad \left. - D_i D_j D_k\left(v^\beta \lambda_{\beta,3}^{2\alpha,ijk}\right) + \cdots\right] F_\alpha
\end{aligned}$$

(5.116)

令

$$\begin{aligned}
\eta_*^{1\alpha} = &-v^\beta \lambda_{\beta,0}^{1\alpha} - v^\alpha D_i\left(\xi_1^i\right) + D_i\left(v^\beta \lambda_{\beta,1}^{1\alpha,i}\right) - D_i D_j\left(v^\beta \lambda_{\beta,2}^{1\alpha,ij}\right)\\
&+ D_i D_j D_k\left(v^\beta \lambda_{\beta,3}^{1\alpha,ijk}\right) + \cdots
\end{aligned}$$

(5.117)

$$\begin{aligned}
\eta_*^{2\alpha} = &-v^\beta \lambda_{\beta,0}^{2\alpha} - v^\alpha D_i\left(\xi_2^i\right) + D_i\left(v^\beta \lambda_{\beta,1}^{2\alpha,i}\right) - D_i D_j\left(v^\beta \lambda_{\beta,2}^{2\alpha,ij}\right)\\
&+ D_i D_j D_k\left(v^\beta \lambda_{\beta,3}^{2\alpha,ijk}\right) + \cdots
\end{aligned}$$

(5.118)

$$B_i^1 = -v^\alpha \lambda_{\alpha,1}^{1\beta,i} F_\beta - v^\alpha \lambda_{\alpha,2}^{1\beta,ij} D_j\left(F_\beta\right) + F_\beta D_j\left(v^\alpha \lambda_{\alpha,2}^{1\beta,ij}\right) + \cdots$$

(5.119)

$$B_i^2 = -v^\alpha \lambda_{\alpha,1}^{2\beta,i} F_\beta - v^\alpha \lambda_{\alpha,2}^{2\beta,ij} D_j\left(F_\beta\right) + F_\beta D_j\left(v^\alpha \lambda_{\alpha,2}^{2\beta,ij}\right) + \cdots$$

(5.120)

于是有

$$Y_1\left(\mathcal{L}\right) + \mathcal{L}D_i\left(\xi_1^i\right) = D_i\left(B_i^1\right) \tag{5.121}$$

$$Y_2\left(\mathcal{L}\right) + \mathcal{L}D_i\left(\xi_2^i\right) = D_i\left(B_i^2\right) \tag{5.122}$$

由双参数 Noether 守恒律, 有

$$D_i\left[\mathcal{N}_1^{i*}\left(\mathcal{L}\right) - B_i^1\right] = 0, \quad D_i\left[\mathcal{N}_2^{i*}\left(\mathcal{L}\right) - B_i^2\right] = 0 \tag{5.123}$$

其中 Noether 算子 $\mathcal{N}_1^{i*}, \mathcal{N}_2^{i*}$ 分别对应着变换元 Y_1, Y_2, 由式 (5.96) 可知

$$\mathcal{N}_1^{i*} = \mathcal{N}_1^i + \eta_*^{1\alpha}\frac{\delta}{\delta v_i^\alpha} + \sum_{s=1}^\infty D_{i_1}\cdots D_{i_s}\left(\eta_*^{1\alpha}\right)\frac{\delta}{\delta v_{ii_1\cdots i_s}^\alpha}$$

$$\mathcal{N}_2^{i*} = \mathcal{N}_2^i + \eta_*^{2\alpha}\frac{\delta}{\delta v_i^\alpha} + \sum_{s=1}^\infty D_{i_1}\cdots D_{i_s}\left(\eta_*^{2\alpha}\right)\frac{\delta}{\delta v_{ii_1\cdots i_s}^\alpha}$$

$$W_1^{\beta*} = \begin{cases} \eta^{1\alpha} - \xi_1^i u_i^\alpha = W_1^\alpha, & 1 \leqslant \beta \leqslant \alpha \\ \eta_*^{1\alpha} - \xi_1^i v_i^\alpha = W_1^{\alpha*}, & \alpha + 1 \leqslant \beta \leqslant 2\alpha \end{cases}$$

$$W_2^{\beta*} = \begin{cases} \eta^{2\alpha} - \xi_2^i u_i^\alpha = W_2^\alpha, & 1 \leqslant \beta \leqslant \alpha \\ \eta_*^{2\alpha} - \xi_2^i v_i^\alpha = W_2^{\alpha*}, & \alpha + 1 \leqslant \beta \leqslant 2\alpha \end{cases}$$

$$z^\beta = \begin{cases} u^\alpha, & 1 \leqslant \beta \leqslant \alpha \\ v^\alpha, & \alpha + 1 \leqslant \beta \leqslant 2\alpha \end{cases} \tag{5.124}$$

式中, $W_1^{\beta*}, W_2^{\beta*}$ 与算子 Y_1, Y_2 对应, W_1^α, W_2^α 和 $\mathcal{N}_1^i, \mathcal{N}_2^i$ 与算子 X_1, X_2 对应。
将式 (5.124) 代入式 (5.123) 可得

$$D_i\left[\mathcal{N}_1^{i*}\left(\mathcal{L}\right) - B_i^1\right]$$

$$= D_i\mathcal{N}_1^i\left(\mathcal{L}\right) + D_i\left[\eta_*^{1\alpha}\frac{\delta\mathcal{L}}{\delta v_i^\alpha} + \sum_{s=1}^\infty D_{i_1}\cdots D_{i_s}\left(\eta_*^{1\alpha}\right)\frac{\delta\mathcal{L}}{\delta v_{ii_1\cdots i_s}^\alpha}\right] - D_i\left(B_i^1\right) = 0$$

$$\tag{5.125}$$

$$D_i\left[\mathcal{N}_2^{i*}\left(\mathcal{L}\right) - B_i^1\right]$$

$$= D_i\mathcal{N}_2^i\left(\mathcal{L}\right) + D_i\left[\eta_*^{2\alpha}\frac{\delta\mathcal{L}}{\delta v_i^\alpha} + \sum_{s=1}^\infty D_{i_1}\cdots D_{i_s}\left(\eta_*^{2\alpha}\right)\frac{\delta\mathcal{L}}{\delta v_{ii_1\cdots i_s}^\alpha}\right] - D_i\left(B_i^2\right) = 0$$

$$\tag{5.126}$$

由于 $\mathcal{L}$ 不是 v 各阶导数函数，因此式 (5.125)、(5.126) 中的第二项为 0，于是有

$$D_i \mathcal{N}_1^i (\mathcal{L}) = D_i \left(B_i^1 \right), \quad D_i \mathcal{N}_2^i (\mathcal{L}) = D_i \left(B_i^2 \right) \tag{5.127}$$

根据式 (5.121)、(5.122) 以及不变性条件 (5.107)、(5.108) 可知，满足

$$D_i \left(B_i^1 \right) = 0, \quad D_i \left(B_i^2 \right) = 0 \tag{5.128}$$

于是有守恒律

$$D_i \left(C_1^i \right)\big|_{F_\alpha = 0} = 0, \quad C_1^i = \mathcal{N}_1^i (\mathcal{L}) \tag{5.129}$$

和

$$D_i \left(C_2^i \right)\big|_{F_\alpha = 0} = 0, \quad C_2^i = \mathcal{N}_2^i (\mathcal{L}) \tag{5.130}$$

式 (5.129)、(5.130) 即为推广至双参数的 Ibragimov 守恒律表达式，相比于 Noether 守恒律，Ibragimov 守恒律对于 Lagrange 函数的构造方式进行了明确的定义。

第 6 章 近似 Lie 对称性

第 2~5 章考虑了确定性微分方程 (组) 的对称性和守恒律。然而，在实际应用中很多微分方程组依赖于一个很小的参数，这种带有小参数的微分方程称为扰动方程。这些扰动现象在现实生活中普遍存在。因此，研究扰动方程具有重要意义。随着对扰动方程研究的深入，近似对称性和近似守恒律的概念被逐渐引入。Baikov 等在论文 [62] 中发展了由近似 Lie 群寻找近似不变解的理论和应用，进而利用这些理论来寻找近似守恒律。本章开始从近似 Lie 对称性出发，研究带有小参数的扰动微分方程 (组) 的近似对称性和守恒律。

本章研究近似 Lie 对称性与近似 Lie-Bäcklund 对称性。6.1 节介绍近似 Lie 代数，6.2 节研究方程组近似 Lie 对称或 Lie-Bäcklund 对称时算子的延拓阶次，6.3 节推导微分方程 (组) 近似 Lie 对称的性质，6.4 节和 6.5 节分别介绍方程组和微分方程组的近似 Lie 对称性，6.6 节研究近似 Lie-Bäcklund 算子与对称性。

6.1 近似 Lie 代数

本节介绍近似算子、近似 Lie 代数、近似对称的性质、近似不变量等概念。

6.1.1 近似 Lie 代数的定义

定义 6.1 一阶微分算子 $X = \xi^i(\boldsymbol{x}, \varepsilon) \dfrac{\partial}{\partial x^i}$ $(i = 1, 2, \cdots, n)$ 被称为**近似算子**，如果对给定函数 $\xi_0^i(\boldsymbol{x}), \xi_1^i(\boldsymbol{x}), \cdots, \xi_p^i(\boldsymbol{x})$ 来说，使得 [62]

$$\xi^i(\boldsymbol{x}, \varepsilon) \approx \xi_0^i(\boldsymbol{x}) + \varepsilon \xi_1^i(\boldsymbol{x}) + \cdots + \varepsilon^p \xi_p^i(\boldsymbol{x}), \quad i = 1, 2, \cdots, n \tag{6.1}$$

其中，$\boldsymbol{x} = (x^1, \cdots, x^n)$ 是自变量，ε 是小参数。

定义 6.2 近似算子 X_1 和 X_2 的**近似交换算符**是一个近似算子，记为 $[X_1, X_2]$，表达式为

$$[X_1, X_2] \approx X_1 X_2 - X_2 X_1 \tag{6.2}$$

近似交换算符满足如下三个常见性质 [62]：

(1) **反对称性**

$$[X_1, X_2] \approx -[X_2, X_1] \tag{6.3}$$

(2) **双线性性**

$$[aX_1 + bX_2, X_3] \approx a[X_1, X_3] + b[X_2, X_3] \tag{6.4}$$

(3) **Jacobi 恒等式**

$$[[X_1, X_2], X_3] + [[X_2, X_3], X_1] + [[X_3, X_1], X_2] \approx 0 \tag{6.5}$$

其中 a, b 为任意常数。

定义 6.3 如果近似算子的向量空间 L 在近似交换算符下是闭的 (在给定阶 p 近似下)，即对于任意 $X_1, X_2 \in L$，有 $[X_1, X_2] \in L$，则称其为算子的**近似 Lie 代数** [62]。这里，近似交换算符 $[X_1, X_2]$ 被计算到指定精度。

例 6.1 考虑精度最高到 $O(\varepsilon)$ 的近似算子

$$X_1 = \frac{\partial}{\partial x} + \varepsilon x \frac{\partial}{\partial y}, \quad X_2 = \frac{\partial}{\partial y} + \varepsilon y \frac{\partial}{\partial x} \tag{6.6}$$

它们的线性生成空间不是通常 (严格) 意义上的 Lie 代数。例如，交换算符

$$[X_1, X_2] = \varepsilon^2 \left(x \frac{\partial}{\partial x} - y \frac{\partial}{\partial y} \right) \tag{6.7}$$

不是上述近似算子的线性组合。

但是，这些算子在一阶精度上张成了一个近似 Lie 代数。

6.1.2 近似对称的代数性质

考虑一个单参数近似群 G_1 在 $\mathbb{R}^n$ 中的变换

$$x'^i \approx f^i(\boldsymbol{x}, a, \varepsilon) = f_0^i(\boldsymbol{x}, a) + \varepsilon f_1^i(\boldsymbol{x}, a) + \cdots + \varepsilon^p f_p^i(\boldsymbol{x}, a) + o(\varepsilon^p), \quad i = 1, 2, \cdots, n \tag{6.8}$$

其中 $a \in \mathbb{R}$ 是群参数，变换的生成元为

$$X = \xi^i(\boldsymbol{x}, \varepsilon) \frac{\partial}{\partial x^i} \tag{6.9}$$

定义 6.4 如果对任意满足近似方程

$$F(\boldsymbol{x}, \varepsilon) \approx 0 \tag{6.10}$$

的 $\boldsymbol{x}$ 来说有

$$F(f(\boldsymbol{x}, a, \varepsilon), \varepsilon) \approx 0 \tag{6.11}$$

则称对于近似群变换 (6.8) 来说是**不变**的 [63]。

定理 6.1　令函数 $F(\boldsymbol{x}, \varepsilon) = \left(F^1(\boldsymbol{x}, \varepsilon), \cdots, F^m(\boldsymbol{x}, \varepsilon)\right) (m < n)$ 满足条件

$$\operatorname{rank} F'(\boldsymbol{x}, 0)|_{F(\boldsymbol{x}, 0) = 0} = m \tag{6.12}$$

其中，$F'(\boldsymbol{x}, \varepsilon) = \left\| \partial F^\nu(\boldsymbol{x}, \varepsilon) / \partial x^i \right\|$, $\nu = 1, 2, \cdots, m$, $i = 1, 2, \cdots, n$。那么，方程 (6.10) 在具有生成元 (6.9) 的近似群 G_1 下是**近似不变**的，当且仅当 [63]

$$XF(\boldsymbol{x}, \varepsilon)|_{F(\boldsymbol{x}, \varepsilon) \approx 0} = o(\varepsilon^p) \tag{6.13}$$

方程 (6.13) 称为近似对称性的**决定方程**。如果满足决定方程 (6.13)，X 也称为方程 (6.10) 的**近似对称**。

近似对称满足如下性质 [63]：

定理 6.2　方程的一组近似对称构成了一个近似 Lie 代数。

定理 6.3　如果 X 是某个方程的近似对称，那么 εX 也是同一方程的近似对称。

令近似对称的 Lie 代数 L_r 由如下 r 个近似算子张成

$$\begin{cases} X_{\alpha_0} = X_{\alpha_0, 0} + \varepsilon X_{\alpha_0, 1} + \cdots + \varepsilon^p X_{\alpha_0, p} \\ X_{\alpha_1} = \varepsilon X_{\alpha_1, 0} + \cdots + \varepsilon^p X_{\alpha_1, p-1} \\ \qquad\qquad\vdots \\ X_{\alpha_p} = \varepsilon^p X_{\alpha_p, 0} \end{cases} \tag{6.14}$$

其中，$\alpha_i = 1, 2, \cdots, r_i$, $r_0 + r_1 + \cdots + r_p = r$, $X_{\alpha_l, k} = \xi^i_{\alpha_l, k}(\boldsymbol{x}) \dfrac{\partial}{\partial x^i}$。

定理 6.4　对任意的 $l = 0, 1, \cdots, p$，精确算符 $X_{\alpha_0, 0}, X_{\alpha_1, 0}, \cdots, X_{\alpha_l, 0}$ 能够生成精确 Lie 代数。当 $l = p$ 时，所生成的 Lie 代数是精确方程 $F(\boldsymbol{x}, 0) = 0$ 的精确对称。

定理 6.5　近似算子

$$\begin{cases} Y_{\alpha_0} = X_{\alpha_0, 0} + \varepsilon X_{\alpha_0, 1} + \cdots + \varepsilon^l X_{\alpha_0, l} \\ Y_{\alpha_1} = X_{\alpha_1, 0} + \varepsilon X_{\alpha_1, 1} + \cdots + \varepsilon^l X_{\alpha_1, l} \\ \qquad\qquad\vdots \\ Y_{\alpha_{p-l}} = X_{\alpha_{p-l}, 0} + \varepsilon X_{\alpha_{p-l}, 1} + \cdots + \varepsilon^l X_{\alpha_{p-l}, l} \\ Y_{\alpha_{p-l+1}} = \varepsilon X_{\alpha_{p-l+1}, 0} + \varepsilon^2 X_{\alpha_{p-l+1}, 1} + \cdots + \varepsilon^l X_{\alpha_{p-l+1}, l-1} \\ \qquad\qquad\vdots \\ Y_{\alpha_{p-1}} = \varepsilon^{l-1} X_{\alpha_{p-1}, 0} + \varepsilon^l X_{\alpha_{p-1}, 1} \\ Y_{\alpha_p} = \varepsilon^l X_{\alpha_p, 0} \end{cases} \tag{6.15}$$

形成近似对称的近似 Lie 代数，精度最高到 $O(\varepsilon^l)$。

6.1.3 近似不变量

考虑 $\mathbb{R}^n$ 中的一组近似变换 $\{T_a\}$

$$T_a: \quad x'^i \approx f^i(\boldsymbol{x}, a, \varepsilon) = f_0^i(\boldsymbol{x}, a) + \varepsilon f_1^i(\boldsymbol{x}, a) + \cdots + \varepsilon^p f_p^i(\boldsymbol{x}, a) + o(\varepsilon^p),$$
$$i = 1, 2, \cdots, n$$

$$(6.16)$$

对群参数 $a \in \mathbb{R}^r$ 生成一个近似 r 参数群 G_r, 其相应的近似 Lie 代数的基本生成元为

$$X_\alpha = \xi_\alpha^i(\boldsymbol{x}, \varepsilon) \frac{\partial}{\partial x^i} \tag{6.17}$$

定义 6.5 近似函数 $I(\boldsymbol{x}, \varepsilon)$ 被称为变换 (6.16) 的近似群 G_r 的**近似不变量**, 如果对于每个 $\boldsymbol{x} \in \mathbb{R}^n$ 和容许的 $a \in \mathbb{R}^r$ 有

$$I(\boldsymbol{x}', \varepsilon) \approx I(\boldsymbol{x}, \varepsilon) \tag{6.18}$$

定理 6.6 当且仅当近似方程 [63]

$$XF(\boldsymbol{x}, \varepsilon) \approx 0 \tag{6.19}$$

成立时, 近似函数 $I(\boldsymbol{x}, \varepsilon)$ 是具有基本生成元 (6.17) 的群 G_r 的近似不变量.

方程 (6.19) 是近似线性一阶偏微分方程, 其系数依赖于一个小参数.

考虑带有生成元

$$X = \xi^i(\boldsymbol{x}, \varepsilon) \frac{\partial}{\partial x^i} \tag{6.20}$$

的单参数近似变换群, 其中

$$\xi^i(\boldsymbol{x}, \varepsilon) \approx \varepsilon^l \left(\xi_0^i(\boldsymbol{x}) + \varepsilon \xi_1^i(\boldsymbol{x}) + \cdots + \varepsilon^{p-l} \xi_{p-l}^i(\boldsymbol{x}) \right) + o(\varepsilon^p), \quad l = 0, 1, \cdots, p$$

$$(6.21)$$

且向量 $\xi_0(\boldsymbol{x}) = \left(\xi_0^1(\boldsymbol{x}), \cdots, \xi_0^n(\boldsymbol{x}) \right) \neq 0$.

定理 6.7 任意带有生成元 (6.20) 的单参数近似群 G_1, 式 (6.21) 具有精确的 $n-1$ 个与函数无关 (当 $\varepsilon = 0$ 时) 的近似不变量, 具有形式 [63]

$$I^k(\boldsymbol{x}, \varepsilon) \approx I_0^k(\boldsymbol{x}) + \varepsilon I_1^k(\boldsymbol{x}) + \cdots + \varepsilon^{p-l} I_{p-l}^k(\boldsymbol{x}), \quad k = 1, 2, \cdots, n-1 \tag{6.22}$$

并且任意 G_1 的近似不变量都可以表示为

$$I(\boldsymbol{x}, \varepsilon) = \varphi_0\left(I^1, \cdots, I^{n-1} \right) + \varepsilon \varphi_1\left(I^1, \cdots, I^{n-1} \right) + \cdots$$
$$+ \varepsilon^{p-l} \varphi_{p-l}\left(I^1, \cdots, I^{n-1} \right) + o\left(\varepsilon^{p-l} \right) \tag{6.23}$$

其中 $\varphi_0, \varphi_1, \cdots, \varphi_p$ 是任意函数。

对于多参数近似群 G_r，考虑相应的近似 Lie 代数是近似对称的 Lie 代数的情况，即它是作为某一决定方程的解而得到的，其形式为式 (6.14)。令

$$\mathrm{rank} \left\| \begin{array}{c} \xi^i_{\alpha_0,0}\left(\boldsymbol{x}\right) \\ \xi^i_{\alpha_1,0}\left(\boldsymbol{x}\right) \\ \vdots \\ \xi^i_{\alpha_l,0}\left(\boldsymbol{x}\right) \end{array} \right\| = r^*_l \tag{6.24}$$

其中 $r^*_0 \leqslant r^*_1 \leqslant \cdots \leqslant r^*_p$。令

$$s_0 = N - r^*_p, \quad s_1 = N - r^*_{p-1}, \quad \cdots, \quad s_p = N - r^*_0 \tag{6.25}$$

定理 6.8　在上述情况下，多参数群 G_r 具有如下 s_p 个近似不变量

$$\begin{cases} I^1\left(\boldsymbol{x},\varepsilon\right) \approx I^1_0\left(\boldsymbol{x}\right) + \varepsilon I^1_1\left(\boldsymbol{x}\right) + \cdots + \varepsilon^p I^1_p\left(\boldsymbol{x}\right) \equiv J^1 \\ \qquad\qquad\qquad\qquad\qquad\vdots \\ I^{s_0}\left(\boldsymbol{x},\varepsilon\right) \approx I^{s_0}_0\left(\boldsymbol{x}\right) + \varepsilon I^{s_0}_1\left(\boldsymbol{x}\right) + \cdots + \varepsilon^p I^{s_0}_p\left(\boldsymbol{x}\right) \equiv J^{s_0} \\ I^{s_0+1}\left(\boldsymbol{x},\varepsilon\right) \approx \varepsilon\left(I^{s_0+1}_0\left(\boldsymbol{x}\right) + \varepsilon I^{s_0+1}_1\left(\boldsymbol{x}\right) + \cdots + \varepsilon^{p-1} I^{s_0+1}_{p-1}\left(\boldsymbol{x}\right)\right) \equiv \varepsilon J^{s_0+1} \\ \qquad\qquad\qquad\qquad\qquad\vdots \\ I^{s_p}\left(\boldsymbol{x},\varepsilon\right) \approx \varepsilon^p I^{s_p}_0\left(\boldsymbol{x}\right) \equiv \varepsilon^p J^{s_p} \end{cases} \tag{6.26}$$

其中 $I^k_0\left(\boldsymbol{x}\right)$（$k = 1, 2, \cdots, p$）与函数无关，且 G_r 的任何近似不变量都可以表示为

$$I\left(\boldsymbol{x},\varepsilon\right) \approx \varphi_0\left(J^1, \cdots, J^{s_0}\right) + \varepsilon\varphi_1\left(J^1, \cdots, J^{s_1}\right) + \cdots + \varepsilon^p\varphi_p\left(J^1, \cdots, J^{s_p}\right) \tag{6.27}$$

其中 $\varphi_0, \varphi_1, \cdots, \varphi_p$ 是任意函数。

6.2　近似算子与算子近似阶次确定

本节首先介绍近似 Lie 算子与近似 Lie-Bäcklund 算子，在此基础上确定算子的近似阶次。

6.2.1　近似 Lie 算子与近似 Lie-Bäcklund 算子

定义 6.6　近似 Lie 算子定义为 [14,64]

$$X = X_0 + \varepsilon X_1 + \cdots + \varepsilon^k X_k$$
$$X_b = \xi^i_b \frac{\partial}{\partial x^i} + \eta^\alpha_b \frac{\partial}{\partial u^\alpha} + \sum_{s \geqslant 1} \zeta^\alpha_{b,i_1 i_2 \cdots i_s} \frac{\partial}{\partial u^\alpha_{i_1 i_2 \cdots i_s}}, \quad b = 1, 2, \cdots, k \tag{6.28}$$

其中 $\xi_b^i, \eta_b^\alpha \in \mathcal{A}$ 为自变量及因变量 $(\boldsymbol{x}, \boldsymbol{u})$ 的函数, $\mathcal{A}$ 是所有有限阶微分函数的集合.

定义 6.7 近似 Lie-Bäcklund 算子定义为 [14]

$$X = \xi^i \frac{\partial}{\partial x^i} + \eta^\alpha \frac{\partial}{\partial u^\alpha} + \sum_{s \geqslant 1} \zeta_{i_1 i_2 \cdots i_s}^\alpha \frac{\partial}{\partial u_{i_1 i_2 \cdots i_s}^\alpha} \tag{6.29}$$

其中 $\xi^i, \eta^\alpha \in \mathcal{A}$ 是关于 $\boldsymbol{x}, \boldsymbol{u}, \boldsymbol{u}_{(1)}, \cdots$ 的微分函数, $\mathcal{A}$ 是所有有限阶微分函数的集合, ξ^i, η^α 可写为

$$\begin{aligned}
\xi^i &= \xi_0^i + \varepsilon \xi_1^i + \cdots + \varepsilon^k \xi_k^i, \quad i = 1, 2, \cdots, n \\
\eta^\alpha &= \eta_0^\alpha + \varepsilon \eta_1^\alpha + \cdots + \varepsilon^k \eta_k^\alpha, \quad \alpha = 1, 2, \cdots, m
\end{aligned} \tag{6.30}$$

将式 (6.30) 代入式 (6.29), 则 k 阶近似 Lie-Bäcklund 算子按 ε 的阶次展开为

$$X = X_0 + \varepsilon X_1 + \cdots + \varepsilon^k X_k \tag{6.31}$$

其中

$$X_b = \xi_b^i \frac{\partial}{\partial x^i} + \eta_b^\alpha \frac{\partial}{\partial u^\alpha} + \sum_{s \geqslant 1} \zeta_{b, i_1 i_2 \cdots i_s}^\alpha \frac{\partial}{\partial u_{i_1 i_2 \cdots i_s}^\alpha}, \quad b = 1, 2, \cdots, k \tag{6.32}$$

令

$$\begin{aligned}
W^i &= W_0^i + \varepsilon W_1^i + \cdots + \varepsilon^k W_k^i, \quad i = 1, 2, \cdots, m \\
W_b^\alpha &= \eta_b^\alpha - \xi_b^j u_j^\alpha, \quad b = 1, 2, \cdots, k
\end{aligned} \tag{6.33}$$

式 (6.29) 可以进一步表示为

$$X = \xi^i D_i + W^\alpha \frac{\partial}{\partial u^\alpha} + \sum_{s \geqslant 1} D_{i_1} D_{i_2} \cdots D_{i_s} (W^\alpha) \frac{\partial}{\partial u_{i_1 i_2 \cdots i_s}^\alpha} \tag{6.34}$$

其中 $\boldsymbol{W} = (W^1, W^2, \cdots, W^m) \, (W^\beta \in \mathcal{A})$ 被称为 X 的特征函数.

6.2.2 算子近似阶次确定

考虑含有 n 个自变量 $\boldsymbol{x} = (x^1, \cdots, x^n)$、$m$ 个因变量 $\boldsymbol{u} = (u^1, \cdots, u^m)$ 和小参数 ε 的 r 阶扰动微分方程组 [65-67]

$$f^\alpha \left(\boldsymbol{x}, \boldsymbol{u}, \boldsymbol{u}_{(1)}, \cdots, \boldsymbol{u}_{(r)}, \varepsilon \right) = 0, \quad \alpha = 1, 2, \cdots, m \tag{6.35}$$

将式 (6.35) 展开至 k 阶得 [68,69]

$$f^\alpha\left(\boldsymbol{x},\boldsymbol{u},\boldsymbol{u}_{(1)},\cdots,\boldsymbol{u}_{(r)},\varepsilon\right)=f_0^\alpha+\varepsilon f_1^\alpha+\cdots+\varepsilon^k f_k^\alpha+O\left(\varepsilon^{k+1}\right),\quad \alpha=1,2,\cdots,m \tag{6.36}$$

其中 $f_k^\alpha=f_k^\alpha\left(\boldsymbol{x},\boldsymbol{u},\boldsymbol{u}_{(1)},\cdots,\boldsymbol{u}_{(r)}\right)$。

设扰动微分方程关于一个 Lie 算子 (或 Lie-Bäcklund 算子) X 为 k 阶近似对称 [14,64]

$$X=X_0+\varepsilon X_1+\cdots+\varepsilon^l X_l$$
$$X_b=\xi_b^i\frac{\partial}{\partial x^i}+\eta_b^\alpha\frac{\partial}{\partial u^\alpha}+\sum_{s\geqslant1}\zeta_{b,i_1i_2\cdots i_s}^\alpha\frac{\partial}{\partial u_{i_1i_2\cdots i_s}^\alpha},\quad b=1,2,\cdots,l \tag{6.37}$$

其中，$\xi_b^i,\eta_b^\alpha\in\mathcal{A}$，$X_b$ 相互独立。

下面考虑算子 X 的近似阶次是否满足 $l=k$。

将算子 X 作用于式 (6.36) 得

$$Xf^\alpha\left(\boldsymbol{x},\boldsymbol{u},\boldsymbol{u}_{(1)},\cdots,\boldsymbol{u}_{(r)},\varepsilon\right)$$
$$=\left(\sum_{i=0}^l\varepsilon^i X_i\right)\left(\sum_{j=0}^k\varepsilon^j f_j^\alpha\right)+O\left(\varepsilon^{k+1}\right)$$
$$=\sum_{p=0}^{l+k}\sum_{i+j=0}^p\varepsilon^{i+j}X_i f_j^\alpha+O\left(\varepsilon^{k+1}\right)$$
$$=Xf_0^\alpha+\varepsilon Xf_1^\alpha+\cdots+\varepsilon^k Xf_k^\alpha+O\left(\varepsilon^{k+1}\right)$$
$$=\left(X_0+\varepsilon X_1+\cdots+\varepsilon^l X_l\right)f_0^\alpha+\varepsilon\left(X_0+\varepsilon X_1+\cdots+\varepsilon^l X_l\right)f_1^\alpha+\cdots$$
$$+\varepsilon^k\left(X_0+\varepsilon X_1+\cdots+\varepsilon^l X_l\right)f_k^\alpha+O\left(\varepsilon^{k+1}\right) \tag{6.38}$$

若式 (6.35) 关于 X 是 k 阶近似对称，则要求 [70]

$$Xf^\alpha\left(\boldsymbol{x},\boldsymbol{u},\boldsymbol{u}_{(1)},\cdots,\boldsymbol{u}_{(r)},\varepsilon\right)=O\left(\varepsilon^{k+1}\right) \tag{6.39}$$

下面分情况讨论：

(1) 算子 X 近似阶次 $l=k$。

此时式 (6.38) 化为

$$Xf^\alpha\left(\boldsymbol{x},\boldsymbol{u},\boldsymbol{u}_{(1)},\cdots,\boldsymbol{u}_{(r)},\varepsilon\right)$$
$$=\sum_{p=0}^{2k}\sum_{i+j=0}^p\varepsilon^{i+j}X_i f_j^\alpha+O\left(\varepsilon^{k+1}\right)$$

$$= \sum_{p=0}^{2k} \sum_{q=0}^{p} \sum_{i=0}^{q} \varepsilon^q X_i f_{q-i}^\alpha + O\left(\varepsilon^{k+1}\right)$$

$$= X_0 f_0^\alpha + \varepsilon\left(X_1 f_0^\alpha + X_0 f_1^\alpha\right) + \varepsilon^2\left(X_2 f_0^\alpha + X_1 f_1^\alpha + X_0 f_2^\alpha\right) + \cdots$$

$$+ \varepsilon^k \sum_{j=0}^{k} X_j f_{k-j}^\alpha + O\left(\varepsilon^{k+1}\right) \tag{6.40}$$

令 ε 的不同幂次系数为零，则

$$\begin{aligned}
&X_0 f_0^\alpha = 0 \\
&X_1 f_0^\alpha + X_0 f_1^\alpha = 0 \\
&X_2 f_0^\alpha + X_1 f_1^\alpha + X_0 f_2^\alpha = 0 \\
&\qquad\qquad\vdots \\
&\sum_{j=0}^{k} X_j f_{k-j}^\alpha = 0
\end{aligned} \tag{6.41}$$

保留式 (6.41) 中的第一式，并用后一式减去前一式，得

$$\begin{aligned}
&X_0 f_0^\alpha = 0 \\
&X_1 f_0^\alpha + X_0\left(f_1^\alpha - f_0^\alpha\right) = 0 \\
&X_2 f_0^\alpha + X_1\left(f_1^\alpha - f_0^\alpha\right) + X_0\left(f_2^\alpha - f_1^\alpha\right) = 0 \\
&\qquad\qquad\vdots \\
&X_k f_0^\alpha + X_{k-1}\left(f_1^\alpha - f_0^\alpha\right) + \cdots + X_0\left(f_k^\alpha - f_{k-1}^\alpha\right) = 0
\end{aligned} \tag{6.42}$$

式 (6.42) 中共有 $k+1$ 个独立算子 $X_b\,(0 \leqslant b \leqslant k)$，以及 $k+1$ 个相互独立的方程。在每一个方程中，令 u 的各阶导数系数为零，从第一个方程中解出 X_0，代入第二个方程解出 X_1，以此类推可解得所有 $k+1$ 组函数 ξ^i, η^α 满足的方程，最终求出算子 X。

(2) 算子 X 近似阶次 $l < k$。

不妨取 $l = k-1$，此时式 (6.38) 化为

$$X f^\alpha\left(\boldsymbol{x}, \boldsymbol{u}, \boldsymbol{u}_{(1)}, \cdots, \boldsymbol{u}_{(r)}, \varepsilon\right)$$

$$= \left(X_0 + \varepsilon X_1 + \cdots + \varepsilon^{k-1} X_{k-1}\right) f_0^\alpha + \varepsilon\left(X_0 + \varepsilon X_1 + \cdots + \varepsilon^{k-1} X_{k-1}\right) f_1^\alpha + \cdots$$

$$+ \varepsilon^k\left(X_0 + \varepsilon X_1 + \cdots + \varepsilon^{k-1} X_{k-1}\right) f_k^\alpha + O\left(\varepsilon^{k+1}\right)$$

$$= X_0 f_0^\alpha + \varepsilon \left(X_1 f_0^\alpha + X_0 f_1^\alpha\right) + \varepsilon^2 \left(X_2 f_0^\alpha + X_1 f_1^\alpha + X_0 f_2^\alpha\right) + \cdots$$

$$+ \varepsilon^{k-1} \sum_{j=0}^{k-1} X_j f_{k-1-j}^\alpha + \varepsilon^k \sum_{j=0}^{k-1} X_j f_{k-j}^\alpha + O\left(\varepsilon^{k+1}\right) \tag{6.43}$$

令 ε 的不同幂次系数为零, 则

$$
\begin{aligned}
& X_0 f_0^\alpha = 0 \\
& X_1 f_0^\alpha + X_0 f_1^\alpha = 0 \\
& X_2 f_0^\alpha + X_1 f_1^\alpha + X_0 f_2^\alpha = 0 \\
& \qquad\qquad \vdots \\
& \sum_{j=0}^{k-1} X_j f_{k-j-1}^\alpha = X_0 f_{k-1}^\alpha + X_1 f_{k-2}^\alpha + \cdots + X_{k-1} f_0^\alpha = 0 \\
& \sum_{j=0}^{k-1} X_j f_{k-j}^\alpha = X_0 f_k^\alpha + X_1 f_{k-1}^\alpha + \cdots + X_{k-1} f_1^\alpha = 0
\end{aligned}
\tag{6.44}
$$

保留式 (6.44) 中的第一式, 并用后一式减去前一式, 得

$$
\begin{aligned}
& X_0 f_0^\alpha = 0 \\
& X_1 f_0^\alpha + X_0 \left(f_1^\alpha - f_0^\alpha\right) = 0 \\
& X_2 f_0^\alpha + X_1 \left(f_1^\alpha - f_0^\alpha\right) + X_0 \left(f_2^\alpha - f_1^\alpha\right) = 0 \\
& \qquad\qquad \vdots \\
& X_{k-1} f_0^\alpha + X_{k-2} \left(f_1^\alpha - f_0^\alpha\right) + \cdots + X_0 \left(f_{k-1}^\alpha - f_{k-2}^\alpha\right) = 0 \\
& X_{k-1} \left(f_1^\alpha - f_0^\alpha\right) + \cdots + X_1 \left(f_{k-2}^\alpha - f_{k-3}^\alpha\right) + X_0 \left(f_k^\alpha - f_{k-1}^\alpha\right) = 0
\end{aligned}
\tag{6.45}
$$

式 (6.45) 中共 k 个独立算子 $X_b\,(0 \leqslant b \leqslant k-1)$, 前 k 个方程相互独立, 因此仿照 (1) 的做法可以解出 k 组函数 ξ^i, η^α。但第 $k+1$ 个方程可能与前述方程独立, 因此由前 k 个方程解出的算子不一定满足第 $k+1$ 个方程。算子 X 取到 $k-1$ 阶近似时不一定存在。

(3) 算子 X 近似阶次 $l > k$。

不妨取 $l = k+1$, 此时式 (6.38) 化为

$$X f^\alpha \left(\boldsymbol{x}, \boldsymbol{u}, \boldsymbol{u}_{(1)}, \cdots, \boldsymbol{u}_{(r)}, \varepsilon\right)$$

$$= \left(X_0 + \varepsilon X_1 + \cdots + \varepsilon^{k+1} X_{k+1}\right) f_0^\alpha + \varepsilon \left(X_0 + \varepsilon X_1 + \cdots + \varepsilon^{k+1} X_{k+1}\right) f_1^\alpha + \cdots$$

$$+ \varepsilon^k \left(X_0 + \varepsilon X_1 + \cdots + \varepsilon^{k+1} X_{k+1}\right) f_k^\alpha + O\left(\varepsilon^{k+1}\right)$$

$$= X_0 f_0^\alpha + \varepsilon \left(X_1 f_0^\alpha + X_0 f_1^\alpha \right) + \varepsilon^2 \left(X_2 f_0^\alpha + X_1 f_1^\alpha + X_0 f_2^\alpha \right) + \cdots$$

$$+ \varepsilon^k \sum_{j=0}^{k} X_j f_{k-j}^\alpha + O \left(\varepsilon^{k+1} \right) \tag{6.46}$$

令 ε 的不同幂次系数为零，则

$$\begin{aligned}
& X_0 f_0^\alpha = 0 \\
& X_1 f_0^\alpha + X_0 f_1^\alpha = 0 \\
& X_2 f_0^\alpha + X_1 f_1^\alpha + X_0 f_2^\alpha = 0 \\
& \qquad\qquad \vdots \\
& \sum_{j=0}^{k-1} X_j f_{k-j-1}^\alpha = X_0 f_{k-1}^\alpha + X_1 f_{k-2}^\alpha + \cdots + X_{k-1} f_0^\alpha = 0 \\
& \sum_{j=0}^{k} X_j f_{k-j}^\alpha = X_0 f_k^\alpha + X_1 f_{k-1}^\alpha + \cdots + X_{k-1} f_1^\alpha + X_k f_0^\alpha = 0
\end{aligned} \tag{6.47}$$

保留式 (6.47) 中的第一式，并用后一式减去前一式，得

$$\begin{aligned}
& X_0 f_0^\alpha = 0 \\
& X_1 f_0^\alpha + X_0 \left(f_1^\alpha - f_0^\alpha \right) = 0 \\
& X_2 f_0^\alpha + X_1 \left(f_1^\alpha - f_0^\alpha \right) + X_0 \left(f_2^\alpha - f_1^\alpha \right) = 0 \\
& \qquad\qquad \vdots \\
& X_k f_0^\alpha + X_{k-1} \left(f_1^\alpha - f_0^\alpha \right) + \cdots + X_0 \left(f_k^\alpha - f_{k-1}^\alpha \right) = 0
\end{aligned} \tag{6.48}$$

式 (6.48) 中共 $k+1$ 个独立算子 $X_b (0 \leqslant b \leqslant k)$，前 $k+1$ 个方程相互独立，因此仿照 (1) 的方法可以解出 $k+1$ 组函数 ξ^i, η^α。但是方程组对算子 X_{k+1} 没有限制，因此 X 取到 $k+1$ 阶近似没有意义。

由 (1)~(3)，算子 X 所取近似阶次应当与扰动微分方程组相同。此外，若 X_b 不是相互独立的，由 (1) 中的式 (6.41) 可以推得 X 可能不存在。综上所述，使扰动微分方程组 k 阶近似对称的 Lie 算子 (或 Lie–Bäcklund 算子)X 为 [14,64]

$$\begin{aligned}
& X = X_0 + \varepsilon X_1 + \cdots + \varepsilon^k X_k \\
& X_b = \xi_b^i \frac{\partial}{\partial x^i} + \eta_b^\alpha \frac{\partial}{\partial u^\alpha} + \sum_{s \geqslant 1} \zeta_{b, i_1 i_2 \cdots i_s}^\alpha \frac{\partial}{\partial u_{i_1 i_2 \cdots i_s}^\alpha}, \quad b = 1, 2, \cdots, k
\end{aligned} \tag{6.49}$$

且求解 X 时要求 X_b 相互独立。

6.3　微分方程 (组) 近似 Lie 对称的性质

由第 3 章内容可知, 对于确定性微分方程 $F\left(\boldsymbol{x}, \boldsymbol{u}, \boldsymbol{u}_{(1)}, \cdots, \boldsymbol{u}_{(k)}\right) = 0$ 与确定性 Lie 算子 X, 如果微分方程具有 Lie 对称性, 则如下等式成立 [14]

$$X\left(F\right) = \lambda_0 F \tag{6.50}$$

对于确定性微分方程组 $F\left(\boldsymbol{x}, \boldsymbol{u}, \boldsymbol{u}_{(1)}, \cdots, \boldsymbol{u}_{(k)}\right) = 0$ 与确定性 Lie 算子 X, 类似有 [14]

$$X\left(F_\alpha\right) = \lambda_{\alpha,0}^{\beta} F_\beta \tag{6.51}$$

对于近似 Lie 对称性, 首先考虑近似微分方程的情形, 根据 6.2.2 节相关等式, 有

$$Xf\left(\boldsymbol{x}, \boldsymbol{u}, \boldsymbol{u}_{(1)}, \cdots, \boldsymbol{u}_{(k)}, \varepsilon\right) = X_0 f_0 + \varepsilon\left(X_1 f_0 + X_0 f_1\right) + \varepsilon^2\left(X_2 f_0 + X_1 f_1 + X_0 f_2\right)$$

$$+ \cdots + \varepsilon^k \sum_{j=0}^{k} X_j f_{k-j} + O\left(\varepsilon^{k+1}\right) \tag{6.52}$$

定义无穷序列 [14]

$$\begin{aligned} [f_0]: \ & f_0 = 0 \\ [f_1]: \ & f_1 = 0 \\ & \vdots \\ [f_k]: \ & f_k = 0 \end{aligned} \tag{6.53}$$

则 $[f_i]\,(i = 1, 2, \cdots, k)$ 共同构成一个扩展标架, 记为 $[f]$

$$[f]: \ f_b = 0, \quad b = 1, 2, \cdots, k \tag{6.54}$$

将近似 Lie 算子 (6.28) 中的函数 $\xi_b^i, \eta_b^\alpha, \zeta_{b,i_1}^\alpha, \cdots, \zeta_{b,i_1 i_2 \cdots i_l}^\alpha$ 在扩展标架处展开, 并保留一阶小量, 得

$$\begin{aligned} \xi_b^i &= \xi_b^{i,c} F_c \\ \eta_b^\alpha &= \eta_b^{\alpha,c} F_c \\ \zeta_{b,i_1}^\alpha &= \zeta_{b,i_1}^{\alpha,c} F_c \\ &\vdots \\ \zeta_{b,i_1 \cdots i_l}^\alpha &= \zeta_{b,i_1 \cdots i_l}^{\alpha,c} F_c \end{aligned} \tag{6.55}$$

下标具有关系

$$\begin{aligned}
b=0: \quad & c = 0, 1, \cdots, k \\
b=1: \quad & c = 0, 1, \cdots, k-1 \\
& \vdots \\
b=k: \quad & c = 0
\end{aligned} \tag{6.56}$$

即

$$b = i: \quad c = 0, 1, \cdots, k-i \tag{6.57}$$

将式 (6.55) 代入 $\sum\limits_{j=0}^{l} X_j f_{l-j}$，根据式 (6.56) 确定标架，并类比式 (6.50) 的推导过程，可得

$$\sum_{j=0}^{l} X_j f_{l-j} = \sum_{j=0}^{l} \sum_{c=0}^{k-j} \lambda_{j,0} f_c \tag{6.58}$$

其中

$$\lambda_{j,i} = \lambda_{j,i} \left(\boldsymbol{x}, \boldsymbol{u}, \boldsymbol{u}_{(1)}, \cdots, \boldsymbol{u}_{(r)}, \varepsilon \right) \tag{6.59}$$

令式 (6.58) 中的 $l = 0, 1, \cdots, k$，则得到多项式

$$\begin{aligned}
X_0 f_0 &= \sum_{c=0}^{k} \lambda_{0,0} f_c \\
X_1 f_0 + X_0 f_1 &= \sum_{j=0}^{1} \sum_{c=0}^{k-j} \lambda_{j,0} f_c \\
&\vdots \\
\sum_{j=0}^{k} X_j f_{l-j} &= \sum_{j=0}^{k} \sum_{c=0}^{k-j} \lambda_{j,0} f_c
\end{aligned} \tag{6.60}$$

观察式 (6.60)，可以发现每个等式都是全体标架 $f_b (b = 1, 2, \cdots, k)$ 的线性组合，因此式 (6.60) 还可写成如下形式

$$\begin{aligned}
X_0 f_0 &= \lambda_{0,0}^c f_c \\
X_1 f_0 + X_0 f_1 &= \lambda_{1,0}^c f_c \\
&\vdots \\
\sum_{j=0}^{k} X_j f_{l-j} &= \lambda_{k,0}^c f_c
\end{aligned} \tag{6.61}$$

对于微分方程组 $f^\beta\left(\boldsymbol{x},\boldsymbol{u},\boldsymbol{u}_{(1)},\cdots,\boldsymbol{u}_{(r)},\varepsilon\right)=0\,(\beta=1,2,\cdots,m)$ 的情形，扩展标架为

$$[f]:\ f_b^\beta=0,\quad b=1,2,\cdots,k \tag{6.62}$$

同理得

$$X_0 f_0^\beta=\lambda_{0,0,\alpha}^{c,\beta} f_c^\beta$$
$$X_1 f_0^\beta+X_0 f_1^\beta=\lambda_{1,0,\alpha}^{c,\beta} f_c^\beta$$
$$\vdots \tag{6.63}$$
$$\sum_{j=0}^{k} X_j f_{l-j}^\beta=\lambda_{k,0,\alpha}^{c,\beta} f_c^\beta$$

此时

$$X\left(f^\beta\right)=\lambda_{0,0,\alpha}^{c,\beta} f_c^\alpha+\varepsilon\left(\lambda_{1,0,\alpha}^{c,\beta} f_c^\alpha\right)+\cdots+\varepsilon^k\left(\lambda_{k,0,\alpha}^{c,\beta} f_c^\alpha\right)+O\left(\varepsilon^{k+1}\right)$$

$$=\sum_{i=0}^{k}\varepsilon^i\left(\lambda_{i,0,\alpha}^{c,\beta} f_c^\alpha\right)+O\left(\varepsilon^{k+1}\right) \tag{6.64}$$

6.4   方程组的近似 Lie 对称性

本节证明方程组近似对称性相关定理 [26]。

考虑 $\mathbb{R}^n$ 中包含 m 个方程和小参数 ε 的 r 阶扰动方程组

$$F_\alpha\left(\boldsymbol{x},\varepsilon\right)=O\left(\varepsilon^{k+1}\right),\quad \alpha=1,2,\cdots,m \tag{6.65}$$

其中，$\boldsymbol{x}=\left(x^1,\cdots,x^n\right),\ m<n_\circ$

关于变量 $\boldsymbol{x}=\left(x^1,\cdots,x^n\right)$ 的单参数 Lie 变换群 G 为

$$\overline{x^i}=f^i\left(\boldsymbol{x},\varepsilon\right),\quad f^i\big|_{\varepsilon=0}=x^i \tag{6.66}$$

群 G 的无穷小生成元为

$$X=\xi^i\left(\boldsymbol{x}\right)\frac{\partial}{\partial x^i} \tag{6.67}$$

定义 6.8   称方程组 (6.65) 在变换群 G 的作用下是保持**近似不变**的，即如果 $\boldsymbol{x}$ 是方程组的解，则 $\overline{\boldsymbol{x}}$ 也是方程组的解。换句话说

$$F_\alpha\left(\overline{\boldsymbol{x}},\varepsilon\right)\big|_{F_\alpha(\boldsymbol{x},\varepsilon)=0}=O\left(\varepsilon^{k+1}\right),\quad \alpha=1,2,\cdots,m \tag{6.68}$$

流形也称为变换群 G 的不变流形。

定理 6.9 方程组 (6.65) 在群 G 的无穷小生成元 X 下保持近似不变，当且仅当 [62]

$$XF_\alpha|_{F_\alpha(\boldsymbol{x},\varepsilon)=0} = O\left(\varepsilon^{k+1}\right), \quad \alpha = 1,2,\cdots,m \tag{6.69}$$

证明

(1) 必要性。

若方程组不变，即满足式 (6.68)。$F_\alpha(\overline{\boldsymbol{x}},\varepsilon)\,(\alpha = 1,2,\cdots,m)$ 的无穷小表达式为 [68]

$$F_\alpha(\overline{\boldsymbol{x}},\varepsilon)$$

$$= F_\alpha(\boldsymbol{x},\varepsilon) + \varepsilon_0 X F_\alpha(\boldsymbol{x},\varepsilon) + \frac{1}{2!}\varepsilon_0^2 X^2 F_\alpha(\boldsymbol{x},\varepsilon) + \cdots + \frac{1}{n!}\varepsilon_0^n X^n F_\alpha(\boldsymbol{x},\varepsilon) + \cdots \tag{6.70}$$

根据式 (6.68)，令 ε_0 各幂次的系数为零，即得 $XF_\alpha|_{F_\alpha(\boldsymbol{x},\varepsilon)=0} = O\left(\varepsilon^{k+1}\right)$。必要性得证。

(2) 充分性。

若式 (6.69) 成立。假设 $X^n F_\alpha(\boldsymbol{x},\varepsilon)\,(n = 1,2,\cdots)$ 在流形 (6.65) 的邻域内是解析函数，利用高维情况的引理 3.1，立即得到

$$XF_\alpha(\boldsymbol{x},\varepsilon) = \sum_{i=0}^{k} \varepsilon^i \lambda_{i,\beta}^{c,\alpha} f_c^\beta + O\left(\varepsilon^{k+1}\right) \tag{6.71}$$

$$X^2 F_\alpha(\boldsymbol{x},\varepsilon) = X\left[\sum_{i=0}^{k} \varepsilon^i \lambda_{i,\beta}^{c,\alpha} f_c^\beta + O\left(\varepsilon^{k+1}\right)\right]$$

$$= \sum_{i=0}^{k} \varepsilon^i \lambda_{i,\beta}^{c,\alpha} X\left(f_c^\beta\right) + \sum_{i=0}^{k} \varepsilon^i X\left(\lambda_{i,\beta}^{c,\alpha}\right) f_c^\beta + O\left(\varepsilon^{k+1}\right)$$

$$= \sum_{i=0}^{k} \varepsilon^i \lambda_{i,\gamma}^{c,\alpha} \sum_{j=0}^{k} \varepsilon^j \lambda_{j,\beta}^{c,\gamma} f_c^\beta + \sum_{i=0}^{k} \varepsilon^i X\left(\lambda_{i,\beta}^{c,\alpha}\right) f_c^\beta + O\left(\varepsilon^{k+1}\right)$$

$$= \sum_{i=0}^{k} \sum_{j=0}^{k} \varepsilon^i \varepsilon^j \lambda_{i,\gamma}^{c,\alpha} \lambda_{j,\beta}^{c,\gamma} f_c^\beta + \sum_{i=0}^{k} \varepsilon^i X\left(\lambda_{i,\beta}^{c,\alpha}\right) f_c^\beta + O\left(\varepsilon^{k+1}\right)$$

$$= \sum_{i=0}^{k} \varepsilon^i \left[\sum_{j=0}^{k} \varepsilon^j \lambda_{i,\gamma}^{c,\alpha} \lambda_{j,\beta}^{c,\gamma} + X\left(\lambda_{i,\beta}^{c,\alpha}\right)\right] f_c^\beta + O\left(\varepsilon^{k+1}\right) \tag{6.72}$$

若令

$$\lambda_{1,i,\beta}^{c,\alpha}=\lambda_{i,\beta}^{c,\alpha}, \quad \lambda_{2,i,\beta}^{c,\alpha}=\sum_{j=0}^{k}\varepsilon^j\lambda_{i,\gamma}^{c,\alpha}\lambda_{j,\beta}^{c,\gamma}+X\left(\lambda_{i,\beta}^{c,\alpha}\right) \tag{6.73}$$

以此类推, 则

$$X^3 F_\alpha\left(\boldsymbol{x},\varepsilon\right) = X\left[\sum_{i=0}^{k}\varepsilon^i\lambda_{2,i,\beta}^{c,\alpha}f_c^\beta+O\left(\varepsilon^{k+1}\right)\right]$$

$$=\sum_{i=0}^{k}\varepsilon^i\lambda_{2,i,\beta}^{c,\alpha}X\left(f_c^\beta\right)+\sum_{i=0}^{k}\varepsilon^i X\left(\lambda_{2,i,\beta}^{c,\alpha}\right)f_c^\beta+O\left(\varepsilon^{k+1}\right)$$

$$=\sum_{i=0}^{k}\varepsilon^i\lambda_{3,i,\beta}^{c,\alpha}f_c^\beta+O\left(\varepsilon^{k+1}\right)$$

$$X^4 F_\alpha\left(\boldsymbol{x},\varepsilon\right) = X\left[\sum_{i=0}^{k}\varepsilon^i\lambda_{3,i,\beta}^{c,\alpha}f_c^\beta+O\left(\varepsilon^{k+1}\right)\right]$$

$$=\sum_{i=0}^{k}\varepsilon^i\lambda_{3,i,\beta}^{c,\alpha}X\left(f_c^\beta\right)+\sum_{i=0}^{k}\varepsilon^i X\left(\lambda_{3,i,\beta}^{c,\alpha}\right)f_c^\beta+O\left(\varepsilon^{k+1}\right)$$

$$=\sum_{i=0}^{k}\varepsilon^i\lambda_{4,i,\beta}^{c,\alpha}f_c^\beta+O\left(\varepsilon^{k+1}\right)$$

$$\vdots$$

$$X^n F_\alpha\left(\boldsymbol{x},\varepsilon\right) = \sum_{i=0}^{k}\varepsilon^i\lambda_{n-1,i,\beta}^{c,\alpha}X\left(f_c^\beta\right)+\sum_{i=0}^{k}\varepsilon^i X\left(\lambda_{n-1,i,\beta}^{c,\alpha}\right)f_c^\beta+O\left(\varepsilon^{k+1}\right)$$

$$=\sum_{i=0}^{k}\varepsilon^i\lambda_{n,i,\beta}^{c,\alpha}f_c^\beta+O\left(\varepsilon^{k+1}\right) \tag{6.74}$$

其中 $\lambda_{n,i,\beta}^{c,\alpha}$ 满足递推关系

$$\lambda_{1,i,\beta}^{c,\alpha} = \lambda_{i,\beta}^{c,\alpha}, \quad \lambda_{n,i,\beta}^{c,\alpha} = \sum_{j=0}^{k}\varepsilon^j\lambda_{n-1,i,\gamma}^{c,\alpha}\lambda_{n-1,j,\beta}^{c,\gamma}+X\left(\lambda_{n-1,i,\beta}^{c,\alpha}\right), \quad n \geqslant 2 \tag{6.75}$$

将式 (6.71)、(6.72) 与 (6.74) 代入式 (6.70), 有

$$F_\alpha\left(\overline{\boldsymbol{x}},\varepsilon\right) = F_\alpha\left(\boldsymbol{x},\varepsilon\right)+\varepsilon_0 X F_\alpha\left(\boldsymbol{x},\varepsilon\right)+\frac{1}{2!}\varepsilon_0^2 X^2 F_\alpha\left(\boldsymbol{x},\varepsilon\right)+\cdots$$

$$+ \frac{1}{n!}\varepsilon_0^n X^n F_\alpha\left(\boldsymbol{x},\varepsilon\right) + \cdots$$

$$= f_c^\beta\left(\boldsymbol{x},\varepsilon\right) + \varepsilon_0 \sum_{i=0}^k \varepsilon^i \lambda_{1,i,\beta}^{c,\alpha} f_c^\beta\left(\boldsymbol{x},\varepsilon\right) + \frac{1}{2!}\varepsilon_0^2 \sum_{i=0}^k \varepsilon^i \lambda_{2,i,\beta}^{c,\alpha} f_c^\beta\left(\boldsymbol{x},\varepsilon\right) + \cdots$$

$$+ \frac{1}{n!}\varepsilon_0^n \sum_{i=0}^k \varepsilon^i \lambda_{n,i,\beta}^{c,\alpha} f_c^\beta\left(\boldsymbol{x},\varepsilon\right) + \cdots + O\left(\varepsilon^{k+1}\right)$$

$$= \left(1 + \varepsilon_0 \sum_{i=0}^k \varepsilon^i \lambda_{1,i,\beta}^{c,\alpha} + \frac{1}{2!}\varepsilon_0^2 \sum_{i=0}^k \varepsilon^i \lambda_{2,i,\beta}^{c,\alpha} + \cdots + \frac{1}{n!}\varepsilon_0^n \sum_{i=0}^k \varepsilon^i \lambda_{n,i,\beta}^{c,\alpha} + \cdots\right)$$

$$\times f_c^\beta\left(\boldsymbol{x},\varepsilon\right) + O\left(\varepsilon^{k+1}\right) \tag{6.76}$$

其中第二个等式利用了求和约定。

令

$$\lambda_\beta^\alpha = 1 + \varepsilon_0 \sum_{i=0}^k \varepsilon^i \lambda_{1,i,\beta}^{c,\alpha} + \frac{1}{2!}\varepsilon_0^2 \sum_{i=0}^k \varepsilon^i \lambda_{2,i,\beta}^{c,\alpha} + \cdots + \frac{1}{n!}\varepsilon_0^n \sum_{i=0}^k \varepsilon^i \lambda_{n,i,\beta}^{c,\alpha} + \cdots \tag{6.77}$$

则

$$F_\alpha\left(\overline{\boldsymbol{x}},\varepsilon\right) = \lambda_\beta^\alpha f_c^\beta\left(\boldsymbol{x},\varepsilon\right) + O\left(\varepsilon^{k+1}\right) \tag{6.78}$$

因此在流形 (6.65) 上，有

$$F_\alpha\left(\overline{\boldsymbol{x}},\varepsilon\right)\big|_{F_\alpha\left(\boldsymbol{x},\varepsilon\right)=0} = \lambda_\beta^\alpha\left(\boldsymbol{x},\varepsilon\right) f_c^\beta\left(\boldsymbol{x},\varepsilon\right)\big|_{F_\alpha\left(\boldsymbol{x},\varepsilon\right)=0} + O\left(\varepsilon^{k+1}\right) = O\left(\varepsilon^{k+1}\right) \tag{6.79}$$

充分性得证。证毕。

6.5 微分方程组的近似 Lie 对称性

本节首先证明微分方程组近似对称性相关定理，并推导 k 阶近似 Lie 算子的延拓形式 [26]。

6.5.1 微分方程组近似 Lie 对称性证明

考虑 $\mathbb{R}^n$ 中包含 m 个方程和小参数 ε 的 r 阶扰动微分方程组 [69]

$$F_\alpha\left(\boldsymbol{x},\boldsymbol{u},\boldsymbol{u}_{(1)},\cdots,\boldsymbol{u}_{(k)},\varepsilon\right) = O\left(\varepsilon^{k+1}\right), \quad \alpha = 1,2,\cdots,m \tag{6.80}$$

其中，$\boldsymbol{x} = \left(x^1,\cdots,x^n\right),\ m < n$。

由第 3 章内容可知，作用在空间 $(\boldsymbol{x},\boldsymbol{u})$ 内的自变量 $\boldsymbol{x} = \left(x^1,\cdots,x^n\right)$ 和因变量 $\boldsymbol{u} = \left(u^1,\cdots,u^m\right)$ 的单参数 Lie 变换群 G 为 [71]

$$\overline{x^i} = \phi^i\left(\boldsymbol{x}, \boldsymbol{u}, \varepsilon\right), \quad \phi^i\big|_{\varepsilon=0} = x^i$$
$$\overline{u^\alpha} = \psi^\alpha\left(\boldsymbol{x}, \boldsymbol{u}, \varepsilon\right), \quad \psi^\alpha\big|_{\varepsilon=0} = u^\alpha \tag{6.81}$$

相应无穷小生成元为

$$X = \xi^i\left(\boldsymbol{x}, \boldsymbol{u}\right) \frac{\partial}{\partial x^i} + \eta^\alpha\left(\boldsymbol{x}, \boldsymbol{u}\right) \frac{\partial}{\partial u^\alpha} \tag{6.82}$$

其中

$$\xi^i\left(\boldsymbol{x}, \boldsymbol{u}\right) = \frac{\partial \phi^i\left(\boldsymbol{x}, \boldsymbol{u}, \varepsilon\right)}{\partial \varepsilon}\bigg|_{\varepsilon=0}, \quad \eta^\alpha\left(\boldsymbol{x}, \boldsymbol{u}\right) = \frac{\partial \psi^\alpha\left(\boldsymbol{x}, \boldsymbol{u}, \varepsilon\right)}{\partial \varepsilon}\bigg|_{\varepsilon=0} \tag{6.83}$$

单参数 Lie 变换群 G 的 k 阶延拓为

$$\overline{x^i} = \phi^i\left(\boldsymbol{x}, \boldsymbol{u}, \varepsilon\right), \quad \phi^i\big|_{\varepsilon=0} = x^i$$
$$\overline{u^\alpha} = \psi^\alpha\left(\boldsymbol{x}, \boldsymbol{u}, \varepsilon\right), \quad \psi^\alpha\big|_{\varepsilon=0} = u^\alpha$$
$$\overline{u_i^\alpha} = \varphi_i^\alpha\left(\boldsymbol{x}, \boldsymbol{u}, \boldsymbol{u}_{(1)}, \varepsilon\right), \quad \varphi_i^\alpha\big|_{\varepsilon=0} = u_i^\alpha$$
$$\overline{u_{i_1 i_2}^\alpha} = \varphi_{i_1 i_2}^\alpha\left(\boldsymbol{x}, \boldsymbol{u}, \boldsymbol{u}_{(1)}, \boldsymbol{u}_{(2)}, \varepsilon\right), \quad \varphi_{i_1 i_2}^\alpha\big|_{\varepsilon=0} = u_{i_1 i_2}^\alpha$$
$$\vdots$$
$$\overline{u_{i_1 i_2 \cdots i_k}^\alpha} = \varphi_{i_1 i_2 \cdots i_k}^\alpha\left(\boldsymbol{x}, \boldsymbol{u}, \boldsymbol{u}_{(1)}, \boldsymbol{u}_{(2)}, \cdots, \boldsymbol{u}_{(k)}, \varepsilon\right), \quad \varphi_{i_1 i_2 \cdots i_k}^\alpha\big|_{\varepsilon=0} = u_{i_1 i_2 \cdots i_k}^\alpha \tag{6.84}$$

相应无穷小生成元 X 的 k 阶延拓为

$$X^{(k)} = \xi^i \frac{\partial}{\partial x^i} + \eta^\alpha \frac{\partial}{\partial u^\alpha} + \zeta_i^\alpha \frac{\partial}{\partial u_i^\alpha} + \zeta_{i_1 i_2}^\alpha \frac{\partial}{\partial u_{i_1 i_2}^\alpha} + \cdots + \zeta_{i_1 i_2 \cdots i_k}^\alpha \frac{\partial}{\partial u_{i_1 i_2 \cdots i_k}^\alpha} \tag{6.85}$$

其中

$$\xi^i\left(\boldsymbol{x}, \boldsymbol{u}\right) = \frac{\partial \phi^i\left(\boldsymbol{x}, \boldsymbol{u}, \varepsilon\right)}{\partial \varepsilon}\bigg|_{\varepsilon=0}, \quad \eta^\alpha\left(\boldsymbol{x}, \boldsymbol{u}\right) = \frac{\partial \psi^\alpha\left(\boldsymbol{x}, \boldsymbol{u}, \varepsilon\right)}{\partial \varepsilon}\bigg|_{\varepsilon=0}$$
$$\zeta_i^\alpha\left(\boldsymbol{x}, \boldsymbol{u}, \boldsymbol{u}_{(1)}\right) = \frac{\partial \varphi_i^\alpha\left(\boldsymbol{x}, \boldsymbol{u}, \boldsymbol{u}_{(1)}, \varepsilon\right)}{\partial \varepsilon}\bigg|_{\varepsilon=0}$$
$$\zeta_{i_1 i_2}^\alpha\left(\boldsymbol{x}, \boldsymbol{u}, \boldsymbol{u}_{(1)}, \boldsymbol{u}_{(2)}\right) = \frac{\partial \varphi_{i_1 i_2}^\alpha\left(\boldsymbol{x}, \boldsymbol{u}, \boldsymbol{u}_{(1)}, \boldsymbol{u}_{(2)}, \varepsilon\right)}{\partial \varepsilon}\bigg|_{\varepsilon=0}$$
$$\vdots$$
$$\zeta_{i_1 i_2 \cdots i_k}^\alpha\left(\boldsymbol{x}, \boldsymbol{u}, \boldsymbol{u}_{(1)}, \boldsymbol{u}_{(2)}, \cdots, \boldsymbol{u}_{(k)}\right) = \frac{\partial \psi_{i_1 i_2 \cdots i_k}^\alpha\left(\boldsymbol{x}, \boldsymbol{u}, \boldsymbol{u}_{(1)}, \boldsymbol{u}_{(2)}, \cdots, \boldsymbol{u}_{(s)}, \varepsilon\right)}{\partial \varepsilon}\bigg|_{\varepsilon=0} \tag{6.86}$$

定理 6.10 微分方程组 (6.80) 在群 G 的无穷小生成元 X 下保持近似不变,当且仅当

$$XF_\alpha|_{F_\alpha(x, u, u_{(1)}, \cdots, u_{(s)}, \varepsilon)=0} = O\left(\varepsilon^{k+1}\right), \quad \alpha = 1, 2, \cdots, m \qquad (6.87)$$

其中无穷小生成元 X 延拓至 s 阶。

证明 微分方程组在无穷小生成元 X 下保持近似不变,即

$$F_\alpha\left(\overline{x}, \overline{u}, \overline{u}_{(1)}, \cdots, \overline{u}_{(s)}, \varepsilon\right)\big|_{F_\alpha(x, u, u_{(1)}, \cdots, u_{(s)}, \varepsilon)=0} = O\left(\varepsilon^{k+1}\right), \quad \alpha = 1, 2, \cdots, m$$
$$(6.88)$$

(1) 必要性。

$F_\alpha\left(\overline{x}, \overline{u}, \overline{u}_{(1)}, \cdots, \overline{u}_{(s)}, \varepsilon\right) (\alpha = 1, 2, \cdots, m)$ 的无穷小表达式为

$$F_\alpha\left(\overline{x}, \overline{u}, \overline{u}_{(1)}, \cdots, \overline{u}_{(s)}, \varepsilon\right)$$
$$= F_\alpha\left(x, u, u_{(1)}, \cdots, u_{(s)}, \varepsilon\right) + \varepsilon_0 X F_\alpha\left(x, u, u_{(1)}, \cdots, u_{(s)}, \varepsilon\right)$$
$$+ \frac{1}{2!}\varepsilon_0^2 X^2 F_\alpha\left(x, u, u_{(1)}, \cdots, u_{(s)}, \varepsilon\right) + \cdots$$
$$+ \frac{1}{n!}\varepsilon_0^n X^n F_\alpha\left(x, u, u_{(1)}, \cdots, u_{(s)}, \varepsilon\right) + \cdots \qquad (6.89)$$

根据式 (6.88),令 ε_0 各幂次的系数为零,即得 $XF_\alpha|_{F_\alpha(x, u, u_{(1)}, \cdots, u_{(s)}, \varepsilon)=0} = O\left(\varepsilon^{k+1}\right)$。必要性得证。

(2) 充分性。

若式 (6.87) 成立。假设 $X^n F_\alpha\left(x, u, u_{(1)}, \cdots, u_{(s)}, \varepsilon\right) (n = 1, 2, \cdots)$ 在流形 (6.80) 的邻域内是解析函数,将 $x, u, u_{(1)}, \cdots, u_{(s)}$ 看作是相互独立的变量,利用高维情况的引理 3.1,仿照定理 6.9 的证明,得到

$$XF_\alpha\left(x, u, u_{(1)}, \cdots, u_{(s)}, \varepsilon\right)$$
$$= \sum_{i=0}^{k} \varepsilon^i \lambda_{i,\beta}^{c,\alpha} f_c^\beta\left(x, u, u_{(1)}, \cdots, u_{(s)}, \varepsilon\right) + O\left(\varepsilon^{k+1}\right)$$
$$= \sum_{i=0}^{k} \varepsilon^i \lambda_{1,i,\beta}^{c,\alpha} f_c^\beta\left(x, u, u_{(1)}, \cdots, u_{(s)}, \varepsilon\right) + O\left(\varepsilon^{k+1}\right)$$
$$X^2 F_\alpha\left(x, u, u_{(1)}, \cdots, u_{(s)}, \varepsilon\right)$$
$$= X\left[\sum_{i=0}^{k} \varepsilon^i \lambda_{i,\beta}^{c,\alpha} f_c^\beta\left(x, u, u_{(1)}, \cdots, u_{(s)}, \varepsilon\right) + O\left(\varepsilon^{k+1}\right)\right]$$

$$= \sum_{i=0}^{k} \varepsilon^i \lambda_{2,i,\beta}^{c,\alpha} f_c^{\beta} \left(\boldsymbol{x}, \boldsymbol{u}, \boldsymbol{u}_{(1)}, \cdots, \boldsymbol{u}_{(s)}, \varepsilon \right) + O\left(\varepsilon^{k+1} \right)$$

$$X^3 F_\alpha \left(\boldsymbol{x}, \boldsymbol{u}, \boldsymbol{u}_{(1)}, \cdots, \boldsymbol{u}_{(s)}, \varepsilon \right)$$

$$= X \left[\sum_{i=0}^{k} \varepsilon^i \lambda_{2,i,\beta}^{c,\alpha} f_c^{\beta} \left(\boldsymbol{x}, \boldsymbol{u}, \boldsymbol{u}_{(1)}, \cdots, \boldsymbol{u}_{(s)}, \varepsilon \right) + O\left(\varepsilon^{k+1} \right) \right]$$

$$= \sum_{i=0}^{k} \varepsilon^i \lambda_{3,i,\beta}^{c,\alpha} f_c^{\beta} \left(\boldsymbol{x}, \boldsymbol{u}, \boldsymbol{u}_{(1)}, \cdots, \boldsymbol{u}_{(s)}, \varepsilon \right) + O\left(\varepsilon^{k+1} \right)$$

$$X^4 F_\alpha \left(\boldsymbol{x}, \boldsymbol{u}, \boldsymbol{u}_{(1)}, \cdots, \boldsymbol{u}_{(s)}, \varepsilon \right)$$

$$= X \left[\sum_{i=0}^{k} \varepsilon^i \lambda_{3,i,\beta}^{c,\alpha} f_c^{\beta} \left(\boldsymbol{x}, \boldsymbol{u}, \boldsymbol{u}_{(1)}, \cdots, \boldsymbol{u}_{(s)}, \varepsilon \right) + O\left(\varepsilon^{k+1} \right) \right]$$

$$= \sum_{i=0}^{k} \varepsilon^i \lambda_{4,i,\beta}^{c,\alpha} f_c^{\beta} \left(\boldsymbol{x}, \boldsymbol{u}, \boldsymbol{u}_{(1)}, \cdots, \boldsymbol{u}_{(s)}, \varepsilon \right) + O\left(\varepsilon^{k+1} \right).$$

$$\vdots$$

$$X^n F_\alpha \left(\boldsymbol{x}, \boldsymbol{u}, \boldsymbol{u}_{(1)}, \cdots, \boldsymbol{u}_{(s)}, \varepsilon \right)$$

$$= X \left[\sum_{i=0}^{k} \varepsilon^i \lambda_{n-1,i,\beta}^{c,\alpha} f_c^{\beta} \left(\boldsymbol{x}, \boldsymbol{u}, \boldsymbol{u}_{(1)}, \cdots, \boldsymbol{u}_{(s)}, \varepsilon \right) + O\left(\varepsilon^{k+1} \right) \right]$$

$$= \sum_{i=0}^{k} \varepsilon^i \lambda_{n,i,\beta}^{c,\alpha} f_c^{\beta} \left(\boldsymbol{x}, \boldsymbol{u}, \boldsymbol{u}_{(1)}, \cdots, \boldsymbol{u}_{(s)}, \varepsilon \right) + O\left(\varepsilon^{k+1} \right) \tag{6.90}$$

其中 $\lambda_{n,i,\beta}^{c,\alpha}$ 满足递推关系

$$\lambda_{1,i,\beta}^{c,\alpha} = \lambda_{i,\beta}^{c,\alpha}, \quad \lambda_{n,i,\beta}^{c,\alpha} = \sum_{j=0}^{k} \varepsilon^j \lambda_{n-1,i,\gamma}^{c,\alpha} \lambda_{n-1,j,\beta}^{c,\gamma} + X \left(\lambda_{n-1,i,\beta}^{c,\alpha} \right), \quad n \geqslant 2 \tag{6.91}$$

将式 (6.90) 代入式 (6.89), 有

$$F_\alpha \left(\overline{\boldsymbol{x}}, \overline{\boldsymbol{u}}, \overline{\boldsymbol{u}}_{(1)}, \cdots, \overline{\boldsymbol{u}}_{(s)}, \varepsilon \right)$$

$$= F_\alpha \left(\boldsymbol{x}, \boldsymbol{u}, \boldsymbol{u}_{(1)}, \cdots, \boldsymbol{u}_{(s)}, \varepsilon \right) + \varepsilon_0 X F_\alpha \left(\boldsymbol{x}, \boldsymbol{u}, \boldsymbol{u}_{(1)}, \cdots, \boldsymbol{u}_{(s)}, \varepsilon \right)$$

$$+ \frac{1}{2!} \varepsilon_0^2 X^2 F_\alpha \left(\boldsymbol{x}, \boldsymbol{u}, \boldsymbol{u}_{(1)}, \cdots, \boldsymbol{u}_{(s)}, \varepsilon \right) + \cdots$$

$$+ \frac{1}{n!} \varepsilon_0^n X^n F_\alpha \left(\boldsymbol{x}, \boldsymbol{u}, \boldsymbol{u}_{(1)}, \cdots, \boldsymbol{u}_{(s)}, \varepsilon \right) + \cdots$$

$$
\begin{aligned}
&= f_c^\beta\left(\boldsymbol{x},\boldsymbol{u},\boldsymbol{u}_{(1)},\cdots,\boldsymbol{u}_{(s)},\varepsilon\right)+\varepsilon_0\sum_{i=0}^{k}\varepsilon^i\lambda_{1,i,\beta}^{c,\alpha}f_c^\beta\left(\boldsymbol{x},\boldsymbol{u},\boldsymbol{u}_{(1)},\cdots,\boldsymbol{u}_{(s)},\varepsilon\right)\\
&\quad+\frac{1}{2!}\varepsilon_0^2\sum_{i=0}^{k}\varepsilon^i\lambda_{2,i,\beta}^{c,\alpha}f_c^\beta\left(\boldsymbol{x},\boldsymbol{u},\boldsymbol{u}_{(1)},\cdots,\boldsymbol{u}_{(s)},\varepsilon\right)+\cdots\\
&\quad+\frac{1}{n!}\varepsilon_0^n\sum_{i=0}^{k}\varepsilon^i\lambda_{n,i,\beta}^{c,\alpha}f_c^\beta\left(\boldsymbol{x},\boldsymbol{u},\boldsymbol{u}_{(1)},\cdots,\boldsymbol{u}_{(s)},\varepsilon\right)+\cdots+O\left(\varepsilon^{k+1}\right)\\
&= \left(1+\varepsilon_0\sum_{i=0}^{k}\varepsilon^i\lambda_{1,i,\beta}^{c,\alpha}+\frac{1}{2!}\varepsilon_0^2\sum_{i=0}^{k}\varepsilon^i\lambda_{2,i,\beta}^{c,\alpha}+\cdots+\frac{1}{n!}\varepsilon_0^n\sum_{i=0}^{k}\varepsilon^i\lambda_{n,i,\beta}^{c,\alpha}+\cdots\right)\\
&\quad\times f_c^\beta\left(\boldsymbol{x},\boldsymbol{u},\boldsymbol{u}_{(1)},\cdots,\boldsymbol{u}_{(s)},\varepsilon\right)+O\left(\varepsilon^{k+1}\right)
\end{aligned}
\tag{6.92}
$$

其中第二个等式利用了求和约定。

令

$$
\lambda_\beta^\alpha=1+\varepsilon_0\sum_{i=0}^{k}\varepsilon^i\lambda_{1,i,\beta}^{c,\alpha}+\frac{1}{2!}\varepsilon_0^2\sum_{i=0}^{k}\varepsilon^i\lambda_{2,i,\beta}^{c,\alpha}+\cdots+\frac{1}{n!}\varepsilon_0^n\sum_{i=0}^{k}\varepsilon^i\lambda_{n,i,\beta}^{c,\alpha}+\cdots
\tag{6.93}
$$

则

$$
F_\alpha\left(\overline{\boldsymbol{x}},\overline{\boldsymbol{u}},\overline{\boldsymbol{u}}_{(1)},\cdots,\overline{\boldsymbol{u}}_{(s)},\varepsilon\right)=\lambda_\beta^\alpha f_c^\beta\left(\boldsymbol{x},\boldsymbol{u},\boldsymbol{u}_{(1)},\cdots,\boldsymbol{u}_{(s)},\varepsilon\right)+O\left(\varepsilon^{k+1}\right)
\tag{6.94}
$$

因此在流形 (6.80) 上, 有

$$
\begin{aligned}
&\left.F_\alpha\left(\overline{\boldsymbol{x}},\overline{\boldsymbol{u}},\overline{\boldsymbol{u}}_{(1)},\cdots,\overline{\boldsymbol{u}}_{(s)},\varepsilon\right)\right|_{F_\alpha\left(\boldsymbol{x},\boldsymbol{u},\boldsymbol{u}_{(1)},\cdots,\boldsymbol{u}_{(s)},\varepsilon\right)=0}\\
&=\left.\lambda_\beta^\alpha\left(\boldsymbol{x},\boldsymbol{u},\boldsymbol{u}_{(1)},\cdots,\boldsymbol{u}_{(s)},\varepsilon\right)f_c^\beta\left(\boldsymbol{x},\boldsymbol{u},\boldsymbol{u}_{(1)},\cdots,\boldsymbol{u}_{(s)},\varepsilon\right)\right|_{F_\alpha\left(\boldsymbol{x},\boldsymbol{u},\boldsymbol{u}_{(1)},\cdots,\boldsymbol{u}_{(s)},\varepsilon\right)=0}\\
&\quad+O\left(\varepsilon^{k+1}\right)\\
&=O\left(\varepsilon^{k+1}\right)
\end{aligned}
\tag{6.95}
$$

充分性得证。证毕。

6.5.2 近似 Lie 算子的延拓

根据 6.2.2 节式 (6.41), X_b 可能和 $f_p^\alpha\ (0\leqslant p\leqslant k-b)$ 作用, 所以 b 阶扰动项 X_b 需要延拓至扰动微分方程组中 0 至 $k-b$ 阶项的最高阶次。

无穷小生成元 X 的 s 阶延拓为

$$
X^{(s)}=\xi^i\frac{\partial}{\partial x^i}+\eta^\alpha\frac{\partial}{\partial u^\alpha}+\sum_{s\geqslant 1}\zeta_{i_1i_2\cdots i_s}^\alpha\frac{\partial}{\partial u_{i_1i_2\cdots i_s}^\alpha}
\tag{6.96}
$$

由于 X_b 相互独立, 则有

$$
\begin{aligned}
X^{(s)} &= \xi^i \frac{\partial}{\partial x^i} + \eta^\alpha \frac{\partial}{\partial u^\alpha} + \sum_{s \geqslant 1} \zeta^\alpha_{i_1 i_2 \cdots i_s} \frac{\partial}{\partial u^\alpha_{i_1 i_2 \cdots i_s}} \\
&= X_0 + \varepsilon X_1 + \cdots + \varepsilon^k X_k \\
&= \sum_{b=0}^{k} \varepsilon^b \left(\xi^i_b \frac{\partial}{\partial x^i} + \eta^\alpha_b \frac{\partial}{\partial u^\alpha} + \sum_{s \geqslant 1} \zeta^\alpha_{b, i_1 i_2 \cdots i_s} \frac{\partial}{\partial u^\alpha_{i_1 i_2 \cdots i_s}} \right) \\
&= \left(\sum_{b=0}^{k} \varepsilon^b \xi^i_b \right) \frac{\partial}{\partial x^i} + \left(\sum_{b=0}^{k} \varepsilon^b \eta^\alpha_b \right) \frac{\partial}{\partial u^\alpha} + \sum_{s \geqslant 1} \left(\sum_{b=0}^{k} \varepsilon^b \zeta^\alpha_{b, i_1 i_2 \cdots i_s} \right) \frac{\partial}{\partial u^\alpha_{i_1 i_2 \cdots i_s}}
\end{aligned}
\tag{6.97}
$$

因此

$$
\xi^i = \sum_{b=0}^{k} \varepsilon^b \xi^i_b, \quad \eta^\alpha = \sum_{b=0}^{k} \varepsilon^b \eta^\alpha_b, \quad \zeta^\alpha_{i_1 i_2 \cdots i_s} = \sum_{b=0}^{k} \varepsilon^b \zeta^\alpha_{b, i_1 i_2 \cdots i_s}
\tag{6.98}
$$

即 k 阶 Lie 算子的延拓, 相当于对每个算子的延拓乘以对应扰动阶次并求和.

例 6.2　考虑微分方程

$$
f(x, u, u_x) = u_x + x + \varepsilon u = 0
\tag{6.99}
$$

Lie 算子为 $X = X_0 + \varepsilon X_1$, 设无穷小生成元

$$
X_0 = \xi_0 \frac{\partial}{\partial x} + \eta_0 \frac{\partial}{\partial u}
\tag{6.100}
$$

$$
X_1 = \xi_1 \frac{\partial}{\partial x} + \eta_1 \frac{\partial}{\partial u}
\tag{6.101}
$$

对无穷小生成元作一阶延拓

$$
X_0^{(1)} = \xi_0 \frac{\partial}{\partial x} + \eta_0 \frac{\partial}{\partial u} + [D_x(\eta_0) - u_x D_x(\xi_0)] \frac{\partial}{\partial u_x}
\tag{6.102}
$$

$$
X_1^{(1)} = \xi_1 \frac{\partial}{\partial x} + \eta_1 \frac{\partial}{\partial u} + [D_x(\eta_1) - u_x D_x(\xi_1)] \frac{\partial}{\partial u_x}
\tag{6.103}
$$

考虑一阶近似对称, 根据

$$
X_0(u_x + x) = 0
\tag{6.104}
$$

$$
X_1(u_x + x) + X_0 u = 0
\tag{6.105}
$$

此处假设 $\xi_0, \eta_0, \xi_1, \eta_1$ 仅为 x 的函数，将式 (6.102)、(6.103) 分别代入方程 (6.104)、(6.105)，分别得到

$$D_x(\eta_0) - u_x D_x(\xi_0) + \xi_0 = 0 \tag{6.106}$$

$$D_x(\eta_1) - u_x D_x(\xi_1) + \xi_1 + \eta_0 = 0 \tag{6.107}$$

式 (6.106)、(6.107) 的求解可以仿照确定性情况算子的方法。令 u 及 u 的各阶导数系数为零，由式 (6.106) 得

$$D_x(\eta_0) + \xi_0 = 0, \quad D_x(\xi_0) = 0 \tag{6.108}$$

解得

$$\xi_0 = C_1, \quad \eta_0 = -C_1 x + C_2 \tag{6.109}$$

其中 C_1, C_2 是任意常数。

将 ξ_0, η_0 的表达式 (6.109) 代入式 (6.107) 得

$$D_x(\eta_1) + \xi_1 - C_1 x + C_2 - u_x D_x(\xi_1) = 0 \tag{6.110}$$

因此

$$D_x(\eta_1) + \xi_1 - C_1 x + C_2 = 0, \quad D_x(\xi_1) = 0 \tag{6.111}$$

解得

$$\xi_1 = C_3, \quad \eta_1 = \frac{C_1}{2} x^2 - (C_2 + C_3) x + C_4 \tag{6.112}$$

其中 C_3, C_4 是任意常数。

所以 Lie 算子表达式为

$$\begin{aligned}
X &= X_0 + \varepsilon X_1 \\
&= C_1 \frac{\partial}{\partial x} + (-C_1 x + C_2) \frac{\partial}{\partial u} - C_1 \frac{\partial}{\partial u_x} \\
&\quad + \varepsilon \left\{ C_3 \frac{\partial}{\partial x} + \left[\frac{C_1}{2} x^2 - (C_2 + C_3) x + C_4 \right] \frac{\partial}{\partial u} + [C_1 x - (C_2 + C_3)] \frac{\partial}{\partial u_x} \right\}
\end{aligned} \tag{6.113}$$

利用式 (6.113)，可以研究原微分方程的近似解等。

6.6 近似 Lie-Bäcklund 算子与对称性

与确定性情况类似，近似 Lie-Bäcklund 对称性是近似 Lie 对称性的推广，本节对近似 Lie-Bäcklund 对称性相关内容进行介绍。

6.6.1　近似 Lie-Bäcklund 算子的延拓

与 6.5.2 节近似 Lie 算子的延拓类似，根据 6.2.2 节式 (6.41)，X_b 可能和 $f_p^\alpha\,(0 \leqslant p \leqslant k-b)$ 作用，所以 b 阶扰动项 X_b 需要延拓至扰动微分方程组中 0 至 $k-b$ 阶项的最高阶次。

近似 Lie-Bäcklund 算子的 s 阶延拓为

$$
\begin{aligned}
X^{(s)} &= \xi^i \frac{\partial}{\partial x^i} + \eta^\alpha \frac{\partial}{\partial u^\alpha} + \sum_{s \geqslant 1} \zeta_{i_1 i_2 \cdots i_s}^\alpha \frac{\partial}{\partial u_{i_1 i_2 \cdots i_s}^\alpha} \\
&= X_0 + \varepsilon X_1 + \cdots + \varepsilon^k X_k \\
&= \sum_{b=0}^{k} \varepsilon^b \left(\xi_b^i \frac{\partial}{\partial x^i} + \eta_b^\alpha \frac{\partial}{\partial u^\alpha} + \sum_{s \geqslant 1} \zeta_{b,i_1 i_2 \cdots i_s}^\alpha \frac{\partial}{\partial u_{i_1 i_2 \cdots i_s}^\alpha} \right) \\
&= \left(\sum_{b=0}^{k} \varepsilon^b \xi_b^i \right) \frac{\partial}{\partial x^i} + \left(\sum_{b=0}^{k} \varepsilon^b \eta_b^\alpha \right) \frac{\partial}{\partial u^\alpha} + \sum_{s \geqslant 1} \left(\sum_{b=0}^{k} \varepsilon^b \zeta_{b,i_1 i_2 \cdots i_s}^\alpha \right) \frac{\partial}{\partial u_{i_1 i_2 \cdots i_s}^\alpha}
\end{aligned}
\tag{6.114}
$$

因此

$$
\xi^i = \sum_{b=0}^{k} \varepsilon^b \xi_b^i, \quad \eta^\alpha = \sum_{b=0}^{k} \varepsilon^b \eta_b^\alpha, \quad \zeta_{i_1 i_2 \cdots i_s}^\alpha = \sum_{b=0}^{k} \varepsilon^b \zeta_{b,i_1 i_2 \cdots i_s}^\alpha
\tag{6.115}
$$

即 k 阶 Lie-Bäcklund 算子的延拓，相当于对每个算子的延拓乘以对应扰动阶次并求和。

6.6.2　近似 Lie-Bäcklund 对称性

由第 3 章内容可知，对于确定性微分方程 $F\left(\boldsymbol{x}, \boldsymbol{u}, \boldsymbol{u}_{(1)}, \cdots, \boldsymbol{u}_{(k)}\right) = 0$ 与确定性 Lie-Bäcklund 算子 X，如果微分方程具有 Lie-Bäcklund 对称性，则如下等式成立 [14]

$$
X\left(F\right) = \lambda_0 F + \lambda_1^{i_1} D_{i_1}\left(F\right) + \lambda_2^{i_1 i_2} D_{i_1} D_{i_2}\left(F\right) + \cdots + \lambda_k^{i_1 \cdots i_k} D_{i_1} \cdots D_{i_k}\left(F\right) + \cdots
\tag{6.116}
$$

对于确定性微分方程组 $F\left(\boldsymbol{x}, \boldsymbol{u}, \boldsymbol{u}_{(1)}, \cdots, \boldsymbol{u}_{(k)}\right) = 0$ 与确定性 Lie-Bäcklund 算子 X，类似有 [14]

$$
X\left(F_\alpha\right) = \lambda_{\alpha,0}^\beta F_\beta + \lambda_{\alpha,1}^{\beta,i_1} D_{i_1}\left(F_\beta\right) + \lambda_{\alpha,2}^{\beta,i_1 i_2} D_{i_1} D_{i_2}\left(F_\beta\right) + \lambda_{\alpha,3}^{\beta,i_1 i_2 i_3} D_{i_1} D_{i_2} D_{i_3}\left(F_\beta\right) + \cdots
\tag{6.117}
$$

对于近似 Lie-Bäcklund 对称性，首先考虑近似微分方程情形，根据 6.2.2 节相关等式，有

$$
Xf\left(\boldsymbol{x}, \boldsymbol{u}, \boldsymbol{u}_{(1)}, \cdots, \boldsymbol{u}_{(r)}, \varepsilon\right)
$$

$$
= X_0 f_0 + \varepsilon\left(X_1 f_0 + X_0 f_1\right) + \varepsilon^2\left(X_2 f_0 + X_1 f_1 + X_0 f_2\right)
$$

$$
+ \cdots + \varepsilon^k \sum_{j=0}^{k} X_j f_{k-j} + O\left(\varepsilon^{k+1}\right) \tag{6.118}
$$

近似 Lie-Bäcklund 算子为

$$
X = X_0 + \varepsilon X_1 + \cdots + \varepsilon^k X_k
$$

$$
X_b = \xi_b^i \frac{\partial}{\partial x^i} + \eta_b^\alpha \frac{\partial}{\partial u^\alpha} + \sum_{s \geqslant 1} \zeta_{b,i_1 i_2 \cdots i_s}^\alpha \frac{\partial}{\partial u_{i_1 i_2 \cdots i_s}^\alpha}, \quad b = 1, 2, \cdots, k \tag{6.119}
$$

定义无穷序列 [14]

$$
\begin{aligned}
& [f_0]:\ f_0 = 0, \quad D_i\left(f_0\right) = 0, \quad D_i D_j\left(f_0\right) = 0, \quad \cdots \\
& [f_1]:\ f_1 = 0, \quad D_i\left(f_1\right) = 0, \quad D_i D_j\left(f_1\right) = 0, \quad \cdots \\
& \qquad\qquad\qquad\qquad \vdots \\
& [f_k]:\ f_k = 0, \quad D_i\left(f_k\right) = 0, \quad D_i D_j\left(f_k\right) = 0, \quad \cdots
\end{aligned} \tag{6.120}
$$

则 $[f_i]\,(i = 1, 2, \cdots, k)$ 共同构成一个扩展标架，记为 $[f]$[72]

$$
[f]:\ f_b = 0, \quad D_i\left(f_b\right) = 0, \quad D_i D_j\left(f_b\right) = 0, \quad \cdots, \quad b = 1, 2, \cdots, k \tag{6.121}
$$

将式 (6.119) 中的函数 $\xi_b^i, \eta_b^\alpha, \zeta_{b,i_1}^\alpha, \cdots, \zeta_{b,i_1 i_2 \cdots i_l}^\alpha$ 在扩展标架处展开，并保留一阶小量得

$$
\begin{aligned}
\xi_b^i &= \xi_b^{i,c} F_c + \xi_b^{i,i_1,c} D_{i_1}\left(F_c\right) + \xi_b^{i,i_1 i_2,c} D_{i_1} D_{i_2}\left(F_c\right) + \cdots \\
& \quad + \xi_b^{i,i_1 \cdots i_k,c} D_{i_1} \cdots D_{i_k}\left(F_c\right) + \cdots \\
\eta_b^\alpha &= \eta_b^{\alpha,c} F_c + \eta_b^{\alpha,i_1,c} D_{i_1}\left(F_c\right) + \eta_b^{\alpha,i_1 i_2,c} D_{i_1} D_{i_2}\left(F_c\right) + \cdots \\
& \quad + \eta_b^{\alpha,i_1 \cdots i_k,c} D_{i_1} \cdots D_{i_k}\left(F_c\right) + \cdots \\
\zeta_{b,i_1}^\alpha &= \zeta_{b,i_1}^{\alpha,c} F_c + \zeta_{b,i_1}^{\alpha,i_1,c} D_{i_1}\left(F_c\right) + \zeta_{b,i_1}^{\alpha,i_1 i_2,c} D_{i_1} D_{i_2}\left(F_c\right) + \cdots
\end{aligned}
$$

$$+ \zeta_{b,i_1}^{\alpha,i_1\cdots i_k,c} D_{i_1} \cdots D_{i_k}\left(F_c\right) + \cdots$$

$$\vdots$$

$$\zeta_{b,i_1\cdots i_l}^{\alpha} = \zeta_{b,i_1\cdots i_l}^{\alpha,c} F_c + \zeta_{b,i_1\cdots i_l}^{\alpha,i_1,c} D_{i_1}\left(F_c\right) + \zeta_{b,i_1\cdots i_l}^{\alpha,i_1 i_2,c} D_{i_1} D_{i_2}\left(F_c\right) + \cdots$$

$$+ \zeta_{b,i_1\cdots i_l}^{\alpha,i_1\cdots i_k,c} D_{i_1} \cdots D_{i_k}\left(F_c\right) + \cdots \tag{6.122}$$

下标具有关系

$$\begin{aligned} b = 0: \quad & c = 0, 1, \cdots, k \\ b = 1: \quad & c = 0, 1, \cdots, k-1 \\ & \vdots \\ b = k: \quad & c = 0 \end{aligned} \tag{6.123}$$

即

$$b = i: \quad c = 0, 1, \cdots, k-i \tag{6.124}$$

将式 (6.122) 代入 $\displaystyle\sum_{j=0}^{l} X_j f_{l-j}$，根据式 (6.121) 确定标架，可得

$$\sum_{j=0}^{l} X_j f_{l-j} = \sum_{j=0}^{l} \sum_{c=0}^{k-j} \left[\lambda_{j,0} f_c + \lambda_{j,1}^{i_1} D_{i_1}\left(f_c\right) + \lambda_{j,2}^{i_1 i_2} D_{i_1} D_{i_2}\left(f_c\right) + \cdots \right.$$

$$\left. + \lambda_{j,k}^{i_1\cdots i_k} D_{i_1} \cdots D_{i_k}\left(f_c\right) + \cdots \right] \tag{6.125}$$

其中

$$\lambda_{j,i} = \lambda_{j,i}\left(\boldsymbol{x}, \boldsymbol{u}, \boldsymbol{u}_{(1)}, \cdots, \boldsymbol{u}_{(r)}, \varepsilon\right) \tag{6.126}$$

令式 (6.125) 中的 $l = 0, 1, \cdots, k$，则得到多项式

$$X_0 f_0 = \sum_{c=0}^{k} \left[\lambda_{0,0} f_c + \lambda_{0,1}^{i_1} D_{i_1}\left(f_c\right) + \lambda_{0,2}^{i_1 i_2} D_{i_1} D_{i_2}\left(f_c\right) + \cdots \right.$$

$$\left. + \lambda_{0,k}^{i_1\cdots i_k} D_{i_1} \cdots D_{i_k}\left(f_c\right) + \cdots \right]$$

$$X_1 f_0 + X_0 f_1 = \sum_{j=0}^{1} \sum_{c=0}^{k-j} \left[\lambda_{j,0} f_c + \lambda_{j,1}^{i_1} D_{i_1}\left(f_c\right) + \lambda_{j,2}^{i_1 i_2} D_{i_1} D_{i_2}\left(f_c\right) + \cdots \right.$$

$$\left. + \lambda_{j,k}^{i_1\cdots i_k} D_{i_1} \cdots D_{i_k}\left(f_c\right) + \cdots \right]$$

$$\vdots$$

$$\sum_{j=0}^{k} X_j f_{l-j} = \sum_{j=0}^{k} \sum_{c=0}^{k-j} \left[\lambda_{j,0} f_c + \lambda_{j,1}^{i_1} D_{i_1} (f_c) + \lambda_{j,2}^{i_1 i_2} D_{i_1} D_{i_2} (f_c) + \cdots \right.$$

$$\left. + \lambda_{j,k}^{i_1 \cdots i_k} D_{i_1} \cdots D_{i_k} (f_c) + \cdots \right] \tag{6.127}$$

观察式 (6.127), 可以发现每个等式都是全体标架 $f_b, D_i (f_b), D_i D_j (f_b), \cdots$ $(b = 1, 2, \cdots, k)$ 的线性组合, 因此式 (6.127) 还可写成如下形式

$$X_0 f_0 = \lambda_{0,0}^c f_c + \lambda_{0,1}^{i_1,c} D_{i_1} (f_c) + \lambda_{0,2}^{i_1 i_2,c} D_{i_1} D_{i_2} (f_c) + \cdots$$

$$+ \lambda_{0,s}^{i_1 \cdots i_s,c} D_{i_1} \cdots D_{i_s} (f_c) + \cdots$$

$$X_1 f_0 + X_0 f_1 = \lambda_{1,0}^c f_c + \lambda_{1,1}^{i_1,c} D_{i_1} (f_c) + \lambda_{1,2}^{i_1 i_2,c} D_{i_1} D_{i_2} (f_c) + \cdots$$

$$+ \lambda_{1,s}^{i_1 \cdots i_s,c} D_{i_1} \cdots D_{i_s} (f_c) + \cdots$$

$$\vdots$$

$$\sum_{j=0}^{k} X_j f_{l-j} = \lambda_{k,0}^c f_c + \lambda_{k,1}^{i_1,c} D_{i_1} (f_c) + \lambda_{k,2}^{i_1 i_2,c} D_{i_1} D_{i_2} (f_c) + \cdots$$

$$+ \lambda_{k,s}^{i_1 \cdots i_s,c} D_{i_1} \cdots D_{i_s} (f_c) + \cdots \tag{6.128}$$

对于微分方程组 $f^{\beta} \left(\boldsymbol{x}, \boldsymbol{u}, \boldsymbol{u}_{(1)}, \cdots, \boldsymbol{u}_{(r)}, \varepsilon \right) = 0 \, (\beta = 1, 2, \cdots, m)$ 的情形, 扩展标架为

$$[f]: \quad f_b^{\beta} = 0, \quad D_i \left(f_b^{\beta} \right) = 0, \quad D_i D_j \left(f_b^{\beta} \right) = 0, \quad \cdots,$$

$$b = 1, 2, \cdots, k, \quad \beta = 1, 2, \cdots, m \tag{6.129}$$

同理得

$$X_0 f_0^{\beta} = \lambda_{0,0,\alpha}^{c,\beta} f_c^{\alpha} + \lambda_{0,1,\alpha}^{i_1,c,\beta} D_{i_1} (f_c^{\alpha}) + \lambda_{0,2,\alpha}^{i_1 i_2,c,\beta} D_{i_1} D_{i_2} (f_c^{\alpha}) + \cdots$$

$$+ \lambda_{0,s,\alpha}^{i_1 \cdots i_s,c,\beta} D_{i_1} \cdots D_{i_s} (f_c^{\alpha}) + \cdots$$

$$X_1 f_0^{\beta} + X_0 f_1^{\beta} = \lambda_{1,0,\alpha}^{c,\beta} f_c^{\alpha} + \lambda_{1,1,\alpha}^{i_1,c,\beta} D_{i_1} (f_c^{\alpha}) + \lambda_{1,2,\alpha}^{i_1 i_2,c,\beta} D_{i_1} D_{i_2} (f_c^{\alpha}) + \cdots$$

$$+ \lambda_{1,s,\alpha}^{i_1 \cdots i_s,c,\beta} D_{i_1} \cdots D_{i_s} (f_c^{\alpha}) + \cdots \tag{6.130}$$

$$\vdots$$

$$\sum_{j=0}^{k} X_j f_{l-j}^{\beta} = \lambda_{k,0,\alpha}^{c,\beta} f_c^{\alpha} + \lambda_{k,1,\alpha}^{i_1,c,\beta} D_{i_1} (f_c^{\alpha}) + \lambda_{k,2,\alpha}^{i_1 i_2,c,\beta} D_{i_1} D_{i_2} (f_c^{\alpha}) + \cdots$$

$$+ \lambda_{k,s,\alpha}^{i_1 \cdots i_s,c,\beta} D_{i_1} \cdots D_{i_s} (f_c^\alpha) + \cdots$$

此时

$$X\left(f^\beta\right)$$

$$= \lambda_{0,0,\alpha}^{c,\beta} f_c^\alpha + \lambda_{0,1,\alpha}^{i_1,c,\beta} D_{i_1}(f_c^\alpha) + \lambda_{0,2,\alpha}^{i_1 i_2,c,\beta} D_{i_1} D_{i_2}(f_c^\alpha) + \cdots$$

$$+ \lambda_{0,s,\alpha}^{i_1 \cdots i_s,c,\beta} D_{i_1} \cdots D_{i_s}(f_c^\alpha) + \cdots$$

$$+ \varepsilon \left[\lambda_{1,0,\alpha}^{c,\beta} f_c^\alpha + \lambda_{1,1,\alpha}^{i_1,c,\beta} D_{i_1}(f_c^\alpha) + \lambda_{1,2,\alpha}^{i_1 i_2,c,\beta} D_{i_1} D_{i_2}(f_c^\alpha) + \cdots \right.$$

$$\left. + \lambda_{1,s,\alpha}^{i_1 \cdots i_s,c,\beta} D_{i_1} \cdots D_{i_s}(f_c^\alpha) + \cdots \right] + \cdots + \varepsilon^k \left[\lambda_{k,0,\alpha}^{c,\beta} f_c^\alpha + \lambda_{k,1,\alpha}^{i_1,c,\beta} D_{i_1}(f_c^\alpha) \right.$$

$$\left. + \lambda_{k,2,\alpha}^{i_1 i_2,c,\beta} D_{i_1} D_{i_2}(f_c^\alpha) + \cdots + \lambda_{k,s,\alpha}^{i_1 \cdots i_s,c,\beta} D_{i_1} \cdots D_{i_s}(f_c^\alpha) + \cdots \right] + O\left(\varepsilon^{k+1}\right)$$

$$= \sum_{i=0}^{k} \varepsilon^i \left[\lambda_{i,0,\alpha}^{c,\beta} f_c^\alpha + \sum_{s=1}^{\infty} \lambda_{i,s,\alpha}^{i_1 \cdots i_s,c,\beta} D_{i_1} \cdots D_{i_s}(f_c^\alpha) \right] + O\left(\varepsilon^{k+1}\right) \tag{6.131}$$

如果 Lie-Bäcklund 算子简化为 Lie 算子, 式 (6.130) 简化为

$$X_0 f_0^\beta = \lambda_{0,\alpha}^{c,\beta} f_c^\alpha$$

$$X_1 f_0^\beta + X_0 f_1^\beta = \lambda_{1,\alpha}^{c,\beta} f_c^\alpha$$

$$\vdots \tag{6.132}$$

$$\sum_{j=0}^{k} X_j f_{l-j}^\beta = \lambda_{k,\alpha}^{c,\beta} f_c^\alpha$$

则近似 Lie 对称能推出

$$X\left(f^\beta\right) = \lambda_{0,\alpha}^{c,\beta} f_c^\alpha + \varepsilon \left(\lambda_{1,\alpha}^{c,\beta} f_c^\alpha \right) + \cdots + \varepsilon^k \left(\lambda_{k,\alpha}^{c,\beta} f_c^\alpha \right) + O\left(\varepsilon^{k+1}\right)$$

$$= \sum_{i=0}^{k} \varepsilon^i \left(\lambda_{i,\alpha}^{c,\beta} f_c^\alpha \right) + O\left(\varepsilon^{k+1}\right) \tag{6.133}$$

式 (6.133) 与 6.3 节结果相同。

例 6.3　考虑微分方程

$$f = u_x + x + \varepsilon u = 0 \tag{6.134}$$

Lie-Bäcklund 算子为 $X = X_0 + \varepsilon X_1$,设无穷小生成元

$$X_0 = \xi_0\left(x, u, u_x, \cdots\right)\frac{\partial}{\partial x} + \eta_0\left(x, u, u_x, \cdots\right)\frac{\partial}{\partial u} \tag{6.135}$$

$$X_1 = \xi_1\left(x, u, u_x, \cdots\right)\frac{\partial}{\partial x} + \eta_1\left(x, u, u_x, \cdots\right)\frac{\partial}{\partial u} \tag{6.136}$$

对无穷小生成元作一阶延拓

$$X_0^{(1)} = \xi_0\frac{\partial}{\partial x} + \eta_0\frac{\partial}{\partial u} + \left[D_x\left(\eta_0\right) - u_x D_x\left(\xi_0\right)\right]\frac{\partial}{\partial u_x} \tag{6.137}$$

$$X_1^{(1)} = \xi_1\frac{\partial}{\partial x} + \eta_1\frac{\partial}{\partial u} + \left[D_x\left(\eta_1\right) - u_x D_x\left(\xi_1\right)\right]\frac{\partial}{\partial u_x} \tag{6.138}$$

考虑一阶近似对称,根据

$$X_0\left(u_x + x\right) = 0 \tag{6.139}$$

$$X_1\left(u_x + x\right) + X_0 u = 0 \tag{6.140}$$

考虑 $\xi_0, \eta_0, \xi_1, \eta_1$ 的一般形式,将式 (6.137)、(6.138) 分别代入方程 (6.139)、(6.140),分别得到

$$D_x\left(\eta_0\right) - u_x D_x\left(\xi_0\right) + \xi_0 = 0 \tag{6.141}$$

$$D_x\left(\eta_1\right) - u_x D_x\left(\xi_1\right) + \xi_1 + \eta_0 = 0 \tag{6.142}$$

将式 (6.141)、(6.142) 进一步代入全微分表达式,有

$$\frac{\partial \eta_0}{\partial x} + \xi_0 + u_x\left(\frac{\partial \eta_0}{\partial u} - \frac{\partial \xi_0}{\partial x}\right) + u_{xx}\frac{\partial \eta_0}{\partial u_x} + \cdots + u_{(n+1)}\frac{\partial \eta_0}{\partial u_{(n)}} + \cdots$$
$$- u_x\left(u_x\frac{\partial \xi_0}{\partial u} + u_{xx}\frac{\partial \xi_0}{\partial u_x} + \cdots + u_{(n+1)}\frac{\partial \xi_0}{\partial u_{(n)}} + \cdots\right) = 0 \tag{6.143}$$

$$\frac{\partial \eta_1}{\partial x} + \xi_1 + \eta_0 + u_x\left(\frac{\partial \eta_1}{\partial u} - \frac{\partial \xi_1}{\partial x}\right) + u_{xx}\frac{\partial \eta_1}{\partial u_x} + \cdots + u_{(n+1)}\frac{\partial \eta_1}{\partial u_{(n)}} + \cdots$$
$$- u_x\left(u_x\frac{\partial \xi_1}{\partial u} + u_{xx}\frac{\partial \xi_1}{\partial u_x} + \cdots + u_{(n+1)}\frac{\partial \xi_1}{\partial u_{(n)}} + \cdots\right) = 0 \tag{6.144}$$

由式 (6.143) 得

$$\frac{\partial \eta_0}{\partial x} + \xi_0 = 0$$

$$\frac{\partial \eta_0}{\partial u} - \frac{\partial \xi_0}{\partial x} = 0$$

$$\frac{\partial \eta_0}{\partial u_x} = 0, \quad \cdots, \quad \frac{\partial \eta_0}{\partial u_{(n)}} = 0 \tag{6.145}$$

$$\frac{\partial \xi_0}{\partial u} = 0, \quad \frac{\partial \xi_0}{\partial u_x} = 0, \quad \cdots, \quad \frac{\partial \xi_0}{\partial u_{(n)}} = 0, \quad \cdots$$

解得

$$\xi_0 = C_1 x + C_2, \quad \eta_0 = -\frac{1}{2} C_1 x^2 - C_2 x + C_1 u + C_3 \tag{6.146}$$

其中 C_1, C_2, C_3 是任意常数。

将 ξ_0, η_0 的表达式 (6.146) 代入式 (6.144)，有

$$\frac{\partial \eta_1}{\partial x} + \xi_1 - \frac{1}{2} C_1 x^2 - C_2 x + C_1 u + C_3 + u_x \left(\frac{\partial \eta_1}{\partial u} - \frac{\partial \xi_1}{\partial x} \right) + u_{xx} \frac{\partial \eta_1}{\partial u_x} + \cdots$$

$$+ u_{(n+1)} \frac{\partial \eta_1}{\partial u_{(n)}} + \cdots - u_x \left(u_x \frac{\partial \xi_1}{\partial u} + u_{xx} \frac{\partial \xi_1}{\partial u_x} + \cdots + u_{(n+1)} \frac{\partial \xi_1}{\partial u_{(n)}} + \cdots \right) = 0 \tag{6.147}$$

因此

$$\frac{\partial \eta_1}{\partial x} + \xi_1 - \frac{1}{2} C_1 x^2 - C_2 x + C_1 u + C_3 = 0$$

$$\frac{\partial \eta_1}{\partial u} - \frac{\partial \xi_1}{\partial x} = 0$$

$$\frac{\partial \eta_1}{\partial u_x} = 0, \quad \cdots, \quad \frac{\partial \eta_1}{\partial u_{(n)}} = 0, \quad \cdots \tag{6.148}$$

$$\frac{\partial \xi_1}{\partial u} = 0, \quad \frac{\partial \xi_1}{\partial u_x} = 0, \quad \cdots, \quad \frac{\partial \xi_1}{\partial u_{(n)}} = 0, \quad \cdots$$

解得

$$\xi_1 = -\frac{1}{2} C_1 x^2 + C_4 x + C_5$$

$$\eta_1 = \frac{1}{3} C_1 x^3 + \frac{1}{2} (C_2 - C_4) x^2 - (C_1 u + C_3 + C_5) x + C_4 u + C_6 \tag{6.149}$$

其中 C_4, C_5, C_6 是任意常数。

所以 Lie-Bäcklund 算子表达式为

$$
\begin{aligned}
X &= X_0 + \varepsilon X_1 \\
&= (C_1 x + C_2)\frac{\partial}{\partial x} + \left(-\frac{1}{2}C_1 x^2 - C_2 x + C_1 u + C_3\right)\frac{\partial}{\partial u} + (-C_1 x - C_2)\frac{\partial}{\partial u_x} \\
&\quad + \varepsilon\left\{\left(-\frac{1}{2}C_1 x^2 + C_4 x + C_5\right)\frac{\partial}{\partial x} + \left[\frac{1}{3}C_1 x^3 + \frac{1}{2}(C_2 - C_4)x^2\right.\right. \\
&\quad \left. - (C_1 u + C_3 + C_5)x + C_4 u + C_6\right]\frac{\partial}{\partial u} + \left[C_1 x^2\right. \\
&\quad \left.\left. + (C_2 - C_4)x - (C_1 u + C_3 + C_5)\right]\frac{\partial}{\partial u_x}\right\}
\end{aligned}
\tag{6.150}
$$

利用式 (6.150)，可以研究原微分方程的近似解等。

第 7 章　近似 Noether 守恒律

第 4 章提到，由对称性可以得到守恒律。类似地，对于带有小参数的扰动方程，我们也可以由近似对称性得到相应的近似守恒律。Kara 首先找到了近似 Lie-Bäcklund 对称性和近似守恒形式之间的关系，通过部分 Lagrange 函数推导得到了扰动方程的近似 Noether 守恒律，并构造了相应的近似守恒向量 [65,73]。

本章介绍近似 Noether 守恒律相关内容。7.1 节研究近似 Noether 算子与算子近似阶数确定，7.2 节给出近似 Noether 守恒律及其证明。

7.1　近似 Noether 算子与算子近似阶数确定

本节首先介绍近似 Noether 算子，在此基础上确定算子的近似阶次。

7.1.1　近似 Noether 算子

定义 7.1　近似 Noether 算子定义为 [73]

$$\mathcal{N}^i = \xi^i + W^\alpha \frac{\delta}{\delta u_i^\alpha} + \sum_{s \geqslant 1} D_{i_1} D_{i_2} \cdots D_{i_s} (W^\alpha) \frac{\delta}{\delta u_{ii_1 i_2 \cdots i_s}^\alpha} \tag{7.1}$$

其中，$W^\alpha = \eta^\alpha - \xi^i u_i^\alpha$，$\xi^i, \eta^\alpha \in \mathcal{A}$ 写为

$$\begin{aligned}
\xi^i &= \xi_0^i + \varepsilon \xi_1^i + \cdots + \varepsilon^k \xi_k^i, \quad i = 1, 2, \cdots, n \\
\eta^\alpha &= \eta_0^\alpha + \varepsilon \eta_1^\alpha + \cdots + \varepsilon^k \eta_k^\alpha, \quad \alpha = 1, 2, \cdots, m
\end{aligned} \tag{7.2}$$

将式 (7.2) 代入式 (7.1)，则 k 阶近似 Noether 算子按 ε 的阶次展开为

$$\mathcal{N} = \mathcal{N}_0 + \varepsilon \mathcal{N}_1 + \cdots + \varepsilon^k \mathcal{N}_k \tag{7.3}$$

其中

$$\begin{aligned}
\mathcal{N}_b^i &= \xi_b^i + W_b^\alpha \frac{\delta}{\delta u_i^\alpha} + \sum_{s \geqslant 1} D_{i_1} D_{i_2} \cdots D_{i_s} (W_b^\alpha) \frac{\delta}{\delta u_{ii_1 i_2 \cdots i_s}^\alpha} \\
W_b^\alpha &= \eta_b^\alpha - \xi_b^j u_j^\alpha, \quad b = 1, 2, \cdots, k
\end{aligned} \tag{7.4}$$

Euler-Lagrange 算子、近似 Lie-Bäcklund 算子、全微分算子和近似 Noether 算子均满足基本恒等式 [65,73]

$$X + D_i \left(\xi^i \right) = W^\alpha \frac{\delta}{\delta u^\alpha} + D_i \mathcal{N}^i \tag{7.5}$$

7.1.2 算子近似阶次确定

考虑含有 n 个自变量 $\boldsymbol{x} = (x^1, \cdots, x^n)$、$m$ 个因变量 $\boldsymbol{u} = (u^1, \cdots, u^m)$ 和小参数 ε 的 r 阶扰动微分方程组 [66]

$$f^\alpha \left(\boldsymbol{x}, \boldsymbol{u}, \boldsymbol{u}_{(1)}, \cdots, \boldsymbol{u}_{(r)}, \varepsilon \right) = 0, \quad \alpha = 1, 2, \cdots, m \tag{7.6}$$

将式 (7.6) 展开至 k 阶得 [68]

$$f^\alpha \left(\boldsymbol{x}, \boldsymbol{u}, \boldsymbol{u}_{(1)}, \cdots, \boldsymbol{u}_{(r)}, \varepsilon \right) = f_0^\alpha + \varepsilon f_1^\alpha + \cdots + \varepsilon^k f_k^\alpha + O\left(\varepsilon^{k+1} \right), \quad \alpha = 1, 2, \cdots, m \tag{7.7}$$

其中 $f_k^\alpha = f_k^\alpha \left(\boldsymbol{x}, \boldsymbol{u}, \boldsymbol{u}_{(1)}, \cdots, \boldsymbol{u}_{(r)} \right)$。

设扰动微分方程关于一个 Noether 算子 $\mathcal{N}^i$ $(i = 1, 2, \cdots, n)$ 为 k 阶近似对称

$$\mathcal{N}^i = \mathcal{N}_0^i + \varepsilon \mathcal{N}_1^i + \cdots + \varepsilon^l \mathcal{N}_l^i$$

$$\mathcal{N}_b^i = \xi_b^i + W_b^\alpha \frac{\delta}{\delta u_i^\alpha} + \sum_{s \geqslant 1} D_{i_1} D_{i_2} \cdots D_{i_s} \left(W_b^\alpha \right) \frac{\delta}{\delta u_{i i_1 i_2 \cdots i_s}^\alpha}, \quad b = 1, 2, \cdots, l \tag{7.8}$$

其中 $\mathcal{N}_b^i$ 相互独立，并且

$$\frac{\delta}{\delta u_i^\alpha} = \frac{\partial}{\partial u_i^\alpha} + \sum_{s=1}^\infty (-1)^s D_{i_1} \cdots D_{i_s} \frac{\partial}{\partial u_{i i_1 \cdots i_s}^\alpha}, \quad W_b^\alpha = \eta_b^\alpha - \xi_b^j u_j^\alpha \tag{7.9}$$

下面考虑算子 $\mathcal{N}^i$ 的近似阶次是否满足 $l = k$。

将算子 $\mathcal{N}^i$ 作用于式 (7.7) 得

$$
\begin{aligned}
\mathcal{N}^i f^\alpha \left(\boldsymbol{x}, \boldsymbol{u}, \boldsymbol{u}_{(1)}, \cdots, \boldsymbol{u}_{(r)}, \varepsilon \right) &= \left(\sum_{j=0}^l \varepsilon^j \mathcal{N}_j^i \right) \left(\sum_{j=0}^k \varepsilon^j f_j^\alpha \right) + O\left(\varepsilon^{k+1} \right) \\
&= \sum_{p=0}^{l+k} \sum_{m+j=0}^p \varepsilon^{m+j} \mathcal{N}_m^i f_j^\alpha + O\left(\varepsilon^{k+1} \right) \\
&= \mathcal{N}^i f_0^\alpha + \varepsilon \mathcal{N}^i f_1^\alpha + \cdots + \varepsilon^k \mathcal{N}^i f_k^\alpha + O\left(\varepsilon^{k+1} \right) \\
&= \left(\mathcal{N}_0^i + \varepsilon \mathcal{N}_1^i + \cdots + \varepsilon^l \mathcal{N}_l^i \right) f_0^\alpha \\
&\quad + \varepsilon \left(\mathcal{N}_0^i + \varepsilon \mathcal{N}_1^i + \cdots + \varepsilon^l \mathcal{N}_l^i \right) f_1^\alpha + \cdots \\
&\quad + \varepsilon^k \left(\mathcal{N}_0^i + \varepsilon \mathcal{N}_1^i + \cdots + \varepsilon^l \mathcal{N}_l^i \right) f_k^\alpha + O\left(\varepsilon^{k+1} \right)
\end{aligned}
\tag{7.10}
$$

若式 (7.7) 关于 $\mathcal{N}^i$ 是 k 阶近似对称，则要求 [63]

$$\mathcal{N}^i f^\alpha \left(\boldsymbol{x}, \boldsymbol{u}, \boldsymbol{u}_{(1)}, \cdots, \boldsymbol{u}_{(r)}, \varepsilon\right) = O\left(\varepsilon^{k+1}\right) \tag{7.11}$$

下面分情况讨论。

(1) 算子 $\mathcal{N}^i$ 近似阶次 $l = k$。

此时式 (7.10) 化为

$$\begin{aligned}
&X f^\alpha \left(\boldsymbol{x}, \boldsymbol{u}, \boldsymbol{u}_{(1)}, \cdots, \boldsymbol{u}_{(r)}, \varepsilon\right) \\
&= \sum_{p=0}^{2k} \sum_{m+j=0}^{p} \varepsilon^{m+j} \mathcal{N}_m^i f_j^\alpha + O\left(\varepsilon^{k+1}\right) \\
&= \sum_{p=0}^{2k} \sum_{q=0}^{p} \sum_{m=0}^{q} \varepsilon^q \mathcal{N}^i f_{q-m}^\alpha + O\left(\varepsilon^{k+1}\right) \\
&= \mathcal{N}_0^i f_0^\alpha + \varepsilon \left(\mathcal{N}_1^i f_0^\alpha + \mathcal{N}_0^i f_1^\alpha\right) + \varepsilon^2 \left(\mathcal{N}_2^i f_0^\alpha + \mathcal{N}_1^i f_1^\alpha + \mathcal{N}_0^i f_2^\alpha\right) + \cdots \\
&\quad + \varepsilon^k \sum_{j=0}^{k} \mathcal{N}_j^i f_{k-j}^\alpha + O\left(\varepsilon^{k+1}\right)
\end{aligned} \tag{7.12}$$

令 ε 的不同幂次系数为零，则

$$\begin{aligned}
&\mathcal{N}_0^i f_0^\alpha = 0 \\
&\mathcal{N}_1^i f_0^\alpha + \mathcal{N}_0^i f_1^\alpha = 0 \\
&\mathcal{N}_2^i f_0^\alpha + \mathcal{N}_1^i f_1^\alpha + \mathcal{N}_0^i f_2^\alpha = 0 \\
&\qquad\qquad\qquad \vdots \\
&\sum_{j=0}^{k} \mathcal{N}_j^i f_{k-j}^\alpha = 0
\end{aligned} \tag{7.13}$$

保留式 (7.13) 中第一式，并用后一式减前一式，得

$$\begin{aligned}
&\mathcal{N}_0^i f_0^\alpha = 0 \\
&\mathcal{N}_1^i f_0^\alpha + \mathcal{N}_0^i \left(f_1^\alpha - f_0^\alpha\right) = 0 \\
&\mathcal{N}_2^i f_0^\alpha + \mathcal{N}_1^i \left(f_1^\alpha - f_0^\alpha\right) + \mathcal{N}_0^i \left(f_2^\alpha - f_1^\alpha\right) = 0 \\
&\qquad\qquad\qquad \vdots \\
&\mathcal{N}_k^i f_0^\alpha + \mathcal{N}_{k-1}^i \left(f_1^\alpha - f_0^\alpha\right) + \cdots + \mathcal{N}_0^i \left(f_k^\alpha - f_{k-1}^\alpha\right) = 0
\end{aligned} \tag{7.14}$$

式 (7.14) 中共有 $k + 1$ 个独立算子 $\mathcal{N}_b^i \, (0 \leqslant b \leqslant k)$，以及 $k + 1$ 个相互独立的方程。在每一个方程中，令 u 的各阶导数系数为零，从第一个方程中解出 $\mathcal{N}_0^i$，

代入第二个方程解出 $\mathcal{N}_1^i$，以此类推可解得所有 $k+1$ 组函数 ξ^i, η^α 满足的方程，最终求出算子 $\mathcal{N}^i$。

(2) 算子 $\mathcal{N}^i$ 近似阶次 $l < k$。

不妨取 $l = k-1$，此时式 (7.10) 化为

$$\mathcal{N}^i f^\alpha \left(\boldsymbol{x}, \boldsymbol{u}, \boldsymbol{u}_{(1)}, \cdots, \boldsymbol{u}_{(r)}, \varepsilon\right)$$

$$= \left(\mathcal{N}_0^i + \varepsilon\mathcal{N}_1^i + \cdots + \varepsilon^{k-1}\mathcal{N}_{k-1}^i\right) f_0^\alpha + \varepsilon\left(\mathcal{N}_0^i + \varepsilon\mathcal{N}_1^i + \cdots + \varepsilon^{k-1}\mathcal{N}_{k-1}^i\right) f_1^\alpha + \cdots$$

$$+ \varepsilon^k\left(\mathcal{N}_0^i + \varepsilon\mathcal{N}_1^i + \cdots + \varepsilon^{k-1}\mathcal{N}_{k-1}^i\right) f_k^\alpha + O\left(\varepsilon^{k+1}\right)$$

$$= \mathcal{N}_0^i f_0^\alpha + \varepsilon\left(\mathcal{N}_1^i f_0^\alpha + \mathcal{N}_0^i f_1^\alpha\right) + \varepsilon^2\left(\mathcal{N}_2^i f_0^\alpha + \mathcal{N}_1^i f_1^\alpha + \mathcal{N}_0^i f_2^\alpha\right) + \cdots$$

$$+ \varepsilon^{k-1}\sum_{j=0}^{k-1}\mathcal{N}_j^i f_{k-1-j}^\alpha + \varepsilon^k\sum_{j=0}^{k-1}\mathcal{N}_j^i f_{k-j}^\alpha + O\left(\varepsilon^{k+1}\right) \tag{7.15}$$

令 ε 的不同幂次系数为零，则

$$\mathcal{N}_0^i f_0^\alpha = 0$$
$$\mathcal{N}_1^i f_0^\alpha + \mathcal{N}_0^i f_1^\alpha = 0$$
$$\mathcal{N}_2^i f_0^\alpha + \mathcal{N}_1^i f_1^\alpha + \mathcal{N}_0^i f_2^\alpha = 0$$
$$\vdots$$
$$\sum_{j=0}^{k-1}\mathcal{N}_j^i f_{k-j-1}^\alpha = \mathcal{N}_0^i f_{k-1}^\alpha + \mathcal{N}_1^i f_{k-2}^\alpha + \cdots + \mathcal{N}_{k-1}^i f_0^\alpha = 0$$
$$\sum_{j=0}^{k-1}\mathcal{N}_j^i f_{k-j}^\alpha = \mathcal{N}_0^i f_k^\alpha + \mathcal{N}_1^i f_{k-1}^\alpha + \cdots + \mathcal{N}_{k-1}^i f_1^\alpha = 0 \tag{7.16}$$

或

$$\mathcal{N}_0^i f_0^\alpha = 0$$
$$\mathcal{N}_1^i f_0^\alpha + \mathcal{N}_0^i \left(f_1^\alpha - f_0^\alpha\right) = 0$$
$$\mathcal{N}_2^i f_0^\alpha + \mathcal{N}_1^i \left(f_1^\alpha - f_0^\alpha\right) + \mathcal{N}_0^i \left(f_2^\alpha - f_1^\alpha\right) = 0$$
$$\vdots$$
$$\mathcal{N}_{k-1}^i f_0^\alpha + \mathcal{N}_{k-2}^i \left(f_1^\alpha - f_0^\alpha\right) + \cdots + \mathcal{N}_0^i \left(f_{k-1}^\alpha - f_{k-2}^\alpha\right) = 0$$
$$\mathcal{N}_{k-1}^i \left(f_1^\alpha - f_0^\alpha\right) + \cdots + \mathcal{N}_1^i \left(f_{k-2}^\alpha - f_{k-3}^\alpha\right) + \mathcal{N}_0^i \left(f_k^\alpha - f_{k-1}^\alpha\right) = 0 \tag{7.17}$$

式 (7.17) 中共 k 个独立算子 $\mathcal{N}_b^i (0 \leqslant b \leqslant k-1)$，前 k 个方程相互独立，因此仿照 (1) 中的做法可以解出 k 组函数 ξ^i, η^α。但第 $k+1$ 个方程可能与前述方

程独立，因此由前 k 个方程解出的算子不一定满足第 $k+1$ 个方程。算子 $\mathcal{N}^i$ 取到 $k-1$ 阶近似时不一定存在。

(3) 算子 $\mathcal{N}^i$ 近似阶次 $l > k$。

不妨取 $l = k+1$，此时式 (7.10) 化为

$$\mathcal{N}^i f^\alpha \left(\boldsymbol{x}, \boldsymbol{u}, \boldsymbol{u}_{(1)}, \cdots, \boldsymbol{u}_{(r)}, \varepsilon\right)$$

$$= \left(\mathcal{N}_0^i + \varepsilon \mathcal{N}_1^i + \cdots + \varepsilon^{k+1} \mathcal{N}_{k+1}^i\right) f_0^\alpha + \varepsilon \left(\mathcal{N}_0^i + \varepsilon \mathcal{N}_1^i + \cdots + \varepsilon^{k+1} \mathcal{N}_{k+1}^i\right) f_1^\alpha + \cdots$$

$$+ \varepsilon^k \left(\mathcal{N}_0^i + \varepsilon \mathcal{N}_1^i + \cdots + \varepsilon^{k+1} \mathcal{N}_{k+1}^i\right) f_k^\alpha + O\left(\varepsilon^{k+1}\right)$$

$$= \mathcal{N}_0^i f_0^\alpha + \varepsilon \left(\mathcal{N}_1^i f_0^\alpha + \mathcal{N}_0^i f_1^\alpha\right) + \varepsilon^2 \left(\mathcal{N}_2^i f_0^\alpha + \mathcal{N}_1^i f_1^\alpha + \mathcal{N}_0^i f_2^\alpha\right) + \cdots$$

$$+ \varepsilon^k \sum_{j=0}^{k} \mathcal{N}_j^i f_{k-j}^\alpha + O\left(\varepsilon^{k+1}\right) \tag{7.18}$$

令 ε 的不同幂次系数为零，则

$$\begin{aligned}
&\mathcal{N}_0^i f_0^\alpha = 0 \\
&\mathcal{N}_1^i f_0^\alpha + \mathcal{N}_0^i f_1^\alpha = 0 \\
&\mathcal{N}_2^i f_0^\alpha + \mathcal{N}_1^i f_1^\alpha + \mathcal{N}_0^i f_2^\alpha = 0 \\
&\qquad\qquad\vdots \\
&\sum_{j=0}^{k-1} \mathcal{N}_j^i f_{k-j-1}^\alpha = \mathcal{N}_0^i f_{k-1}^\alpha + \mathcal{N}_1^i f_{k-2}^\alpha + \cdots + \mathcal{N}_{k-1}^i f_0^\alpha = 0 \\
&\sum_{j=0}^{k} \mathcal{N}_j^i f_{k-j}^\alpha = \mathcal{N}_0^i f_k^\alpha + \mathcal{N}_1^i f_{k-1}^\alpha + \cdots + \mathcal{N}_k^i f_1^\alpha = 0
\end{aligned} \tag{7.19}$$

或

$$\begin{aligned}
&\mathcal{N}_0^i f_0^\alpha = 0 \\
&\mathcal{N}_1^i f_0^\alpha + \mathcal{N}_0^i \left(f_1^\alpha - f_0^\alpha\right) = 0 \\
&\mathcal{N}_2^i f_0^\alpha + \mathcal{N}_1^i \left(f_1^\alpha - f_0^\alpha\right) + \mathcal{N}_0^i \left(f_2^\alpha - f_1^\alpha\right) = 0 \\
&\qquad\qquad\vdots \\
&\mathcal{N}_{k-1}^i f_0^\alpha + \mathcal{N}_{k-2}^i \left(f_1^\alpha - f_0^\alpha\right) + \cdots + \mathcal{N}_0^i \left(f_{k-1}^\alpha - f_{k-2}^\alpha\right) = 0 \\
&\mathcal{N}_k^i \left(f_1^\alpha - f_0^\alpha\right) + \cdots + \mathcal{N}_1^i \left(f_{k-2}^\alpha - f_{k-3}^\alpha\right) + \mathcal{N}_0^i \left(f_k^\alpha - f_{k-1}^\alpha\right) = 0
\end{aligned} \tag{7.20}$$

式 (7.20) 中共 $k+1$ 个独立算子 $\mathcal{N}_b^i\,(0 \leqslant b \leqslant k)$，前 $k+1$ 个方程相互独立，因此仿照 (1) 中的做法可以解出 $k+1$ 组函数 ξ^i, η^α。但是方程组对算子 $\mathcal{N}_{k+1}^i$ 没有限制，因此 $\mathcal{N}^i$ 取到 $k+1$ 阶近似没有意义。

由 (1)~(3), 算子 $\mathcal{N}^i$ 所取近似阶次应当与扰动微分方程组相同。此外, 若 $\mathcal{N}_b^i$ 不是相互独立的, 由 (1) 中式 (7.14) 可以推得 $\mathcal{N}^i$ 可能不存在。综上所述, 使扰动微分方程组 k 阶近似 Noether 算子 $\mathcal{N}^i$ 为

$$\mathcal{N}^i = \mathcal{N}_0^i + \varepsilon\mathcal{N}_1^i + \cdots + \varepsilon^k\mathcal{N}_k^i$$

$$\mathcal{N}_b^i = \xi_b^i + W_b^\alpha\frac{\delta}{\delta u_i^\alpha} + \sum_{s\geqslant 1} D_{i_1} D_{i_2} \cdots D_{i_s}\left(W_b^\alpha\right)\frac{\delta}{\delta u_{ii_1 i_2\cdots i_s}^\alpha}, \quad b = 1, 2, \cdots, k \tag{7.21}$$

且求解 $\mathcal{N}^i$ 时要求 $\mathcal{N}_b^i$ 相互独立。

7.2 近似 Noether 守恒律及其求解方法

本节给出近似 Noether 守恒律及其证明, 并总结求解步骤。

7.2.1 部分 Lagrange 函数

考虑一个带 n 个自变量 $\boldsymbol{x} = \left(x^1, \cdots, x^n\right)$、$m$ 个因变量 $\boldsymbol{u} = \left(u^1, \cdots, u^m\right)$ 和小参数 ε 的 r 阶扰动偏微分方程组 [67,74]

$$E^\beta\left(\boldsymbol{x}, \boldsymbol{u}, \boldsymbol{u}_{(1)}, \cdots, \boldsymbol{u}_{(r)}, \varepsilon\right) = 0, \quad \beta = 1, 2, \cdots, m \tag{7.22}$$

假设仅考虑一阶扰动, 方程 (7.22) 写为 [67]

$$E^\beta = E_0^\beta + \varepsilon E_1^\beta, \quad \beta = 1, 2, \cdots, m \tag{7.23}$$

定义 7.2 如果存在函数 $\mathcal{L} = \mathcal{L}\left(\boldsymbol{x}, \boldsymbol{u}, \boldsymbol{u}_{(1)}, \cdots, \boldsymbol{u}_{(l)}\right) \in \mathcal{A}\,(l \leqslant r)$ 和非零函数 $f_\gamma^\beta \in \mathcal{A}$, 使得式 (7.23) 可以写成

$$\frac{\delta\mathcal{L}}{\delta u^\beta} = \varepsilon f_\gamma^\beta E_1^\gamma \tag{7.24}$$

其中, $f_\gamma^\beta = f_\gamma^\beta\left(\boldsymbol{x}, \boldsymbol{u}, \boldsymbol{u}_{(1)}, \cdots, \boldsymbol{u}_{(r-1)}\right)(\beta, \gamma = 1, 2, \cdots, m)$ 为可逆矩阵, $\mathcal{L}$ 称为式 (7.23) 的**部分 Lagrange 函数**。

如果考虑方程 (7.22) 的高阶扰动形式, 式 (7.23) 则为 [67]

$$E^\beta = E_0^\beta + \varepsilon E_1^\beta + \cdots + \varepsilon^k E_k^\beta, \quad \beta = 1, 2, \cdots, m \tag{7.25}$$

此时部分 Lagrange 函数满足

$$\frac{\delta\mathcal{L}}{\delta u^\beta} = f_\gamma^\beta\left(\varepsilon E_1^\gamma + \varepsilon^2 E_2^\gamma + \cdots + \varepsilon^k E_k^\gamma\right) \tag{7.26}$$

定义 7.3　近似 Lie-Bäcklund 算子 X 与关于部分 Lagrange 函数 $\mathcal{L}$ 的近似 Noether 算子 $\mathcal{N}^i$ **等价**, 当且仅当存在一个向量 $\boldsymbol{B} = (B^1, B^2, \cdots, B^n)$, 使得

$$X\left(\mathcal{L}\right) + \mathcal{L}D_i\left(\xi^i\right) = W^\beta \frac{\delta\mathcal{L}}{\delta u^\beta} + D_i\left(B^i\right) + O\left(\varepsilon^{k+1}\right) \tag{7.27}$$

其中

$$B^i = B_0^i + \varepsilon B_1^i + \cdots + \varepsilon^k B_k^i \tag{7.28}$$

定义 7.4　如果向量 T^i 满足近似方程

$$D_i T^i = O\left(\varepsilon^{k+1}\right), \quad T^i = T_0^i + \varepsilon T_1^i + \cdots + \varepsilon^k T_k^i \tag{7.29}$$

则称向量 $\boldsymbol{T} = (T^1, T^2, \cdots, T^n)$ 是方程 (7.22) 的**近似守恒向量**, 式 (7.29) 称**近似守恒律** [67]。

7.2.2　近似 Noether 守恒律表达式

定理 7.1 (近似 Noether 守恒律)　如果存在一个向量 $\boldsymbol{B} = (B^1, B^2, \cdots, B^n)$, 使得 [67]

$$X\left(\mathcal{L}\right) + \mathcal{L}D_i\left(\xi^i\right) = W^\beta \frac{\delta\mathcal{L}}{\delta u^\beta} + D_i\left(B^i\right) + O\left(\varepsilon^{k+1}\right) \tag{7.30}$$

其中算子 X 为近似 Lie-Bäcklund 算子, 则下式给出的向量场 T^i 为 Euler-Lagrange 方程的近似守恒向量

$$
\begin{aligned}
T^i &= B^i - \mathcal{N}^i\left(\mathcal{L}\right) \\
&= B^i - \mathcal{L}\xi^i - W^\beta \frac{\partial\mathcal{L}}{\partial u_i^\beta} + \cdots + O\left(\varepsilon^{k+1}\right) \\
&= B^i - \xi^i\mathcal{L} - W^\alpha\left[\frac{\partial\mathcal{L}}{\partial u_i^\alpha} - D_j\left(\frac{\partial\mathcal{L}}{\partial u_{ij}^\alpha}\right) + D_j D_k\left(\frac{\partial\mathcal{L}}{\partial u_{ijk}^\alpha}\right) - \cdots\right] \\
&\quad - D_j\left(W^\alpha\right)\left[\frac{\partial\mathcal{L}}{\partial u_{ij}^\alpha} - D_k\left(\frac{\partial\mathcal{L}}{\partial u_{ijk}^\alpha}\right) + \cdots\right] - D_j D_k\left(W^\alpha\right)\left[\frac{\partial\mathcal{L}}{\partial u_{ijk}^\alpha} - \cdots\right]
\end{aligned}
\tag{7.31}
$$

即向量场 T^i 满足方程 [67]

$$D_i\left(T^i\right) = O\left(\varepsilon^{k+1}\right) \tag{7.32}$$

下面对近似 Noether 守恒律进行证明:

等式 (7.5) 两边同时作用 Lagrange 函数, 得

$$X(\mathcal{L}) + D_i(\xi^i)\mathcal{L} = W^\alpha \frac{\delta\mathcal{L}}{\delta u^\alpha} + D_i \mathcal{N}^i \mathcal{L} \tag{7.33}$$

进而可得

$$D_i \mathcal{N}^i \mathcal{L} = W^\alpha \frac{\delta\mathcal{L}}{\delta u^\alpha} - X(\mathcal{L}) - D_i(\xi^i)\mathcal{L} \tag{7.34}$$

将式 (7.34) 和式 (7.30) 代入式 (7.31), 可得

$$\begin{aligned}
D_i(T^i) &= D_i(B^i - \mathcal{N}^i(\mathcal{L})) \\
&= D_i(B^i) - D_i \mathcal{N}^i(\mathcal{L}) \\
&= D_i(B^i) - W^\alpha \frac{\delta\mathcal{L}}{\delta u^\alpha} + X(\mathcal{L}) + D_i(\xi^i)\mathcal{L} \\
&= O(\varepsilon^{k+1})
\end{aligned} \tag{7.35}$$

得证。

7.2.3 求解方法总结

针对一个扰动偏微分方程 $E^\beta = E_0^\beta + \varepsilon E_1^\beta$ $(\beta = 1, 2, \cdots, m)$, 可以通过如下步骤求取相应的守恒向量:

(1) 求得扰动偏微分方程相应的部分 Lagrange 函数 $\dfrac{\delta\mathcal{L}}{\delta u^\beta} = \varepsilon f_\gamma^\beta E_1^\gamma$;

(2) 写出 Lagrange 函数的近似 Noether 算子需满足的方程

$$X(\mathcal{L}) + \mathcal{L} D_i(\xi^i) = W^\beta \frac{\delta\mathcal{L}}{\delta u^\beta} + D_i(B^i) + O(\varepsilon^{k+1})$$

(3) 按照参数的各阶次, 将步骤 (2) 中的方程展开, 得到各阶次下微分函数 ξ, η 和向量 $\boldsymbol{B}$ 的控制方程;

(4) 求取控制方程, 得到近似 Noether 算子;

(5) 求解近似守恒向量 $T^i = B^i - \mathcal{L}\xi^i - W^\beta \dfrac{\partial\mathcal{L}}{\partial u_i^\beta} + \cdots + O(\varepsilon^{k+1})$;

(6) 得到守恒律 $D_i T^i = O(\varepsilon^{k+1})$。

第 8 章　近似 Ibragimov 守恒律

对于确定性情形，Ibragimov 守恒律是 Noether 守恒律的推广。而对于含有小参数的扰动方程 (组)，Ibragimov 守恒律也可以进行推广，得到近似 Ibragimov 守恒律，同时考虑原扰动方程组与伴随方程组，对于近似 Lie 对称性和近似 Lie-Bäcklund 对称性均适用。

本章介绍近似 Ibragimov 守恒律的相关内容。8.1 节由扰动方程组的伴随方程组的概念出发研究其对称性，8.2 节给出近似 Ibragimov 守恒律的表达式。

8.1　伴随方程 (组) 的对称性

本节对确定性情况下 Ibragimov 所提的对称性和守恒律相关理论 [14] 进行推广，首先给出扰动微分方程组的伴随方程组的定义，而后分微分方程和微分方程组两种情形研究伴随方程 (组) 的对称性。

8.1.1　伴随方程组

定义 8.1　考虑含有 n 个自变量 $\boldsymbol{x} = \left(x^1, \cdots, x^n\right)$ 和 m 个因变量 $\boldsymbol{u} = \left(u^1, \cdots, u^m\right)$ 的 s 阶扰动偏微分方程组 [74,75]

$$f_\alpha\left(\boldsymbol{x}, \boldsymbol{u}, \boldsymbol{u}_{(1)}, \cdots, \boldsymbol{u}_{(s)}, \varepsilon\right) = f_{\alpha,0} + \varepsilon f_{\alpha,1} + \cdots + \varepsilon^k f_{\alpha,k} = 0, \quad \alpha = 1, 2, \cdots, m \tag{8.1}$$

令

$$\mathcal{L} = v^\alpha f_\alpha \tag{8.2}$$

此时有

$$f_\alpha\left(\boldsymbol{x}, \boldsymbol{u}, \boldsymbol{u}_{(1)}, \cdots, \boldsymbol{u}_{(s)}\right) = \frac{\delta \mathcal{L}}{\delta v^\alpha} \tag{8.3}$$

引入 m 个新的因变量 $\boldsymbol{v} = \left(v^1, \cdots, v^m\right)$，使得微分方程

$$f_\alpha^*\left(\boldsymbol{x}, \boldsymbol{u}, \boldsymbol{v}, \boldsymbol{u}_{(1)}, \boldsymbol{v}_{(1)}, \cdots, \boldsymbol{u}_{(s)}, \boldsymbol{v}_{(s)}\right) = \frac{\delta \mathcal{L}}{\delta u^\alpha} = \frac{\delta\left(v^\beta f_\beta\right)}{\delta u^\alpha}, \quad \alpha, \beta = 1, 2, \cdots, m \tag{8.4}$$

则方程组 (8.1) 的**伴随方程组**定义为 [75]

$$f_\alpha^*\left(\boldsymbol{x}, \boldsymbol{u}, \boldsymbol{v}, \boldsymbol{u}_{(1)}, \boldsymbol{v}_{(1)}, \cdots, \boldsymbol{u}_{(s)}, \boldsymbol{v}_{(s)}\right) = 0, \quad \alpha = 1, 2, \cdots, m \tag{8.5}$$

称 $\mathcal{L}$ 为 $2m$ 个方程 f_α、f_α^* 共同的**近似 Lagrange 函数**。

8.1.2 微分方程情形

定理 8.1 考虑一个具有 n 个自变量 $\boldsymbol{x} = (x^1, \cdots, x^n)$ 和 1 个因变量 u 的扰动微分方程

$$f\left(\boldsymbol{x}, u, \boldsymbol{u}_{(1)}, \cdots, \boldsymbol{u}_{(s)}, \varepsilon\right) = f_0 + \varepsilon f_1 + \cdots + \varepsilon^k f_k = 0 \tag{8.6}$$

其伴随方程 [75,76]

$$f^*\left(\boldsymbol{x}, u, v, \boldsymbol{u}_{(1)}, \boldsymbol{v}_{(1)}, \cdots, \boldsymbol{u}_{(s)}, \boldsymbol{v}_{(s)}\right) \equiv \frac{\delta\left(vf\right)}{\delta u} = 0 \tag{8.7}$$

继承了方程 (8.6) 的对称性。也就是说，如果方程 (8.6) 具有近似算子

$$X = X_0 + \varepsilon X_1 + \cdots + \varepsilon^k X_k \tag{8.8}$$

其中 X 可以是一个近似 Lie 算子，即 $\xi^i = \xi^i\left(\boldsymbol{x}, u, \varepsilon\right), \eta = \eta\left(\boldsymbol{x}, u, \varepsilon\right)$，或者一个近似 Lie-Bäcklund 算子，即 $\xi^i = \xi^i\left(\boldsymbol{x}, u, \boldsymbol{u}_{(1)}, \cdots, \boldsymbol{u}_{(p)}, \varepsilon\right), \eta = \eta\left(\boldsymbol{x}, u, \boldsymbol{u}_{(1)}, \cdots, \boldsymbol{u}_{(q)}, \varepsilon\right)$，则伴随方程 (8.7) 具有算子 Y，Y 是 X 扩展到 v 的形式

$$Y = \xi^i \frac{\partial}{\partial x^i} + \eta \frac{\partial}{\partial u} + \eta_* \frac{\partial}{\partial v} \tag{8.9}$$

其中 $\eta_* = \left(\boldsymbol{x}, u, v, \boldsymbol{u}_{(1)}, \boldsymbol{v}_{(1)}, \cdots, \varepsilon\right)$，且

$$\xi^i = \sum_{b=0}^{k} \varepsilon^b \xi_b^i, \quad \eta = \sum_{b=0}^{k} \varepsilon^b \eta_b, \quad \eta_* = \sum_{b=0}^{k} \varepsilon^b \eta_{*b} \tag{8.10}$$

证明 令 X 是方程 (8.6) 的近似 Lie 对称性算子，根据第 7 章内容有

$$X\left(f\right) = \lambda_0^c f_c + \varepsilon \lambda_1^c f_c + \cdots + \varepsilon^k \lambda_k^c f_c + O\left(\varepsilon^{k+1}\right) = \sum_{i=0}^{k} \varepsilon^i \lambda_i^c f_c + O\left(\varepsilon^{k+1}\right) \tag{8.11}$$

其中 $\lambda_i^c = \lambda_i^c\left(\boldsymbol{x}, u, \boldsymbol{u}_{(1)}, \cdots, \boldsymbol{u}_{(s)}\right)$。

X 理解为延拓到了方程 (8.6) 中 u 的各阶导数，则联立方程组 (8.6)、(8.7) 具有 Lagrange 函数

$$\mathcal{L} = vf \tag{8.12}$$

用未知的微分函数 η_* 把 $X(8.8)$ 扩展到 $Y(8.9)$，并要求满足不变性条件

$$Y\left(\mathcal{L}\right) + \mathcal{L}D_i\left(\xi^i\right) = O\left(\varepsilon^{k+1}\right) \tag{8.13}$$

得到

$$Y\left(\mathcal{L}\right) + \mathcal{L}D_i\left(\xi^i\right)$$

$$= Y\left(vf\right) + vfD_i\left(\xi^i\right)$$

$$= Y\left(v\right)f + vY\left(f\right) + vD_i\left(\xi^i\right)f$$

$$= Y\left(v\right)f + v\left(X + \eta_*\frac{\partial}{\partial v}\right)\left(f\right) + vD_i\left(\xi^i\right)f$$

$$= Y\left(v\right)f + vX\left(f\right) + v\eta_*\frac{\partial f}{\partial v} + vD_i\left(\xi^i\right)f$$

$$= Y\left(v\right)f + vX\left(f\right) + vD_i\left(\xi^i\right)f$$

$$= \left(X + \eta_*\frac{\partial}{\partial v}\right)\left(v\right)f + vX\left(f\right) + vD_i\left(\xi^i\right)f$$

$$= X\left(v\right)f + \eta_*f + vX\left(f\right) + vD_i\left(\xi^i\right)f$$

$$= \eta_*f + vX\left(f\right) + vD_i\left(\xi^i\right)f \tag{8.14}$$

注意到

$$\eta_*f = \left(\sum_{i=0}^{k}\varepsilon^i\eta_{*i}\right)\left(\sum_{j=0}^{k}\varepsilon^j f_j\right) = \sum_{i=0}^{k}\sum_{j=0}^{i}\varepsilon^j\eta_{*j}\varepsilon^{i-j}f_{i-j} = \sum_{i=0}^{k}\left(\sum_{j=0}^{i}\eta_{*j}f_{i-j}\right)\varepsilon^i \tag{8.15}$$

$$D_i\left(\xi^i\right)f = \left[\sum_{i=0}^{k}\varepsilon^i D_j\left(\xi_i^j\right)\right]\left(\sum_{j=0}^{k}\varepsilon^j f_j\right)$$

$$= \sum_{i=0}^{k}\sum_{j=0}^{i}\varepsilon^j D_l\left(\xi_j^l\right)\varepsilon^{i-j}f_{i-j} = \sum_{i=0}^{k}\left[\sum_{j=0}^{i}D_l\left(\xi_j^l\right)f_{i-j}\right]\varepsilon^i \tag{8.16}$$

将式 (8.11)、(8.15) 代入式 (8.14) 得

$$Y\left(\mathcal{L}\right) + \mathcal{L}D_i\left(\xi^i\right) = \sum_{i=0}^{k}\left[\sum_{j=0}^{i}\eta_{*j}f_{i-j} + v\lambda_i^c f_c + v\sum_{j=0}^{i}D_l\left(\xi_j^l\right)f_{i-j}\right]\varepsilon^i + O\left(\varepsilon^{k+1}\right) \tag{8.17}$$

因此，导出方程组

$$\sum_{j=0}^{i}\eta_{*j}f_{i-j} + v\lambda_i^c f_c + v\sum_{j=0}^{i}D_l\left(\xi_j^l\right)f_{i-j} = 0, \quad i = 0, 1, \cdots, k \tag{8.18}$$

将式 (8.18) 中的 $\eta_{*j}\,(j=0,1,\cdots,k)$ 看作未知量, 其系数矩阵为

$$
\boldsymbol{A} = \begin{pmatrix}
f_0 & 0 & 0 & \cdots & 0 \\
f_1 & f_0 & 0 & \cdots & 0 \\
f_2 & f_1 & f_0 & \cdots & 0 \\
\vdots & \vdots & \vdots & & \vdots \\
f_k & f_{k-1} & f_{k-2} & \cdots & f_0
\end{pmatrix} \tag{8.19}
$$

由于 $|\boldsymbol{A}| = (f_0)^{k+1} \neq 0$, 所以由式 (8.18) 可以解出 η_{*j}, 进一步得到 η_*。

由于条件 (8.13) 保证了方程组 (8.6)、(8.7) 的不变性, 得出伴随方程 (8.7) 对应算子

$$
Y = \xi_i \frac{\partial}{\partial x^i} + \eta \frac{\partial}{\partial u} + \eta_* \frac{\partial}{\partial v} \tag{8.20}
$$

由此, 近似 Lie 对称性的定理得到证明。

进一步假设 $X(8.8)$ 是一个近似 Lie-Bäcklund 算子, 式 (8.11) 替换为

$$
X(f) = \sum_{i=0}^{k} \varepsilon^i \left[\lambda_{i,0}^{c,\beta} f_c + \sum_{s=1}^{\infty} \lambda_{i,s}^{i_1\cdots i_s,c,\beta} D_{i_1}\cdots D_{i_s}(f_c) \right] + O\left(\varepsilon^{k+1}\right) \tag{8.21}
$$

因此, 利用算子 $Y(8.9)$, 得到

$$
Y(\mathcal{L}) + \mathcal{L} D_i\left(\xi^i\right)
$$

$$
= Y(v) F + v X(F) + v D_i\left(\xi^i\right) F
$$

$$
= \left(X + \eta_* \frac{\partial}{\partial v} \right)(v) F + v X(F) + v D_i\left(\xi^i\right) F
$$

$$
= X(v) F + \eta_* F + v X(F) + v D_i\left(\xi^i\right) F
$$

$$
= \eta_* F + v X(F) + v D_i\left(\xi^i\right) F
$$

$$
= \sum_{i=0}^{k} \varepsilon^i \left[\sum_{j=0}^{i} \eta_{*j} f_{i-j} + v \sum_{j=0}^{i} D_l\left(\xi_j^l\right) f_{i-j} + v \lambda_{i,0}^c f_c \right.
$$

$$
\left. + v \sum_{s=1}^{\infty} \lambda_{i,s}^{i_1\cdots i_s,c} D_{i_1}\cdots D_{i_s}(f_c) \right] + O\left(\varepsilon^{k+1}\right) \tag{8.22}
$$

同样导出方程组

$$\sum_{j=0}^{i} \eta_{*j} f_{i-j} + v \sum_{j=0}^{i} D_l \left(\xi_j^l\right) f_{i-j} + v\lambda_{i,0}^c f_c + v \sum_{s=1}^{\infty} \lambda_{i,s}^{i_1 \cdots i_s, c} D_{i_1} \cdots D_{i_s} \left(f_c\right) = 0,$$
$$i = 0, 1, \cdots, k \tag{8.23}$$

将式 (8.23) 中的 $\eta_{*j} \, (j = 0, 1, \cdots, k)$ 看作未知量，其系数矩阵为

$$\boldsymbol{A} = \begin{pmatrix} f_0 & 0 & 0 & \cdots & 0 \\ f_1 & f_0 & 0 & \cdots & 0 \\ f_2 & f_1 & f_0 & \cdots & 0 \\ \vdots & \vdots & \vdots & & \vdots \\ f_k & f_{k-1} & f_{k-2} & \cdots & f_0 \end{pmatrix} \tag{8.24}$$

由于 $|\boldsymbol{A}| = (f_0)^{k+1} \neq 0$，所以由式 (8.23) 可以解出 η_{*j}，进一步得到 η_*。

由于条件 (8.22) 保证了方程组 (8.6)、(8.7) 的不变性，得出伴随方程 (8.7) 对应算子

$$Y = \xi_i \frac{\partial}{\partial x^i} + \eta \frac{\partial}{\partial u} + \eta_* \frac{\partial}{\partial v} \tag{8.25}$$

近似 Lie-Bäcklund 对称性的定理得到证明。

对于具有 m 个因变量的 m 个方程组成的扰动微分方程组，使用类似定理 8.1 的方法可以证明其伴随方程组的对称性，见 8.1.3 节。

8.1.3　微分方程组情形

定理 8.2　考虑 m 个具有 n 个自变量 $\boldsymbol{x} = \left(x^1, \cdots, x^n\right)$ 和 m 个因变量 $\boldsymbol{u} = \left(u^1, \cdots, u^m\right)$ 的方程组成的近似微分方程组

$$f_\alpha \left(\boldsymbol{x}, \boldsymbol{u}, \boldsymbol{u}_{(1)}, \cdots, \boldsymbol{u}_{(r)}, \varepsilon\right) = f_{\alpha,0} + \varepsilon f_{\alpha,1} + \cdots + \varepsilon^k f_{\alpha,k} = 0, \quad \alpha = 1, 2, \cdots, m \tag{8.26}$$

其伴随方程组 [75,76]

$$f_\alpha^* \left(\boldsymbol{x}, \boldsymbol{u}, \boldsymbol{v}, \boldsymbol{u}_{(1)}, \boldsymbol{v}_{(1)}, \cdots, \boldsymbol{u}_{(s)}, \boldsymbol{v}_{(s)}\right) \equiv \frac{\delta \left(v^\beta f_\beta\right)}{\delta u^\alpha} = 0, \quad \alpha, \beta = 1, 2, \cdots, m \tag{8.27}$$

继承了方程组 (8.26) 的对称性。也就是说，如果方程组 (8.26) 具有近似算子

$$X = X_0 + \varepsilon X_1 + \cdots + \varepsilon^k X_k \tag{8.28}$$

则伴随方程组 (8.27) 具有由 X 扩展到变量 v^α 后的算子 Y，即

$$Y = \xi^i \frac{\partial}{\partial x^i} + \eta^\alpha \frac{\partial}{\partial u^\alpha} + \eta_*^\alpha \frac{\partial}{\partial v^\alpha} \tag{8.29}$$

其中 ξ^i、η^α 和 η_* 是 $\left(\boldsymbol{x}, \boldsymbol{u}, \boldsymbol{v}, \boldsymbol{u}_{(1)}, \boldsymbol{v}_{(1)}, \cdots, \varepsilon\right)$ 的函数，且

$$\xi^i = \sum_{b=0}^{k} \varepsilon^b \xi_b^i, \quad \eta^\alpha = \sum_{b=0}^{k} \varepsilon^b \eta_b^\alpha, \quad \eta_*^\alpha = \sum_{b=0}^{k} \varepsilon^b \eta_{*b}^\alpha \tag{8.30}$$

证明 令 X 是方程组 (8.26) 的近似 Lie-Bäcklund 算子，此时

$$X\left(f_\alpha\right) = \sum_{i=0}^{k} \varepsilon^i \left[\lambda_{i,0,\alpha}^{c,\beta} f_{\beta,c} + \sum_{s=1}^{\infty} \lambda_{i,s,\alpha}^{i_1 \cdots i_s, c, \beta} D_{i_1} \cdots D_{i_s} \left(f_{\beta,c}\right) \right] + O\left(\varepsilon^{k+1}\right) \tag{8.31}$$

其中 $\lambda_{i,\alpha}^{c,\beta} = \lambda_{i,\alpha}^{c,\beta} \left(\boldsymbol{x}, \boldsymbol{u}, \boldsymbol{u}_{(1)}, \cdots, \boldsymbol{u}_{(s)}\right)$。

X 理解为延拓到了方程组 (8.26) 中 $\boldsymbol{u}$ 的各阶导数，则联立方程组 (8.26)、(8.27) 具有 Lagrange 函数

$$\mathcal{L} = v^\beta f_\beta \tag{8.32}$$

用未知的微分函数 η_* 把 X(8.28) 扩展到 Y(8.29)，并要求满足不变性条件

$$Y\left(\mathcal{L}\right) + \mathcal{L} D_i\left(\xi^i\right) = O\left(\varepsilon^{k+1}\right) \tag{8.33}$$

得到

$$
\begin{aligned}
&Y\left(\mathcal{L}\right) + \mathcal{L} D_i\left(\xi^i\right) \\
&= Y\left(v^\alpha\right) f_\alpha + v^\alpha X\left(f_\alpha\right) + v^\alpha D_i\left(\xi^i\right) f_\alpha \\
&= \left(X + \eta_*^\beta \frac{\partial}{\partial v^\beta}\right)\left(v^\alpha\right) f_\alpha + v^\alpha X\left(f_\alpha\right) + v^\alpha D_i\left(\xi^i\right) f_\alpha \\
&= X\left(v^\alpha\right) f_\alpha + \eta_*^\alpha f_\alpha + v^\alpha X\left(f_\alpha\right) + v^\alpha D_i\left(\xi^i\right) f_\alpha \\
&= \eta_*^\alpha f_\alpha + v^\alpha X\left(f_\alpha\right) + v^\alpha D_i\left(\xi^i\right) f_\alpha
\end{aligned} \tag{8.34}
$$

注意到

$$\eta_*^\alpha f_\alpha = \left(\sum_{i=0}^{k} \varepsilon^i \eta_{*i}^\alpha\right)\left(\sum_{j=0}^{k} \varepsilon^j f_{\alpha,j}\right) = \sum_{i=0}^{k} \left(\sum_{j=0}^{i} \eta_{*j}^\alpha f_{\alpha,i-j}\right) \varepsilon^i \tag{8.35}$$

$$D_i\left(\xi^i\right)f_\alpha = \left[\sum_{i=0}^{k}\varepsilon^i D_j\left(\xi_i^j\right)\right]\left(\sum_{j=0}^{k}\varepsilon^j f_{\alpha,j}\right) = \sum_{i=0}^{k}\left[\sum_{j=0}^{i}D_l\left(\xi_j^l\right)f_{\alpha,i-j}\right]\varepsilon^i \quad (8.36)$$

将式 (8.31)、(8.35) 代入式 (8.34) 得

$$Y(\mathcal{L}) + \mathcal{L}D_i\left(\xi^i\right)$$

$$= \sum_{i=0}^{k}\varepsilon^i\left[\sum_{j=0}^{i}\eta_{*j}^\alpha f_{\alpha,i-j} + v^\alpha\sum_{j=0}^{i}D_l\left(\xi_j^l\right)f_{\alpha,i-j} + v^\alpha\lambda_{i,0,\alpha}^{c,\beta}f_{\beta,c}\right.$$

$$\left.+ v^\alpha\sum_{s=1}^{\infty}\lambda_{i,s,\alpha}^{i_1\cdots i_s,c,\beta}D_{i_1}\cdots D_{i_s}\left(f_{\beta,c}\right)\right] + O\left(\varepsilon^{k+1}\right) \quad (8.37)$$

因此，导出由 $k+1$ 个方程组成的方程组

$$\sum_{j=0}^{i}\eta_{*j}^\alpha f_{\alpha,i-j} + v^\alpha\sum_{j=0}^{i}D_l\left(\xi_j^l\right)f_{\alpha,i-j} + v^\alpha\lambda_{i,0,\alpha}^{c,\beta}f_{\beta,c}$$

$$+ v^\alpha\sum_{s=1}^{\infty}\lambda_{i,s,\alpha}^{i_1\cdots i_s,c,\beta}D_{i_1}\cdots D_{i_s}\left(f_{\beta,c}\right) = 0, \quad i=0,1,\cdots,k \quad (8.38)$$

式 (8.38) 中共 $(k+1)m$ 个未知量 $\eta_{*j}^\alpha\ (j=0,1,\cdots,k,\ \alpha=1,2,\cdots,m)$，但只有 $k+1$ 个方程，不妨令 $\eta_{*j}^\alpha = 0\ (2\leqslant\alpha\leqslant m)$，此时式 (8.38) 化为

$$\sum_{j=0}^{i}\eta_{*j}^1 f_{1,i-j} + v^\alpha\sum_{j=0}^{i}D_l\left(\xi_j^l\right)f_{\alpha,i-j} + v^\alpha\lambda_{i,0,\alpha}^{c,\beta}f_{\beta,c}$$

$$+ v^\alpha\sum_{s=1}^{\infty}\lambda_{i,s,\alpha}^{i_1\cdots i_s,c,\beta}D_{i_1}\cdots D_{i_s}\left(f_{\beta,c}\right) = 0, \quad i=0,1,\cdots,k \quad (8.39)$$

则 $k+1$ 个变量 η_{*j}^1 的系数矩阵为

$$A = \begin{pmatrix} f_{1,0} & 0 & 0 & \cdots & 0 \\ f_{1,1} & f_{1,0} & 0 & \cdots & 0 \\ f_{1,2} & f_{1,1} & f_{1,0} & \cdots & 0 \\ \vdots & \vdots & \vdots & & \vdots \\ f_{1,k} & f_{1,k-1} & f_{1,k-2} & \cdots & f_{1,0} \end{pmatrix} \quad (8.40)$$

由于 $|A| = (f_{1,0})^{k+1} \neq 0$，所以由式 (8.38) 可以解出 η_{*j}^1，进一步得到 $\eta_*^\alpha\ (\alpha=1,2,\cdots,m)$。

由于条件 (8.33) 保证了方程组 (8.26)、(8.27) 的不变性, 因此伴随方程组 (8.27) 对应算子

$$Y = \xi^i \frac{\partial}{\partial x^i} + \eta^\alpha \frac{\partial}{\partial u^\alpha} + \eta_*^\alpha \frac{\partial}{\partial v^\alpha} \tag{8.41}$$

得证。

8.2 近似 Ibragimov 守恒律表达式

类似确定性 Ibragimov 守恒律的推导过程 [14], 本节给出近似 Ibragimov 守恒律。

定理 8.3 (近似 Ibragimov 守恒律) 扰动微分方程组 [77]

$$f_\alpha \left(\boldsymbol{x}, \boldsymbol{u}, \boldsymbol{u}_{(1)}, \cdots, \boldsymbol{u}_{(s)}, \varepsilon \right) = 0, \quad \alpha = 1, 2, \cdots, m \tag{8.42}$$

每一个近似 Lie 算子或近似 Lie-Bäcklund 算子

$$X = \xi^i \left(\boldsymbol{x}, \boldsymbol{u}, \boldsymbol{u}_{(1)}, \cdots \right) \frac{\partial}{\partial x^i} + \eta^\alpha \left(\boldsymbol{x}, \boldsymbol{u}, \boldsymbol{u}_{(1)}, \cdots \right) \frac{\partial}{\partial u^\alpha} \tag{8.43}$$

都提供了一个对应于方程组 (8.42) 与 (8.27) 联立方程组的守恒律 [33]。

证明 证明过程与定理 8.1 及 8.2 的证明类似。在定理 8.2 证明过程的基础上, 算子 (8.41) 对应的泛函不变性条件为

$$Y \left(\mathcal{L} \right) + \mathcal{L} D_i \left(\xi^i \right) = O \left(\varepsilon^{k+1} \right) \tag{8.44}$$

令 $\boldsymbol{w} = \left(u^1, u^2, \cdots, u^m, v^1, v^2, \cdots, v^m \right)$, 则

$$\frac{\delta \mathcal{L}}{\delta w^\beta} = \begin{cases} f_\alpha \left(\boldsymbol{x}, \boldsymbol{u}, \boldsymbol{u}_{(1)}, \cdots, \boldsymbol{u}_{(s)} \right) = 0, \\ \alpha = 1, 2, \cdots, m, \quad \beta = m+1, m+2, \cdots, 2m \\ f_{*\alpha} \left(\boldsymbol{x}, \boldsymbol{u}, \boldsymbol{v}, \boldsymbol{u}_{(1)}, \boldsymbol{v}_{(1)}, \cdots, \boldsymbol{u}_{(s)}, \boldsymbol{v}_{(s)} \right) = 0, \\ \alpha = 1, 2, \cdots, m, \quad \beta = 1, 2, \cdots, m \end{cases} \tag{8.45}$$

特征函数 $W^\alpha = \eta^\alpha - u_i \xi^i$, $W_Y^\alpha = \eta^\alpha + \eta_*^\alpha - w_i \xi^i$, 根据近似 Lie-Bäcklund 算子和近似 Noether 算子满足的基本恒等式

$$Y \left(\mathcal{L} \right) + \mathcal{L} D_i \left(\xi^i \right) = W_Y^\alpha \frac{\delta \mathcal{L}}{\delta w^\alpha} + D_i \mathcal{N}_Y^i \left(\mathcal{L} \right) \tag{8.46}$$

$$X \left(\mathcal{L} \right) + \mathcal{L} D_i \left(\xi^i \right) = W^\alpha \frac{\delta \mathcal{L}}{\delta w^\alpha} + D_i \mathcal{N}^i \left(\mathcal{L} \right) \tag{8.47}$$

推得

$$W_Y^\alpha \frac{\delta \mathcal{L}}{\delta w^\alpha} + D_i \mathcal{N}_Y^i (\mathcal{L}) = O\left(\varepsilon^{k+1}\right) \tag{8.48}$$

在 $\frac{\delta L}{\delta w^\alpha} = 0$ 上，有

$$W_Y^\alpha \frac{\delta \mathcal{L}}{\delta w^\alpha} + D_i \mathcal{N}_Y^i (\mathcal{L}) \bigg|_{\frac{\delta \mathcal{L}}{\delta w^\alpha}=0} = O\left(\varepsilon^{k+1}\right) \tag{8.49}$$

简化后得

$$D_i \mathcal{N}_Y^i (\mathcal{L}) \big|_{\frac{\delta \mathcal{L}}{\delta w^\alpha}=0} = O\left(\varepsilon^{k+1}\right) \tag{8.50}$$

而

$$
\begin{aligned}
\mathcal{N}_Y^i &= \xi^i + W^{\beta *} \frac{\delta}{\delta w_i^\beta} + \sum_{s=1}^{\infty} D_{i_1} \cdots D_{i_s} (W^{\alpha *}) \frac{\delta}{\delta w_{i i_1 \cdots i_s}^\beta} \\
&= \xi^i + W^\alpha \frac{\delta}{\delta w_i^\beta} + \sum_{s=1}^{\infty} D_{i_1} \cdots D_{i_s} (W^\alpha) \frac{\delta}{\delta u_{i i_1 \cdots i_s}^\beta} + \eta_*^\beta \frac{\delta}{\delta v_i^\beta} \\
&\quad + \sum_{s=1}^{\infty} D_{i_1} \cdots D_{i_s} \left(\eta_*^\beta\right) \frac{\delta}{\delta v_{i i_1 \cdots i_s}^\beta} \\
&= \mathcal{N}^i + \eta_*^\beta \frac{\delta}{\delta v_i^\beta} + \sum_{s=1}^{\infty} D_{i_1} \cdots D_{i_s} \left(\eta_*^\beta\right) \frac{\delta}{\delta v_{i i_1 \cdots i_s}^\beta}
\end{aligned} \tag{8.51}
$$

在 $\frac{\delta L}{\delta w^\alpha} = 0$ 上，有

$$
\begin{aligned}
\mathcal{N}_Y^i (\mathcal{L}) \big|_{\frac{\delta \mathcal{L}}{\delta w^\alpha}=0} &= \mathcal{N}^i (\mathcal{L}) + \eta_*^\beta \frac{\delta \mathcal{L}}{\delta v_i^\beta} + \sum_{s=1}^{\infty} D_{i_1} \cdots D_{i_s} \left(\eta_*^\beta\right) \frac{\delta \mathcal{L}}{\delta v_{i i_1 \cdots i_s}^\beta} \bigg|_{\frac{\delta \mathcal{L}}{\delta w^\alpha}=0} \\
&= \mathcal{N}^i (\mathcal{L}) + \eta_*^\beta \frac{\delta (v^\alpha f_\alpha)}{\delta v_i^\beta} + \sum_{s=1}^{\infty} D_{i_1} \cdots D_{i_s} \left(\eta_*^\beta\right) \frac{\delta (v^\alpha f_\alpha)}{\delta v_{i i_1 \cdots i_s}^\beta} \bigg|_{f_\alpha=0,\, f_{*\alpha}=0} \\
&= \mathcal{N}^i (\mathcal{L}) + \eta_*^\beta \cdot 0 + \sum_{s=1}^{\infty} D_{i_1} \cdots D_{i_s} \left(\eta_*^\beta\right) \cdot 0 \bigg|_{f_\alpha=0,\, f_{*\alpha}=0} \\
&= \mathcal{N}^i (\mathcal{L}) \big|_{f_\alpha=0}
\end{aligned} \tag{8.52}
$$

因此，令 $C^i = \mathcal{N}^i (\mathcal{L})$，则 C^i 的散度满足

$$D_i \left(C^i\right) \big|_{\frac{\delta \mathcal{L}}{\delta w^\alpha}=0} = O\left(\varepsilon^{k+1}\right) \tag{8.53}$$

式 (8.53) 为近似 Ibragimov 守恒律的守恒量表达式。

应用近似 Ibragimov 守恒律，首先要确认原微分方程组的未知因变量个数等于方程个数，接着寻找方程组的近似算子 X(近似 Lie 算子或近似 Lie-Bäcklund 算子) 以及与算子 X 对应的近似 Noether 算子，之后给出原方程组与伴随方程组的近似 Lagrange 函数，最后将近似 Noether 算子和近似 Lagrange 函数代入式 (8.53)，即得近似 Ibragimov 守恒律的守恒量 [56]。

第 9 章　势对称与近似势对称

对于一个给定的偏微分方程组系统，能够通过把它嵌入到一个带有新增变量的辅助系统中，从而找到有用的非局部对称变换。这样的辅助系统可通过用等价守恒律代替给定系统中的某一个微分方程来得到。通常得到的非局部对称变换被称为给定系统的**势对称**。

本章简要介绍偏微分方程的势对称与近似势对称。9.1 节阐述势对称的含义，9.2 节和 9.3 节分别介绍微分方程的势对称和近似势对称，其中 9.2 节还讨论势对称与 Lie 对称变换的关系以及微分方程的守恒形式。

9.1　势对称含义

对于一个偏微分方程组系统 $R\{x,u\}$，其中自变量为 x、因变量为 u，建立一个公式，当该系统在选择某些变量的情况下，至少有一个微分方程可以写成守恒形式时，可应用该公式。一个守恒形式可以推出一个辅助的因变量 v(被称为**势**) 以及一个辅助的微分方程组 $S\{x,u,v\}$[20]。更重要的是，$R\{x,u\}$ 是嵌入在 $S\{x,u,v\}$ 内的：$S\{x,u,v\}$ 的任意一个解 $(u(x),v(x))$ 能够定义一个 $R\{x,u\}$ 的解 $u(x)$；反之，$R\{x,u\}$ 的任意一个解 $u(x)$ 对应 $S\{x,u,v\}$ 的一个解 $(u(x),$ $v(x))$。

假设找到了 $S\{x,u,v\}$ 拥有的一个局部对称变换，定义群 G_S。G_S 中的任何一个对称变换将 $S\{x,u,v\}$ 的任意一个解映射到 $S\{x,u,v\}$ 的另一个解，从而将 $R\{x,u\}$ 的解映射到 $R\{x,u\}$ 的另一个解。于是 G_S 可以导出 $R\{x,u\}$ 拥有的对称变换。如果 $S\{x,u,v\}$ 中变量 (x,u) 的无穷小显式地依赖于势变量 v，那么 G_S 中的局部对称变换将导出 $R\{x,u\}$ 的非局部对称变换。称这样一个非局部对称变换为 $R\{x,u\}$ 的一个**势对称**[20,25]。

9.2　微分方程的势对称

本节研究微分方程的势对称，分别介绍偏微分方程和常微分方程的势对称，并讨论原方程系统和辅助系统的 Lie 对称变换，以及复杂情况下守恒形式的推导和获取。

9.2.1 偏微分方程的势对称

考虑含有自变量 $\boldsymbol{x} = \left(x^1, \cdots, x^n\right)$ 和一个因变量 u 的一个 k 阶标量偏微分方程 $R\{\boldsymbol{x}, u\}$，能够被写成守恒形式 [20]

$$D_i f^i\left(\boldsymbol{x}, u, \boldsymbol{u}_{(1)}, \cdots, \boldsymbol{u}_{(k-1)}\right) = 0 \tag{9.1}$$

全微分算子表示为

$$D_i = \frac{\partial}{\partial x^i} + u_i \frac{\partial}{\partial u} + u_{ii_1}\frac{\partial}{\partial u_{i_1}} + \cdots + u_{ii_1 i_2 \cdots i_{k-1}}\frac{\partial}{\partial u_{i_1 i_2 \cdots i_{k-1}}},$$

$$i, i_1, i_2, \cdots, i_{k-1} = 1, 2, \cdots, n \tag{9.2}$$

因为偏微分方程 (9.1) 是守恒形式，所以存在 $\dfrac{1}{2}n(n-1)$ 个函数 $\boldsymbol{\Psi}^{ij}$ $(i < j)$，$\boldsymbol{\Psi}^{ij}$ 是一个反对称张量的分量。于是式 (9.1) 可以被表示为 [20]

$$f^i\left(\boldsymbol{x}, u, \boldsymbol{u}_{(1)}, \cdots, \boldsymbol{u}_{(k-1)}\right) = \sum_{i<j}(-1)^j \frac{\partial}{\partial x^j}\boldsymbol{\Psi}^{ij} + \sum_{j<i}(-1)^{i-1}\frac{\partial}{\partial x^j}\boldsymbol{\Psi}^{ji},$$

$$i, j = 1, 2, \cdots, n \tag{9.3}$$

证明

下面用数学归纳法证明式 (9.3)。

(1) 当 $n = 2$ 时。

$$f^1\left(\boldsymbol{x}, u, \boldsymbol{u}_{(1)}, \cdots, \boldsymbol{u}_{(k-1)}\right) = \frac{\partial}{\partial x^2}\boldsymbol{\Psi}^{12}$$

$$f^2\left(\boldsymbol{x}, u, \boldsymbol{u}_{(1)}, \cdots, \boldsymbol{u}_{(k-1)}\right) = -\frac{\partial}{\partial x^1}\boldsymbol{\Psi}^{12} \tag{9.4}$$

其中 $\boldsymbol{x} = \left(x^1, x^2\right)$。

将式 (9.4) 代入式 (9.1)，易知守恒律成立

$$D_1 f^1 + D_2 f^2 = D_1\left(\frac{\partial}{\partial x^2}\boldsymbol{\Psi}^{12}\right) - D_2\left(\frac{\partial}{\partial x^1}\boldsymbol{\Psi}^{12}\right) = 0 \tag{9.5}$$

(2) 当 $n = 3$ 时。

$$f^1\left(\boldsymbol{x}, u, \boldsymbol{u}_{(1)}, \cdots, \boldsymbol{u}_{(k-1)}\right) = \frac{\partial}{\partial x^2}\boldsymbol{\Psi}^{12} - \frac{\partial}{\partial x^3}\boldsymbol{\Psi}^{13}$$

$$f^2\left(\boldsymbol{x}, u, \boldsymbol{u}_{(1)}, \cdots, \boldsymbol{u}_{(k-1)}\right) = -\frac{\partial}{\partial x^1}\boldsymbol{\Psi}^{21} + \frac{\partial}{\partial x^3}\boldsymbol{\Psi}^{32} = -\frac{\partial}{\partial x^1}\boldsymbol{\Psi}^{12} + \frac{\partial}{\partial x^3}\boldsymbol{\Psi}^{23}$$

$$f^3\left(\boldsymbol{x}, u, \boldsymbol{u}_{(1)}, \cdots, \boldsymbol{u}_{(k-1)}\right) = \frac{\partial}{\partial x^1}\boldsymbol{\Psi}^{31} - \frac{\partial}{\partial x^2}\boldsymbol{\Psi}^{23} = \frac{\partial}{\partial x^1}\boldsymbol{\Psi}^{13} - \frac{\partial}{\partial x^2}\boldsymbol{\Psi}^{23} \quad (9.6)$$

其中 $\boldsymbol{x} = \left(x^1, x^2, x^3\right)$。

易知守恒律成立

$$D_1 f^1 + D_2 f^2 + D_3 f^3$$

$$= D_1\left(\frac{\partial}{\partial x^2}\boldsymbol{\Psi}^{12} - \frac{\partial}{\partial x^3}\boldsymbol{\Psi}^{13}\right) + D_2\left(-\frac{\partial}{\partial x^1}\boldsymbol{\Psi}^{12} + \frac{\partial}{\partial x^3}\boldsymbol{\Psi}^{23}\right)$$

$$+ D_3\left(\frac{\partial}{\partial x^1}\boldsymbol{\Psi}^{13} - \frac{\partial}{\partial x^2}\boldsymbol{\Psi}^{23}\right)$$

$$= 0 \quad (9.7)$$

(3) 假设 $n = k \in \mathbb{N}^+ (k \geqslant 2)$ 时式 (9.3) 成立，即

$$f^1\left(\boldsymbol{x}, u, \boldsymbol{u}_{(1)}, \cdots, \boldsymbol{u}_{(k-1)}\right) = \sum_{j=2}^{k}(-1)^j\frac{\partial}{\partial x^j}\boldsymbol{\Psi}^{1j}$$

$$f^i\left(\boldsymbol{x}, u, \boldsymbol{u}_{(1)}, \cdots, \boldsymbol{u}_{(k-1)}\right) = \sum_{j=i+1}^{k}(-1)^j\frac{\partial}{\partial x^j}\boldsymbol{\Psi}^{ij} + \sum_{j=1}^{i-1}(-1)^{i-1}\frac{\partial}{\partial x^j}\boldsymbol{\Psi}^{ji}, \quad 1<i<k$$

$$f^k\left(\boldsymbol{x}, u, \boldsymbol{u}_{(1)}, \cdots, \boldsymbol{u}_{(k-1)}\right) = \sum_{j=1}^{k-1}(-1)^{k-1}\frac{\partial}{\partial x^j}\boldsymbol{\Psi}^{kj}$$

$$(9.8)$$

其中 $\boldsymbol{x} = \left(x^1, \cdots, x^k\right)$。

并且守恒律成立

$$D_i f^i = D_1 f^1 + \sum_{j=2}^{n-1}D_j f^j + D_n f^n$$

$$= D_1\left[\sum_{j=2}^{k}(-1)^j\frac{\partial}{\partial x^j}\boldsymbol{\Psi}^{1j}\right]$$

$$+ \sum_{k=2}^{n-1}D_k \times\left[\sum_{j=i+1}^{k}(-1)^j\frac{\partial}{\partial x^j}\boldsymbol{\Psi}^{ij} + \sum_{j=1}^{i-1}(-1)^{i-1}\frac{\partial}{\partial x^j}\boldsymbol{\Psi}^{ji}\right]$$

$$+ D_n\left[\sum_{j=1}^{k-1}(-1)^{k-1}\frac{\partial}{\partial x^j}\boldsymbol{\Psi}^{kj}\right]$$

$$=0 \tag{9.9}$$

则当 $n = k+1$ 时, 设 $\hat{\boldsymbol{x}} = (x^1, \cdots, x^k, x^{k+1})$, 新的偏微分方程组为 $\hat{R}(\hat{\boldsymbol{x}}, u)$。

将 $\hat{R}(\hat{\boldsymbol{x}}, u)$ 分为两部分

$$\hat{R}(\hat{\boldsymbol{x}}, u) = R(\boldsymbol{x}, u) + R'(\hat{\boldsymbol{x}}, u) \tag{9.10}$$

其中式 (9.10) 右边第一项对应的 f^i 用式 (9.8) 描述, 将第二项对应的 $f^{i'}$ 表示为

$$f^{1'}\left(\hat{\boldsymbol{x}}, u, \boldsymbol{u}_{(1)}, \cdots, \boldsymbol{u}_{(k-1)}\right) = \sum_{j=2}^{k+1} (-1)^j \frac{\partial}{\partial x^j} \boldsymbol{\Psi}^{1j'}$$

$$f^{i'}\left(\hat{\boldsymbol{x}}, u, \boldsymbol{u}_{(1)}, \cdots, \boldsymbol{u}_{(k-1)}\right) = \sum_{j=i+1}^{k+1} (-1)^j \frac{\partial}{\partial x^j} \boldsymbol{\Psi}^{ij'} + \sum_{j=1}^{i-1} (-1)^{i-1} \frac{\partial}{\partial x^j} \boldsymbol{\Psi}^{ji'}, \quad 1 < i < k$$

$$f^{k'}\left(\hat{\boldsymbol{x}}, u, \boldsymbol{u}_{(1)}, \cdots, \boldsymbol{u}_{(k-1)}\right) = \sum_{j=1}^{k-1} (-1)^{k-1} \frac{\partial}{\partial x^j} \boldsymbol{\Psi}^{kj'} + (-1)^{k+1} \frac{\partial}{\partial x^{k+1}} \boldsymbol{\Psi}^{i,k+1'}$$

$$f^{k+1'}\left(\hat{\boldsymbol{x}}, u, \boldsymbol{u}_{(1)}, \cdots, \boldsymbol{u}_{(k-1)}\right) = \sum_{j=1}^{k} (-1)^k \frac{\partial}{\partial x^j} \boldsymbol{\Psi}^{k+1,j'}$$

$$\tag{9.11}$$

由式 (9.11) 同样可确定 $\boldsymbol{\Psi}^{i,i+1'}$ $(i = 1, \cdots, k)$。

将式 (9.8) 与式 (9.11) 相加, 并令 $\hat{f}^i = f^i + f^{i'}$, 得

$$\hat{f}^1\left(\hat{\boldsymbol{x}}, u, \boldsymbol{u}_{(1)}, \cdots, \boldsymbol{u}_{(k-1)}\right)$$
$$= \sum_{j=2}^{k} (-1)^j \frac{\partial}{\partial x^j} \left(\boldsymbol{\Psi}^{1j} + \boldsymbol{\Psi}^{1j'}\right) + (-1)^{k+1} \frac{\partial}{\partial x^{k+1}} \boldsymbol{\Psi}^{1,k+1'}$$

$$\hat{f}^i\left(\hat{\boldsymbol{x}}, u, \boldsymbol{u}_{(1)}, \cdots, \boldsymbol{u}_{(k-1)}\right)$$
$$= \sum_{j=i+1}^{k} (-1)^j \frac{\partial}{\partial x^j} \left(\boldsymbol{\Psi}^{ij} + \boldsymbol{\Psi}^{ij'}\right) + \sum_{j=1}^{i-1} (-1)^{i-1} \frac{\partial}{\partial x^j} \left(\boldsymbol{\Psi}^{ji} + \boldsymbol{\Psi}^{ji'}\right)$$
$$+ (-1)^{k+1} \frac{\partial}{\partial x^{k+1}} \boldsymbol{\Psi}^{k+1,i'}, \quad 1 < i < k \tag{9.12}$$

$$\hat{f}^k\left(\hat{\boldsymbol{x}}, u, \boldsymbol{u}_{(1)}, \cdots, \boldsymbol{u}_{(k-1)}\right)$$

$$= \sum_{j=1}^{k-1} (-1)^{k-1} \frac{\partial}{\partial x^j} \left(\boldsymbol{\Psi}^{kj} + \boldsymbol{\Psi}^{kj'}\right) + (-1)^{k+1} \frac{\partial}{\partial x^{k+1}} \boldsymbol{\Psi}^{k,k+1'}$$

$$\hat{f}^{k+1}\left(\hat{\boldsymbol{x}}, u, \boldsymbol{u}_{(1)}, \cdots, \boldsymbol{u}_{(k-1)}\right) = \sum_{j=1}^{k} (-1)^k \frac{\partial}{\partial x^j} \boldsymbol{\Psi}^{k+1,j'}$$

令

$$
\hat{\boldsymbol{\Psi}}^{i,j} = \begin{cases} \boldsymbol{\Psi}^{i,j'} + \boldsymbol{\Psi}^{i,j}, & i = 1,2,\cdots,k \\ \boldsymbol{\Psi}^{i,j'}, & i = k+1 \end{cases} \tag{9.13}
$$

则式 (9.12) 化为

$$
\hat{f}^1\left(\hat{\boldsymbol{x}}, u, \boldsymbol{u}_{(1)}, \cdots, \boldsymbol{u}_{(k-1)}\right) = \sum_{j=2}^{k+1} (-1)^j \frac{\partial}{\partial x^j} \hat{\boldsymbol{\Psi}}^{1j}
$$

$$
\hat{f}^i\left(\hat{\boldsymbol{x}}, u, \boldsymbol{u}_{(1)}, \cdots, \boldsymbol{u}_{(k-1)}\right) = \sum_{j=i+1}^{k+1} (-1)^j \frac{\partial}{\partial x^j} \hat{\boldsymbol{\Psi}}^{ij} + \sum_{j=1}^{i-1} (-1)^{i-1} \frac{\partial}{\partial x^j} \hat{\boldsymbol{\Psi}}^{ji}, \quad 1 < i < k
$$

$$
\hat{f}^k\left(\hat{\boldsymbol{x}}, u, \boldsymbol{u}_{(1)}, \cdots, \boldsymbol{u}_{(k-1)}\right) = \sum_{j=1}^{k-1} (-1)^{k-1} \frac{\partial}{\partial x^j} \hat{\boldsymbol{\Psi}}^{kj} + (-1)^{k+1} \frac{\partial}{\partial x^{k+1}} \hat{\boldsymbol{\Psi}}^{i,k+1}
$$

$$
\hat{f}^{k+1}\left(\hat{\boldsymbol{x}}, u, \boldsymbol{u}_{(1)}, \cdots, \boldsymbol{u}_{(k-1)}\right) = \sum_{j=1}^{k} (-1)^k \frac{\partial}{\partial x^j} \hat{\boldsymbol{\Psi}}^{k+1,j}
$$

$$\tag{9.14}$$

将式 (9.14) 代入式 (9.1)，易证守恒律成立，因此 $n = k+1$ 时也成立。

方程 (9.3) 定义了带有 $1 + \frac{1}{2}n(n-1)$ 个因变量 $(u, \boldsymbol{\Psi}^{ij})$ 的 n 个微分方程。很显然，当 $n > 3$ 时，式 (9.3) 是一个欠定微分方程组系统。可以给函数 $\boldsymbol{\Psi}^{ij}$ 施加适当的约束 (有效地改变度量张量)，从而使系统 (9.3) 变成一个确定系统。这可由施加如下条件完成

$$
\boldsymbol{\Psi}^{ij} = 0, \quad j \neq i+1 \tag{9.15}
$$

并且引入势函数 $\boldsymbol{v} = (v^1, v^2, \cdots, v^{n-1})$，满足

$$
v^i = \boldsymbol{\Psi}^{i,i+1}, \quad i = 1,2,\cdots,n-1 \tag{9.16}
$$

那么，微分方程系统 (9.3) 以及由式 (9.1) 给出的 $R\{\boldsymbol{x}, u\}$，变成辅助系统 $S\{\boldsymbol{x}, u, \boldsymbol{v}\}$

$$
f^1\left(\boldsymbol{x}, u, \boldsymbol{u}_{(1)}, \cdots, \boldsymbol{u}_{(k-1)}\right) = \frac{\partial}{\partial x^2} v^1
$$

$$
f^j\left(\boldsymbol{x}, u, \boldsymbol{u}_{(1)}, \cdots, \boldsymbol{u}_{(k-1)}\right) = (-1)^{j-1} \left(\frac{\partial}{\partial x^{j+1}} v^j + \frac{\partial}{\partial x^{j-1}} v^{j-1} \right), \quad 1 < j < n
$$

$$
f^n\left(\boldsymbol{x}, u, \boldsymbol{u}_{(1)}, \cdots, \boldsymbol{u}_{(k-1)}\right) = (-1)^{n-1} \frac{\partial}{\partial x^{n-1}} v^{n-1}
$$

$$\tag{9.17}$$

如果 $(u(\boldsymbol{x}), \boldsymbol{v}(\boldsymbol{x}))$ 是由式 (9.17) 给出的系统 $S\{\boldsymbol{x}, u, \boldsymbol{v}\}$ 的解，那么 $u(\boldsymbol{x})$ 是由式 (9.1) 给出的 $R\{\boldsymbol{x}, u\}$ 的解。

当 $n = 2$ 时，令

$$
\begin{aligned}
f^1 &= f\left(\boldsymbol{x}, u, \boldsymbol{u}_{(1)}, \cdots, \boldsymbol{u}_{(k-1)}\right) \\
f^2 &= -g\left(\boldsymbol{x}, u, \boldsymbol{u}_{(1)}, \cdots, \boldsymbol{u}_{(k-1)}\right)
\end{aligned}
\tag{9.18}
$$

所以 $R\{\boldsymbol{x}, u\}$ 变为

$$
D_1 f - D_2 g = 0 \tag{9.19}
$$

令势函数 $v = v^1 = \boldsymbol{\Psi}^{12}$，则守恒形式 (9.19) 对应的辅助系统 $S\{\boldsymbol{x}, u, \boldsymbol{v}\}$ 由下式给出

$$
\frac{\partial v}{\partial x_2} = f\left(\boldsymbol{x}, u, \boldsymbol{u}_{(1)}, \cdots, \boldsymbol{u}_{(k-1)}\right), \quad \frac{\partial v}{\partial x_1} = g\left(\boldsymbol{x}, u, \boldsymbol{u}_{(1)}, \cdots, \boldsymbol{u}_{(k-1)}\right) \tag{9.20}
$$

现在假设式 (9.17) 给出的辅助系统 $S\{\boldsymbol{x}, u, \boldsymbol{v}\}$ 有一个单参数 Lie 变换群 [25]

$$
\begin{aligned}
\boldsymbol{x}^* &= X_S(\boldsymbol{x}, u, \boldsymbol{v}, \varepsilon) = \boldsymbol{x} + \varepsilon \boldsymbol{\xi}_S(\boldsymbol{x}, u, \boldsymbol{v}) + O(\varepsilon^2) \\
u^* &= U_S(\boldsymbol{x}, u, \boldsymbol{v}, \varepsilon) = u + \varepsilon \eta_S(\boldsymbol{x}, u, \boldsymbol{v}) + O(\varepsilon^2) \\
\boldsymbol{v}^* &= V_S(\boldsymbol{x}, u, \boldsymbol{v}, \varepsilon) = \boldsymbol{v} + \varepsilon \boldsymbol{\zeta}_S(\boldsymbol{x}, u, \boldsymbol{v}) + O(\varepsilon^2)
\end{aligned}
\tag{9.21}
$$

其中无穷小 $\boldsymbol{\xi}_S$、η_S 和 $\boldsymbol{\zeta}_S$ 是 $\boldsymbol{x}$、u 及 $\boldsymbol{v}$ 的函数。

式 (9.21) 对应的无穷小生成元表示为

$$
X_S = \xi_S^i(\boldsymbol{x}, u, \boldsymbol{v}) \frac{\partial}{\partial x^i} + \eta_S(\boldsymbol{x}, u, \boldsymbol{v}) \frac{\partial}{\partial u} + \zeta_S^\mu(\boldsymbol{x}, u, \boldsymbol{v}) \frac{\partial}{\partial v^\mu} \tag{9.22}
$$

其中 $\xi_S^i(\boldsymbol{x}, u, \boldsymbol{v})\,(i = 1, 2, \cdots, n)$ 表示 $\boldsymbol{\xi}_S(\boldsymbol{x}, u, \boldsymbol{v})$ 的分量，$\zeta_S^\mu(\boldsymbol{x}, u, \boldsymbol{v})\,(\mu = 1, 2, \cdots, n-1)$ 表示 $\boldsymbol{\zeta}_S(\boldsymbol{x}, u, \boldsymbol{v})$ 的分量。

式 (9.21) 将 $S\{\boldsymbol{x}, u, \boldsymbol{v}\}$ 的一个解映射到另一个解，因此可以导出将 $R\{\boldsymbol{x}, u\}$ 的一个解映射到另一个解的映射。因此式 (9.22) 是微分方程 $R\{\boldsymbol{x}, u\}$ 的一个对称变换群 [25]。

如果无穷小生成元坐标，即式 (9.21) 中的 $\boldsymbol{\xi}_S(\boldsymbol{x}, u, \boldsymbol{v})$ 和 $\eta_S(\boldsymbol{x}, u, \boldsymbol{v})$，不显式地依赖于 $\boldsymbol{v}$，即

$$
\frac{\partial \xi_S^i}{\partial v^\mu} \equiv 0, \quad \frac{\partial \eta_S}{\partial v^\mu} \equiv 0, \quad i = 1, 2, \cdots, n, \quad \mu = 1, 2, \cdots, n-1 \tag{9.23}
$$

那么式 (9.21) 定义了一个 $R\{\boldsymbol{x}, u\}$ 的 Lie 对称变换，其无穷小生成元为

$$
X = \xi^i(\boldsymbol{x}, u) \frac{\partial}{\partial x^i} + \eta(\boldsymbol{x}, u) \frac{\partial}{\partial u} \tag{9.24}
$$

其中

$$\xi_S^i = \xi^i\left(\boldsymbol{x}, u\right), \quad i = 1, 2, \cdots, n$$
$$\eta_S = \eta\left(\boldsymbol{x}, u\right) \tag{9.25}$$

如果无穷小生成元坐标，即式 (9.21) 中的 $\boldsymbol{\xi}_S\left(\boldsymbol{x}, u, \boldsymbol{v}\right)$ 和 $\eta_S\left(\boldsymbol{x}, u, \boldsymbol{v}\right)$，显式地依赖于 $\boldsymbol{v}$，那么式 (9.21) 定义了一个非局部对称变换。

定理 9.1　辅助系统 $S\left\{\boldsymbol{x}, u, \boldsymbol{v}\right\}$ 拥有的 Lie 对称变换 (9.21) 定义了 $R\left\{\boldsymbol{x}, u\right\}$ 的**势对称**，当且仅当无穷小生成元坐标，即 $\boldsymbol{\xi}_S\left(\boldsymbol{x}, u, \boldsymbol{v}\right)$ 和 $\eta_S\left(\boldsymbol{x}, u, \boldsymbol{v}\right)$ 显式地依赖于 $\boldsymbol{v}^{[78]}$。

定理 9.2　$R\left\{\boldsymbol{x}, u\right\}$ 的势对称是 $R\left\{\boldsymbol{x}, u\right\}$ 的一种**非局部对称变换** [78]。

如果 $R\left\{\boldsymbol{x}, u\right\}$ 是一个带有两个自变量 $\boldsymbol{x} = \left(x^1, x^2\right)$ 的标量演化方程，其守恒形式写为

$$D_2 u - D_1 f\left(\boldsymbol{x}, u, u_1, \cdots, u_{k-1}\right) = 0 \tag{9.26}$$

其中

$$u_p = \frac{\partial^p u}{\partial\left(x^1\right)^p}, \quad p = 1, 2, \cdots, k-1 \tag{9.27}$$

对应的辅助系统 $S\left\{\boldsymbol{x}, u, v\right\}$ 表示为

$$\frac{\partial v}{\partial x^1} = u, \quad \frac{\partial v}{\partial x^2} = f\left(\boldsymbol{x}, u, u_1, \cdots, u_{k-1}\right) \tag{9.28}$$

则 $S\left\{\boldsymbol{x}, u, v\right\}$ 的一个解 $\left(u\left(\boldsymbol{x}\right), v\left(\boldsymbol{x}\right)\right)$ 可以导出演化方程 $T\left\{\boldsymbol{x}, v\right\}$ 的一个解 $v\left(\boldsymbol{x}\right)$，由下式给出

$$\frac{\partial v}{\partial x^2} = f\left(\boldsymbol{x}, v_1, v_2, \cdots, v_k\right) \tag{9.29}$$

定理 9.3　$S\left\{\boldsymbol{x}, u, v\right\}$ 的一个 Lie 对称变换导出 $T\left\{\boldsymbol{x}, v\right\}$ 的一个 Lie 对称变换。反之，$T\left\{\boldsymbol{x}, v\right\}$ 的一个 Lie 对称变换导出 $S\left\{\boldsymbol{x}, u, v\right\}$ 的一个 Lie 对称变换 [25]。

定理 9.3 建立了在 $S\left\{\boldsymbol{x}, u, v\right\}$ 的 Lie 对称变换和 $T\left\{\boldsymbol{x}, v\right\}$ 的 Lie 对称变换之间的一个一一对应的关系。

请注意，式 (9.28) 中第一式将微分方程 (9.29) 的解和微分方程 (9.26) 的解联系了起来。

9.2.2　常微分方程的势对称

考虑一个 n 阶标量常微分方程，记为 $R\left\{x, u\right\}$，不存在 Lie 对称变换。如果 $R\left\{x, u\right\}$ 作为一个降阶的常微分方程由一个写成守恒形式的偏微分方程组得

到, 那么一个辅助常微分方程所继承的 Lie 对称变换实质上降低了 $R\{x, u\}$ 的阶数。

下面将说明一种不需要参考任何偏微分方程组而使 $R\{x, u\}$ 降低阶次的方法 [20,25]。这个方法的出发点在于, 可以通过将 $R\{x, u\}$ 与一个 n 阶辅助常微分方程 $S\{x, v\}$ 相关联, 从而有

(1) $S\{x, v\}$ 的一个通解可以由一个映射推出 $R\{x, u\}$ 的一个通解, 这个映射连接 $S\{x, v\}$ 和 $R\{x, u\}$;

(2) $S\{x, v\}$ 拥有 Lie 对称变换。

令 $R\{x, u\}$ 为 $n(n \geqslant 2)$ 阶常微分方程

$$F(x, u, u_1, u_2, \cdots, u_n) = 0 \tag{9.30}$$

其中 $u_k = \dfrac{\mathrm{d}^k u}{\mathrm{d} x^k}(k = 1, 2, \cdots, n)$。

假设存在一个变换

$$u = f(x, v, v_1) \tag{9.31}$$

定义了一个辅助变量 v, 这样 $R\{x, u\}$ 能够被表达为对某个方程 G 的守恒形式

$$DG(x, u, u_1, \cdots, u_{n-1}, v, v_1, \cdots, v_{n-1}) = 0 \tag{9.32}$$

其中 D 是全微分算子

$$D = \frac{\partial}{\partial x} + u_1 \frac{\partial}{\partial u} + u_2 \frac{\partial}{\partial u_1} + \cdots + u_n \frac{\partial}{\partial u_{n-1}} + v_1 \frac{\partial}{\partial v} + v_2 \frac{\partial}{\partial v_1} + \cdots + v_n \frac{\partial}{\partial v_{n-1}} \tag{9.33}$$

函数 f 一定是依赖于 v_1 的, 即 $\partial f / \partial v_1 \neq 0$, 那么与式 (9.30) 相关联的 n 阶辅助常微分方程 $S\{x, v\}$ 的形式为

$$G(x, f, Df, \cdots, D^{n-1}f, v, v_1, \cdots, v_{n-1}) = 0 \tag{9.34}$$

变换 (9.31) 将 $S\{x, v\}$ 的解 $v(x)$ 映射为 $R\{x, u\}$ 的解 $u(x) = f(x, v(x), v'(x))$。

现在更进一步, 假设变换 (9.31) 将 $S\{x, v\}$ 的一个通解映射为 $R\{x, u\}$ 的一个通解, 而且 $S\{x, v\}$ 拥有一个单参数 Lie 变换群, 其无穷小生成元为

$$X_S = \xi_S(x, v) \frac{\partial}{\partial x} + \zeta_S(x, v) \frac{\partial}{\partial v} \tag{9.35}$$

这个对称变换把 $S\{x, v\}$ 的阶数降低了一阶, 因此通过映射 (9.31) 实际上降低了 $R\{x, u\}$ 的阶数。将 $S\{x, v\}$ 的 Lie 对称变换 (9.35) 称为 $R\{x, u\}$ 的一个**势对称**。

9.2.3　原方程和辅助系统的 Lie 对称变换

令 G_R 表示 $R\{x,u\}$ 的 Lie 对称变换群，G_S 表示辅助系统 $S\{x,u,v\}$ 的 Lie 对称变换群。那么通常情况下，G_S 中的一个 Lie 对称变换无法定义 G_R 中的一个 Lie 对称变换；反之，G_R 中的一个 Lie 对称变换也难以对应 G_S 中的一个 Lie 对称变换。可能会出现如下情况。

偏微分方程 $R\{x,u\}$ 拥有无穷小生成元

$$X = \xi^i\,(x,u)\,\frac{\partial}{\partial x^i} + \eta\,(x,u)\,\frac{\partial}{\partial u} \tag{9.36}$$

但是辅助系统 $S\{x,u,v\}$ 没有如下形式的无穷小生成元

$$X_S = \tilde{\xi}^i\,(x,u)\,\frac{\partial}{\partial x^i} + \tilde{\eta}\,(x,u)\,\frac{\partial}{\partial u} + \varsigma^\mu\,(x,u,v)\,\frac{\partial}{\partial v^\mu} \tag{9.37}$$

其中 $\tilde{\eta}\,(x,u) \equiv \eta\,(x,u)$，$\tilde{\xi}^i\,(x,u) \equiv \xi^i\,(x,u)\,(i=1,2,\cdots,n)$。

9.2.4　守恒形式

可以看到，势对称极大地扩展了偏微分方程无穷小变换的应用。但是为了找到势对称，首先要得到偏微分方程组中至少一个守恒形式的方程。原则上，任意一个 $R\{x,u\}$ 的守恒形式都能推出势对称。

先前给出的例子，守恒形式都很容易写出。然而对于 Schrödinger 方程

$$-\frac{\partial^2 u}{\partial x^1} + V\,(x^1)\,u - i\frac{\partial u}{\partial x^2} = 0 \tag{9.38}$$

其守恒形式很难一眼看出。

但是可以先将式 (9.38) 写成如下守恒形式

$$\frac{\partial f}{\partial x^1} - \frac{\partial g}{\partial x^2} = 0 \tag{9.39}$$

其中

$$f = \omega\,(x^1)\,\frac{\partial u}{\partial x^1} - \omega'\,(x^1)\,u, \quad g = -\mathrm{i}\omega\,(x^1)\,u \tag{9.40}$$

且 $\omega\,(x^1)$ 满足

$$\frac{\omega''\,(x^1)}{\omega\,(x^1)} = V\,(x^1) \tag{9.41}$$

那么辅助系统 $S\{x,u,v\}$ 为

$$\frac{\partial v}{\partial x^1} = -\mathrm{i}\omega\,(x^1)\,u, \quad \frac{\partial v}{\partial x^2} = \omega\,(x^1)\,\frac{\partial u}{\partial x^1} - \omega'\,(x^1)\,u \tag{9.42}$$

因此对于某一族确定的 $V\left(x^1\right)$，式 (9.42) 推出了 Schrödinger 方程的势对称。

获得守恒形式系统性的方法可参见第 4 章 Noether 守恒律的相关内容。如果 $R\left\{\boldsymbol{x}, u\right\}$ 可以从变分公式中得出，那么基本上任何 G_R 的 Lie 对称变换都会推出 $R\left\{\boldsymbol{x}, u\right\}$ 的守恒形式 (守恒律)。每个守恒定律能够推出不同的辅助系统 $S\left\{\boldsymbol{x}, u, v\right\}$。

9.3 微分方程的近似势对称

考虑含有自变量 $\boldsymbol{x} = \left(x^1, \cdots, x^n\right)$ 和一个因变量 u 的一个 k 阶标量扰动偏微分方程，记作 $R\left\{\boldsymbol{x}, u, \varepsilon\right\}$，写成守恒形式 [25,78]

$$D_i\left[f^i\left(\boldsymbol{x}, u, \boldsymbol{u}_{(1)}, \cdots, \boldsymbol{u}_{(k-1)}\right) + \varepsilon g^i\left(\boldsymbol{x}, u, \boldsymbol{u}_{(1)}, \cdots, \boldsymbol{u}_{(k-1)}\right)\right] = 0 \tag{9.43}$$

其中 ε 是一个小参数。

全微分算子表示为

$$D_i = \frac{\partial}{\partial x^i} + u_i \frac{\partial}{\partial u} + u_{ii_1} \frac{\partial}{\partial u_{i_1}} + \cdots + u_{ii_1 i_2 \cdots i_{k-1}} \frac{\partial}{\partial u_{i_1 i_2 \cdots i_{k-1}}},$$

$$i, i_1, i_2, \cdots, i_{k-1} = 1, 2, \cdots, n \tag{9.44}$$

因为偏微分方程 (9.43) 是守恒形式，那么存在 $\frac{1}{2}n(n-1)$ 个函数 $\boldsymbol{\Psi}^{ij}\,(i < j)$，$\boldsymbol{\Psi}^{ij}$ 是一个反对称张量的分量。于是式 (9.43) 可以被表示为 [79]

$$f^i\left(\boldsymbol{x}, u, \boldsymbol{u}_{(1)}, \cdots, \boldsymbol{u}_{(k-1)}\right) + \varepsilon g^i\left(\boldsymbol{x}, u, \boldsymbol{u}_{(1)}, \cdots, \boldsymbol{u}_{(k-1)}\right)$$

$$= \sum_{i<j} (-1)^j \frac{\partial}{\partial x^j} \boldsymbol{\Psi}^{ij} + \sum_{j<i} (-1)^{i-1} \frac{\partial}{\partial x^j} \boldsymbol{\Psi}^{ji}, \quad i, j = 1, 2, \cdots, n \tag{9.45}$$

令

$$\boldsymbol{\Psi}^{ij} = 0, \quad j \neq i + 1 \tag{9.46}$$

并且引入势函数 $\boldsymbol{v} = \left(v^1, v^2, \cdots, v^{n-1}\right)$，满足 [80,81]

$$v^i = \boldsymbol{\Psi}^{i,i+1}, \quad i = 1, 2, \cdots, n-1 \tag{9.47}$$

那么，微分方程系统 (9.45) 以及由式 (9.43) 给出的 $R\left\{\boldsymbol{x}, u, \varepsilon\right\}$，变成辅助系

统 $S\{\boldsymbol{x}, u, \boldsymbol{v}, \varepsilon\}$

$$f^1 + \varepsilon g^1 = \frac{\partial}{\partial x^2} v^1$$

$$f^j + \varepsilon g^j = (-1)^{j-1}\left(\frac{\partial}{\partial x^{j+1}} v^j + \frac{\partial}{\partial x^{j-1}} v^{j-1}\right), \quad 1 < j < n \tag{9.48}$$

$$f^n + \varepsilon g^n = (-1)^{n-1}\frac{\partial}{\partial x^{n-1}} v^{n-1}$$

当 $n = 2$ 时，令

$$\begin{aligned} f^1 + \varepsilon g^1 &= f\left(\boldsymbol{x}, u, \boldsymbol{u}_{(1)}, \cdots, \boldsymbol{u}_{(k-1)}\right) + \varepsilon g\left(\boldsymbol{x}, u, \boldsymbol{u}_{(1)}, \cdots, \boldsymbol{u}_{(k-1)}\right) \\ f^2 + \varepsilon g^2 &= -p\left(\boldsymbol{x}, u, \boldsymbol{u}_{(1)}, \cdots, \boldsymbol{u}_{(k-1)}\right) - \varepsilon q\left(\boldsymbol{x}, u, \boldsymbol{u}_{(1)}, \cdots, \boldsymbol{u}_{(k-1)}\right) \end{aligned} \tag{9.49}$$

所以 $R\{\boldsymbol{x}, u, \varepsilon\}$ 变为

$$D_1\left(f + \varepsilon g\right) - D_2\left(p + \varepsilon q\right) = 0 \tag{9.50}$$

令势函数 $v = v^1 = \boldsymbol{\Psi}^{12}$，则守恒形式 (9.50) 对应的辅助系统 $S\{\boldsymbol{x}, u, v, \varepsilon\}$ 由下式给出

$$\frac{\partial v}{\partial x^2} = f + \varepsilon g, \quad \frac{\partial v}{\partial x^1} = p + \varepsilon q \tag{9.51}$$

现在假设式 (9.51) 给出的辅助系统 $S\{\boldsymbol{x}, u, v, \varepsilon\}$ 有一个单参数 Lie 变换群

$$\begin{aligned} V =& V_0 + \varepsilon V_1 \\ =& \xi_0^1\left(\boldsymbol{x}, u, v\right)\frac{\partial}{\partial x^1} + \xi_0^2\left(\boldsymbol{x}, u, v\right)\frac{\partial}{\partial x^2} + \varphi_0\left(\boldsymbol{x}, u, v\right)\frac{\partial}{\partial u} + \psi_0\left(\boldsymbol{x}, u, v\right)\frac{\partial}{\partial v} \\ &+ \varepsilon\left[\xi_1^1\left(\boldsymbol{x}, u, v\right)\frac{\partial}{\partial x^1} + \xi_1^2\left(\boldsymbol{x}, u, v\right)\frac{\partial}{\partial x^2} + \varphi_1\left(\boldsymbol{x}, u, v\right)\frac{\partial}{\partial u} + \psi_1\left(\boldsymbol{x}, u, v\right)\frac{\partial}{\partial v}\right] \end{aligned} \tag{9.52}$$

从而可以由如下三步来计算 [78,82]，过程如下：

(1) 通过求解精确的对称的决定方程

$$V_0\left(\frac{\partial v}{\partial x^2} - f\right) = V_0\left(\frac{\partial v}{\partial x^1} - p\right) = 0 \tag{9.53}$$

确定式 (9.51) 对应无扰动方程的 Lie 变换群的无穷小生成元 V_0

$$\frac{\partial v}{\partial x^2} = f, \quad \frac{\partial v}{\partial x^1} = p \tag{9.54}$$

(2) 给定 V_0 和扰动项 g, q, 计算辅助函数 H_1 和 H_2

$$H_1 = \frac{1}{\varepsilon} V_0 \left(\frac{\partial v}{\partial x^2} - f - \varepsilon g \right) \bigg|_{\frac{\partial v}{\partial x^2} = f + \varepsilon g, \frac{\partial v}{\partial x^1} = p + \varepsilon q}$$
$$H_2 = \frac{1}{\varepsilon} V_0 \left(\frac{\partial v}{\partial x^1} - p - \varepsilon q \right) \bigg|_{\frac{\partial v}{\partial x^2} = f + \varepsilon g, \frac{\partial v}{\partial x^1} = p + \varepsilon q} \tag{9.55}$$

(3) 从变形的决定方程中找到一阶的变形形式

$$V_1 \left(\frac{\partial v}{\partial x^2} - f \right) \bigg|_{\frac{\partial v}{\partial x^2} = f, \frac{\partial v}{\partial x^1} = p} + H_1 = 0$$
$$V_1 \left(\frac{\partial v}{\partial x^1} - p \right) \bigg|_{\frac{\partial v}{\partial x^2} = f, \frac{\partial v}{\partial x^1} = p} + H_2 = 0 \tag{9.56}$$

如果无穷小 $\xi_0^1, \xi_0^2, \xi_1^1, \xi_1^2, \varphi_0, \varphi_1$ 显式地依赖于 v, 那么式 (9.52) 定义了 $R\{\boldsymbol{x}, u, \varepsilon\}$ 的一个非平凡近似势对称。由于辅助系统定义的势变量 v 的存在, 这个对称变换是一个非局部对称变换。

定理 9.4 辅助系统 $S\{\boldsymbol{x}, u, v, \varepsilon\}$ 拥有的近似 Lie 对称变换 (9.52) 定义了 $R\{\boldsymbol{x}, u\}$ 的**近似势对称**, 当且仅当无穷小显式地依赖于 $v^{[78]}$。

如果 $R\{\boldsymbol{x}, u\}$ 是一个带有两个自变量 $\boldsymbol{x} = (x^1, x^2)$ 的标量演化方程, 其守恒形式写为

$$D_2 u = D_1 \left[f\left(\boldsymbol{x}, u, \boldsymbol{u}_{(1)}, \cdots, \boldsymbol{u}_{(k-1)}\right) + \varepsilon g\left(\boldsymbol{x}, u, \boldsymbol{u}_{(1)}, \cdots, \boldsymbol{u}_{(k-1)}\right) \right] \tag{9.57}$$

令 $u = D_1 v$, 那么 v 满足一个带扰动的演化方程 $T\{\boldsymbol{x}, v, \varepsilon\}$

$$D_2 v = f\left(\boldsymbol{x}, \boldsymbol{v}_{(1)}, \cdots, \boldsymbol{v}_{(k)}\right) + \varepsilon g\left(\boldsymbol{x}, \boldsymbol{v}_{(1)}, \cdots, \boldsymbol{v}_{(k)}\right) \tag{9.58}$$

定理 9.5 $S\{\boldsymbol{x}, u, v, \varepsilon\}$ 的一个近似 Lie 对称变换导出 $T\{\boldsymbol{x}, v, \varepsilon\}$ 的一个近似 Lie 对称变换。反之, $T\{\boldsymbol{x}, v, \varepsilon\}$ 的一个近似 Lie 对称变换导出 $S\{\boldsymbol{x}, u, v, \varepsilon\}$ 的一个近似 Lie 对称变换。

定理 9.2 建立了在 $S\{\boldsymbol{x}, u, v, \varepsilon\}$ 的近似 Lie 对称变换和 $T\{\boldsymbol{x}, v, \varepsilon\}$ 的近似 Lie 对称变换之间的一个一一对应的关系。

定理 9.6 假设 $V = V_0 + \varepsilon V$ 是方程 (9.43) 的一个近似势对称, 而且 $\xi_0^1, \xi_0^2, \varphi_0$ 显式地依赖于 v, 那么 V_0 是方程 (9.43) 对应的无扰动方程的势对称 $^{[78]}$。

第 10 章 弹性力学中的应用

弹性力学中对称性和守恒律的研究由来已久 [83-85]。如果得到弹性力学结构系统的某个守恒量，就可以探究出系统的某些特征及局部性质；反之，如果知道了弹性力学结构系统的局部性质或者某种特征，也可以导出系统的守恒量，而且系统的守恒量和某个变量是有关联的。因此，一旦知道系统存在的守恒量，如果给出系统的初始条件就能得到相关问题的解。

本章针对若干个弹性力学中的典型微分方程，分析其对称性并推导守恒量。10.1 节和 10.2 节分别研究杆、梁的平衡方程的守恒律，10.3 节和 10.4 节分别研究平面问题、三维问题的位移法方程的对称性和守恒律，10.5 节依次分析疲劳裂纹扩展方程的 Lie 对称性、Lie-Bäcklund 对称性、Noether 守恒律和 Ibragimov 守恒律，10.6~10.9 节介绍将 Noether 定理应用于弹性力学中的实例，并推导得到相应路径无关积分。

10.1 杆的平衡方程的守恒律

杆件是力学问题中常见的基本元件，由杆件组成的桁架结构在生活中屡见不鲜。杆件仅承受轴向载荷，在轴向载荷的作用下，杆件会发生沿轴向的变形。杆件的轴向变形分析是弹性力学中最基本的问题。

等截面均匀直杆在分布载荷作用下的平衡微分方程为

$$EAu_{xx} + f_0 = 0 \tag{10.1}$$

其中，u 是杆在 x 方向的位移，E 是材料的弹性模量，A 是杆的横截面积，f_0 是杆受到的分布载荷。

方程 (10.1) 的 Lagrange 函数为

$$\mathcal{L} = \frac{1}{2}EAu_x^2 - f_0 u \tag{10.2}$$

设 Lie 算子为

$$X = \xi \frac{\partial}{\partial x} + \eta \frac{\partial}{\partial u} + \zeta_1 \frac{\partial}{\partial u_x} \tag{10.3}$$

其中

$$\zeta_1 = D_x(\eta) - u_x D_x(\xi) = \eta_x - u_x \xi_x \tag{10.4}$$

由式 (10.2)、(10.3) 得

$$X\left(\mathcal{L}\right) + \mathcal{L}D_x\left(\xi\right)$$

$$= \left(\xi\frac{\partial}{\partial x} + \eta\frac{\partial}{\partial u} + \zeta_1\frac{\partial}{\partial u_x}\right)\left(\frac{1}{2}EAu_x^2 - f_0 u\right) + \left(\frac{1}{2}EAu_x^2 - f_0 u\right)\xi_x$$

$$= -\frac{\partial f_0}{\partial x}u\xi - f_0\eta + \zeta_1 EAu_x + \left(\frac{1}{2}EAu_x^2 - f_0 u\right)\xi_x \tag{10.5}$$

将式 (10.4) 代入式 (10.5),得

$$X\left(\mathcal{L}\right) + \mathcal{L}D_x\left(\xi\right)$$

$$= -\frac{\partial f_0}{\partial x}u\xi - f_0\eta + (\eta_x - u_x\xi_x)EAu_x + \left(\frac{1}{2}EAu_x^2 - f_0 u\right)\xi_x$$

$$= -\frac{\partial f_0}{\partial x}u\xi - f_0\eta + \left[\frac{\partial\eta}{\partial x} + u_x\left(\frac{\partial\eta}{\partial u} - \frac{\partial\xi}{\partial x}\right) - u_x^2\frac{\partial\xi}{\partial u}\right]EAu_x$$

$$+ \left(\frac{1}{2}EAu_x^2 - f_0 u\right)\left(\frac{\partial\xi}{\partial x} + u_x\frac{\partial\xi}{\partial u}\right)$$

$$= -\frac{\partial f_0}{\partial x}u\xi - f_0\eta - f_0 u\frac{\partial\xi}{\partial x} + \left(EA\frac{\partial\eta}{\partial x} - f_0 u\frac{\partial\xi}{\partial u}\right)u_x$$

$$+ \left(\frac{\partial\eta}{\partial u} - \frac{1}{2}\frac{\partial\xi}{\partial x}\right)EAu_x^2 - \frac{1}{2}\frac{\partial\xi}{\partial u}EAu_x^3 \tag{10.6}$$

令 u 各阶导数项的系数为零,得到

$$u_x^0: -\frac{\partial f_0}{\partial x}u\xi - f_0\eta - f_0 u\frac{\partial\xi}{\partial x} = 0$$

$$u_x: EA\frac{\partial\eta}{\partial x} - f_0 u\frac{\partial\xi}{\partial u} = 0$$

$$u_x^2: \frac{\partial\eta}{\partial u} - \frac{1}{2}\frac{\partial\xi}{\partial x} = 0 \tag{10.7}$$

$$u_x^3: -\frac{1}{2}\frac{\partial\xi}{\partial u} = 0$$

当 f_0 为均布载荷时,由式 (10.7) 得

$$\xi = k_1, \quad \eta = 0 \tag{10.8}$$

其中 k_1 为任意常数。

Noether 算子为

$$\mathcal{N} = \xi + W \frac{\delta}{\delta u_x} = k_1 - u_x k_1 \frac{\partial}{\partial u_x} \tag{10.9}$$

守恒向量表达式为

$$\begin{aligned}
C &= \mathcal{N}(\mathcal{L}) \\
&= \left(k_1 - u_x k_{10} \frac{\partial}{\partial u_x} \right) \left(\frac{1}{2} EA u_x^2 - f_0 u \right) \\
&= k_1 \left(\frac{1}{2} EA u_x^2 - f_0 u \right) - EA u_x^2 k_1 \\
&= -k_1 \left(\frac{1}{2} EA u_x^2 + f_0 u \right)
\end{aligned} \tag{10.10}$$

守恒律为

$$D_x(C)\big|_{EA u_{xx} + f_0 = 0} = -D_x \left(k_1 \left(\frac{1}{2} EA u_x^2 + f_0 u \right) \right) \bigg|_{EA u_{xx} + f_0 = 0} = 0 \tag{10.11}$$

由此推出

$$k_1 \left(\frac{1}{2} EA u_x^2 + f_0 u \right) \bigg|_{EA u_{xx} + f_0 = 0} = E_0 \tag{10.12}$$

其中 E_0 为总能量。

很明显, 式 (10.12) 左边括号内第一项代表杆件发生变形而储存的弹性能, 第二项则是外载荷做的功, 所以该守恒律其实就等效于能量守恒。

10.2   梁的平衡方程的守恒律

梁是工程结构中重要的承力构件, 如房梁、轮船的龙骨、飞机机翼的大梁和起重机的大梁。梁是承受垂直于轴线的横向载荷的杆件。在横向载荷的作用下, 梁轴线的曲率会发生变化, 直梁的轴线由直变曲, 曲梁轴线的曲率增大或减小。这类变形称为弯曲变形, 变形后的轴线称为挠曲线。梁的平面弯曲问题是最基本的弯曲问题, 也是弹性力学中的重要问题。

等截面均匀 Euler 梁的平衡微分方程为

$$EI u_{xxxx} - q_0 = 0 \tag{10.13}$$

其中，u 是梁的位移，E 是材料的弹性模量，I 是梁的转动惯量，q_0 是梁受到的分布载荷。

方程 (10.13) 的 Lagrange 函数为

$$\mathcal{L} = \frac{1}{2} E I u_{xx}^2 - q_0 u \tag{10.14}$$

设 Lie 算子为

$$X = \xi \frac{\partial}{\partial x} + \eta \frac{\partial}{\partial u} + \zeta_1 \frac{\partial}{\partial u_x} + \zeta_2 \frac{\partial}{\partial u_{xx}} \tag{10.15}$$

其中

$$
\begin{aligned}
\zeta_1 =& D_x(\eta) - u_x D_x(\xi) \\
=& \frac{\partial \eta}{\partial x} + u_x \left(\frac{\partial \eta}{\partial u} - \frac{\partial \xi}{\partial x} \right) - u_x^2 \frac{\partial \xi}{\partial u} \\
\zeta_2 =& D_x(\zeta_1) - u_{xx} D_x(\xi) \\
=& \frac{\partial^2 \eta}{\partial x^2} + u_x \left(\frac{\partial^2 \eta}{\partial x \partial u} - \frac{\partial^2 \xi}{\partial x^2} \right) - u_x^2 \frac{\partial^2 \xi}{\partial x \partial u} \\
& + u_x \left[\frac{\partial^2 \eta}{\partial x \partial u} + u_x \left(\frac{\partial^2 \eta}{\partial u^2} - \frac{\partial^2 \xi}{\partial x \partial u} \right) - u_x^2 \frac{\partial^2 \xi}{\partial u^2} \right] \\
& - u_{xx} \left(\frac{\partial \xi}{\partial x} + u_x \frac{\partial \xi}{\partial u} \right) \\
=& \frac{\partial^2 \eta}{\partial x^2} + u_x \left(2 \frac{\partial^2 \eta}{\partial x \partial u} - \frac{\partial^2 \xi}{\partial x^2} \right) + u_x^2 \left(\frac{\partial^2 \eta}{\partial u^2} - 2 \frac{\partial^2 \xi}{\partial x \partial u} \right) \\
& - u_x u_{xx} \frac{\partial \xi}{\partial u} - u_x^3 \frac{\partial^2 \xi}{\partial u^2} - u_{xx} \frac{\partial \xi}{\partial x} \tag{10.16}
\end{aligned}
$$

由式 (10.14)、(10.15) 得

$$
\begin{aligned}
& X(\mathcal{L}) + \mathcal{L} D_x(\xi) \\
=& \left(\xi \frac{\partial}{\partial x} + \eta \frac{\partial}{\partial u} + \zeta_1 \frac{\partial}{\partial u_x} + \zeta_2 \frac{\partial}{\partial u_{xx}} \right) \left(\frac{1}{2} E I u_{xx}^2 - q_0 u \right) + \left(\frac{1}{2} E I u_{xx}^2 - q_0 u \right) \xi_x \\
=& -\frac{\partial q_0}{\partial x} u \xi - q_0 \eta + \zeta_2 E I u_{xx} + \left(\frac{1}{2} E I u_{xx}^2 - q_0 u \right) \xi_x \\
=& -\frac{\partial q_0}{\partial x} u \xi - q_0 \eta + \left[\frac{\partial^2 \eta}{\partial x^2} + u_x \left(2 \frac{\partial^2 \eta}{\partial x \partial u} - \frac{\partial^2 \xi}{\partial x^2} \right) + u_x^2 \left(\frac{\partial^2 \eta}{\partial u^2} - 2 \frac{\partial^2 \xi}{\partial x \partial u} \right) \right.
\end{aligned}
$$

$$-u_x u_{xx}\frac{\partial\xi}{\partial u}-u_x^3\frac{\partial^2\xi}{\partial u^2}-u_{xx}\frac{\partial\xi}{\partial x}\Big]EIu_{xx}+\left(\frac{1}{2}EIu_{xx}^2-q_0u\right)\left(\frac{\partial\xi}{\partial x}+u_x\frac{\partial\xi}{\partial u}\right)$$

$$=-\frac{\partial q_0}{\partial x}u\xi-q_0\eta-q_0u\frac{\partial\xi}{\partial x}-q_0u\frac{\partial\xi}{\partial u}u_x+\frac{\partial^2\eta}{\partial x^2}EIu_{xx}+\left(2\frac{\partial^2\eta}{\partial x\partial u}-\frac{\partial^2\xi}{\partial x^2}\right)EIu_xu_{xx}$$

$$+\left(\frac{\partial^2\eta}{\partial u^2}-2\frac{\partial^2\xi}{\partial x\partial u}\right)EIu_x^2u_{xx}-\frac{1}{2}\frac{\partial\xi}{\partial u}EIu_xu_{xx}^2-\frac{\partial^2\xi}{\partial u^2}EIu_x^3u_{xx}-\frac{1}{2}\frac{\partial\xi}{\partial x}EIu_{xx}^2$$

$$\tag{10.17}$$

令 u 各阶导数项的系数为零, 得到

$$u_x^0:-\frac{\partial q_0}{\partial x}u\xi-q_0\eta-q_0u\frac{\partial\xi}{\partial x}=0$$

$$u_x:-q_0u\frac{\partial\xi}{\partial u}=0$$

$$u_{xx}:\frac{\partial^2\eta}{\partial x^2}=0$$

$$u_xu_{xx}:2\frac{\partial^2\eta}{\partial x\partial u}-\frac{\partial^2\xi}{\partial x^2}=0$$

$$u_x^2u_{xx}:\frac{\partial^2\eta}{\partial u^2}-2\frac{\partial^2\xi}{\partial x\partial u}=0$$

$$u_xu_{xx}^2:-\frac{1}{2}\frac{\partial\xi}{\partial u}=0$$

$$u_x^3u_{xx}:-\frac{\partial^2\xi}{\partial u^2}=0$$

$$u_{xx}^2:-\frac{1}{2}\frac{\partial\xi}{\partial x}=0$$

$$\tag{10.18}$$

当 q_0 为均布载荷时, 解得

$$\xi=k_1,\quad\eta=0\tag{10.19}$$

其中 k_1 为任意常数。

Noether 算子为

$$\mathcal{N}=\xi+W\frac{\delta}{\delta u_x}+D_x(W)\frac{\delta}{\delta u_{xx}}=k_1-u_xk_1\left(\frac{\partial}{\partial u_x}-D_x\frac{\partial}{\partial u_{xx}}\right)-k_1u_{xx}\frac{\partial}{\partial u_{xx}}\tag{10.20}$$

守恒向量表达式为

$$
\begin{aligned}
C &= \mathcal{N}(\mathcal{L}) \\
&= \left(k_1 - u_x k_1 \left(\frac{\partial}{\partial u_x} - D_x \frac{\partial}{\partial u_{xx}} \right) - k_1 u_{xx} \frac{\partial}{\partial u_{xx}} \right) \left(\frac{1}{2} EI u_{xx}^2 - q_0 u \right) \\
&= k_1 \left(\frac{1}{2} EI u_{xx}^2 - q_0 u \right) + k_1 u_x D_x (EI u_{xx}) - k_1 EI u_{xx}^2 \\
&= -k_1 \left(\frac{1}{2} EI u_{xx}^2 + q_0 u - EI u_x u_{xxx} \right)
\end{aligned}
\tag{10.21}
$$

守恒律为

$$
D_x (C)|_{EI u_{xxxx} - q_0 = 0} = -k_1 D_x \left(\frac{1}{2} EI u_{xx}^2 + q_0 u - EI u_x u_{xxx} \right) \Bigg|_{EI u_{xxxx} - q_0 = 0} = 0
\tag{10.22}
$$

与 10.1 节类似, 该守恒律也等效于能量守恒。

10.3　平面问题的位移法方程的对称性和守恒律

应力、应变和位移是弹性力学的三类基本位置函数, 当这三类基本位置函数与第三个坐标方向 (一般取 z 方向) 无关时, 则将该类问题称为平面问题。平面问题是在一个平面域内求解的问题, 但并非数学上的二维问题。弹性力学平面问题分为平面应变与平面应力两类问题。在平面应力问题中, 结构一个方向的尺寸比另两个方向的尺寸小得多, 例如等厚薄平板; 外力和约束仅平行于板面作用, 且沿厚度方向不变化。在平面应变问题中, 结构一个方向的尺寸比另两个方向的尺寸大得多, 且沿长度方向几何形状和尺寸不发生变化; 外力平行于横截面作用, 且沿长度 z 方向不变化。

位移法是计算超静定结构的一种基本方法, 它主要是由于大量高次超静定刚架的出现而发展起来的一种方法。由于很多钢架的结点位移数远比结构的超静定次数少, 相对于以未知力为基本未知量的力法来说, 用位移法求解会简单很多。位移法以结点的位移 (角位移和线位移) 为基本未知量, 运用结点或截面的平衡条件, 建立位移方程, 然后求出未知位移, 最后利用位移与内力之间确定的关系计算相应的内力。

位移法在弹性力学平面问题求解中应用广泛 [86,87]，其微分方程为 [88]

$$\frac{E}{1-\mu^2}\left(\frac{\partial^2 u}{\partial x^2}+\frac{1-\mu}{2}\frac{\partial^2 u}{\partial y^2}+\frac{1+\mu}{2}\frac{\partial^2 v}{\partial x\partial y}\right)+F_X=0$$

$$\frac{E}{1-\mu^2}\left(\frac{\partial^2 v}{\partial y^2}+\frac{1-\mu}{2}\frac{\partial^2 v}{\partial x^2}+\frac{1+\mu}{2}\frac{\partial^2 u}{\partial x\partial y}\right)+F_Y=0$$

(10.23)

其中，u,v 分别是弹性体在 x,y 方向的位移，F_X,F_Y 分别是 x,y 方向上的外力分量，E 是材料的弹性模量，μ 是泊松比。

方程 (10.23) 写为

$$G_1\left(x,y,u,v,u_x,u_y,v_x,v_y,u_{xx},u_{xy},u_{yy},v_{xx},v_{xy},v_{yy}\right)$$

$$=\frac{E}{1-\mu^2}\left(u_{xx}+\frac{1-\mu}{2}u_{yy}+\frac{1+\mu}{2}v_{xy}\right)+F_X=0$$

$$G_2\left(x,y,u,v,u_x,u_y,v_x,v_y,u_{xx},u_{xy},u_{yy},v_{xx},v_{xy},v_{yy}\right)$$

$$=\frac{E}{1-\mu^2}\left(v_{yy}+\frac{1-\mu}{2}v_{xx}+\frac{1+\mu}{2}u_{xy}\right)+F_Y=0$$

(10.24)

10.3.1 Lie 对称性

设 Lie 算子为

$$X=\xi^x\frac{\partial}{\partial x}+\xi^y\frac{\partial}{\partial y}+\eta^u\frac{\partial}{\partial u}+\eta^v\frac{\partial}{\partial v}+\zeta_x^u\frac{\partial}{\partial u_x}+\zeta_y^u\frac{\partial}{\partial u_y}+\zeta_x^v\frac{\partial}{\partial v_x}+\zeta_y^v\frac{\partial}{\partial v_y}$$

$$+\zeta_{xx}^u\frac{\partial}{\partial u_{xx}}+\zeta_{yy}^u\frac{\partial}{\partial u_{yy}}+\zeta_{xy}^u\frac{\partial}{\partial u_{xy}}+\zeta_{xx}^v\frac{\partial}{\partial v_{xx}}+\zeta_{yy}^v\frac{\partial}{\partial v_{yy}}+\zeta_{xy}^v\frac{\partial}{\partial v_{xy}}$$

(10.25)

其中

$$\zeta_x^u=D_x\left(\eta^u\right)-u_xD_x\left(\xi^x\right)-u_yD_x\left(\xi^y\right)=\eta_x^u-u_x\xi_x^x-u_y\xi_x^y$$

$$\zeta_y^u=D_y\left(\eta^u\right)-u_xD_y\left(\xi^x\right)-u_yD_y\left(\xi^y\right)=\eta_y^u-u_x\xi_y^x-u_y\xi_y^y$$

$$\zeta_x^v=D_x\left(\eta^v\right)-v_xD_x\left(\xi^x\right)-v_yD_x\left(\xi^y\right)=\eta_x^v-v_x\xi_x^x-v_y\xi_x^y$$

$$\zeta_y^v=D_y\left(\eta^v\right)-v_xD_y\left(\xi^x\right)-v_yD_y\left(\xi^y\right)=\eta_y^v-v_x\xi_y^x-v_y\xi_y^y$$

(10.26)

$$\zeta_{xx}^u = D_x\left(\zeta_x^u\right) - u_{xx}D_x\left(\xi^x\right) - u_{xy}D_x\left(\xi^y\right)$$
$$= \eta_{xx}^u - 2u_{xx}\xi_x^x - u_x\xi_{xx}^x - 2u_{xy}\xi_x^y - u_y\xi_{xx}^y$$
$$\zeta_{yy}^u = D_y\left(\zeta_y^u\right) - u_{xy}D_y\left(\xi^x\right) - u_{yy}D_y\left(\xi^y\right)$$
$$= \eta_{yy}^u - 2u_{xy}\xi_y^x - u_x\xi_{yy}^x - 2u_{yy}\xi_y^y - u_y\xi_{yy}^y$$
$$\zeta_{xy}^u = D_y\left(\zeta_x^u\right) - u_{xx}D_y\left(\xi^x\right) - u_{xy}D_y\left(\xi^y\right)$$
$$= \eta_{xy}^u - u_{xy}\xi_x^x - u_x\xi_{xy}^x - u_{yy}\xi_x^y - u_y\xi_{xy}^y - u_{xx}\xi_y^x - u_{xy}\xi_y^y$$
$$\zeta_{xx}^v = D_x\left(\zeta_x^v\right) - v_{xx}D_x\left(\xi^x\right) - v_{xy}D_x\left(\xi^y\right) \qquad (10.27)$$
$$= \eta_{xx}^v - 2v_{xx}\xi_x^x - v_x\xi_{xx}^x - 2v_{xy}\xi_x^y - v_y\xi_{xx}^y$$
$$\zeta_{yy}^v = D_y\left(\zeta_y^v\right) - v_{xy}D_y\left(\xi^x\right) - v_{yy}D_y\left(\xi^y\right)$$
$$= \eta_{yy}^v - 2v_{xy}\xi_y^x - v_x\xi_{yy}^x - 2v_{yy}\xi_y^y - v_y\xi_{yy}^y$$
$$\zeta_{xy}^v = D_y\left(\zeta_x^v\right) - v_{xx}D_y\left(\xi^x\right) - v_{xy}D_y\left(\xi^y\right)$$
$$= \eta_{xy}^v - v_{xy}\xi_x^x - v_x\xi_{xy}^x - v_{yy}\xi_x^y - v_y\xi_{xy}^y - v_{xx}\xi_y^x - v_{xy}\xi_y^y$$

则

$$
\begin{aligned}
XG_1 =& \left[\xi^x\frac{\partial}{\partial x} + \xi^y\frac{\partial}{\partial y} + \eta^u\frac{\partial}{\partial u} + \eta^v\frac{\partial}{\partial v} + \left(\eta_x^u - u_x\xi_x^x - u_y\xi_x^y\right)\frac{\partial}{\partial u_x}\right. \\
&+ \left(\eta_y^u - u_x\xi_y^x - u_y\xi_y^y\right)\frac{\partial}{\partial u_y} \\
&+ \left(\eta_x^v - v_x\xi_x^x - v_y\xi_x^y\right)\frac{\partial}{\partial v_x} + \left(\eta_y^v - v_x\xi_y^x - v_y\xi_y^y\right)\frac{\partial}{\partial v_y} \\
&+ \left(\eta_{xx}^u - 2u_{xx}\xi_x^x - u_x\xi_{xx}^x - u_y\xi_{xx}^y - 2u_{xy}\xi_x^y\right)\frac{\partial}{\partial u_{xx}} \\
&+ \left(\eta_{yy}^u - 2u_{xy}\xi_y^x - u_x\xi_{yy}^x - 2u_{yy}\xi_y^y - u_y\xi_{yy}^y\right)\frac{\partial}{\partial u_{yy}} \\
&+ \left(\eta_{xy}^u - u_{xy}\xi_x^x - u_x\xi_{xy}^x - u_{yy}\xi_x^y - u_y\xi_{xy}^y - u_{xx}\xi_y^x - u_{xy}\xi_y^y\right)\frac{\partial}{\partial u_{xy}} \\
&+ \left(\eta_{xx}^v - 2v_{xx}\xi_x^x - v_x\xi_{xx}^x - 2v_{xy}\xi_x^y - v_y\xi_{xx}^y\right)\frac{\partial}{\partial v_{xx}} \\
&+ \left(\eta_{yy}^v - 2v_{xy}\xi_y^x - v_x\xi_{yy}^x - 2v_{yy}\xi_y^y - v_y\xi_{yy}^y\right)\frac{\partial}{\partial v_{yy}} + \left(\eta_{xy}^v - v_{xy}\xi_x^x\right. \\
&\left.\left. - v_x\xi_{xy}^x - v_{yy}\xi_x^y - v_y\xi_{xy}^y - v_{xx}\xi_y^x - v_{xy}\xi_y^y\right)\frac{\partial}{\partial v_{xy}}\right] \\
&\times \left[\frac{E}{1-\mu^2}\left(u_{xx} + \frac{1-\mu}{2}u_{yy} + \frac{1+\mu}{2}v_{xy}\right) + F_X\right]
\end{aligned}
$$

$$
=\frac{E}{1-\mu^2}\left[\left(\eta_{xx}^u-2u_{xx}\xi_x^x-u_x\xi_{xx}^x-u_y\xi_{xx}^y-2u_{xy}\xi_x^y\right)\right.
$$

$$
+\frac{1-\mu}{2}\left(\eta_{yy}^u-2u_{xy}\xi_y^x-u_x\xi_{yy}^x-2u_{yy}\xi_y^y-u_y\xi_{yy}^y\right)
$$

$$
+\frac{1+\mu}{2}(\eta_{xy}^v-v_{xy}\xi_x^x-v_x\xi_{xy}^x
$$

$$
\left.-v_{yy}\xi_x^y-v_y\xi_{xy}^y-v_{xx}\xi_y^x-v_{xy}\xi_y^y)\right]
$$

$$
+\xi^x F_{Xx}+\xi^y F_{Xy}+\eta^u F_{Xu}+\xi^y F_{Xv} \tag{10.28}
$$

同理

$$
XG_2=\frac{E}{1-\mu^2}\left[\left(\eta_{yy}^v-2v_{xy}\xi_y^x-v_x\xi_{yy}^x-2v_{yy}\xi_y^y-v_y\xi_{yy}^y\right)\right.
$$

$$
+\frac{1-\mu}{2}\left(\eta_{xx}^v-2v_{xx}\xi_x^x-v_x\xi_{xx}^x-v_y\xi_{xx}^y-2v_{xy}\xi_x^y\right)
$$

$$
\left.+\frac{1+\mu}{2}\left(\eta_{xy}^u-u_{xy}\xi_x^x-u_x\xi_{xy}^x-u_{yy}\xi_x^y-u_y\xi_{xy}^y-u_{xx}\xi_y^x-u_{xy}\xi_y^y\right)\right]
$$

$$
+\xi^x F_{Yx}+\xi^y F_{Yy}+\eta^u F_{Yu}+\xi^y F_{Yv} \tag{10.29}
$$

对于 Lie 对称性，有

$$
XG_1=\lambda_1^1 G_1+\lambda_1^2 G_2
$$

$$
=\lambda_1^1\left[\frac{E}{1-\mu^2}\left(u_{xx}+\frac{1-\mu}{2}u_{yy}+\frac{1+\mu}{2}v_{xy}\right)+F_X\right]
$$

$$
+\lambda_1^2\left[\frac{E}{1-\mu^2}\left(v_{yy}+\frac{1-\mu}{2}v_{xx}+\frac{1+\mu}{2}u_{xy}\right)+F_Y\right]
$$

$$
XG_2=\lambda_2^1 G_1+\lambda_2^2 G_2 \tag{10.30}
$$

$$
=\lambda_2^1\left[\frac{E}{1-\mu^2}\left(u_{xx}+\frac{1-\mu}{2}u_{yy}+\frac{1+\mu}{2}v_{xy}\right)+F_X\right]
$$

$$
+\lambda_2^2\left[\frac{E}{1-\mu^2}\left(v_{yy}+\frac{1-\mu}{2}v_{xx}+\frac{1+\mu}{2}u_{xy}\right)+F_Y\right]
$$

由式 (10.28) 和式 (10.30) 中的第一式，比较 u,v 的各阶导数项的系数可得

$$u^0 : \frac{E}{1-\mu^2}\left(\eta^u_{xx} + \frac{1-\mu}{2}\eta^u_{yy} + \frac{1+\mu}{2}\eta^v_{xy}\right) + \xi^x F_{Xx} + \xi^y F_{Xy} + \eta^u F_{Xu} + \xi^y F_{Xv}$$

$$= \lambda^1_1 F_X + \lambda^2_1 F_Y$$

$$u_x : -\xi^x_{xx} - \frac{1-\mu}{2}\xi^x_{yy} = 0, \quad u_y : -\xi^y_{xx} - \frac{1-\mu}{2}\xi^y_{yy} = 0, \quad v_x : -\frac{1+\mu}{2}\xi^x_{xy} = 0$$

$$v_y : -\frac{1+\mu}{2}\xi^y_{xy} = 0, \quad u_{xx} : -2\xi^x_x = \lambda^1_1, \quad u_{xy} : -2\xi^y_x - \frac{1-\mu}{2}2\xi^x_y = \lambda^2_1\frac{1+\mu}{2}$$

$$u_{yy} : -\frac{1-\mu}{2}2\xi^y_y = \lambda^1_1\frac{1-\mu}{2}, \quad v_{xx} : -\frac{1+\mu}{2}\xi^x_y = \lambda^2_1\frac{1-\mu}{2}$$

$$v_{xy} : -\frac{1+\mu}{2}\left(\xi^x_x + \xi^y_y\right) = \lambda^1_1\frac{1+\mu}{2}, \quad v_{yy} : -\frac{1+\mu}{2}\xi^y_x = \lambda^2_1 \tag{10.31}$$

由式 (10.29) 和式 (10.30) 中的第二式，比较 u, v 的各阶导数项的系数可得

$$u^0 : \frac{E}{1-\mu^2}\left(\eta^v_{yy} + \frac{1-\mu}{2}\eta^v_{xx} + \frac{1+\mu}{2}\eta^u_{xy}\right) + \xi^x F_{Yx} + \xi^y F_{Yy} + \eta^u F_{Yu} + \xi^y F_{Yv}$$

$$= \lambda^1_2 F_X + \lambda^2_2 F_Y$$

$$u_x : -\frac{1+\mu}{2}\xi^x_{xy} = 0, \quad u_y : -\frac{1+\mu}{2}\xi^y_{xy} = 0, \quad v_x : -\xi^x_{yy} - \frac{1-\mu}{2}\xi^x_{xx} = 0$$

$$v_y : -\xi^y_{yy} - \frac{1-\mu}{2}\xi^y_{xx} = 0, \quad u_{xx} : -\frac{1+\mu}{2}\xi^x_y = \lambda^1_2$$

$$u_{xy} : -\frac{1+\mu}{2}\left(\xi^x_x + \xi^y_y\right) = \lambda^2_2\frac{1+\mu}{2}$$

$$u_{yy} : -\frac{1+\mu}{2}\xi^y_x = \lambda^1_2\frac{1-\mu}{2}, \quad v_{xx} : -\frac{1-\mu}{2}2\xi^x_x = \lambda^2_2\frac{1-\mu}{2}$$

$$v_{xy} : -2\xi^x_y - \frac{1-\mu}{2}2\xi^y_x = \lambda^1_2\frac{1+\mu}{2}, \quad v_{yy} : -2\xi^y_y = \lambda^2_2$$

$$\tag{10.32}$$

从而可得

$$\xi^y_{xy} = \xi^x_{xy} = 0, \quad \xi^x_x = \xi^y_y = -\frac{\lambda^1_1}{2} = -\frac{\lambda^2_2}{2}, \quad \xi^x_{yy} = -\frac{1-\mu}{2}\xi^x_{xx}, \quad \xi^y_{yy} = -\frac{1-\mu}{2}\xi^y_{xx}$$

$$\xi^x_{xx} = -\frac{1-\mu}{2}\xi^x_{yy}, \quad \xi^y_{xx} = -\frac{1-\mu}{2}\xi^y_{yy}, \quad \xi^x_x + \xi^y_y = -\lambda^1_1 = -\lambda^2_2$$

$$\xi^x_y = -\lambda^2_1\frac{1-\mu}{1+\mu} = -2\frac{\lambda^1_2}{1+\mu}, \quad \xi^y_x = -\lambda^1_2\frac{1-\mu}{1+\mu} = -2\frac{\lambda^2_1}{1+\mu}$$

$$-2\xi_x^y - \frac{1-\mu}{2}2\xi_y^x = \lambda_1^2\frac{1+\mu}{2}, \quad -2\xi_y^x - \frac{1-\mu}{2}2\xi_x^y = \lambda_2^1\frac{1+\mu}{2} \tag{10.33}$$

进而得到

$$\lambda_1^1 = \lambda_2^2, \quad \lambda_1^2 = \lambda_2^1 = 0 \tag{10.34}$$

若 F_X, F_Y 为常数, 假设 $\lambda_1^1 = \lambda_2^2 = k$ 为常数, 式 (10.31)、(10.32) 的一组解为

$$\xi^x = -\frac{k}{2}x, \quad \xi^y = -\frac{k}{2}y$$

$$\eta^u = \frac{1-\mu^2}{6E}\left(kx^2 F_X + \frac{2}{1-\mu}ky^2 F_Y + \frac{4}{1+\mu}kxy F_Y\right) \tag{10.35}$$

$$\eta^v = \frac{1-\mu^2}{6E}\left(ky^2 F_Y + \frac{2}{1-\mu}kx^2 F_Y + \frac{4}{1+\mu}kxy F_X\right)$$

则 Lie 算子为

$$X = -\frac{kx}{2}\frac{\partial}{\partial x} - \frac{ky}{2}\frac{\partial}{\partial y} + \frac{1-\mu^2}{6E}\left(kx^2 F_X + \frac{2}{1-\mu}ky^2 F_X + \frac{4}{1+\mu}kxy F_Y\right)\frac{\partial}{\partial u}$$

$$+ \frac{1-\mu^2}{6E}\left(ky^2 F_Y + \frac{2}{1-\mu}kx^2 F_Y + \frac{4}{1+\mu}kxy F_X\right)\frac{\partial}{\partial v} \tag{10.36}$$

10.3.2　Noether 守恒律

方程 (10.23) 的 Lagrange 函数为

$$\mathcal{L} = \frac{E}{2(1-\mu^2)}\left[u_x^2 + v_y^2 + 2\mu u_x v_y + \frac{1-\mu}{2}(v_x + u_y)^2\right] - F_X u - F_Y v \tag{10.37}$$

设 Lie 算子为

$$X = \xi^x\frac{\partial}{\partial x} + \xi^y\frac{\partial}{\partial y} + \eta^u\frac{\partial}{\partial u} + \eta^v\frac{\partial}{\partial v} + \zeta_x^u\frac{\partial}{\partial u_x} + \zeta_y^u\frac{\partial}{\partial u_y} + \zeta_x^v\frac{\partial}{\partial v_x} + \zeta_y^v\frac{\partial}{\partial v_y} \tag{10.38}$$

其中

$$\begin{aligned}
\zeta_x^u &= D_x(\eta^u) - u_x D_x(\xi^x) - u_y D_x(\xi^y) = \eta_x^u - u_x\xi_x^x - u_y\xi_x^y\\
\zeta_y^u &= D_y(\eta^u) - u_x D_y(\xi^x) - u_y D_y(\xi^y) = \eta_y^u - u_x\xi_y^x - u_y\xi_y^y\\
\zeta_x^v &= D_x(\eta^v) - v_x D_x(\xi^x) - v_y D_x(\xi^y) = \eta_x^v - v_x\xi_x^x - v_y\xi_x^y\\
\zeta_y^v &= D_y(\eta^v) - v_x D_y(\xi^x) - v_y D_y(\xi^y) = \eta_y^v - v_x\xi_y^x - v_y\xi_y^y
\end{aligned} \tag{10.39}$$

由式 (10.37)、(10.38) 得

$$X(\mathcal{L}) + \mathcal{L}D_x(\xi^x) + \mathcal{L}D_y(\xi^y)$$

$$= \left(\xi^x \frac{\partial}{\partial x} + \xi^y \frac{\partial}{\partial y} + \eta^u \frac{\partial}{\partial u} + \eta^v \frac{\partial}{\partial v} + \zeta_x^u \frac{\partial}{\partial u_x} + \zeta_y^u \frac{\partial}{\partial u_y} + \zeta_x^v \frac{\partial}{\partial v_x} + \zeta_y^v \frac{\partial}{\partial v_y} \right)$$

$$\times \left\{ \frac{E}{2(1-\mu^2)} \left[u_x^2 + v_y^2 + 2\mu u_x v_y + \frac{1-\mu}{2}(v_x + u_y)^2 \right] - F_X u - F_Y v \right\}$$

$$+ \left\{ \frac{E}{2(1-\mu^2)} \left[u_x^2 + v_y^2 + 2\mu u_x v_y + \frac{1-\mu}{2}(v_x + u_y)^2 \right] - F_X u - F_Y v \right\} \xi_x^x$$

$$+ \left\{ \frac{E}{2(1-\mu^2)} \left[u_x^2 + v_y^2 + 2\mu u_x v_y + \frac{1-\mu}{2}(v_x + u_y)^2 \right] - F_X u - F_Y v \right\} \xi_x^x$$

$$= \frac{E}{1-\mu^2} [u_x \eta_x^u - u_x u_y \xi_x^y + \mu u_x \eta_y^v - \mu u_x v_x \xi_y^x - \mu u_x v_y \xi_y^y$$

$$- u_x^2 \xi_x^x + \mu v_y \eta_x^u - \mu u_x v_y \xi_x^x - \mu u_y v_y \xi_x^y + v_y \eta_y^v - v_x v_y \xi_y^x - v_y^2 \xi_y^y$$

$$+ \frac{1-\mu}{2} (u_y \eta_y^u - u_x u_y \xi_y^x - u_y^2 \xi_y^y + u_y \eta_x^v - u_y v_x \xi_x^x$$

$$- u_y v_y \xi_x^y + v_x \eta_y^u - u_x v_x \xi_y^x - u_y v_x \xi_y^y + v_x^2 \eta_x^v - v_x \xi_x^x - v_x v_y \xi_x^y)]$$

$$- (\xi^x F_{Xx} u + \xi^y F_{Xy} u + \eta^u F_X + \xi^x F_{Yx} v + \xi^y F_{Yy} v + \eta^v F_Y) \tag{10.40}$$

令 u, v 各阶导数项的系数为零，得到

$$u_x : \eta_x^u + \mu \eta_y^v = 0, \quad u_y : \frac{1-\mu}{2}(\eta_y^u + \eta_x^v) = 0, \quad u_x^2 : \xi_x^x = 0, \quad u_y^2 : \frac{1-\mu}{2}\xi_y^y = 0$$

$$u_x u_y : -\xi_x^y - \frac{1-\mu}{2}\xi_y^x = 0, \quad v_x : \frac{1-\mu}{2}(\eta_y^u + \eta_x^v) = 0, \quad v_y : \eta_y^v + \mu \eta_x^u = 0$$

$$v_x^2 : \frac{1-\mu}{2}\xi_x^x = 0, \quad v_y^2 : \xi_y^y = 0, \quad v_x v_y : -\xi_y^x - \frac{1-\mu}{2}\xi_x^y = 0$$

$$u_x v_x : -\mu \xi_y^x - \frac{1-\mu}{2}\xi_y^x = 0, \quad u_x v_y : -\mu \xi_y^y - \mu \xi_x^x = 0$$

$$u_y v_x : -\frac{1-\mu}{2}(\xi_x^x + \xi_y^y) = 0, \quad u_y v_y : -\mu \xi_x^y - \frac{1-\mu}{2}\xi_x^y = 0$$

$$u^0 : \xi^x F_{Xx} u + \xi^y F_{Xy} u + \eta^u F_X + \xi^x F_{Yx} v + \xi^y F_{Yy} v + \eta^v F_Y = 0$$

$$\tag{10.41}$$

若 F_X, F_Y 为常数，假设 $\lambda = k$ 为常数，式 (10.41) 的解为

$$\xi^x = c_1, \quad \xi^y = c_2, \quad \eta^u = \eta^v = 0 \tag{10.42}$$

Noether 算子为

$$
\begin{aligned}
\mathcal{N}^x &= \xi^x + W^u \frac{\delta}{\delta u_x} + W^v \frac{\delta}{\delta v_x} \\
&= c_1 + (\eta^u - \xi^x u_x) \frac{\delta}{\delta u_x} + (\eta^v - \xi^x v_x) \frac{\delta}{\delta v_x} \\
&= c_1 - u_x c_1 \frac{\partial}{\partial u_x} - v_x c_1 \frac{\partial}{\partial v_x} \\
\mathcal{N}^y &= \xi^y + W^u \frac{\delta}{\delta u_y} + W^v \frac{\delta}{\delta v_y} \\
&= c_2 + (\eta^u - \xi^y u_y) \frac{\delta}{\delta u_y} + (\eta^v - \xi^y v_y) \frac{\delta}{\delta v_y} \\
&= c_2 - u_y c_2 \frac{\partial}{\partial u_y} - v_y c_2 \frac{\partial}{\partial v_y}
\end{aligned}
\tag{10.43}
$$

守恒向量表达式为

$$
\begin{aligned}
C^x &= \mathcal{N}^x (\mathcal{L}) \\
&= \left(c_1 - u_x c_1 \frac{\partial}{\partial u_x} - v_x c_1 \frac{\partial}{\partial v_x} \right) \\
&\quad \times \left\{ \frac{E}{2(1-\mu^2)} \left[u_x^2 + v_y^2 + 2\mu u_x v_y + \frac{1-\mu}{2}(v_x + u_y)^2 \right] - F_X u - F_Y v \right\} \\
&= c_1 \left\{ \frac{E}{2(1-\mu^2)} \left[u_x^2 + v_y^2 + 2\mu u_x v_y + \frac{1-\mu}{2}(v_x + u_y)^2 \right] - F_X u - F_Y v \right\} \\
&\quad - \frac{c_1 E}{1-\mu^2} \left[u_x^2 + \mu u_x v_y + \frac{1-\mu}{2}(v_x^2 + u_y v_x) \right] \\
&= c_1 \left\{ \frac{E}{2(1-\mu^2)} \left[-u_x^2 + v_y^2 + \frac{1-\mu}{2}(u_y^2 - v_x^2) \right] - F_X u - F_Y v \right\}
\end{aligned}
\tag{10.44}
$$

$$
\begin{aligned}
C^y &= \mathcal{N}^y (\mathcal{L}) \\
&= \left(c_2 - u_y c_2 \frac{\partial}{\partial u_y} - v_y c_2 \frac{\partial}{\partial v_y} \right) \\
&\quad \times \left\{ \frac{E}{2(1-\mu^2)} \left[u_x^2 + v_y^2 + 2\mu u_x v_y + \frac{1-\mu}{2}(v_x + u_y)^2 \right] - F_X u - F_Y v \right\}
\end{aligned}
$$

$$=c_2\left\{\frac{E}{2\left(1-\mu^2\right)}\left[u_x^2+v_y^2+2\mu u_x v_y+\frac{1-\mu}{2}\left(v_x+u_y\right)^2\right]-F_X u-F_Y v\right\}$$

$$-\frac{c_2 E}{1-\mu^2}\left[v_y^2+\mu u_x v_y+\frac{1-\mu}{2}\left(u_y^2+u_y v_x\right)\right]$$

$$=c_2\left\{\frac{E}{2\left(1-\mu^2\right)}\left[u_x^2-v_y^2+\frac{1-\mu}{2}\left(v_x^2-u_y^2\right)\right]-F_X u-F_Y v\right\} \tag{10.45}$$

守恒律为

$$D_i\left(C^i\right)$$

$$= D_x\left(C^x\right)+D_y\left(C^y\right)|_{G_1,G_2=0}$$

$$=D_x\left(c_1\left\{\frac{E}{2\left(1-\mu^2\right)}\left[-u_x^2+v_y^2+\frac{1-\mu}{2}\left(u_y^2-v_x^2\right)\right]-F_X u-F_Y v\right\}\right)$$

$$+D_y\left(c_2\left\{\frac{E}{2\left(1-\mu^2\right)}\left[u_x^2-v_y^2+\frac{1-\mu}{2}\left(v_x^2-u_y^2\right)\right]-F_X u-F_Y v\right\}\right)\Big|_{G_1,G_2=0}$$

$$=0 \tag{10.46}$$

10.4 三维问题的位移法方程的对称性

位移法也可用于求解弹性力学三维问题，其平衡微分方程为 [89]

$$G\nabla^2 u+(\lambda+G)\frac{\partial\theta}{\partial x}+F_X=0$$

$$G\nabla^2 v+(\lambda+G)\frac{\partial\theta}{\partial y}+F_Y=0 \tag{10.47}$$

$$G\nabla^2 w+(\lambda+G)\frac{\partial\theta}{\partial z}+F_Z=0$$

其中，u,v,w 分别是弹性体在 x,y,z 三个方向的位移，F_X,F_Y,F_Z 分别是 x,y,z 三个方向上的体力分量，G 是材料的剪切模量，∇^2 为拉普拉斯算子，表示为

$$\nabla^2=\frac{\partial^2}{\partial x^2}+\frac{\partial^2}{\partial y^2}+\frac{\partial^2}{\partial z^2} \tag{10.48}$$

θ 为弹性体的单位体积膨胀，表示为

$$\theta = \varepsilon_x + \varepsilon_y + \varepsilon_z = \frac{\partial u}{\partial x} + \frac{\partial v}{\partial y} + \frac{\partial w}{\partial z} \tag{10.49}$$

λ 称为 Lamé 常数，表示为

$$\lambda = \frac{\mu E}{(1 + \mu)(1 - 2\mu)} \tag{10.50}$$

式中 μ 为泊松比，E 为弹性模量。

方程 (10.47) 写为

$$F_1\left(u, v, w, u_x, u_y, u_z, v_x, v_y, v_z, w_x, w_y, w_z, u_{xx}, u_{xy}, u_{xz}, u_{yy}, u_{yz}, u_{zz},\right.$$

$$\left. v_{xx}, v_{xy}, v_{xz}, v_{yy}, v_{yz}, v_{zz}, w_{xx}, w_{xy}, w_{xz}, w_{yy}, w_{yz}, w_{zz}\right)$$

$$= G\left(u_{xx} + u_{yy} + u_{zz}\right) + \left(\lambda + G\right)\left(u_{xx} + v_{xy} + w_{xz}\right) + F_X = 0$$

$$F_2\left(u, v, w, u_x, u_y, u_z, v_x, v_y, v_z, w_x, w_y, w_z, u_{xx}, u_{xy}, u_{xz}, u_{yy}, u_{yz}, u_{zz},\right.$$

$$\left. v_{xx}, v_{xy}, v_{xz}, v_{yy}, v_{yz}, v_{zz}, w_{xx}, w_{xy}, w_{xz}, w_{yy}, w_{yz}, w_{zz}\right)$$

$$= G\left(v_{xx} + v_{yy} + v_{zz}\right) + \left(\lambda + G\right)\left(u_{xy} + v_{yy} + w_{yz}\right) + F_Y = 0$$

$$F_3\left(u, v, w, u_x, u_y, u_z, v_x, v_y, v_z, w_x, w_y, w_z, u_{xx}, u_{xy}, u_{xz}, u_{yy}, u_{yz}, u_{zz},\right.$$

$$\left. v_{xx}, v_{xy}, v_{xz}, v_{yy}, v_{yz}, v_{zz}, w_{xx}, w_{xy}, w_{xz}, w_{yy}, w_{yz}, w_{zz}\right)$$

$$= G\left(w_{xx} + w_{yy} + w_{zz}\right) + \left(\lambda + G\right)\left(u_{xz} + v_{yz} + w_{zz}\right) + F_Z = 0$$

$$\tag{10.51}$$

设 Lie 算子为

$$X = \xi^x \frac{\partial}{\partial x} + \xi^y \frac{\partial}{\partial y} + \xi^z \frac{\partial}{\partial z} + \eta^u \frac{\partial}{\partial u} + \eta^v \frac{\partial}{\partial v} + \eta^w \frac{\partial}{\partial w} + \zeta_x^u \frac{\partial}{\partial u_x} + \zeta_y^u \frac{\partial}{\partial u_y}$$

$$+ \zeta_z^u \frac{\partial}{\partial u_z} + \zeta_x^v \frac{\partial}{\partial v_x} + \zeta_y^v \frac{\partial}{\partial v_y} + \zeta_z^v \frac{\partial}{\partial v_z} + \zeta_x^w \frac{\partial}{\partial w_x} + \zeta_y^w \frac{\partial}{\partial w_y} + \zeta_z^w \frac{\partial}{\partial w_z}$$

$$+ \zeta_{xx}^u \frac{\partial}{\partial u_{xx}} + \zeta_{xy}^u \frac{\partial}{\partial u_{xy}} + \zeta_{xz}^u \frac{\partial}{\partial u_{xz}} + \zeta_{yy}^u \frac{\partial}{\partial u_{yy}} + \zeta_{yz}^u \frac{\partial}{\partial u_{yz}} + \zeta_{zz}^u \frac{\partial}{\partial u_{zz}} + \zeta_{xx}^v \frac{\partial}{\partial v_{xx}}$$

$$+ \zeta_{xy}^v \frac{\partial}{\partial v_{xy}} + \zeta_{xz}^v \frac{\partial}{\partial v_{xz}} + \zeta_{yy}^v \frac{\partial}{\partial v_{yy}} + \zeta_{yz}^v \frac{\partial}{\partial v_{yz}} + \zeta_{zz}^v \frac{\partial}{\partial v_{zz}} + \zeta_{xx}^w \frac{\partial}{\partial w_{xx}} + \zeta_{xy}^w \frac{\partial}{\partial w_{xy}}$$

$$+ \zeta_{xz}^w \frac{\partial}{\partial w_{xz}} + \zeta_{yy}^w \frac{\partial}{\partial w_{yy}} + \zeta_{yz}^w \frac{\partial}{\partial w_{yz}} + \zeta_{zz}^w \frac{\partial}{\partial w_{zz}} \tag{10.52}$$

其中

$$\zeta_x^u = D_x\left(\eta^u\right) - u_x D_x\left(\xi^x\right) - u_y D_x\left(\xi^y\right) - u_z D_x\left(\xi^z\right) = \eta_x^u - u_x \xi_x^x - u_y \xi_x^y - u_z \xi_x^z$$

$$\zeta_y^u = D_y\left(\eta^u\right) - u_x D_y\left(\xi^x\right) - u_y D_y\left(\xi^y\right) - u_z D_y\left(\xi^z\right) = \eta_y^u - u_x \xi_y^x - u_y \xi_y^y - u_z \xi_y^z$$

$$\zeta_z^u = D_z\left(\eta^u\right) - u_x D_z\left(\xi^x\right) - u_y D_z\left(\xi^y\right) - u_z D_z\left(\xi^z\right) = \eta_z^u - u_x \xi_z^x - u_y \xi_z^y - u_z \xi_z^z$$

$$\zeta_x^v = D_x\left(\eta^v\right) - v_x D_x\left(\xi^x\right) - v_y D_x\left(\xi^y\right) - v_z D_x\left(\xi^z\right) = \eta_x^v - v_x \xi_x^x - v_y \xi_x^y - v_z \xi_x^z$$

$$\zeta_y^v = D_y\left(\eta^v\right) - v_x D_y\left(\xi^x\right) - v_y D_y\left(\xi^y\right) - v_z D_y\left(\xi^z\right) = \eta_y^v - v_x \xi_y^x - v_y \xi_y^y - v_z \xi_y^z$$

$$\zeta_z^v = D_z\left(\eta^v\right) - v_x D_z\left(\xi^x\right) - v_y D_z\left(\xi^y\right) - v_z D_z\left(\xi^z\right) = \eta_z^v - v_x \xi_z^x - v_y \xi_z^y - v_z \xi_z^z$$

$$\zeta_x^w = D_x\left(\eta^w\right) - w_x D_x\left(\xi^x\right) - w_y D_x\left(\xi^y\right) - w_z D_x\left(\xi^z\right)$$
$$= \eta_x^w - w_x \xi_x^x - w_y \xi_x^y - w_z \xi_x^z$$

$$\zeta_y^w = D_y\left(\eta^w\right) - w_x D_y\left(\xi^x\right) - w_y D_y\left(\xi^y\right) - w_z D_y\left(\xi^z\right)$$
$$= \eta_y^w - w_x \xi_y^x - w_y \xi_y^y - w_z \xi_y^z$$

$$\zeta_z^w = D_z\left(\eta^w\right) - w_x D_z\left(\xi^x\right) - w_y D_z\left(\xi^y\right) - w_z D_z\left(\xi^z\right)$$
$$= \eta_z^w - w_x \xi_z^x - w_y \xi_z^y - w_z \xi_z^z$$

$$\tag{10.53}$$

$$\zeta_{xx}^u = D_x\left(\zeta_x^u\right) - u_{xx} D_x\left(\xi^x\right) - u_{xy} D_x\left(\xi^y\right) - u_{xz} D_x\left(\xi^z\right)$$
$$= \eta_{xx}^u - 2u_{xx}\xi_x^x - u_x\xi_{xx}^x - 2u_{xy}\xi_x^y - u_y\xi_{xx}^y - 2u_{xz}\xi_x^z - u_z\xi_{xx}^z$$

$$\zeta_{xy}^u = D_y\left(\zeta_x^u\right) - u_{xx} D_y\left(\xi^x\right) - u_{xy} D_y\left(\xi^y\right) - u_{xz} D_y\left(\xi^z\right)$$
$$= \eta_{xy}^u - u_{xx}\xi_y^x - u_{xy}\xi_x^x - u_x\xi_{xy}^x - u_{xy}\xi_y^y - u_{yy}\xi_x^y - u_y\xi_{xy}^y - u_{xz}\xi_y^z - u_{yz}\xi_x^z - u_z\xi_{xy}^z$$

$$\zeta_{xz}^u = D_z\left(\zeta_x^u\right) - u_{xx} D_z\left(\xi^x\right) - u_{xy} D_z\left(\xi^y\right) - u_{xz} D_z\left(\xi^z\right)$$
$$= \eta_{xz}^u - u_{xx}\xi_z^x - u_{xz}\xi_x^x - u_x\xi_{xz}^x - u_{xy}\xi_z^y - u_{zz}\xi_x^z - u_y\xi_{xz}^y - u_{xz}\xi_z^z - u_{yz}\xi_x^y - u_z\xi_{xz}^z$$

$$\zeta_{yy}^u = D_y\left(\zeta_y^u\right) - u_{xy} D_y\left(\xi^x\right) - u_{yy} D_y\left(\xi^y\right) - u_{yz} D_x\left(\xi^z\right)$$
$$= \eta_{yy}^u - 2u_{xy}\xi_y^x - u_x\xi_{yy}^x - 2u_{yy}\xi_y^y - u_y\xi_{yy}^y - 2u_{yz}\xi_y^z - u_z\xi_{yy}^z$$

$$\zeta_{yz}^u = D_z\left(\zeta_y^u\right) - u_{xy} D_z\left(\xi^x\right) - u_{yy} D_z\left(\xi^y\right) - u_{yz} D_z\left(\xi^z\right)$$
$$= \eta_{yz}^u - u_{xy}\xi_z^x - u_{xz}\xi_y^x - u_x\xi_{yz}^x - u_{yy}\xi_z^y - u_{yz}\xi_y^y - u_y\xi_{yz}^y - u_{yz}\xi_z^z - u_{zz}\xi_y^z - u_z\xi_{yz}^z$$

$$\zeta_{zz}^u = D_z\left(\zeta_z^u\right) - u_{xz} D_z\left(\xi^x\right) - u_{yz} D_z\left(\xi^y\right) - u_{zz} D_x\left(\xi^z\right)$$
$$= \eta_{zz}^u - 2u_{xz}\xi_z^x - u_x\xi_{zz}^x - 2u_{yz}\xi_z^y - u_y\xi_{zz}^y - 2u_{zz}\xi_z^z - u_z\xi_{zz}^z$$

$$\tag{10.54}$$

$$\zeta_{xx}^v = D_x\left(\zeta_x^v\right) - v_{xx} D_x\left(\xi^x\right) - v_{xy} D_x\left(\xi^y\right) - v_{xz} D_x\left(\xi^z\right)$$
$$= \eta_{xx}^v - 2v_{xx}\xi_x^x - v_x\xi_{xx}^x - 2v_{xy}\xi_x^y - v_y\xi_{xx}^y - 2v_{xz}\xi_x^z - v_z\xi_{xx}^z$$

$$\zeta_{xy}^v = D_y\left(\zeta_x^v\right) - v_{xx}D_y\left(\xi^x\right) - v_{xy}D_y\left(\xi^y\right) - v_{xz}D_y\left(\xi^z\right)$$

$$= \eta_{xy}^v - v_{xx}\xi_y^x - v_{xy}\xi_x^x - v_x\xi_{xy}^x - v_{xy}\xi_y^y - v_{yy}\xi_x^y - v_y\xi_{xy}^y - v_{xz}\xi_y^z - v_{yz}\xi_x^z - v_z\xi_{xy}^z$$

$$\zeta_{xz}^v = D_z\left(\zeta_x^v\right) - v_{xx}D_z\left(\xi^x\right) - v_{xy}D_z\left(\xi^y\right) - v_{xz}D_z\left(\xi^z\right)$$

$$= \eta_{xz}^v - v_{xx}\xi_z^x - v_{xz}\xi_x^x - v_x\xi_{xz}^x - v_{xy}\xi_z^y - v_{zz}\xi_x^y - v_y\xi_{xz}^y - v_{xz}\xi_z^z - v_{yz}\xi_x^y - v_z\xi_{xz}^z$$

$$\zeta_{yy}^v = D_y\left(\zeta_y^v\right) - v_{xy}D_y\left(\xi^x\right) - v_{yy}D_y\left(\xi^y\right) - v_{yz}D_x\left(\xi^z\right)$$

$$= \eta_{yy}^v - 2v_{xy}\xi_y^x - v_x\xi_{yy}^x - 2v_{yy}\xi_y^y - v_y\xi_{yy}^y - 2v_{yz}\xi_y^z - v_z\xi_{yy}^z$$

$$\zeta_{yz}^v = D_z\left(\zeta_y^v\right) - v_{xy}D_z\left(\xi^x\right) - v_{yy}D_z\left(\xi^y\right) - v_{yz}D_z\left(\xi^z\right)$$

$$= \eta_{yz}^v - v_{xy}\xi_z^x - v_{xz}\xi_y^x - v_x\xi_{yz}^x - v_{yy}\xi_z^y - v_{yz}\xi_y^y - v_y\xi_{yz}^y - v_{yz}\xi_z^z - v_{zz}\xi_y^z - v_z\xi_{yz}^z$$

$$\zeta_{zz}^v = D_z\left(\zeta_z^v\right) - v_{xz}D_z\left(\xi^x\right) - v_{yz}D_z\left(\xi^y\right) - v_{zz}D_x\left(\xi^z\right)$$

$$= \eta_{zz}^v - 2v_{xz}\xi_z^x - v_x\xi_{zz}^x - 2v_{yz}\xi_z^y - v_y\xi_{zz}^y - 2v_{zz}\xi_z^z - v_z\xi_{zz}^z \tag{10.55}$$

$$\zeta_{xx}^w = D_x\left(\zeta_x^w\right) - w_{xx}D_x\left(\xi^x\right) - w_{xy}D_x\left(\xi^y\right) - w_{xz}D_x\left(\xi^z\right)$$

$$= \eta_{xx}^w - 2w_{xx}\xi_x^x - w_x\xi_{xx}^x - 2w_{xy}\xi_x^y - w_y\xi_{xx}^y - 2w_{xz}\xi_x^z - w_z\xi_{xx}^z$$

$$\zeta_{xy}^w = D_y\left(\zeta_x^w\right) - w_{xx}D_y\left(\xi^x\right) - w_{xy}D_y\left(\xi^y\right) - w_{xz}D_y\left(\xi^z\right)$$

$$= \eta_{xy}^w - w_{xx}\xi_y^x - w_{xy}\xi_x^x - w_x\xi_{xy}^x - w_{xy}\xi_y^y - w_{yy}\xi_x^y - w_y\xi_{xy}^y$$
$$\quad - w_{xz}\xi_y^z - w_{yz}\xi_x^z - w_z\xi_{xy}^z$$

$$\zeta_{xz}^w = D_z\left(\zeta_x^w\right) - w_{xx}D_z\left(\xi^x\right) - w_{xy}D_z\left(\xi^y\right) - w_{xz}D_z\left(\xi^z\right)$$

$$= \eta_{xz}^w - w_{xx}\xi_z^x - w_{xz}\xi_x^x - w_x\xi_{xz}^x - w_{xy}\xi_z^y - w_{zz}\xi_x^z - w_y\xi_{xz}^y$$
$$\quad - w_{xz}\xi_z^z - w_{yz}\xi_x^y - w_z\xi_{xz}^z$$

$$\zeta_{yy}^w = D_y\left(\zeta_y^w\right) - w_{xy}D_y\left(\xi^x\right) - w_{yy}D_y\left(\xi^y\right) - w_{yz}D_x\left(\xi^z\right)$$

$$= \eta_{yy}^w - 2w_{xy}\xi_y^x - w_x\xi_{yy}^x - 2w_{yy}\xi_y^y - w_y\xi_{yy}^y - 2w_{yz}\xi_y^z - w_z\xi_{yy}^z$$

$$\zeta_{yz}^w = D_z\left(\zeta_y^w\right) - w_{xy}D_z\left(\xi^x\right) - w_{yy}D_z\left(\xi^y\right) - w_{yz}D_z\left(\xi^z\right)$$

$$= \eta_{yz}^w - w_{xy}\xi_z^x - w_{xz}\xi_y^x - w_x\xi_{yz}^x - w_{yy}\xi_z^y - w_{yz}\xi_y^y - w_y\xi_{yz}^y$$
$$\quad - w_{yz}\xi_z^z - w_{zz}\xi_y^z - w_z\xi_{yz}^z$$

$$\zeta_{zz}^w = D_z\left(\zeta_z^w\right) - w_{xz}D_z\left(\xi^x\right) - w_{yz}D_z\left(\xi^y\right) - w_{zz}D_x\left(\xi^z\right)$$

$$=\eta_{zz}^w - 2w_{xz}\xi_z^x - w_x\xi_{zz}^x - 2w_{yz}\xi_z^y - w_y\xi_{zz}^y - 2w_{zz}\xi_z^z - w_z\xi_{zz}^z \qquad (10.56)$$

则

XF_1

$$= \left(\xi^x\frac{\partial}{\partial x} + \xi^y\frac{\partial}{\partial y} + \xi^z\frac{\partial}{\partial z} + \eta^u\frac{\partial}{\partial u} + \eta^v\frac{\partial}{\partial v} + \eta^w\frac{\partial}{\partial w} + \zeta_x^u\frac{\partial}{\partial u_x} + \zeta_y^u\frac{\partial}{\partial u_y} + \zeta_z^u\frac{\partial}{\partial u_z} \right.$$
$$+ \zeta_x^v\frac{\partial}{\partial v_x} + \zeta_y^v\frac{\partial}{\partial v_y} + \zeta_z^v\frac{\partial}{\partial v_z} + \zeta_x^w\frac{\partial}{\partial w_x} + \zeta_y^w\frac{\partial}{\partial w_y} + \zeta_z^w\frac{\partial}{\partial w_z} + \zeta_{xx}^u\frac{\partial}{\partial u_{xx}} + \zeta_{xy}^u\frac{\partial}{\partial u_{xy}}$$
$$+ \zeta_{xz}^u\frac{\partial}{\partial u_{xz}} + \zeta_{yy}^u\frac{\partial}{\partial u_{yy}} + \zeta_{yz}^u\frac{\partial}{\partial u_{yz}} + \zeta_{zz}^u\frac{\partial}{\partial u_{zz}} + \zeta_{xx}^v\frac{\partial}{\partial v_{xx}} + \zeta_{xy}^v\frac{\partial}{\partial v_{xy}} + \zeta_{xz}^v\frac{\partial}{\partial v_{xz}}$$
$$+ \zeta_{yy}^v\frac{\partial}{\partial v_{yy}} + \zeta_{yz}^v\frac{\partial}{\partial v_{yz}} + \zeta_{zz}^v\frac{\partial}{\partial v_{zz}} + \zeta_{xx}^w\frac{\partial}{\partial w_{xx}} + \zeta_{xy}^w\frac{\partial}{\partial w_{xy}} + \zeta_{xz}^w\frac{\partial}{\partial w_{xz}} + \zeta_{yy}^w\frac{\partial}{\partial w_{yy}}$$
$$\left. + \zeta_{yz}^w\frac{\partial}{\partial w_{yz}} + \zeta_{zz}^w\frac{\partial}{\partial w_{zz}} \right) [G(u_{xx} + u_{yy} + u_{zz}) + (\lambda + G)(u_{xx} + v_{xy} + w_{xz}) + F_X]$$
$$= G\left(\eta_{xx}^u - 2u_{xx}\xi_x^x - u_x\xi_{xx}^x - 2u_{xy}\xi_x^y - u_y\xi_{xx}^y - 2u_{xz}\xi_x^z - u_z\xi_{xx}^z + \eta_{yy}^u - 2u_{xy}\xi_y^x - u_x\xi_{yy}^x \right.$$
$$- 2u_{yy}\xi_y^y - u_y\xi_{yy}^y - 2u_{yz}\xi_y^z - u_z\xi_{yy}^z + \eta_{zz}^u - 2u_{xz}\xi_z^x - u_x\xi_{zz}^x - 2u_{yz}\xi_z^y - u_y\xi_{zz}^y - 2u_{zz}\xi_z^z$$
$$\left. - u_z\xi_{zz}^z \right) + (\lambda + G)\left(\eta_{xx}^u - 2u_{xx}\xi_x^x - u_x\xi_{xx}^x - 2u_{xy}\xi_x^y - u_y\xi_{xx}^y - 2u_{xz}\xi_x^z - u_z\xi_{xx}^z + \eta_{xy}^v \right.$$
$$- v_{xx}\xi_y^x - v_{xy}\xi_x^x - v_x\xi_{xy}^x - v_{xy}\xi_y^y - v_{yy}\xi_x^y - v_y\xi_{xy}^y - v_{xz}\xi_y^z - v_{yz}\xi_x^z - v_z\xi_{xy}^z + \eta_{xz}^w$$
$$\left. - w_{xx}\xi_z^x - w_{xz}\xi_x^x - w_x\xi_{xz}^x - w_{xy}\xi_z^y - w_{zz}\xi_x^y - w_y\xi_{xz}^y - w_{xz}\xi_z^z - w_{yz}\xi_x^y - w_z\xi_{xz}^z \right)$$
$$+ \xi^x F_{Xx} + \xi^y F_{Xy} + \xi^z F_{Xz} + \eta^u F_{Xu} + \eta^v F_{Xv} + \eta^w F_{Xw} \qquad (10.57)$$

同理,

XF_2

$$= \left(\xi^x\frac{\partial}{\partial x} + \xi^y\frac{\partial}{\partial y} + \xi^z\frac{\partial}{\partial z} + \eta^u\frac{\partial}{\partial u} + \eta^v\frac{\partial}{\partial v} + \eta^w\frac{\partial}{\partial w} + \zeta_x^u\frac{\partial}{\partial u_x} + \zeta_y^u\frac{\partial}{\partial u_y} + \zeta_z^u\frac{\partial}{\partial u_z} \right.$$
$$+ \zeta_x^v\frac{\partial}{\partial v_x} + \zeta_y^v\frac{\partial}{\partial v_y} + \zeta_z^v\frac{\partial}{\partial v_z} + \zeta_x^w\frac{\partial}{\partial w_x} + \zeta_y^w\frac{\partial}{\partial w_y} + \zeta_z^w\frac{\partial}{\partial w_z} + \zeta_{xx}^u\frac{\partial}{\partial u_{xx}} + \zeta_{xy}^u\frac{\partial}{\partial u_{xy}}$$
$$+ \zeta_{xz}^u\frac{\partial}{\partial u_{xz}} + \zeta_{yy}^u\frac{\partial}{\partial u_{yy}} + \zeta_{yz}^u\frac{\partial}{\partial u_{yz}} + \zeta_{zz}^u\frac{\partial}{\partial u_{zz}} + \zeta_{xx}^v\frac{\partial}{\partial v_{xx}} + \zeta_{xy}^v\frac{\partial}{\partial v_{xy}} + \zeta_{xz}^v\frac{\partial}{\partial v_{xz}}$$
$$+ \zeta_{yy}^v\frac{\partial}{\partial v_{yy}} + \zeta_{yz}^v\frac{\partial}{\partial v_{yz}} + \zeta_{zz}^v\frac{\partial}{\partial v_{zz}} + \zeta_{xx}^w\frac{\partial}{\partial w_{xx}} + \zeta_{xy}^w\frac{\partial}{\partial w_{xy}} + \zeta_{xz}^w\frac{\partial}{\partial w_{xz}} + \zeta_{yy}^w\frac{\partial}{\partial w_{yy}}$$

$$+\zeta_{yz}^w\frac{\partial}{\partial w_{yz}}+\zeta_{zz}^w\frac{\partial}{\partial w_{zz}}\Big)\left[G\left(v_{xx}+v_{yy}+v_{zz}\right)+\left(\lambda+G\right)\left(u_{xy}+v_{yy}+w_{yz}\right)+F_Y\right]$$

$$=G\left(\eta_{xx}^v-2v_{xx}\xi_x^x-v_x\xi_{xx}^x-2v_{xy}\xi_x^y-v_y\xi_{xx}^y-2v_{xz}\xi_x^z-v_z\xi_{xx}^z+\eta_{yy}^v-2v_{xy}\xi_y^x-v_x\xi_{yy}^x\right.$$

$$-2v_{yy}\xi_y^y-v_y\xi_{yy}^y-2v_{yz}\xi_y^z-v_z\xi_{yy}^z+\eta_{zz}^v-2v_{xz}\xi_z^x-v_x\xi_{zz}^x-2v_{yz}\xi_z^y-v_y\xi_{zz}^y-2v_{zz}\xi_z^z$$

$$-v_z\xi_{zz}^z\big)+\left(\lambda+G\right)\left(\eta_{xy}^u-u_{xx}\xi_y^x-u_{xy}\xi_x^x-u_x\xi_{xy}^x-u_{xy}\xi_y^y-u_{yy}\xi_x^y-u_y\xi_{xy}^y-u_{xz}\xi_y^z\right.$$

$$-u_{yz}\xi_x^z-u_z\xi_{xy}^z+\eta_{yy}^v-2v_{xy}\xi_y^x-v_x\xi_{yy}^x-2v_{yy}\xi_y^y-v_y\xi_{yy}^y-2v_{yz}\xi_y^z-v_z\xi_{yy}^z+\eta_{yz}^w-w_{xy}\xi_z^x$$

$$-w_{xz}\xi_y^x-w_x\xi_{yz}^x-w_{yy}\xi_z^y-w_{yz}\xi_y^y-w_y\xi_{yz}^y-w_{yz}\xi_z^z-w_{zz}\xi_y^z-w_z\xi_{yz}^z\big)+\xi^xF_{Yx}+\xi^yF_{Yy}$$

$$+\xi^zF_{Yz}+\eta^uF_{Yu}+\eta^vF_{Yv}+\eta^wF_{Yw}\tag{10.58}$$

$$XF_3$$

$$=\Big(\xi^x\frac{\partial}{\partial x}+\xi^y\frac{\partial}{\partial y}+\xi^z\frac{\partial}{\partial z}+\eta^u\frac{\partial}{\partial u}+\eta^v\frac{\partial}{\partial v}+\eta^w\frac{\partial}{\partial w}+\zeta_x^u\frac{\partial}{\partial u_x}+\zeta_y^u\frac{\partial}{\partial u_y}+\zeta_z^u\frac{\partial}{\partial u_z}$$

$$+\zeta_x^v\frac{\partial}{\partial v_x}+\zeta_y^v\frac{\partial}{\partial v_y}+\zeta_z^v\frac{\partial}{\partial v_z}+\zeta_x^w\frac{\partial}{\partial w_x}+\zeta_y^w\frac{\partial}{\partial w_y}+\zeta_z^w\frac{\partial}{\partial w_z}+\zeta_{xx}^u\frac{\partial}{\partial u_{xx}}+\zeta_{xy}^u\frac{\partial}{\partial u_{xy}}$$

$$+\zeta_{xz}^u\frac{\partial}{\partial u_{xz}}+\zeta_{yy}^u\frac{\partial}{\partial u_{yy}}+\zeta_{yz}^u\frac{\partial}{\partial u_{yz}}+\zeta_{zz}^u\frac{\partial}{\partial u_{zz}}+\zeta_{xx}^v\frac{\partial}{\partial v_{xx}}+\zeta_{xy}^v\frac{\partial}{\partial v_{xy}}+\zeta_{xz}^v\frac{\partial}{\partial v_{xz}}$$

$$+\zeta_{yy}^v\frac{\partial}{\partial v_{yy}}+\zeta_{yz}^v\frac{\partial}{\partial v_{yz}}+\zeta_{zz}^v\frac{\partial}{\partial v_{zz}}+\zeta_{xx}^w\frac{\partial}{\partial w_{xx}}+\zeta_{xy}^w\frac{\partial}{\partial w_{xy}}+\zeta_{xz}^w\frac{\partial}{\partial w_{xz}}+\zeta_{yy}^w\frac{\partial}{\partial w_{yy}}$$

$$+\zeta_{yz}^w\frac{\partial}{\partial w_{yz}}+\zeta_{zz}^w\frac{\partial}{\partial w_{zz}}\Big)\left[G\left(w_{xx}+w_{yy}+w_{zz}\right)+\left(\lambda+G\right)\left(u_{xz}+v_{yz}+w_{zz}\right)+F_Z\right]$$

$$=G\left(\eta_{xx}^w-2w_{xx}\xi_x^x-w_x\xi_{xx}^x-2w_{xy}\xi_x^y-w_y\xi_{xx}^y-2w_{xz}\xi_x^z-w_z\xi_{xx}^z+\eta_{yy}^w-2w_{xy}\xi_y^x\right.$$

$$-w_x\xi_{yy}^x-2w_{yy}\xi_y^y-w_y\xi_{yy}^y-2w_{yz}\xi_y^z-w_z\xi_{yy}^z+\eta_{zz}^w$$

$$-2w_{xz}\xi_z^x-w_x\xi_{zz}^x-2w_{yz}\xi_z^y-w_y\xi_{zz}^y$$

$$-2w_{zz}\xi_z^z-w_z\xi_{zz}^z\big)+\left(\lambda+G\right)\left(\eta_{xz}^u-u_{xx}\xi_z^x-u_{xz}\xi_x^x\right.$$

$$-u_x\xi_{xz}^x-u_{xy}\xi_z^y-u_{zz}\xi_x^z-u_y\xi_{xz}^y$$

$$-u_{xz}\xi_z^z-u_{yz}\xi_x^y-u_z\xi_{xz}^z+\eta_{yz}^v-v_{xy}\xi_z^x$$

$$-v_{xz}\xi_y^x-v_x\xi_{yz}^x-v_{yy}\xi_z^y-v_{yz}\xi_y^y-v_y\xi_{yz}^y-v_{yz}\xi_z^z$$

$$-v_{zz}\xi_y^z-v_z\xi_{yz}^z+\eta_{zz}^w-2w_{xz}\xi_z^x-w_x\xi_{zz}^x-2w_{yz}\xi_z^y$$

$$- w_y \xi_{zz}^y - 2w_{zz} \xi_z^z - w_z \xi_{zz}^z) + \xi^x F_{Zx}$$

$$+ \xi^y F_{Zy} + \xi^z F_{Zz} + \eta^u F_{Zu} + \eta^v F_{Zv} + \eta^w F_{Zw} \tag{10.59}$$

对于 Lie 对称性, 有

$$XF_1 = \lambda_1^1 F_1 + \lambda_1^2 F_2 + \lambda_1^3 F_3$$
$$= \lambda_1^1 \left[G \left(u_{xx} + u_{yy} + u_{zz} \right) + (\lambda + G) \left(u_{xx} + v_{xy} + w_{xz} \right) + F_X \right]$$
$$+ \lambda_1^2 \left[G \left(v_{xx} + v_{yy} + v_{zz} \right) + (\lambda + G) \left(u_{xy} + v_{yy} + w_{yz} \right) + F_Y \right]$$
$$+ \lambda_1^3 \left[G \left(w_{xx} + w_{yy} + w_{zz} \right) + (\lambda + G) \left(u_{xz} + v_{yz} + w_{zz} \right) + F_Z \right]$$

$$XF_2 = \lambda_2^1 F_1 + \lambda_2^2 F_2 + \lambda_2^3 F_3$$
$$= \lambda_2^1 \left[G \left(u_{xx} + u_{yy} + u_{zz} \right) + (\lambda + G) \left(u_{xx} + v_{xy} + w_{xz} \right) + F_X \right]$$
$$+ \lambda_2^2 \left[G \left(v_{xx} + v_{yy} + v_{zz} \right) + (\lambda + G) \left(u_{xy} + v_{yy} + w_{yz} \right) + F_Y \right]$$
$$+ \lambda_2^3 \left[G \left(w_{xx} + w_{yy} + w_{zz} \right) + (\lambda + G) \left(u_{xz} + v_{yz} + w_{zz} \right) + F_Z \right]$$

$$XF_3 = \lambda_3^1 F_1 + \lambda_3^2 F_2 + \lambda_3^3 F_3$$
$$= \lambda_3^1 \left[G \left(u_{xx} + u_{yy} + u_{zz} \right) + (\lambda + G) \left(u_{xx} + v_{xy} + w_{xz} \right) + F_X \right]$$
$$+ \lambda_3^2 \left[G \left(v_{xx} + v_{yy} + v_{zz} \right) + (\lambda + G) \left(u_{xy} + v_{yy} + w_{yz} \right) + F_Y \right]$$
$$+ \lambda_3^3 \left[G \left(w_{xx} + w_{yy} + w_{zz} \right) + (\lambda + G) \left(u_{xz} + v_{yz} + w_{zz} \right) + F_Z \right] \tag{10.60}$$

由式 (10.57) 和式 (10.60) 中的第一式, 比较 u, v, w 的各阶导数项的系数可得

$$u^0, v^0, w^0 : G \left(\eta_{xx}^u + \eta_{yy}^u + \eta_{zz}^u \right) + (\lambda + G) \left(\eta_{xx}^u + \eta_{xy}^v + \eta_{xz}^w \right)$$
$$+ \xi^x F_{Xx} + \xi^y F_{Xy} + \xi^z F_{Xz} + \eta^u F_{Xu} + \eta^v F_{Xv} + \eta^w F_{Xw} = \lambda_1^1 F_X + \lambda_1^2 F_Y + \lambda_1^3 F_Z$$

$$u_x : G \left(-\xi_{xx}^x - \xi_{yy}^x - \xi_{zz}^x \right) - (\lambda + G) \xi_{xx}^x = 0$$

$$u_y : G \left(-\xi_{xx}^y - \xi_{yy}^y - \xi_{zz}^y \right) - (\lambda + G) \xi_{xx}^y = 0$$

$$u_z : G \left(-\xi_{xx}^z - \xi_{yy}^z - \xi_{zz}^z \right) - (\lambda + G) \xi_{xx}^z = 0$$

$$v_x : \xi_{xy}^x = 0, \quad v_y : \xi_{xy}^y = 0, \quad v_z : \xi_{xy}^z = 0, \quad w_x : \xi_{xz}^x = 0, \quad w_y : \xi_{xz}^y = 0$$

$$w_z : \xi_{xz}^z = 0, \quad u_{xx} : -2G\xi_x^x - 2 (\lambda + G) \xi_x^x = \lambda_1^1 (G + \lambda + G)$$

$$u_{xy} : 2G \left(-\xi_x^y - \xi_y^x \right) - 2 (\lambda + G) \xi_x^y = \lambda_1^2 (\lambda + G)$$

$$u_{xz} : 2G\left(-\xi_x^z - \xi_z^x\right) - 2\left(\lambda + G\right)\xi_x^z = \lambda_1^3\left(\lambda + G\right), \quad u_{yy} : -2G\xi_y^y = \lambda_1^1 G$$

$$u_{yz} : 2G\left(-\xi_y^z - \xi_z^y\right) = 0, \quad u_{zz} : -2G\xi_z^z = \lambda_1^1 G, \quad v_{xx} : -\left(\lambda + G\right)\xi_y^x = \lambda_1^2 G$$

$$v_{xy} : -\left(\lambda + G\right)\left(\xi_x^x + \xi_y^y\right) = \lambda_1^1\left(\lambda + G\right), \quad v_{xz} : -\left(\lambda + G\right)\xi_y^z = 0$$

$$v_{yy} : -\left(\lambda + G\right)\xi_x^y = \lambda_1^2\left(G + \lambda + G\right), \quad v_{yz} : -\left(\lambda + G\right)\xi_x^z = \lambda_1^3\left(\lambda + G\right)$$

$$v_{zz} : \lambda_1^2 G = 0, \quad w_{xx} : -\left(\lambda + G\right)\xi_z^x = \lambda_1^3 G, \quad w_{xy} : -\left(\lambda + G\right)\xi_z^y = 0$$

$$w_{xz} : -\left(\lambda + G\right)\left(\xi_x^x + \xi_z^z\right) = \lambda_1^1\left(\lambda + G\right), \quad w_{yy} : \lambda_1^3 G = 0$$

$$w_{yz} : -\left(\lambda + G\right)\xi_x^y = \lambda_1^2\left(\lambda + G\right), \quad w_{zz} : -\left(\lambda + G\right)\xi_x^z = \lambda_1^3\left(G + \lambda + G\right)$$

$$\tag{10.61}$$

由式 (10.58) 和式 (10.60) 中的第二式, 比较 u, v, w 的各阶导数项的系数可得

$$u^0, v^0, w^0 : G\left(\eta_{xx}^v + \eta_{yy}^v + \eta_{zz}^v\right) + \left(\lambda + G\right)\left(\eta_{xy}^u + \eta_{yy}^v + \eta_{yz}^w\right)$$

$$+ \xi^x F_{Yx} + \xi^y F_{Yy} + \xi^z F_{Yz} + \eta^u F_{Yu} + \eta^v F_{Yv} + \eta^w F_{Yw} = \lambda_1^1 F_X + \lambda_2^2 F_Y + \lambda_2^3 F_Z$$

$$u_x : \xi_{xy}^x = 0, \quad u_y : \xi_{xy}^y = 0, \quad u_z : \xi_{xy}^z = 0$$

$$v_x : G\left(-\xi_{xx}^x - \xi_{yy}^x - \xi_{zz}^x\right) - \left(\lambda + G\right)\xi_{yy}^x = 0$$

$$v_y : G\left(-\xi_{xx}^y - \xi_{yy}^y - \xi_{zz}^y\right) - \left(\lambda + G\right)\xi_{yy}^y = 0$$

$$v_z : G\left(-\xi_{xx}^z - \xi_{yy}^z - \xi_{zz}^z\right) - \left(\lambda + G\right)\xi_{yy}^z = 0$$

$$w_x : \xi_{yz}^x = 0, \quad w_y : \xi_{yz}^y = 0, \quad w_z : \xi_{yz}^z = 0$$

$$u_{xx} : -\left(\lambda + G\right)\xi_y^x = \lambda_2^1\left(G + \lambda + G\right)$$

$$u_{xy} : -\left(\lambda + G\right)\left(\xi_x^x + \xi_y^y\right) = \lambda_2^2\left(\lambda + G\right), \quad u_{xz} : -\left(\lambda + G\right)\xi_y^z = \lambda_2^3\left(\lambda + G\right)$$

$$u_{yy} : -\left(\lambda + G\right)\xi_x^y = \lambda_2^1 G, \quad u_{yz} : -\left(\lambda + G\right)\xi_x^z = 0, \quad u_{zz} : \lambda_2^1 G = 0$$

$$v_{xx} : -2G\xi_x^x = \lambda_2^2 G, \quad v_{xy} : -2G\left(\xi_x^y + \xi_y^x\right) - 2\left(\lambda + G\right)\xi_y^x = 2\lambda_2^1\left(\lambda + G\right)$$

$$v_{xz} : -2G\left(\xi_x^z + \xi_z^x\right) = 0, \quad v_{yy} : -2G\xi_y^y - 2\left(\lambda + G\right)\xi_y^y = \lambda_2^2\left(G + \lambda + G\right)$$

$$v_{yz} : -2G\left(\xi_z^y + \xi_y^z\right) - 2\left(\lambda + G\right)\xi_y^z = \lambda_2^3\left(\lambda + G\right), \quad v_{zz} : -2G\xi_z^z = \lambda_2^2 G$$

$$w_{xx} : \lambda_2^3 G = 0, \quad w_{xy} : -\left(\lambda + G\right)\xi_z^x = 0, \quad w_{xz} : -\left(\lambda + G\right)\xi_y^x = \lambda_2^1\left(\lambda + G\right)$$

$$w_{yy} : -\left(\lambda + G\right)\xi_z^y = \lambda_2^3 G, \quad w_{yz} : -\left(\lambda + G\right)\left(\xi_y^y + \xi_z^z\right) = \lambda_2^2\left(\lambda + G\right)$$

$$w_{zz} : -\left(\lambda + G\right)\xi_y^z = \lambda_2^3\left(G + \lambda + G\right)$$

$$\tag{10.62}$$

由式 (10.59) 和式 (10.60) 中的第三式，比较 u, v, w 的各阶导数项的系数可得

$$u^0, v^0, w^0 : G\left(\eta_{xx}^w + \eta_{yy}^w + \eta_{zz}^w\right) + (\lambda + G)\left(\eta_{xz}^u + \eta_{yz}^v + \eta_{zz}^w\right)$$

$$+ \xi^x F_{Zx} + \xi^y F_{Zy} + \xi^z F_{Zz} + \eta^u F_{Zu} + \eta^v F_{Zv} + \eta^w F_{Zw} = \lambda_3^1 F_X + \lambda_3^2 F_Y + \lambda_3^3 F_Z$$

$$u_x : \xi_{xz}^x = 0, \quad u_y : \xi_{xz}^y = 0, \quad u_z : \xi_{xz}^z = 0, \quad v_x : \xi_{yz}^x = 0, \quad v_y : \xi_{yz}^y = 0$$

$$v_z : \xi_{yz}^z = 0, \quad w_x : -G\left(\xi_{xx}^x + \xi_{yy}^x + \xi_{zz}^x\right) - (\lambda + G)\,\xi_{zz}^x = 0$$

$$w_y : -G\left(\xi_{xx}^y + \xi_{yy}^y + \xi_{zz}^y\right) - (\lambda + G)\,\xi_{zz}^y = 0$$

$$w_z : -G\left(\xi_{xx}^z + \xi_{yy}^z + \xi_{zz}^z\right) - (\lambda + G)\,\xi_{zz}^z = 0$$

$$u_{xx} : -(\lambda + G)\,\xi_z^x = \lambda_3^1\,(G + \lambda + G), \quad u_{xy} : -(\lambda + G)\,\xi_z^y = \lambda_3^2\,(\lambda + G)$$

$$u_{xz} : -(\lambda + G)\left(\xi_x^x + \xi_z^z\right) = \lambda_3^3\,(\lambda + G), \quad u_{yy} : \lambda_3^1 G = 0, \quad u_{yz} : -(\lambda + G)\,\xi_x^y = 0$$

$$u_{zz} : -(\lambda + G)\,\xi_x^z = \lambda_3^1 G, \quad v_{xx} : \lambda_3^2 G = 0, \quad v_{xy} : -(\lambda + G)\,\xi_z^x = \lambda_3^1\,(\lambda + G)$$

$$v_{xz} : -(\lambda + G)\,\xi_y^x = 0, \quad v_{yy} : -(\lambda + G)\,\xi_z^y = \lambda_3^2\,(G + \lambda + G)$$

$$v_{yz} : -(\lambda + G)\left(\xi_y^y + \xi_z^z\right) = \lambda_3^3\,(\lambda + G), \quad v_{zz} : -(\lambda + G)\,\xi_z^y = \lambda_3^2 G$$

$$w_{xx} : -2G\xi_x^x = \lambda_3^3 G, \quad w_{xy} : -2G\left(\xi_x^y + \xi_y^x\right) = 0$$

$$w_{xz} : -2G\left(\xi_x^z + \xi_z^x\right) - 2(\lambda + G)\,\xi_z^x = \lambda_3^1\,(\lambda + G), \quad w_{yy} : -2G\xi_y^y = \lambda_3^3 G$$

$$w_{yz} : -2G\left(\xi_y^z + \xi_z^y\right) - 2(\lambda + G)\,\xi_z^y = \lambda_3^2\,(\lambda + G)$$

$$w_{zz} : -2G\xi_z^z - 2(\lambda + G)\,\xi_z^z = \lambda_3^3\,(G + \lambda + G)$$

$$(10.63)$$

从而可得

$$\xi_{xx}^x = \xi_{xx}^y = \xi_{xx}^z = \xi_{xy}^x = \xi_{xy}^y = \xi_{xy}^z = \xi_{xz}^x = \xi_{xz}^y = \xi_{xz}^z = \xi_{yy}^x = \xi_{yy}^y = \xi_{yy}^z$$

$$= \xi_{yz}^x = \xi_{yz}^y = \xi_{yz}^z = \xi_{zz}^x = \xi_{zz}^y = \xi_{zz}^z = 0$$

$$\xi_x^y = \xi_x^z = \xi_y^x = \xi_y^z = \xi_z^x = \xi_z^y = 0$$

$$\xi_x^x = \xi_y^y = \xi_z^z = -\frac{1}{2}\lambda_1^1 = -\frac{1}{2}\lambda_2^2 = -\frac{1}{2}\lambda_3^3$$

$$\lambda_1^2 = \lambda_1^3 = \lambda_2^1 = \lambda_2^3 = \lambda_3^1 = \lambda_3^2 = 0$$

$$(10.64)$$

若 F_X, F_Y, F_Z 为常数，假设 $\lambda_1^1 = \lambda_2^2 = \lambda_3^3 = k$ 为常数，式 (10.64) 的一组解为

$$\xi^x = -\frac{k}{2}x, \quad \xi^y = -\frac{k}{2}y, \quad \xi^z = -\frac{k}{2}z$$

$$\eta^u = \frac{kF_X x^2}{6(\lambda+2G)} + \frac{kF_X y^2}{12G} + \frac{kF_X z^2}{12G} + \frac{kF_Y xy}{6(\lambda+G)} + \frac{kF_Z xz}{6(\lambda+G)}$$

$$\eta^v = \frac{kF_Y x^2}{12G} + \frac{kF_Y y^2}{6(\lambda+2G)} + \frac{kF_Y z^2}{12G} + \frac{kF_X xy}{6(\lambda+G)} + \frac{kF_Z yz}{6(\lambda+G)} \tag{10.65}$$

$$\eta^w = \frac{kF_Z x^2}{12G} + \frac{kF_Z y^2}{12G} + \frac{kF_Z z^2}{6(\lambda+2G)} + \frac{kF_X xz}{6(\lambda+G)} + \frac{kF_Y yz}{6(\lambda+G)}$$

则 Lie 算子为

$$
\begin{aligned}
X =& \xi^x \frac{\partial}{\partial x} + \xi^y \frac{\partial}{\partial y} + \xi^z \frac{\partial}{\partial z} + \eta^u \frac{\partial}{\partial u} + \eta^v \frac{\partial}{\partial v} + \eta^w \frac{\partial}{\partial w} \\
=& -\frac{k}{2}x \frac{\partial}{\partial x} - \frac{k}{2}y \frac{\partial}{\partial y} - \frac{k}{2}z \frac{\partial}{\partial z} \\
& + \frac{1}{6}\left(\frac{kF_X x^2}{\lambda+2G} + \frac{kF_X y^2}{2G} + \frac{kF_X z^2}{2G} + \frac{kF_Y xy}{\lambda+G} + \frac{kF_Z xz}{\lambda+G} \right) \frac{\partial}{\partial u} \\
& + \frac{1}{6}\left(\frac{kF_Y x^2}{2G} + \frac{kF_Y y^2}{\lambda+2G} + \frac{kF_Y z^2}{2G} + \frac{kF_X xy}{\lambda+G} + \frac{kF_Z yz}{\lambda+G} \right) \frac{\partial}{\partial v} \\
& + \frac{1}{6}\left(\frac{kF_Z x^2}{2G} + \frac{kF_Z y^2}{2G} + \frac{kF_Z z^2}{\lambda+2G} + \frac{kF_X xz}{\lambda+G} + \frac{kF_Y yz}{\lambda+G} \right) \frac{\partial}{\partial w} \tag{10.66}
\end{aligned}
$$

10.5　疲劳裂纹扩展方程的对称性和守恒律

疲劳裂纹扩展是一个跨尺度力学问题, 其机理十分复杂, 难以得到严谨的数学表达式, 因此很多相关研究都是建立在经验的基础上的 [90,91]。Paris 等 [92] 于 1961 年最先指出裂纹扩展速率是最大应力强度因子的函数。随后, Paris 和 Erdogan[93] 提出了众所周知的 Paris 公式, 该公式之后被广泛应用于疲劳裂纹扩展过程中的数值模拟。

Paris 公式可以变换为形式

$$f(t, u, u_t) = u_t - Qu^b = 0 \tag{10.67}$$

设 Lie 算子为

$$X = \xi \frac{\partial}{\partial t} + \eta \frac{\partial}{\partial u} + \zeta_1 \frac{\partial}{\partial u_t} \tag{10.68}$$

其中

$$\zeta_1 = D_t(\eta) - u_t D_t(\xi) = \eta_t - u_t \xi_t \tag{10.69}$$

则

$$Xf = \left[\xi\frac{\partial}{\partial t} + \eta\frac{\partial}{\partial u} + (\eta_t - u_t\xi_t)\frac{\partial}{\partial u_t}\right](u_t - Qu^b) = -Q\eta u^{b-1} + \eta_t - u_t\xi_t \tag{10.70}$$

10.5.1 Lie 对称性

对于 Lie 对称性，$\xi = \xi(t, u), \eta = \eta(t, u)$，有

$$Xf = \lambda f = \lambda\left(u_t - Qu^b\right) \tag{10.71}$$

且

$$\eta_t - u_t\xi_t = \frac{\partial\eta}{\partial t} + u_t\frac{\partial\eta}{\partial u} - u_t\left(\frac{\partial\xi}{\partial t} + u_t\frac{\partial\xi}{\partial u}\right) = \frac{\partial\eta}{\partial t} + \left(\frac{\partial\eta}{\partial u} - \frac{\partial\xi}{\partial t}\right)u_t - \frac{\partial\xi}{\partial u}u_t^2 \tag{10.72}$$

将式 (10.72) 代入式 (10.70)，得

$$Xf = -Q\eta u^{b-1} + \eta_t - u_t\xi_t = -Q\eta u^{b-1} + \frac{\partial\eta}{\partial t} + \left(\frac{\partial\eta}{\partial u} - \frac{\partial\xi}{\partial t}\right)u_t - \frac{\partial\xi}{\partial u}u_t^2 \tag{10.73}$$

由式 (10.71) 和 (10.73)，比较 u 的各阶导数项的系数得

$$u_t^0 : -Q\eta u^{b-1} + \frac{\partial\eta}{\partial t} = -\lambda Qu^b$$

$$u_t : \frac{\partial\eta}{\partial u} - \frac{\partial\xi}{\partial t} = \lambda \tag{10.74}$$

$$u_t^2 : \frac{\partial\xi}{\partial u} = 0$$

式 (10.74) 的一组解为

$$\xi = k_1, \quad \eta = k_2 u \tag{10.75}$$

其中 k_1 为任意常数。

假设 $\lambda = k_2$ 也为常数，则有

$$X = k_1\frac{\partial}{\partial t} + k_2 u\frac{\partial}{\partial u} \tag{10.76}$$

10.5.2　Lie-Bäcklund 对称性

对于 Lie-Bäcklund 对称性, 有 $\xi = \xi(t, u, u_t, \cdots), \eta = \eta(t, u, u_t, \cdots)$, 且

$$
\begin{aligned}
Xf =& \lambda_0 f + \lambda_1 D_t(f) + \lambda_2 D_t^2(f) + \cdots \\
=& \lambda_0 \left(u_t - Qu^b\right) + \lambda_1 D_t \left(u_t - Qu^b\right) + \cdots \\
=& \lambda_0 \left(u_t - Qu^b\right) + \lambda_1 \left(u_{tt} - Qbu^{b-1}u_t\right) \\
& + \lambda_2 \left[u_{ttt} - Qbu^{b-1}u_{tt} - Qb(b-1)u^{b-2}u_t^2\right] + \cdots \\
=& \lambda_0 u_t + \lambda_1 u_{tt} + \lambda_2 u_{ttt} + \cdots \\
& - \left[\lambda_0 Qu^b + \lambda_1 Qbu^{b-1}u_t + \lambda_2 Qb(b-1)u^{b-2}u_t^2 + \cdots\right] - \cdots
\end{aligned}
\tag{10.77}
$$

若 $\xi = \xi(t, u, u_t), \eta = \eta(t, u, u_t)$, 则只需取式 (10.77) 前两项, 有

$$
\begin{aligned}
Xf &= \lambda_0 f + \lambda_1 D_t(f) \\
&= \lambda_0 \left(u_t - Qu^b\right) + \lambda_1 D_t \left(u_t - Qu^b\right) \\
&= \lambda_0 u_t + \lambda_1 u_{tt} - \lambda_0 Qu^b - \lambda_1 Qbu^{b-1}u_t
\end{aligned}
\tag{10.78}
$$

且

$$
\begin{aligned}
\eta_t - u_t \xi_t &= \frac{\partial \eta}{\partial t} + u_t \frac{\partial \eta}{\partial u} + u_{tt} \frac{\partial \eta}{\partial u_t} - u_t \left(\frac{\partial \xi}{\partial t} + u_t \frac{\partial \xi}{\partial u} + u_{tt} \frac{\partial \xi}{\partial u_t}\right) \\
&= \frac{\partial \eta}{\partial t} + \left(\frac{\partial \eta}{\partial u} - \frac{\partial \xi}{\partial t}\right) u_t - \frac{\partial \xi}{\partial u} u_t^2 + \frac{\partial \eta}{\partial u_t} u_{tt} - \frac{\partial \xi}{\partial u_t} u_t u_{tt}
\end{aligned}
\tag{10.79}
$$

将式 (10.79) 代入式 (10.70), 得

$$
\begin{aligned}
Xf &= -Q\eta u^{b-1} + \eta_t - u_t \xi_t \\
&= -Q\eta u^{b-1} + \frac{\partial \eta}{\partial t} + \left(\frac{\partial \eta}{\partial u} - \frac{\partial \xi}{\partial t}\right) u_t - \frac{\partial \xi}{\partial u} u_t^2 + \frac{\partial \eta}{\partial u_t} u_{tt} - \frac{\partial \xi}{\partial u_t} u_t u_{tt}
\end{aligned}
\tag{10.80}
$$

由式 (10.78) 和式 (10.80) 得

$$
\begin{aligned}
& -Q\eta u^{b-1} + \frac{\partial \eta}{\partial t} + \left(\frac{\partial \eta}{\partial u} - \frac{\partial \xi}{\partial t}\right) u_t - \frac{\partial \xi}{\partial u} u_t^2 + \frac{\partial \eta}{\partial u_t} u_{tt} - \frac{\partial \xi}{\partial u_t} u_t u_{tt} \\
=& \lambda_0 u_t + \lambda_1 u_{tt} - \lambda_0 Qu^b - \lambda_1 Qbu^{b-1}u_t
\end{aligned}
\tag{10.81}
$$

式 (10.81) 进一步整理得

$$\frac{\partial \eta}{\partial t} u + \left(\frac{\partial \eta}{\partial u} u - \frac{\partial \xi}{\partial t} u - \eta \right) u_t + \left(\lambda_1 b - \frac{\partial \xi}{\partial u} u \right) u_t^2 + \left(\frac{\partial \eta}{\partial u_t} - \lambda_1 - \frac{\partial \xi}{\partial u_t} u_t \right) u u_{tt} = 0$$

(10.82)

若 λ_0, λ_1 仅为 t, u 的函数，比较 u 的二阶导数及二阶以下导数项的系数得

$$\frac{\partial \eta}{\partial t} u + \left(\frac{\partial \eta}{\partial u} u - \frac{\partial \xi}{\partial t} u - \eta \right) u_t + \left(\lambda_1 b - \frac{\partial \xi}{\partial u} u \right) u_t^2 = 0$$

(10.83)

$$\frac{\partial \eta}{\partial u_t} - \lambda_1 - \frac{\partial \xi}{\partial u_t} u_t = 0$$

从而得到

$$\frac{\partial \eta}{\partial t} u + \left(\frac{\partial \eta}{\partial u} u - \frac{\partial \xi}{\partial t} u - \eta \right) u_t + \left(b \frac{\partial \eta}{\partial u_t} - b \frac{\partial \xi}{\partial u_t} u_t - \frac{\partial \xi}{\partial u} u \right) u_t^2 = 0 \quad (10.84)$$

若假设 ξ, η 为 t, u, u_t 的一次线性函数，即

$$\xi = k_1 u_t + k_2 u + k_3 t + k_4, \quad \eta = k_5 u_t + k_6 u + k_7 t + k_8 \quad (10.85)$$

其中 $k_i \, (i = 1, 2, \cdots, 8)$ 是任意常数，易得一组解为

$$\xi = k_4, \quad \eta = k_6 u \quad (10.86)$$

此时与 Lie 对称性结果一致。

若假设 ξ, η 为 t, u, u_t 的三次线性函数，即

$$\xi = k_1 t u u_t + k_2 u u_t + k_3 t u_t + k_4 t u + k_5 u_t + k_6 u + k_7 t + k_8$$
$$\eta = d_1 t u u_t + d_2 u u_t + d_3 t u_t + d_4 t u + d_5 u_t + d_6 u + d_7 t + d_8$$

(10.87)

其中 $k_i, d_i \, (i = 1, 2, \cdots, 8)$ 是任意常数。

将式 (10.87) 代入式 (10.84)，得

$$(d_1 u u_t + d_3 u_t + d_4 u + d_7) u + [(d_1 t u_t + d_2 u_t + d_4 t + d_6) u - (k_1 u u_t + k_3 u_t + k_4 u$$

$$+ k_7) u - (d_1 t u u_t + d_2 u u_t + d_3 t u_t + d_4 t u + d_5 u_t + d_6 u + d_7 t + d_8)] u_t + [b \, (d_1 t u$$

$$+ d_2 u + d_3 t + d_5) - b \, (k_1 t u + k_2 u + k_3 t + k_5) u_t - (k_1 t u_t + k_2 u_t + k_4 t + k_6) u] u_t^2$$

$$= 0$$

(10.88)

化简后令 u 各阶导数项系数为零，解得

$$\xi = bd_2u + d_3t + k_8, \quad \eta = d_2uu_t + d_3tu_t + d_6u \tag{10.89}$$

因此

$$X = (bd_2u + d_3t + k_8)\frac{\partial}{\partial t} + (d_2uu_t + d_3tu_t + d_6u)\frac{\partial}{\partial u} \tag{10.90}$$

10.5.3   Noether 守恒律

由于奇数阶方程没有 Lagrange 函数，因此该方程不存在 Noether 守恒律。

10.5.4   Ibragimov 守恒律

设方程 (10.67) 及其伴随方程的 Lagrange 函数为

$$\mathcal{L} = vf(t, u, u_t) = v\left(u_t - Qu^b\right) \tag{10.91}$$

对于 Lie 算子 $X = k_1\dfrac{\partial}{\partial t} + k_2u\dfrac{\partial}{\partial u}$，其 Noether 算子为

$$\mathcal{N} = k_1 + (k_2u - k_1u_t)\frac{\partial}{\partial u_t} \tag{10.92}$$

因此根据 Ibragimov 守恒律得守恒向量

$$
\begin{aligned}
C &= \mathcal{N}\mathcal{L} \\
&= k_1\mathcal{L} + (k_2u - k_1u_t)\frac{\partial \mathcal{L}}{\partial u_t} \\
&= k_1v\left(u_t - Qu^b\right) + (k_2u - k_1u_t)v \\
&= k_2uv - k_1Qu^b \tag{10.93}
\end{aligned}
$$

则守恒律表达式

$$
\begin{aligned}
D_t\left(C\right)\big|_{f(t,u,u_t)=0} &= D_t\left(k_2uv - k_1Qu^b\right)\big|_{f(t,u,u_t)=0} \\
&= \left(k_2u_tv + k_2uv_t - k_1Qbu^{b-1}u_t\right)\big|_{f(t,u,u_t)=0} \\
&= \left[\left(k_2v - k_1Qbu^{b-1}\right)u_t + k_2uv_t\right]\big|_{f(t,u,u_t)=0} \tag{10.94}
\end{aligned}
$$

对于 Lie-Bäcklund 算子 $X = (bd_2u + d_3t + k_8)\dfrac{\partial}{\partial t} + (d_2uu_t + d_3tu_t + d_6u)\dfrac{\partial}{\partial u}$，其 Noether 算子为

$$\mathcal{N} = (bd_2u + d_3t + k_8) + [d_2uu_t + d_3tu_t + d_6u - (bd_2u + d_3t + k_8)\,u_t]\,\frac{\partial}{\partial u_t}$$

$$= (bd_2u + d_3t + k_8) + [(d_2 - bd_2)\,uu_t + d_6u - k_8u_t]\,\frac{\partial}{\partial u_t} \tag{10.95}$$

因此根据 Ibragimov 守恒律得守恒向量

$$C = \mathcal{N}\mathcal{L}$$

$$= (bd_2u + d_3t + k_8)\,\mathcal{L} + [(d_2 - bd_2)\,uu_t + d_6u - k_8u_t]\,\frac{\partial \mathcal{L}}{\partial u_t}$$

$$= (bd_2u + d_3t + k_8)\,v\,(u_t - Qu^b) + [(d_2 - bd_2)\,uu_t + d_6u - k_8u_t]\,v$$

$$= (d_2uu_t + d_3tu_t + k_8u_t - bd_2Qu^{b+1} - d_3Qtu^b - k_8Qu^b + d_6u - k_8u_t)\,v$$

$$= (d_6u - k_8Qu^b - bd_2Qu^{b+1} - d_3Qtu^b + d_3tu_t + d_2uu_t)\,v \tag{10.96}$$

则守恒律表达式

$$D_t\,(C)|_{f(t,u,u_t)=0}$$

$$= D_t\left[\left(d_6u - k_8Qu^b - bd_2Qu^{b+1} - d_3Qtu^b + d_3tu_t + d_2uu_t\right)v\right]\Big|_{f(t,u,u_t)=0}$$

$$= \Big\{\left(d_6u - k_8Qu^b - bd_2Qu^{b+1} - d_3Qtu^b + d_3tu_t + d_2uu_t\right)v_t$$

$$\quad + \left[d_6u_t - k_8Qbu^{b-1}u_t - b\,(b+1)\,d_2Qu^bu_t - d_3Qu^b - d_3bQtu^{b-1}u_t\right.$$

$$\quad \left. + d_3u_t + d_3tu_{tt} + d_2u_t^2 + d_2uu_{tt}\right]v\Big\}\Big|_{f(t,u,u_t)=0}$$

$$= \Big\{\left(d_6u - k_8Qu^b - bd_2Qu^{b+1} - d_3Qtu^b + d_3tu_t + d_2uu_t\right)v_t$$

$$\quad + \left[-d_3Qu^b + \left(d_6 - k_8Qbu^{b-1} - b\,(b+1)\,d_2Qu^b - d_3bQtu^{b-1} + d_3\right)u_t\right.$$

$$\quad \left. + d_3tu_{tt} + d_2u_t^2 + d_2uu_{tt}\right]v\Big\}\Big|_{f(t,u,u_t)=0}$$

$$= 0 \tag{10.97}$$

10.6 功能梯度材料的路径无关积分与裂纹扩展力

由守恒律导出的路径无关积分在固体力学中的应用主要是关于均质材料的。对于非均质材料，材料系数必须满足一阶偏微分方程，其中存在与材料空间有关的无穷小对称变换的可能形式。本节以功能梯度材料为研究对象，探究了由守恒律导出的路径无关积分在非均质材料断裂力学中的应用。本节构造了功能梯度材料裂纹尖端的路径无关积分。结果表明，在估算裂纹扩展时，应力强度因子与功能梯度无关，而裂纹扩展力与其有关 [94]。

10.6.1 均质材料平面问题的守恒律

对于平面问题，应变能密度 W 和本构方程为

$$W = \frac{1}{2}C_{ijkl}\varepsilon_{ij}\varepsilon_{kl}, \quad \sigma_{ij} = \frac{\partial W}{\partial \varepsilon_{ij}} = C_{ijkl}u_{k,l} \tag{10.98}$$

其中 $u_k, \varepsilon_{ij}, \sigma_{ij}$ 分别为位移、应力和应变，材料系数 C_{ijkl} 满足

$$C_{ijkl} = C_{jikl} = C_{ijlk} \tag{10.99}$$

并可表示为

$$C_{1111} = C_{2222} = \frac{(1-\nu)E}{(1+\nu)(1-2\nu)}, \quad C_{1212} = \frac{E}{2(1+\nu)}, \quad C_{1122} = \frac{\nu E}{(1+\nu)(1-2\nu)} \tag{10.100}$$

考虑 Lie 对称性，无穷小生成元 X 的一阶延拓为 [29]

$$X = \xi_i \frac{\partial}{\partial x_i} + \eta_i \frac{\partial}{\partial u_i} + [D_j(\eta_i) - u_{i,k}D_j(\xi_k)]\frac{\partial}{\partial u_{i,j}} \tag{10.101}$$

其中

$$D_j = \frac{\partial}{\partial x_j} + u_{i,j}\frac{\partial}{\partial u_i} + \cdots \tag{10.102}$$

将 Lie 不变性条件应用于式 (10.98)

$$X(W) + W\frac{\partial \xi_i}{\partial x_i} = 0 \tag{10.103}$$

一般来说，ξ_i 不依赖于因变量，因此展开式 (10.103) 得

$$X(W) + W\frac{\partial \xi_i}{\partial x_i}$$

$$= \xi_i \frac{1}{2}\frac{\partial C_{ijkl}\varepsilon_{ij}\varepsilon_{kl}}{\partial x_i} + \eta_i \frac{1}{2}\frac{\partial C_{ijkl}\varepsilon_{ij}\varepsilon_{kl}}{\partial u_i} + \left[\left(\frac{\partial}{\partial x_j} + u_{i,j}\frac{\partial}{\partial u_i}\right)\eta_i \right.$$

$$-u_{i,k}\left(\frac{\partial}{\partial x_j} + u_{i,j}\frac{\partial}{\partial u_i}\right)\xi_k\right]\frac{1}{2}\frac{\partial C_{ijkl}\varepsilon_{ij}\varepsilon_{kl}}{\partial u_{i,j}} + \frac{1}{2}C_{ijkl}\varepsilon_{ij}\varepsilon_{kl}\frac{\partial \xi_i}{\partial x_i}$$

$$=\xi_i\frac{1}{2}\frac{\partial C_{ijkl}\varepsilon_{ij}\varepsilon_{kl}}{\partial x_i} + \eta_i\frac{1}{2}\frac{\partial C_{ijkl}\varepsilon_{ij}\varepsilon_{kl}}{\partial u_i} + \left[\left(\frac{\partial}{\partial x_j} + u_{i,j}\frac{\partial}{\partial u_i}\right)\eta_i\right.$$

$$\left.-u_{i,k}\left(\frac{\partial}{\partial x_j} + u_{i,j}\frac{\partial}{\partial u_i}\right)\xi_k\right]C_{ijkl}u_{k,l} + \frac{1}{2}C_{ijkl}\varepsilon_{ij}\varepsilon_{kl}\frac{\partial \xi_i}{\partial x_i}$$

$$=\frac{1}{2}\xi_i\frac{\partial C_{ijkl}}{\partial x_i}u_{i,j}u_{k,l} + \left[\left(\frac{\partial}{\partial x_j} + u_{i,j}\frac{\partial}{\partial u_i}\right)\eta_i - u_{i,k}\left(\frac{\partial}{\partial x_j} + u_{i,j}\frac{\partial}{\partial u_i}\right)\xi_k\right]$$

$$\times C_{ijkl}u_{k,l} + \frac{1}{2}C_{ijkl}\frac{\partial \xi_i}{\partial x_i}u_{i,j}u_{k,l}$$

$$=\frac{1}{2}\xi_i\frac{\partial C_{ijkl}}{\partial x_i}u_{i,j}u_{k,l} + \left(\frac{\partial \eta_i}{\partial x_j}C_{ijkl}u_{k,l} + u_{i,j}\frac{\partial \eta_i}{\partial u_i}C_{ijkl}u_{k,l} - \frac{\partial \xi_k}{\partial x_j}C_{ijkl}u_{k,l}u_{i,k}\right)$$

$$+ \frac{1}{2}C_{ijkl}\frac{\partial \xi_i}{\partial x_i}u_{i,j}u_{k,l}$$

$$=C_{ijkl}\frac{\partial \eta_i}{\partial x_j}u_{k,l} + \left(\frac{1}{2}\xi_m\frac{\partial C_{ijkl}}{\partial x_m} - C_{imkl}\frac{\partial \xi_j}{\partial x_m} + C_{mjkl}\frac{\partial \eta_m}{\partial u_i}\right)u_{i,j}u_{k,l} \qquad (10.104)$$

因为 Lie 不变性条件 (10.103) 要求式 (10.104) 各项均为 0, $u_{i,j}$ 所有线性项和二次项的系数必须等于 0, 可得

$$C_{ijkl}\frac{\partial \eta_i}{\partial x_j} = 0 \qquad (10.105)$$

$$\xi_m\frac{\partial C_{ijkl}}{\partial x_m} - C_{imkl}\frac{\partial \xi_j}{\partial x_m} - C_{kmij}\frac{\partial \xi_1}{\partial x_m} + C_{mjkl}\frac{\partial \eta_m}{\partial u_i} + C_{mlij}\frac{\partial \eta_m}{\partial u_k} = 0 \qquad (10.106)$$

求解式 (10.105) 和式 (10.106), 得

$$\xi_i = Ax_i + e_{3ij}\Omega x_j + c_i \qquad (10.107)$$

$$\eta_i = A_{11}u_i + e_{3ij}\Omega u_j + \alpha_i + e_{3ij}\omega x_j \qquad (10.108)$$

其中 α_i 和 ω 为任意常数, 常数 c_i, Ω, A, A_{11} 满足

$$\xi_i\frac{\partial E}{\partial x_i} + 2(A_{11} - A)E = 0 \qquad (10.109)$$

由 Noether 守恒律 [29]，有

$$D_i \left(\xi_k S_{ik} + \eta_k \sigma_{ik} \right) = 0 \tag{10.110}$$

其中 $S_{ik} = W\delta_{ik} - \sigma_{ik} u_{j,i}$ 为 Eshelby 能量–动量张量。

对于非均质材料，只有当材料系数满足偏微分方程 (10.109) 时，式 (10.110) 才在忽略 α_i 和 ω 时成为材料空间中的真正守恒律。对于均质材料，要求方程 (10.109) 在 $A_{11} = A$ 的情况下为零。式 (10.107) 和 (10.108) 中的每个常数都是任意的，因此式 (10.110) 提供了均质材料平面问题的所有情况的守恒律。

10.6.2　功能梯度材料的路径无关积分

功能梯度材料是复合的、微观上非均质的材料，其中杨氏模量从一个表面到另一个表面平滑地连续变化，如图 10.1 所示，这是通过逐渐改变组成材料的体积分数来实现的 [95]。

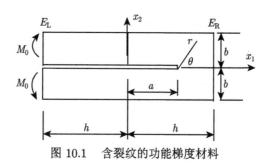

图 10.1　含裂纹的功能梯度材料

有效杨氏模量 E 可以表示为

$$E = E_L V_L \left(x_1 \right) + E_R V_R \left(x_1 \right) \tag{10.111}$$

其中，E_L 和 E_R 分别为左侧和右侧的杨氏模量，$V_L \left(x_1 \right)$ 和 $V_R \left(x_1 \right)$ 为体积分数，有

$$V_L \left(x_1 \right) + V_R \left(x_1 \right) = 1 \tag{10.112}$$

泊松比 ν 设为常值。

由式 (10.111) 和式 (10.112) 可得有效杨氏模量

$$E = \left(E_L - E_R \right) V_L \left(x_1 \right) + E_R \tag{10.113}$$

其中 V_L 为 x_1 的函数，且

$$V_L \left(-h \right) = 1, \quad V_L \left(h \right) = 0 \tag{10.114}$$

式 (10.113) 代入式 (10.109)，得

$$\xi_i \frac{\partial E}{\partial x_i} + 2\left(A_{11} - A\right)E$$

$$= \xi_i \left(E_{\mathrm{L}} - E_{\mathrm{R}}\right) \frac{\partial V_{\mathrm{L}}\left(x_1\right)}{\partial x_i} + 2\left(A_{11} - A\right)\left[\left(E_{\mathrm{L}} - E_{\mathrm{R}}\right)V_{\mathrm{L}} + E_{\mathrm{R}}\right] = 0 \quad (10.115)$$

由于 V_{L} 是 x_1 的函数，因此 ξ_1 内的常量 Ω 必须为零。式 (10.114) 为边界条件，求解 $V_{\mathrm{L}}\left(x_1\right)$ 并代入式 (10.113)，有

$$E = \left(\frac{E_{\mathrm{R}}^{\frac{1}{N}} - E_{\mathrm{L}}^{\frac{1}{N}}}{2h}x_1 + \frac{E_{\mathrm{R}}^{\frac{1}{N}} + E_{\mathrm{L}}^{\frac{1}{N}}}{2}\right)^N \quad (10.116)$$

$$A = \frac{E_{\mathrm{R}}^{\frac{1}{N}} - E_{\mathrm{L}}^{\frac{1}{N}}}{h\left(E_{\mathrm{R}}^{\frac{1}{N}} + E_{\mathrm{L}}^{\frac{1}{N}}\right)}c_1, \quad A_{11} = \frac{(2-N)\left(E_{\mathrm{R}}^{\frac{1}{N}} - E_{\mathrm{L}}^{\frac{1}{N}}\right)}{2h\left(E_{\mathrm{R}}^{\frac{1}{N}} + E_{\mathrm{L}}^{\frac{1}{N}}\right)}c_1 \quad (10.117)$$

其中 N 为常数，在考虑改变体积分数的情况下获得的有效杨氏模量式 (10.116) 符合实际。

考虑式 (10.115) 的求解过程，由于式 (10.107) 和式 (10.117) 中的 c_1, c_2 是任意的，由式 (10.110) 可得

$$D_i \left(\xi_k S_{ik} + \eta_k \sigma_{ik}\right)$$
$$= D_k \left[\left(Ax_k + e_{3ij}\Omega x_j + c_k\right)S_{ik} + \left(A_{11}u_k + e_{3ij}\Omega u_j + \alpha_k + e_{3ij}\omega x_j\right)\sigma_{ik}\right]$$
$$= D_k \left(S_{1k} + Ax_i S_{ik} + A_{11}\sigma_{ik}u_i\right)$$

$$= D_k \left[S_{1k} + \frac{E_{\mathrm{R}}^{\frac{1}{N}} - E_{\mathrm{L}}^{\frac{1}{N}}}{h\left(E_{\mathrm{R}}^{\frac{1}{N}} + E_{\mathrm{L}}^{\frac{1}{N}}\right)}x_i S_{ik} + \frac{(2-N)\left(E_{\mathrm{R}}^{\frac{1}{N}} - E_{\mathrm{L}}^{\frac{1}{N}}\right)}{2h\left(E_{\mathrm{R}}^{\frac{1}{N}} + E_{\mathrm{L}}^{\frac{1}{N}}\right)}\sigma_{ik}u_i\right] = 0$$
$$(10.118)$$

$$D_k S_{2k} = 0 \quad (10.119)$$

路径无关积分的守恒律可以用于断裂力学。考虑均质材料，计算平面应力裂纹尖端附近的 J_i 积分的结果为 [96]

$$J_1 = \left(K_{\mathrm{I}}^2 + K_{\mathrm{II}}^2\right)/E, \quad J_2 = -2K_{\mathrm{I}}K_{\mathrm{II}}/E \quad (10.120)$$

其中 K_{I} 和 K_{II} 是应力强度因子。

对于非均质材料，裂纹尖端附近的应力具有平方根奇异性，奇异项的形式与均质材料相同 [97]。因此，从式 (10.118)~ 式 (10.120) 可以得出

$$
F_1 = \int_{\Gamma} \left[S_{1k} + \frac{E_{\mathrm{R}}^{\frac{1}{N}} - E_{\mathrm{L}}^{\frac{1}{N}}}{h\left(E_{\mathrm{R}}^{\frac{1}{N}} + E_{\mathrm{L}}^{\frac{1}{N}}\right)} x_i S_{ik} + \frac{(2-N)\left(E_{\mathrm{R}}^{\frac{1}{k}} - E_{\mathrm{L}}^{\frac{1}{N}}\right)}{2h\left(E_{\mathrm{R}}^{\frac{1}{k}} + E_{\mathrm{L}}^{\frac{1}{k}}\right)} \sigma_{ik} u_i \right] n_k \mathrm{d}\Gamma
$$

$$
= \lim_{r\to 0} \int_{-\pi}^{\pi} \left[S_{1k} + \frac{E_{\mathrm{R}}^{\frac{1}{N}} - E_{\mathrm{L}}^{\frac{1}{N}}}{h\left(E_{\mathrm{R}}^{\frac{1}{N}} + E_{\mathrm{L}}^{\frac{1}{N}}\right)} x_i S_{ik} \right] n_k r \mathrm{d}\theta = \left[1 + \frac{2a\left(E_{\mathrm{R}}^{\frac{1}{N}} - E_{\mathrm{L}}^{\frac{1}{k}}\right)}{h\left(E_{\mathrm{R}}^{\frac{1}{N}} + E_{\mathrm{L}}^{\frac{1}{N}}\right)} \right] J_1
$$

$$
\tag{10.121}
$$

$$
F_2 = \int S_{2k} n_k \mathrm{d}\Gamma = \lim_{r\to 0} \int_{-\pi}^{\pi} S_{2k} n_k r \mathrm{d}\theta = J_2 \tag{10.122}
$$

其中 J_i 中 E 是裂纹尖端位置的值。式 (10.121) 中的 F_1 与能量释放率相关。

10.6.3 裂纹扩展力

采用柔度法估算裂纹扩展力。考虑图 10.1 所示的悬臂梁在左端承受弯矩 M_0。利用有效杨氏模量式 (10.116)，梁理论给出了转角与力矩的关系

$$
\theta = \frac{24hM_0}{(1-N)\,b^3\left(E_{\mathrm{R}}^{\frac{1}{N}} - E_{\mathrm{L}}^{\frac{1}{N}}\right)} \left[\left(\frac{E_{\mathrm{R}}^{\frac{1}{N}} + E_{\mathrm{L}}^{\frac{1}{N}}}{2} + a\frac{E_{\mathrm{R}}^{\frac{1}{N}} - E_{\mathrm{L}}^{\frac{1}{N}}}{2h} \right)^{1-N} - E_{\mathrm{L}}^{\frac{1-N}{N}} \right]
$$

$$
\tag{10.123}
$$

式 (10.121) 用于当裂纹尖端的端部被视为夹紧的情况。裂纹扩展力 G 可以通过载荷–挠度随裂纹长度的增加的变化来表示 [98]

$$
G = J_1 = \frac{1}{2} M_0 \frac{\partial \theta\left(M_0, a\right)}{\partial a} \tag{10.124}
$$

式 (10.124) 适用于非均质材料，因为这个表达式是在考虑能量变化的情况下推导出来的。将式 (10.123) 代入式 (10.124)，并考虑式 (10.120) 中张开情况，得到

$$
G = J_1 = K_{\mathrm{I}}^2 = \left(\frac{E_{\mathrm{R}}^{\frac{1}{N}} + E_{\mathrm{L}}^{\frac{1}{N}}}{2} + a\frac{E_{\mathrm{R}}^{\frac{1}{N}} - E_{\mathrm{L}}^{\frac{1}{N}}}{2h} \right)^{-N}, \quad K_{\mathrm{I}} = 2\sqrt{3}M_0/b^{\frac{3}{2}} \quad (10.125)
$$

显然，应力强度因子 K_{I} 与函数梯度无关，而裂纹扩展力与其相关。将 $J_1 = 12M_0^2/\left(b^3 E_{\mathrm{L}}\right)$ 作为标准化因子，图 10.2 绘制了标准化裂纹扩展力 G/J_1 的值。发现 $E_{\mathrm{R}} > E_{\mathrm{L}}$ 时裂纹扩展力减小；相反，当 $E_{\mathrm{R}} < E_{\mathrm{L}}$ 时，裂纹扩展力增加。

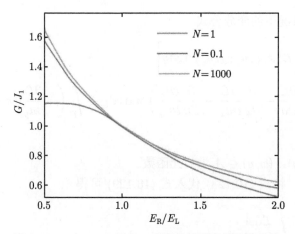

图 10.2 $a/h = 0.5$ 时归一化裂纹扩展力的数值结果

10.7 物理平面上解析函数的守恒积分及其应用

对于用连续场理论描述的任何物理系统，如果平面问题的一般解可以用解析函数来表示，则总是存在 Noether 定理意义下的守恒积分。特别地，任何满足 Cauchy-Riemann 方程的保角变换都是获得这类守恒积分的对称变换。由于保角变换包括平面坐标的平移、旋转和缩放，得到的守恒积分具有普遍性和多样性。通过对保角变换进行调整，不仅可以在物理学上获得无数个由 Noether 定理表示的守恒量和守恒积分，而且这些守恒积分在数学上也与 Cauchy 积分定理的虚部相一致。为了说明研究结果的应用价值，考虑平面弹性裂纹问题，给出了一些具有物理不变性的守恒量和参数，特别是可以表示裂纹扩展的能量释放率和裂纹路径选择的 T 应力[99]。

10.7.1 解析函数的守恒积分

首先考虑调和方程

$$\nabla^2 u\,(x_1, x_2) = u_{,ii} = 0 \tag{10.126}$$

构建积分形式的函数 S 以及 Lagrange 函数 $\mathcal{L}$

$$S = \int_A \mathcal{L}\mathrm{d}A \tag{10.127}$$

$$\mathcal{L} = \frac{1}{2}u_{,i}u_{,i} = \frac{1}{2}u_x^2 + \frac{1}{2}u_y^2 \tag{10.128}$$

其中，$u_x = \partial u/\partial x, u_y = \partial u/\partial y$。

利用二维情况下的变分公式

$$\delta S = \delta \left[\iint_A \mathcal{L}\left(x, y, u, u_x, u_y\right) \mathrm{d}x\mathrm{d}y \right]$$
$$= \iint_A \left(\frac{\partial \mathcal{L}}{\partial u} - \frac{\partial}{\partial x}\frac{\partial \mathcal{L}}{\partial u_x} - \frac{\partial}{\partial y}\frac{\partial \mathcal{L}}{\partial u_y} \right)\delta u\mathrm{d}x\mathrm{d}y + \int_\Gamma \left(-\frac{\partial \mathcal{L}}{\partial u_y}\mathrm{d}x + \frac{\partial \mathcal{L}}{\partial u_x}\mathrm{d}y \right)\delta u \tag{10.129}$$

其中 $u = u(x,y)$, $(x,y) \in A$ 为二元函数。

令 $\delta S = 0$, 将式 (10.128) 代入式 (10.129) 可得

$$\delta S = \delta \int_A \mathcal{L}\mathrm{d}A$$
$$= \iint_A (-u_{xx} - u_{yy})\delta u\mathrm{d}x\mathrm{d}y$$
$$+ \int_\Gamma \left[-u_y\frac{\mathrm{d}x}{\sqrt{(\mathrm{d}x)^2 + (\mathrm{d}y)^2}} + u_x\frac{\mathrm{d}y}{\sqrt{(\mathrm{d}x)^2 + (\mathrm{d}y)^2}} \right]\delta u\mathrm{d}\Gamma$$
$$= \oint_\Gamma u_{,i}n_i\delta u\mathrm{d}\Gamma - \int_A u_{,ii}\delta u\mathrm{d}A = 0 \tag{10.130}$$

其中单位法向量 $\boldsymbol{n} = (n_1, n_2)$ 指向沿路径 Γ 的方向的右侧。

因此, 变分问题 $\delta S = 0$ 可以导出调和方程 (10.126) 以及相关的自然齐次边界条件, 即函数 (10.127) 满足 Noether 定理的要求 [46]。

定义 10.1　对于 $u_{,i}$ 和 $u_{,ik}$ 连续的调和方程 $u_{,ii} = 0$, 其广义能量–动量张量为

$$S_{ik} = \frac{1}{2}u_{,p}u_{,p}\delta_{ik} - u_{,i}u_{,k} \tag{10.131}$$

其中 δ_{ik} 为 Kronecker 函数。

式 (10.131) 展开可得

$$S_{11} = -S_{22} = \frac{1}{2}\left(u_{,2}^2 - u_{,1}^2\right), \quad S_{12} = S_{21} = -u_{,1}u_{,2} \tag{10.132}$$

定义 10.2　区域上处处可微分的复函数称为解析函数。

函数 $f(z) = u(x,y) + \mathrm{i}v(x,y)$ 在其定义域 D 内解析的充要条件是 $u(x,y)$ 与 $v(x,y)$ 在 D 内可微, 并满足 Cauchy-Riemann 方程

$$\frac{\partial u}{\partial x} = \frac{\partial v}{\partial y}, \quad \frac{\partial v}{\partial x} = -\frac{\partial u}{\partial y} \tag{10.133}$$

当调和方程 (10.126) 的通解用解析函数 $\omega(z)$，$z = x_1 + \mathrm{i}x_2$ 表示时，可写为

$$u(x_1, x_2) = \frac{1}{2\mathrm{i}}\left[\omega(z) - \overline{\omega(z)}\right] \tag{10.134}$$

相应地，广义能量-动量张量 (10.131) 或 (10.132) 也可以写成

$$S_{11} = -S_{22} = \frac{1}{4}\left\{[\omega'(z)]^2 + \left[\overline{\omega'(z)}\right]^2\right\}, \quad S_{12} = S_{21} = \frac{\mathrm{i}}{4}\left\{[\omega'(z)]^2 - \left[\overline{\omega'(z)}\right]^2\right\} \tag{10.135}$$

推论 10.1 对于 $u_{,i}$ 和 $u_{,ik}$ 连续的调和方程 $u_{,ii} = 0$，存在 Noether 定理意义下的守恒律

$$D_i S_{ik} = 0 \tag{10.136}$$

其中 $S_{ik} = \dfrac{1}{2}u_{,p}u_{,p}\delta_{ik} - u_{,i}u_{,k}$ 是其广义能量-动量张量，D_i 是全微分算子

$$D_i = \frac{\partial}{\partial x_i} + u_{,i}\frac{\partial}{\partial u} + u_{,ij}\frac{\partial}{\partial u_j} + \cdots \tag{10.137}$$

显然，直接代入调和方程 (10.126) 和式 (10.132)、(10.136) 可以简单而直接地得到证明。

定理 10.1 假设在简单闭合曲线 Γ 上及其内部，函数 $\omega(z)$ 和 $\xi(z)$ 是解析的，而且 $\omega'(z)$、$\omega''(z)$ 和 $\xi'(z)$ 都连续。那么，对于调和方程 $u_{,ii} = 0$ 的任意解 (10.134) 来说，都存在 Noether 定理意义下的守恒积分

$$\operatorname{Im}\oint_{\Gamma} \xi(z)[\omega'(z)]^2\,\mathrm{d}z = 0 \tag{10.138}$$

证明 基于 Olver[29] 的工作，对于一阶变分问题 (10.130)，可能的守恒量可以写为

$$P_i = \eta u_{,i} + \xi_k S_{ik} \tag{10.139}$$

其中，η 和 ξ_k 是关于 x_i 的已知函数，u 为待定函数。

联立式 (10.126)、(10.131) 和 (10.136)，对可能的守恒量 (10.139) 进行展开，可得

$$D_i P_i = D_i\left(\eta u_{,i} + \xi_k S_{ik}\right)$$

$$= \frac{\partial \eta}{\partial x_i}u_{,i} + \frac{1}{2}\left(2\frac{\partial \eta}{\partial u} + \frac{\partial \xi_2}{\partial x_2} - \frac{\partial \xi_1}{\partial x_1}\right)u_{,1}^2 + \frac{1}{2}\left(2\frac{\partial \eta}{\partial u} + \frac{\partial \xi_1}{\partial x_1} - \frac{\partial \xi_2}{\partial x_2}\right)u_{,2}^2$$

$$-\left(\frac{\partial \xi_1}{\partial x_2}+\frac{\partial \xi_2}{\partial x_1}\right)u_{,1}u_{,2}-\frac{1}{2}\frac{\partial \xi_i}{\partial u}u_{,i}u_{,p}u_{,p}$$

$$=0 \qquad\qquad\qquad (10.140)$$

由于 Noether 定理要求式 (10.140) 恒等于零, $u_{,i}$ 的所有独立线性项、二次项和三次项的系数必须等于零, 从而可以得到系列方程

$$u_{3,i}:\frac{\partial \eta}{\partial x_i}=0,\quad i=1,2$$

$$u_{3,1}^2:2\frac{\partial \eta}{\partial u}+\frac{\partial \xi_2}{\partial x_2}-\frac{\partial \xi_1}{\partial x_1}=0$$

$$u_{3,2}^2:2\frac{\partial \eta}{\partial u}+\frac{\partial \xi_1}{\partial x_1}-\frac{\partial \xi_2}{\partial x_2}=0 \qquad (10.141)$$

$$u_{3,1}u_{3,2}:\frac{\partial \xi_1}{\partial x_2}+\frac{\partial \xi_2}{\partial x_1}=0$$

$$u_{3,i}u_{3,p}u_{3,p}:\frac{\partial \xi_i}{\partial u}=0,\quad i=1,2$$

由 $\frac{\partial \eta}{\partial x_i}=0$ 可知 $\eta=\eta(u)$。由 $\frac{\partial \xi_i}{\partial u}=0$ 可知, $\xi_i=\xi_i(x_1,x_2)$。

将式 (10.141) 中的第二式和第三式相加, 可得 $\frac{\partial \eta}{\partial u}=0$, 因此有

$$\eta=C \qquad\qquad (10.142)$$

其中 C 是任意常数。

将式 (10.141) 中的第二式和第三式相减, 可得

$$\frac{\partial \xi_1}{\partial x_1}=\frac{\partial \xi_2}{\partial x_2} \qquad\qquad (10.143)$$

由式 (10.141) 中第四式, 可得

$$\frac{\partial \xi_1}{\partial x_2}=-\frac{\partial \xi_2}{\partial x_1} \qquad\qquad (10.144)$$

由式 (10.143) 和式 (10.144) 可知, 函数 $\xi_i=\xi_i(x_1,x_2)$ 满足 Cauchy-Riemann 方程。因此它可以用解析函数或保角变换来表示

$$\xi_1+\mathrm{i}\xi_2=\xi(z) \qquad\qquad (10.145)$$

联立式 (10.135)、(10.139) 和 (10.145), 并忽略 $\eta=C$, 守恒量 P_i 变为

$$P_1 - \mathrm{i}P_2 = \xi_1 S_{11} + \xi_2 S_{12} - \mathrm{i}\left(\xi_1 S_{21} + \xi_2 S_{22}\right) = \frac{1}{2}\xi\left(z\right)\left[\omega'\left(z\right)\right]^2 \tag{10.146}$$

由 $\dfrac{\partial \xi_i}{\partial u} = 0$，$D_i P_i$ 的展开式可以整理为

$$
\begin{aligned}
D_i P_i =& D_1\left(\eta u_{,1} + \xi_k S_{1k}\right) + D_2\left(\eta u_{,2} + \xi_k S_{2k}\right) \\
=& \frac{\partial}{\partial x_1}\eta u_{,1} + \frac{\partial}{\partial x_2}\eta u_{,2} + \frac{1}{2}\frac{\partial}{\partial x_1}\left(-\xi_1 u_{,1}^2 + \xi_1 u_{,2}^2 - 2\xi_2 u_{,1}u_{,2}\right) \\
& + \frac{1}{2}\frac{\partial}{\partial x_2}\left(\xi_2 u_{,1}^2 - \xi_2 u_{,2}^2 - 2\xi_1 u_{,1}u_{,2}\right) \\
=& \frac{\partial}{\partial x_1}\left(\eta u_{,1} - \frac{1}{2}\xi_1 u_{,1}^2 + \frac{1}{2}\xi_1 u_{,2}^2 - \xi_2 u_{,1}u_{,2}\right) \\
& + \frac{\partial}{\partial x_2}\left(\eta u_{,2} + \frac{1}{2}\xi_2 u_{,1}^2 - \frac{1}{2}\xi_2 u_{,2}^2 - \xi_1 u_{,1}u_{,2}\right)
\end{aligned}
\tag{10.147}
$$

利用式 (10.132)，式 (10.147) 可以简化为

$$
\begin{aligned}
D_i P_i =& \frac{\partial}{\partial x_1}\left[\eta u_{,1} + \frac{1}{2}\xi_1\left(u_{,2}^2 - u_{,1}^2\right) - \xi_2 u_{,1}u_{,2}\right] \\
& + \frac{\partial}{\partial x_2}\left[\eta u_{,2} - \xi_1 u_{,1}u_{,2} - \frac{1}{2}\xi_2\left(u_{,2}^2 - u_{,1}^2\right)\right] \\
=& \frac{\partial}{\partial x_1}\left(\eta u_{,1} + \xi_1 S_{11} + \xi_2 S_{12}\right) + \frac{\partial}{\partial x_2}\left(\eta u_{,2} + \xi_1 S_{21} + \xi_2 S_{22}\right) \\
=& \frac{\partial}{\partial x_i}\left(\eta u_{,i} + \xi_1 S_{i1} + \xi_2 S_{i2}\right) \\
=& \frac{\partial}{\partial x_i}\left(\eta u_{,i} + \xi_k S_{ik}\right)
\end{aligned}
\tag{10.148}
$$

根据 Green 积分公式，由式 (10.146) 可以导出

$$
\begin{aligned}
\int_A D_i P_i \mathrm{d}A &= \int_A\left(D_1 P_1 + D_2 P_2\right)\mathrm{d}A \\
&= \oint_\Gamma\left(-P_2\mathrm{d}x_1 + P_1\mathrm{d}x_2\right) \\
&= \mathrm{Im}\oint_\Gamma\left(P_1 - \mathrm{i}P_2\right)\mathrm{d}z \\
&= \frac{1}{2}\mathrm{Im}\oint_\Gamma\xi\left(z\right)\left[\omega'\left(z\right)\right]^2\mathrm{d}z = 0
\end{aligned}
\tag{10.149}
$$

因此, 有 $\mathrm{Im}\displaystyle\oint_{\Gamma}\xi\left(z\right)\left[\omega'\left(z\right)\right]^{2}\mathrm{d}z=0$, 证明完毕。

显然, 当 $\xi\left(z\right)\left[\omega'\left(z\right)\right]^{2}$ 为解析函数时, 守恒积分 (10.138) 或 (10.149) 与 Cauchy 积分定理的虚部一致。如 Noether 定理所示, 它们的区别和重要性在于, $\omega\left(z\right)$ 与一些物理量有关, $\xi\left(z\right)$ 是任意选择的保角变换。另一方面, 在考虑 Cauchy 积分定理并考虑实部和虚部的情况下, 利用守恒积分 (10.138) 可以得到更多的信息。

10.7.2　关于守恒积分的讨论

基于牛顿力学, 质点系的所有守恒律, 例如动量守恒、角动量守恒、能量守恒以及质心运动定理, 都可以通过 Noether 定理获得, 该定理代表和描述了系统的本质特征 [100]。同样, 对于任何由连续场理论描述的物理系统, 我们都需要它的所有守恒律来表示和描述它的本质特征。

根据 Liouville 定理, 三维欧氏空间中只有三种保角变换, 即坐标的平移、旋转和缩放。从牛顿力学的角度来说, 这些变换被称为空间的对称变换。守恒积分的存在性和存在形式, 例如弹性力学中的 J 积分、L 积分和 M 积分 [101−103], 取决于应用 Noether 定理时 Lagrange 量 (或弹性能量密度) 是否符合和如何符合空间的对称变换。这意味着三维欧氏空间的保角变换是有限的, 因此守恒积分的数目是有限的。

然而, 在二维欧氏空间中, 解析函数理论中满足 Cauchy-Riemann 方程的任何变换都是式 (10.138) 和式 (10.145) 中的保角变换 $\xi\left(z\right)$。因此, 对于考虑平面问题的连续场理论所描述的任何物理系统, 当其一般解可用解析函数表示时, 总是存在守恒积分 (10.138)。此外, 由于解析函数或式 (10.138) 和式 (10.145) 中的保角变换 $\xi\left(z\right)$ 包括平面坐标的平移、旋转和缩放, 守恒积分 (10.138) 具有普遍性和多样性。通过调整式 (10.138) 中的保角变换 $\xi\left(z\right)$, Noether 定理可以导出无数个物理学意义上的守恒量 (10.146) 和守恒积分 (10.138)。

例如, 对平面坐标进行平移、旋转和缩放

$$\xi_{1}+\mathrm{i}\xi_{2}=\xi\left(z\right)=\left(A+\mathrm{i}\Omega\right)z+C_{1}+\mathrm{i}C_{2} \tag{10.150}$$

其中 A,Ω,C_{1} 和 C_{2} 是任意实常数。

借助于式 (10.135) 和式 (10.150), 守恒量 (10.146) 和守恒积分 (10.149) 可以被分解为:

(1) 坐标平移 ($C_{1}\neq 0$ 或 $C_{2}\neq 0$)

$$P_{1}-\mathrm{i}P_{2}=C_{1}\left(S_{11}-\mathrm{i}S_{21}\right)=\frac{1}{2}C_{1}\left[\omega'\left(z\right)\right]^{2},\quad C_{1}\mathrm{Im}\oint_{\Gamma}\left[\omega'\left(z\right)\right]^{2}\mathrm{d}z=0 \tag{10.151}$$

$$P_{1}-\mathrm{i}P_{2}=C_{2}\left(S_{12}-\mathrm{i}S_{22}\right)=\frac{1}{2}\mathrm{i}C_{2}\left[\omega'\left(z\right)\right]^{2},\quad C_{2}\mathrm{Im}\oint_{\Gamma}\mathrm{i}\left[\omega'\left(z\right)\right]^{2}\mathrm{d}z=0 \tag{10.152}$$

(2) 坐标旋转 $(\Omega \neq 0)$

$$P_1 - \mathrm{i}P_2 = \frac{1}{2}\mathrm{i}\Omega z \left[\omega'\left(z\right)\right]^2, \quad \Omega \mathrm{Im} \oint_\Gamma \mathrm{i}z \left[\omega'\left(z\right)\right]^2 \mathrm{d}z = 0 \tag{10.153}$$

(3) 坐标缩放 $(A \neq 0)$

$$P_1 - \mathrm{i}P_2 = \frac{1}{2}Az \left[\omega'\left(z\right)\right]^2, \quad A\mathrm{Im} \oint_\Gamma z \left[\omega'\left(z\right)\right]^2 \mathrm{d}z = 0 \tag{10.154}$$

显然, 由守恒律 (10.136) 可以得到式 (10.151) 和 (10.152)[104]。

10.7.3　平面弹性体裂纹的守恒积分

对于平面弹性问题, 位移 (u_1, u_2) 的通解可以用两个复势 $\phi(z)$ 和 $\psi(z)$ 来表示 [105]

$$2G\left(u_1 + \mathrm{i}u_2\right) = \kappa\phi\left(z\right) - z\overline{\phi'\left(z\right)} - \overline{\psi\left(z\right)} \tag{10.155}$$

其中, 对平面应变问题 $\kappa = 3 - 4\nu$, 对平面应力问题 $\kappa = (3 - \nu)/(1 + \nu)$, G 是剪切模量, ν 是泊松比。

如图 10.3 所示, 设裂纹沿 x 轴负方向, 其尖端位于坐标系 (x_1, x_2) 的原点, Rice[98] 给出了裂纹的 $\phi(z)$ 的解

$$\phi'\left(z\right) = z^{-1/2}f\left(z\right) + g\left(z\right) \tag{10.156}$$

其中 $f(z)$ 和 $g(z)$ 在围绕裂纹尖端的区域内是解析的。

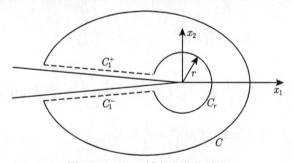

图 10.3　沿 x 轴负方向的裂纹

通过对式 (10.156) 应用守恒积分 (10.138), 可以写出

$$\mathrm{Im} \oint_{C_r+C_1^-+C_1^++C} \xi\left(z\right)\left\{z^{-1}\left[f\left(z\right)\right]^2 + 2z^{-1/2}f\left(z\right)g\left(z\right) + \left[g\left(z\right)\right]^2\right\} \mathrm{d}z = 0 \tag{10.157}$$

由式 (10.157) 可得

$$\mathrm{Im} \oint_{C_r+C_1^-+C_1^++C} \xi(z) z^{-1} [f(z)]^2 \, \mathrm{d}z = 0 \tag{10.158}$$

$$\mathrm{Im} \oint_{C_r+C_1^-+C_1^++C} \xi(z) z^{-1/2} f(z) g(z) \, \mathrm{d}z = 0 \tag{10.159}$$

$$\mathrm{Im} \oint_{C_r+C_1^-+C_1^++C} \xi(z) [g(z)]^2 \, \mathrm{d}z = 0 \tag{10.160}$$

无限弹性平面上长度为 $2a$ 的裂纹的精确解已经由文献 [105] 给出，由此，借助于式 (10.156)，在裂纹尖端附近的右侧区域，有

$$f(z) = \frac{K_{\mathrm{I}} - \mathrm{i}K_{\mathrm{II}}}{2\sqrt{2\pi}} \left(1 + \frac{3}{4a} z - \frac{5}{32a^2} z^3 + \cdots \right), \quad g(z) = \frac{1}{4}T + \frac{\mathrm{i}}{2}\sigma_{12}^\infty \tag{10.161}$$

其中，$T = \sigma_{11}^\infty - \sigma_{22}^\infty$ 被称为 T 应力，$(\sigma_{11}^\infty, \sigma_{22}^\infty, \sigma_{12}^\infty)$ 是无穷远处的应力，$(K_{\mathrm{I}}, K_{\mathrm{II}}) = (\sigma_{22}^\infty, \sigma_{12}^\infty)\sqrt{\pi a}$ 是应力强度因子。

显然，联立式 (10.161) 和守恒积分 (10.158)，并分别令 $\xi(z) = 1$ 和 $\xi(z) = \mathrm{i}$，可得

$$\oint_{C_1^++C_1^-} z^{-1} [f(z)]^2 \, \mathrm{d}z = 0 \tag{10.162}$$

$$SW_{(1)} = \mathrm{Im} \oint_{C_r} z^{-1} [f(z)]^2 \, \mathrm{d}z = \mathrm{Im} \oint_C z^{-1} [f(z)]^2 \, \mathrm{d}z$$

$$= \mathrm{Im} 2\pi \mathrm{i} [f(0)]^2 = \frac{1}{4} \left(K_{\mathrm{I}}^2 - K_{\mathrm{II}}^2 \right) \tag{10.163}$$

$$SW_{(2)} = \mathrm{Im} \oint_{C_r} \mathrm{i} z^{-1} [f(z)]^2 \, \mathrm{d}z = \mathrm{Im} \oint_C \mathrm{i} z^{-1} [f(z)]^2 \, \mathrm{d}z$$

$$= -\mathrm{Im} 2\pi [f(0)]^2 = \frac{1}{2} K_{\mathrm{I}} K_{\mathrm{II}} \tag{10.164}$$

联立代数方程 (10.163) 和 (10.164)，利用完全平方公式，可得

$$K_{\mathrm{I}}^2 + K_{\mathrm{II}}^2 = 4\sqrt{\left[SW_{(2)} \right]^2 + \left[SW_{(2)} \right]^2} \tag{10.165}$$

根据断裂理论 [98]，能量释放率可以写为

$$J = G = \frac{1}{E'} \left(K_{\mathrm{I}}^2 + K_{\mathrm{II}}^2 \right) = \frac{4}{E'} \sqrt{\left[SW_{(1)} \right]^2 + \left[SW_{(1)} \right]^2} \tag{10.166}$$

其中，对于平面应力问题 E' 等于杨氏模量 E，对于平面应变问题 E' 等于 $E/(1-\nu^2)$。

分别令守恒积分 (10.159) 中的 $\xi(z)=z^{-1/2}$ 和 $\xi(z)=\mathrm{i}z^{-1/2}$，由式 (10.161) 可得

$$\oint_{C_1^-+C_1^+} z^{-1}f(z)\,g(z)\,\mathrm{d}z=0 \tag{10.167}$$

$$SW_{(3)}=\mathrm{Im}\oint_{C_r} z^{-1}f(z)\,g(z)\,\mathrm{d}z=\mathrm{Im}\oint_C z^{-1}f(z)\,g(z)\,\mathrm{d}z$$

$$=\mathrm{Im}2\pi\mathrm{i}f(0)\,g(0)=\frac{\sqrt{2\pi}}{8}\left(K_{\mathrm{I}}T+2K_{\mathrm{II}}\sigma_{12}^\infty\right) \tag{10.168}$$

$$SW_{(4)}=\mathrm{Im}\oint_{C_r}\mathrm{i}z^{-1}f(z)\,g(z)\,\mathrm{d}z=\mathrm{Im}\oint_C\mathrm{i}z^{-1}f(z)\,g(z)\,\mathrm{d}z$$

$$=-\mathrm{Im}2\pi f(0)\,g(0)=\frac{\sqrt{2\pi}}{8}\left(K_{\mathrm{II}}T-2K_{\mathrm{I}}\sigma_{12}^\infty\right) \tag{10.169}$$

值得一提的是，T 应力在裂纹路径选择中起着重要作用 [106]。

综上，对于由连续场理论描述的任何物理系统，当所考虑的平面问题的一般解可用解析函数表示时，总是存在守恒积分 (10.138)。这类守恒积分 (10.138) 不仅在数学上符合 Cauchy 积分定理的虚部，而且它们的被积函数还包括一些物理量和 Noether 定理所表示的任何保角变换。通过调整式 (10.138) 的保角变换 $\xi(z)$，可以得到无数在物理学意义上的守恒量 (10.146) 和守恒积分 (10.138)。平面弹性体裂纹的算例表明，只要适当选择保角变换 $\xi(z)$，任意阶奇点周围的守恒积分 (10.138) 总可以得到有限值。算例给出了式 (10.163)、(10.164)、(10.168) 和 (10.169) 等物理参数，这些参数说明了守恒积分 (10.138) 借助于 Cauchy 积分公式和留数定理在某些物理问题上具有良好的应用前景，比如可以表示出裂纹扩展的能量释放率和裂纹路径选择的 T 应力。

10.8　V 型平面缺口问题中的守恒积分及其应用

V 型缺口在实际工程结构中广泛存在，其应力奇异性问题是一大研究热点 [107,108]。基于二维平面弹性力学中的复变函数方法，推导出两种新的 Lagrange 函数，从而通过其变分问题可以得到两个调和方程，在形式上是平面弹性力学中的 Navier 方程。将 Noether 定理应用至 Lagrange 函数当中，可以发现其在相空间内的对称变换在欧氏空间内属于保角变换。在欧氏空间内，任何解析形式的函

数都属于保角变换，通过这种对称变换得到的守恒律具有普遍性并得到一个路径无关积分。对保角变换或解析函数进行调整，能够推导通过围绕 V 型缺口尖端点的路径无关积分。通过将该路径无关积分应用于尖锐 V 型缺口尖端，可得到 I 型、II 型缺口问题的相关物理量，即缺口的应力强度因子。从而通过计算围绕尖端点的路径无关积分，得到缺口的应力强度因子 [109]。

10.8.1　基于平面弹性力学复势理论的 Lagrange 函数

根据弹性力学的复变函数方法 [105]，令 $z = x_1 + \mathrm{i}x_2$，可使用两个复变势函数 $\phi(z)$ 和 $\psi(z)$ 来表示位移 (u_1, u_2)、合力 (X, Y) 和应力 $(\sigma_{11}, \sigma_{22}, \sigma_{12})$，即

$$2G(u_1 + \mathrm{i}u_2) = \kappa\phi(z) - z\overline{\phi'(z)} - \overline{\psi(z)} \tag{10.170}$$

$$-Y + \mathrm{i}X = \phi(z) + z\overline{\phi'(z)} + \overline{\psi(z)} \tag{10.171}$$

$$\sigma_{11} + \sigma_{22} = 2\left[\Phi(z) + \overline{\Phi(z)}\right] \tag{10.172}$$

$$\sigma_{22} - \sigma_{11} + 2\mathrm{i}\sigma_{12} = 2\left[\bar{z}\Phi'(z) + \Psi(z)\right] \tag{10.173}$$

其中，对平面应变问题 $\kappa = 3 - 4\nu$，对平面应力问题 $\kappa = (3 - \nu)/(1 + \nu)$，$G$ 是剪切模量，ν 是泊松比，$\Phi(z) = \phi'(z)$、$\Psi(z) = \psi'(z)$。

对式 (10.170) 两边分别关于复变量 z 取导数

$$G\left[u_{1,1} + u_{2,2} + \mathrm{i}(u_{2,1} - u_{1,2})\right] = \kappa\phi'(z) - \overline{\phi'(z)} \tag{10.174}$$

由于 $\phi'(z) = \mathrm{Re}\phi'(z) + \mathrm{i}\mathrm{Im}\phi'(z), \overline{\phi'(z)} = \mathrm{Re}\phi'(z) - \mathrm{i}\mathrm{Im}\phi'(z)$，于是有

$$G\left[u_{1,1} + u_{2,2} + \mathrm{i}(u_{2,1} - u_{1,2})\right] = (\kappa - 1)\mathrm{Re}\phi'(z) + \mathrm{i}(\kappa + 1)\mathrm{Im}\phi'(z) \tag{10.175}$$

由复数的实部、虚部对应关系，可得

$$\Phi(z) = \phi'(z) = G\left[\frac{1}{\kappa - 1}(u_{1,1} + u_{2,2}) + \frac{\mathrm{i}}{\kappa + 1}(u_{2,1} - u_{1,2})\right] \tag{10.176}$$

将式 (10.170) 和式 (10.171) 相加，得到

$$\phi(z) = \frac{2G}{\kappa + 1}\left[u_1 - \frac{Y}{2G} + \mathrm{i}\left(u_2 + \frac{X}{2G}\right)\right] \tag{10.177}$$

令

$$U_1 = \frac{2}{\kappa + 1}\left(u_1 - \frac{Y}{2G}\right), \quad U_2 = \frac{2}{\kappa + 1}\left(u_2 + \frac{X}{2G}\right) \tag{10.178}$$

则可将解析函数 $\phi(z)$ 写作

$$\phi(z) = G(U_1 + iU_2) \tag{10.179}$$

进而基于式 (10.176) 可得

$$\Phi(z) = \phi'(z) = G(U_{1,1} + iU_{2,1}) = G(U_{2,2} - iU_{1,2})$$
$$= G\left[\frac{1}{\kappa - 1}(u_{1,1} + u_{2,2}) + \frac{i}{\kappa + 1}(u_{2,1} - u_{1,2})\right] \tag{10.180}$$

将实部、虚部对应，于是有

$$U_{1,1} = U_{2,2} = \frac{1}{G}\mathrm{Re}\Phi(z) = \frac{1}{\kappa - 1}(u_{1,1} + u_{2,2}) \tag{10.181}$$

$$U_{2,1} = -U_{1,2} = \frac{1}{G}\mathrm{Im}\Phi(z) = \frac{1}{\kappa + 1}(u_{2,1} - u_{1,2}) \tag{10.182}$$

定义几个新的物理量

$$\Sigma_{11} = \Sigma_{22} = \mathrm{Re}\Phi(z) = GU_{1,1} = GU_{2,2} = \frac{G}{\kappa - 1}(u_{1,1} + u_{2,2}) \tag{10.183}$$

$$\Sigma_{21} = -\Sigma_{12} = \mathrm{Im}\Phi(z) = GU_{2,1} = -GU_{1,2} = \frac{G}{\kappa + 1}(u_{2,1} - u_{1,2}) \tag{10.184}$$

以上几个物理量具有应力量纲。

由于 $\phi(z)$ 解析，所以其一阶导数 $\Phi(z)$ 也是解析的，所以根据解析函数的 Cauchy-Riemann 条件能够得到 $U_{1,11} = U_{2,21} = -U_{1,22}$，$U_{2,22} = U_{1,12} = -U_{2,11}$。于是有调和方程 $\Delta U_1 = U_{1,11} + U_{1,22} = 0$，$\Delta U_2 = U_{2,22} + U_{2,11} = 0$，张量形式为 $U_{1,kk} = U_{2,kk} = 0$。进而可得到

$$\Sigma_{1k,k} = GU_{1,kk} = \frac{G}{\kappa - 1}(u_{1,1} + u_{2,2})_{,1} - \frac{G}{\kappa + 1}(u_{2,1} - u_{1,2})_{,2} = 0 \tag{10.185}$$

$$\Sigma_{2k,k} = GU_{2,kk} = \frac{G}{\kappa + 1}(u_{2,1} - u_{1,2})_{,1} + \frac{G}{\kappa - 1}(u_{1,1} + u_{2,2})_{,2} = 0 \tag{10.186}$$

通过观察不难发现，调和方程 (10.185)、(10.186) 对应着弹性力学中的二维 Navier 方程

$$\frac{\partial \sigma_{xx}}{\partial x} + \frac{\partial \tau_{xy}}{\partial y} = 0$$

$$\frac{\partial \tau_{yx}}{\partial x} + \frac{\partial \sigma_{yy}}{\partial y} = 0 \tag{10.187}$$

借助式 (10.183)、(10.184)，能够定义两个 Lagrange 函数

$$\mathcal{L}_1 = \frac{1}{2}\Sigma_{1k}U_{1,k} = \frac{G}{2}U_{1,k}U_{1,k} \tag{10.188}$$

$$\mathcal{L}_2 = \frac{1}{2}\Sigma_{2k}U_{2,k} = \frac{G}{2}U_{2,k}U_{2,k} \tag{10.189}$$

分别对 $U_{1,k}, U_{2,k}$ 求偏导，可以得到

$$\frac{\partial \mathcal{L}_1}{\partial U_{1,k}} = GU_{1,k} = \Sigma_{1k} \tag{10.190}$$

$$\frac{\partial \mathcal{L}_2}{\partial U_{2,k}} = GU_{2,k} = \Sigma_{2k} \tag{10.191}$$

关于以上 Lagrange 函数的变分问题为

$$\begin{aligned}
\delta\int_A \mathcal{L}_1 \, dA &= \int_A \Sigma_{1k}\delta U_{1,k} \, dA = \int_A \Sigma_{1k}(\delta U_1)_{,k} \, dA \\
&= \int_A \left[\Sigma_{1k,k}\delta U_1 + \Sigma_{1k}(\delta U_1)_{,k}\right] dA - \int_A \Sigma_{1k,k}\delta U_1 \, dA \\
&= \int_A (\Sigma_{1k}\delta U_1)_{,k} \, dA - \int_A \Sigma_{1k,k}\delta U_1 \, dA
\end{aligned} \tag{10.192}$$

由 Green 公式，将面积分转化为线积分

$$\begin{aligned}
\int_A (\Sigma_{1k}\delta U_1)_{,k}\,dA &= \int_A \left[\frac{\partial(\Sigma_{11}\delta U_1)}{\partial x_1} + \frac{\partial(\Sigma_{12}\delta U_1)}{\partial x_2}\right] dA = \int_A \left(\frac{\partial Q}{\partial x_1} - \frac{\partial P}{\partial x_2}\right) dA \\
&= \oint_\Gamma (Pdx_1 + Qdx_2) = \oint_\Gamma (-\Sigma_{12}\delta U_1 dx_1 + \Sigma_{11}\delta U_1 dx_2) \\
&= \oint_\Gamma (\Sigma_{11}n_1 + \Sigma_{12}n_2)\,\delta U_1 d\Gamma
\end{aligned} \tag{10.193}$$

规定 $\boldsymbol{n} = (n_1, n_2)$ 为右手法则规定的积分路径的单位法向向量，有 $dx_1 = -n_2 d\Gamma$，$dx_2 = n_1 d\Gamma$，于是

$$\begin{aligned}
\delta\int_A \mathcal{L}_1 dA &= \int_A (\Sigma_{1k}\delta U_1)_{,k}\,dA - \int_A \Sigma_{1k,k}\delta U_1 dA \\
&= \oint_\Gamma \Sigma_{1k}\delta U_1 n_k d\Gamma - \int_A \Sigma_{1k,k}\delta U_1 dA
\end{aligned} \tag{10.194}$$

同理可得

$$\delta \int_A \mathcal{L}_2 \mathrm{d}A = \int_A (\Sigma_{2k}\delta U_2)_{,k}\, \mathrm{d}A - \int_A \Sigma_{2k,k}\delta U_2 \mathrm{d}A$$

$$= \oint_\Gamma \Sigma_{2k}\delta U_2 n_k \mathrm{d}\Gamma - \int_A \Sigma_{2k,k}\delta U_2 \mathrm{d}A \qquad (10.195)$$

显然，通过变分问题 (10.194)、(10.195) 可以得到调和方程 (10.185)、(10.186) 及相应的边界条件，说明该 Lagrange 函数 (10.188)、(10.189) 是合理的。

10.8.2 基于 Noether 定理的守恒律

考虑式 (10.189) 中的 Lagrange 函数 $\mathcal{L}_2$，自变量为 x_1, x_2，因变量为 U_2。根据 Lie 群理论，其单参数无穷小变换为

$$\hat{U}_2 = U_2 + \varepsilon\eta(x_k, U_2), \quad \hat{x}_i = x_i + \varepsilon\xi_i(x_k, U_2) \qquad (10.196)$$

其中，$\eta = \eta(x_k, U_2)$，$\xi_i = \xi_i(x_k, U_2)$ 为待确定的未知函数，ε 是无穷小群参数。

对于式 (10.195) 表示的变分对称性问题，能够根据 Noether 定理[46] 推导出守恒律[29]

$$D_i(\eta\Sigma_{2i} + \xi_k S_{ik}) = (\eta - \xi_i U_{2,i})\Sigma_{2k,k} = 0 \qquad (10.197)$$

其中

$$S_{ik} = \mathcal{L}_2 \delta_{ik} - \Sigma_{2i} U_{2,k} = \frac{G}{2}(U_{2,p}U_{2,p}\delta_{ik} - 2U_{2,i}U_{2,k}) \qquad (10.198)$$

称为广义能量-动量张量，δ_{ik} 为 Kronecker 函数，全微分算子 D_i 为

$$D_i = \frac{\partial}{\partial x_i} + U_{2,i}\frac{\partial}{\partial U_2} + U_{2,pi}\frac{\partial}{\partial U_{2,p}} + \cdots \qquad (10.199)$$

为了确定式 (10.197) 中的 η 和 ξ_k，将式 (10.197) 左侧展开

$$G\left\{\frac{\partial\eta}{\partial x_k}U_{2,k} + \left[\left(\frac{\partial\eta}{\partial U_2} + \frac{1}{2}\frac{\partial\xi_p}{\partial x_p}\right)\delta_{ik} - \frac{\partial\xi_k}{\partial x_i}\right]U_{2,k}U_{2,i} - \frac{1}{2}\frac{\partial\xi_k}{\partial U_2}U_{2,k}U_{2,i}U_{2,i}\right\} = 0$$

$$(10.200)$$

由于 Noether 定理要求式 (10.200) 必须是恒成立的，因此 $U_{2,k}$ 的一次、二次和三次项系数必须为 0，需要满足条件

$$U_{2,k}: \frac{\partial\eta}{\partial x_k} = 0 \qquad (10.201)$$

$$U_{2,k}U_{2,i}: 2\left(\frac{\partial\eta}{\partial U_2} + \frac{1}{2}\frac{\partial\xi_p}{\partial x_p}\right)\delta_{ik} - \frac{\partial\xi_k}{\partial x_i} - \frac{\partial\xi_i}{\partial x_k} = 0 \qquad (10.202)$$

$$U_{2,k}U_{2,i}U_{2,i} : \frac{\partial \xi_k}{\partial U_2} = 0 \tag{10.203}$$

于是有

$$\eta = \alpha_0 \tag{10.204}$$

$$\frac{\partial \xi_1}{\partial x_1} = \frac{\partial \xi_2}{\partial x_2}, \quad \frac{\partial \xi_1}{\partial x_2} = -\frac{\partial \xi_2}{\partial x_1} \tag{10.205}$$

其中 α_0 是任意常数。

由式 (10.205) 可见，函数 $\xi_i = \xi_i(x_1, x_2)$ 满足 Cauchy-Riemann 条件，能够表示为解析函数

$$\xi(z) = \xi_1 + \mathrm{i}\xi_2 \tag{10.206}$$

因此任何二维欧氏空间内的保角变换 (10.206) 是式 (10.189) 中 Lagrange 函数 $\mathcal{L}_2$ 的对称变换。

考虑任意常数 α_0 和保角变换 (10.206) 的独立性，由守恒律 (10.197) 能够得到如下守恒律：

(1) 函数 U_2 的零位变换 ($\alpha_0 \neq 0$)

$$D_i \Sigma_{2i} = 0 \tag{10.207}$$

(2) 保角变换 ($\xi_1 + \mathrm{i}\xi_2 = \xi(z) \neq 0$)

$$D_i(\xi_k S_{ik}) = 0 \tag{10.208}$$

其中守恒律 (10.207) 实际上就是调和方程 (10.186)。

为了得到裂纹扩展的能量释放率，定义一个新的广义能量–动量张量

$$T_{ik} = \frac{8G}{E'} S_{ik} \tag{10.209}$$

其中，在平面应力情况下 $E' = E$，平面应变条件下 $E' = E/(1-\nu^2)$。

T_{ik} 和解析函数 $[\Phi(z)]^2$ 具有关联

$$T_{11} = -T_{22} = \frac{8G}{E'} S_{11} = \frac{8G}{E'} \frac{G}{2} \left(U_{2,1}^2 + U_{2,2}^2 - 2U_{2,1}^2 \right) = \frac{4G^2}{E'} \left(U_{2,2}^2 - U_{2,1}^2 \right)$$

$$= \frac{4}{E'} \left[\mathrm{Re}\,\Phi(z) \right]^2 \tag{10.210}$$

$$T_{12} = T_{21} = \frac{8G}{E'} S_{12} = \frac{8G}{E'} \frac{G}{2} \left(-2U_{2,1}U_{2,2} \right) = -\frac{8G^2}{E'} U_{2,1}U_{2,2} = -\frac{4}{E'} \left[\mathrm{Im}\,\Phi(z) \right]^2 \tag{10.211}$$

构造守恒量 P_i

$$P_1 - \mathrm{i}P_2 = \xi_k T_{1k} - \mathrm{i}\xi_k T_{2k} = \frac{4}{E'}\xi(z)\left[\varPhi(z)\right]^2$$

$$= \frac{4G^2}{E'}\{\left[\xi_1\left(U_{2,2}^2 - U_{2,1}^2\right) - 2\xi_2 U_{2,1}U_{2,2}\right]$$

$$+ \mathrm{i}\left[\xi_2\left(U_{2,2}^2 - U_{2,1}^2\right) + 2\xi_1 U_{2,1}U_{2,2}\right]\} \tag{10.212}$$

结合守恒律 (10.207)，可以得到新的守恒律

$$\sum D_i P_i = D_1 P_1 + D_2 P_2 = D_1\left(\xi_k T_{1k}\right) + D_2\left(\xi_k T_{2k}\right)$$

$$= \frac{8G}{E'}\left[D_1\left(\xi_k S_{1k}\right) + D_2\left(\xi_k S_{2k}\right)\right] = \frac{8G}{E'}D_i\left(\xi_k S_{ik}\right) = 0 \tag{10.213}$$

显然，守恒律 (10.213) 对于复变量 $P_1 - \mathrm{i}P_2$ 而言是 Cauchy-Riemann 条件之一，也就是说，对于解析函数 $\xi(z)$ 和 $\left[\varPhi(z)\right]^2$，由于两解析函数相乘仍为解析函数，必然满足 Cauchy-Riemann 条件，因此守恒律 (10.213) 对于任意解析函数 $\left[\varPhi(z)\right]^2$ 始终成立。

另一方面，可将守恒律 (10.213) 表示为路径无关积分

$$\mathrm{Im}\oint_{\varGamma}\frac{4}{E}\xi(z)\left[\varPhi(z)\right]^2\mathrm{d}z = 0 \tag{10.214}$$

当对变换 $\xi(z)$ 和函数 $\left[\varPhi(z)\right]^2$ 进行调整时，该积分也会随之变化，从而能够针对不同问题，通过调整守恒量来得到一些路径无关积分。

10.8.3 在 V 型缺口问题中的应用

10.8.3.1 V 型缺口问题的路径无关积分

考虑如图 10.4 所示的 V 型缺口，由线弹性断裂力学的复变函数法，复变势函数 $\phi(z)$ 在 I 型和 II 型缺口问题中的级数展开形式为 [110,111]

$$\phi_1(z) = \sum_{m=1}^{\infty} a_m^{(1)} z^{\lambda_m^{(1)}}, \quad \lambda_m^{(1)} = \varsigma_m^{(1)} + \mathrm{i}\eta_m^{(1)} \tag{10.215}$$

$$\phi_2(z) = \mathrm{i}\sum_{m=1}^{\infty} a_m^{(2)} z^{\lambda_m^{(2)}}, \quad \lambda_m^{(2)} = \varsigma_m^{(2)} + \mathrm{i}\eta_m^{(2)} \tag{10.216}$$

其中，$\lambda_m^{(i)}$ 为通过边界自由条件的特征方程求得的复特征值，$a_m^{(i)}$ 为相应的实应力常数。

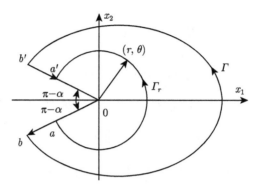

图 10.4 积分路径 $a \to b, \Gamma, b' \to a'$ 和 Γ_r

对 z 求导, 于是有

$$\Phi_1(z) = \phi_1'(z) = \sum_{m=1}^{\infty} a_m^{(1)} \left(\varsigma_m^{(1)} + \mathrm{i}\eta_m^{(1)} \right) z^{\varsigma_m^{(1)} - 1 + \mathrm{i}\eta_m^{(1)}} \tag{10.217}$$

$$\Phi_2(z) = \phi_2'(z) = \mathrm{i} \sum_{m=1}^{\infty} a_m^{(2)} \left(\varsigma_m^{(2)} + \mathrm{i}\eta_m^{(2)} \right) z^{\varsigma_m^{(2)} - 1 + \mathrm{i}\eta_m^{(2)}} \tag{10.218}$$

根据缺口应力强度因子定义式

$$\begin{aligned} K_{\mathrm{I}}^N &= \sqrt{2\pi} \lim_{r \to 0} r^{1 - \lambda_1^{(1)}} \sigma_\theta, \quad r, \theta = 0 \\ K_{\mathrm{II}}^N &= \sqrt{2\pi} \lim_{r \to 0} r^{1 - \lambda_1^{(2)}} \sigma_{r\theta}, \quad r, \theta = 0 \end{aligned} \tag{10.219}$$

当 $m = 1$ 时, I 型、II 型缺口应力强度因子关于 $a_1^{(1)}, a_1^{(2)}$ 的表达式分别为 [112]

$$a_1^{(1)} = \frac{1}{\lambda_1^{(1)} \left[1 + \lambda_1^{(1)} - \cos\left(2\lambda_1^{(1)}\alpha \right) - \lambda_1^{(1)} \cos(2\alpha) \right]} \frac{K_{\mathrm{I}}^N}{\sqrt{2\pi}} \tag{10.220}$$

$$a_1^{(2)} = \frac{1}{\lambda_1^{(2)} \left[-1 + \lambda_1^{(2)} + \cos\left(2\lambda_1^{(2)}\alpha \right) - \lambda_1^{(2)} \cos(2\alpha) \right]} \frac{K_{\mathrm{II}}^N}{\sqrt{2\pi}} \tag{10.221}$$

将式 (10.217)、(10.218) 代入式 (10.219), 对于 I 型问题, 令 $\xi(z) = z^{1 - 2\varsigma_1^{(1)}}$, 对于 II 型问题, 令 $\xi(z) = -z^{1 - 2\varsigma_1^{(2)}}$, 于是有

$$P_1^{(1)} - \mathrm{i}P_2^{(1)} = \frac{4}{E'}\xi(z)\left[\Phi_1(z)\right]^2 = \frac{4}{E'}\left(H_{11}^{(1)} z^{-1} + \sum_{m+n=3}^{\infty} H_{mn}^{(1)} z^{\varsigma_m^{(1)} + \varsigma_n^{(1)} - 2\varsigma_1^{(1)} - 1} \right) \tag{10.222}$$

$$P_1^{(\text{II})} - \mathrm{i}P_2^{(\text{II})} = \frac{4}{E'}\xi(z)\left[\Phi_2(z)\right]^2 = \frac{4}{E'}\left(H_{11}^{(2)}z^{-1} + \sum_{m+n=3}^{\infty} H_{mn}^{(2)}z^{\varsigma_m^{(2)}+\varsigma_n^{(2)}-2\varsigma_1^{(2)}-1}\right)$$

(10.223)

其中

$$H_{mn}^{(1)} = a_m^{(1)}a_n^{(1)}\left(\varsigma_m^{(1)}+\mathrm{i}\eta_m^{(1)}\right)\left(\varsigma_n^{(1)}+\mathrm{i}\eta_n^{(1)}\right)z^{\mathrm{i}\left(\eta_m^{(1)}+\eta_n^{(1)}\right)}$$

(10.224)

$$H_{mn}^{(2)} = a_m^{(2)}a_n^{(2)}\left(\varsigma_m^{(2)}+\mathrm{i}\eta_m^{(2)}\right)\left(\varsigma_n^{(2)}+\mathrm{i}\eta_n^{(2)}\right)z^{\mathrm{i}\left(\eta_m^{(2)}+\eta_n^{(2)}\right)}$$

(10.225)

现定义路径无关积分 [113]

$$SW = \lim_{|z|\to 0}\int_{\Gamma}\left(-P_2\mathrm{d}x_1 + P_1\mathrm{d}x_2\right) = \lim_{r\to 0}\int_{\Gamma_r}\left(P_1 n_1 + P_2 n_2\right)r\mathrm{d}\theta$$

(10.226)

由于是与路径无关的，所以 $\int_{\Gamma_r}P_k n_k\mathrm{d}\Gamma = \mathrm{Im}\int_{z_a}^{z_{a'}}(P_1 - \mathrm{i}P_2)\mathrm{d}z$。为了计算 $P_1^{(\mathrm{I})}, P_2^{(\mathrm{I})}, P_1^{(\mathrm{II})}, P_2^{(\mathrm{II})}$ 从 $a \to a'$ 的积分，首先计算积分

$$\mathrm{Im}\int_{r_a}^{r_{a'}}z^{-1}\mathrm{d}z = \mathrm{Im}\left(\ln z\,\big|_{z_a}^{z_b}\right) = \mathrm{Im}\left(\ln re^{\mathrm{i}\theta}\,\big|_a^{a'}\right) = 2\alpha$$

(10.227)

$$\mathrm{Im}\int_{z_a}^{z_{a'}}z^{\left(\varsigma_m^{(2)}+\varsigma_n^{(2)}-2\varsigma_1^{(2)}\right)+\mathrm{i}\left(\eta_m^{(2)}+\eta_n^{(2)}\right)-1}\mathrm{d}z$$

$$=\mathrm{Im}\frac{z^{\chi+\mathrm{i}\gamma}}{\chi+\mathrm{i}\gamma}\Bigg|_{z_a}^{z_{a'}} = \mathrm{Im}\frac{\left(re^{\mathrm{i}\theta}\right)^{\chi+\mathrm{i}\gamma}}{\chi+\mathrm{i}\gamma}\Bigg|_{z_a}^{z_{a'}}$$

$$=\mathrm{Im}\left[\frac{\left(e^{\ln r_a}\right)^{\chi+\mathrm{i}\gamma}}{\chi+\mathrm{i}\gamma}\left(e^{\mathrm{i}\alpha(\chi+\mathrm{i}\gamma)} - e^{-\mathrm{i}\alpha(\chi+\mathrm{i}\gamma)}\right)\right]$$

$$=r_a^{\chi}\mathrm{Im}\left[\frac{e^{\mathrm{i}\gamma\ln r_a}}{\chi+\mathrm{i}\gamma}\left(e^{\mathrm{i}\alpha(\chi+\mathrm{i}\gamma)} - e^{-\mathrm{i}\alpha(\chi+\mathrm{i}\gamma)}\right)\right]$$

$$=r_a^{\chi}\mathrm{Im}\left[\frac{e^{-\alpha\gamma}e^{\mathrm{i}(\alpha\chi+\gamma\ln r_a)} - e^{\alpha\gamma}e^{\mathrm{i}(\gamma\ln r_a-\alpha\chi)}}{\chi+\mathrm{i}\gamma}\right]$$

$$=r_a^{\chi}\mathrm{Im}\left(\frac{r_a^{\mathrm{i}\gamma}e^{-\alpha\gamma}e^{\mathrm{i}\alpha\chi} - r_a^{\mathrm{i}\gamma}e^{\alpha\gamma}e^{-\mathrm{i}\alpha\chi}}{\chi+\mathrm{i}\gamma}\right)$$

(10.228)

所以当 $r \to 0$ 时，对于 I 型问题有

$$SW_{\mathrm{I}} = \lim_{r \to 0} \int_{\Gamma_r} P_k^{(\mathrm{I})} n_k r \mathrm{d}\theta = \frac{8\alpha}{E'} H_{11}^{(1)} = \frac{8\alpha}{E'} \left(a_1^{(1)} \lambda_1^{(1)} \right)^2$$

$$= \frac{8\alpha}{E'} \frac{\left(\lambda_1^{(1)} \right)^2}{\left(\lambda_1^{(1)} \right)^2 \left[1 + \lambda_1^{(1)} - \cos\left(2\lambda_1^{(1)}\alpha \right) - \lambda_1^{(1)} \cos\left(2\alpha \right) \right]^2} \frac{\left(K_{\mathrm{I}}^N \right)^2}{2\pi}$$

$$= \frac{4\alpha}{\pi \left[1 + \lambda_1^{(1)} - \cos\left(2\lambda_1^{(1)}\alpha \right) - \lambda_1^{(1)} \cos\left(2\alpha \right) \right]^2} \frac{\left(K_{\mathrm{I}}^N \right)^2}{E'} \qquad (10.229)$$

同理对 II 型问题有

$$SW_{\mathrm{II}} = \lim_{r \to 0} \int_{\Gamma_r} P_k^{(\mathrm{II})} n_k r \mathrm{d}\theta$$

$$= \frac{4\alpha}{\pi \left[-1 + \lambda_1^{(2)} + \cos\left(2\lambda_1^{(2)}\alpha \right) - \lambda_1^{(2)} \cos\left(2\alpha \right) \right]^2} \frac{\left(K_{\mathrm{II}}^N \right)^2}{E'} \qquad (10.230)$$

由此便建立了应力强度因子与路径无关积分之间的关系。当缺口退化为裂纹时，即 $\alpha = \pi, \lambda_1^{(k)} = \frac{1}{2}$ 时，SW 积分退化为裂纹能量释放率

$$SW_{\mathrm{I}} = J_{\mathrm{I}} = \frac{\left(K_{\mathrm{I}} \right)^2}{E'}, \quad SW_{\mathrm{II}} = J_{\mathrm{II}} = \frac{\left(K_{\mathrm{II}} \right)^2}{E'} \qquad (10.231)$$

进一步可将 SW 积分利用裂纹相关参数和缺口相关参数进行表示

$$SW_{\mathrm{I}} = \frac{4\alpha}{\pi \left[1 + \lambda_1^{(1)} - \cos\left(2\lambda_1^{(1)}\alpha \right) - \lambda_1^{(1)} \cos\left(2\alpha \right) \right]^2} \left(\frac{K_{\mathrm{I}}^N}{K_{\mathrm{I}}} \right)^2 J_{\mathrm{I}}$$

$$SW_{\mathrm{II}} = \frac{4\alpha}{\pi \left[-1 + \lambda_1^{(2)} + \cos\left(2\lambda_1^{(2)}\alpha \right) - \lambda_1^{(2)} \cos\left(2\alpha \right) \right]^2} \left(\frac{K_{\mathrm{II}}^N}{K_{\mathrm{II}}} \right)^2 J_{\mathrm{II}} \qquad (10.232)$$

10.8.3.2　含 V 型缺口的有限板缺口的应力强度因子

考虑一个含 V 型缺口的有限弹性平板，如图 10.5 所示。

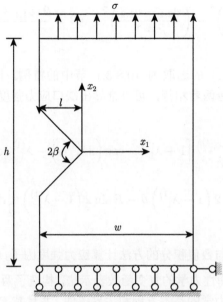

图 10.5 含缺口的有限平板几何模型

这是一个 I 型问题，所以由 10.8.3.1 节中所叙述的，令 $\xi(z) = z^{1-2\varsigma_1^{(1)}}$，结合式 (10.222) 和守恒量 (10.229)，能够写出路径无关积分

$$SW_{\mathrm{I}} = \lim_{r\to 0} \int_{\Gamma_r} P_k^{(\mathrm{I})} n_k r \mathrm{d}\theta = \mathrm{Im}\left[\lim_{r\to 0}\int_{\Gamma_r}\left(P_1^{(\mathrm{I})} - \mathrm{i}P_2^{(\mathrm{I})}\right)\mathrm{d}z\right]$$

$$= \mathrm{Im}\left\{\lim_{r\to 0}\int_{\Gamma_r}\frac{4}{E'}\zeta(z)\left[\Phi_1(z)\right]^2\mathrm{d}z\right\} = \mathrm{Im}\left\{\lim_{r\to 0}\int_{\Gamma_r}\frac{4}{E'}z^{1-2\varsigma_1^{(1)}}\left[\Phi_1(z)\right]^2\mathrm{d}z\right\}$$

$$= \mathrm{Im}\left[\lim_{r\to 0}\frac{4G^2}{E'}\int_{-\alpha}^{\alpha}\mathrm{i}r^{2-2\varsigma_1^{(1)}}\mathrm{e}^{\mathrm{i}\theta\left(2-2\varsigma_1^{(1)}\right)}(A+\mathrm{i}B)\mathrm{d}\theta\right]$$

$$= \lim_{r\to 0}\left\{\frac{4G^2}{E'}\int_{-\alpha}^{\alpha}r^{2-2\varsigma_1^{(1)}}\left[A\cos\left(2-2\varsigma_1^{(1)}\right)\theta - B\sin\left(2-2\varsigma_1^{(1)}\right)\theta\right]\mathrm{d}\theta\right\}$$

$$= \lim_{r\to 0}\left\{\frac{4G^2}{E'}r^{2\left(1-\lambda_1^{(1)}\right)}\int_{-\alpha}^{\alpha}\left[A\cos 2\left(1-\lambda_1^{(1)}\right)\theta - B\sin 2\left(1-\lambda_1^{(1)}\right)\theta\right]\mathrm{d}\theta\right\}$$

$$(10.233)$$

其中 A 和 B 分别为 $[\Phi_1(z)]^2/G^2$ 的实部和虚部，即

$$A = \left(\frac{u_{1,1} + u_{2,2}}{\kappa - 1}\right)^2 - \left(\frac{u_{2,1} - u_{1,2}}{\kappa + 1}\right)^2, \quad B = \frac{2\,(u_{1,1} + u_{2,2})\,(u_{2,1} - u_{1,2})}{\kappa^2 - 1}$$
$$(10.234)$$

由于本例中 $\Phi_1(z)$ 的选取为 10.8.3.1 节中的特例，因此式 (10.233) 与式 (10.229) 是等价的，令两者相等，可以推导出缺口应力强度因子的表达式

$$K_{\mathrm{I}}^N = \lim_{r \to 0} \left\{ G r^{\left(1 - \lambda_1^{(1)}\right)} \left[1 + \lambda_1^{(1)} - \cos\left(2\lambda_1^{(1)}\alpha\right) - \lambda_1^{(1)}\cos(2\alpha)\right] \sqrt{\frac{\pi}{\alpha} I^{(\mathrm{I})}} \right\}$$

$$I^{(\mathrm{I})} = \int_{-\alpha}^{\alpha} \left[A \cos 2\left(1 - \lambda_1^{(1)}\right)\theta - B \sin 2\left(1 - \lambda_1^{(1)}\right)\theta\right] \mathrm{d}\theta$$
$$(10.235)$$

结合有限元软件与数值积分的方法计算应力强度因子，r 越小，计算精度越高。

综上，本节基于弹性力学的复变函数表示法，构造了两个 Lagrange 函数，其变分问题对应着弹性力学的基本方程和边界条件，并且其 Euler-Lagrange 方程正是弹性力学中的 Navier 方程，由此使用 Noether 定理推导了其对称变换和相应守恒律，发现对称变换满足保角变换条件 (解析函数)，进一步构造了复守恒量。根据复变函数中解析函数的 Cauchy-Riemann 条件，将上述复守恒量推广至一切解析函数和保角变换的情形，并将保角变换表示为更一般的平移、旋转和缩放变换的组合形式，从而可通过调整解析函数和保角变换形式来构造不同的守恒量。最后，在算例部分，第 1 个算例将守恒量引入线弹性 V 型缺口问题中，构造了路径无关的 SW 积分，并将其与缺口应力强度因子等物理量实现了关联；第 2 个算例说明了 SW 积分结合有限元分析方法在数值求解实际结构缺口应力强度因子时的应用。

10.9　纵向剪切问题中 V 型缺口的守恒积分及其应用

本节通过对纵向剪切问题中的弹性能密度应用 Noether 定理，从而用解析函数的实部和虚部表示材料空间的对称变换。这种对称变换可以进一步推出物质空间中存在的守恒律，该守恒律不是平凡守恒律，其无散度表达式给出了路径无关积分。对于在均质材料的边缘或两种材料交界面上的尖锐 V 型缺口，从该路径无关积分中获得的一个有限值与缺口的应力强度因子直接相关，并且不取决于积分端点的位置。在算例中验证了该理论方法的可行性，用以估计双材料板的应力强度因子 [113]。

10.9.1 Lie 对称分析

对于弹性材料的纵向剪切问题，弹性能量密度是

$$W = \frac{1}{2}\sigma_{3i}\varepsilon_{3i} = \frac{1}{2}G\varepsilon_{3i}\varepsilon_{3i} = \frac{1}{2}Gu_{3,i}u_{3,i} \qquad (10.236)$$

其中，σ_{3i} 是应力，ε_{3i} 是应变，u_3 是位移，G 是剪切模量，使用求和约定为相同指标表示从 1 到 2 求和。

这里利用了胡克定律

$$\sigma_{3i} = G\varepsilon_{3i} \qquad (10.237)$$

当计算弹性能量密度 (10.236) 积分的变分时，可以得到场方程

$$\sigma_{3i,i} = 0 \qquad (10.238)$$

可以很方便地利用 Lie 对称方法来计算弹性能量密度 (10.236) 的对称群。根据 Olver[29] 的工作，在纵向剪切问题中，其 Lagrange 函数取为式 (10.236) 弹性能量密度 W。利用 Noether 守恒律，对于 W，应满足

$$X(W) + WD_i(\xi_i) = 0 \qquad (10.239)$$

其中算子 X 为

$$X = \xi_i\frac{\partial}{\partial x_i} + \eta\frac{\partial}{\partial u_3} + [D_i(\eta) - u_{3,i}D_i(\xi_p)]\frac{\partial}{\partial u_{3,i}} \qquad (10.240)$$

将算子 X 的表达式 (10.240) 代入式 (10.239)，得到

$$
\begin{aligned}
& X(W) + WD_i(\xi_i) \\
=& \xi_i\frac{\partial W}{\partial x_i} + \eta\frac{\partial W}{\partial u_3} + [D_i(\eta) - u_{3,i}D_i(\xi_p)]\frac{\partial W}{\partial u_{3,i}} + D_i(W\xi_i) - \xi_i D_i(W) \\
=& [D_i(\eta) - u_{3,i}D_i(\xi_p)]\sigma_{3i} + D_i(W\xi_i) - \xi_i D_i\left(\frac{1}{2}Gu_{3,i}u_{3,i}\right) \\
=& D_i(\eta - u_{3,i}\xi_p)\sigma_{3i} + \xi_p\sigma_{3i}D_i(u_{3,i}) + D_i(W\xi_i) - Gu_{3,i}\xi_i D_i(u_{3,i}) \\
=& D_i[(\eta - \xi_p u_{3,i})\sigma_{3i}] - (\eta - u_{3,i}\xi_p)D_i\sigma_{3i} + \xi_p\sigma_{3i}D_i(u_{3,i}) + D_i(W\xi_i) \\
& - \sigma_{3i}\xi_i D_i(u_{3,i}) \\
=& D_i[(\eta - \xi_p u_{3,i})\sigma_{3i}] - (\eta - u_{3,i}\xi_p)D_i\sigma_{3i} + D_i(W\xi_i) \qquad (10.241)
\end{aligned}
$$

由式 (10.241) 得到条件

$$D_i \left[(\eta - \xi_p u_{3,i}) \, \sigma_{3i} \right] + D_i \left(W \xi_i \right) = (\eta - u_{3,i} \xi_p) \, D_i \sigma_{3i} \tag{10.242}$$

式 (10.242) 两边分别进一步写为

$$D_i \left[(\eta - \xi_p u_{3,i}) \, \sigma_{3i} \right] + D_i \left(W \xi_i \right) = D_i \left[\eta \sigma_{3i} + \xi_p \left(W \delta_{ip} - u_{3,p} \sigma_{3i} \right) \right] \tag{10.243}$$

$$
\begin{aligned}
& (\eta - u_{3,i} \xi_p) \, D_i \sigma_{3i} \\
&= (\eta - u_{3,i} \xi_p) \left(\frac{\partial}{\partial x_i} + \frac{\partial}{\partial u_3} u_{3,i} + \frac{\partial}{\partial u_{3,p}} u_{3,pi} + \cdots \right) G u_{3,i} \\
&= (\eta - u_{3,i} \xi_p) \, G \delta_{ip} u_{3,pi} \\
&= (\eta - u_{3,i} \xi_p) \, G u_{3i,i} \\
&= (\eta - u_{3,i} \zeta_p) \, \sigma_{3i,i}
\end{aligned} \tag{10.244}
$$

其中 δ_{ip} 是 Kronecker 函数。

结合式 (10.238)，可得

$$D_i \left[\eta \sigma_{3i} + \xi_p \left(W \delta_{ip} - u_{3,p} \sigma_{3i} \right) \right] = (\eta - u_{3,i} \xi_p) \, \sigma_{3i,i} = 0 \tag{10.245}$$

于是有守恒律

$$D_i \left(\eta \sigma_{3i} + \xi_p T_{ip} \right) = 0 \tag{10.246}$$

其中

$$T_{ip} = W \delta_{ip} - \sigma_{3i} u_{3,p} \tag{10.247}$$

是能量–动量张量。

那么对于一个一阶变分问题，所有可能的守恒量 P_i 和由弹性能量密度 (10.236) 的不变性导出的非平凡守恒律都可以构造为

$$P_i = \xi_p T_{ip} + \eta \sigma_{3i} \tag{10.248}$$

$$D_i P_i = 0 \tag{10.249}$$

其中

$$D_i = \frac{\partial}{\partial x_i} + u_{3,i} \frac{\partial}{\partial u_3} + u_{3,pi} \frac{\partial}{\partial u_{3,p}} + \cdots \tag{10.250}$$

ξ_p 和 η 以单参数变换群的无穷小形式分别表示空间和位移 u_3 的对称变换

$$x_1' = x_1 + \varepsilon\xi_1\left(x_1, x_2, u_3\right), \quad x_2' = x_2 + \varepsilon\xi_2\left(x_1, x_2, u_3\right), \quad u_3' = u_3 + \varepsilon\eta\left(x_1, x_2, u_3\right)$$
$$(10.251)$$

其中 ε 是一个无穷小参数。

为了求得式 (10.248) 中的函数 ξ_p 和 η，将式 (10.249) 扩展为

$$
\begin{aligned}
& D_i P_i \\
&= D_i\left(\xi_p T_{ip} + \eta\sigma_{3i}\right) \\
&= D_i\left\{\frac{1}{2}G\left[\xi_p\left(u_{3,k}u_{3,k}\delta_{ip} - 2u_{3,i}u_{3,p}\right)\right] + \eta Gu_{3,i}\right\} \\
&= G\left\{\frac{1}{2}\left(u_{3,k}u_{3,k}\delta_{ip} - 2u_{3,i}u_{3,p}\right)D_i\left(\xi_p\right)\right. \\
&\quad + \frac{1}{2}\xi_p D_i\left(u_{3,k}u_{3,k}\delta_{ip} - 2u_{3,i}u_{3,p}\right) + u_{3,i}D_i\left(\eta\right) \\
&\quad \left. + \eta D_i\left(u_{3,i}\right)\right\} \\
&= G\left\{\frac{1}{2}u_{3,k}u_{3,k}\left(\frac{\partial\xi_i}{\partial x_i} + \frac{\partial\xi_i}{\partial u_3}u_{3,i}\right) - u_{3,i}u_{3,p}\left(\frac{\partial\xi_p}{\partial x_i} + \frac{\partial\xi_i}{\partial u_3}u_{3,i}\right)\right. \\
&\quad \left. + u_{3,i}\left(\frac{\partial\eta}{\partial x_i} + \frac{\partial\eta}{\partial u_3}u_{3,i}\right)\right\} \\
&= G\left[\frac{\partial\eta}{\partial x_i}u_{3,i} + \frac{1}{2}\left(2\frac{\partial\eta}{\partial u_3} + \frac{\partial\xi_2}{\partial x_2} - \frac{\partial\xi_1}{\partial x_1}\right)u_{3,1}^2 + \frac{1}{2}\left(2\frac{\partial\eta}{\partial u_3} + \frac{\partial\xi_1}{\partial x_1} - \frac{\partial\xi_2}{\partial x_2}\right)u_{3,2}^2\right. \\
&\quad \left. - \left(\frac{\partial\xi_1}{\partial x_2} + \frac{\partial\xi_2}{\partial x_1}\right)u_{3,1}u_{3,2} - \frac{1}{2}\frac{\partial\xi_i}{\partial u_3}u_{3,i}u_{3,p}u_{3,p}\right]
\end{aligned}
$$
$$(10.252)$$

从而可得

$$
G\left[\frac{\partial\eta}{\partial x_i}u_{3,i} + \frac{1}{2}\left(2\frac{\partial\eta}{\partial u_3} + \frac{\partial\xi_2}{\partial x_2} - \frac{\partial\xi_1}{\partial x_1}\right)u_{3,1}^2 + \frac{1}{2}\left(2\frac{\partial\eta}{\partial u_3} + \frac{\partial\xi_1}{\partial x_1} - \frac{\partial\xi_2}{\partial x_2}\right)u_{3,2}^2\right.
$$
$$
\left. - \left(\frac{\partial\xi_1}{\partial x_2} + \frac{\partial\xi_2}{\partial x_1}\right)u_{3,1}u_{3,2} - \frac{1}{2}\frac{\partial\xi_i}{\partial u_3}u_{3,i}u_{3,p}u_{3,p}\right] = 0 \qquad (10.253)
$$

因为 Noether 定理 [46] 要求式 (10.253) 恒等于零，$u_{3,i}$ 的所有独立的线性、二次和三次项的系数必须等于零。从而得到决定方程

$$u_{3,i}: \frac{\partial\eta}{\partial x_i} = 0, \quad i = 1, 2 \qquad (10.254)$$

$$u_{3,1}^2 : 2\frac{\partial \eta}{\partial u_3} + \frac{\partial \xi_2}{\partial x_2} - \frac{\partial \xi_1}{\partial x_1} = 0 \tag{10.255}$$

$$u_{3,2}^2 : 2\frac{\partial \eta}{\partial u_3} + \frac{\partial \xi_1}{\partial x_1} - \frac{\partial \xi_2}{\partial x_2} = 0 \tag{10.256}$$

$$u_{3,1}u_{3,2} : \frac{\partial \xi_1}{\partial x_2} + \frac{\partial \xi_2}{\partial x_1} = 0 \tag{10.257}$$

$$u_{3,i}u_{3,p}u_{3,p} : \frac{\partial \xi_i}{\partial u_3} = 0, \quad i = 1, 2 \tag{10.258}$$

显然, 式 (10.254) 和式 (10.258) 要求 $\eta = \eta(u_3)$ 以及 $\xi_i = \xi_i(x_1, x_2)$, 再加上式 (10.255)~(10.257) 可以得到

$$\eta = C \tag{10.259}$$

$$\frac{\partial \xi_1}{\partial x_1} = \frac{\partial \xi_2}{\partial x_2}, \quad \frac{\partial \xi_1}{\partial x_2} = -\frac{\partial \xi_2}{\partial x_1} \tag{10.260}$$

其中 C 是任意常数.

此外, 式 (10.260) 表示函数 $\xi_i = \xi_i(x_1, x_2)$ 必须满足 Cauchy-Riemann 方程, 因此可以被表示为

$$\xi_1 + \mathrm{i}\xi_2 = \phi(z) \tag{10.261}$$

其中 $\phi(z)$ 是一个解析函数.

显然式 (10.261) 可以进一步被表示为一个复幂函数

$$\xi_1 + \mathrm{i}\xi_2 = \phi(z) = z^\delta = r^\delta(\cos\delta\theta + \mathrm{i}\sin\delta\theta) \tag{10.262}$$

将式 (10.259) 和式 (10.262) 代入表达式 (10.248) 和 (10.249), 因为 C 的独立性, 可以得到场方程 (10.238).

由于

$$T_{ip} = W\delta_{ip} - \sigma_{3i}u_{3,p} = \frac{1}{2}Gu_{3,k}u_{3,k}\delta_{ip} - Gu_{3,i}u_{3,p} \tag{10.263}$$

即有

$$T_{11} = -T_{22} = -\frac{1}{2}G\left(u_{3,1}^2 - u_{3,2}^2\right), \quad T_{12} = T_{21} = -Gu_{3,1}u_{3,2} \tag{10.264}$$

对于其他守恒律, 通过应用能量–动量张量的展开形式

$$T_{11} = -T_{22} = -\frac{1}{2}G\left(u_{3,1}^2 - u_{3,2}^2\right), \quad T_{12} = T_{21} = -Gu_{3,1}u_{3,2} \tag{10.265}$$

守恒量 (10.248) 变为

$$P_i = \xi_1 T_{i1} + \xi_2 T_{i2} = r^\delta \left(T_{i1} \cos \delta\theta + T_{i2} \sin \delta\theta \right) \tag{10.266}$$

因此，通过无散度表达式 (10.249) 可以得到一个路径无关积分

$$SW = \int_{(x_{10}, x_{20})}^{(x_1, x_2)} P_i n_i \mathrm{d}\Gamma \tag{10.267}$$

其中 $n_1 = \cos(n, x_1), n_2 = \cos(n, x_2)$。

需要说明的是，只要函数 $\xi_i = \xi_i(x_1, x_2)$ 由一个解析函数 (10.261) 表示，式 (10.267) 都拥有路径无关性。另一方面，必须为函数 $\xi_i = \xi_i(x_1, x_2)$ 选择一个幂形式 (10.262)，从而可以通过调整尖锐 V 型裂纹尖端的 SW 积分中的 δ 得到一个有限值。

10.9.2 守恒积分

由表达式 (10.265) 和 (10.266)，守恒量 P_i 还可以表示为

$$P_1 = \xi_1 T_{11} + \xi_2 T_{12} = -\frac{1}{2} G \left[\xi_1 \left(u_{3,1}^2 - u_{3,2}^2 \right) + 2\xi_2 G u_{3,1} u_{3,2} \right] \tag{10.268}$$

$$P_2 = \xi_1 T_{21} + \xi_2 T_{22} = \frac{1}{2} G \left[\xi_2 \left(u_{3,1}^2 - u_{3,2}^2 \right) - 2\xi_1 G u_{3,1} u_{3,2} \right]$$

平凡守恒律有两种 [29]：第一种为式 (10.249) 中的 P_i 恒为零，这在表达式 (10.268) 中是不成立的；第二种平凡守恒律要求守恒量 P_i 可以被表示为

$$P_1 = D_2 Q_{12}, \quad P_2 = D_1 Q_{12}, \quad Q_{12} + Q_{21} = 0, \quad Q_{11} = Q_{22} = 0 \tag{10.269}$$

展开式 (10.269) 中的前两项

$$P_1 = \frac{\partial Q_{12}}{\partial x_2} + \frac{\partial Q_{12}}{\partial u_3} u_{3,2} + \frac{\partial Q_{12}}{\partial u_{3,1}} u_{3,12} + \frac{\partial Q_{12}}{\partial u_{3,2}} u_{3,22} + \cdots \tag{10.270}$$

$$P_2 = \frac{\partial Q_{21}}{\partial x_1} + \frac{\partial Q_{21}}{\partial u_3} u_{3,1} + \frac{\partial Q_{21}}{\partial u_{3,1}} u_{3,11} + \frac{\partial Q_{21}}{\partial u_{3,2}} u_{3,21} + \cdots$$

显然，式 (10.268) 中的守恒量不满足式 (10.270)。因此，得到的 SW 积分是非平凡的。

根据牛顿力学的观点，坐标的平移、旋转、缩放为空间中的对称变换。J 积分、L 积分以及 M 积分的存在性和存在形式，取决于在应用 Noether 定理时弹

性能量密度是否能够符合对称变换以及是如何满足对称变换的。对于一个物理系统，由线性或者非线性理论 (用以描述弹性体) 构造出来的弹性能量密度不因坐标平移而改变，所以 J 积分总是存在的 [114,115]。除了各向同性材料和横向各向同性材料，对于各向异性材料不存在 L 积分，这是因为它们的弹性能量密度不符合空间的旋转对称。对于与线性理论不同的非线性理论，当同时考虑坐标和场变量的模都改变时，通常物理量的值保持不变是不可能的。因此，对于一个弹性体没有来自非线性理论的 M 积分 [114,115]。

以上提到的内容是在二维和三维的弹性问题中成立的。然而，因为不存在位移 u_3 到物理平面 (x_1, x_2) 的平移、旋转以及坐标缩放的投影，纵向剪切问题是特殊的。这导致了弹性能量密度在材料空间的对称变换能够被表示为一个解析函数的实部和虚部。实际上，式 (10.261) 中 $\xi_1(x_1, x_2) = c_1$ 和 $\xi_2(x_1, x_2) = c_2$ 的两个曲线族是相互垂直的。解析函数 $\phi(z)$ 代表了一个保角映射。因此平移、旋转以及坐标的缩放是解析函数 $\phi(z)$ 的特殊情况。考虑变换

$$\xi_i = Ax_i + e_{i3k}\Omega_3 x_k + B_i \tag{10.271}$$

其中 A、Ω_3 和 B_i 是独立的任意常数。显然，表达式 (10.271) 满足 Cauchy-Riemann 方程 (10.260)。

将式 (10.259) 和式 (10.271) 代入表达式 (10.248) 和方程 (10.249)，由于 C、A、Ω_3 和 B_i 的独立性，可以得到场方程 (10.238) 和如下守恒积分：

(1) 来自平移的 J 型积分 $(B_i \neq 0)$

$$J_k = \int T_{ik} n_i \mathrm{d}\Gamma = \int (W\delta_{ik} - \sigma_{3i} u_{3,k}) n_i \mathrm{d}\Gamma \tag{10.272}$$

(2) 来自旋转的 L 型积分 $(\Omega_3 \neq 0)$

$$L = \int e_{k3j} x_j T_{ik} n_i \mathrm{d}\Gamma = \int e_{k3j} x_j (W\delta_{ik} - \sigma_{3i} u_{3,k}) n_i \mathrm{d}\Gamma \tag{10.273}$$

(3) 来自缩放的 M 型积分 $(A \neq 0)$

$$M = \int x_k T_{ik} n_i \mathrm{d}\Gamma = \int x_k (W\delta_{ik} - \sigma_{3i} u_{3,k}) n_i \mathrm{d}\Gamma \tag{10.274}$$

显然，当令式 (10.266) 中 $\delta = 0$，则路径无关积分 (10.267) 和 (10.272) 中的 J_1 一致。即 J 型积分是 SW 型积分在纵向剪切问题中的特例。

10.9.3 在尖锐 V 型缺口问题中的应用

对于尖锐 V 型缺口问题，如图 10.6 所示，采用极坐标 (r, θ) 的方式最为方便。这里尖端处 $r = 0$。

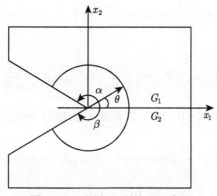

图 10.6 尖锐 V 型缺口示意图

应变在极坐标和笛卡儿坐标系之间的转换关系，以及胡克定律为

$$\varepsilon_{3r} = \frac{\partial u_3}{\partial r} = \varepsilon_{31}\cos\theta + \varepsilon_{32}\sin\theta, \quad \varepsilon_{3\theta} = \frac{1}{r}\frac{\partial u_3}{\partial \theta} = -\varepsilon_{31}\sin\theta + \varepsilon_{32}\cos\theta \quad (10.275)$$

$$\varepsilon_{3r} = \frac{1}{G}\sigma_{3r}, \quad \varepsilon_{3\theta} = \frac{1}{G}\sigma_{3\theta} \quad (10.276)$$

通过引入应力函数 Φ，有关系

$$\sigma_{3r} = -\frac{1}{r}\frac{\partial \Phi}{\partial \theta}, \quad \sigma_{3\theta} = \frac{\partial \Phi}{\partial r} \quad (10.277)$$

极坐标形式下的平衡方程 (10.238) 是恒成立的，相容性方程可以通过常规的分离变量法求解，从而得到

$$\Phi = r^\lambda \left(A\cos\lambda\theta + B\sin\lambda\theta \right) \quad (10.278)$$

其中 λ、A 和 B 是常数。

10.9.3.1 均质材料边缘处的尖锐 V 型缺口

根据未加载裂纹表面的边界条件，即

$$\sigma_{3\theta} = \frac{\partial \Phi}{\partial r} = 0, \quad \theta = \alpha, \quad \theta = -\beta \quad (10.279)$$

其中本征方程为式 (10.278)，其系数矩阵行列式恒为零，可以得到

$$\sin\lambda\left(\alpha+\beta\right)=0,\quad \pi<\alpha+\beta\leqslant 2\pi \tag{10.280}$$

$$\Phi=\sum_{n=1}^{+\infty}r^{\frac{n\pi}{\alpha+\beta}}\left(A_n\cos\frac{n\pi\theta}{\alpha+\beta}+B_n\sin\frac{n\pi\theta}{\alpha+\beta}\right),\quad \lambda_n=\frac{n\pi}{\alpha+\beta},\quad n=1,2,\cdots \tag{10.281}$$

$$B_n=-A_n\cot\frac{n\pi\alpha}{\alpha+\beta}=A_n\cot\frac{n\pi\beta}{\alpha+\beta} \tag{10.282}$$

利用式 (10.277) 和式 (10.282) 以及式 (10.281) 中的第一项，根据应力强度因子的定义 [116]

$$K_{\text{III}}^{N}=\sqrt{2\pi}\lim_{r\to 0}r^{1-\frac{\pi}{\alpha+\beta}}\sigma_{3\theta},\quad r,\theta=0 \tag{10.283}$$

可以得到

$$\sigma_{3r}=-\frac{K_{\text{III}}^{N}}{\sqrt{2\pi}\sin\dfrac{\pi\beta}{\alpha+\beta}}r^{\frac{\pi}{\alpha+\beta}-1}\cos\frac{\pi\left(\theta+\beta\right)}{\alpha+\beta}+O\left(r^{\frac{2\pi}{\alpha+\beta}-1}\right)$$

$$\sigma_{3\theta}=\frac{K_{\text{III}}^{N}}{\sqrt{2\pi}\sin\dfrac{\pi\beta}{\alpha+\beta}}r^{\frac{\pi}{\alpha+\beta}-1}\sin\frac{\pi\left(\theta+\beta\right)}{\alpha+\beta}+O\left(r^{\frac{2\pi}{\alpha+\beta}-1}\right) \tag{10.284}$$

对应的

$$A_1=\frac{\alpha+\beta}{\pi}\frac{K_{\text{III}}^{N}}{\sqrt{2\pi}},\quad B_1=-\frac{\alpha+\beta}{\pi}\frac{K_{\text{III}}^{N}}{\sqrt{2\pi}}\cot\frac{\pi\alpha}{\alpha+\beta}=\frac{\alpha+\beta}{\pi}\frac{K_{\text{III}}^{N}}{\sqrt{2\pi}}\cot\frac{\pi\beta}{\alpha+\beta} \tag{10.285}$$

利用式 (10.265)、(10.275) 和 (10.276)，守恒量 (10.266) 能够写成

$$P_1=-\frac{K_{\text{III}}^{N^2}}{4\pi G\sin^2\dfrac{\pi\beta}{\alpha+\beta}}r^{\frac{2\pi}{\alpha+\beta}-2+\delta}\cos\left[\frac{2\left(\pi-\alpha-\beta\right)\theta+2\pi\beta}{\alpha+\beta}+\delta\theta\right]$$

$$+O\left(r^{\frac{3\pi}{\alpha+\beta}-2+\delta}\right)$$

$$P_2=\frac{K_{\text{III}}^{N^2}}{4\pi G\sin^2\dfrac{\pi\beta}{\alpha+\beta}}r^{\frac{2\pi}{\alpha+\beta}-2+\delta}\sin\left[\frac{2\left(\pi-\alpha-\beta\right)\theta+2\pi\beta}{\alpha+\beta}+\delta\theta\right]+O\left(r^{\frac{3\pi}{\alpha+\beta}-2+\delta}\right)$$

$$\tag{10.286}$$

如前文所述，对任意 δ，式 (10.267) 的路径无关性保持。因此令

$$\delta = 1 - \frac{2\pi}{\alpha + \beta} \tag{10.287}$$

守恒量 (10.286) 变为

$$P_1 = -\frac{K_{\mathrm{III}}^{N^2}}{4\pi G \sin^2 \dfrac{\pi\beta}{\alpha+\beta}} r^{-1} \cos\left[\frac{2\pi\beta - (\alpha+\beta)\theta}{\alpha+\beta}\right] + O\left(r^{\frac{\pi}{\alpha+\beta}-1}\right)$$

$$P_2 = \frac{K_{\mathrm{III}}^{N^2}}{4\pi G \sin^2 \dfrac{\pi\beta}{\alpha+\beta}} r^{-1} \sin\left[\frac{2\pi\beta - (\alpha+\beta)\theta}{\alpha+\beta}\right] + O\left(r^{\frac{\pi}{\alpha+\beta}-1}\right) \tag{10.288}$$

那么再根据式 (10.265)、(10.266)，积分 (10.267) 可以写成

$$SW = \int_{(x_{10},x_{20})}^{(x_1,x_2)} P_i n_i \mathrm{d}\Gamma$$

$$= \int_{(x_{10},x_{20})}^{(x_1,x_2)} r^{1-\frac{2\pi}{\alpha+\beta}} \left[T_{i1}\cos\left(1 - \frac{2\pi}{\alpha+\beta}\right)\theta + T_{i2}\sin\left(1 - \frac{2\pi}{\alpha+\beta}\right)\theta\right] n_i \mathrm{d}\Gamma \tag{10.289}$$

这个路径无关积分适用于整个平面的任一路径。选择一个圆形路径 $\mathrm{d}\Gamma = r\mathrm{d}\theta$，并且 $r \to 0$，包围了一个尖锐的 V 型裂纹的尖端，如图 10.6 所示。利用式 (10.288)，可以得到

$$SW = \int_{-\beta}^{\alpha} (P_1\cos\theta + P_2\sin\theta) r\mathrm{d}\theta$$

$$= \frac{K_{\mathrm{III}}^{N^2}}{2G} \frac{\alpha+\beta}{\pi} \frac{\cos\dfrac{(\alpha-\beta)\pi}{\alpha+\beta}}{1 + \cos\dfrac{(\alpha-\beta)\pi}{\alpha+\beta}}, \quad \pi < \alpha+\beta \leqslant 2\pi \tag{10.290}$$

可以检验当 $\alpha = \beta$ 时，

$$SW = \frac{K_{\mathrm{III}}^{N^2}}{2G} \frac{\alpha}{\pi}, \quad \frac{\pi}{2} < \alpha \leqslant \pi \tag{10.291}$$

并且当 $\alpha = \beta = \pi$ 时，

$$SW = \frac{K_{\mathrm{III}}^2}{2G} \tag{10.292}$$

这是 III 型裂纹的能量释放率。

除了 SW 型积分在弹性场中的路径无关性，它在无加载条件下的上下表面中被积函数等于零的性质也具有很重要的应用价值，如图 10.7 所示，被积函数为

$$P_i n_i = r^\delta \left(T_{i1}\cos\delta\theta + T_{i2}\sin\delta\theta \right) n_i \tag{10.293}$$

显然，在上下表面的法向量表示为

$$n_1^{\mathrm{LS}} = -\sin\alpha, \quad n_2^{\mathrm{LS}} = -\cos\alpha \tag{10.294}$$

$$n_1^{\mathrm{US}} = -\sin\alpha, \quad n_2^{\mathrm{US}} = \cos\alpha \tag{10.295}$$

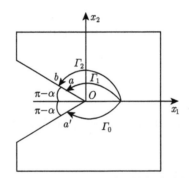

图 10.7　尖锐 V 型缺口的积分路径

根据变换 (10.276) 和无加载条件 (10.279)，能量–动量张量变为

$$T_{11}^{\mathrm{LS}} = -T_{22}^{\mathrm{LS}} = -\frac{1}{2}G\varepsilon_{3r}^2\cos2\alpha, \quad T_{12}^{\mathrm{LS}} = T_{21}^{\mathrm{LS}} = \frac{1}{2}G\varepsilon_{3r}^2\sin2\alpha \tag{10.296}$$

$$T_{11}^{\mathrm{US}} = -T_{22}^{\mathrm{US}} = -\frac{1}{2}G\varepsilon_{3r}^2\cos2\alpha, \quad T_{12}^{\mathrm{US}} = T_{21}^{\mathrm{US}} = -\frac{1}{2}G\varepsilon_{3r}^2\sin2\alpha \tag{10.297}$$

将式 (10.294)~(10.297) 代入式 (10.293)，且 $\theta = \alpha$ 或 $-\alpha$，可以得到同样的被积函数。在下表面

$$
\begin{aligned}
(P_i n_i)^{\mathrm{LS}} &= r^\delta \left(T_{i1}^{\mathrm{LS}}\cos\delta\theta + T_{i2}^{\mathrm{LS}}\sin\delta\theta \right) n_i^{\mathrm{LS}} \\
&= r^\delta \left(T_{11}^{\mathrm{LS}}\cos\delta\theta + T_{12}^{\mathrm{LS}}\sin\delta\theta \right) n_1^{\mathrm{LS}} \\
&\quad + r^\delta \left(T_{21}^{\mathrm{LS}}\cos\delta\theta + T_{22}^{\mathrm{LS}}\sin\delta\theta \right) n_2^{\mathrm{LS}} \\
&= r^\delta \left(-\frac{1}{2}G\varepsilon_{3r}^2\cos2\alpha\cos\delta\theta + \frac{1}{2}G\varepsilon_{3r}^2\sin2\alpha\sin\delta\theta \right)(-\sin\alpha)
\end{aligned}
$$

$$+ r^\delta \left(\frac{1}{2} G \varepsilon_{3r}^2 \sin 2\alpha \cos \delta \theta + \frac{1}{2} G \varepsilon_{3r}^2 \cos 2\alpha \sin \delta \theta \right) (-\cos \alpha)$$

$$= r^\delta \frac{1}{2} G \varepsilon_{3r}^2 \sin (\delta \theta - \alpha) \tag{10.298}$$

取 $\theta = \alpha$

$$(P_i n_i)^{\text{LS}} = r^\delta \frac{1}{2} G \varepsilon_{3r}^2 \sin (\delta - 1) \alpha \tag{10.299}$$

对于上表面

$$\begin{aligned} (P_i n_i)^{\text{US}} &= r^\delta \left(T_{i1}^{\text{US}} \cos \delta \theta + T_{i2}^{\text{US}} \sin \delta \theta \right) n_i^{\text{US}} \\ &= r^\delta \left(T_{11}^{\text{US}} \cos \delta \theta + T_{12}^{\text{US}} \sin \delta \theta \right) n_1^{\text{US}} \\ &\quad + r^\delta \left(T_{21}^{\text{US}} \cos \delta \theta + T_{22}^{\text{US}} \sin \delta \theta \right) n_2^{\text{US}} \\ &= r^\delta \left(-\frac{1}{2} G \varepsilon_{3r}^2 \cos 2\alpha \cos \delta \theta - \frac{1}{2} G \varepsilon_{3r}^2 \sin 2\alpha \sin \delta \theta \right) (-\sin \alpha) \\ &\quad + r^\delta \left(-\frac{1}{2} G \varepsilon_{3r}^2 \sin 2\alpha \cos \delta \theta + \frac{1}{2} G \varepsilon_{3r}^2 \cos 2\alpha \sin \delta \theta \right) (-\cos \alpha) \\ &= r^\delta \frac{1}{2} G \varepsilon_{3r}^2 \sin (-\delta \theta - \alpha) \end{aligned} \tag{10.300}$$

取 $\theta = -\alpha$

$$(P_i n_i)^{\text{US}} = r^\delta \frac{1}{2} G \varepsilon_{3r}^2 \sin (\delta - 1) \alpha \tag{10.301}$$

于是有

$$(P_i n_i)^{\text{LS}} = (P_i n_i)^{\text{US}} = r^\delta \frac{1}{2} G \varepsilon_{3r}^2 \sin (\delta - 1) \alpha \tag{10.302}$$

显然，将式 (10.287) 以及 $\alpha = \beta$ 代入式 (10.302)，得到

$$(P_i n_i)^{\text{LS}} = (P_i n_i)^{\text{US}} = 0 \tag{10.303}$$

这意味着式 (10.267) 或式 (10.291) 中的 SW 积分不依赖于积分的端点 a' 和 b，就像在图 10.7 中可以看到的，这个端点可以在一个尖锐裂纹无加载表面的任意一个位置。正如前文所提到的，当令 $\delta = 0$ 时，纵向剪切问题中的 SW 型积分导出为 J 型积分。这样的话，被积函数 (10.302) 变为

$$(P_i n_i)^{\text{LS}} = (P_i n_i)^{\text{US}} = -\frac{1}{2} G \varepsilon_{3r}^2 \sin \alpha \tag{10.304}$$

这意味着 J 型积分的起始点和终止点必须为 a' 和 a，且 $|Oa'| = |Oa| = R$。

10.9.3.2　双材料交界处的尖锐 V 型缺口

如图 10.6 所示，一个封闭形式解可以由 $\alpha = \beta$ 情况得到。利用边界条件和连续性条件

$$\begin{aligned}
\sigma_{3\theta}^{(1)} &= 0, \quad \theta = \alpha \\
\sigma_{3\theta}^{(2)} &= 0, \quad \theta = -\alpha \\
\sigma_{3\theta}^{(1)} &= \sigma_{3\theta}^{(2)}, \quad \varepsilon_{3r}^{(1)} = \varepsilon_{3r}^{(2)}, \quad \theta = 0
\end{aligned} \tag{10.305}$$

本征方程由式 (10.277) 和式 (10.278) 得到，它们的解可以表示为

$$\Phi^{(k)} = \sum_{n=1,3,5,\cdots}^{+\infty} A_n^{(k)} r^{\frac{n\pi}{2\alpha}} \cos\frac{n\pi\theta}{2\alpha} + \sum_{n=2,4,6,\cdots}^{+\infty} B_n^{(k)} r^{\frac{n\pi}{2\alpha}} \sin\frac{n\pi\theta}{2\alpha} \tag{10.306}$$

$$\lambda_n = \frac{n\pi}{2\alpha}, \quad A_n^{(2)} = A_n^{(1)}, \quad B_n^{(2)} = \frac{G_2}{G_1} B_n^{(1)}, \quad n = 1, 2, \cdots$$

当 $k = 1, 2$ 时，分别表示上层材料和下层材料。引入应力强度因子的定义[116]

$$K_{\text{III}}^N = \sqrt{2\pi} \lim_{r \to 0} r^{1-\frac{\pi}{2\alpha}} \sigma_{3\theta}^{(k)}, \quad r, \theta = 0, \quad k = 1, 2 \tag{10.307}$$

利用式 (10.277) 和式 (10.278)，可以得到

$$A_1^{(2)} = A_1^{(1)} = \frac{2\alpha}{\pi} \frac{K_{\text{III}}^N}{\sqrt{2\pi}}, \quad \frac{\pi}{2} < \alpha \leqslant \pi$$

$$\sigma_{3\text{r}}^{(k)} = \frac{K_{\text{III}}^N}{\sqrt{2\pi}} r^{\frac{\pi}{2\alpha}-1} \sin\frac{\pi\theta}{2\alpha} + O\left(r^{\frac{\pi}{\alpha}-1}\right), \quad k = 1, 2 \tag{10.308}$$

$$\sigma_{3\theta}^{(k)} = \frac{K_{\text{III}}^N}{\sqrt{2\pi}} r^{\frac{\pi}{2\alpha}-1} \cos\frac{\pi\theta}{2\alpha} + O\left(r^{\frac{\pi}{\alpha}-1}\right), \quad k = 1, 2$$

与前文相似，在利用了式 (10.265)、(10.271)、(10.275) 之后，守恒量 (10.266) 可以写成

$$P_1^{(k)} = \frac{K_{\text{III}}^{N^2}}{4\pi G_k} r^{\frac{\pi}{\alpha}-2+\delta} \cos\left(\frac{\pi}{\alpha} - 2 + \delta\right)\theta + O\left(r^{\frac{3\pi}{2\alpha}-2+\delta}\right), \quad k = 1, 2 \tag{10.309}$$

$$P_2^{(k)} = -\frac{K_{\text{III}}^{N^2}}{4\pi G_k} r^{\frac{\pi}{\alpha}-2+\delta} \sin\left(\frac{\pi}{\alpha} - 2 + \delta\right)\theta + O\left(r^{\frac{3\pi}{2\alpha}-2+\delta}\right), \quad k = 1, 2$$

同样，当令

$$\delta = 1 - \frac{\pi}{\alpha} \tag{10.310}$$

时，守恒量 (10.309) 变为

$$P_1^{(k)} = \frac{K_{\text{III}}^{N^2}}{4\pi G_k} r^{-1}\cos\theta + O\left(r^{\frac{\pi}{2\alpha}-1}\right), \quad k = 1, 2$$

$$P_2^{(k)} = \frac{K_{\text{III}}^{N^2}}{4\pi G_k} r^{-1}\sin\theta + O\left(r^{\frac{\pi}{2\alpha}-1}\right), \quad k = 1, 2 \tag{10.311}$$

因此，利用式 (10.265)、(10.266)，路径无关积分 (10.267) 可以写成

$$SW = \int_{(x_{10},x_{20})}^{(x_1,x_2)} P_i^{(k)} n_i \mathrm{d}\Gamma$$

$$= \int_{(x_{10},x_{20})}^{(x_1,x_2)} r^{1-\frac{\pi}{\alpha}} \left[T_{i1}^{(k)}\cos\left(1 - \frac{\pi}{\alpha}\right)\theta + T_{i2}^{(k)}\sin\left(1 - \frac{\pi}{\alpha}\right)\theta \right] n_i \mathrm{d}\Gamma \tag{10.312}$$

其中 $k = 1$ 表示上层材料，并且 $x_{20} > 0$ 以及 $x_2 > 0$；$k = 2$ 表示下层材料，并且 $x_{20} < 0$ 以及 $x_2 < 0$。

通过选取环形积分路径 ($\mathrm{d}\Gamma = r\mathrm{d}\theta$ 且 $r \to 0$)，同时利用守恒量 (10.307)，路径无关积分 (10.312) 可以计算得

$$SW = \int_{-\alpha}^{0} \left(P_1^{(2)}\cos\theta + P_2^{(2)}\sin\theta \right) r\mathrm{d}\theta + \int_{0}^{\alpha} \left(P_1^{(1)}\cos\theta + P_2^{(1)}\sin\theta \right) r\mathrm{d}\theta$$

$$= \frac{\alpha K_{\text{III}}^{N^2}}{4\pi} \left(\frac{1}{G_1} + \frac{1}{G_2} \right), \quad \frac{\pi}{2} < \alpha \leqslant \pi \tag{10.313}$$

显然，当 $G_1 = G_2$ 时，式 (10.291) 和式 (10.313) 相同，而且在双材料交界面上的 SW 积分 (10.313) 仍然和它的应力强度因子值有关。

10.9.3.3 含尖锐 V 型缺口的双材料板缺口的应力强度因子

下面通过双材料板来说明路径无关积分 (10.289) 和 (10.312) 的可行性。该材料在右侧具有固定边缘，如图 10.8 所示，其中向上施加的载荷 F 等于在左侧向下的载荷 F。

路径无关积分 (10.312) 与结果 (10.313) 说明

$$SW = \frac{\alpha K_{\text{III}}^{N^2}}{4\pi} \left(\frac{1}{G_1} + \frac{1}{G_2} \right) = \int_{\Gamma_1+\Gamma_2+\Gamma_3+\Gamma_4+\Gamma_5} P_i^{(k)} n_i \mathrm{d}\Gamma \tag{10.314}$$

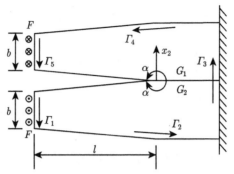

图 10.8   在双材料板上的尖锐 V 型缺口

简单梁理论给出

$$u_{31}^{(k)}\Big|_{x_1=-l} = \frac{6Fl}{E_k h^3}\left[\cot\alpha + \frac{b}{2l}\cot^2\alpha\ln\left(1 - \frac{2l}{b}\tan\alpha\right)\right], \quad k = 1,2 \quad (10.315)$$

当双材料的尖锐 V 型缺口尖端的末端被夹紧时，两种不同材料的梁臂撕裂，其中 b 是左侧的两个梁的宽度，h 是厚度，l 是长度，并且 E_k 是杨氏模量。由于 Γ_3 沿着固定边缘，因此在式 (10.265)、(10.266) 中令 $u_{3,2}^{(k)} = 0$，再利用当 $l \gg b$ 时，$\zeta_1 = r^\delta\cos\delta\theta \approx l^\delta$，由式 (10.314) 推出

$$SW = \frac{\alpha K_{\text{III}}^{N^2}}{4\pi}\left(\frac{1}{G_1} + \frac{1}{G_2}\right) = \frac{1}{2}bl^\delta\left(G_1 u_{3,1}^{(1)^2} + G_2 u_{3,1}^{(2)^2}\right) \quad (10.316)$$

意味着载荷 F 均匀地分布在区域 hb 上。

将式 (10.315) 代入式 (10.316)，得到应力强度因子的估计值

$$K_{\text{III}}^N = \sqrt{\frac{G_1\left(1+\nu_1\right)^2 + G_2\left(1+\nu_2\right)^2}{\left(G_1+G_2\right)\left(1+\nu_1\right)^2\left(1+\nu_2\right)^2}}\frac{3Fl^{\frac{3}{2}-\frac{\pi}{2\alpha}}\sqrt{b}}{h^3}f\left(\frac{b}{l},\alpha\right) \quad (10.317)$$

其中利用了 $E_k = 2\left(1+\nu_k\right)G_k$，并且

$$f\left(\frac{b}{l},\alpha\right) = \sqrt{\frac{2\pi}{\alpha}}\left|\cot\alpha + \frac{b}{2l}\cot^2\alpha\ln\left(1 - \frac{2l}{b}\tan\alpha\right)\right| \quad (10.318)$$

显然，当 $G_1 = G_2$，且 $\nu_1 = \nu_2$ 时，表达式 (10.317) 变成均质材料的应力强度因子

$$K_{\text{III}}^N = \frac{3Fl^{\frac{3}{2}-\frac{\pi}{2\alpha}}\sqrt{b}}{\left(1+\nu\right)h^3}f\left(\frac{b}{l},\alpha\right) \quad (10.319)$$

当 $\alpha \to \pi$，$f(b/l, \alpha) \to l/b$ 时，可以得到断裂问题的应力强度因子

$$K_{\text{III}} = \frac{3Fl^2}{(1+\nu) h^3 \sqrt{b}} \tag{10.320}$$

综上，本节根据 Noether 定理，得到物质空间中的守恒律和路径无关的积分 (10.267)，它不是平凡守恒律。守恒量 (10.266) 可以表示为能量–动量张量的组成部分，也可以表示为幂形式的解析函数。结果表明，可以通过调整解析函数 (10.289)，从计算出的路径无关积分中获得一个有限值。实际上，用于纵向剪切问题的 J 积分是 SW 积分 (10.267) 和 (10.289) 的特殊情况。对于在均质材料的边缘或双材料界面上的尖锐 V 型缺口，在缺口尖端周围计算的该路径无关积分 (10.289) 的应用显示了有效性，而所获得的有限值与分别沿着两个无牵引力的表面选择的积分端点的位置无关，该两个无牵引力的表面形成一个缺口开口角。由积分端点的任意性和 SW 积分 (10.289) 的路径独立性得到的式 (10.291) 和 (10.313) 表示在给定的固定开槽角条件下的一种物理不变性，式 (10.291) 和 (10.313) 与应力强度因子直接相关。

第 11 章　流体力学中的应用

　　流体力学领域中存在大量的非线性偏微分方程，而守恒律在偏微分方程的求解和约化方面起着重要作用。对称性反映的是偏微分方程结构方面的规律，而守恒律反映的是偏微分方程运动变化方面的规律，两者有着紧密的联系。偏微分方程的守恒律是质量守恒、能量守恒、动量守恒等基本物理守恒量的数学推广，不仅能够解释偏微分方程的各种物理现象，还可以判定方程的可积性、初边值问题数值解及数值方法的可靠性。守恒律的研究一直是数学、物理及力学领域内重要的研究课题，如何构造守恒律则是研究的核心。

　　11.1 节和 11.2 节分别研究 KdV 方程的变分对称性和高阶对称性，11.3 节进而研究扰动 KdV 方程的高阶近似对称性，11.4~11.6 节分别推导 mKdV 方程、Maxwell 分布和 Navier-Stokes 系统的 Ibragimov 守恒律。

11.1　KdV 方程的变分对称性

　　1834 年英国科学家 Scott Russell 偶然观察到了一种奇妙的水波。1844 年，他在《英国科学促进协会第 14 届会议报告》上发表的《论波动》一文中，对此现象作了生动的描述，并引进了 "孤立波" 这个概念。1895 年荷兰数学家 Korteweg 和他的学生 De Vries 研究了浅水中小振幅长波运动，建立了一个数学模型 [117]，对 Scott Russell 所观察到的现象提供了一个解释，方程的原始形式为 [118]

$$\frac{\partial \eta}{\partial t} = \frac{3}{2}\sqrt{\frac{g}{l}}\frac{\partial}{\partial x}\left(\frac{1}{2}\eta^2 + \frac{2}{3}\alpha\eta + \frac{1}{3}\sigma\frac{\partial^2 \eta}{\partial x^2}\right) \tag{11.1}$$

其中，η 为波峰高度，l 为水深，g 为重力加速度，α, σ 均为常数。

　　如果有变换

$$\bar{t} = \frac{1}{2}\sqrt{\frac{g}{l\sigma}}t, \quad \bar{x} = -\frac{x}{\sqrt{\sigma}}, \quad u = -\frac{1}{2}\eta - \frac{1}{3}\alpha \tag{11.2}$$

那么方程 (11.1) 改写为

$$\frac{\partial u}{\partial t} - 6u\frac{\partial u}{\partial x} + \frac{\partial^3 u}{\partial x^3} = 0 \tag{11.3}$$

形如式 (11.3) 的方程称为 KdV 方程, 是研究水波运动的一维数学模型, 在数学上和实际中都是一个非常重要的方程。它可以描述小振幅的浅水波、冷等离子体中的磁流体波、离子声子波, 以及生物和物理系统中的波动过程等。KdV 方程的一般形式为

$$u_t - Auu_x + Bu_{xxx} = 0 \tag{11.4}$$

考虑 KdV 方程

$$u_t + uu_x + u_{xxx} = 0 \tag{11.5}$$

其一个 Lagrange 函数及变换为

$$\mathcal{L} = 3u_{xx}^2 - u_x^3 - 3u_x u_t, \quad X = (tu_x - x)\frac{\partial}{\partial u} \tag{11.6}$$

由无穷小生成元 X 的表达式可知

$$\xi = 0, \quad \eta = tu_x - x \tag{11.7}$$

设 Lie 算子为

$$X = \eta\frac{\partial}{\partial u} + \zeta_x\frac{\partial}{\partial u_x} + \zeta_t\frac{\partial}{\partial u_t} + \zeta_{xx}\frac{\partial}{\partial u_{xx}} \tag{11.8}$$

其中

$$\begin{aligned} &\zeta_x = D_x(\eta) = tu_{xx} - 1, \quad \zeta_t = D_t(\eta) = u_x + tu_{xt} \\ &\zeta_{xx} = D_x(\zeta_x) = D_x(D_x(\eta)) = tu_{xxx} \end{aligned} \tag{11.9}$$

于是有

$$\begin{aligned} X(\mathcal{L}) &= 6u_{xx}\zeta_{xx} - \left(3u_x^2 + 3u_t\right)\zeta_x - 3u_x\zeta_t \\ &= 6tu_{xx}u_{xxx} - \left(3u_x^2 + 3u_t\right)(tu_{xx} - 1) - 3u_x(u_x + tu_{xt}) \\ &= 6tu_{xx}u_{xxx} - 3t\left(u_x^2 u_{xx} + u_t u_{xx}\right) + 3\left(u_x^2 + u_t\right) - 3u_x^2 - 3tu_x u_{xt} \\ &= 6tu_{xx}u_{xxx} - 3t\left(u_x^2 u_{xx} + u_t u_{xx}\right) - 3tu_x u_{xt} + 3u_t \\ &= 3t\left(2u_{xx}u_{xxx} - u_x^2 u_{xx} - u_t u_{xx} - u_x u_{xt}\right) + 3u_t \end{aligned} \tag{11.10}$$

假设

$$A^1 = t\left(3u_{xx}^2 - u_x^3 - 3u_x u_t\right), \quad A^2 = 3u \tag{11.11}$$

于是有

$$D_x A^1 + D_t A^2$$

$$=D_x\left[t\left(3u_{xx}^2 - u_x^3 - 3u_xu_t\right)\right] + D_t\left(3u\right)$$

$$=t\left(6u_{xx}u_{xxx} - 3u_x^2u_{xx} - 3u_{xx}u_t - 3u_xu_{xt}\right) + 3u_t$$

$$=3t\left(2u_{xx}u_{xxx} - u_x^2u_{xx} - u_tu_{xx} - u_xu_{tx}\right) + 3u_t$$

$$=X\left(\mathcal{L}\right) \tag{11.12}$$

因此 X 是 $\mathcal{L}$ 的一个变分对称性。

11.2　KdV 方程的高阶对称性

11.2.1　伴随方程与 Lagrange 函数

考虑 KdV 方程 [119]

$$u_t = u_{xxx} + uu_x \tag{11.13}$$

首先对其 Lagrange 函数进行降阶简化。

令 $F\left(t,x,u,v,\cdots,u_{(3)},v_{(3)}\right) = u_t - u_{xxx} - uu_x$，则 F^* 写作

$$F^*\left(t,x,u,v,\cdots,u_{(3)},v_{(3)}\right) = \frac{\delta\left(vF\right)}{\delta u}$$

$$=\frac{\delta}{\delta u}\left[v\left(u_t - u_{xxx} - uu_x\right)\right]$$

$$=\left(\frac{\partial}{\partial u} - D_t\frac{\partial}{\partial u_t} - D_x\frac{\partial}{\partial u_x} - D_x^3\frac{\partial}{\partial u_{xxx}}\right)\left[v\left(u_t - u_{xxx} - uu_x\right)\right]$$

$$=-vu_x - D_t\left(v\right) + D_x\left(uv\right) + D_x^3\left(v\right)$$

$$=-\left(v_t - v_{xxx} - uv_x\right) \tag{11.14}$$

因此方程 (11.13) 的伴随方程为

$$v_t = v_{xxx} + uv_x \tag{11.15}$$

由于

$$F^*\left(t,x,u,u,\cdots,u_{(3)},u_{(3)}\right) = -\left(u_t - u_{xxx} - uu_x\right) = -F\left(t,x,u,\cdots,u_{(3)}\right) \tag{11.16}$$

方程 (11.13) 是自伴随的。

方程 (11.13) 的三阶 Lagrange 函数写作

$$\mathcal{L} = v\left(u_t - u_{xxx} - uu_x\right) \tag{11.17}$$

结合关系式 $-vu_{xxx} = (-vu_{xx})_x + v_x u_{xx}$，得到二阶 Lagrange 函数

$$\mathcal{L} = vu_t - vuu_x + v_x u_{xx} \tag{11.18}$$

利用结论及关系式 $vu_t = (uv)_t - uv_t$，$-vuu_x = \left(-\frac{1}{2}u^2 v\right)_x + \frac{1}{2}u^2 v_x$，式 (11.18) 与如下二阶 Lagrange 函数等价

$$\mathcal{L} = v_x u_{xx} - uv_t + \frac{1}{2}u^2 v_x \tag{11.19}$$

上述任意 Lagrange 函数均能推导出方程 (11.13) 及其伴随方程

$$\frac{\delta\mathcal{L}}{\delta v} = u_t - u_{xxx} - uu_x, \quad \frac{\delta\mathcal{L}}{\delta u} = -v_t + v_{xxx} + uv_x \tag{11.20}$$

11.2.2　守恒律

对于方程 (11.13)，选择 Lagrange 函数为

$$\mathcal{L} = v\left(u_t - uu_x - u_{xxx}\right) \tag{11.21}$$

取 $F = u_t - u_{xxx} - uu_x$，将定理 5.6 分别应用于方程 (11.13) 的两个点对称性 (伽利略变换及缩放变换的生成元)[14]

$$X_1 = \frac{\partial}{\partial u} - t\frac{\partial}{\partial x}, \quad X_2 = 2u\frac{\partial}{\partial u} - 3t\frac{\partial}{\partial t} - x\frac{\partial}{\partial x} \tag{11.22}$$

将 X_1 扩展至 F 中的各阶导数，并作用于 F，得到

$$
\begin{aligned}
X_1(F) =& X_1(u_t - u_{xxx} - uu_x)\\
=& \Bigg\{\frac{\partial}{\partial u} - t\frac{\partial}{\partial x} + [D_t(tu_x) - tu_{tx}]\frac{\partial}{\partial u_t} + [D_x(tu_x) - tu_{xx}]\frac{\partial}{\partial u_x}\\
& + [D_x^3(tu_x) - tu_{xxxx}]\frac{\partial}{\partial u_{xxx}}\Bigg\}(u_t - uu_x - u_{xxx})\\
=& \Bigg[\frac{\partial}{\partial u} - t\frac{\partial}{\partial x} + (u_x + tu_{xx} - tu_{tx})\frac{\partial}{\partial u_t} + (tu_{xx} - tu_{xx})\frac{\partial}{\partial u_x}\\
& + (tu_{xxxx} - tu_{xxxx})\frac{\partial}{\partial u_{xxx}}\Bigg](u_t - uu_x - u_{xxx})\\
=& \left(\frac{\partial}{\partial u} - t\frac{\partial}{\partial x} + u_x\frac{\partial}{\partial u_t}\right)(u_t - uu_x - u_{xxx})
\end{aligned}
$$

$$=0 \tag{11.23}$$

则伴随方程具有对称算子 Y_1，Y_1 是 X_1 扩展到 v 的形式

$$Y_1 = \frac{\partial}{\partial u} - t\frac{\partial}{\partial x} + \eta_*\frac{\partial}{\partial v} = \frac{\partial}{\partial u} - t\frac{\partial}{\partial x} = X_1 \tag{11.24}$$

因此，X_1 对变量 v 的拓展与 X_1 一致。

下面找到 X_2 的拓展，将 X_2 扩展至 F 中的各阶导数，得

$$
\begin{aligned}
X_2 =& 2u\frac{\partial}{\partial u} - 3t\frac{\partial}{\partial t} - x\frac{\partial}{\partial x} + \left[D_t\left(2u + 3tu_t + xu_x\right) - 3tu_{tt} - xu_{tx}\right]\frac{\partial}{\partial u_t} \\
& + \left[D_x\left(2u + 3tu_t + xu_x\right) - 3tu_{xt} - xu_{xx}\right]\frac{\partial}{\partial u_x} \\
& + \left[D_{xx}\left(2u + 3tu_t + xu_x\right) - 3tu_{xxt} - xu_{xxx}\right]\frac{\partial}{\partial u_{xx}} \\
& + \left[D_{xxx}\left(2u + 3tu_t + xu_x\right) - 3tu_{xxxt} - xu_{xxxx}\right]\frac{\partial}{\partial u_{xxx}} \\
=& 2u\frac{\partial}{\partial u} - 3t\frac{\partial}{\partial t} - x\frac{\partial}{\partial x} + 5u_t\frac{\partial}{\partial u_t} + 3u_x\frac{\partial}{\partial u_x} + 4u_{xx}\frac{\partial}{\partial u_{xx}} + 5u_{xxx}\frac{\partial}{\partial u_{xxx}}
\end{aligned}
\tag{11.25}
$$

并作用于 F，得到

$$
\begin{aligned}
& X_2\left(F\right) \\
=& X_2\left(u_t - uu_x - u_{xxx}\right) \\
=& \left(2u\frac{\partial}{\partial u} - 3t\frac{\partial}{\partial t} - x\frac{\partial}{\partial x} + 5u_t\frac{\partial}{\partial u_t} + 3u_x\frac{\partial}{\partial u_x} + 4u_{xx}\frac{\partial}{\partial u_{xx}} + 5u_{xxx}\frac{\partial}{\partial u_{xxx}}\right) \\
& \times \left(u_t - uu_x - u_{xxx}\right) \\
=& -2uu_x + 5u_t - 3uu_x - 5u_{xxx} \\
=& 5\left(u_t - uu_x - u_{xxx}\right)
\end{aligned}
\tag{11.26}
$$

从而得到伴随方程的算子 Y_2

$$Y_2 = 2u\frac{\partial}{\partial u} - 3t\frac{\partial}{\partial t} - x\frac{\partial}{\partial x} - v\frac{\partial}{\partial v} \tag{11.27}$$

下面分别由算子 X_1、X_2 导出守恒律。

(1) 由算子 X_1 导出守恒律 $D_t\left(C^1\right) + D_x\left(C^2\right) = 0$, 根据三阶 Lagrange 函数守恒向量表达式

$$C^i = \xi^i \mathcal{L} + W^\alpha \left[\frac{\partial \mathcal{L}}{\partial u_i^\alpha} - D_j \left(\frac{\partial \mathcal{L}}{\partial u_{ij}^\alpha} \right) + D_j D_k \left(\frac{\partial \mathcal{L}}{\partial u_{ijk}^\alpha} \right) \right]$$

$$+ D_j\left(W^\alpha\right) \left[\frac{\partial \mathcal{L}}{\partial u_{ij}^\alpha} - D_k \left(\frac{\partial \mathcal{L}}{\partial u_{ijk}^\alpha} \right) \right] + D_j D_k\left(W^\alpha\right) \frac{\partial \mathcal{L}}{\partial u_{ijk}^\alpha} \tag{11.28}$$

得到

$$C^1 = \left(1 + t u_x\right) \left[\frac{\partial \mathcal{L}}{\partial u_t} - D_j \left(\frac{\partial \mathcal{L}}{\partial u_{tj}} \right) + D_j D_k \left(\frac{\partial \mathcal{L}}{\partial u_{tjk}} \right) \right]$$

$$+ D_j\left(1 + t u_x\right) \left[\frac{\partial \mathcal{L}}{\partial u_{tj}} - D_k \left(\frac{\partial \mathcal{L}}{\partial u_{tjk}} \right) \right] + D_j D_k\left(1 + t u_x\right) \frac{\partial \mathcal{L}}{\partial u_{tjk}}$$

$$= \left(1 + t u_x\right) v \tag{11.29}$$

$$C^2 = -t\mathcal{L} + \left(1 + t u_x\right) \left[\frac{\partial \mathcal{L}}{\partial u_x} - D_j \left(\frac{\partial \mathcal{L}}{\partial u_{xj}} \right) + D_j D_k \left(\frac{\partial \mathcal{L}}{\partial u_{xjk}} \right) \right]$$

$$+ D_j\left(1 + t u_x\right) \left[\frac{\partial \mathcal{L}}{\partial u_{xj}} - D_k \left(\frac{\partial \mathcal{L}}{\partial u_{xjk}} \right) \right] + D_j D_k\left(1 + t u_x\right) \frac{\partial \mathcal{L}}{\partial u_{xjk}}$$

$$= -tv\left(u_t - u u_x - u_{xxx}\right) + \left(1 + t u_x\right)\left(-uv - v_{xx}\right) + D_x\left(1 + t u_x\right) v_x$$

$$+ D_x^2\left(1 + t u_x\right)\left(-v\right)$$

$$= -tv\left(u_t - u u_x - u_{xxx}\right) + \left(1 + t u_x\right)\left(-uv - v_{xx}\right) + t u_{xx} v_x - t u_{xxx} v$$

$$= -\left(t u_t + u\right) v + t u_{xx} v_x - \left(1 + t u_x\right) v_{xx}$$

$$= t\left(v_x u_{xx} - u_x v_{xx} - v u_t\right) - uv - v_{xx} \tag{11.30}$$

由于方程 (11.13) 是自伴随的, 令 $v = u$, $\boldsymbol{C} = \left(C^1, C^2\right)$ 变为

$$C^1 = \left(1 + t u_x\right) u, \quad C^2 = -u^2 - t u u_t - u_{xx} \tag{11.31}$$

根据 $D_t\left(t u u_x\right) = D_t D_x\left(\frac{1}{2} t u^2\right) = D_x\left(t u u_t + \frac{1}{2} u^2\right)$, 在 C^1 中去掉 $t u u_x$, 在 C^2

中增加 $tuu_t + \dfrac{1}{2}u^2$, 得到

$$C^1 = u, \quad C^2 = -\frac{1}{2}u^2 - u_{xx} \tag{11.32}$$

(2) 由算子 X_2 导出守恒律 $D_t\left(C^1\right) + D_x\left(C^2\right) = 0$, 守恒向量同样按照式 (11.28) 计算给出

$$
\begin{aligned}
C^1 = & -3t\mathcal{L} + (2u + 3tu_t + xu_x)\left[\frac{\partial \mathcal{L}}{\partial u_t} - D_j\left(\frac{\partial \mathcal{L}}{\partial u_{tj}}\right) + D_j D_k\left(\frac{\partial \mathcal{L}}{\partial u_{tjk}}\right)\right] \\
& + D_j(2u + 3tu_t + xu_x)\left[\frac{\partial \mathcal{L}}{\partial u_{tj}} - D_k\left(\frac{\partial \mathcal{L}}{\partial u_{tjk}}\right)\right] \\
& + D_j D_k(2u + 3tu_t + xu_x)\frac{\partial \mathcal{L}}{\partial u_{tjk}} \\
= & -3tv\left(u_t - uu_x - u_{xxx}\right) + (2u + 3tu_t + xu_x)v \\
= & \left(3tu_{xxx} + 3tuu_x + xu_x + 2u\right)v
\end{aligned} \tag{11.33}
$$

$$
\begin{aligned}
C^2 = & -x\mathcal{L} + (2u + 3tu_t + xu_x)\left[\frac{\partial \mathcal{L}}{\partial u_x} - D_j\left(\frac{\partial \mathcal{L}}{\partial u_{xj}}\right) + D_j D_k\left(\frac{\partial \mathcal{L}}{\partial u_{xjk}}\right)\right] \\
& + D_j(2u + 3tu_t + xu_x)\left[\frac{\partial \mathcal{L}}{\partial u_{xj}} - D_k\left(\frac{\partial \mathcal{L}}{\partial u_{xjk}}\right)\right] \\
& + D_j D_k(2u + 3tu_t + xu_x)\frac{\partial \mathcal{L}}{\partial u_{xjk}} \\
= & -xv\left(u_t - uu_x - u_{xxx}\right) + (2u + 3tu_t + xu_x)\left(-uv - v_{xx}\right) \\
& + D_x(2u + 3tu_t + xu_x)v_x + D_x^2(2u + 3tu_t + xu_x)(-v) \\
= & -xv\left(u_t - uu_x - u_{xxx}\right) + (2u + 3tu_t + xu_x)\left(-uv - v_{xx}\right) \\
& + \left(3u_x + 3tu_{tx} + xu_{xx}\right)v_x + \left(4u_{xx} + 3tu_{txx} + xu_{xxx}\right)(-v) \\
= & -\left(2u^2 + xu_t + 3tuu_t + 4u_{xx} + 3tu_{txx}\right)v + \left(3u_x + 3tu_{tx} + xu_{xx}\right)v_x \\
& - (2u + 3tu_t + xu_x)v_{xx}
\end{aligned} \tag{11.34}
$$

同样, 令 $v = u$, $\boldsymbol{C} = \left(C^1, C^2\right)$ 变为

$$C^1 = \left(3tu_{xxx} + 3tuu_x + xu_x + 2u\right)u = 2u^2 + 3tuu_{xxx} + 3tu^2u_x + xuu_x$$

$$C^2 = -\left(2u^2 + xu_t + 3tuu_t + 4u_{xx} + 3tu_{txx}\right)u + \left(3u_x + 3tu_{tx} + xu_{xx}\right)u_x$$

$$\quad - \left(2u + 3tu_t + xu_x\right)u_{xx}$$

$$= -2u^3 - xuu_t - 3tu^2u_t - 4uu_{xx} - 3tuu_{txx} + 3u_x^2 + 3tu_xu_{tx} - 2uu_{xx} - 3tu_tu_{xx}$$

$$= -2u^3 - xuu_t - 3tu^2u_t - 6uu_{xx} - 3tuu_{txx} + 3u_x^2 + 3tu_xu_{tx} - 3tu_tu_{xx}$$

$$\tag{11.35}$$

根据

$$D_t\left(2u^2 + 3tuu_{xxx} + 3tu^2u_x + xuu_x\right)$$

$$\quad + D_x\left(-2u^3 - xuu_t - 3tu^2u_t - 6uu_{xx} - 3tuu_{txx} + 3u_x^2 + 3tu_xu_{tx} - 3tu_tu_{xx}\right)$$

$$= 4uu_t + 3uu_{xxx} + 3tu_tu_{xxx} + 3tuu_{xxxt} + 3u^2u_x + 6tuu_tu_x + 3tu^2u_{tx} + xu_tu_x$$

$$\quad + xuu_{tx} - 6u^2u_x - uu_t - xu_xu_t - xuu_{tx} - 6tuu_xu_t - 3tu^2u_{tx}$$

$$\quad - 6u_xu_{xx} - 6uu_{xxx} - 3tu_xu_{txx} - 3tuu_{txxx}$$

$$\quad + 6u_xu_{xx} + 3tu_{xx}u_{tx} + 3tu_xu_{txx} - 3tu_{tx}u_{xx} - 3tu_tu_{xxx}$$

$$= 3uu_t - 3uu_{xxx} - 3u^2u_x$$

$$= D_t\left(\frac{3}{2}u^2\right) + D_x\left(-3uu_{xx} + 3u_x^2\right) + D_x\left(-u^3\right)$$

$$= D_t\left(\frac{3}{2}u^2\right) + D_x\left(3u_x^2 - 3uu_{xx} - u^3\right)$$

$$= \frac{3}{2}\left[D_t\left(u^2\right) + D_x\left(2u_x^2 - 2uu_{xx} - \frac{2}{3}u^3\right)\right]$$

$$\tag{11.36}$$

因此取

$$C^1 = u^2, \quad C^2 = 2u_x^2 - 2uu_{xx} - \frac{2}{3}u^3 \tag{11.37}$$

KdV 方程 (11.13) 有 Lie-Bäcklund 算子的无穷维 Lie 代数和非局部对称性。最低阶 (5 阶) 的 Lie-Bäcklund 对称性为 [14]

$$X_3 = f_5\frac{\partial}{\partial u}, \quad f_5 = u_5 + \frac{5}{3}uu_3 + \frac{10}{3}u_2^2 + \frac{5}{6}u^2u_1 \tag{11.38}$$

其中 $u_1 = u_x, u_2 = u_{xx}, \cdots$。

$F = u_t - uu_x - u_{xxx}$ 的不变性条件:

$$X\left(F\right) = \lambda_0 F + \lambda_1^i D_i\left(F\right) + \lambda_2^{ij}D_iD_j\left(F\right) + \lambda_3^{ijk}D_iD_jD_k\left(F\right) + \cdots \tag{11.39}$$

即为

$$X_3\left(F\right) = \left(u_5 + \frac{5}{3}uu_3 + \frac{10}{3}u_2^2 + \frac{5}{6}u^2u_1\right)\frac{\partial}{\partial u}\left(u_t - uu_x - u_{xxx}\right)$$

$$= -\left(u_5 + \frac{5}{3}uu_3 + \frac{10}{3}u_2^2 + \frac{5}{6}u^2u_1\right)u_1$$

$$= \left[\frac{5}{3}\left(u_3 + uu_1\right) + \frac{5}{6}\left(4u_2 + u^2\right)D_x + \frac{10}{3}u_1D_x^2 + \frac{5}{3}uD_x^3 + D_x^5\right]\left(F\right)$$

$$\tag{11.40}$$

由 X_3 的表达式，根据式 (11.28) 易得守恒向量的第一个分量为 $C^1 = vf_5$。令 $v = u$，得

$$C^1 = uf_5 = uu_5 + \frac{5}{3}u^2u_3 + \frac{10}{3}uu_2^2 + \frac{5}{6}u^3u_1$$

$$= D_x\left(uu_4 - u_1u_3 + \frac{1}{2}u_2^2 + \frac{5}{3}u^2u_2 + \frac{5}{24}u^4\right) \tag{11.41}$$

因此可以将 uf_5 转换到 C^2 中，使 $C^1 = 0$，因此 Lie-Bäcklund 算子对称性只提供了一个 $C^1 = 0$ 的平凡守恒向量。

下面应用该方法研究非局部对称性。

方程 (11.13) 具有无穷个非局部对称性，即 [14]

$$X_{n+2} = g_{n+2}\frac{\partial}{\partial u} \tag{11.42}$$

其中 g_{n+2} 为

$$g_1 = 1 + tu_1, \quad g_{n+2} = \left(D_x^2 + \frac{2}{3}u + \frac{2}{3}D_x^{-1}\right)g_n, \quad n = 1, 3, \cdots \tag{11.43}$$

与 g_1 对应的算子为 $X_1 = (1 + tu_1)\dfrac{\partial}{\partial u}$，是伽利略变换生成元 X_1 的规范 Lie-Bäcklund 表示。

由方程 (11.43) 推出

$$g_3 = \left(D_x^2 + \frac{2}{3}u + \frac{2}{3}D_x^{-1}\right)(1 + tu_1)$$

$$= \frac{1}{3}\left(3tu_3 + 2u + 2tuu_1 + 2x + 2tu\right)$$

$$= \frac{1}{3} \left[2u + 3t \left(u_3 + uu_1 \right) - tuu_1 + 2x + 2tu \right]$$

$$= \frac{1}{3} \left(2u + 3tu_t - tuu_1 + 2x + 2tu \right)$$

$$= \frac{1}{3} \left(2u + 3tu_t + xu_x \right) \tag{11.44}$$

与算子 $X_3 = g_3 \dfrac{\partial}{\partial u}$ 对应, 其去掉系数 $\dfrac{1}{3}$ 后是缩放变换生成元 X_2 的规范 Lie-Bäcklund 表示。由递推关系 (11.43) 计算下去, 得到 KdV 方程的非局部对称性

$$X_5 = g_5 \frac{\partial}{\partial u}, \quad g_5 = tf_5 + \frac{x}{3} \left(u_3 + uu_1 \right) + \frac{4}{3} u_2 + \frac{4}{9} u^2 + \frac{1}{9} u_1 \varphi \tag{11.45}$$

其中, f_5 是前述 Lie-Bäcklund 算子 X_3 的坐标, φ 是非局部变量, 通过如下可积方程组定义

$$\varphi_x = u, \quad \varphi_t = u_{xx} + \frac{1}{2} u^2 \tag{11.46}$$

只给出守恒向量的第一个分量, 写作 $C^1 = vg_5$。令 $v = u$, 并将 C^1 中可以写成 $D_x \left(\cdots \right)$ 的项移至 C^2 中。最终得到非平凡守恒律, 其 C^1 表达式为

$$C^1 = u^3 - 3u_x^2 \tag{11.47}$$

C^1 原本的非局部变量 φ 移至了 C^2 中。

采用类似的方法处理式 (11.42) 中所有的非局部对称性, 可以得到一个非平凡守恒律的无穷集合 [14]。例如, 由 X_5 得到的非平凡守恒律的 C^1 分量为

$$C^1 = 29u^4 + 852uu_1^2 - 252u_2^2 \tag{11.48}$$

11.3 扰动 KdV 方程的高阶近似对称性

对于扰动 KdV 方程 [56]

$$u_t + u_{xxx} - uu_x + \varepsilon \left(u^2 u_x + cu \right) = 0 \tag{11.49}$$

选择部分 Lagrange 函数为

$$\mathcal{L} = v \left(u_t - uu_x - u_{xxx} \right) \tag{11.50}$$

对于一阶近似算子 $X_0 + \varepsilon X_1$, 有

$$\left(X_0 + \varepsilon X_1 \right) \mathcal{L} + \mathcal{L} D_i \left(\xi_0^i + \varepsilon \xi_1^i \right)$$

$$= \left[\left(\eta_0^1 - \xi_0^1 u_t - \xi_0^2 u_x\right) + \varepsilon\left(\eta_1^1 - \xi_1^1 u_t - \xi_1^2 u_x\right)\right]\varepsilon\left(u^2 v_x - cv\right)$$

$$+ \left[\left(\eta_0^2 - \xi_0^1 v_t - \xi_0^2 v_x\right) + \varepsilon\left(\eta_1^2 - \xi_1^1 v_t - \xi_1^2 v_x\right)\right]\left[-\varepsilon\left(cu + u^2 u_x\right)\right]$$

$$+ D_i\left(B_0^i + \varepsilon B_1^i\right) + O\left(\varepsilon^2\right) \tag{11.51}$$

有决定方程

$$X_0\mathcal{L} + \mathcal{L}D_i\left(\xi_0^i\right) = D_i B_0^i$$

$$X_1\mathcal{L} + \mathcal{L}D_i\left(\xi_1^i\right) = \left(\eta_0^1 - \xi_0^1 u_t - \xi_0^2 u_x\right)\left(u^2 v_x - cv\right) \tag{11.52}$$

$$- \left(\eta_0^2 - \xi_0^1 v_t - \xi_0^2 v_x\right)\left(cu + u^2 u_x\right) + D_i B_1^i$$

解方程 (11.52) 得

$$\xi_0^1 = -\frac{3}{2}c_1 t + c_4, \quad \xi_0^2 = -\frac{1}{2}c_1 x - c_2 t + c_3, \quad \eta_0^1 = c_1 u + c_2, \quad \eta_0^2 = -\frac{1}{2}c_1 v_1$$

$$B_0^1 = B_0^1\left(t, x\right), \quad B_0^2 = B_0^2\left(t, x\right) \tag{11.53}$$

其中，$B_{0t}^1 + B_{0x}^2 = 0$，$c_i\ (i = 1, 2, 3, 4)$ 是任意常数。

令 $B_0^1 = B_0^2 = 0$，可得 X_0 具有形式

$$X_0^1 = -\frac{3}{2}t\frac{\partial}{\partial t} - \frac{1}{2}x\frac{\partial}{\partial x} + u\frac{\partial}{\partial u} - \frac{1}{2}v\frac{\partial}{\partial v}$$

$$X_0^2 = -t\frac{\partial}{\partial x} + \frac{\partial}{\partial u}, \quad X_0^3 = \frac{\partial}{\partial x}, \quad X_0^4 = \frac{\partial}{\partial t} \tag{11.54}$$

当 $X_0^4 = \dfrac{\partial}{\partial t}$ 或 $X_0^1 = -\dfrac{3}{2}t\dfrac{\partial}{\partial t} - \dfrac{1}{2}x\dfrac{\partial}{\partial x} + u\dfrac{\partial}{\partial u} - \dfrac{1}{2}v\dfrac{\partial}{\partial v}$ 时，方程 (11.52) 无解，因此分别考虑 $X_0 = \dfrac{\partial}{\partial x}$ 和 $X_0 = -t\dfrac{\partial}{\partial x} + \dfrac{\partial}{\partial u}$。

(1) 当 $X_0 = \dfrac{\partial}{\partial x}$ 时，有

$$X_1\mathcal{L} + \mathcal{L}\left(D_t\xi_1^1 + D_x\xi_1^2\right) = u_x\left(cv - u^2 v_x\right) + v_x\left(cu + u^2 u_x\right) + D_t B_1^1 + D_x B_1^2 \tag{11.55}$$

解为 $B_1^1 = 0, B_1^2 = -cuv$，X_1 形式为

$$X_1^1 = -\frac{3}{2}t\frac{\partial}{\partial t} - \frac{1}{2}x\frac{\partial}{\partial x} + u\frac{\partial}{\partial u} - \frac{1}{2}v\frac{\partial}{\partial v}$$

$$X_1^2 = -t\frac{\partial}{\partial x} + \frac{\partial}{\partial u}, \quad X_1^3 = \frac{\partial}{\partial x}, \quad X_1^4 = \frac{\partial}{\partial t} \tag{11.56}$$

近似算子为

$$
X^1 = \frac{\partial}{\partial x} + \varepsilon \left(-\frac{3}{2}t\frac{\partial}{\partial t} - \frac{1}{2}x\frac{\partial}{\partial x} + u\frac{\partial}{\partial u} - \frac{1}{2}v\frac{\partial}{\partial v} \right)
$$

$$
X^2 = \frac{\partial}{\partial x} + \varepsilon \left(-t\frac{\partial}{\partial x} + \frac{\partial}{\partial u} \right), \quad X^3 = \frac{\partial}{\partial x} + \varepsilon\frac{\partial}{\partial x}, \quad X^4 = \frac{\partial}{\partial x} + \varepsilon\frac{\partial}{\partial t}
$$

(11.57)

相应近似守恒向量为

$$
\boldsymbol{T}_1 = \left(u_x v - \varepsilon \left[u + \frac{1}{2}xu_x + \frac{3}{2}t\left(uu_x - u_{xxx} \right) \right] v, \ u_x v_{xx} \right.
$$

$$
- u_{xx}v_x - u_t v + \varepsilon \left[\left(\frac{1}{2}x + \frac{3}{2}tu \right) u_t v + (u - c)uv \right.
$$

$$
- \left(u + \frac{3}{2}tu_t + \frac{1}{2}xu_x \right) v_{xx} + \left(\frac{3}{2}u_x + \frac{3}{2}tu_{tx} + \frac{1}{2}xu_{xx} \right) v_x
$$

$$
\left. \left. - \left(2u_{xx} + \frac{3}{2}tu_{txx} \right) v \right] \right)
$$

(11.58)

$$
\boldsymbol{T}_2 = \left(u_x v - \varepsilon \left(1 + tu_x \right) v, \ u_x v_{xx} - u_{xx}v_x - u_t v \right.
$$
$$
\left. + \varepsilon \left[tu_t v - v_{xx} - tu_x v_{xx} + tu_{xx}v_x + (1 - c)uv \right] \right)
$$

(11.59)

$$
\boldsymbol{T}_3 = \left(u_x v + \varepsilon u_x v, \ u_x v_{xx} - u_{xx}v_x - u_t v + \varepsilon \left(-cuv - u_t v + u_x v_{xx} - u_{xx}v_x \right) \right)
$$

(11.60)

$$
\boldsymbol{T}_4 = \left(u_x v - \varepsilon \left(u_{xxx} - uu_x \right) v, \ u_x v_{xx} - u_{xx}v_x - u_t v \right.
$$
$$
\left. + \varepsilon \left(-cuv + u_t v_{xx} - uu_t v - u_{tx}v_x + u_{txx}v \right) \right)
$$

(11.61)

(2) 当 $X_0 = -t\frac{\partial}{\partial x} + \frac{\partial}{\partial u}$ 时，有

$$
X^5 = -t\frac{\partial}{\partial x} + \frac{\partial}{\partial u} + \varepsilon \left[\frac{1}{2}ct^2\frac{\partial}{\partial x} + (2u - ct)\frac{\partial}{\partial u} - 2v\frac{\partial}{\partial v} \right]
$$

$$
X^6 = -t\frac{\partial}{\partial x} + \frac{\partial}{\partial u} + \varepsilon \left[3t\frac{\partial}{\partial t} + \left(x + \frac{1}{2}ct^2 - t \right)\frac{\partial}{\partial x} + (1 - ct)\frac{\partial}{\partial u} - v\frac{\partial}{\partial v} \right]
$$

$$
X^7 = -t\frac{\partial}{\partial x} + \frac{\partial}{\partial u} + \varepsilon \left[3t\frac{\partial}{\partial t} + \left(x + \frac{1}{2}ct^2 + 1 \right)\frac{\partial}{\partial x} - ct\frac{\partial}{\partial u} - v\frac{\partial}{\partial v} \right]
$$

$$
X^8 = -t\frac{\partial}{\partial x} + \frac{\partial}{\partial u} + \varepsilon \left[(3t + 1)\frac{\partial}{\partial t} + \left(x + \frac{1}{2}ct^2 \right)\frac{\partial}{\partial x} - ct\frac{\partial}{\partial u} - v\frac{\partial}{\partial v} \right]
$$

(11.62)

及相应近似守恒向量

$$T_5 = \left(-(1+tu_x)\,v + \varepsilon\left(\frac{1}{2}ct^2u_x + ct - 2u\right)v \right. ,$$

$$uv + tu_tv - v_{xx} - tu_xv_{xx} + tu_{xx}v_x + \varepsilon\left[\left(ctu - u^2 - \frac{1}{2}ct^2u_t\right)v\right.$$

$$\left.\left. - (2u-ct)(v_{xx}-uv) + \frac{1}{2}ct^2(u_xv_{xx}-u_{xx}v_x) + 2(u_xv_x-u_{xx}v)\right]\right)$$
$$\tag{11.63}$$

$$T_6 = \left(-(1+tu_x)\,v + \varepsilon\left[3t(uu_x-u_{xxx}) + ct + \left(x-t+\frac{1}{2}ct^2\right)u_x - 1\right]v \right. ,$$

$$uv + tu_tv - v_{xx} - tu_xv_{xx} + tu_{xx}v_x + \varepsilon\left[ctuv - u^2v\right.$$

$$+ (1-ct-3tu_t)(uv-v_{xx}) + \left(x-t+\frac{1}{2}ct^2\right)(u_xv_{xx}-u_{xx}v_x-u_tv)$$

$$\left.\left. - (3tu_{tx}+u_x)v_x + (3tu_{txx}+2u_{xx})v\right]\right)$$
$$\tag{11.64}$$

$$T_7 = \left(-(1+tu_x)\,v + \varepsilon\left[3t(uu_x-u_{xxx}) + ct + \left(1+x+\frac{1}{2}ct^2\right)u_x\right]v \right. ,$$

$$uv + tu_tv - v_{xx} - tu_xv_{xx} + tu_{xx}v_x + \varepsilon\left[ctuv - u^2v\right.$$

$$+ (ct+3tu_t)(v_{xx}-uv) + \left(1+x+\frac{1}{2}ct^2\right)(u_xv_{xx}-u_{xx}v_x-u_tv)$$

$$\left.\left. - (3tu_{tx}+u_x)v_x + (3tu_{txx}+2u_{xx})v\right]\right)$$
$$\tag{11.65}$$

$$T_8 = \left(-(1+tu_x)\,v + \varepsilon\left[(3t+1)(uu_x-u_{xxx}) + ct + \left(x+\frac{1}{2}ct^2\right)u_x\right]v \right. ,$$

$$uv + tu_tv - v_{xx} - tu_xv_{xx} + tu_{xx}v_x + \varepsilon\left\{ctuv - u^2v + [ct+(3t+1)u_t]\right.$$

$$\times (v_{xx}-uv) + \left(x+\frac{1}{2}ct^2\right)(u_xv_{xx}-u_{xx}v_x-u_tv) - [(3t+1)u_{tx}+u_x]v_x$$

$$\left.\left. + [(3t+1)u_{txx}+2u_{xx}]v\right\}\right)$$
$$\tag{11.66}$$

代入可验证 $D_t\left(\boldsymbol{T}\right) + D_x\left(\boldsymbol{T}\right) = O\left(\varepsilon^2\right)$。

若取

$$X^2 = \frac{\partial}{\partial x} + \varepsilon\left(-t\frac{\partial}{\partial x} + \frac{\partial}{\partial u}\right), \quad X^4 = \frac{\partial}{\partial x} + \varepsilon\frac{\partial}{\partial t} \tag{11.67}$$

可得高阶近似算子

$$X = \left[X^2, X^4\right] = X^2 X^4 - X^4 X^2 = \varepsilon^2 \partial_x \tag{11.68}$$

易验证由 X^2, X^4 生成的 X 满足方程

$$X\left(\mathcal{L}\right) = O\left(\varepsilon^2\right) \tag{11.69}$$

进一步可求出近似守恒向量。

11.4 mKdV 方程的 Ibragimov 守恒律

mKdV 方程是描述波动问题的非线性偏微分方程, 与 KdV 方程的不同之处仅在于最后的非线性项。

本节考虑 mKdV 方程 [120]

$$u_t = u_{xxx} + u^2 u_x \tag{11.70}$$

11.4.1 Ibragimov 守恒律

考虑 Ibragimov 给出的非局部守恒律。mKdV 方程的 Lie 算子为

$$X_1 = \frac{\partial}{\partial x}, \quad X_2 = \frac{\partial}{\partial t}, \quad X_3 = -x\frac{\partial}{\partial x} - 3t\frac{\partial}{\partial t} + u\frac{\partial}{\partial u} \tag{11.71}$$

mKdV 方程并不存在 Lagrange 算子, 其伴随方程为

$$E^*\left(t, x, u, v, \cdots, v_{xxx}\right) = \frac{\delta}{\delta u}\left[\left(u_t - u_{xxx} - u^2 u_x\right)v\right] = 0, \quad v = v\left(t, x\right) \tag{11.72}$$

进而

$$E^* = v_t - u^2 v_x - v_{xxx} = 0 \tag{11.73}$$

其中 v 为伴随变量。

如果用 u 代替 v, 则可以得到 mKdV 方程。因此 mKdV 方程是自伴随的。

现在考虑将方程 (11.70) 和 (11.73) 联立成方程组, 其 Lagrange 算子为

$$\mathcal{L} = \left(u_t - u_{xxx} - u^2 u_x\right)v \tag{11.74}$$

即

$$\frac{\delta \mathcal{L}}{\delta v} = u_t - u_{xxx} - u^2 u_x, \quad \frac{\delta \mathcal{L}}{\delta u} = v_t - v^2 v_x - v_{xxx} \tag{11.75}$$

另外方程 (11.73) 具有 Lie 算子 (11.71)。

通过 E^* 对 X_3 的不变性条件，可以发现

$$\tilde{X}_3 (E^*)\Big|_{E^*=0} = 3 \left(-v_t + u^2 v_x + v_{xxx}\right) \tag{11.76}$$

其中 $\tilde{X}_3$ 是 X_3 的延拓向量

$$\tilde{X}_3 = -X\frac{\partial}{\partial x} - 3t\frac{\partial}{\partial t} + u\frac{\partial}{\partial u} + 3v_t\frac{\partial}{\partial v_t} + v_x\frac{\partial}{\partial v_x} + 2v_{xx}\frac{\partial}{\partial v_{xx}} + 3v_{xxx}\frac{\partial}{\partial v_{xxx}} \tag{11.77}$$

对式 (11.71) 的每一个对称性，方程 (11.70) 都满足不变性条件

$$X (\mathcal{L}) + \mathcal{L}D_i \left(\xi^i\right) = 0 \tag{11.78}$$

首先验证 $X_1 = \dfrac{\partial}{\partial x}$，其中 $\xi = 1, \tau = 0$，因此 $D_t (\tau) + D_x (\xi) = 0$。

对于式 (11.74)，$X (\mathcal{L})$ 同样为 0。如果将这些变量代入式 (11.78)，则不变性条件可以很容易验证。

方程 (11.70) 和 (11.73) 联立方程组的守恒向量为

$$T^1 = \tau\mathcal{L} + W\frac{\partial \mathcal{L}}{\partial u_t} \tag{11.79}$$

$$T^2 = \xi\mathcal{L} + W \left[\frac{\partial \mathcal{L}}{\partial u_x} + D_x^2 \left(\frac{\partial \mathcal{L}}{\partial u_{xxx}}\right)\right] - D_x (W) \left[D_x \left(\frac{\partial \mathcal{L}}{\partial u_{xxx}}\right)\right] + D_x^2 (W) \frac{\partial \mathcal{L}}{\partial u_{xxx}} \tag{11.80}$$

其中

$$W = \eta - \tau u_t - \xi u_x \tag{11.81}$$

下面构造守恒律。

(1) 考虑 $X_1 = \dfrac{\partial}{\partial x}$。

无穷小生成元坐标为

$$\xi = 1, \quad \tau = 0, \quad \eta = 0 \tag{11.82}$$

Lie 特征方程为

$$W = -u_x \tag{11.83}$$

守恒向量为

$$T^1 = -vu_x \quad T^2 = vu_t + u_x v_{xx} - v_x u_{xx} \tag{11.84}$$

如果 $u = v$，由于 mKdV 方程的自伴随特性，守恒向量为

$$T^1 = -uu_x = -D_x\left(\frac{u^2}{2}\right), \quad T^2 = uu_t = D_t\left(\frac{u^2}{2}\right) \tag{11.85}$$

很明显，如果在局部守恒律中采用式 (11.85) 给出的守恒量，平凡守恒律是满足的。

(2) 考虑 $X_2 = \dfrac{\partial}{\partial t}$。

无穷小生成元坐标为

$$\xi = 0, \quad \tau = 1, \quad \eta = 0 \tag{11.86}$$

Lie 特征方程为

$$W = -u_t \tag{11.87}$$

守恒向量为

$$T^1 = -uu_{xxx}, \quad T^2 = u_t u_{xx} - u_x u_{xt} + uu_{txx} \tag{11.88}$$

注意到，$-uu_{xxx} = D_x\left(\dfrac{1}{2}u_x^2 - uu_{xx}\right)$，$u_t u_{xx} - u_x u_{xt} + uu_{txx} = D_t\left(uu_{xx} - \dfrac{1}{2}u_x^2\right)$，可以很明显地看出，如果将守恒向量 (11.88) 应用于局部守恒律，同样可以得到平凡守恒律。

(3) 考虑 $X_3 = -x\dfrac{\partial}{\partial x} - 3t\dfrac{\partial}{\partial t} + u\dfrac{\partial}{\partial u}$。

无穷小生成元坐标为

$$\xi = -x, \quad \tau = 3t, \quad \eta = u \tag{11.89}$$

Lie 特征方程为

$$W = u + xu_x + 3tu_t \tag{11.90}$$

其非平凡守恒向量为

$$T^1 = 3tuu_{xxx} + 3tu^3 u_x + u^2 + xuu_x$$
$$T^2 = -4uu_{xx} - xuu_t - 3tu^3 u_t - 3tu_t u_{xx} + 2u_x^2 + 3tu_x u_{xt} - 3tuu_{xxt} - u^4 \tag{11.91}$$

需要指出的是，Ibragimov 方法不仅适用于 Lie 对称性，也适用于 Lie-Bäcklund 对称性和非局部对称。

考虑 Lie-Bäcklund 算子

$$X = f^{(i)}\left(t, x, u, u_1, u_2, \cdots\right)\frac{\partial}{\partial u} + \cdots \tag{11.92}$$

对于 $i = 5$

$$f^{(5)} = \left(u_5 + \frac{5}{3}u^2 u_3 + \frac{20}{3}uu_1u_2 + \frac{5}{3}u_1^3 + \frac{5}{6}u^4u_1\right)\frac{\partial}{\partial u} + \cdots \tag{11.93}$$

以及守恒密度

$$T^1 = uf^{(5)} \tag{11.94}$$

注意，基于 Lie-Bäcklund 算子 (11.92)，可以得到无穷个守恒律。在 Lie-Bäcklund 方法中，每个给定方程都能得到一个守恒律，它可能是平凡的，但总是存在的。

11.4.2　微分 Lagrange 算子方法

现在考虑微分 Lagrange 算子方法。

mKdV 方程不存在微分 Lagrange 算子，除非假设 $u = v_x$，即

$$v_{tx} = v_{xxxx} + v_x^2 v_{xx} \tag{11.95}$$

其 Lagrange 函数为

$$\mathcal{L} = \frac{v_t v_x}{2} + \frac{v_{xx}^2}{2} \tag{11.96}$$

其 Euler-Lagrange 方程为

$$\frac{\delta\mathcal{L}}{\delta v} + v_{xt} - v_{xxxx} = 0 \tag{11.97}$$

从而得到

$$\frac{\delta\mathcal{L}}{\delta v} = -v_x^2 v_{xx} = 0 \tag{11.98}$$

Noether 守恒律决定方程为

$$X\left(\mathcal{L}\right) + \left(D_t\tau + D_x\xi\right)\mathcal{L} = D_t B^1 + D_x B^2 + \left(\eta - \tau v_t - \xi v_x\right)\frac{\delta\mathcal{L}}{\delta v} \tag{11.99}$$

当 $\mathcal{L} = \frac{v_t v_x}{2} + \frac{v_{xx}^2}{2}$ 时，方程 (11.99) 可以得到

$$\frac{v_x}{2}\left(\eta_t + v_t\eta_v - v_x\xi_t - v_xv_t\xi_v - v_t\tau_t - v_t^2\tau_v\right)$$

$$+\frac{v_t}{2}\left(\eta_x + v_x\eta_v - v_x\xi_x - v_xv_t\tau_v - v_t\tau_x\right.$$

$$-v_x^2\xi_v) + v_{xx}(\eta_{xx} + 2v_x\eta_{xv} + v_{xx}\eta_v + v_x^2\eta_{vv}$$

$$- 2v_{xx}\xi_x - v_x\xi_{xx} - 2v_x^2\xi_{xv} - 3v_xv_{xx}\xi_v$$

$$-v_x^3\xi_{vv} - 2v_{xt}\tau_x - v_t\tau_{xx} - 2v_xv_t\tau_{xv} - v_tv_{xx}\tau_v - 2v_xv_{xt}\tau_v - v_x^2v_t\tau_{vv})$$

$$= -\eta v_x^2v_{xx} + v_x^3v_{xx}\xi + v_x^2v_tv_{xx}\tau + B_t^1 + v_tB_v^1 + B_x^2 + v_xB_v^2 \tag{11.100}$$

其中 $B^i = B^1(t, x, v)$ $(i = 1, 2)$ 为判定项。

由式 (11.100) 中 v 的各阶导数，可以得到

$$v^0 : B_t^1 + B_x^2 = 0, \quad v_x : \frac{\eta_t}{2} - B_v^2 = 0, \quad v_t : \frac{\eta_x}{2} - B_v^1 = 0,$$

$$v_x^2 : \xi_t = 0, \quad v_t^2 : \tau_x = 0$$

$$v_xv_t : \eta_v + \frac{\xi_x}{2} = 0, \quad v_{xx} : \eta_{xx} = 0, \quad v_x^2v_t : \xi_v = 0, \quad v_xv_t^2 : \tau_v = 0$$

$$v_xv_{xx} : 2\eta_{vx} - \xi_{xx} = 0, \quad v_{xx}^2 : \eta_v - 3\frac{\xi_x}{2} + \frac{\tau_t}{2} = 0, \quad v_x^2v_{xx} : \eta_{vv} - 2\xi_{xv} + \eta = 0$$

$$v_{xt}v_{xx} : \tau_x = 0, \quad v_x^3v_{xx} : \xi_{vv} + \xi = 0, \quad v_tv_{xx} : \tau_{xx} = 0, \quad v_xv_tv_{xx} : \tau_{xv} = 0$$

$$v_x^2v_tv_{xx} : \tau_{vv} + \tau = 0$$

$$\tag{11.101}$$

计算得到

$$\xi(x, t, v) = \tau(x, t, v) = \eta(x, t, v) = 0 \tag{11.102}$$

如果选择微分 Lagrange 算子为 $\mathcal{L} = \frac{v_{xx}^2}{2} - \frac{1}{12}v_x^4$ 和 $\frac{\delta\mathcal{L}}{\delta v} = v_{tx}$，计算同样得到式 (11.102)。微分 Lagrange 算子方法是 Noether 方法的拓展，且在这种情况下可能导致没有无穷小生成元。因此非常依赖于微分 Lagrange 算子的选择。

mKdV 方程表明 Lie 算子 $X_1 = \frac{\partial}{\partial x}, X_2 = \frac{\partial}{\partial t}$ 与守恒律 $D_t(u) + D_x\left(-u_{xx}\right.$

$\left.-\frac{u^3}{3}\right) = 0$ 对应。

令 $X = X_1 + cX_2$。X 的正则坐标为

$$s = x, \quad r = cx - t, \quad u \tag{11.103}$$

其中 c 为常数。

守恒律写为

$$D_s T^s + D_r T^r = 0 \tag{11.104}$$

其中

$$T^r = \frac{u D_t\left(x\right) + \left(-u_{xx} - \frac{u^3}{3}\right) D_x\left(x\right)}{D_t\left(cx - t\right) D_x\left(x\right) - D_x\left(cx - t\right) D_t\left(x\right)} = u_{xx} + \frac{u^3}{3} = c^2 u_{rr} + \frac{u^3}{3} \tag{11.105}$$

由于 $\boldsymbol{T} = (T^r, T^s)$ 联系到 X, 有

$$T^r = k_1 \tag{11.106}$$

其中 k_1 为任意常数, 从而得到

$$c^2 u_{rr} + \frac{u^3}{3} = k_1 \tag{11.107}$$

将 u_{rr} 写作 $\dfrac{\mathrm{d}u_r}{\mathrm{d}u} u_r$, 式 (11.107) 变为

$$u_r \mathrm{d}u_r = \frac{k_1 - \dfrac{u^3}{3}}{c^2} \mathrm{d}u \tag{11.108}$$

因此

$$u_r = \left(\frac{2k_1}{c^2} u - \frac{u^4}{6c^2} + c_1\right)^{\frac{1}{2}} \tag{11.109}$$

其中 c_1 为任意常数。

对 r 二次积分可以得到

$$\int \left(\frac{2k_1}{c^2} u - \frac{u^4}{6c^2} + c_1\right)^{-\frac{1}{2}} \mathrm{d}u = r + c_2 \tag{11.110}$$

其中 c_2 为任意常数, 该结果为在 $X = X_1 + cX_2$ 下 mKdV 方程的 4 参数解集。

11.5 Maxwell 分布的 Ibragimov 守恒律

气体动力学中的 Euler 方程可以由描述单粒子相空间分布函数演化的 Boltzmann 方程模拟。Euler 方程是气体动力学理论的 Boltzmann 方程在速度分布函数为 Maxwell 时的矩, 而 Maxwell 分布也被称为是 Maxwell 尾模型方程 [121]。

简化的 Maxwell 分布的表达式为 [122]

$$F = u_{tx} + u^2 = 0 \tag{11.111}$$

设 Lie 算子为

$$X = \tau \frac{\partial}{\partial t} + \xi \frac{\partial}{\partial x} + \eta \frac{\partial}{\partial u} + \zeta_t \frac{\partial}{\partial u_t} + \zeta_x \frac{\partial}{\partial u_x} \tag{11.112}$$

根据 $XF = \lambda F$，对比各阶系数得到方程组

$$\begin{array}{llll} \tau_u = 0, & \tau_x = 0, & \xi_u = 0, & \xi_x = 0 \\ \eta_{uu} = 0, & \eta_{tu} = 0, & \eta_{xu} = 0, & u^2 \left(\tau_t + \zeta_x - \eta_u \right) + 2u\eta + \eta_{tx} = 0 \end{array} \tag{11.113}$$

可以得到

$$\tau = k_1 t + k_2, \quad \xi = k_3 - (k_1 + k_4) x, \quad \eta = k_4 u \tag{11.114}$$

其中 $k_i \, (i = 1, 2, 3, 4)$ 为常数。

因此，Lie 算子可以写为

$$X = (k_1 t + k_2) \frac{\partial}{\partial t} + [k_3 - (k_1 + k_4) x] \frac{\partial}{\partial x} + k_4 u \frac{\partial}{\partial u}$$
$$+ (k_4 - k_1) u_t \frac{\partial}{\partial u_t} + (2k_4 + k_1) u_x \frac{\partial}{\partial u_x} \tag{11.115}$$

对于式 (11.111)，根据

$$\mathcal{L} = v^\alpha F^\alpha \tag{11.116}$$

有

$$\mathcal{L} = v \left(u_{tx} + u^2 \right) \tag{11.117}$$

利用 Euler-Lagrange 算子

$$\frac{\delta}{\delta u^a} = \frac{\partial}{\partial u^a} + \sum_{s=1}^{\infty} (-1)^s D_{i_1} \cdots D_{i_s} \frac{\partial}{\partial u^\alpha_{i_1 \cdots i_s}}, \quad \alpha = 1, \cdots, m \tag{11.118}$$

作用于 Lagrange 函数

$$F_a^* = \frac{\delta \mathcal{L}}{\delta u^\alpha} = 0 \tag{11.119}$$

得到伴随方程

$$F_a^* = \frac{\delta \mathcal{L}}{\delta u^\alpha} = v_{tx} + 2uv = 0 \tag{11.120}$$

此时守恒律表达式为

$$T^1 = \tau\mathcal{L} + W\left[\frac{\partial\mathcal{L}}{\partial u_t} - D_t\left(\frac{\partial\mathcal{L}}{\partial u_{tt}}\right) - D_x\left(\frac{\partial\mathcal{L}}{\partial u_{tx}}\right)\right]$$
$$+ D_t(W)\frac{\partial\mathcal{L}}{\partial u_{tt}} + D_x(W)\frac{\partial\mathcal{L}}{\partial u_{tx}}$$
$$T^2 = \xi\mathcal{L} + W\left[\frac{\partial\mathcal{L}}{\partial u_x} - D_t\left(\frac{\partial\mathcal{L}}{\partial u_{tx}}\right) - D_x\left(\frac{\partial\mathcal{L}}{\partial u_{xx}}\right)\right]$$
$$+ D_t(W)\frac{\partial\mathcal{L}}{\partial u_{tx}} + D_x(W)\frac{\partial\mathcal{L}}{\partial u_{xx}} \tag{11.121}$$

其中 $W = \eta - \tau u_t - \xi u_x$。

当 $k_2 = 1$ 且 $k_1, k_3, k_4 = 0$ 时，考虑 $X = \dfrac{\partial}{\partial t}$，此时

$$\tau = 1, \quad \xi = 0, \quad \eta = 0, \quad W = -u_t \tag{11.122}$$

根据式 (11.121) 有

$$T^1 = u^2 v + u_t v_x, \quad T^2 = u_t v_t - u_{tt} v \tag{11.123}$$

同理，当 $k_3 = 1$ 且 $k_1, k_2, k_4 = 0$ 时，考虑 $X = \dfrac{\partial}{\partial x}$，此时

$$\tau = 0, \quad \xi = 1, \quad \eta = 0, \quad W = -u_t \tag{11.124}$$

根据式 (11.121) 有

$$T^1 = u_x v_x + u_{xx} v, \quad T^2 = u^2 v - u_x v_t \tag{11.125}$$

上述两组守恒向量 (11.123)、(11.125) 对应于时间和空间变换，同时包含伴随方程的解 v。因此，它将产生无数个守恒定律。

11.6　Navier-Stokes 系统的 Ibragimov 守恒律

Navier-Stokes 系统是基于流体运动状态的方程组，是流体力学中描述黏性牛顿流体的方程，可以用于模拟天气变化、洋流、管道中的水流以及机翼附近的气流等。在通常情况下无法直接得到 Navier-Stokes 系统解的显式表达式，是一个尚未被完全解决的方程，只有大约一百多个特解被解出来，是世界上最复杂的方程之一 [123]。

Navier-Stokes 系统方程为 [123]

$$\rho_t + \rho_x u + \rho u_x = 0$$

$$u_t + uu_x + R\frac{\theta \rho_x}{\rho} + R\theta_x - \mu\frac{u_{xx}}{\rho} = 0 \qquad (11.126)$$

$$\theta_t + u\theta_x + \frac{R}{c}\theta u_x - \frac{\mu}{c}\frac{u_x^2}{\rho} - \frac{k}{c}\frac{\theta_{xx}}{\rho} = 0$$

其中，$\rho(x,t)$、$u(x,t)$ 和 $\theta(x,t)$ 分别为温度、速度和密度，$\mu > 0$ 为黏度系数，$k > 0$ 是导热系数，$R > 0$ 是理想气体常数，$c > 0$ 表示恒定体积的比热。

设方程 (11.126) 的 Lagrange 函数满足形式

$$\mathcal{L} = v^\alpha F^\alpha \qquad (11.127)$$

可以得到 Lagrange 函数为

$$\mathcal{L} = m\left(\rho_t + \rho_x u + \rho u_x\right) + n\left(u_t + uu_x + R\frac{\theta\rho_x}{\rho} + R\theta_x - \mu\frac{u_{xx}}{\rho}\right)$$

$$+ h\left(\theta_t + u\theta_x + \frac{R}{c}\theta u_x - \frac{\mu}{c}\frac{u_x^2}{\rho} - \frac{k}{c}\frac{\theta_{xx}}{\rho}\right) \qquad (11.128)$$

利用 Euler-Lagrange 算子

$$\frac{\delta}{\delta u^\alpha} = \frac{\partial}{\partial u^\alpha} + \sum_{s=1}^{\infty}(-1)^s D_{i_1}\cdots D_{i_s}\frac{\partial}{\partial u_{i_1\cdots i_s}^\alpha}, \quad \alpha = 1,2,\cdots,m \qquad (11.129)$$

作用于 Lagrange 函数

$$F_\alpha^* = \frac{\delta\mathcal{L}}{\delta u^\alpha} = 0 \qquad (11.130)$$

得到伴随方程组 [124]

$$F_1^* = \frac{\delta\mathcal{L}}{\delta\rho} = -m_t - m_x u - n\mu\frac{u_{xx}}{\rho^2} + h\frac{\mu}{c}\frac{u_x^2}{\rho^2} + h\frac{k}{c}\frac{\theta_{xx}}{\rho^2} - Rn_x\frac{\theta}{\rho} - Rn\frac{\theta_x}{\rho} = 0$$

$$F_2^* = \frac{\delta\mathcal{L}}{\delta u} = h\theta_x - n_t - m_x\rho - n_x\rho - \frac{R}{c}h_x\theta - \frac{R}{c}h\theta_x + 2\frac{\mu}{c}h_x\frac{u_x}{\rho} + 2\frac{\mu}{c}h\frac{u_{xx}}{\rho}$$

$$- 2\frac{\mu}{c}h\frac{u_x\rho_x}{\rho^2} - \mu\frac{n_{xx}}{\rho} + 2\mu\frac{n_x\rho_x}{\rho^2} + \mu\frac{n\rho_{xx}}{\rho^2} - 2\frac{n\rho_x^2}{\rho^3} = 0$$

$$F_3^* = \frac{\delta\mathcal{L}}{\delta\theta} = Rn\frac{\rho_x}{\rho} + \frac{R}{c}hu_x - h_t - Rn_x - h_x u - hu_x - \frac{k}{c}\frac{h_{xx}}{\rho} + 2\frac{k}{c}\frac{h_x\rho_x}{\rho^2}$$

$$+ \frac{k}{c} \frac{h\rho_{xx}}{\rho^2} - \frac{k}{c} \frac{2h\rho_x^2}{\rho^3} = 0 \tag{11.131}$$

求解式 (11.131) 得到

$$
\begin{aligned}
(m_1, n_1, h_1) &= (1, 0, 0) \\
(m_2, n_2, h_2) &= (u, \rho, 0) \\
(m_3, n_3, h_3) &= (x - tu, -t\rho, 0) \\
(m_4, n_4, h_4) &= \left(\theta + \frac{u^2}{2c}, \frac{u_\rho}{c}, \rho \right)
\end{aligned} \tag{11.132}
$$

考虑 Lie 算子 [124]

$$
X_1 = \frac{\partial}{\partial t}, \quad X_2 = \frac{\partial}{\partial x}, \quad X_3 = t\frac{\partial}{\partial x} + \frac{\partial}{\partial u}
$$
$$
X_4 = \rho\frac{\partial}{\partial \rho} - t\frac{\partial}{\partial t} - x\frac{\partial}{\partial x}, \quad X_5 = \frac{1}{2}u\frac{\partial}{\partial u} - t\frac{\partial}{\partial t} - \frac{1}{2}\frac{\partial}{\partial x} + \theta\frac{\partial}{\partial \theta} \tag{11.133}
$$

所以, 每一个 Lie 算子都对应式 (11.131) 的一组守恒律, 守恒向量为

$$
C^i = \xi^i \mathcal{L} + W^a \frac{\delta \mathcal{L}}{\delta u^q} + \sum D_{i_1} \cdots D_{i_s} (W^a) \frac{\delta \mathcal{L}}{\delta u^a_{i i_1 \cdots i_s}} \tag{11.134}
$$

其中 $W^a = \eta^\alpha - \xi^j u_j^\alpha$, 如果 $D_i(C^i) = 0$, 那么 C^i 是守恒向量.

如果选择 X_5 和 (m_4, n_4, h_4), 此时

$$
\xi^t = -t, \quad \xi^x = -\frac{1}{2}, \quad \eta^u = \frac{1}{2}, \quad \eta^\theta = \theta
$$
$$
m = \theta + \frac{u^2}{2c}, \quad n = \frac{u_\rho}{c}, \quad h = \rho \tag{11.135}
$$

将式 (11.135) 代入式 (11.134), 有

$$
C^t = \rho\theta + \frac{u^2\rho}{2c}, \quad C^x = \frac{1}{2c}\left(2cu\rho\theta + u^3\rho + 2Ru\rho\theta - 2\mu uu_x - 2k\theta_x\right) \tag{11.136}
$$

类似地, 同样将其他取值进行组合, 得到 X_4; (m_3, n_3, h_3)

$$
C^t = \rho(x - tu), \quad C^x = xu\rho - tu^2\rho + \mu tu_x - Rt\rho\theta \tag{11.137}
$$

X_2; (m_3, n_3, h_3)

$$
C^t = \rho, \quad C^x = u\rho \tag{11.138}
$$

$X_1; (m_3, n_3, h_3)$

$$C^t = u\rho, \quad C^x = u^2\rho - \mu u_x + R\rho\theta \tag{11.139}$$

该守恒量表征能量守恒。

　　以上为组合后所有出现过的守恒律形式。

第 12 章　一般力学中的应用

　　动力学系统的守恒量在力学的研究中起着重要的作用，甚至在系统的运动方程不可积的情况下，某个守恒量的存在也可让我们对所研究的系统的局部物理状态有所了解。1918 年德国女数学家 Noether 提出的定理，揭示了力学系统的守恒量与其内在动力学对称性的潜在关系。如物理过程由空间平移的不变性规律导出动量守恒；由空间旋转的不变性规律导出角动量守恒；由时间平移的不变性导出能量守恒。

　　近年来，Noether 定理受到数学、力学和物理研究者的极大关注，被进行各种形式的推广，自 1972 年 Ray 首次将 Noether 理论引入经典力学后 [125]，国内外学者在这一领域已经取得了丰富的研究成果 [126,127]。

　　本章对一些常见系统的动力学微分方程进行了对称性分析，并求得其守恒量。12.1 节利用 Noether 定理研究三维情况质点系统的能量守恒定律、动量守恒定律和角动量守恒定律，12.2 节研究自由落体运动的守恒律，12.3 节和 12.4 节分别给出一维阻尼振子的守恒律和一维运动方程的 Ibragimov 守恒律，12.5 节研究两质点系统扰动方程的近似 Lie 对称性、近似 Noether 对称性和近似 Ibragimov 守恒律，12.6 节研究含扰动结构动力响应方程的近似 Lie 对称性和近似 Noether 守恒律，12.7 节给出非线性振动方程的对称性和守恒律，12.8 节推导颤振方程的对称性和守恒律。

12.1　三维情况质点系统的守恒定律

　　考虑三维情况的质点系统，根据 Noether 定理给出一般情况下的能量守恒定律、动量守恒定律和角动量守恒定律 [128]。

　　设经典力学系统的 Lagrange 函数为 $\mathcal{L}(t, \boldsymbol{q}, \dot{\boldsymbol{q}})$ [129]，其中，$\boldsymbol{q}$ 为广义坐标，$\dot{\boldsymbol{q}}$ 为广义速度。

　　考虑无穷小变换

$$t' = t + \varepsilon\xi, \quad \boldsymbol{q}' = \boldsymbol{q} + \varepsilon\boldsymbol{\eta} \tag{12.1}$$

根据力学相关知识，有 Lagrange 函数的作用积分

$$I = \int_{t_A}^{t_B} \mathcal{L}(t, \boldsymbol{q}, \dot{\boldsymbol{q}})\mathrm{d}t \tag{12.2}$$

在无穷小变换 (12.1) 下，有

$$I' = \int_{t'_A}^{t'_B} \mathcal{L}' \left(t', \boldsymbol{q}' \left(t' \right), \dot{\boldsymbol{q}}' \left(t' \right) \right) \mathrm{d}t' \tag{12.3}$$

如果认为作用积分在变换 (12.1) 下不变，即为

$$\delta I = I' - I = 0 \tag{12.4}$$

展开运算后，得到 [130,131]

$$\mathcal{L}\xi + \sum_i \frac{\partial \mathcal{L}}{\partial \dot{q}_i} \left(\eta_i - \xi \dot{q}_i \right) + f = \mathrm{const} \tag{12.5}$$

其中 f 为关于时间 t 和 $\boldsymbol{q}(t)$ 的任意函数，满足

$$\xi \frac{\partial \mathcal{L}}{\partial t} + \sum_i \eta_i \frac{\partial \mathcal{L}}{\partial q_i} + \sum_i \left[D_t \eta_i - \left(D_i \xi \right) \dot{q}_i \right] \frac{\partial \mathcal{L}}{\partial \dot{q}_i} + \left(D_t \xi \right) \mathcal{L} = -D_t f \tag{12.6}$$

式 (12.6) 称为 Noether-Bessel-Hagen 方程 [132]。若系统 Lagrange 函数 $\mathcal{L}$ 已知，则对应某一无穷小变换，代入式 (12.6) 中左边，可能获得三种结果：① 能够构成某一函数的时间全导数，因此该函数的负值即所求的 f；② 左边为零，这样 $f = 0$，表明此无穷小对称变换除了保持 Lagrange 方程形式不变外，也保持 Lagrange 函数形式不变；③ 不能构成时间全导数，即 f 不确定，表明此无穷小变换不是系统的对称变换。

式 (12.5) 即 Noether 定理的数学表式，可以表述为：如果作用积分在无穷小变换下，有 $\delta I = I' - I = 0$ 意义下的不变性，结合 Lagrange 方程，得到守恒关系式 (12.5)。或者说，对应系统的无穷小对称变换，存在着守恒定律。

下面给出相关证明：

式 (12.4) 写为

$$\delta I = I' - I = \int_{t'_A}^{t'_B} \mathcal{L}' \left(t', \boldsymbol{q}' \left(t' \right), \dot{\boldsymbol{q}}' \left(t' \right) \right) \mathrm{d}t' - \int_{t_A}^{t_B} \mathcal{L} \left(t, \boldsymbol{q} \left(t \right), \dot{\boldsymbol{q}} \left(t \right) \right) \mathrm{d}t = 0 \tag{12.7}$$

由于描述系统运动特征的 Lagrange 函数不是唯一的，对其乘任意常数或添加一个任意函数的全导数项不改变系统的运动微分方程，因此，在无穷小对称变换下，可能有

$$\mathcal{L}' \left(t, \boldsymbol{q}, \dot{\boldsymbol{q}} \right) = \alpha \mathcal{L} \left(t, \boldsymbol{q}, \dot{\boldsymbol{q}} \right) + \frac{\mathrm{d}\Lambda \left(t, \boldsymbol{q}, \dot{\boldsymbol{q}} \right)}{\mathrm{d}t} \tag{12.8}$$

$\mathcal{L}'(t, \boldsymbol{q}, \dot{\boldsymbol{q}})$ 与 $\mathcal{L}(t, \boldsymbol{q}, \dot{\boldsymbol{q}})$ 等价，因此，假设无穷小变换是系统的对称变换，也就是保持系统运动方程形式不变，于是可能有

$$\mathcal{L}'\left(t', \boldsymbol{q}', \dot{\boldsymbol{q}}'\right) = \mathcal{L}\left(t', \boldsymbol{q}', \dot{\boldsymbol{q}}'\right) + \frac{\mathrm{d}\left(\delta\varLambda\left(t', \boldsymbol{q}', \dot{\boldsymbol{q}}'\right)\right)}{\mathrm{d}t'} \tag{12.9}$$

其中，$\mathcal{L}\left(t', \boldsymbol{q}', \dot{\boldsymbol{q}}'\right)$ 是单纯的参数代换，$\delta\varLambda\left(t', \boldsymbol{q}', \dot{\boldsymbol{q}}'\right)$ 是对应的无穷小变换的附加项，是无穷小量。

根据式 (12.1)，有

$$\mathrm{d}t' = \left[1 + \frac{\mathrm{d}\left(\delta t\right)}{\mathrm{d}t}\right]\mathrm{d}t, \quad \frac{\mathrm{d}}{\mathrm{d}t'} = \left[1 - \frac{\mathrm{d}\left(\delta t\right)}{\mathrm{d}t}\right]\frac{\mathrm{d}}{\mathrm{d}t} \tag{12.10}$$

那么式 (12.7) 写为

$$\begin{aligned}
\delta I &= \int_{t'_A}^{t'_B} \left[\mathcal{L}\left(t', \boldsymbol{q}', \dot{\boldsymbol{q}}'\right) + \frac{\alpha\left(\delta\varLambda\left(t', \boldsymbol{q}', \dot{\boldsymbol{q}}'\right)\right)}{\mathrm{d}t'}\right]\mathrm{d}t' - \int_{t_A}^{t_B} \mathcal{L}\left(t, \boldsymbol{q}, \dot{\boldsymbol{q}}\right)\mathrm{d}t \\
&= \int_{t_A+\delta_A}^{t_B+\delta_B} \left\{\mathcal{L}\left(t+\delta t, \boldsymbol{q}+\delta \boldsymbol{q}, \dot{\boldsymbol{q}}+\delta\dot{\boldsymbol{q}}\right) - \frac{\mathrm{d}\left(\delta\varLambda\left(t+\delta t, \boldsymbol{q}+\delta \boldsymbol{q}\right)\right)}{\mathrm{d}t}\left[1 - \frac{\mathrm{d}\left(\delta t\right)}{\mathrm{d}t}\right]\right\} \\
&\quad \times \left[1 + \frac{\mathrm{d}\left(\delta t\right)}{\mathrm{d}t}\right]\mathrm{d}t - \int_{t_A}^{t_B} \mathcal{L}\left(t, \boldsymbol{q}, \dot{\boldsymbol{q}}\right)\mathrm{d}t
\end{aligned} \tag{12.11}$$

式 (12.11) 中积分范围可表达为

$$\int_{t_A+\delta_A}^{t_B+\delta_B} = \int_{t_A+\delta_A}^{t_B} + \int_{t_B}^{t_B+\delta_B} = \int_{t_A}^{t_B} - \int_{t_A}^{t_A+\delta_A} + \int_{t_B}^{t_B+\delta_B} \tag{12.12}$$

对式 (12.11) 中的各项一阶 Taylor 展开，可以得到

$$\begin{aligned}
\delta I &= \int_{t_A}^{t_B} \left\{\left(\mathcal{L} + \frac{\partial\mathcal{L}}{\partial t}\delta t + \frac{\partial\mathcal{L}}{\partial q_i}\delta \dot{q}_i + \frac{\partial\mathcal{L}}{\partial \dot{q}_i}\delta \dot{q}_i\right)\left[1 + \frac{\mathrm{d}\left(\delta t\right)}{\mathrm{d}t}\right]\right. \\
&\quad \left. + \frac{\mathrm{d}}{\mathrm{d}t}\left(\delta\varLambda + \frac{\partial\left(\delta\varLambda\right)}{\partial t}\delta t + \frac{\partial\left(\delta\varLambda\right)}{\partial q_i}\delta q_i\right)\left[1 - \left[\frac{\mathrm{d}\left(\delta t\right)}{\mathrm{d}t}\right]^2\right]\right\}\mathrm{d}t - \int_{t_A}^{t_B} \mathcal{L}\mathrm{d}t
\end{aligned} \tag{12.13}$$

由于

$$\frac{\mathrm{d}\mathcal{L}}{\mathrm{d}t} = \frac{\partial\mathcal{L}}{\partial t} + \frac{\partial\mathcal{L}}{\partial q_i}\dot{q}_i + \frac{\partial\mathcal{L}}{\partial \dot{q}_i}\ddot{q}_i \tag{12.14}$$

式 (12.13) 略去二阶小量, 组合后得到

$$\delta I = \int_{t_A}^{t_B} \left[\frac{\mathrm{d}}{\mathrm{d}t} (\mathcal{L}\delta t) + \frac{\partial \mathcal{L}}{\partial q_i} (\delta q_i - \dot{q}_i \delta t) + \frac{\partial \mathcal{L}}{\partial \dot{q}_i} (\delta \dot{q}_i - \dot{q}_i \delta t) + \frac{\mathrm{d}(\delta \Lambda)}{\mathrm{d}t} \right] \mathrm{d}t \quad (12.15)$$

下面确定 $\delta \dot{q}_i$, 由于

$$\dot{q}_i'(t) - \dot{q}_i(t)$$

$$= \frac{\mathrm{d}}{\mathrm{d}t} [q_i'(t) - q_i(t)] = \frac{\mathrm{d}}{\mathrm{d}t} [q_i'(t') - q_i(t')]$$

$$= \frac{\mathrm{d}}{\mathrm{d}t} \{[q_i'(t') - q_i(t)] - [q_i(t') - q_i(t)]\}$$

$$= \frac{\mathrm{d}}{\mathrm{d}t} \left[\delta q_i(t) - \frac{\mathrm{d}q_i(t)}{\mathrm{d}t} \delta t \right] \quad (12.16)$$

所以

$$\delta \dot{q}_i(t)$$

$$= \dot{q}_i'(t') - \dot{q}_i(t)$$

$$= \dot{q}_i'(t') - \dot{q}_i(t') + \dot{q}_i(t') - \dot{q}_i(t)$$

$$= [\dot{q}_i'(t) - \dot{q}_i(t)] + [\dot{q}_i(t') - \dot{q}_i(t)]$$

$$= \frac{\mathrm{d}(\delta q_i)}{\mathrm{d}t} - q_i \frac{\mathrm{d}(\delta t)}{\mathrm{d}t} \quad (12.17)$$

将式 (12.17) 代入式 (12.15), 有

$$\delta I = \int_{t_A}^{t_B} \left\{ \frac{\mathrm{d}}{\mathrm{d}t} \left[\mathcal{L}\delta t + \frac{\partial \mathcal{L}}{\partial \dot{q}_i} (\delta q_i - \dot{q}_i \delta t) \right] \right.$$

$$\left. + \left(\frac{\partial \mathcal{L}}{\partial q_i} - \frac{\mathrm{d}}{\mathrm{d}t} \frac{\partial \mathcal{L}}{\partial \dot{q}_i} \right) (\delta q_i - \dot{q}_i \delta t) + \frac{\mathrm{d}(\delta \Lambda)}{\mathrm{d}t} \right\} \mathrm{d}t \quad (12.18)$$

根据 Lagrange 方程 $\dfrac{\partial \mathcal{L}}{\partial q_i} - \dfrac{\mathrm{d}}{\mathrm{d}t} \dfrac{\partial \mathcal{L}}{\partial \dot{q}_i} = 0$, 从而得到

$$\frac{\mathrm{d}}{\mathrm{d}t} \left[\mathcal{L}\delta t + \frac{\partial \mathcal{L}}{\partial \dot{q}_i} (\delta q_i - \dot{q}_i \delta t) \right] + \frac{\mathrm{d}(\delta \Lambda)}{\mathrm{d}t} = 0 \quad (12.19)$$

即

$$D_t \left[\mathcal{L}\xi + \sum_i \frac{\partial \mathcal{L}}{\partial \dot{q}_i} (\eta_i - \xi \dot{q}_i) + f \right] = 0 \quad (12.20)$$

式 (12.5) 得证。

下面确定 $\delta\Lambda$：

根据 Lagrange 函数 $\mathcal{L}$ 的变分

$$\delta\mathcal{L} = \mathcal{L}'\left(t', \boldsymbol{q}', \dot{\boldsymbol{q}}'\right) - \mathcal{L}\left(t', \boldsymbol{q}', \dot{\boldsymbol{q}}'\right) + \mathcal{L}\left(t', \boldsymbol{q}', \dot{\boldsymbol{q}}'\right) - \mathcal{L}\left(t, \boldsymbol{q}, \dot{\boldsymbol{q}}\right)$$

$$= \frac{\mathrm{d}\left(\delta\Lambda\right)}{\mathrm{d}t} + \frac{\partial\mathcal{L}}{\partial t}\delta t + \frac{\partial\mathcal{L}}{\partial q_i}\delta q_i + \frac{\partial\mathcal{L}}{\partial \dot{q}_i}\delta\dot{q}_i \tag{12.21}$$

根据式 (12.7)，有

$$\int_{t_A+\delta_A}^{t_B+\delta_B} \mathcal{L}'\left(t', \boldsymbol{q}', \dot{\boldsymbol{q}}'\right)\mathrm{d}t' = \int_{t_A}^{t_B} \mathcal{L}\left(t, \boldsymbol{q}, \dot{\boldsymbol{q}}\right)\mathrm{d}t \tag{12.22}$$

从而得到

$$\mathcal{L}'\left(t', \boldsymbol{q}', \dot{\boldsymbol{q}}'\right)\mathrm{d}t' = \mathcal{L}\left(t, \boldsymbol{q}, \dot{\boldsymbol{q}}\right)\mathrm{d}t = \mathcal{L}\left(t, \boldsymbol{q}, \dot{\boldsymbol{q}}\right)\left[1 - \frac{\mathrm{d}\left(\delta t\right)}{\mathrm{d}t}\right]\mathrm{d}t' \tag{12.23}$$

将式 (12.23) 代入式 (12.21) 有

$$\left[\delta t\frac{\partial}{\partial t} + \delta q_i\frac{\partial}{\partial q_i} + \delta\dot{q}_i\frac{\partial}{\partial \dot{q}_i} + \frac{\mathrm{d}\left(\delta t\right)}{\mathrm{d}t}\right]\mathcal{L} = -\frac{\mathrm{d}}{\mathrm{d}t}\left(\delta\Lambda\right) \tag{12.24}$$

即

$$\xi\frac{\partial\mathcal{L}}{\partial t} + \sum_i \eta_i\frac{\partial\mathcal{L}}{\partial q_i} + \sum_i\left[D_t\eta_i - \left(D_i\xi\right)\dot{q}_i\right]\frac{\partial\mathcal{L}}{\partial \dot{q}_i} + \left(D_t\xi\right)\mathcal{L} = -D_t f \tag{12.25}$$

式 (12.6) 得证。

下面考虑万有引力作用下的质点系统，有方程

$$\mathcal{L} = \frac{1}{2}\sum_{i=1}^{N} m_i\left(\dot{x}_i^2 + \dot{y}_i^2 + \dot{z}_i^2\right) - \sum_{ij} G\frac{m_i m_j}{r_{ij}} \tag{12.26}$$

其中，m 和 (x_i, y_i, z_i) 表示 i 点的质量和坐标，G 为万有引力常数，r_{ij} 代表两点间距离。

下面考虑不同形式的无穷小变换，分别对应时间平移不变性、空间平移不变性和空间旋转不变性。

12.1.1　时间平移不变性——能量守恒

考虑时间平移不变性，即为

$$t' = t + \varepsilon\xi, \quad \boldsymbol{q}' = \boldsymbol{q} \tag{12.27}$$

此时 $\eta_i = 0$。将 $\eta_i = 0$ 和 $\mathcal{L}$ 的表达式 (12.26) 代入式 (12.6)，得到 $f = 0$。

所以守恒关系式 (12.5) 写为

$$\mathcal{L}\xi - \frac{\partial \mathcal{L}}{\partial \dot{q}_i}\xi\dot{q}_i = \text{const} \tag{12.28}$$

令 $\xi = 1$，守恒量

$$\frac{\partial \mathcal{L}}{\partial \dot{q}_i}\dot{q}_i - \mathcal{L} = H \tag{12.29}$$

其中 H 称为哈密顿函数[133]。

式 (12.29) 表明，时间平移能够保持系统的总能量守恒。

12.1.2　空间平移不变性——动量守恒

考虑空间平移不变性，以 x 方向为例，即为

$$\begin{aligned}
&t' = t \\
&x' = x + \varepsilon\eta_x, \quad y' = y, \quad z' = z \\
&\dot{x}' = \dot{x}, \quad \dot{y}' = \dot{y}, \quad \dot{z}' = \dot{z}
\end{aligned} \tag{12.30}$$

此时 $\xi = 0$。令 $\eta_x = 1$，代入式 (12.6)，有 $\dfrac{\partial \mathcal{L}}{\partial x_i} = 0, f = 0$。守恒关系式 (12.5) 写为

$$\sum_{i=1}^{N} \frac{\partial \mathcal{L}}{\partial \dot{x}_i} = \text{const} \tag{12.31}$$

$\dfrac{\partial \mathcal{L}}{\partial \dot{x}_i}$ 即为 x 方向的动量，用 P_{x_i} 表示，则有

$$\sum_{i=1}^{N} \frac{\partial \mathcal{L}}{\partial \dot{x}_i} = \sum_{i=1}^{N} P_{x_i} = \sum_{i=1}^{N} m\dot{x}_i = C_x \tag{12.32}$$

其中 C_x 为常数

式 (12.32) 表明，在 x 方向，动量为守恒量。

类似地，对 y、z 方向同样进行空间平移变换操作，最终有

$$\sum_{i=1}^{N} \frac{\partial \mathcal{L}}{\partial \dot{y}_i} = \sum_{i=1}^{N} P_{y_i} = \sum_{i=1}^{N} m\dot{y}_i = C_y, \quad \sum_{i=1}^{N} \frac{\partial \mathcal{L}}{\partial \dot{z}_i} = \sum_{i=1}^{N} P_{z_i} = \sum_{i=1}^{N} m\dot{z}_i = C_z \quad (12.33)$$

其中 C_y, C_z 为常数，即 y、z 方向动量守恒。

当 x、y 和 z 三个方向同时进行空间平移变换操作时，守恒关系式 (12.5) 写为

$$\sum_{i=1}^{N} \frac{\partial \mathcal{L}}{\partial \dot{x}_i} \boldsymbol{i} + \sum_{i=1}^{N} \frac{\partial \mathcal{L}}{\partial \dot{y}_i} \boldsymbol{j} + \sum_{i=1}^{N} \frac{\partial \mathcal{L}}{\partial \dot{z}_i} \boldsymbol{k} = 常矢量 \quad (12.34)$$

其中 $\boldsymbol{i}, \boldsymbol{j}, \boldsymbol{k}$ 分别为 x、y 和 z 三个方向的单位向量。

式 (12.34) 可以简写为

$$\sum_{i=1}^{N} \left(P_{x_i} \boldsymbol{i} + P_{y_i} \boldsymbol{j} + P_{z_i} \boldsymbol{k} \right) = 常矢量 \quad (12.35)$$

式 (12.35) 表明，空间平移能够保持系统的总动量矢量守恒。

12.1.3   空间旋转不变性——角动量守恒

考虑系统绕 z 轴转过角度，其变换关系有

$$\begin{aligned}
t' &= t \\
x'_i &= x_i + \varepsilon y_i, \quad \dot{x}'_i = \dot{x}_i + \varepsilon \dot{y}_i \\
y'_i &= y_i - \varepsilon x_i, \quad \dot{y}'_i = \dot{y}_i - \varepsilon \dot{x}_i \\
z'_i &= z_i, \quad \dot{z}'_i = \dot{z}_i, \quad i = 1, 2 \cdots, N
\end{aligned} \quad (12.36)$$

此时，$\xi = 0, \eta_x = y_i, \eta_y = -x_i, \eta_z = 0$。代入式 (12.6)，有

$$\sum_{i=1}^{N} \left[\left(y_i \frac{\partial}{\partial x_i} - x_i \frac{\partial}{\partial y_i} \right) + \left(\dot{y}_i \frac{\partial}{\partial \dot{x}_i} - \dot{x}_i \frac{\partial}{\partial \dot{y}_i} \right) \right] \mathcal{L} = 0 \quad (12.37)$$

所以 $f = 0$，从而守恒关系式 (12.5) 写为

$$\sum_{i=1}^{N} \left(x_i \frac{\partial \mathcal{L}}{\partial \dot{y}_i} - y_i \frac{\partial \mathcal{L}}{\partial \dot{x}_i} \right) = \sum_{i=1}^{N} \left(x_i P_{y_i} - y_i P_{x_i} \right) = \sum_{i=1}^{N} \left(\boldsymbol{r} \times \boldsymbol{P}_i \right)_z = 常矢量 \quad (12.38)$$

式 (12.38) 表明，角动量 z 方向分量守恒。

同理，考虑 x 和 y，也有类似结果，得到

$$\sum_{i=1}^{N} (\boldsymbol{r} \times \boldsymbol{P}_i)_x = 常矢量, \quad \sum_{i=1}^{N} (\boldsymbol{r} \times \boldsymbol{P}_i)_y = 常矢量 \tag{12.39}$$

当系统绕 x、y 和 z 轴同时旋转时，组合分量，有

$$\sum_{i=1}^{N} (\boldsymbol{r} \times \boldsymbol{P}_i) = 常矢量 \tag{12.40}$$

式 (12.40) 表明，空间旋转能够保持系统的总动量矢量守恒。

12.2 自由落体运动的守恒律

重力作用下的运动微分方程为

$$u_{tt} + g = 0 \tag{12.41}$$

易得其 Lagrange 函数

$$\mathcal{L} = \frac{1}{2} (u_t)^2 - gu \tag{12.42}$$

设 Lie 算子为

$$X = \xi \frac{\partial}{\partial t} + \eta \frac{\partial}{\partial u} + \zeta_1 \frac{\partial}{\partial u_t} \tag{12.43}$$

其中

$$\xi = \xi(t, u), \quad \eta = \eta(t, u), \quad \zeta_1 = D_t(\eta) - u_t D_t(\xi) \tag{12.44}$$

将式 (12.42)、(12.43) 代入 Noether 定理条件，得

$$X(\mathcal{L}) + \mathcal{L} D_t(\xi)$$

$$= \left(\xi \frac{\partial}{\partial t} + \eta \frac{\partial}{\partial u} + \zeta_1 \frac{\partial}{\partial u_t} \right) \left[\frac{1}{2} (u_t)^2 - gu \right] + \left[\frac{1}{2} (u_t)^2 - gu \right] D_t(\xi)$$

$$= -g\eta + \zeta_1 u_t + \left[\frac{1}{2} (u_t)^2 - gu \right] D_t(\xi)$$

$$= -g\eta + \left[\frac{\partial \eta}{\partial t} + u_t \left(\frac{\partial \eta}{\partial u} - \frac{\partial \xi}{\partial t} \right) - u_t^2 \frac{\partial \xi}{\partial u} \right] u_t + \left[\frac{1}{2} (u_t)^2 - gu \right] \left(\frac{\partial \xi}{\partial t} + u_t \frac{\partial \xi}{\partial u} \right)$$

$$= -g\eta - gu \frac{\partial \xi}{\partial t} + \left(\frac{\partial \eta}{\partial t} - gu \frac{\partial \xi}{\partial u} \right) u_t + \left(\frac{\partial \eta}{\partial u} - \frac{1}{2} \frac{\partial \xi}{\partial t} \right) u_t^2 - \frac{1}{2} \frac{\partial \xi}{\partial u} u_t^3 \tag{12.45}$$

令 u 各阶导数项的系数为零，得到

$$u_t^0 : -g\eta - gu\frac{\partial \xi}{\partial t} = 0$$

$$u_t : \frac{\partial \eta}{\partial t} - gu\frac{\partial \xi}{\partial u} = 0$$

$$u_t^2 : \frac{\partial \eta}{\partial u} - \frac{1}{2}\frac{\partial \xi}{\partial t} = 0 \qquad\qquad (12.46)$$

$$u_t^3 : -\frac{1}{2}\frac{\partial \xi}{\partial u} = 0$$

从而得到

$$\xi = k_1, \quad \eta = 0 \qquad\qquad (12.47)$$

其中 k_1 为任意常数。

因此 Noether 算子为

$$\mathcal{N} = k_1 + W\frac{\delta}{\delta u_t} = k_1 - u_t k_1\frac{\delta}{\delta u_t} = k_1 - u_t k_1\frac{\partial}{\partial u_t} \qquad\qquad (12.48)$$

守恒向量表达式为

$$
\begin{aligned}
C &= \mathcal{N}(\mathcal{L}) \\
&= \left(k_1 - u_t k_1\frac{\partial}{\partial u_t}\right)\left[\frac{1}{2}(u_t)^2 - gu\right] \\
&= k_1\left[\frac{1}{2}(u_t)^2 - gu\right] - (u_t)^2 k_1 \\
&= -k_1\left[\frac{1}{2}(u_t)^2 + gu\right] \qquad\qquad (12.49)
\end{aligned}
$$

守恒律为

$$D_t(C)\big|_{u_{tt}+g=0} = -k_1 D_t\left[\frac{1}{2}(u_t)^2 + gu\right]\bigg|_{u_{tt}+g=0} = 0 \qquad\qquad (12.50)$$

由此推出

$$\frac{1}{2}(u_t)^2 + gu = E_0 \qquad\qquad (12.51)$$

其中 E_0 为总能量，即能量守恒定律。

12.3　一维阻尼振子的守恒律

对于非保守系统，只要能写出 Lagrange 函数，Noether 定理仍然能适用。令一维阻尼振子的表达式为

$$\ddot{x} + \lambda\dot{x} + x = 0 \tag{12.52}$$

可以得到其 Lagrange 函数为 [131]

$$\mathcal{L} = \mathrm{e}^{\lambda t}\left(\frac{1}{2}\dot{x}^2 - \frac{1}{2}x^2\right) \tag{12.53}$$

设 Lie 算子为

$$X = \xi\left(x, t\right)\frac{\partial}{\partial t} + \eta\left(x, t\right)\frac{\partial}{\partial x} \tag{12.54}$$

令 $\xi = 1, \eta = \frac{1}{2}\lambda q$，代入式 (12.6)，有 $f = 0$。所以由守恒关系式 (12.5)，得到

$$I = \mathrm{e}^{\lambda t}\left(\frac{1}{2}\dot{q}^2 + \lambda q\dot{q} + \frac{1}{2}q^2\right) \tag{12.55}$$

12.4　一维运动方程的 Ibragimov 守恒律

设某一质点的运动方程如下，其速度与位置有关

$$F\left(t, u, u_t\right) = u_t - Au = 0 \tag{12.56}$$

设 Lie 算子为

$$X = \xi\frac{\partial}{\partial t} + \eta\frac{\partial}{\partial u} + \zeta_1\frac{\partial}{\partial u_t} \tag{12.57}$$

其中

$$\zeta_1 = D_t\left(\eta\right) - u_t D_t\left(\xi\right) = \eta_t - u_t\xi_t \tag{12.58}$$

则

$$XF = \left[\xi\frac{\partial}{\partial t} + \eta\frac{\partial}{\partial u} + \left(\eta_t - u_t\xi_t\right)\frac{\partial}{\partial u_t}\right]\left(u_t - Au\right)$$

$$= \eta_t - u_t\xi_t - A\eta \tag{12.59}$$

考虑 Lie 对称性，有

$$XF = \lambda F = \lambda \left(u_t - Au \right) \tag{12.60}$$

且

$$\eta_t - u_t \xi_t = \frac{\partial \eta}{\partial t} + \left(\frac{\partial \eta}{\partial u} - \frac{\partial \xi}{\partial t} \right) u_t - \frac{\partial \xi}{\partial u} u_t^2 \tag{12.61}$$

所以

$$Xf = -A\eta + \frac{\partial \eta}{\partial t} + \left(\frac{\partial \eta}{\partial u} - \frac{\partial \xi}{\partial t} \right) u_t - \frac{\partial \xi}{\partial u} u_t^2 \tag{12.62}$$

比较 u 的各阶导数项的系数得

$$
\begin{aligned}
&u_t^0 : -A\eta + \frac{\partial \eta}{\partial t} = -\lambda Au \\
&u_t : \frac{\partial \eta}{\partial u} - \frac{\partial \xi}{\partial t} = \lambda \\
&u_t^2 : \frac{\partial \xi}{\partial u} = 0
\end{aligned} \tag{12.63}
$$

式 (12.63) 的一组解为

$$\xi = k_1, \quad \eta = \lambda u \tag{12.64}$$

其中 k_1 为任意常数。

假设 $\lambda = k_2$ 也为常数，则有

$$X = k_1 \frac{\partial}{\partial t} + k_2 u \frac{\partial}{\partial u} \tag{12.65}$$

设方程 (12.56) 及其伴随方程的 Lagrange 函数为 [14]

$$\mathcal{L} = vF\left(t, u, u_t \right) = v\left(u_t - Au \right) \tag{12.66}$$

伴随方程为

$$F^* = \frac{\delta \mathcal{L}}{\delta u} = v_t - Av \tag{12.67}$$

其 Noether 算子为

$$\mathcal{N} = k_1 + \left(k_2 u - k_1 u_t \right) \frac{\partial}{\partial u_t} \tag{12.68}$$

守恒向量为

$$C = \mathcal{N}\mathcal{L}$$

$$= k_1 \mathcal{L} + (k_2 u - k_1 u_t) \frac{\partial \mathcal{L}}{\partial u_t}$$

$$= k_1 v (u_t - Au) + (k_2 u - k_1 u_t) v$$

$$= k_2 uv - k_1 Auv \tag{12.69}$$

则守恒律表达式为

$$D_t(C)|_{F^*=0} = D_t(k_2 uv - k_1 Auv)|_{F^*=0} \tag{12.70}$$

由式 (12.67) 可看出该方程自伴随，令 $v = u$，则有

$$
\begin{aligned}
C &= k_2 u^2 - k_1 A u^2 \\
D_t(C)|_{F^*=0} &= (k_2 - k_1 A) D_t(u^2) = 2(k_2 - k_1 A) u u_t
\end{aligned}
\tag{12.71}
$$

为非平凡守恒律。

12.5 两质点系统扰动方程的近似对称性和守恒律

图 12.1 所示为由两个质量为 m 的质点和三根刚度系数分别为 k_1, k_2, k_3 的弹簧组成的弹簧质量系统，其中 $k_1 = k_3 = k$，中间耦合弹簧的刚度系数 k_2 存在扰动项，该扰动项与伸缩量存在弱线性关系 [134,135]

$$k_2 = \frac{3}{2} k [1 + \varepsilon (x_2 - x_1)] \tag{12.72}$$

其中 k 和 ε 为常数，且 $0 < \varepsilon \ll 1$。

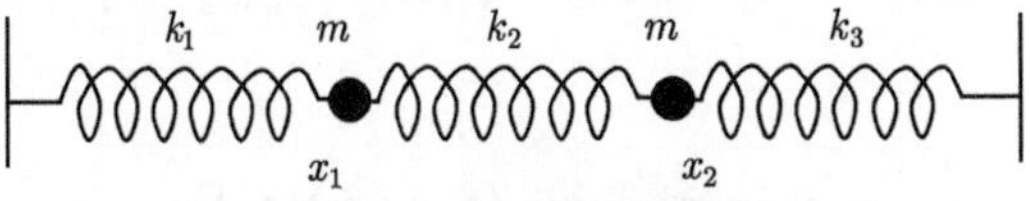

图 12.1　弹簧质量系统

系统的 Lagrange 函数为

$$\mathcal{L} = \frac{m}{2} \left(\dot{x}_1^2 + \dot{x}_2^2 \right) - \frac{1}{4} k \left(5x_1^2 + 5x_2^2 - 6x_1 x_2 \right) + \frac{3}{4} \varepsilon k (x_1 - x_2)^3 \tag{12.73}$$

系统的运动微分方程为

$$
\begin{aligned}
\ddot{x}_1 &= -\frac{5}{2} \omega_0^2 x_1 + \frac{3}{2} \omega_0^2 x_2 + \frac{9}{4} \varepsilon \omega_0^2 (x_1 - x_2)^2 \\
\ddot{x}_2 &= -\frac{5}{2} \omega_0^2 x_2 + \frac{3}{2} \omega_0^2 x_1 - \frac{9}{4} \varepsilon \omega_0^2 (x_1 - x_2)^2
\end{aligned}
\tag{12.74}
$$

其中 $\omega_0^2 = \dfrac{k}{m}$ 为常数。

微分方程 (12.74) 亦可写作

$$
\begin{aligned}
g_1 &= -\frac{5}{2}\omega_0^2 x_1 + \frac{3}{2}\omega_0^2 x_2 + \frac{9}{4}\varepsilon\omega_0^2\left(x_1 - x_2\right)^2 = \ddot{x}_1 \\
g_2 &= -\frac{5}{2}\omega_0^2 x_2 + \frac{3}{2}\omega_0^2 x_1 - \frac{9}{4}\varepsilon\omega_0^2\left(x_1 - x_2\right)^2 = \ddot{x}_2
\end{aligned}
\tag{12.75}
$$

令 $g_1\left(\varepsilon^0\right), g_1\left(\varepsilon^1\right), g_2\left(\varepsilon^0\right), g_2\left(\varepsilon^1\right)$ 分别表示 G_1, G_2 中 $\varepsilon^0, \varepsilon^1$ 项的系数，即

$$
\begin{aligned}
g_1\left(\varepsilon^0\right) &= \omega_0^2\left(-\frac{5}{2}x_1 + \frac{3}{2}x_2\right), \quad g_1\left(\varepsilon^1\right) = \frac{9}{4}\omega_0^2\left(x_1 - x_2\right)^2 \\
g_2\left(\varepsilon^0\right) &= \omega_0^2\left(-\frac{5}{2}x_2 + \frac{3}{2}x_1\right), \quad g_2\left(\varepsilon^1\right) = -\frac{9}{4}\omega_0^2\left(x_1 - x_2\right)^2
\end{aligned}
\tag{12.76}
$$

12.5.1　近似 Lie 对称性

引进近似的群无穷小变换 [136]

$$
\bar{t} = t + \delta\tau\left(t, x_s, \dot{x}_s, \varepsilon, \delta\right), \quad \bar{x}_s = x_s + \delta\xi_s\left(t, x_s, \dot{x}_s, \varepsilon, \delta\right), \quad s = 1, 2 \tag{12.77}
$$

其中 δ 为无穷小参数。

式 (12.77) 对应的 Lie 算子为

$$
X = \tau\frac{\partial}{\partial t} + \xi_1\frac{\partial}{\partial x_1} + \xi_2\frac{\partial}{\partial x_2} \tag{12.78}
$$

仿照式 (12.77) 有

$$
\bar{\dot{x}}_s = \dot{x}_s + \delta\zeta_s\left(t, x_s, \dot{x}_s, \varepsilon, \delta\right) \tag{12.79}
$$

Lie 算子的一次延拓为

$$
X^{(1)} = X + \zeta_1\frac{\partial}{\partial \dot{x}_1} + \zeta_2\frac{\partial}{\partial \dot{x}_2} \tag{12.80}
$$

根据链式求导法则有

$$
D\left(\bar{x}_s\right) = D\left(\bar{t}\right)\bar{\dot{x}}_s \tag{12.81}
$$

由于

$$
D\left(\bar{t}\right) = D\left(t + \delta\tau\right) = 1 + \delta D\left(\tau\right), \quad D\left(\bar{x}_s\right) = D\left(x_s + \delta\xi_s\right) = \dot{x}_s + \delta D\left(\xi_s\right) \tag{12.82}
$$

联立式 (12.81) 和 (12.82)，并应用 Neumann 级数展开得到

$$\bar{\dot{x}}_s = [1 + \delta D(\tau)]^{-1} [\dot{x}_s + \delta D(\xi_s)]$$

$$\approx [1 - \delta D(\tau)] [\dot{x}_s + \delta D(\xi_s)]$$

$$= \dot{x}_s - \delta \dot{x}_s D(\tau) + \delta D(\xi_s) - \delta^2 D(\tau) D(\xi_s)$$

$$\approx \dot{x}_s + \delta [D(\xi_s) - \dot{x}_s D(\tau)] \tag{12.83}$$

因此可以得到

$$\zeta_s = D(\xi_s) - \dot{x}_s D(\tau) = \dot{\xi}_s - \dot{x}_s \dot{\tau} \tag{12.84}$$

所以 Lie 算子的一阶延拓为

$$X^{(1)} = X + \left(\dot{\xi}_1 - \dot{x}_1 \dot{\tau}\right) \frac{\partial}{\partial \dot{x}_1} + \left(\dot{\xi}_2 - \dot{x}_2 \dot{\tau}\right) \frac{\partial}{\partial \dot{x}_2} \tag{12.85}$$

同理可以得到 Lie 算子的二阶延拓为

$$X^{(2)} = X^{(1)} + \left(\ddot{\xi}_1 - \dot{x}_1 \ddot{\tau} - 2\ddot{x}_s \dot{\tau}\right) \frac{\partial}{\partial \ddot{x}_1} + \left(\ddot{\xi}_2 - \dot{x}_2 \ddot{\tau} - 2\ddot{x}_2 \dot{\tau}\right) \frac{\partial}{\partial \ddot{x}_2} \tag{12.86}$$

对 τ, ξ_s 进行一阶展开，有

$$\tau = \tau_0 + \varepsilon \tau_1, \quad \xi_s = \xi_{s0} + \varepsilon \xi_{s1} \tag{12.87}$$

相应地，有

$$\dot{\tau} = \dot{\tau}_0 + \varepsilon \dot{\tau}_1, \quad \dot{\xi}_s = \dot{\xi}_{s0} + \varepsilon \dot{\xi}_{s1}$$
$$\ddot{\tau} = \ddot{\tau}_0 + \varepsilon \ddot{\tau}_1, \quad \ddot{\xi}_s = \ddot{\xi}_{s0} + \varepsilon \ddot{\xi}_{s1} \tag{12.88}$$

根据一阶近似 Lie 对称性理论，系统的运动微分方程在近似的群无穷小变换 (12.77) 下近似保持不变，即

$$X^{(2)} (\ddot{x}_1 - g_1) = O(\varepsilon^2), \quad X^{(2)} (\ddot{x}_2 - g_2) = O(\varepsilon^2) \tag{12.89}$$

将 Lie 算子二阶延拓表达式 (12.86) 代入式 (12.89) 得到

$$\ddot{\xi}_1 - \dot{x}_1 \ddot{\tau} - 2g_1 \dot{\tau} + \frac{5}{2}\omega_0^2 \xi_1 - \frac{3}{2}\omega_0^2 \xi_2 - \frac{9}{2}\varepsilon\omega_0^2 (x_1 - x_2)\xi_1 + \frac{9}{2}\varepsilon\omega_0^2 (x_1 - x_2)\xi_2 = O(\varepsilon^2) \tag{12.90}$$

$$\ddot{\xi}_2 - \dot{x}_2 \ddot{\tau} - 2g_2 \dot{\tau} + \frac{5}{2}\omega_0^2 \xi_2 - \frac{3}{2}\omega_0^2 \xi_1 + \frac{9}{2}\varepsilon\omega_0^2 (x_1 - x_2)\xi_1 - \frac{9}{2}\varepsilon\omega_0^2 (x_1 - x_2)\xi_2 = O(\varepsilon^2) \tag{12.91}$$

将展开式 (12.87)、(12.88) 代入式 (12.90)，并令 ε^0 和 ε^1 项前面的系数为零，得到

$$\varepsilon^0: \ddot{\xi}_{10}\left(\varepsilon^0\right) - \dot{x}_1\ddot{\tau}_0\left(\varepsilon^0\right) - 2g_1\left(\varepsilon^0\right)\dot{\tau}_0\left(\varepsilon^0\right) + \frac{5}{2}\omega_0^2\xi_{10} - \frac{3}{2}\omega_0^2\xi_{20} = 0 \qquad (12.92)$$

$$\varepsilon^1: \ddot{\xi}_{10}\left(\varepsilon^1\right) + \ddot{\xi}_{11}\left(\varepsilon^0\right) - \dot{x}_1\ddot{\tau}_0\left(\varepsilon^1\right) - \dot{x}_1\ddot{\tau}_1\left(\varepsilon^0\right) - 2g_1\left(\varepsilon^0\right)\dot{\tau}_0\left(\varepsilon^1\right) - 2g_1\left(\varepsilon^0\right)\dot{\tau}_1\left(\varepsilon^0\right)$$
$$- 2g_1\left(\varepsilon^1\right)\dot{\tau}_0\left(\varepsilon^0\right) + \frac{5}{2}\omega_0^2\xi_{11} - \frac{3}{2}\omega_0^2\xi_{21} - \frac{9}{2}\omega_0^2\left(x_1 - x_2\right)\xi_{20} = 0 \qquad (12.93)$$

将展开式 (12.87)、(12.88) 代入式 (12.91)，并令 ε^0 和 ε^1 项前面的系数为零，得到

$$\varepsilon^0: \ddot{\xi}_{20}\left(\varepsilon^0\right) - \dot{x}_2\ddot{\tau}_0\left(\varepsilon^0\right) - 2g_2\left(\varepsilon^0\right)\dot{\tau}_0\left(\varepsilon^0\right) + \frac{5}{2}\omega_0^2\xi_{20} - \frac{3}{2}\omega_0^2\xi_{10} = 0 \qquad (12.94)$$

$$\varepsilon^1: \ddot{\xi}_{20}\left(\varepsilon^1\right) + \ddot{\xi}_{21}\left(\varepsilon^0\right) - \dot{x}_2\ddot{\tau}_0\left(\varepsilon^1\right) - \dot{x}_2\ddot{\tau}_1\left(\varepsilon^0\right) - 2g_2\left(\varepsilon^0\right)\dot{\tau}_0\left(\varepsilon^1\right) - 2g_2\left(\varepsilon^0\right)\dot{\tau}_1\left(\varepsilon^0\right)$$
$$- 2g_2\left(\varepsilon^1\right)\dot{\tau}_0\left(\varepsilon^0\right) + \frac{5}{2}\omega_0^2\xi_{21} - \frac{3}{2}\omega_0^2\xi_{11} + \frac{9}{2}\omega_0^2\left(x_1 - x_2\right)\xi_{20} = 0 \qquad (12.95)$$

求解式 (12.92)~(12.95) 得到 6 组解

$$\tau_0 = -1, \quad \xi_{10} = \xi_{20} = 0, \quad \tau_1 = \xi_{11} = \xi_{21} = 0 \qquad (12.96)$$

$$\tau_0 = \xi_{10} = \xi_{20} = 0, \quad \tau_1 = -1, \quad \xi_{11} = \xi_{21} = 0 \qquad (12.97)$$

$$\tau_0 = \xi_{10} = \xi_{20} = 0, \quad \tau_1 = -\frac{1}{2}, \quad \xi_{11} = \frac{1}{2}\dot{x}_2, \quad \xi_{21} = \frac{1}{2}\dot{x}_1 \qquad (12.98)$$

$$\tau_0 = \xi_{10} = \xi_{20} = 0, \quad \tau_1 = -\frac{1}{2}, \quad \xi_{11} = \frac{1}{2}\dot{x}_2, \quad \xi_{21} = -\frac{1}{2}\dot{x}_1 \qquad (12.99)$$

$$\tau_0 = \xi_{10} = \xi_{20} = 0, \quad \tau_1 = 0, \quad \xi_{11} = 2\left(x_1 + x_2\right)\dot{x}_1 - 2\left(x_1 - x_2\right)\left(\dot{x}_1 + \dot{x}_2\right)$$
$$\xi_{21} = -2\left(x_1 + x_2\right)\dot{x}_2 - 2\left(x_1 - x_2\right)\left(\dot{x}_1 + \dot{x}_2\right) \qquad (12.100)$$

$$\tau_0 = 0, \quad \tau_1 = 0, \quad \xi_{10} = 2\left(x_1 + x_2\right)\dot{x}_1 - 2\left(x_1 - x_2\right)\left(\dot{x}_1 + \dot{x}_2\right)$$
$$\xi_{20} = -2\left(x_1 + x_2\right)\dot{x}_1 - 2\left(x_1 - x_2\right)\left(\dot{x}_1 + \dot{x}_2\right)$$
$$\xi_{11} = \frac{3}{16}[4\left(x_1 - x_2\right)\left(x_1 + x_2\right)\left(\dot{x}_1 + \dot{x}_2\right) + 4\left(x_1 - x_2\right)\left(x_1 + x_2\right)\left(\dot{x}_1 - \dot{x}_2\right)$$
$$+ \left(\dot{x}_1 - \dot{x}_2\right)^2\left(\dot{x}_1 + \dot{x}_2\right) + \left(\dot{x}_1 - \dot{x}_2\right)\left(\dot{x}_1 + \dot{x}_2\right)^2 - 3\left(x_1 + x_2\right)^2\left(\dot{x}_1 - \dot{x}_2\right)]$$

$$\xi_{21} = \frac{3}{16}[-4(x_1 - x_2)(x_1 + x_2)(\dot{x}_1 + \dot{x}_2) + 4(x_1 - x_2)(x_1 + x_2)(\dot{x}_1 - \dot{x}_2)$$

$$+ (\dot{x}_1 - \dot{x}_2)^2(\dot{x}_1 + \dot{x}_2) - (\dot{x}_1 - \dot{x}_2)(\dot{x}_1 + \dot{x}_2)^2 + 3(x_1 + x_2)^2(\dot{x}_1 - \dot{x}_2)]$$

$$(12.101)$$

上述 6 组解各对应一个 Lie 对称性。

12.5.2 近似 Noether 对称性

一阶近似 Noether 对称性是指在近似的群无穷小变化 (12.77) 下，哈密顿作用量近似保持不变，即

$$\int_{t_1}^{t_2} \mathcal{L}(t, x_1, x_2, \dot{x}_1, \dot{x}_2, \varepsilon)\, \mathrm{d}t = \int_{\bar{t}_1}^{\bar{t}_2} \mathcal{L}(t, \bar{x}_1, \bar{x}_2, \dot{\bar{x}}_1, \dot{\bar{x}}_2, \varepsilon)\, \mathrm{d}\bar{t} + O(\varepsilon^2) \quad (12.102)$$

假设该系统存在规范函数

$$G = G(x_1, x_2, \dot{x}_1, \dot{x}_2, \varepsilon) = G_0 + \varepsilon G_1 \qquad (12.103)$$

满足

$$\frac{\partial \mathcal{L}}{\partial t}\tau + \frac{\partial \mathcal{L}}{\partial x_1}\xi_1 + \frac{\partial \mathcal{L}}{\partial x_2}\xi_2 + \frac{\partial \mathcal{L}}{\partial \dot{x}_1}\xi_1 + \frac{\partial \mathcal{L}}{\partial \dot{x}_2}\xi_2 + \left(\mathcal{L} - \frac{\partial \mathcal{L}}{\partial \dot{x}_1}\dot{x}_1 + \frac{\partial \mathcal{L}}{\partial \dot{x}_2}\dot{x}_2\right)\dot{\tau} = -\dot{G} \quad (12.104)$$

则系统存在一阶近似守恒量 $I = I_0 + \varepsilon I_1$，且

$$I = \mathcal{L}\tau + \frac{\partial \mathcal{L}}{\partial \dot{x}_1}(\xi_1 - \dot{x}_1 \tau) + \frac{\partial \mathcal{L}}{\partial \dot{x}_2}(\xi_2 - \dot{x}_2 \tau) + G \qquad (12.105)$$

而且守恒量满足

$$\frac{\mathrm{d}I}{\mathrm{d}t} = O(\varepsilon^2) \qquad (12.106)$$

即

$$\frac{\mathrm{d}I_0}{\mathrm{d}t}(\varepsilon^0) = 0, \quad \frac{\mathrm{d}I_0}{\mathrm{d}t}(\varepsilon^1) + \frac{\mathrm{d}I_1}{\mathrm{d}t}(\varepsilon^0) = 0 \qquad (12.107)$$

将 Lagrange 函数 (12.73) 和运动微分方程 (12.75) 以及展开式 (12.87)、(12.88) 代入式 (12.104)，并比较两边 ε^0 和 ε^1 项的系数，得到求解 G_0 和 G_1 的两个方程

$$mg_1(\varepsilon^0)\xi_{10} + mg_2(\varepsilon^0)\xi_{20} + m\dot{x}_1\dot{\xi}_{10}(\varepsilon^0) + m\dot{x}_2\dot{\xi}_{20}(\varepsilon^0) - H(\varepsilon^0)\dot{\tau}_0(\varepsilon^0)$$

$$= -\dot{G}_0(\varepsilon^0) \qquad (12.108)$$

$$mg_1\left(\varepsilon^1\right)\xi_{10} + mg_1\left(\varepsilon^0\right)\xi_{11} + mg_2\left(\varepsilon^1\right)\xi_{20}$$

$$+ mg_2\left(\varepsilon^0\right)\xi_{21} + m\dot{x}_1\dot{\xi}_{10}\left(\varepsilon^1\right) + m\dot{x}_1\dot{\xi}_{11}\left(\varepsilon^0\right)$$

$$+ m\dot{x}_2\dot{\xi}_{20}\left(\varepsilon^1\right) + m\dot{x}_2\dot{\xi}_{21}\left(\varepsilon^0\right) - H\left(\varepsilon^1\right)\dot{\tau}_0\left(\varepsilon^0\right) - H\left(\varepsilon^0\right)\dot{\tau}_0\left(\varepsilon^1\right) - H\left(\varepsilon^0\right)\dot{\tau}_1\left(\varepsilon^0\right)$$

$$= -\dot{G}_0\left(\varepsilon^1\right) - \dot{G}_1\left(\varepsilon^0\right) \tag{12.109}$$

其中 H 为系统的哈密顿函数

$$H = \frac{m}{2}\left(\dot{x}_1^2 + \dot{x}_2^2\right) + \frac{1}{4}k\left(5x_1^2 + 5x_2^2 - 6x_1x_2\right) - \varepsilon\frac{3}{4}k\left(x_1 - x_2\right)^3 = H\left(\varepsilon^0\right) + \varepsilon H\left(\varepsilon^1\right) \tag{12.110}$$

将近似 Lie 对称性分析中得到的 6 组解 (12.96)~(12.101) 代入方程组 (12.108)、(12.109) 中求得 6 组规范函数

$$G_0 = 0, \quad G_1 = 0 \tag{12.111}$$

$$G_0 = 0, \quad G_1 = 0 \tag{12.112}$$

$$G_0 = 0, \quad G_1 = -\frac{1}{2}m\dot{x}_1\dot{x}_2 - \frac{3k}{8}x_1^2 - \frac{3k}{8}x_2^2 + \frac{5k}{4}x_1x_2 \tag{12.113}$$

$$G_0 = 0, \quad G_1 = \frac{1}{2}m\dot{x}_1\dot{x}_2 + \frac{3k}{8}x_1^2 + \frac{3k}{8}x_2^2 - \frac{5k}{4}x_1x_2 \tag{12.114}$$

$$G_0 = 0 \tag{12.115}$$

$$G_1 = k\left(x_1 - x_2\right)\left(x_1 + x_2\right)^2 + m\left(x_1 - x_2\right)\left(\dot{x}_1 + \dot{x}_2\right)^2$$

$$- m\left(x_1 + x_2\right)\left(\dot{x}_1 - \dot{x}_2\right)^2$$

$$G_0 = k\left(x_1 - x_2\right)\left(x_1 + x_2\right)^2 + m\left(x_1 - x_2\right)\left(\dot{x}_1 + \dot{x}_2\right)^2 - m\left(x_1 + x_2\right)\left(\dot{x}_1 - \dot{x}_2\right)^2$$

$$G_1 = \frac{3}{32}\left[-8m\left(x_1^2 - x_2^2\right)\left(\dot{x}_1 - \dot{x}_2\right)^2 - 3m\left(\dot{x}_1 - \dot{x}_2\right)^2\left(\dot{x}_1 + \dot{x}_2\right)^2\right.$$

$$\left. -3k\left(x_1^2 - x_2^2\right)^2 + 3m\left(x_1 + x_2\right)^2\left(\dot{x}_1 - \dot{x}_2\right)^2\right] \tag{12.116}$$

将上述 6 组规范函数代入守恒量表达式 (12.105) 得到 6 个一阶近似守恒量

$$I = \frac{m}{2}\left(\dot{x}_1^2 + \dot{x}_2^2\right) + \frac{1}{4}k\left(5x_1^2 + 5x_2^2 - 6x_1x_2\right) - \varepsilon\frac{3}{4}k\left(x_1 - x_2\right)^3 \tag{12.117}$$

$$I = \varepsilon\left[\frac{m}{2}\left(\dot{x}_1^2 + \dot{x}_2^2\right) + \frac{1}{4}k\left(5x_1^2 + 5x_2^2 - 6x_1x_2\right)\right] \tag{12.118}$$

$$I = \varepsilon \left[\frac{m}{4} \left(\dot{x}_1 + \dot{x}_2 \right)^2 + \frac{1}{4} k \left(x_1 + x_2 \right)^2 \right] \tag{12.119}$$

$$I = \varepsilon \left[\frac{m}{4} \left(\dot{x}_1 - \dot{x}_2 \right)^2 + \frac{1}{4} k \left(x_1 - x_2 \right)^2 \right] \tag{12.120}$$

$$I = \varepsilon \left[k \left(x_1 - x_2 \right) \left(x_1 + x_2 \right)^2 - m \left(x_1 - x_2 \right) \left(\dot{x}_1 + \dot{x}_2 \right)^2 + m \left(x_1 + x_2 \right) \left(\dot{x}_1^2 - \dot{x}_2^2 \right) \right] \tag{12.121}$$

$$I = k \left(x_1 - x_2 \right) \left(x_1 + x_2 \right)^2 - m \left(x_1 - x_2 \right) \left(\dot{x}_1 + \dot{x}_2 \right)^2 + m \left(x_1 + x_2 \right) \left(\dot{x}_1^2 - \dot{x}_2^2 \right)$$
$$+ \frac{3}{32} \varepsilon \left[8m \left(x_1^2 - x_2^2 \right) \left(\dot{x}_1^2 - \dot{x}_2^2 \right) + m \left(\dot{x}_1 - \dot{x}_2 \right)^2 \left(\dot{x}_1 + \dot{x}_2 \right)^2 - 8k \left(x_1^2 - x_2^2 \right)^2 \right.$$
$$\left. - 3m \left(x_1 + x_2 \right)^2 \left(\dot{x}_1 - \dot{x}_2 \right)^2 \right] \tag{12.122}$$

根据近似 Lie 对称性和近似 Noether 对称性的关系，若无穷小生成元坐标 (12.96)~(12.101) 满足近似 Lie 对称性 (12.89) 和 Noether 恒等式 (12.104)，并能找到相应的规范函数，则说明系统既具有近似 Lie 对称性，又具有近似 Noether 对称性，得到的近似守恒量既是近似 Lie 守恒量，又是近似 Noether 守恒量。

12.5.3 近似 Ibragimov 守恒律

将微分方程组 (12.74) 写作

$$F_1 \left(t, x_1, x_2, \dot{x}_1, \dot{x}_2, \ddot{x}_1, \ddot{x}_2 \right) = \ddot{x}_1 + \frac{5}{2} \omega_0^2 x_1 - \frac{3}{2} \omega_0^2 x_2 - \frac{9}{4} \varepsilon \omega_0^2 \left(x_1 - x_2 \right)^2 = 0$$
$$F_2 \left(t, x_1, x_2, \dot{x}_1, \dot{x}_2, \ddot{x}_1, \ddot{x}_2 \right) = \ddot{x}_2 + \frac{5}{2} \omega_0^2 x_2 - \frac{3}{2} \omega_0^2 x_1 + \frac{9}{4} \varepsilon \omega_0^2 \left(x_1 - x_2 \right)^2 = 0 \tag{12.123}$$

其伴随方程为

$$F_\alpha^* \left(t, x_1, y_1, x_2, y_2, \dot{x}_1, \dot{y}_1, \dot{x}_2, \dot{y}_2, \ddot{x}_1, \ddot{y}_1, \ddot{x}_2, \ddot{y}_2 \right) = \frac{\delta \left(y_\beta F_\beta \right)}{\delta x_\alpha}, \quad \alpha = 1, 2 \tag{12.124}$$

其中 y_1, y_2 为新的因变量。

将式 (12.123) 代入式 (12.124) 得到

$$F_1^* \left(t, x_1, y_1, x_2, y_2, \dot{x}_1, \dot{y}_1, \dot{x}_2, \dot{y}_2, \ddot{x}_1, \ddot{y}_1, \ddot{x}_2, \ddot{y}_2 \right)$$
$$= \frac{\delta}{\delta x_1} \left\{ y_1 \left[\ddot{x}_1 + \frac{5}{2} \omega_0^2 x_1 - \frac{3}{2} \omega_0^2 x_2 - \frac{9}{4} \varepsilon \omega_0^2 \left(x_1 - x_2 \right)^2 \right] \right.$$

$$+ y_2 \left[\ddot{x}_2 + \frac{5}{2}\omega_0^2 x_2 - \frac{3}{2}\omega_0^2 x_1 + \frac{9}{4}\varepsilon\omega_0^2 \left(x_1 - x_2\right)^2 \right] \Big\}$$

$$= \frac{5}{2}\omega_0^2 y_1 - \frac{9}{2}\varepsilon\omega_0^2 y_1 \left(x_1 - x_2\right) + \frac{5}{2}\omega_0^2 y_2 + \frac{9}{2}\varepsilon\omega_0^2 y_2 \left(x_1 - x_2\right) \tag{12.125}$$

$$F_2^* \left(t, x_1, y_1, x_2, y_2, \dot{x}_1, \dot{y}_1, \dot{x}_2, \dot{y}_2, \ddot{x}_1, \ddot{y}_1, \ddot{x}_2, \ddot{y}_2\right)$$

$$= \frac{\delta}{\delta x_2} \left\{ y_1 \left[\ddot{x}_1 + \frac{5}{2}\omega_0^2 x_1 - \frac{3}{2}\omega_0^2 x_2 - \frac{9}{4}\varepsilon\omega_0^2 \left(x_1 - x_2\right)^2 \right] \right.$$

$$\left. + y_2 \left[\ddot{x}_2 + \frac{5}{2}\omega_0^2 x_2 - \frac{3}{2}\omega_0^2 x_1 + \frac{9}{4}\varepsilon\omega_0^2 \left(x_1 - x_2\right)^2 \right] \right\}$$

$$= -\frac{3}{2}\omega_0^2 y_1 - \frac{9}{2}\varepsilon\omega_0^2 y_1 \left(x_1 - x_2\right) - \frac{3}{2}\omega_0^2 y_2 + \frac{9}{2}\varepsilon\omega_0^2 y_2 \left(x_1 - x_2\right) \tag{12.126}$$

由前述分析可得原系统具有近似 Lie 对称性, 对应的 Lie 算子为

$$X = \tau\frac{\partial}{\partial t} + \xi_1\frac{\partial}{\partial x_1} + \xi_2\frac{\partial}{\partial x_2} \tag{12.127}$$

那么其伴随方程 (12.125)、(12.126) 继承了原系统的守恒律, 其对应算子为

$$Y = \tau\frac{\partial}{\partial t} + \xi_1\frac{\partial}{\partial x_1} + \xi_2\frac{\partial}{\partial x_2} - \left[\lambda_1^1 y_1 + \lambda_2^1 y_2 + y_1 D\left(\tau\right)\right]\frac{\partial}{\partial y_1}$$

$$- \left[\lambda_1^2 y_1 + \lambda_2^2 y_2 + y_2 D\left(\tau\right)\right]\frac{\partial}{\partial y_2} \tag{12.128}$$

将展开式 (12.87)、(12.88) 代入式 (12.128) 并令 ε^1 项系数为零, 得到算子的表达式

$$Y = \tau\frac{\partial}{\partial t} + \xi_{10}\frac{\partial}{\partial x_1} + \xi_{20}\frac{\partial}{\partial x_2} - \left(\lambda_1^1 y_1 + \lambda_2^1 y_2 + y_1\dot{\tau}_0\right)\frac{\partial}{\partial y_1}$$

$$- \left(\lambda_1^2 y_1 + \lambda_2^2 y_2 + y_2\dot{\tau}_0\right)\frac{\partial}{\partial y_2} \tag{12.129}$$

其中 $\tau, \xi_{10}, \xi_{20}, \dot{\tau}_0$ 的表达式由近似 Lie 对称性分析中的 6 组解 (12.96)~(12.101) 给出, $\lambda_1^1, \lambda_1^2, \lambda_2^1, \lambda_2^2$ 由 $\mathcal{L} = y_1 F_1 + y_2 F_2$ 确定。

12.6　含扰动结构动力响应方程的近似对称性和守恒律

含扰动结构动力响应微分方程为

$$\left(M_0 + \varepsilon M_1\right)\ddot{x} + \left(C_0 + \varepsilon C_1\right)\dot{x} + \left(K_0 + \varepsilon K_1\right)x = F_0\left(t\right) + \varepsilon F_1\left(t\right) \tag{12.130}$$

方程 (12.130) 写为

$$G\left(t, x, x_t, x_{tt}\right) = G_0 + \varepsilon G_1$$

$$= M_0 x_{tt} + C_0 x_t + K_0 x - F_0\left(t\right)$$

$$+ \varepsilon\left[M_1 x_{tt} + C_1 x_t + K_1 x - F_1\left(t\right)\right] \tag{12.131}$$

12.6.1 近似 Lie 对称性

设 Lie 算子为

$$X = X_0 + \varepsilon X_1$$

$$X_0 = \xi_0\left(t, x\right)\frac{\partial}{\partial t} + \eta_0\left(t, x\right)\frac{\partial}{\partial x} \tag{12.132}$$

$$X_1 = \xi_1\left(t, x\right)\frac{\partial}{\partial t} + \eta_1\left(t, x\right)\frac{\partial}{\partial x}$$

X_0 的二阶延拓为

$$X_0 = \xi_0 \frac{\partial}{\partial t} + \eta_0 \frac{\partial}{\partial x} + \zeta_{0t}\frac{\partial}{\partial x_t} + \zeta_{0tt}\frac{\partial}{\partial x_{tt}} \tag{12.133}$$

其中

$$\zeta_{0t} = D_t\left(\eta_0\right) - x_t D_t\left(\xi_0\right) = \eta_{0t} - x_t \xi_{0t} = \frac{\partial \eta_0}{\partial t} + \left(\frac{\partial \eta_0}{\partial x} - \frac{\partial \xi_0}{\partial t}\right)x_t - \frac{\partial \xi_0}{\partial x}x_t^2$$

$$\zeta_{0tt} = D_t\left(\zeta_{0t}\right) - x_{tt}D_t\left(\xi_0\right) = \eta_{0tt} - x_t \xi_{0tt} - 2x_{tt}\xi_{0t}$$

$$= \frac{\partial^2 \eta_0}{\partial t^2} + x_t\left(2\frac{\partial^2 \eta_0}{\partial t \partial x} - \frac{\partial^2 \xi_0}{\partial t^2}\right) - x_{tt}\frac{\partial \xi_0}{\partial t} + x_t^2\left(\frac{\partial^2 \eta_0}{\partial x^2} - 2\frac{\partial^2 \xi_0}{\partial t \partial x}\right)$$

$$- x_{tt}x_t\frac{\partial \xi_0}{\partial x} - x_t^3\frac{\partial^2 \xi_0}{\partial x^2}$$

$$\tag{12.134}$$

从而，式 (12.133) 可以写为

$$X_0 = \xi_0 \frac{\partial}{\partial t} + \eta_0 \frac{\partial}{\partial x} + \left[\frac{\partial \eta_0}{\partial t} + \left(\frac{\partial \eta_0}{\partial x} - \frac{\partial \xi_0}{\partial t}\right)x_t - \frac{\partial \xi_0}{\partial x}x_t^2\right]\frac{\partial}{\partial x_t}$$

$$+ \left[\frac{\partial^2 \eta_0}{\partial t^2} + x_t\left(2\frac{\partial^2 \eta_0}{\partial t \partial x} - \frac{\partial^2 \xi_0}{\partial t^2}\right) - x_{tt}\frac{\partial \xi_0}{\partial t}\right.$$

$$+ \left.x_t^2\left(\frac{\partial^2 \eta_0}{\partial x^2} - 2\frac{\partial^2 \xi_0}{\partial t \partial x}\right) - x_{tt}x_t\frac{\partial \xi_0}{\partial x} - x_t^3\frac{\partial^2 \xi_0}{\partial x^2}\right]\frac{\partial}{\partial x_{tt}} \tag{12.135}$$

同理，X_1 的二阶延拓为

$$X_1 = \xi_1 \frac{\partial}{\partial t} + \eta_1 \frac{\partial}{\partial x} + \left[\frac{\partial \eta_1}{\partial t} + \left(\frac{\partial \eta_1}{\partial x} - \frac{\partial \xi_1}{\partial t} \right) x_t - \frac{\partial \xi_1}{\partial x} x_t^2 \right] \frac{\partial}{\partial x_t}$$

$$+ \left[\frac{\partial^2 \eta_1}{\partial t^2} + x_t \left(2\frac{\partial^2 \eta_1}{\partial t \partial x} - \frac{\partial^2 \xi_1}{\partial t^2} \right) - x_{tt} \frac{\partial \xi_1}{\partial t} + x_t^2 \left(\frac{\partial^2 \eta_1}{\partial x^2} - 2\frac{\partial^2 \xi_1}{\partial t \partial x} \right) \right.$$

$$\left. - x_{tt} x_t \frac{\partial \xi_1}{\partial x} - x_t^3 \frac{\partial^2 \xi_1}{\partial x^2} \right] \frac{\partial}{\partial x_{tt}} \tag{12.136}$$

则

$$X_0 G_0$$

$$= \left\{ \xi_0 \frac{\partial}{\partial t} + \eta_0 \frac{\partial}{\partial x} + \left[\frac{\partial \eta_0}{\partial t} + \left(\frac{\partial \eta_0}{\partial x} - \frac{\partial \xi_0}{\partial t} \right) x_t - \frac{\partial \xi_0}{\partial x} x_t^2 \right] \frac{\partial}{\partial x_t} \right.$$

$$+ \left[\frac{\partial^2 \eta_0}{\partial t^2} + x_t \left(2\frac{\partial^2 \eta_0}{\partial t \partial x} - \frac{\partial^2 \xi_0}{\partial t^2} \right) - x_{tt} \frac{\partial \xi_0}{\partial t} + x_t^2 \left(\frac{\partial^2 \eta_0}{\partial x^2} - 2\frac{\partial^2 \xi_0}{\partial t \partial x} \right) \right.$$

$$\left. \left. - x_{tt} x_t \frac{\partial \xi_0}{\partial x} - x_t^3 \frac{\partial^2 \xi_0}{\partial x^2} \right] \frac{\partial}{\partial x_{tt}} \right\} \left[M_0 x_{tt} + C_0 x_t + K_0 x - F_0(t) \right]$$

$$= M_0 \left[\frac{\partial^2 \eta_0}{\partial t^2} + x_t \left(2\frac{\partial^2 \eta_0}{\partial t \partial x} - \frac{\partial^2 \xi_0}{\partial t^2} \right) - x_{tt} \frac{\partial \xi_0}{\partial t} + x_t^2 \left(\frac{\partial^2 \eta_0}{\partial x^2} - 2\frac{\partial^2 \xi_0}{\partial t \partial x} \right) \right.$$

$$\left. - x_{tt} x_t \frac{\partial \xi_0}{\partial x} - x_t^3 \frac{\partial^2 \xi_0}{\partial x^2} \right] + C_0 \left[\frac{\partial \eta_0}{\partial t} + \left(\frac{\partial \eta_0}{\partial x} - \frac{\partial \xi_0}{\partial t} \right) x_t - \frac{\partial \xi_0}{\partial x} x_t^2 \right]$$

$$+ K_0 \eta_0 - \frac{dF_0(t)}{dt} \xi_0 \tag{12.137}$$

$$X_0 G_1 + X_1 G_0$$

$$= M_1 \left[\frac{\partial^2 \eta_0}{\partial t^2} + x_t \left(2\frac{\partial^2 \eta_0}{\partial t \partial x} - \frac{\partial^2 \xi_0}{\partial t^2} \right) - x_{tt} \frac{\partial \xi_0}{\partial t} + x_t^2 \left(\frac{\partial^2 \eta_0}{\partial x^2} - 2\frac{\partial^2 \xi_0}{\partial t \partial x} \right) - x_{tt} x_t \frac{\partial \xi_0}{\partial x} \right.$$

$$\left. - x_t^3 \frac{\partial^2 \xi_0}{\partial x^2} \right] + C_1 \left[\frac{\partial \eta_0}{\partial t} + \left(\frac{\partial \eta_0}{\partial x} - \frac{\partial \xi_0}{\partial t} \right) x_t - \frac{\partial \xi_0}{\partial x} x_t^2 \right] + K_1 \eta_0 - \frac{dF_1(t)}{dt} \xi_0$$

$$+ M_0 \left[\frac{\partial^2 \eta_1}{\partial t^2} + x_t \left(2\frac{\partial^2 \eta_1}{\partial t \partial x} - \frac{\partial^2 \xi_1}{\partial t^2} \right) - x_{tt} \frac{\partial \xi_1}{\partial t} + x_t^2 \left(\frac{\partial^2 \eta_1}{\partial x^2} - 2\frac{\partial^2 \xi_1}{\partial t \partial x} \right) - x_{tt} x_t \frac{\partial \xi_1}{\partial x} \right.$$

$$\left. - x_t^3 \frac{\partial^2 \xi_1}{\partial x^2} \right] + C_0 \left[\frac{\partial \eta_1}{\partial t} + \left(\frac{\partial \eta_1}{\partial x} - \frac{\partial \xi_1}{\partial t} \right) x_t - \frac{\partial \xi_1}{\partial x} x_t^2 \right] + K_0 \eta_1 - \frac{\mathrm{d}F_0(t)}{\mathrm{d}t} \xi_1 \tag{12.138}$$

由近似 Lie 对称性条件, 有

$$
\begin{aligned}
X_0 G_0 &= \lambda_0^0 G_0 + \lambda_0^1 G_1 \\
&= \lambda_0^0 \left[M_0 x_{tt} + C_0 x_t + K_0 x - F_0(t) \right] \\
&\quad + \lambda_0^1 \left[M_1 x_{tt} + C_1 x_t + K_1 x - F_1(t) \right]
\end{aligned}
\tag{12.139}
$$

$$
\begin{aligned}
X_0 G_1 + X_1 G_0 &= \lambda_1^0 G_0 + \lambda_1^1 G_1 \\
&= \lambda_1^0 \left[M_0 x_{tt} + C_0 x_t + K_0 x - F_0(t) \right] \\
&\quad + \lambda_1^1 \left[M_1 x_{tt} + C_1 x_t + K_1 x - F_1(t) \right]
\end{aligned}
$$

由式 (12.137) 和式 (12.139) 中的第一式, 比较 x 的各阶导数项的系数可得

$$
x^0 : M_0 \frac{\partial^2 \eta_0}{\partial t^2} + C_0 \frac{\partial \eta_0}{\partial t} + K_0 \eta_0 - \frac{\mathrm{d}F_0(t)}{\mathrm{d}t} \xi_0 = -\lambda_0^0 F_0(t) - \lambda_0^1 F_1(t)
$$

$$
x : \lambda_0^0 K_0 + \lambda_0^1 K_1 = 0
$$

$$
x_t : M_0 \left(2\frac{\partial^2 \eta_0}{\partial t \partial x} - \frac{\partial^2 \xi_0}{\partial t^2} \right) + C_0 \left(\frac{\partial \eta_0}{\partial x} - \frac{\partial \xi_0}{\partial t} \right) = \lambda_0^0 C_0 + \lambda_0^1 C_1
$$

$$
x_t^2 : M_0 \left(\frac{\partial^2 \eta_0}{\partial x^2} - 2\frac{\partial^2 \xi_0}{\partial t \partial x} \right) - C_0 \frac{\partial \xi_0}{\partial x} = 0
$$

$$
x_t^3 : M_0 \frac{\partial^2 \xi_0}{\partial x^2} = 0
$$

$$
x_{tt} : -M_0 \frac{\partial \xi_0}{\partial t} = \lambda_0^0 M_0 + \lambda_0^1 M_1
$$

$$
x_{tt} x_t : M_0 \frac{\partial \xi_0}{\partial x} = 0
\tag{12.140}
$$

从而得到

$$
\frac{\partial \xi_0}{\partial x} = 0, \quad \frac{\partial^2 \eta_0}{\partial x^2} = 0
\tag{12.141}
$$

假设

$$
\xi_0 = \xi_0(t), \quad \eta_0 = c_0(t) x + c_{01}(t)
\tag{12.142}
$$

将式 (12.142) 代入式 (12.140) 得到

$$
\lambda_0^0 = \lambda_0^0(t), \quad \lambda_0^1 = \lambda_0^1(t)
$$

$$
\left(M_0 \frac{\mathrm{d}^2 c_0}{\mathrm{d}t^2} + C_0 \frac{\mathrm{d}c_0}{\mathrm{d}t} + K_0 c_0 \right) x + M_0 \frac{\mathrm{d}^2 c_{01}}{\mathrm{d}t^2} + C_0 \frac{\mathrm{d}c_{01}}{\mathrm{d}t} + K_0 c_{01} - \frac{\mathrm{d}F_0(t)}{\mathrm{d}t} \xi_0
$$

$$= -\lambda_0^0 F_0\left(t\right) - \lambda_0^1 F_1\left(t\right)$$

$$\lambda_0^0 K_0 + \lambda_0^1 K_1 = 0$$

$$M_0\left(2\frac{\mathrm{d}c_0}{\mathrm{d}t} - \frac{\mathrm{d}^2\xi_0}{\mathrm{d}t^2}\right) + C_0\left(c_0 - \frac{\mathrm{d}\xi_0}{\mathrm{d}t}\right) = \lambda_0^0 C_0 + \lambda_0^1 C_1$$

$$-M_0\frac{\mathrm{d}\xi_0}{\mathrm{d}t} = \lambda_0^0 M_0 + \lambda_0^1 M_1$$

$$\tag{12.143}$$

同理，由式 (12.138) 和式 (12.139) 中的第二式，比较 x 的各阶导数项的系数可得

$$x^0: M_1\frac{\partial^2\eta_0}{\partial t^2} + C_1\frac{\partial\eta_0}{\partial t} + K_1\eta_0 - \frac{\mathrm{d}F_1\left(t\right)}{\mathrm{d}t}\xi_0 + M_0\frac{\partial^2\eta_1}{\partial t^2} + C_0\frac{\partial\eta_1}{\partial t} + K_0\eta_1$$

$$-\frac{\mathrm{d}F_0\left(t\right)}{\mathrm{d}t}\xi_1 = -\lambda_1^0 F_0\left(t\right) - \lambda_1^1 F_1\left(t\right)$$

$$x: \lambda_1^0 K_0 + \lambda_1^1 K_1 = 0$$

$$x_t: M_1\left(2\frac{\partial^2\eta_0}{\partial t\partial x} - \frac{\partial^2\xi_0}{\partial t^2}\right) + C_1\left(\frac{\partial\eta_0}{\partial x} - \frac{\partial\xi_0}{\partial t}\right) + M_0\left(2\frac{\partial^2\eta_1}{\partial t\partial x} - \frac{\partial^2\xi_1}{\partial t^2}\right)$$

$$+ C_0\left(\frac{\partial\eta_1}{\partial x} - \frac{\partial\xi_1}{\partial t}\right) = \lambda_1^0 C_0 + \lambda_1^1 C_1$$

$$x_t^2: M_1\left(\frac{\partial^2\eta_0}{\partial x^2} - 2\frac{\partial^2\xi_0}{\partial t\partial x}\right) + M_0\left(\frac{\partial^2\eta_1}{\partial x^2} - 2\frac{\partial^2\xi_1}{\partial t\partial x}\right) - C_1\frac{\partial\xi_0}{\partial x} - C_0\frac{\partial\xi_1}{\partial x} = 0$$

$$x_t^3: M_1\frac{\partial^2\xi_0}{\partial x^2} + M_0\frac{\partial^2\xi_1}{\partial x^2} = 0$$

$$x_{tt}: -M_1\frac{\partial\xi_0}{\partial t} - M_0\frac{\partial\xi_1}{\partial t} = \lambda_1^0 M_0 + \lambda_1^1 M_1$$

$$x_{tt}x_t: M_1\frac{\partial\xi_0}{\partial x} + M_0\frac{\partial\xi_1}{\partial x} = 0 \tag{12.144}$$

假设

$$\xi_1 = \xi_1\left(t\right), \quad \eta_1 = c_1\left(t\right)x + c_{11}\left(t\right) \tag{12.145}$$

进而得到

$$\lambda_1^0 = \lambda_1^0\left(t\right), \quad \lambda_1^1 = \lambda_1^1\left(t\right)$$

$$\left(M_1\frac{\mathrm{d}^2 c_0}{\mathrm{d}t^2} + C_1\frac{\mathrm{d}c_0}{\mathrm{d}t} + K_1 c_0 + M_0\frac{\mathrm{d}^2 c_1}{\mathrm{d}t^2} + C_0\frac{\mathrm{d}c_1}{\mathrm{d}t} + K_0 c_1\right)x + M_1\frac{\mathrm{d}^2 c_{01}}{\mathrm{d}t^2} + C_1\frac{\mathrm{d}c_{01}}{\mathrm{d}t}$$

$$+ K_1 c_{01} + M_0\frac{\mathrm{d}^2 c_{11}}{\mathrm{d}t^2} + C_0\frac{\mathrm{d}c_{11}}{\mathrm{d}t} + K_0 c_{11} - \frac{\mathrm{d}F_1\left(t\right)}{\mathrm{d}t}\xi_0 - \frac{\mathrm{d}F_0\left(t\right)}{\mathrm{d}t}\xi_1$$

$$= -\lambda_1^0 F_0(t) - \lambda_1^1 F_1(t)$$

$$\lambda_1^0 K_0 + \lambda_1^1 K_1 = 0$$

$$M_1 \left(2\frac{\mathrm{d}c_0}{\mathrm{d}t} - \frac{\mathrm{d}^2\xi_0}{\mathrm{d}t^2} \right) + C_1 \left(c_0 - \frac{\mathrm{d}\xi_0}{\mathrm{d}t} \right) + M_0 \left(2\frac{\mathrm{d}c_1}{\mathrm{d}t} - \frac{\mathrm{d}^2\xi_1}{\mathrm{d}t^2} \right) + C_0 \left(c_1 - \frac{\mathrm{d}\xi_1}{\mathrm{d}t} \right)$$

$$= \lambda_1^0 C_0 + \lambda_1^1 C_1$$

$$- M_1 \frac{\mathrm{d}\xi_0}{\mathrm{d}t} - M_0 \frac{\mathrm{d}\xi_1}{\mathrm{d}t} = \lambda_1^0 M_0 + \lambda_1^1 M_1 \tag{12.146}$$

对于方程组 (12.143)，由其第三式应有

$$M_0 \frac{\mathrm{d}^2 c_0}{\mathrm{d}t^2} + C_0 \frac{\mathrm{d}c_0}{\mathrm{d}t} + K_0 c_0 = 0 \tag{12.147}$$

解得

$$c_0(t) = c_{00}\mathrm{e}^{\alpha_1 t} + c_{000}\mathrm{e}^{\alpha_2 t} \tag{12.148}$$

其中 c_{00}, c_{000} 为任意常数，且 α_1, α_2 满足

$$M_0 \alpha^2 + C_0 \alpha + K_0 \alpha = 0 \tag{12.149}$$

将方程组 (12.143) 中的后两式两边分别乘以 K_1 并将第四式代入，得

$$M_0 K_1 \left(2\frac{\mathrm{d}c_0}{\mathrm{d}t} - \frac{\mathrm{d}^2\xi_0}{\mathrm{d}t^2} \right) + C_0 K_1 \left(c_0 - \frac{\mathrm{d}\xi_0}{\mathrm{d}t} \right) = \lambda_0^0 (C_0 K_1 - C_1 K_0)$$

$$- M_0 K_1 \frac{\mathrm{d}\xi_0}{\mathrm{d}t} = \lambda_0^0 (M_0 K_1 - M_1 K_0) \tag{12.150}$$

将式 (12.150) 中的第一式两边乘以 M_1，第二式两边乘以 C_1，并都除以 $C_0 M_0 K_0$，得到

$$\frac{M_1 K_1}{C_0 K_0} \left(\frac{C_1 K_1}{C_0 K_0} - \frac{C_1 M_1}{C_0 M_0} \right) \left(2\frac{\mathrm{d}c_0}{\mathrm{d}t} - \frac{\mathrm{d}^2\xi_0}{\mathrm{d}t^2} \right)$$

$$+ \frac{M_1 K_1}{M_0 K_0} \left(\frac{C_1 K_1}{C_0 K_0} - \frac{C_1 M_1}{C_0 M_0} \right) \left(c_0 - \frac{\mathrm{d}\xi_0}{\mathrm{d}t} \right)$$

$$+ \left(\frac{M_1 K_1}{M_0 K_0} - \frac{C_1 M_1}{C_0 M_0} \right) \frac{C_1 K_1}{C_0 K_0} \frac{\mathrm{d}\xi_0}{\mathrm{d}t} = 0 \tag{12.151}$$

整理得

$$\left(2\frac{\mathrm{d}c_0}{\mathrm{d}t} - \frac{\mathrm{d}^2\xi_0}{\mathrm{d}t^2} \right) + \frac{C_0}{M_0} \left(c_0 - \frac{\mathrm{d}\xi_0}{\mathrm{d}t} \right) + \frac{\bar{K} - \bar{C}}{\bar{K} - \bar{M}} \frac{C_0}{M_0} \frac{\mathrm{d}\xi_0}{\mathrm{d}t} = 0 \tag{12.152}$$

其中

$$\bar{K} = \frac{K_1}{K_0}, \quad \bar{M} = \frac{M_1}{M_0}, \quad \bar{C} = \frac{C_1}{C_0} \tag{12.153}$$

进一步得到

$$\frac{\mathrm{d}^2\xi_0}{\mathrm{d}t^2} + \frac{C_0}{M_0}\left(1 - \frac{\bar{K}-\bar{C}}{\bar{K}-\bar{M}}\frac{C_0}{M_0}\right)\frac{\mathrm{d}\xi_0}{\mathrm{d}t} - 2\frac{\mathrm{d}c_0}{\mathrm{d}t} - c_0\frac{C_0}{M_0} = 0 \tag{12.154}$$

将 $c_0(t)$ 表达式 (12.148) 代入式 (12.154)，得

$$\frac{\mathrm{d}^2\xi_0}{\mathrm{d}t^2} + \frac{C_0}{M_0}\left(1 - \frac{\bar{K}-\bar{C}}{\bar{K}-\bar{M}}\right)\frac{\mathrm{d}\xi_0}{\mathrm{d}t} = \left(2\alpha_1 + \frac{C_0}{M_0}\right)c_{00}\mathrm{e}^{\alpha_1 t} + \left(2\alpha_2 + \frac{C_0}{M_0}\right)c_{000}\mathrm{e}^{\alpha_2 t} \tag{12.155}$$

解得

$$\xi_0(t) = \gamma_{01}\mathrm{e}^{\alpha_1 t} + \gamma_{02}\mathrm{e}^{\alpha_2 t} + c_{\xi_0}\mathrm{e}^{\alpha_3 t} + c_2 \tag{12.156}$$

其中 c_{ξ_0}, c_2 是任意常数

$$\alpha_3 = -\frac{C_0}{M_0}(1-\beta), \quad \gamma_{01} = \frac{2 + \dfrac{C_0}{M_0\alpha_1}}{\alpha_1 + \dfrac{C_0}{M_0}(1-\beta)}c_{00}$$

$$\gamma_{02} = \frac{2 + \dfrac{C_0}{M_0\alpha_2}}{\alpha_2 + \dfrac{C_0}{M_0}(1-\beta)}c_{000}, \quad \beta = \frac{\bar{K}-\bar{C}}{\bar{K}-\bar{M}} \tag{12.157}$$

由式 (12.150) 得

$$\lambda_0^0 = \frac{\bar{K}}{\bar{K}-\bar{M}}\left[(c_{00}-2\gamma_{01}\alpha_1)\mathrm{e}^{\alpha_1 t} + (c_{000}-2\gamma_{02}\alpha_2)\mathrm{e}^{\alpha_2 t} - 2c_{\xi_0}\alpha_3\mathrm{e}^{\alpha_3 t}\right]$$

$$\lambda_0^1 = -\frac{1}{\bar{K}-\bar{M}}\left[(c_{00}-2\gamma_{01}\alpha_1)\mathrm{e}^{\alpha_1 t} + (c_{000}-2\gamma_{02}\alpha_2)\mathrm{e}^{\alpha_2 t} - 2c_{\xi_0}\alpha_3\mathrm{e}^{\alpha_3 t}\right] \tag{12.158}$$

将式 (12.156) 和 (12.158) 代入式 (12.143) 中的第三式，得

$$M_0\frac{\mathrm{d}^2c_{01}}{\mathrm{d}t^2} + C_0\frac{\mathrm{d}c_{01}}{\mathrm{d}t} + K_0c_{01} - \frac{\mathrm{d}F_0(t)}{\mathrm{d}t}\left(\gamma_{01}\mathrm{e}^{\alpha_1 t} + \gamma_{02}\mathrm{e}^{\alpha_2 t} + c_{\xi_0}\mathrm{e}^{\alpha_3 t} + c_2\right)$$

$$= -\frac{\bar{K}}{\bar{K}-\bar{M}}\left[(c_{00}-2\gamma_{01}\alpha_1)\mathrm{e}^{\alpha_1 t} + (c_{000}-2\gamma_{02}\alpha_2)\mathrm{e}^{\alpha_2 t} - 2c_{\xi_0}\alpha_3\mathrm{e}^{\alpha_3 t}\right]F_0(t)$$

$$+ \frac{1}{\bar{K} - \bar{M}} \left[(c_{00} - 2\gamma_{01}\alpha_1) e^{\alpha_1 t} + (c_{000} - 2\gamma_{02}\alpha_2) e^{\alpha_2 t} - 2c_{\xi_0}\alpha_3 e^{\alpha_3 t} \right] F_1(t)$$

$$(12.159)$$

整理得

$$M_0 \frac{d^2 c_{01}(t)}{dt^2} + C_0 \frac{dc_{01}(t)}{dt} + K_0 c_{01}(t)$$

$$= \left\{ \gamma_{01} \frac{dF_0(t)}{dt} + \frac{(c_{00} - 2\gamma_{01}\alpha_1)}{\bar{K} - \bar{M}} \left[F_1(t) - \bar{K} F_0(t) \right] \right\} e^{\alpha_1 t}$$

$$+ \left\{ \gamma_{02} \frac{dF_0(t)}{dt} + \frac{(c_{000} - 2\gamma_{02}\alpha_2)}{\bar{K} - \bar{M}} \left[F_1(t) - \bar{K} F_0(t) \right] \right\} e^{\alpha_2 t}$$

$$+ \left\{ c_{\xi_0} \frac{dF_0(t)}{dt} - \frac{2c_{\xi_0}\alpha_3}{\bar{K} - \bar{M}} \left[F_1(t) - \bar{K} F_0(t) \right] \right\} e^{\alpha_3 t} + c_2 \frac{dF_0(t)}{dt} \quad (12.160)$$

解得

$$c_{01}(t) = h_1(t) e^{\alpha_1 t} + h_2(t) e^{\alpha_2 t} + h_3(t) e^{\alpha_3 t} + h_4(t) \quad (12.161)$$

综上

$$\xi_0(t) = \gamma_{01} e^{\alpha_1 t} + \gamma_{02} e^{\alpha_2 t} + c_{\xi_0} e^{\alpha_3 t} + c_2$$
$$\eta_0 = \left(c_{00} e^{\alpha_1 t} + c_{000} e^{\alpha_2 t} \right) x + h_1(t) e^{\alpha_1 t} + h_2(t) e^{\alpha_2 t} + h_3(t) e^{\alpha_3 t} + h_4(t)$$

$$(12.162)$$

对于方程组 (12.146)，由其第三式应有

$$M_1 \frac{d^2 c_0}{dt^2} + C_1 \frac{dc_0}{dt} + K_1 c_0 + M_0 \frac{d^2 c_1}{dt^2} + C_0 \frac{dc_1}{dt} + K_0 c_1 = 0 \quad (12.163)$$

将 $c_0(t)$ 表达式 (12.148) 代入式 (12.163)，解得

$$c_1(t) = (a_1 t + b_1) e^{\alpha_1 t} + (a_2 t + b_2) e^{\alpha_2 t} \quad (12.164)$$

其中 b_1, b_2 为任意常数

$$a_1 = -c_{00} \frac{M_1\alpha_1^2 + C_1\alpha_1 + K_1}{2M_0\alpha_1 + C_0}, \quad a_2 = -c_{00} \frac{M_1\alpha_2^2 + C_1\alpha_2 + K_1}{2M_0\alpha_2 + C_0} \quad (12.165)$$

将式 (12.146) 中的第四式代入后两式并整理得

$$\bar{M} \frac{M_1}{C_0} \bar{K} \left(2\frac{dc_0}{dt} - \frac{d^2\xi_0}{dt^2} \right) + \bar{M}\bar{C}\bar{K} \left(c_0 - \frac{d\xi_0}{dt} \right) + \bar{M} \frac{M_0}{C_0} \bar{K} \left(2\frac{dc_1}{dt} - \frac{d^2\xi_1}{dt^2} \right)$$

$$+ \bar{M}\bar{K}\left(c_1 - \frac{\mathrm{d}\xi_1}{\mathrm{d}t}\right) = \lambda_1^0 \bar{M}\left(\bar{K} - \bar{C}\right)$$

$$-\bar{M}\bar{C}\bar{K}\frac{\mathrm{d}\xi_0}{\mathrm{d}t} - \bar{C}\bar{K}\frac{\mathrm{d}\xi_1}{\mathrm{d}t} = \lambda_1^0 \bar{C}\left(\bar{K} - \bar{M}\right) \tag{12.166}$$

消去 λ_1^0 进一步整理得到

$$\frac{\mathrm{d}^2\xi_1}{\mathrm{d}t^2} + \frac{C_0}{M_0}\left(1 - \beta\right)\frac{\mathrm{d}\xi_1}{\mathrm{d}t}$$

$$= -\bar{M}\frac{\mathrm{d}^2\xi_0}{\mathrm{d}t^2} + \frac{C_0}{M_0}\left(\bar{M}\beta - \bar{C}\right)\frac{\mathrm{d}\xi_0}{\mathrm{d}t} + 2\bar{M}\frac{\mathrm{d}c_0}{\mathrm{d}t} + 2\frac{\mathrm{d}c_1}{\mathrm{d}t} + \bar{C}\frac{C_0}{M_0}c_0 + \frac{C_0}{M_0}c_1 \tag{12.167}$$

解得

$$\xi_1 = \left(p_{11}t^2 + p_{12}t + p_{13}\right)\mathrm{e}^{\alpha_1 t} + \left(p_{21}t^2 + p_{22}t + p_{23}\right)\mathrm{e}^{\alpha_2 t} + c_{\xi_1}\mathrm{e}^{\alpha_3 t} + c_3 \tag{12.168}$$

其中 c_{ξ_1}, c_3 是任意常数。

由式 (12.146) 中的第四式和式 (12.166) 得

$$\lambda_1^0 = \frac{\bar{K}}{\bar{K} - \bar{M}}\left\{\left[-2\alpha_1 p_{11}t^2 + \left(a_1 - 4p_{11} - 2\alpha_1 p_{12}\right)t + b_1 - 2\alpha_1 p_{13} - 2p_{12}\right.\right.$$

$$+ \bar{M}\left(c_{00} - \gamma_{01}\alpha_1\right)\right]\mathrm{e}^{\alpha_1 t} + \left[-2\alpha_2 p_{21}t^2 + \left(a_2 - 4p_{21} - 2\alpha_2 p_{22}\right)t + b_2 - 2\alpha_2 p_{23}\right.$$

$$\left.\left. - 2p_{22} + \bar{M}\left(c_{000} - \gamma_{02}\alpha_2\right)\right]\mathrm{e}^{\alpha_2 t} - \bar{M}c_{\xi_0}\alpha_3 \mathrm{e}^{\alpha_3 t}\right\}$$

$$\lambda_1^1 = -\frac{1}{\bar{K} - \bar{M}}\left\{\left[-2\alpha_1 p_{11}t^2 + \left(a_1 - 4p_{11} - 2\alpha_1 p_{12}\right)t + b_1 - 2\alpha_1 p_{13} - 2p_{12}\right.\right.$$

$$+ \bar{M}\left(c_{00} - \gamma_{01}\alpha_1\right)\right]\mathrm{e}^{\alpha_1 t} + \left[-2\alpha_2 p_{21}t^2 + \left(a_2 - 4p_{21} - 2\alpha_2 p_{22}\right)t + b_2 - 2\alpha_2 p_{23}\right.$$

$$\left.\left. - 2p_{22} + \bar{M}\left(c_{000} - \gamma_{02}\alpha_2\right)\right]\mathrm{e}^{\alpha_2 t} - \bar{M}c_{\xi_0}\alpha_3 \mathrm{e}^{\alpha_3 t}\right\} \tag{12.169}$$

将式 (12.168) 和 (12.169) 代入式 (12.146) 中的第三式，解得

$$c_{11}\left(t\right) = h_5\left(t\right)\mathrm{e}^{\alpha_1 t} + h_6\left(t\right)\mathrm{e}^{\alpha_2 t} + h_7\left(t\right)\mathrm{e}^{\alpha_3 t} + h_8\left(t\right) \tag{12.170}$$

综上

$$\xi_1 = \left(p_{11}t^2 + p_{12}t + p_{13}\right)\mathrm{e}^{\alpha_1 t} + \left(p_{21}t^2 + p_{22}t + p_{23}\right)\mathrm{e}^{\alpha_2 t} + c_{\xi_1}\mathrm{e}^{\alpha_3 t} + c_3 \tag{12.171}$$

$$\eta_1 = \left[\left(a_1 t + b_1\right)\mathrm{e}^{\alpha_1 t} + \left(a_2 t + b_2\right)\mathrm{e}^{\alpha_2 t}\right]u + h_5\left(t\right)\mathrm{e}^{\alpha_1 t}$$

$$+ h_6\left(t\right)\mathrm{e}^{\alpha_2 t} + h_7\left(t\right)\mathrm{e}^{\alpha_3 t} + h_8\left(t\right)$$

因此，Lie 算子为

$$
\begin{aligned}
X =\ & \left(\gamma_{01}\mathrm{e}^{\alpha_1 t} + \gamma_{02}\mathrm{e}^{\alpha_2 t} + c_{\xi_0}\mathrm{e}^{\alpha_3 t} + c_2\right)\frac{\partial}{\partial t} + \Bigg[\left(c_{00}\mathrm{e}^{\alpha_1 t} + c_{000}\mathrm{e}^{\alpha_2 t}\right)u + h_1\left(t\right)\mathrm{e}^{\alpha_1 t} \\
& + h_2\left(t\right)\mathrm{e}^{\alpha_2 t} + h_3\left(t\right)\mathrm{e}^{\alpha_3 t} + h_4\left(t\right)\Bigg]\frac{\partial}{\partial x} + \varepsilon\Bigg\{\Bigg[\left(p_{11}t^2 + p_{12}t + p_{13}\right)\mathrm{e}^{\alpha_1 t} \\
& + \left(p_{21}t^2 + p_{22}t + p_{23}\right)\mathrm{e}^{\alpha_2 t} + c_{\xi_1}\mathrm{e}^{\alpha_3 t} + c_3\Bigg]\frac{\partial}{\partial t} \\
& + \Bigg\{\left[\left(a_1 t + b_1\right)\mathrm{e}^{\alpha_1 t} + \left(a_2 t + b_2\right)\mathrm{e}^{\alpha_2 t}\right]u \\
& + h_5\left(t\right)\mathrm{e}^{\alpha_1 t} + h_6\left(t\right)\mathrm{e}^{\alpha_2 t} + h_7\left(t\right)\mathrm{e}^{\alpha_3 t} + h_8\left(t\right)\Bigg\}\frac{\partial}{\partial x}\Bigg\}
\end{aligned}
\tag{12.172}
$$

12.6.2　近似 Noether 守恒律

由于只有偶数阶方程才有 Lagrange 函数，因此考虑 $C_0 = 0$ 情况，即

$$
\begin{aligned}
G\left(t, x, x_t, x_{tt}\right) &= G_0 + \varepsilon G_1 \\
&= M_0 x_{tt} + K_0 x - F_0\left(t\right) + \varepsilon\left[M_1 x_{tt} + C_1 x_t + K_1 x - F_1\left(t\right)\right]
\end{aligned}
\tag{12.173}
$$

部分 Lagrange 函数为

$$
\mathcal{L} = -\frac{1}{2}M_0\left(x_t\right)^2 + \frac{1}{2}K_0 x^2 - F_0\left(t\right)x
\tag{12.174}
$$

满足

$$
\frac{\delta\mathcal{L}}{\delta x} = M_0 x_{tt} + K_0 x - F_0\left(t\right) = -\varepsilon\left[M_1 x_{tt} + C_1 x_t + K_1 x - F_1\left(t\right)\right]
\tag{12.175}
$$

设 Noether 对称性的 Lie 算子为

$$
\begin{aligned}
X &= X_0 + \varepsilon X_1 \\
X_0 &= \xi_0\left(t, x\right)\frac{\partial}{\partial t} + \eta_0\left(t, x\right)\frac{\partial}{\partial x} \\
X_1 &= \xi_1\left(t, x\right)\frac{\partial}{\partial t} + \eta_1\left(t, x\right)\frac{\partial}{\partial x}
\end{aligned}
\tag{12.176}
$$

X_0 的一阶延拓为

$$
X_0 = \xi_0\frac{\partial}{\partial t} + \eta_0\frac{\partial}{\partial x} + \left[\frac{\partial\eta_0}{\partial t} + \left(\frac{\partial\eta_0}{\partial x} - \frac{\partial\xi_0}{\partial t}\right)x_t - \frac{\partial\xi_0}{\partial x}x_t^2\right]\frac{\partial}{\partial x_t}
\tag{12.177}
$$

同理，X_1 的一阶延拓为

$$X_1 = \xi_1 \frac{\partial}{\partial t} + \eta_1 \frac{\partial}{\partial x} + \left[\frac{\partial \eta_1}{\partial t} + \left(\frac{\partial \eta_1}{\partial x} - \frac{\partial \xi_1}{\partial t} \right) x_t - \frac{\partial \xi_1}{\partial x} x_t^2 \right] \frac{\partial}{\partial x_t} \qquad (12.178)$$

近似 Noether 守恒律有关系式

$$X(\mathcal{L}) + \mathcal{L} D_t(\xi) = W \frac{\delta \mathcal{L}}{\delta u} + D_t(B) + O\left(\varepsilon^2\right) \qquad (12.179)$$

其中

$$W = W_0 + \varepsilon W_1, \quad B = B_0 + \varepsilon B_1 \qquad (12.180)$$

将式 (12.175)、(12.176) 中的第一式和式 (12.180) 代入式 (12.179)，得

$$(X_0 + \varepsilon X_1)\mathcal{L} + \mathcal{L} D_t(\xi_0 + \varepsilon \xi_1)$$

$$= -\left(W_0 + \varepsilon W_1\right)\varepsilon\left[M_1 x_{tt} + C_1 x_t + K_1 x - F_1(t)\right] + D_t\left(B_0 + \varepsilon B_1\right) + O\left(\varepsilon^2\right) \qquad (12.181)$$

比较 ε 的各次项的系数可得

$$\varepsilon^0 : X_0(\mathcal{L}) + \mathcal{L} D_t(\xi_0) = D_t B_0$$
$$\varepsilon^1 : X_1(\mathcal{L}) + \mathcal{L} D_t(\xi_1) = -W_0\left[M_1 x_{tt} + C_1 x_t + K_1 x - F_1(t)\right] + D_t(B_1) \qquad (12.182)$$

将式 (12.174)、(12.177) 和式 (12.178) 代入式 (12.182)，分别得到

$$\left\{\xi_0 \frac{\partial}{\partial t} + \eta_0 \frac{\partial}{\partial x} + \left[\frac{\partial \eta_0}{\partial t} + \left(\frac{\partial \eta_0}{\partial x} - \frac{\partial \xi_0}{\partial t} \right) x_t - \frac{\partial \xi_0}{\partial x} x_t^2 \right] \frac{\partial}{\partial x_t} \right\} \left[-\frac{1}{2} M_0 x_t^2 + \frac{1}{2} K_0 x^2 \right.$$

$$\left. -F_0(t) x \right] + \left[-\frac{1}{2} M_0 x_t^2 + \frac{1}{2} K_0 x^2 - F_0(t) x \right] D_t(\xi_0) = D_t B_0$$

$$\left\{\xi_1 \frac{\partial}{\partial t} + \eta_1 \frac{\partial}{\partial x} + \left[\frac{\partial \eta_1}{\partial t} + \left(\frac{\partial \eta_1}{\partial x} - \frac{\partial \xi_1}{\partial t} \right) x_t - \frac{\partial \xi_1}{\partial x} x_t^2 \right] \frac{\partial}{\partial x_t} \right\} \left[-\frac{1}{2} M_0 x_t^2 + \frac{1}{2} K_0 x^2 \right.$$

$$\left. -F_0(t) x \right] + \left[-\frac{1}{2} M_0 x_t^2 + \frac{1}{2} K_0 x^2 - F_0(t) x \right] D_t(\xi_1)$$

$$= -W_0\left[M_1 x_{tt} + C_1 x_t + K_1 x - F_1(t)\right] + D_t(B_1) \qquad (12.183)$$

整理得

$$\frac{1}{2} M_0 \frac{\partial \xi_0}{\partial x} x_t^3 + M_0 \left(-\frac{\partial \eta_0}{\partial x} + \frac{1}{2} \frac{\partial \xi_0}{\partial t} \right) x_t^2 - \left(M_0 \frac{\partial \eta_0}{\partial t} + \frac{\partial B_0}{\partial x} \right) x_t$$

$$- F_0(t) \frac{\partial \xi_0}{\partial x} x_t x + \frac{1}{2} K_0 \frac{\partial \xi_0}{\partial u} x_t x^2 + \frac{1}{2} K_0 \frac{\partial \xi_0}{\partial t} x^2$$

$$+ \left[K_0 \eta_0 - F(t) \frac{\partial \xi_0}{\partial t} - \xi_0 \frac{\mathrm{d} F_0(t)}{\mathrm{d} t} \right] x = \eta_0 F_0(t) + \frac{\partial B_0}{\partial t} \tag{12.184}$$

$$\frac{1}{2} M_0 \frac{\partial \xi_1}{\partial u} x_t^3 + M_0 \left(-\frac{\partial \eta_1}{\partial x} + \frac{1}{2} \frac{\partial \xi_1}{\partial t} \right) x_t^2 + \left(\xi_0 F_1(t) - M_0 \frac{\partial \eta_1}{\partial t} \right) x_t$$

$$- F_0(t) \frac{\partial \xi_1}{\partial x} x_t x + \frac{1}{2} K_0 \frac{\partial \xi_1}{\partial x} x_t x^2 + \frac{1}{2} K_0 \frac{\partial \xi_1}{\partial t} x^2$$

$$+ \left[K_0 \eta_1 - F_0(t) \frac{\partial \xi_1}{\partial t} - \xi_1 \frac{\mathrm{d} F_0(t)}{\mathrm{d} t} \right] x$$

$$= \eta_1 F_0(t) + \eta_0 F_1(t) + D_t(B_1) - (\eta_0 - x_t \xi_0)(M_1 x_{tt} + C_1 x_t + K_1 x) \tag{12.185}$$

对于式 (12.184)，比较 x 的各阶导数项的系数可得

$$x_t^3 : \frac{1}{2} M_0 \frac{\partial \xi_0}{\partial x} = 0$$

$$x_t^2 : M_0 \left(-\frac{\partial \eta_0}{\partial x} + \frac{1}{2} \frac{\partial \xi_0}{\partial t} \right) = 0$$

$$x_t : -\left(M_0 \frac{\partial \eta_0}{\partial t} + \frac{\partial B_0}{\partial x} \right) = 0$$

$$x_t x : -F_0(t) \frac{\partial \xi_0}{\partial x} = 0$$

$$x_t x^2 : \frac{1}{2} K_0 \frac{\partial \xi_0}{\partial u} = 0$$

$$x^2 : \frac{1}{2} K_0 \frac{\partial \xi_0}{\partial t} = 0$$

$$x : K_0 \eta_0 - F(t) \frac{\partial \xi_0}{\partial t} - \xi_0 \frac{\mathrm{d} F_0(t)}{\mathrm{d} t} = 0$$

$$x^0 : \eta_0 F_0(t) + \frac{\partial B_0}{\partial t} = 0 \tag{12.186}$$

解得

$$\xi_0 = c_{\xi_0}, \quad \eta_0 = \frac{c_{\xi_0}}{K_0} \frac{\mathrm{d} F_0(t)}{\mathrm{d} t}, \quad B_0 = -\frac{c_{\xi_0}}{2K_0} [F_0(t)]^2 + g(x)$$

$$M_0 \frac{c_{\xi_0}}{K_0} \frac{\mathrm{d}^2 F_0(t)}{\mathrm{d} t^2} = -\frac{\mathrm{d} g(x)}{\mathrm{d} x} \tag{12.187}$$

其中 c_{ξ_0} 是任意常数。

对于式 (12.185)，将 ξ_0, η_0 代入，整理得

$$
\frac{1}{2}M_0\frac{\partial\xi_1}{\partial u}x_t^3 + \left[M_0\left(-\frac{\partial\eta_1}{\partial x}+\frac{1}{2}\frac{\partial\xi_1}{\partial t}\right)-C_1 c_{\xi_0}\right]x_t^2 + M_1\frac{c_{\xi_0}}{K_0}\frac{\mathrm{d}F_0(t)}{\mathrm{d}t}x_{tt}
$$
$$
-c_{\xi_0}M_1 x_t x_{tt} + \left[c_{\xi_0}F_1(t)-M_0\frac{\partial\eta_1}{\partial t}+C_1\frac{c_{\xi_0}}{K_0}\frac{\mathrm{d}F_0(t)}{\mathrm{d}t}-\frac{\partial B_1}{\partial x}\right]x_t
$$
$$
-\left[F_0(t)\frac{\partial\xi_1}{\partial x}+K_1 c_{\xi_0}\right]x_t x + \frac{1}{2}K_0\frac{\partial\xi_1}{\partial x}x_t x^2 + \frac{1}{2}K_0\frac{\partial\xi_1}{\partial t}x^2
$$
$$
+\left[K_0\eta_1 - F_0(t)\frac{\partial\xi_1}{\partial t}-\xi_1\frac{\mathrm{d}F_0(t)}{\mathrm{d}t}+K_1\frac{c_{\xi_0}}{K_0}\frac{\mathrm{d}F_0(t)}{\mathrm{d}t}\right]x
$$
$$
=\eta_1 F_0(t)+\frac{c_{\xi_0}}{K_0}\frac{\mathrm{d}F_0(t)}{\mathrm{d}t}F_1(t)+\frac{\partial B_1}{\partial t} \tag{12.188}
$$

比较 x 的各阶导数项的系数可得

$$
x_t^3: \frac{1}{2}M_0\frac{\partial\xi_1}{\partial x}=0
$$
$$
x_t^2: M_0\left(-\frac{\partial\eta_1}{\partial x}+\frac{1}{2}\frac{\partial\xi_1}{\partial t}\right)-C_1 c_{\xi_0}=0
$$
$$
x_{tt}: M_1\frac{c_{\xi_0}}{K_0}\frac{\mathrm{d}F_0(t)}{\mathrm{d}t}=0
$$
$$
x_t x_{tt}: c_{\xi_0}M_1=0
$$
$$
x_t: c_{\xi_0}F_1(t)-M_0\frac{\partial\eta_1}{\partial t}+C_1\frac{c_{\xi_0}}{K_0}\frac{\mathrm{d}F_0(t)}{\mathrm{d}t}-\frac{\partial B_1}{\partial x}=0
$$
$$
x_t x: -F_0(t)\frac{\partial\xi_1}{\partial x}+K_1 c_{\xi_0}=0
$$
$$
x_t x^2: \frac{1}{2}K_0\frac{\partial\xi_1}{\partial u}=0
$$
$$
x^2: \frac{1}{2}K_0\frac{\partial\xi_1}{\partial t}=0
$$
$$
x: K_0\eta_1 - F_0(t)\frac{\partial\xi_1}{\partial t}-\xi_1\frac{\mathrm{d}F_0(t)}{\mathrm{d}t}+K_1\frac{c_{\xi_0}}{K_0}\frac{\mathrm{d}F_0(t)}{\mathrm{d}t}=0
$$
$$
x^0: \eta_1 F_0(t)+\frac{c_{\xi_0}}{K_0}\frac{\mathrm{d}F_0(t)}{\mathrm{d}t}F_1(t)+\frac{\partial B_1}{\partial t}=0 \tag{12.189}
$$

解得

$$
\xi_1 = c_{\xi_1}, \quad c_{\xi_0} = 0, \quad \eta_1 = \frac{c_{\xi_1}}{K_0} \frac{\mathrm{d}F_0(t)}{\mathrm{d}t}, \quad B_1 = -\frac{c_{\xi_1}}{2K_0}[F_0(t)]^2 + g(x)
$$

$$
M_0 \frac{c_{\xi_1}}{K_0} \frac{\mathrm{d}^2 F_0(t)}{\mathrm{d}t^2} = -\frac{\mathrm{d}g(x)}{\mathrm{d}x} \tag{12.190}
$$

其中 c_{ξ_1} 是任意常数.

$F_0(t)$ 是至多二次的多项式函数时, 式 (12.190) 存在解

$$
B_1 = -\frac{c_{\xi_1}}{2K_0}[F_0(t)]^2 - M_0 \frac{c_{\xi_1}}{K_0} \frac{\mathrm{d}^2 F_0(t)}{\mathrm{d}t^2} x + c_2 \tag{12.191}
$$

其中 c_2 是任意常数.

由于 $c_{\xi_0} = 0$, 则由式 (12.187) 可得

$$
\xi_0 = \eta_0 = 0, \quad B_0 = c_1 \tag{12.192}
$$

其中 c_1 是任意常数.

综合式 (12.187) 和 (12.190), Lie 算子为

$$
X = X_0 + \varepsilon X_1 = c_{\xi_1} \varepsilon \left[\frac{\partial}{\partial t} + \frac{1}{K_0} \frac{\mathrm{d}F_0(t)}{\mathrm{d}t} \frac{\partial}{\partial x} \right] \tag{12.193}
$$

守恒向量为

$$
\begin{aligned}
T &= B - \mathcal{N}(\mathcal{L}) = B - \xi\mathcal{L} - W \frac{\partial \mathcal{L}}{\partial x_t} \\
&= c_1 + \varepsilon \left\{ -\frac{c_{\xi_1}}{2K_0}[F_0(t)]^2 - M_0 \frac{c_{\xi_1}}{K_0} \frac{\mathrm{d}^2 F_0(t)}{\mathrm{d}t^2} x + c_2 \right\} \\
&\quad - \varepsilon c_{\xi_1} \left[-\frac{1}{2}M_0 x_t^2 + \frac{1}{2}K_0 x^2 - F_0(t)x \right] + \varepsilon \left[\frac{c_{\xi_1}}{K_0} \frac{\mathrm{d}F_0(t)}{\mathrm{d}t} - c_{\xi_1}x_t \right] M_0 x_t \\
&= c_1 + c_{\xi_1}\varepsilon \left\{ -\frac{1}{2}M_0 x_t^2 - \frac{1}{2}K_0 x^2 + \left[F_0(t) - \frac{M_0}{K_0} \frac{\mathrm{d}^2 F_0(t)}{\mathrm{d}t^2} \right] x \right. \\
&\quad \left. + \frac{M_0}{K_0} \frac{\mathrm{d}F_0(t)}{\mathrm{d}t} x_t - \frac{1}{2K_0}[F_0(t)]^2 + c_2 \right\}
\end{aligned} \tag{12.194}
$$

守恒律为

$$
D_t(T) = c_{\xi_1}\varepsilon D_t \left\{ -\frac{1}{2}M_0 x_t^2 - \frac{1}{2}K_0 x^2 + \left[F_0(t) - \frac{M_0}{K_0} \frac{\mathrm{d}^2 F_0(t)}{\mathrm{d}t^2} \right] x \right.
$$

$$+ \frac{M_0}{K_0} \frac{\mathrm{d}F_0(t)}{\mathrm{d}t} x_t - \frac{1}{2K_0} \left[F_0(t)\right]^2 + c_2 \right\}$$

$$= c_{\xi_1} \varepsilon D_t \left\{ -\frac{1}{2} M_0 x_t^2 - \frac{1}{2} K_0 x^2 + \left[F_0(t) - \frac{M_0}{K_0} \frac{\mathrm{d}^2 F_0(t)}{\mathrm{d}t^2} \right] x \right\}$$

$$+ \frac{1}{K_0} \left[\frac{\mathrm{d}F_0(t)}{\mathrm{d}t} M_0 x_{tt} - F_0(t) \right] \tag{12.195}$$

12.7　非线性振动方程的对称性和守恒律

　　非线性振动即不能用线性微分方程描述的振动，具体而言，指的是恢复力与位移不成正比或阻尼力不与速度一次方成正比的振动 [137,138]。尽管线性振动理论早已相当完善，在工程上也已取得广泛和卓有成效的应用，但在实际问题中，非线性因素广泛存在，用线性理论无法解释、求解。按线性问题处理就不仅在量上会引起较大误差，而且有时还会出现质上的差异，这就促使人们研究非线性振动。

　　本节首先考虑恢复力与位移不成线性比例的一般形式的非线性振动方程，分析其 Lie 对称性和 Noether 守恒律，以此为基础，通过一个具体算例 Duffing 振动方程进行 Lie 对称性分析和 Noether 守恒律计算。由于 Duffing 振动方程存在分叉现象，对其进行分叉分析，进而探寻守恒律和分叉现象之间的关系。

12.7.1　一般形式非线性振动方程的对称性和守恒律

　　考虑一般形式的非线性振动方程

$$m\ddot{x} + c\dot{x} + g(x) = f(t) \tag{12.196}$$

其中，质量 m、阻尼 c 均为常数，$g(x)$ 是与 x 有关的非线性项，$f(t)$ 是与 t 有关的外激励。

　　方程 (12.196) 写为

$$G(t, x, x_t, x_{tt}) = mx_{tt} + cx_t + g(x) - f(t) \tag{12.197}$$

12.7.1.1　Lie 对称性

　　设 Lie 算子为

$$X = \xi(t, x) \frac{\partial}{\partial t} + \eta(t, x) \frac{\partial}{\partial x} + \zeta_1(t, x) \frac{\partial}{\partial x_t} + \zeta_2(t, x) \frac{\partial}{\partial x_{tt}} \tag{12.198}$$

其中

$$\zeta_1 = D_t(\eta) - x_t D_t(\xi) = \eta_t - x_t \xi_t = \frac{\partial \eta}{\partial t} + \left(\frac{\partial \eta}{\partial x} - \frac{\partial \xi}{\partial t} \right) x_t - \frac{\partial \xi}{\partial x} x_t^2$$

$$\zeta_2 = D_t(\zeta_1) - x_{tt} D_t(\xi) = \eta_{tt} - x_t \xi_{tt} - x_{tt} \xi_t \tag{12.199}$$

$$= \frac{\partial^2 \eta}{\partial t^2} + x_t \left(2\frac{\partial^2 \eta}{\partial t \partial x} - \frac{\partial^2 \xi}{\partial t^2} \right) - x_{tt} \frac{\partial \xi}{\partial t} + x_t^2 \left(\frac{\partial^2 \eta}{\partial x^2} - 2\frac{\partial^2 \xi}{\partial t \partial x} \right)$$

$$- x_{tt} x_t \frac{\partial \xi}{\partial x} - x_t^3 \frac{\partial^2 \xi}{\partial x^2}$$

则

$$XG = \left(\xi \frac{\partial}{\partial t} + \eta \frac{\partial}{\partial x} + \zeta_1 \frac{\partial}{\partial x_t} + \zeta_2 \frac{\partial}{\partial x_{tt}} \right) [mx_{tt} + cx_t + g(x) - f(t)]$$

$$= -\xi f_t + \eta g_x + \zeta_1 c + \zeta_2 m$$

$$= -\xi f_t + \eta g_x + \left[\frac{\partial \eta}{\partial t} + \left(\frac{\partial \eta}{\partial x} - \frac{\partial \xi}{\partial t} \right) x_t - \frac{\partial \xi}{\partial x} x_t^2 \right] c$$

$$+ \left[\frac{\partial^2 \eta}{\partial t^2} + x_t \left(2\frac{\partial^2 \eta}{\partial t \partial x} - \frac{\partial^2 \xi}{\partial t^2} \right) - x_{tt} \frac{\partial \xi}{\partial t} \right.$$

$$+ \left. x_t^2 \left(\frac{\partial^2 \eta}{\partial x^2} - 2\frac{\partial^2 \xi}{\partial t \partial x} \right) - x_{tt} x_t \frac{\partial \xi}{\partial x} - x_t^3 \frac{\partial^2 \xi}{\partial x^2} \right] m \tag{12.200}$$

对于 Lie 对称性, 有

$$XG = \lambda G = \lambda [mx_{tt} + cx_t + g(x) - f(t)] \tag{12.201}$$

由式 (12.200) 和 (12.201), 得

$$-\xi f_t + \eta g_x + \left[\frac{\partial \eta}{\partial t} + \left(\frac{\partial \eta}{\partial x} - \frac{\partial \xi}{\partial t} \right) x_t - \frac{\partial \xi}{\partial x} x_t^2 \right] c$$

$$+ \left[\frac{\partial^2 \eta}{\partial t^2} + x_t \left(2\frac{\partial^2 \eta}{\partial t \partial x} - \frac{\partial^2 \xi}{\partial t^2} \right) - x_{tt} \frac{\partial \xi}{\partial t} \right.$$

$$+ \left. x_t^2 \left(\frac{\partial^2 \eta}{\partial x^2} - 2\frac{\partial^2 \xi}{\partial t \partial x} \right) - x_{tt} x_t \frac{\partial \xi}{\partial x} - x_t^3 \frac{\partial^2 \xi}{\partial x^2} \right] m$$

$$= \lambda(mx_{tt} + cx_t + g - f) \tag{12.202}$$

比较 x 的各阶导数项的系数可得

$$x_t x_{tt}: \frac{\partial \xi}{\partial x} = 0$$

$$x_t^3 : \frac{\partial^2 \xi}{\partial x^2} = 0$$

$$x_t^2 : -c\frac{\partial \xi}{\partial x} + m\left(\frac{\partial^2 \eta}{\partial x^2} - 2\frac{\partial^2 \xi}{\partial t \partial x}\right) = 0$$

$$x_{tt} : -m\frac{\partial \xi}{\partial t} = \lambda m$$

$$x_t : c\left(\frac{\partial \eta}{\partial x} - \frac{\partial \xi}{\partial t}\right) + m\left(2\frac{\partial^2 \eta}{\partial t \partial x} - \frac{\partial^2 \xi}{\partial t^2}\right) = \lambda c$$

$$x_t^0 : -\xi f_t + \eta g_x + c\frac{\partial \eta}{\partial t} + m\frac{\partial^2 \eta}{\partial t^2} = \lambda(g - f) \tag{12.203}$$

由式 (12.203) 中前四式可得

$$\frac{\partial \xi}{\partial x} = 0, \quad \frac{\partial^2 \eta}{\partial x^2} = 0, \quad \frac{\partial \xi}{\partial t} = -\lambda \tag{12.204}$$

从而得到

$$\xi = \xi(t), \quad \eta = c_1(t)x + c_2(t), \quad \lambda = -\frac{\mathrm{d}\xi}{\mathrm{d}t} \tag{12.205}$$

其中 c_1, c_2 是关于 t 的函数。

将式 (12.205) 代入式 (12.203) 中的后两式，得

$$c\left(c_1 - \frac{\mathrm{d}\xi}{\mathrm{d}t}\right) + m\left(2\frac{\mathrm{d}c_1}{\mathrm{d}t} - \frac{\mathrm{d}^2\xi}{\mathrm{d}t^2}\right) = -\frac{\mathrm{d}\xi}{\mathrm{d}t}c$$

$$-\xi f_t + (c_1 x + c_2)g_x + c\left(\frac{\mathrm{d}c_1}{\mathrm{d}t}x + \frac{\mathrm{d}c_2}{\mathrm{d}t}\right) + m\left(\frac{\mathrm{d}^2 c_1}{\mathrm{d}t^2}x + \frac{\mathrm{d}^2 c_2}{\mathrm{d}t^2}\right) = -\frac{\mathrm{d}\xi}{\mathrm{d}t}(g - f)$$

$$\tag{12.206}$$

由于 g 与 x 有关，c_1, c_2 需要根据 $g(x)$ 的具体形式确定。

假设 $g(x)$ 为不高于 x 的三次的多项式，形式为

$$g(x) = a_3 x^3 + a_2 x^2 + a_1 x + a_0 \tag{12.207}$$

其中 $a_i\,(i = 0, 1, 2, 3)$ 是任意常数。

将式 (12.207) 代入式 (12.206) 中的第二式，并比较 x 的不同指数项的系数可得

$$x^3 : 3a_3 c_1 = -a_3\frac{\mathrm{d}\xi}{\mathrm{d}t}$$

$$x^2 : 2a_2 c_1 + 3a_3 c_2 = -a_2\frac{\mathrm{d}\xi}{\mathrm{d}t}$$

$$x : a_1 c_1 + 2 a_2 c_2 + c \frac{\mathrm{d} c_1}{\mathrm{d} t} + m \frac{\mathrm{d}^2 c_1}{\mathrm{d} t^2} = -\frac{\mathrm{d} \xi}{\mathrm{d} t} a_1$$

$$x^0 : -\xi f_t + a_1 c_2 + c \frac{\mathrm{d} c_2}{\mathrm{d} t} + m \frac{\mathrm{d}^2 c_2}{\mathrm{d} t^2} = -\frac{\mathrm{d} \xi}{\mathrm{d} t} (a_0 - f) \qquad (12.208)$$

由式 (12.208) 中前两式得

$$c_1 = -\frac{1}{3} \frac{\mathrm{d} \xi}{\mathrm{d} t}, \quad c_2 = -\frac{1}{9} \frac{a_2}{a_3} \frac{\mathrm{d} \xi}{\mathrm{d} t} \qquad (12.209)$$

将式 (12.209) 代入式 (12.206) 中的第一式和式 (12.208) 中的后两式, 得

$$c \left(-\frac{1}{3} \frac{\mathrm{d} \xi}{\mathrm{d} t} - \frac{\mathrm{d} \xi}{\mathrm{d} t} \right) + m \left(-\frac{2}{3} \frac{\mathrm{d}^2 \xi}{\mathrm{d} t^2} - \frac{\mathrm{d}^2 \xi}{\mathrm{d} t^2} \right) = -\frac{\mathrm{d} \xi}{\mathrm{d} t} c$$

$$-\frac{1}{3} a_1 \frac{\mathrm{d} \xi}{\mathrm{d} t} - \frac{2}{9} \frac{a_2^2}{a_3} \frac{\mathrm{d} \xi}{\mathrm{d} t} - \frac{1}{3} \frac{\mathrm{d}^2 \xi}{\mathrm{d} t^2} c - \frac{1}{3} m \frac{\mathrm{d}^3 \xi}{\mathrm{d} t^3} = -\frac{\mathrm{d} \xi}{\mathrm{d} t} a_1 \qquad (12.210)$$

$$-\xi f_t - \frac{1}{9} \frac{a_1 a_2}{a_3} \frac{\mathrm{d} \xi}{\mathrm{d} t} - \frac{1}{9} \frac{a_2 c}{a_3} \frac{\mathrm{d}^2 \xi}{\mathrm{d} t^2} - \frac{1}{9} \frac{a_2 m}{a_3} \frac{\mathrm{d}^3 \xi}{\mathrm{d} t^3} = -\frac{\mathrm{d} \xi}{\mathrm{d} t} (a_0 - f)$$

由式 (12.210) 中的第一式得

$$-\frac{\mathrm{d}^2 \xi}{\mathrm{d} t^2} 5 m = c \frac{\mathrm{d} \xi}{\mathrm{d} t} \qquad (12.211)$$

将式 (12.211) 代入式 (12.210) 中的第二式得

$$\left(\frac{2 a_1}{3} - \frac{2}{9} \frac{a_2^2}{a_3} + \frac{4}{15} \frac{c^2}{5 m} \right) \frac{\mathrm{d} \xi}{\mathrm{d} t} = 0 \qquad (12.212)$$

(1) 当 $\dfrac{2 a_1}{3} - \dfrac{2}{9} \dfrac{a_2^2}{a_3} + \dfrac{4}{15} \dfrac{c^2}{5 m} \neq 0$ 时, 得

$$\frac{\mathrm{d} \xi}{\mathrm{d} t} = 0 \qquad (12.213)$$

将式 (12.213) 代入式 (12.210) 中的最后一式, 有

$$\xi f_t = 0 \qquad (12.214)$$

a. 当 $f_t = 0$, 即 f 为常数时, 得到

$$\xi = l, \quad \eta = 0 \qquad (12.215)$$

其中 l 为任意常数。

Lie 算子为

$$X = l\frac{\partial}{\partial t} \tag{12.216}$$

式 (12.216) 表明了时间平移不变性。

b. 当 $f_t \neq 0$ 时, 有

$$\xi = 0, \quad \eta = 0 \tag{12.217}$$

此时该问题不存在对称性。

(2) 当 $\dfrac{2a_1}{3} - \dfrac{2}{9}\dfrac{a_2^2}{a_3} + \dfrac{4}{15}\dfrac{c^2}{5m} = 0$ 时, 得

$$\xi = \xi(t), \quad \eta = -\frac{1}{3}\frac{d\xi}{dt}x - \frac{1}{9}\frac{a_2}{a_3}\frac{d\xi}{dt} \tag{12.218}$$

由式 (12.211) 得

$$\xi = c_3 e^{-ct/(5m)} + c_4 \tag{12.219}$$

其中 c_3, c_4 是任意常数。

将式 (12.219) 代入式 (12.210) 中的最后一式, 有

$$\left(f - a_0 + \frac{1}{9}\frac{a_1a_2}{a_3} - \frac{4}{45}\frac{a_2}{a_3}\frac{c^2}{5m}\right)\frac{c}{5m}c_3 e^{-ct/(5m)} = \left(c_3 e^{-ct/(5m)} + c_4\right)f_t \tag{12.220}$$

a. 当 $f - a_0 + \dfrac{1}{9}\dfrac{a_1a_2}{a_3} - \dfrac{4}{45}\dfrac{a_2}{a_3}\dfrac{c^2}{5m} = 0$ 时, 式 (12.220) 成立。

Lie 算子为

$$X = \left(c_3 e^{-ct/(5m)} + c_4\right)\frac{\partial}{\partial t} + \left(\frac{cc_3}{15m}e^{-ct/(5m)}x + \frac{ca_2c_3}{45ma_3}e^{-ct/(5m)}\right)\frac{\partial}{\partial x} \tag{12.221}$$

b. 当 $f - a_0 + \dfrac{1}{9}\dfrac{a_1a_2}{a_3} - \dfrac{4}{45}\dfrac{a_2}{a_3}\dfrac{c^2}{5m} \neq 0$ 时, 式 (12.220) 不成立。方程无解。

12.7.1.2　Noether 守恒律

当且仅当 $c = 0$ 时, 式 (12.197) 存在 Lagrange 函数, Lagrange 函数与 $g(x)$ 的具体形式有关。同样假设 $g(x)$ 为不高于 x 的三次的多项式, 形式为式 (12.207)。Lagrange 函数为

$$\mathcal{L} = -\frac{1}{2}mx_t^2 + \frac{1}{4}a_3x^4 + \frac{1}{3}a_2x^3 + \frac{1}{2}a_1x^2 + (a_0 - f)x \tag{12.222}$$

设 Lie 算子为

$$X = \xi\left(t, x\right)\frac{\partial}{\partial t} + \eta\left(t, x\right)\frac{\partial}{\partial x} + \zeta_1\left(t, x\right)\frac{\partial}{\partial x_t} \tag{12.223}$$

其中

$$\zeta_1 = D_t\left(\eta\right) - x_t D_t\left(\xi\right) = \eta_t - x_t\xi_t = \frac{\partial\eta}{\partial t} + x_t\left(\frac{\partial\eta}{\partial x} - \frac{\partial\xi}{\partial t}\right) - x_t^2\frac{\partial\xi}{\partial x} \tag{12.224}$$

由式 (12.222)、(12.223) 得

$$X\left(\mathcal{L}\right) + \mathcal{L}D_t\left(\xi\right)$$

$$= \left(\xi\frac{\partial}{\partial t} + \eta\frac{\partial}{\partial x} + \zeta_1\frac{\partial}{\partial x_t}\right)\left[-\frac{1}{2}mx_t^2 + \frac{1}{4}a_3x^4 + \frac{1}{3}a_2x^3 + \frac{1}{2}a_1x^2 + (a_0 - f)x\right]$$

$$+ \left[-\frac{1}{2}mx_t^2 + \frac{1}{4}a_3x^4 + \frac{1}{3}a_2x^3 + \frac{1}{2}a_1x^2 + (a_0 - f)x\right]\xi_t$$

$$= -\xi f_t x + \eta\left(a_3x^3 + a_2x^2 + a_1x + a_0 - f\right) - \zeta_1 mx_t$$

$$+ \left[-\frac{1}{2}mx_t^2 + \frac{1}{4}a_3x^4 + \frac{1}{3}a_2x^3 + \frac{1}{2}a_1x^2 + (a_0 - f)x\right]\xi_t$$

$$= -\xi f_t x + \eta\left(a_3x^3 + a_2x^2 + a_1x + a_0 - f\right) - \left[\frac{\partial\eta}{\partial t} + x_t\left(\frac{\partial\eta}{\partial x} - \frac{\partial\xi}{\partial t}\right) - x_t^2\frac{\partial\xi}{\partial x}\right]mx_t$$

$$+ \left[-\frac{1}{2}mx_t^2 + \frac{1}{4}a_3x^4 + \frac{1}{3}a_2x^3 + \frac{1}{2}a_1x^2 + (a_0 - f)x\right]\left(\frac{\partial\xi}{\partial t} + x_t\frac{\partial\xi}{\partial x}\right)$$

$$= \frac{1}{4}a_3\frac{\partial\xi}{\partial t}x^4 + \left(\frac{1}{3}a_2\frac{\partial\xi}{\partial t} + \eta a_3\right)x^3 + \left(\frac{1}{2}a_1\frac{\partial\xi}{\partial t} + \eta a_2\right)x^2$$

$$+ \left[\eta a_1 - \xi f_t + \frac{\partial\xi}{\partial t}(a_0 - f)\right]x + (a_0 - f)\eta - m\frac{\partial\eta}{\partial t}x_t - m\left(\frac{\partial\eta}{\partial x} - \frac{1}{2}\frac{\partial\xi}{\partial t}\right)x_t^2$$

$$+ \frac{1}{2}m\frac{\partial\xi}{\partial x}x_t^3 + \frac{1}{4}a_3\frac{\partial\xi}{\partial x}x^4x_t + \frac{1}{3}a_2\frac{\partial\xi}{\partial x}x^3x_t + \frac{1}{2}a_1\frac{\partial\xi}{\partial x}x^2x_t + (a_0 - f)\frac{\partial\xi}{\partial x}xx_t \tag{12.225}$$

令 x 的各阶导数项的系数为零，得到

$$x^4 : \frac{1}{4}a_3\frac{\partial\xi}{\partial t} = 0$$

$$x^3 : \frac{1}{3}a_2\frac{\partial\xi}{\partial t} + \eta a_3 = 0$$

$$x^2 : \frac{1}{2}a_1\frac{\partial\xi}{\partial t} + \eta a_2 = 0$$

$$x^1 : \eta a_1 - \xi f_t + \frac{\partial\xi}{\partial t}(a_0 - f) = 0$$

$$x^0 : (a_0 - f)\eta = 0$$

$$x_t : m\frac{\partial\eta}{\partial t} = 0$$

$$x_t^2 : m\left(\frac{\partial\eta}{\partial x} - \frac{1}{2}\frac{\partial\xi}{\partial t}\right) = 0 \tag{12.226}$$

$$x_t^3 : \frac{1}{2}m\frac{\partial\xi}{\partial x} = 0$$

$$x_t x^4 : \frac{1}{4}a_3\frac{\partial\xi}{\partial x} = 0$$

$$x_t x^3 : \frac{1}{3}a_2\frac{\partial\xi}{\partial x} = 0$$

$$x_t x^2 : \frac{1}{2}a_1\frac{\partial\xi}{\partial x} = 0$$

$$x_t x : (a_0 - f)\frac{\partial\xi}{\partial x} = 0$$

由式 (12.226) 中的后五式得

$$\frac{\partial\xi}{\partial x} = 0 \tag{12.227}$$

(1) 当 $a_3 \neq 0$ 时, 由式 (12.226) 中的第一式, 得

$$\frac{\partial\xi}{\partial t} = 0 \tag{12.228}$$

将式 (12.228) 代入式 (12.226) 中的第二、三式, 得

$$\eta = 0 \tag{12.229}$$

由式 (12.227) 和 (12.228), 得到

$$\xi = k_1 \tag{12.230}$$

其中 k_1 为任意常数。

将式 (12.228)~(12.230) 代入式 (12.226) 中的第四式, 得

$$k_1 f_t = 0 \tag{12.231}$$

a. 当 $f_t = 0$, 即 f 为常数时, 式 (12.231) 成立。

Noether 算子为

$$\mathcal{N} = \xi + W \frac{\delta}{\delta x_t} = k_1 - x_t k_1 \frac{\partial}{\partial x_t} \tag{12.232}$$

守恒向量表达式为

$$
\begin{aligned}
C &= \mathcal{N}(\mathcal{L}) \\
&= \left(k_1 - x_t k_1 \frac{\partial}{\partial x_t} \right) \left[-\frac{1}{2} m x_t^2 + \frac{1}{4} a_3 x^4 + \frac{1}{3} a_2 x^3 + \frac{1}{2} a_1 x^2 + (a_0 - f) x \right] \\
&= k_1 \left[-\frac{1}{2} m x_t^2 + \frac{1}{4} a_3 x^4 + \frac{1}{3} a_2 x^3 + \frac{1}{2} a_1 x^2 + (a_0 - f) x \right] + k_1 m x_t^2 \\
&= k_1 \left[\frac{1}{2} m x_t^2 + \frac{1}{4} a_3 x^4 + \frac{1}{3} a_2 x^3 + \frac{1}{2} a_1 x^2 + (a_0 - f) x \right]
\end{aligned}
\tag{12.233}
$$

守恒律为

$$
\begin{aligned}
& D_t(C)|_{m\ddot{x}+c\dot{x}+a_3 x^3 + a_2 x^2 + a_1 x + a_0 = f} \\
&= D_t \left(k_1 \left[\frac{1}{2} m x_t^2 + \frac{1}{4} a_3 x^4 + \frac{1}{3} a_2 x^3 + \frac{1}{2} a_1 x^2 + (a_0 - f) x \right] \right) \bigg|_{m\ddot{x}+c\dot{x}+a_3 x^3 + a_2 x^2 + a_1 x + a_0 = f} \\
&= 0
\end{aligned}
\tag{12.234}
$$

由此推出守恒量

$$k_1 \left[\frac{1}{2} m x_t^2 + \frac{1}{4} a_3 x^4 + \frac{1}{3} a_2 x^3 + \frac{1}{2} a_1 x^2 + (a_0 - f) x \right] = E_0 \tag{12.235}$$

其中 E_0 为总能量。

b. 当 $f_t \neq 0$ 时, 式 (12.231) 不成立, 方程无解。

(2) 当 $a_3 = 0$ 时, 由式 (12.226) 中的第二式, 得

$$\frac{\partial \xi}{\partial t} = 0 \tag{12.236}$$

将式 (12.228) 代入式 (12.226) 中的第三式, 得

$$\eta = 0 \tag{12.237}$$

由式 (12.227) 和 (12.236), 同样得到

$$\xi = k_1 \tag{12.238}$$

将式 (12.228)~(12.230) 代入式 (12.226) 中的第四式，得

$$k_1 f_t = 0 \tag{12.239}$$

从而得到与 (1) 中相同的结论。

综上，当 $f_t = 0$，即 f 为常数时，Noether 算子为

$$\mathcal{N} = \xi + W\frac{\delta}{\delta x_t} = k_1 - x_t k_1 \frac{\partial}{\partial x_t} \tag{12.240}$$

守恒向量表达式为

$$
\begin{aligned}
C &= \mathcal{N}\left(\mathcal{L}\right) \\
&= \left(k_1 - x_t k_1 \frac{\partial}{\partial x_t}\right)\left[-\frac{1}{2}mx_t^2 + \frac{1}{4}a_3 x^4 + \frac{1}{3}a_2 x^3 + \frac{1}{2}a_1 x^2 + (a_0 - f)x\right] \\
&= k_1\left[-\frac{1}{2}mx_t^2 + \frac{1}{4}a_3 x^4 + \frac{1}{3}a_2 x^3 + \frac{1}{2}a_1 x^2 + (a_0 - f)x\right] + k_1 mx_t^2 \\
&= k_1\left[\frac{1}{2}mx_t^2 + \frac{1}{4}a_3 x^4 + \frac{1}{3}a_2 x^3 + \frac{1}{2}a_1 x^2 + (a_0 - f)x\right]
\end{aligned} \tag{12.241}
$$

守恒律为

$$
\begin{aligned}
&D_t\left(C\right)\big|_{m\ddot{x}+c\dot{x}+a_3 x^3+a_2 x^2+a_1 x+a_0 = f} \\
&= D_t\Bigg(k_1\Bigg[\frac{1}{2}mx_t^2 + \frac{1}{4}a_3 x^4 + \frac{1}{3}a_2 x^3 \\
&\quad + \frac{1}{2}a_1 x^2 + (a_0 - f)x\Bigg]\Bigg)\Bigg|_{m\ddot{x}+c\dot{x}+a_3 x^3+a_2 x^2+a_1 x+a_0 = f} \\
&= 0
\end{aligned} \tag{12.242}
$$

由此推出守恒量

$$k_1\left[\frac{1}{2}mx_t^2 + \frac{1}{4}a_3 x^4 + \frac{1}{3}a_2 x^3 + \frac{1}{2}a_1 x^2 + (a_0 - f)x\right] = E_0 \tag{12.243}$$

其中 E_0 为总能量。

当 $f_t \neq 0$ 时，方程无解。

12.7.2　Duffing 振动方程的对称性和守恒律

Duffing 振动方程是非线性振动中的一种具有代表性的微分方程，许多工程实际中的非线性振动问题都可以利用该方程来研究。在非线性振动中研究 Duffing 方程具有重要意义 [139,140]。

考虑 Duffing 振动方程 [140]

$$\ddot{x} + \delta\dot{x} - x + x^3 = 0 \tag{12.244}$$

其中 δ 是参数。

方程 (12.244) 写为

$$G\left(t, x, x_t, x_{tt}\right) = x_{tt} + \delta x_t - x + x^3 = 0 \tag{12.245}$$

12.7.2.1 Lie 对称性

同样设 Lie 算子为式 (12.198)，则

$$
\begin{aligned}
XG &= \left(\xi\frac{\partial}{\partial t} + \eta\frac{\partial}{\partial x} + \zeta_1\frac{\partial}{\partial x_t} + \zeta_2\frac{\partial}{\partial x_{tt}}\right)\left(x_{tt} + \delta x_t - x + x^3\right)\\
&= \eta\left(-1 + 3x^2\right) + \left(\eta_t - x_t\xi_t\right)\delta + \left(\eta_{tt} - x_t\xi_{tt} - x_{tt}\xi_t\right)\\
&= \eta\left(-1 + 3x^2\right) + \left[\frac{\partial\eta}{\partial t} + \left(\frac{\partial\eta}{\partial x} - \frac{\partial\xi}{\partial t}\right)x_t - \frac{\partial\xi}{\partial x}x_t^2\right]\delta\\
&\quad + \frac{\partial^2\eta}{\partial t^2} + x_t\left(2\frac{\partial^2\eta}{\partial t\partial x} - \frac{\partial^2\xi}{\partial t^2}\right) - x_{tt}\frac{\partial\xi}{\partial t}\\
&\quad + x_t^2\left(\frac{\partial^2\eta}{\partial x^2} - 2\frac{\partial^2\xi}{\partial t\partial x}\right) - x_{tt}x_t\frac{\partial\xi}{\partial x} - x_t^3\frac{\partial^2\xi}{\partial x^2}
\end{aligned}
\tag{12.246}
$$

对于 Lie 对称性，有

$$XG = \lambda G = \lambda\left(x_{tt} + \delta x_t - x + x^3\right) \tag{12.247}$$

由式 (12.246) 和 (12.247)，得

$$
\begin{aligned}
&\eta\left(-1 + 3x^2\right) + \left[\frac{\partial\eta}{\partial t} + \left(\frac{\partial\eta}{\partial x} - \frac{\partial\xi}{\partial t}\right)x_t - \frac{\partial\xi}{\partial x}x_t^2\right]\delta\\
&\quad + \frac{\partial^2\eta}{\partial t^2} + x_t\left(2\frac{\partial^2\eta}{\partial t\partial x} - \frac{\partial^2\xi}{\partial t^2}\right) - x_{tt}\frac{\partial\xi}{\partial t}\\
&\quad + x_t^2\left(\frac{\partial^2\eta}{\partial x^2} - 2\frac{\partial^2\xi}{\partial t\partial x}\right) - x_{tt}x_t\frac{\partial\xi}{\partial x} - x_t^3\frac{\partial^2\xi}{\partial x^2}\\
&= \lambda\left(x_{tt} + \delta x_t - x + x^3\right)
\end{aligned}
\tag{12.248}
$$

比较 x 的各阶导数项的系数可得

$$x_t x_{tt}: \frac{\partial\xi}{\partial x} = 0$$

$$x_t^3 : \frac{\partial^2 \xi}{\partial x^2} = 0$$

$$x_t^2 : -\delta \frac{\partial \xi}{\partial x} + \left(\frac{\partial^2 \eta}{\partial x^2} - 2 \frac{\partial^2 \xi}{\partial t \partial x} \right) = 0$$

$$x_{tt} : -\frac{\partial \xi}{\partial t} = \lambda$$

$$x_t : \delta \left(\frac{\partial \eta}{\partial x} - \frac{\partial \xi}{\partial t} \right) + \left(2 \frac{\partial^2 \eta}{\partial t \partial x} - \frac{\partial^2 \xi}{\partial t^2} \right) = \lambda \delta$$

$$x_t^0 : \eta \left(-1 + 3x^2 \right) + \frac{\partial \eta}{\partial t} \delta + \frac{\partial^2 \eta}{\partial t^2} = \lambda \left(-x + x^3 \right) \tag{12.249}$$

由式 (12.249) 的前四式可得

$$\frac{\partial \xi}{\partial x} = 0, \quad \frac{\partial^2 \eta}{\partial x^2} = 0, \quad \frac{\partial \xi}{\partial t} = -\lambda \tag{12.250}$$

从而得到

$$\xi = \xi (t), \quad \eta = c_1 (t) x + c_2 (t), \quad \lambda = -\frac{\mathrm{d}\xi}{\mathrm{d}t} \tag{12.251}$$

其中 c_1, c_2 是关于 t 的函数。

将式 (12.251) 代入式 (12.249) 中的后两式，得

$$\delta \left(c_1 - \frac{\mathrm{d}\xi}{\mathrm{d}t} \right) + \left(2 \frac{\mathrm{d}c_1}{\mathrm{d}t} - \frac{\mathrm{d}^2 \xi}{\mathrm{d}t^2} \right) = -\frac{\mathrm{d}\xi}{\mathrm{d}t} \delta$$

$$(c_1 x + c_2) \left(-1 + 3x^2 \right) + \frac{\mathrm{d}c_1}{\mathrm{d}t} x \delta + \frac{\mathrm{d}c_2}{\mathrm{d}t} \delta + \frac{\mathrm{d}^2 c_1}{\mathrm{d}t^2} x + \frac{\mathrm{d}^2 c_2}{\mathrm{d}t^2} = -\frac{\mathrm{d}\xi}{\mathrm{d}t} \left(-x + x^3 \right)$$

$$\tag{12.252}$$

比较式 (12.252) 中的第二式 x 的不同指数项的系数可得

$$x^3 : 3c_1 = -\frac{\mathrm{d}\xi}{\mathrm{d}t}$$

$$x^2 : 3c_2 = 0$$

$$x : -c_1 + \frac{\mathrm{d}c_1}{\mathrm{d}t} \delta + \frac{\mathrm{d}^2 c_1}{\mathrm{d}t^2} = \frac{\mathrm{d}\xi}{\mathrm{d}t} \tag{12.253}$$

$$x^0 : -c_2 + \frac{\mathrm{d}c_2}{\mathrm{d}t} \delta + \frac{\mathrm{d}^2 c_2}{\mathrm{d}t^2} = 0$$

由式 (12.253) 中的前两式和最后一式得到

$$c_1 = -\frac{1}{3} \frac{\mathrm{d}\xi}{\mathrm{d}t}, \quad c_2 = 0 \tag{12.254}$$

将式 (12.254) 代入式 (12.252) 中的第一式和式 (12.253) 中的第三式，得

$$-\delta\frac{1}{3}\frac{\mathrm{d}\xi}{\mathrm{d}t} - \delta\frac{\mathrm{d}\xi}{\mathrm{d}t} + \left(-\frac{2}{3}\frac{\mathrm{d}^2\xi}{\mathrm{d}t^2} - \frac{\mathrm{d}^2\xi}{\mathrm{d}t^2}\right) = -\frac{\mathrm{d}\xi}{\mathrm{d}t}\delta$$

$$\frac{1}{3}\frac{\mathrm{d}\xi}{\mathrm{d}t} - \frac{1}{3}\frac{\mathrm{d}^2\xi}{\mathrm{d}t^2}\delta - \frac{1}{3}\frac{\mathrm{d}^3\xi}{\mathrm{d}t^3} = \frac{\mathrm{d}\xi}{\mathrm{d}t}$$

(12.255)

由式 (12.255) 中的第一式得

$$-5\frac{\mathrm{d}^2\xi}{\mathrm{d}t^2} = \delta\frac{\mathrm{d}\xi}{\mathrm{d}t}$$

(12.256)

将式 (12.256) 代入式 (12.255) 中的第二式得

$$\frac{\mathrm{d}\xi}{\mathrm{d}t}\left(\frac{4\delta^2}{75} - \frac{2}{3}\right) = 0$$

(12.257)

(1) 当 $\delta \neq \pm\dfrac{5\sqrt{2}}{2}$ 时，得

$$\frac{\mathrm{d}\xi}{\mathrm{d}t} = 0$$

(12.258)

从而得到

$$\xi = l, \quad \eta = 0$$

(12.259)

其中 l 为任意常数。

Lie 算子为

$$X = l\frac{\partial}{\partial t}$$

(12.260)

式 (12.260) 表明了时间平移不变性。

(2) 当 $\delta = \pm\dfrac{5\sqrt{2}}{2}$ 时，得

$$\xi = \xi(t), \quad \eta = -\frac{1}{3}\frac{\mathrm{d}\xi}{\mathrm{d}t}x$$

(12.261)

由式 (12.256) 可得

$$\xi = c_3\mathrm{e}^{\mp\sqrt{2}t/2} + c_4$$

(12.262)

其中 c_3, c_4 是任意常数。

即当 $\delta = \dfrac{5\sqrt{2}}{2}$ 时，

$$\xi = c_3\mathrm{e}^{-\sqrt{2}t/2} + c_4$$

(12.263)

Lie 算子为

$$X = \left(c_3 e^{-\sqrt{2}t/2} + c_4\right)\frac{\partial}{\partial t} + \frac{\sqrt{2}c_3}{6}e^{-\sqrt{2}t/2}x\frac{\partial}{\partial x} \tag{12.264}$$

当 $\delta = -\dfrac{5\sqrt{2}}{2}$ 时,

$$\xi = c_3 e^{\sqrt{2}t/2} + c_4 \tag{12.265}$$

Lie 算子为

$$X = \left(c_3 e^{\sqrt{2}t/2} + c_4\right)\frac{\partial}{\partial t} - \frac{\sqrt{2}c_3}{6}e^{\sqrt{2}t/2}x\frac{\partial}{\partial x} \tag{12.266}$$

12.7.2.2 Noether 守恒律

当且仅当 $\delta = 0$ 时, 式 (12.245) 存在 Lagrange 函数

$$\mathcal{L} = -\frac{1}{2}x_t^2 - \frac{1}{2}x^2 + \frac{1}{4}x^4 \tag{12.267}$$

同样设 Lie 算子为式 (12.223), 从而有

$$
\begin{aligned}
&X\left(\mathcal{L}\right) + \mathcal{L}D_t\left(\xi\right) \\
&= \left(\xi\frac{\partial}{\partial t} + \eta\frac{\partial}{\partial x} + \zeta_1\frac{\partial}{\partial x_t}\right)\left(-\frac{1}{2}x_t^2 - \frac{1}{2}x^2 + \frac{1}{4}x^4\right) + \left(-\frac{1}{2}x_t^2 - \frac{1}{2}x^2 + \frac{1}{4}x^4\right)\xi_t \\
&= \eta\left(-x + x^3\right) - \zeta_1 x_t + \left(-\frac{1}{2}x_t^2 - \frac{1}{2}x^2 + \frac{1}{4}x^4\right)\xi_t \\
&= \eta\left(-x + x^3\right) - \left[\frac{\partial\eta}{\partial t} + x_t\left(\frac{\partial\eta}{\partial x} - \frac{\partial\xi}{\partial t}\right) - x_t^2\frac{\partial\xi}{\partial x}\right]x_t \\
&\quad + \left(-\frac{1}{2}x_t^2 - \frac{1}{2}x^2 + \frac{1}{4}x^4\right)\left(\frac{\partial\xi}{\partial t} + x_t\frac{\partial\xi}{\partial x}\right) \\
&= \frac{1}{4}\frac{\partial\xi}{\partial t}x^4 + \eta x^3 - \frac{1}{2}\frac{\partial\xi}{\partial t}x^2 - \eta x - \frac{\partial\eta}{\partial t}x_t - \left(\frac{\partial\eta}{\partial x} - \frac{1}{2}\frac{\partial\xi}{\partial t}\right)x_t^2 + \frac{1}{2}\frac{\partial\xi}{\partial x}x_t^3 \\
&\quad + \frac{1}{4}\frac{\partial\xi}{\partial x}x^4 x_t - \frac{1}{2}\frac{\partial\xi}{\partial x}x^2 x_t \tag{12.268}
\end{aligned}
$$

令 x 的各阶导数项的系数为零, 得到

$$x^4 : \frac{1}{4}\frac{\partial\xi}{\partial t} = 0$$

$$x^3 : \eta = 0$$

$$x^2 : \frac{1}{2}\frac{\partial \xi}{\partial t} = 0$$

$$x^1 : \eta = 0$$

$$x_t : \frac{\partial \eta}{\partial t} = 0 \tag{12.269}$$

$$x_t^2 : \frac{\partial \eta}{\partial x} - \frac{1}{2}\frac{\partial \xi}{\partial t} = 0$$

$$x_t^3 : \frac{1}{2}\frac{\partial \xi}{\partial x} = 0$$

$$x_t x^4 : \frac{1}{4}\frac{\partial \xi}{\partial x} = 0$$

$$x_t x^2 : \frac{1}{2}\frac{\partial \xi}{\partial x} = 0$$

由式 (12.269) 中的后三式得

$$\frac{\partial \xi}{\partial x} = 0 \tag{12.270}$$

由式 (12.269) 中的第一式和第三式得

$$\frac{\partial \xi}{\partial t} = 0 \tag{12.271}$$

由式 (12.270) 和 (12.271)，得到

$$\xi = k_1 \tag{12.272}$$

其中 k_1 为任意常数。

再由式 (12.269) 中的第二式和第四式，得到 Noether 算子为

$$\mathcal{N} = \xi + W\frac{\delta}{\delta x_t} = k_1 - x_t k_1 \frac{\partial}{\partial x_t} \tag{12.273}$$

守恒向量表达式为

$$\begin{aligned}
C &= \mathcal{N}(\mathcal{L}) \\
&= \left(k_1 - x_t k_1 \frac{\partial}{\partial x_t}\right)\left(-\frac{1}{2}x_t^2 - \frac{1}{2}x^2 + \frac{1}{4}x^4\right) \\
&= k_1\left(-\frac{1}{2}x_t^2 - \frac{1}{2}x^2 + \frac{1}{4}x^4\right) + k_1 x_t^2 \\
&= k_1\left(\frac{1}{2}x_t^2 - \frac{1}{2}x^2 + \frac{1}{4}x^4\right) \tag{12.274}
\end{aligned}$$

守恒律为

$$D_t\left(C\right)\big|_{\ddot{x}+\delta\dot{x}-x+x^3=0}$$

$$= D_t\left(k_1\left(\frac{1}{2}x_t^2 - \frac{1}{2}x^2 + \frac{1}{4}x^4\right)\right)\bigg|_{\ddot{x}+\delta\dot{x}-x+x^3=0}$$

$$= 0 \tag{12.275}$$

由此推出守恒量

$$k_1\left(\frac{1}{2}x_t^2 - \frac{1}{2}x^2 + \frac{1}{4}x^4\right) = E_0 \tag{12.276}$$

其中 E_0 为总能量。

12.7.3　Duffing 振动方程的分叉现象

如果某个动力系统是结构不稳定的, 则任意小的适当的扰动都会使系统的拓扑结构发生突然的质的变化, 称这种质的变化为分叉 [141]。由于分叉出现时, 系统必定是结构不稳定的, 可见分叉问题与结构稳定性问题有密切联系。

Duffing 振动方程是典型的分叉问题, 下面将分析其分叉现象 [142]。

将 Duffing 振动方程 (12.244) 写为

$$\begin{cases} \dot{x} = y \\ \dot{y} = x - x^3 - \delta y \end{cases} \tag{12.277}$$

不论 δ 为何值, 系统总有三个奇点 $(0,0)$, $(1,0)$ 和 $(-1,0)$, 原点是鞍点, $(1,0)$ 和 $(-1,0)$ 是两个焦点。

(1) 当 $\delta \neq 0$ 时, 式 (12.277) 的散度

$$\frac{\partial}{\partial x}\left(y\right) + \frac{\partial}{\partial y}\left(x - x^3 - \delta y\right) = -\delta \neq 0 \tag{12.278}$$

因此当 $\delta \neq 0$ 时, 没有闭轨和同宿轨。

(2) 当 $\delta = 0$ 时, 考虑奇点 $(0,0)$, 它的导算子

$$D\boldsymbol{f}\left(0,0\right) = \begin{pmatrix} 0 & 1 \\ 1 & 0 \end{pmatrix} \tag{12.279}$$

有两个特征值 $\lambda_1 = 1, \lambda_2 = -1$, 因此它是鞍点, 因而是双曲奇点。

下面求当 $t \to \pm\infty$ 时进入或离开 $(0,0)$ 的轨道, 即过原点的轨道。

解偏微分方程组

$$\begin{cases} \dfrac{\partial H}{\partial y} = y \\[2mm] -\dfrac{\partial H}{\partial x} = x - x^3 \end{cases} \tag{12.280}$$

得哈密顿函数

$$H = \frac{1}{2}y^2 - \frac{1}{2}x^2 + \frac{1}{4}x^4 \tag{12.281}$$

因而有一个守恒量

$$\frac{1}{2}y^2 - \frac{1}{2}x^2 + \frac{1}{4}x^4 = c \tag{12.282}$$

若曲线过原点，则有 $c = 0$，因此有

$$y = \pm x\sqrt{1 - \frac{x^2}{2}} \tag{12.283}$$

下面画出该曲线，以上面一支为例，即考虑

$$y = x\sqrt{1 - \frac{x^2}{2}} \tag{12.284}$$

显然该曲线与 x 轴的交点是 $\left(-\sqrt{2}, 0\right)$, $(0,0)$ 和 $\left(\sqrt{2}, 0\right)$。又由于

$$y' = \frac{1}{\sqrt{1 - \dfrac{x^2}{2}}}\left(1 - x^2\right) \tag{12.285}$$

由此可知，$x = \pm 1$ 是极大点。考虑到对称性，可以画出该曲线为 "∞" 字形。

下面确定当 $t \to \pm\infty$ 时曲线的走向。对应 $\lambda = 1$ 的特征向量为 $(1,1)$，于是 $E^{\lambda_1} = \{(x,y)\,|\,y = x\}$。同理 $E^{\lambda_1} = \{(x,y)\,|\,y = -x\}$。于是可以画出该曲线的走向，如图 12.2 所示。

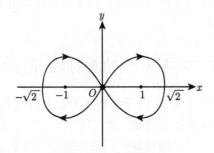

图 12.2　同宿轨

由图 12.2 可以看出，这是两根同宿轨。

另外，从式 (12.277) 可知同宿轨满足下面微分方程

$$\dot{x} = \pm x\sqrt{1 - \frac{x^2}{2}} \tag{12.286}$$

解方程 (12.286) 并利用初始条件可知两根同宿轨与时间的关系为

$$\Gamma_\pm : \left(x_\pm^0(t), y_\pm^0(t)\right) = \left(\pm\sqrt{2}\mathrm{sech}t, \mp\sqrt{2}\mathrm{sech}t \cdot \tanh t\right) \tag{12.287}$$

由于其他两个奇点是中心，不存在其他同宿轨，也不存在其他异宿轨。

因此，当 $\delta = 0$ 时，有两条同宿轨和无穷多条闭轨。

综上，在 $\delta = 0$ 附近，当参数 δ 有微小变化时，Duffing 振动方程 (12.277) 的拓扑结构发生质的变化，系统的结构是不稳定的。方程 (12.277) 在 $\delta = 0$ 处发生了多种分叉：奇点分叉、闭轨分叉和同宿分叉。

12.7.4　Duffing 振动方程的守恒律和分叉现象的关系

基于 12.7.2 节 Duffing 振动方程的 Noether 守恒律分析和 12.7.3 节分叉现象分析，探寻两者之间的关系。

(1) 当 $\delta \neq 0$ 时，由 12.7.2 节，Duffing 振动方程 (12.245) 不存在 Lagrange 函数，也就不存在 Noether 守恒律；由 12.7.3 节，没有闭轨和同宿轨。

(2) 当 $\delta = 0$ 时，由 12.7.2 节，Duffing 振动方程 (12.245) 存在 Lagrange 函数，可以推得 Noether 守恒律，得到守恒量 (12.276) $k_1\left(\frac{1}{2}x_t^2 - \frac{1}{2}x^2 + \frac{1}{4}x^4\right) = E_0$；由 12.7.3 节，有两条同宿轨和无穷多条闭轨，有守恒量 (12.282) $\frac{1}{2}y^2 - \frac{1}{2}x^2 + \frac{1}{4}x^4 = c$。

综上，当 δ 由非 0 变为 0 时，在 Noether 守恒律分析方面守恒律由无到有，在分叉现象分析方面轨道也由无到有。因此，$\delta = 0$ 是一个性质变化点，在分叉现象中称为分叉点，在该点处由 Noether 守恒律分析和分叉现象分析得到的守恒量完全等价。

12.8　颤振方程的对称性和守恒律

颤振是指在气动力的作用下，由于结构本身具有弹性和惯性，流动与结构互相耦合作用而发生的一种自激振动现象，是气动弹性力学中最重要的问题之一 [143]。本节分别考虑气动力和力矩是线性和非线性的情形，分别分析 Lie 对称性，并推导 Noether 守恒律。

考虑如下形式的颤振方程 [144]

$$m\ddot{h} + S_\alpha \ddot{\alpha} + c_h \dot{h} + k_h h = L$$
$$S_\alpha \ddot{h} + I_\alpha \ddot{\alpha} + c_\alpha \dot{\alpha} + k_\alpha \alpha = M \tag{12.288}$$

或写成矩阵形式

$$\begin{pmatrix} m & S_\alpha \\ S_\alpha & I_\alpha \end{pmatrix} \begin{pmatrix} \ddot{h} \\ \ddot{\alpha} \end{pmatrix} + \begin{pmatrix} c_h & 0 \\ 0 & c_\alpha \end{pmatrix} \begin{pmatrix} \dot{h} \\ \dot{\alpha} \end{pmatrix} + \begin{pmatrix} k_h & 0 \\ 0 & k_\alpha \end{pmatrix} \begin{pmatrix} h \\ \alpha \end{pmatrix} = \begin{pmatrix} L \\ M \end{pmatrix} \tag{12.289}$$

其中，h, α 分别表示二元机翼结构在沉浮、俯仰方向的运动，m 是单位展长机翼质量，$S_\alpha = m x_\alpha b$ 是单位展长机翼对弹性轴的质量静矩，$I_\alpha = m r_\alpha^2 b^2$ 是单位展长机翼对转轴的转动惯量，b 是半弦长，r_α 是针对弹性轴的回转半径且量纲是 1，c_h, c_α 分别是沉浮、俯仰方向的阻尼系数，k_h, k_α 分别是沉浮、俯仰方向的刚度系数，L, M 分别是非定常气动力和力矩。

令

$$\boldsymbol{M} = \begin{pmatrix} m & S_\alpha \\ S_\alpha & I_\alpha \end{pmatrix}, \quad \boldsymbol{G} = \begin{pmatrix} c_h & 0 \\ 0 & c_\alpha \end{pmatrix}, \quad \boldsymbol{K} = \begin{pmatrix} k_h & 0 \\ 0 & k_\alpha \end{pmatrix} \tag{12.290}$$
$$\boldsymbol{q} = (h, \alpha)^{\mathrm{T}}, \quad \boldsymbol{F}(\dot{\boldsymbol{q}}, \boldsymbol{q}, t) = (L, M)^{\mathrm{T}}$$

则式 (12.289) 可以表示为

$$\boldsymbol{M}\ddot{\boldsymbol{q}} + \boldsymbol{G}\dot{\boldsymbol{q}} + \boldsymbol{K}\boldsymbol{q} = \boldsymbol{F}(\dot{\boldsymbol{q}}, \boldsymbol{q}, t) \tag{12.291}$$

式 (12.291) 用张量表示为

$$f_i(\ddot{\boldsymbol{q}}, \dot{\boldsymbol{q}}, \boldsymbol{q}, t) = M_{ij}\ddot{q}_j + G_{ij}\dot{q}_j + K_{ij}q_j - F_i(\dot{\boldsymbol{q}}, \boldsymbol{q}, t) = 0, \quad i, j = 1, 2 \tag{12.292}$$

12.8.1 线性气动力和力矩

当 L, M 分别是线性气动力和力矩时，采用一阶活塞理论计算 [145]，表达式为

$$L = -\frac{4\rho_\infty v_\infty b}{M_\infty}\left[\dot{h} + (1-a)b\dot{\alpha} + v_\infty \alpha\right]$$
$$M = \frac{4\rho_\infty v_\infty b^2}{M_\infty}\left[(1-a)v_\infty \alpha + (1-a)\dot{h} + \left(\frac{4}{3} - 2a + a^2\right)b\dot{\alpha}\right] \tag{12.293}$$

因此可以将 $F_i(\dot{\boldsymbol{q}}, \boldsymbol{q}, t)$ 简化表示为

$$F_i(\dot{\boldsymbol{q}}, \boldsymbol{q}, t) = A_{ij}\dot{q}_j + B_{ij}q_j\delta_{j2} \tag{12.294}$$

其中 A_{ij}, B_{ij} 是常数。此处采用求和约定。

12.8.1.1　Lie 对称性

设 Lie 算子为

$$
\begin{aligned}
X &= \xi\frac{\partial}{\partial t} + \eta^j\frac{\partial}{\partial q_j} + \zeta_1^j\frac{\partial}{\partial \dot{q}_j} + \zeta_2^j\frac{\partial}{\partial \ddot{q}_j} \\
&= \xi\frac{\partial}{\partial t} + \eta^j\frac{\partial}{\partial q_j} + \left[D_t\left(\eta^j\right) - \dot{q}_j D_t\left(\xi\right)\right]\frac{\partial}{\partial \dot{q}_j} \\
&\quad + \left[D_t\left(D_t\left(\eta^j\right) - \dot{q}_j D_t\left(\xi\right)\right) - \ddot{q}_j D_t\left(\xi\right)\right]\frac{\partial}{\partial \ddot{q}_j} \\
&= \xi\frac{\partial}{\partial t} + \eta^j\frac{\partial}{\partial q_j} + \left[D_t\left(\eta^j\right) - \dot{q}_j D_t\left(\xi\right)\right]\frac{\partial}{\partial \dot{q}_j} \\
&\quad + \left[D_t D_t\left(\eta^j\right) - 2\ddot{q}_j D_t\left(\xi\right) - \dot{q}_j D_t D_t\left(\xi\right)\right]\frac{\partial}{\partial \ddot{q}_j}
\end{aligned}
\tag{12.295}
$$

其中

$$
D_t = \frac{\partial}{\partial t} + \dot{q}_k\frac{\partial}{\partial q_k} + \ddot{q}_k\frac{\partial}{\partial \dot{q}_k} + \cdots
\tag{12.296}
$$

$$
\begin{aligned}
D_t D_t &= \left(\frac{\partial}{\partial t} + \dot{q}_k\frac{\partial}{\partial q_k} + \ddot{q}_k\frac{\partial}{\partial \dot{q}_k} + \cdots\right)\left(\frac{\partial}{\partial t} + \dot{q}_k\frac{\partial}{\partial q_k} + \ddot{q}_k\frac{\partial}{\partial \dot{q}_k} + \cdots\right) \\
&= \frac{\partial^2}{\partial t^2} + 2\dot{q}_k\frac{\partial^2}{\partial t\partial q_k} + \dot{q}_k\dot{q}_l\frac{\partial^2}{\partial q_k\partial q_l} + \ddot{q}_k\frac{\partial^2}{\partial t\partial \dot{q}_k} + \ddot{q}_k\frac{\partial}{\partial q_k} + \cdots
\end{aligned}
$$

将式 (12.296) 代入式 (12.295), 得

$$
\begin{aligned}
X &= \xi\frac{\partial}{\partial t} + \eta^j\frac{\partial}{\partial q_j} + \left[\frac{\partial\eta^j}{\partial t} + \dot{q}_k\frac{\partial\eta^j}{\partial q_k} - \dot{q}_j\frac{\partial\xi}{\partial t} - \dot{q}_j\dot{q}_k\frac{\partial\xi}{\partial q_k}\right]\frac{\partial}{\partial \dot{q}_j} \\
&\quad + \left[\left(\frac{\partial}{\partial t} + \dot{q}_l\frac{\partial}{\partial q_l} + \ddot{q}_l\frac{\partial}{\partial \dot{q}_l}\right)\left(\frac{\partial\eta^j}{\partial t} + \dot{q}_k\frac{\partial\eta^j}{\partial q_k}\right) - 2\ddot{q}_j\left(\frac{\partial\xi}{\partial t} + \dot{q}_k\frac{\partial\xi}{\partial q_k}\right)\right. \\
&\quad \left. - \dot{q}_j\left(\frac{\partial}{\partial t} + \dot{q}_l\frac{\partial}{\partial q_l} + \ddot{q}_l\frac{\partial}{\partial \dot{q}_l}\right)\left(\frac{\partial\xi}{\partial t} + \dot{q}_k\frac{\partial\xi}{\partial q_k}\right)\right]\frac{\partial}{\partial \ddot{q}_j} \\
&= \xi\frac{\partial}{\partial t} + \eta^j\frac{\partial}{\partial q_j} + \left[\frac{\partial\eta^j}{\partial t} + \dot{q}_k\frac{\partial\eta^j}{\partial q_k} - \dot{q}_j\frac{\partial\xi}{\partial t} - \dot{q}_j\dot{q}_k\frac{\partial\xi}{\partial q_k}\right]\frac{\partial}{\partial \dot{q}_j} \\
&\quad + \left[\left(\frac{\partial^2\eta^j}{\partial t^2} + 2\dot{q}_k\frac{\partial^2\eta^j}{\partial t\partial q_k} + \dot{q}_k\dot{q}_l\frac{\partial^2\eta^j}{\partial q_k\partial q_l} + \ddot{q}_k\frac{\partial\eta^j}{\partial q_k}\right) - 2\ddot{q}_j\left(\frac{\partial\xi}{\partial t} + \dot{q}_k\frac{\partial\xi}{\partial q_k}\right)\right. \\
&\quad \left. - \dot{q}_j\left(\frac{\partial^2\xi}{\partial t^2} + 2\dot{q}_k\frac{\partial^2\xi}{\partial t\partial q_k} + \dot{q}_k\dot{q}_l\frac{\partial^2\xi}{\partial q_k\partial q_l} + \ddot{q}_k\frac{\partial\xi}{\partial q_k}\right)\right]\frac{\partial}{\partial \ddot{q}_j}
\end{aligned}
\tag{12.297}
$$

Lie 对称性要求

$$X f_i\left(\ddot{\boldsymbol{q}}, \dot{\boldsymbol{q}}, \boldsymbol{q}, t\right)=\lambda_{ij}\left[M_{ij}\ddot{q}_j+G_{ij}\dot{q}_j+K_{ij}q_j-F_i\left(\dot{\boldsymbol{q}}, \boldsymbol{q}, t\right)\right] \tag{12.298}$$

即

$$
\begin{aligned}
& X f_i\left(\ddot{\boldsymbol{q}}, \dot{\boldsymbol{q}}, \boldsymbol{q}, t\right) \\
={} & \left\{\xi\frac{\partial}{\partial t}+\eta^j\frac{\partial}{\partial q_j}+\left[\frac{\partial\eta^j}{\partial t}+\dot{q}_k\frac{\partial\eta^j}{\partial q_k}-\dot{q}_j\frac{\partial\xi}{\partial t}-\dot{q}_j\dot{q}_k\frac{\partial\xi}{\partial q_k}\right]\frac{\partial}{\partial\dot{q}_j}\right. \\
& +\left[\left(\frac{\partial^2\eta^j}{\partial t^2}+2\dot{q}_k\frac{\partial^2\eta^j}{\partial t\partial q_k}+\dot{q}_k\dot{q}_l\frac{\partial^2\eta^j}{\partial q_k\partial q_l}+\ddot{q}_k\frac{\partial\eta^j}{\partial q_k}\right)-2\ddot{q}_j\left(\frac{\partial\xi}{\partial t}+\dot{q}_k\frac{\partial\xi}{\partial q_k}\right)\right. \\
& \left.\left.-\dot{q}_j\left(\frac{\partial^2\xi}{\partial t^2}+2\dot{q}_k\frac{\partial^2\xi}{\partial t\partial q_k}+\dot{q}_k\dot{q}_l\frac{\partial^2\xi}{\partial q_k\partial q_l}+\ddot{q}_k\frac{\partial\xi}{\partial q_k}\right)\right]\frac{\partial}{\partial\ddot{q}_j}\right\} \\
& \times\left[M_{ij}\ddot{q}_j+G_{ij}\dot{q}_j+K_{ij}q_j-F_i\left(\dot{\boldsymbol{q}}, \boldsymbol{q}, t\right)\right] \\
={} & K_{ij}\eta^j-\xi\frac{\partial F_i\left(\dot{\boldsymbol{q}}, \boldsymbol{q}, t\right)}{\partial t}-\eta^j\frac{\partial F_i\left(\dot{\boldsymbol{q}}, \boldsymbol{q}, t\right)}{\partial q_j}+\left[\frac{\partial\eta^j}{\partial t}+\dot{q}_k\frac{\partial\eta^j}{\partial q_k}-\dot{q}_j\frac{\partial\xi}{\partial t}-\dot{q}_j\dot{q}_k\frac{\partial\xi}{\partial q_k}\right] \\
& \times\left[G_{ij}-\frac{\partial F_i\left(\dot{\boldsymbol{q}}, \boldsymbol{q}, t\right)}{\partial\dot{q}_j}\right]+M_{ij}\left[\left(\frac{\partial^2\eta^j}{\partial t^2}+2\dot{q}_k\frac{\partial^2\eta^j}{\partial t\partial q_k}+\dot{q}_k\dot{q}_l\frac{\partial^2\eta^j}{\partial q_k\partial q_l}+\ddot{q}_k\frac{\partial\eta^j}{\partial q_k}\right)\right. \\
& \left.-2\ddot{q}_j\left(\frac{\partial\xi}{\partial t}+\dot{q}_k\frac{\partial\xi}{\partial q_k}\right)-\dot{q}_j\left(\frac{\partial^2\xi}{\partial t^2}+2\dot{q}_k\frac{\partial^2\xi}{\partial t\partial q_k}+\dot{q}_k\dot{q}_l\frac{\partial^2\xi}{\partial q_k\partial q_l}+\ddot{q}_k\frac{\partial\xi}{\partial q_k}\right)\right] \\
={} & \lambda_{ij}\left[M_{ij}\ddot{q}_j+G_{ij}\dot{q}_j+K_{ij}q_j-F_i\left(\dot{\boldsymbol{q}}, \boldsymbol{q}, t\right)\right] \tag{12.299}
\end{aligned}
$$

整理，得

$$
\begin{aligned}
& \lambda_{ij}F_j\left(\dot{\boldsymbol{q}}, \boldsymbol{q}, t\right)-\xi\frac{\partial F_i\left(\dot{\boldsymbol{q}}, \boldsymbol{q}, t\right)}{\partial t}-\eta^j\frac{\partial F_i\left(\dot{\boldsymbol{q}}, \boldsymbol{q}, t\right)}{\partial q_j}+\left(\frac{\partial\eta^j}{\partial t}+\dot{q}_k\frac{\partial\eta^j}{\partial q_k}-\dot{q}_j\frac{\partial\xi}{\partial t}\right. \\
& \left.-\dot{q}_j\dot{q}_k\frac{\partial\xi}{\partial q_k}\right)\frac{\partial F_i\left(\dot{\boldsymbol{q}}, \boldsymbol{q}, t\right)}{\partial\dot{q}_j}+K_{ij}\eta^j+G_{ij}\frac{\partial\eta^j}{\partial t}+M_{ij}\frac{\partial^2\eta^j}{\partial t^2}-\lambda_{ik}K_{kj}q_j \\
& +\dot{q}_j\left(G_{ik}\frac{\partial\eta^k}{\partial q_j}-G_{ij}\frac{\partial\xi}{\partial t}+2M_{ik}\frac{\partial^2\eta^k}{\partial t\partial q_j}-M_{ij}\frac{\partial^2\xi}{\partial t^2}-\lambda_{ik}G_{kj}\right) \\
& +\dot{q}_j\dot{q}_k\left(-G_{ij}\frac{\partial\xi}{\partial q_k}+M_{il}\frac{\partial^2\eta^l}{\partial q_k\partial q_j}-2M_{ij}\frac{\partial^2\xi}{\partial t\partial q_k}\right)+\ddot{q}_j\left(M_{ik}\frac{\partial\eta^k}{\partial q_j}-2M_{ij}\frac{\partial\xi}{\partial t}\right. \\
& \left.-\lambda_{ik}M_{kj}\right)-\dot{q}_j\dot{q}_k\dot{q}_l M_{ij}\frac{\partial^2\xi}{\partial q_k\partial q_l}-\dot{q}_j\ddot{q}_k\left(2M_{ik}\frac{\partial\xi}{\partial q_j}+M_{ij}\frac{\partial\xi}{\partial q_k}\right)=0 \tag{12.300}
\end{aligned}
$$

将式 (12.294) 代入式 (12.300)，得

$$\lambda_{ij}\left(A_{jk}\dot{q}_k + B_{jk}q_k\delta_{k2}\right) - \xi\frac{\partial}{\partial t}\left(A_{ij}\dot{q}_j + B_{ij}q_j\delta_{j2}\right) - \eta^j\frac{\partial}{\partial q_j}\left(A_{ij}\dot{q}_j + B_{ij}q_j\delta_{j2}\right)$$

$$+ \left[\frac{\partial\eta^j}{\partial t} + \dot{q}_k\frac{\partial\eta^j}{\partial q_k} - \dot{q}_j\frac{\partial\xi}{\partial t} - \dot{q}_j\dot{q}_k\frac{\partial\xi}{\partial q_k}\right]\frac{\partial}{\partial\dot{q}_j}\left(A_{ij}\dot{q}_j + B_{ij}q_j\delta_{j2}\right) + K_{ij}\eta^j + G_{ij}\frac{\partial\eta^j}{\partial t}$$

$$+ M_{ij}\frac{\partial^2\eta^j}{\partial t^2} - \lambda_{ik}K_{kj}q_j + \dot{q}_j\left(G_{ik}\frac{\partial\eta^k}{\partial q_j} - G_{ij}\frac{\partial\xi}{\partial t} + 2M_{ik}\frac{\partial^2\eta^k}{\partial t\partial q_j} - M_{ij}\frac{\partial^2\xi}{\partial t^2} - \lambda_{ik}G_{kj}\right)$$

$$+ \dot{q}_j\dot{q}_k\left(-G_{ij}\frac{\partial\xi}{\partial q_k} + M_{il}\frac{\partial^2\eta^l}{\partial q_k\partial q_j} - 2M_{ij}\frac{\partial^2\xi}{\partial t\partial q_k}\right) + \ddot{q}_j\left(M_{ik}\frac{\partial\eta^k}{\partial q_j} - 2M_{ij}\frac{\partial\xi}{\partial t}\right.$$

$$\left.- \lambda_{ik}M_{kj}\right) - \dot{q}_j\dot{q}_k\dot{q}_l M_{ij}\frac{\partial^2\xi}{\partial q_k\partial q_l} - \dot{q}_j\ddot{q}_k\left(2M_{ik}\frac{\partial\xi}{\partial q_j} + M_{ij}\frac{\partial\xi}{\partial q_k}\right) = 0 \qquad (12.301)$$

整理，得

$$K_{ij}\eta^j + (G_{ij} + A_{ij})\frac{\partial\eta^j}{\partial t} + M_{ij}\frac{\partial^2\eta^j}{\partial t^2} - B_{ij}\eta^j\delta_{j2} + (\lambda_{ik}B_{kj}\delta_{j2} - \lambda_{ik}K_{kj})q_j$$

$$+ \dot{q}_j\left[\lambda_{ik}A_{kj} + A_{ik}\frac{\partial\eta^k}{\partial q_j} + G_{ik}\frac{\partial\eta^k}{\partial q_j} - (G_{ij} + A_{ij})\frac{\partial\xi}{\partial t} + 2M_{ik}\frac{\partial^2\eta^k}{\partial t\partial q_j} - M_{ij}\frac{\partial^2\xi}{\partial t^2}\right.$$

$$\left.- \lambda_{ik}G_{kj}\right] + \dot{q}_j\dot{q}_k\left(-G_{ij}\frac{\partial\xi}{\partial q_k} + M_{il}\frac{\partial^2\eta^l}{\partial q_k\partial q_j} - 2M_{ij}\frac{\partial^2\xi}{\partial t\partial q_k}\right) + \ddot{q}_j\left(M_{ik}\frac{\partial\eta^k}{\partial q_j}\right.$$

$$\left.- 2M_{ij}\frac{\partial\xi}{\partial t} - \lambda_{ik}M_{kj}\right) - \dot{q}_j\dot{q}_k\dot{q}_l M_{ij}\frac{\partial^2\xi}{\partial q_k\partial q_l} - \dot{q}_j\ddot{q}_k\left[2M_{ik}\frac{\partial\xi}{\partial q_j} + (M_{ij} + A_{ij})\frac{\partial\xi}{\partial q_k}\right]$$

$$= 0 \qquad (12.302)$$

从而得到微分方程组

$$K_{ij}\eta^j + (G_{ij} + A_{ij})\frac{\partial\eta^j}{\partial t} + M_{ij}\frac{\partial^2\eta^j}{\partial t^2} - B_{ij}\eta^j\delta_{j2} = 0$$

$$\lambda_{ik}B_{kj}\delta_{j2} - \lambda_{ik}K_{kj} = 0$$

$$\lambda_{ik}A_{kj} + A_{ik}\frac{\partial\eta^k}{\partial q_j} + G_{ik}\frac{\partial\eta^k}{\partial q_j} - (G_{ij} + A_{ij})\frac{\partial\xi}{\partial t} + 2M_{ik}\frac{\partial^2\eta^k}{\partial t\partial q_j} - M_{ij}\frac{\partial^2\xi}{\partial t^2} - \lambda_{ik}G_{kj} = 0$$

$$- G_{ij}\frac{\partial\xi}{\partial q_k} + M_{il}\frac{\partial^2\eta^l}{\partial q_k\partial q_j} - 2M_{ij}\frac{\partial^2\xi}{\partial t\partial q_k} = 0$$

$$M_{ik}\frac{\partial\eta^k}{\partial q_j} - 2M_{ij}\frac{\partial\xi}{\partial t} - \lambda_{ik}M_{kj} = 0$$

$$M_{ij}\frac{\partial^2 \xi}{\partial q_k \partial q_l} = 0$$

$$2M_{ik}\frac{\partial \xi}{\partial q_j} + (M_{ij} + A_{ij})\frac{\partial \xi}{\partial q_k} = 0 \tag{12.303}$$

由式 (12.303) 中的第一式得

$$K_{11}\eta^1 + (G_{11} + A_{11})\frac{\partial \eta^1}{\partial t} + A_{12}\frac{\partial \eta^2}{\partial t} + M_{11}\frac{\partial^2 \eta^1}{\partial t^2} + M_{12}\frac{\partial^2 \eta^2}{\partial t^2} - B_{12}\eta^2 = 0$$

$$K_{22}\eta^2 + A_{21}\frac{\partial \eta^1}{\partial t} + (G_{22} + A_{22})\frac{\partial \eta^2}{\partial t} + M_{21}\frac{\partial^2 \eta^1}{\partial t^2} + M_{22}\frac{\partial^2 \eta^2}{\partial t^2} - B_{22}\eta^2 = 0 \tag{12.304}$$

由式 (12.303) 中的第二式得

$$\begin{aligned} \lambda_{11}B_{12} + \lambda_{12}(B_{22} - K_{22}) = 0, &\quad \lambda_{11}K_{11} = 0 \\ \lambda_{21}B_{12} + \lambda_{22}(B_{22} - K_{22}) = 0, &\quad \lambda_{21}K_{11} = 0 \end{aligned} \tag{12.305}$$

由式 (12.303) 中的第三式得

$$(A_{11} + G_{11})\frac{\partial \eta^1}{\partial q_1} + A_{12}\frac{\partial \eta^2}{\partial q_1} + \lambda_{11}(A_{11} - G_{11}) + \lambda_{12}A_{21} + 2M_{11}\frac{\partial^2 \eta^1}{\partial t \partial q_1}$$

$$+ 2M_{12}\frac{\partial^2 \eta^2}{\partial t \partial q_1} - (G_{11} + A_{11})\frac{\partial \xi}{\partial t} - M_{11}\frac{\partial^2 \xi}{\partial t^2} = 0$$

$$(A_{11} + G_{11})\frac{\partial \eta^1}{\partial q_2} + A_{12}\frac{\partial \eta^2}{\partial q_2} + \lambda_{11}A_{12} + \lambda_{12}(A_{22} - G_{22}) + 2M_{11}\frac{\partial^2 \eta^1}{\partial t \partial q_2}$$

$$+ 2M_{12}\frac{\partial^2 \eta^2}{\partial t \partial q_2} - (G_{12} + A_{12})\frac{\partial \xi}{\partial t} - M_{12}\frac{\partial^2 \xi}{\partial t^2} = 0$$

$$A_{21}\frac{\partial \eta^1}{\partial q_1} + (A_{22} + G_{22})\frac{\partial \eta^2}{\partial q_1} + \lambda_{21}(A_{11} - G_{11}) + \lambda_{22}A_{21} + 2M_{21}\frac{\partial^2 \eta^1}{\partial t \partial q_1}$$

$$+ 2M_{12}\frac{\partial^2 \eta^2}{\partial t \partial q_1} - A_{21}\frac{\partial \xi}{\partial t} - M_{21}\frac{\partial^2 \xi}{\partial t^2} = 0$$

$$A_{21}\frac{\partial \eta^1}{\partial q_2} + (A_{22} + G_{22})\frac{\partial \eta^2}{\partial q_2} + \lambda_{21}A_{12} + \lambda_{22}(A_{22} - G_{22}) + 2M_{21}\frac{\partial^2 \eta^1}{\partial t \partial q_2}$$

$$+ 2M_{22}\frac{\partial^2 \eta^2}{\partial t \partial q_2} - (G_{22} + A_{22})\frac{\partial \xi}{\partial t} - M_{22}\frac{\partial^2 \xi}{\partial t^2} = 0 \tag{12.306}$$

由式 (12.303) 中的第五式得

$$M_{11}\frac{\partial \eta^1}{\partial q_1} - \lambda_{11}M_{11} + M_{12}\frac{\partial \eta^2}{\partial q_1} - \lambda_{12}M_{21} - 2M_{11}\frac{\partial \xi}{\partial t} = 0$$

$$M_{11}\frac{\partial \eta^1}{\partial q_2} - \lambda_{11}M_{12} + M_{12}\frac{\partial \eta^2}{\partial q_2} - \lambda_{12}M_{22} - 2M_{12}\frac{\partial \xi}{\partial t} = 0$$

$$M_{21}\frac{\partial \eta^1}{\partial q_1} - \lambda_{21}M_{k1} + M_{22}\frac{\partial \eta^2}{\partial q_1} - \lambda_{22}M_{21} - 2M_{21}\frac{\partial \xi}{\partial t} = 0$$

$$M_{21}\frac{\partial \eta^1}{\partial q_2} - \lambda_{21}M_{12} + M_{22}\frac{\partial \eta^2}{\partial q_2} - \lambda_{22}M_{22} - 2M_{22}\frac{\partial \xi}{\partial t} = 0 \tag{12.307}$$

由式 (12.303) 中的第六式得

$$\xi = C_1(t)q_1 + C_2(t)q_2 + C_\xi(t) \tag{12.308}$$

将式 (12.308) 代入式 (12.303) 中的第四式得

$$-G_{11}C_1(t) + M_{11}\frac{\partial^2 \eta^1}{\partial q_1 \partial q_1} + M_{12}\frac{\partial^2 \eta^2}{\partial q_1 \partial q_1} - 2M_{11}\frac{\mathrm{d}C_1(t)}{\mathrm{d}t} = 0$$

$$-G_{11}C_2(t) + M_{11}\frac{\partial^2 \eta^1}{\partial q_2 \partial q_1} + M_{12}\frac{\partial^2 \eta^2}{\partial q_2 \partial q_1} - 2M_{11}\frac{\mathrm{d}C_2(t)}{\mathrm{d}t} = 0$$

$$-G_{22}C_1(t) + M_{21}\frac{\partial^2 \eta^1}{\partial q_1 \partial q_2} + M_{22}\frac{\partial^2 \eta^2}{\partial q_1 \partial q_2} - 2M_{22}\frac{\mathrm{d}C_1(t)}{\mathrm{d}t} = 0$$

$$-G_{22}C_2(t) + M_{21}\frac{\partial^2 \eta^1}{\partial q_2 \partial q_2} + M_{22}\frac{\partial^2 \eta^2}{\partial q_2 \partial q_2} - 2M_{22}\frac{\mathrm{d}C_2(t)}{\mathrm{d}t} = 0$$

$$M_{11}\frac{\partial^2 \eta^1}{\partial q_2 \partial q_1} + M_{12}\frac{\partial^2 \eta^2}{\partial q_2 \partial q_1} - 2M_{12}\frac{\mathrm{d}C_1(t)}{\mathrm{d}t} = 0$$

$$M_{11}\frac{\partial^2 \eta^1}{\partial q_2 \partial q_2} + M_{12}\frac{\partial^2 \eta^2}{\partial q_2 \partial q_2} - 2M_{12}\frac{\mathrm{d}C_2(t)}{\mathrm{d}t} = 0$$

$$M_{21}\frac{\partial^2 \eta^1}{\partial q_1 \partial q_1} + M_{22}\frac{\partial^2 \eta^2}{\partial q_1 \partial q_1} - 2M_{21}\frac{\mathrm{d}C_1(t)}{\mathrm{d}t} = 0$$

$$M_{21}\frac{\partial^2 \eta^1}{\partial q_1 \partial q_2} + M_{22}\frac{\partial^2 \eta^2}{\partial q_1 \partial q_2} - 2M_{21}\frac{\mathrm{d}C_2(t)}{\mathrm{d}t} = 0 \tag{12.309}$$

将式 (12.308) 代入式 (12.303) 中的最后一式得

$$2M_{11}C_1(t) + (M_{11} + A_{11})C_1(t) = 0, \quad 2M_{11}C_2(t) + (M_{12} + A_{12})C_1(t) = 0$$
$$2M_{12}C_1(t) + (M_{11} + A_{11})C_2(t) = 0, \quad 2M_{12}C_2(t) + (M_{12} + A_{12})C_2(t) = 0$$
$$2M_{21}C_1(t) + (M_{21} + A_{21})C_1(t) = 0, \quad 2M_{21}C_2(t) + (M_{22} + A_{22})C_1(t) = 0$$
$$2M_{22}C_1(t) + (M_{21} + A_{21})C_2(t) = 0, \quad 2M_{22}C_2(t) + (M_{22} + A_{22})C_2(t) = 0$$

$$\tag{12.310}$$

综合式 (12.305)~(12.310)，得

$$
\xi = C_\xi, \quad C_1(t) = 0, \quad C_2(t) = 0, \quad \eta^1 = \eta^1(t), \quad \eta^2 = \eta^2(t)
$$
$$
\lambda_{11} = 0, \quad \lambda_{21} = 0, \quad \lambda_{12} = 0, \quad \lambda_{22} = 0 \tag{12.311}
$$

对于式 (12.304)，写成矩阵形式为

$$
\begin{pmatrix} M_{11} & M_{12} \\ M_{21} & M_{22} \end{pmatrix} \begin{pmatrix} \dfrac{\mathrm{d}^2\eta^1}{\mathrm{d}t^2} \\ \dfrac{\mathrm{d}^2\eta^2}{\mathrm{d}t^2} \end{pmatrix} + \begin{pmatrix} G_{11}+A_{11} & A_{12} \\ A_{21} & G_{22}+A_{22} \end{pmatrix} \begin{pmatrix} \dfrac{\mathrm{d}\eta^1}{\mathrm{d}t} \\ \dfrac{\mathrm{d}\eta^2}{\mathrm{d}t} \end{pmatrix}
$$
$$
+ \begin{pmatrix} K_{11} & -B_{12} \\ 0 & K_{22}-B_{22} \end{pmatrix} \begin{pmatrix} \eta^1 \\ \eta^2 \end{pmatrix} = 0 \tag{12.312}
$$

令

$$
\mu^1 = \frac{\mathrm{d}\eta^1}{\mathrm{d}t}, \quad \mu^2 = \frac{\mathrm{d}\eta^2}{\mathrm{d}t} \tag{12.313}
$$

从而将式 (12.312) 表示为

$$
\begin{pmatrix} M_{11} & M_{12} & 0 & 0 \\ M_{21} & M_{22} & 0 & 0 \\ 0 & 0 & 1 & 0 \\ 0 & 0 & 0 & 1 \end{pmatrix} \frac{\mathrm{d}}{\mathrm{d}t} \begin{pmatrix} \mu^1 \\ \mu^2 \\ \eta^1 \\ \eta^2 \end{pmatrix}
$$
$$
= \begin{pmatrix} -(G_{11}+A_{11}) & -A_{12} & -K_{11} & -B_{12} \\ -A_{21} & -(G_{22}+A_{22}) & 0 & -(K_{22}-B_{22}) \\ 1 & 0 & 0 & 0 \\ 0 & 1 & 0 & 0 \end{pmatrix} \begin{pmatrix} \mu^1 \\ \mu^2 \\ \eta^1 \\ \eta^2 \end{pmatrix} \tag{12.314}
$$

由式 (12.314) 可得到

$$
\begin{pmatrix} \mu^1 \\ \mu^2 \\ \eta^1 \\ \eta^2 \end{pmatrix} = \begin{pmatrix} \mu_0^1 \\ \mu_0^2 \\ \eta_0^1 \\ \eta_0^2 \end{pmatrix} \exp\left[\begin{pmatrix} -(\boldsymbol{G}+\boldsymbol{A}) & -(\boldsymbol{K}+\boldsymbol{B}) \\ \boldsymbol{I} & \boldsymbol{O} \end{pmatrix} t \right] \tag{12.315}
$$

其中 $\mu_0^1, \mu_0^2, \eta_0^1, \eta_0^2$ 是参数。从而求得 η^1, η^2，进一步得到 Lie 算子

$$
X = C_\xi \frac{\partial}{\partial t} + \eta^j \frac{\partial}{\partial q_j} + D_t(\eta^j) \frac{\partial}{\partial \dot{q}_j} + D_t D_t(\eta^j) \frac{\partial}{\partial \ddot{q}_j} \tag{12.316}
$$

12.8.1.2　Noether 守恒律

线性气动力和力矩情况下，式 (12.292) 为

$$M_{ij}\ddot{q}_j + G_{ij}\dot{q}_j + K_{ij}q_j - A_{ij}\dot{q}_j - B_{ij}q_j\delta_{j2} = 0 \tag{12.317}$$

当且仅当 $G_{ij} = A_{ij}$ 时，存在 Lagrange 函数

$$\mathcal{L} = \frac{1}{2}\left(K_{ij} - B_{ij}\delta_{j2}\right)q_iq_j - \frac{1}{2}M_{ij}\dot{q}_i\dot{q}_j \tag{12.318}$$

设 Lie 算子为

$$
\begin{aligned}
X &= \xi\frac{\partial}{\partial t} + \eta^j\frac{\partial}{\partial q_j} + \zeta_1^j\frac{\partial}{\partial \dot{q}_j}\\
&= \xi\frac{\partial}{\partial t} + \eta^j\frac{\partial}{\partial q_j} + \left[D_t\left(\eta^j\right) - \dot{q}_jD_t\left(\xi\right)\right]\frac{\partial}{\partial \dot{q}_j}\\
&= \xi\frac{\partial}{\partial t} + \eta^j\frac{\partial}{\partial q_j} + \left[\frac{\partial\eta^j}{\partial t} + \dot{q}_k\frac{\partial\eta^j}{\partial q_k} - \dot{q}_j\frac{\partial\xi}{\partial t} - \dot{q}_j\dot{q}_k\frac{\partial\xi}{\partial q_k}\right]\frac{\partial}{\partial \dot{q}_j}
\end{aligned} \tag{12.319}
$$

Noether 定理要求

$$X\left(\mathcal{L}\right) + \mathcal{L}D_t\left(\xi\right) = 0 \tag{12.320}$$

将式 (12.318)、式 (12.319) 代入式 (12.320)，得

$$
\begin{aligned}
&\left[\xi\frac{\partial}{\partial t} + \eta^j\frac{\partial}{\partial q_j} + \left(\frac{\partial\eta^j}{\partial t} + \dot{q}_k\frac{\partial\eta^j}{\partial q_k} - \dot{q}_j\frac{\partial\xi}{\partial t} - \dot{q}_j\dot{q}_k\frac{\partial\xi}{\partial q_k}\right)\frac{\partial}{\partial \dot{q}_j}\right]\left[\frac{1}{2}\left(K_{ij} - B_{ij}\delta_{j2}\right)q_iq_j\right.\\
&\left.- \frac{1}{2}M_{ij}\dot{q}_i\dot{q}_j\right] + \left[\frac{1}{2}\left(K_{ij} - B_{ij}\delta_{j2}\right)q_iq_j - \frac{1}{2}M_{ij}\dot{q}_i\dot{q}_j\right]D_t\left(\xi\right) = 0
\end{aligned} \tag{12.321}
$$

化简得

$$
\begin{aligned}
&\eta^j\left(K_{ij} - B_{ij}\delta_{j2}\right)q_i + \frac{1}{2}\frac{\partial\xi}{\partial t}\left(K_{ij} - B_{ij}\delta_{j2}\right)q_iq_j + \frac{\partial\eta^j}{\partial t}M_{ij}\dot{q}_i\\
&+ M_{ij}\left(\frac{\partial\eta^j}{\partial q_k}\delta_{jk} - \frac{3}{2}\frac{\partial\xi}{\partial t}\right)\dot{q}_i\dot{q}_j - \frac{3}{2}M_{ij}\frac{\partial\xi}{\partial q_k}\dot{q}_i\dot{q}_j\dot{q}_k + \frac{1}{2}\left(K_{ij} - B_{ij}\delta_{j2}\right)\frac{\partial\xi}{\partial q_k}q_iq_j\dot{q}_k = 0
\end{aligned} \tag{12.322}
$$

由式 (12.322) 得微分方程组

$$\eta^j \left(K_{ij} - B_{ij}\delta_{j2}\right) = 0$$

$$\frac{1}{2}\frac{\partial \xi}{\partial t}\left(K_{ij} - B_{ij}\delta_{j2}\right) = 0$$

$$\frac{\partial \eta^j}{\partial t}M_{ij} = 0$$

$$M_{ij}\left(\frac{\partial \eta^j}{\partial q_k}\delta_{jk} - \frac{3}{2}\frac{\partial \xi}{\partial t}\right) = 0 \tag{12.323}$$

$$M_{ij}\frac{\partial \xi}{\partial q_k} = 0$$

$$\frac{1}{2}\left(K_{ij} - B_{ij}\delta_{j2}\right)\frac{\partial \xi}{\partial q_k} = 0$$

从而求得

$$K_{11}\eta^1 - B_{12}\eta^2 = 0, \quad \eta^2\left(K_{22} - B_{22}\right) = 0, \quad \frac{\partial \xi}{\partial t} = 0, \quad \frac{\partial \xi}{\partial q_k} = 0$$

$$\frac{\partial \eta^1}{\partial t} = 0, \quad \frac{\partial \eta^2}{\partial t} = 0, \quad \frac{\partial \eta^1}{\partial q_1} = 0, \quad \frac{\partial \eta^2}{\partial q_2} = 0 \tag{12.324}$$

最终解得

$$\xi = c_\xi, \quad \eta^1 = \eta^2 = 0 \tag{12.325}$$

其中 c_ξ 为任意常数。

因此 Lie 算子为

$$X = c_\xi\frac{\partial}{\partial t} \tag{12.326}$$

式 (12.326) 表明了时间平移不变性，Noether 算子为

$$\mathcal{N} = c_\xi - c_\xi\dot{q}_1\frac{\delta}{\delta\dot{q}_1} - c_\xi\dot{q}_2\frac{\delta}{\delta\dot{q}_2} \tag{12.327}$$

守恒向量为

$$C = \mathcal{N}\left(\mathcal{L}\right)$$

$$= \left(c_\xi - c_\xi\dot{q}_i\frac{\delta}{\delta\dot{q}_i}\right)\left[\frac{1}{2}\left(K_{ij} - B_{ij}\delta_{j2}\right)q_iq_j - \frac{1}{2}M_{ij}\dot{q}_i\dot{q}_j\right]$$

$$= c_\xi\frac{1}{2}\left(K_{ij} - B_{ij}\delta_{j2}\right)q_iq_j - c_\xi\frac{1}{2}M_{ij}\dot{q}_i\dot{q}_j + c_\xi M_{ij}\dot{q}_i\dot{q}_j$$

$$= c_\xi \left[\frac{1}{2} \left(K_{ij} - B_{ij}\delta_{j2} \right) q_i q_j + \frac{1}{2} M_{ij} \dot{q}_i \dot{q}_j \right] \tag{12.328}$$

守恒律为

$$D_t \left(C \right) \big|_{\frac{\delta \mathcal{L}}{\delta q} = 0} = c_\xi \, D_t \left[\frac{1}{2} \left(K_{ij} - B_{ij}\delta_{j2} \right) q_i q_j + \frac{1}{2} M_{ij} \dot{q}_i \dot{q}_j \right] \bigg|_{\frac{\delta \mathcal{L}}{\delta q} = 0} = 0 \tag{12.329}$$

从而得到

$$\frac{1}{2} K_{ij} q_i q_j - \frac{1}{2} B_{i2} q_i q_2 + \frac{1}{2} M_{ij} \dot{q}_i \dot{q}_j = \text{const} \tag{12.330}$$

12.8.2　非线性气动力和力矩

当 L, M 分别是非线性气动力和力矩时，采用三阶活塞理论计算 [146]，表达式为

$$L = -2bC_1 \left(\dot{h} + v_\infty \alpha - bx_0 \dot{\alpha} \right) - 2b^2 C_1 \dot{\alpha} - 2bC_2 \left(\dot{h} + v_\infty \alpha - bx_0 \dot{\alpha} \right)^3$$
$$- 6b^2 C_2 \dot{\alpha} \left(\dot{h} + v_\infty \alpha - bx_0 \dot{\alpha} \right)^2 - 8b^3 C_2 \dot{\alpha}^2 \left(\dot{h} + v_\infty \alpha - bx_0 \dot{\alpha} \right) - 4b^4 C_2 \dot{\alpha}^3$$

$$M = -2b^2 C_1 x_0 \left(\dot{h} + v_\infty \alpha - bx_0 \dot{\alpha} \right) + 2b^2 C_1 \left(\dot{h} + v_\infty \alpha - bx_0 \dot{\alpha} \right) + \frac{8}{3} b^3 C_1 \dot{\alpha}$$
$$+ 2b^2 C_2 \left(1 - x_0 \right) \left(\dot{h} + v_\infty \alpha - bx_0 \dot{\alpha} \right)^3 + 2b^3 C_2 \left(4 - 3x_0 \right) \left(\dot{h} + v_\infty \alpha - bx_0 \dot{\alpha} \right)^2 \dot{\alpha}$$
$$+ 4b^4 C_2 \left(3 - 2x_0 \right) \left(\dot{h} + v_\infty \alpha - bx_0 \dot{\alpha} \right) \dot{\alpha}^2 + \frac{4}{5} b^4 C_2 \left(8 - 5x_0 \right) \dot{\alpha}^3 \tag{12.331}$$

其中

$$C_1 = \frac{4q_d \lambda}{M_\infty v_\infty}, \quad C_2 = \frac{\left(\gamma + 1 \right) q_d M_\infty \lambda^3}{3v_\infty^3} \tag{12.332}$$

因此可以将 $F_i \left(\dot{\boldsymbol{q}}, \boldsymbol{q}, t \right)$ 简化表示为

$$F_i \left(\dot{\boldsymbol{q}}, \boldsymbol{q}, t \right) = A_{ij}\delta_{2j} q_j + B_{ij} \dot{q}_j + C_{ijkl} \dot{q}_j \dot{q}_k \dot{q}_l + D_{ijkl}\delta_{2j} q_j \dot{q}_k \dot{q}_l$$
$$+ E_{ijkl}\delta_{2j}\delta_{2k} q_j q_k \dot{q}_l + F_{ijkl}\delta_{2j}\delta_{2k}\delta_{2l} q_j q_k q_l \tag{12.333}$$

其中 A_{ij}, B_{ij} 和 $C_{ijkl}, D_{ijkl}, E_{ijkl}, F_{ijkl}$ 均为常数。同样采用求和约定。

12.8.2.1　Lie 对称性

如同 12.8.1.1 小节中，Lie 算子为式 (12.297)，同样由 Lie 对称性要求得到式 (12.300)，将式 (12.333) 代入式 (12.300)，得

$$\lambda_{ij} \left(A_{jk}\delta_{2k} q_k + B_{jk} \dot{q}_k + C_{jskl} \dot{q}_s \dot{q}_k \dot{q}_l + D_{jskl}\delta_{2s} q_s \dot{q}_k \dot{q}_l + E_{jskl}\delta_{2s}\delta_{2k} q_s q_k \dot{q}_l \right.$$

$$+F_{jskl}\delta_{2s}\delta_{2k}\delta_{2l}q_s q_k q_l) - \eta^j \left(A_{ij}\delta_{2j}q_j + D_{ijkl}\delta_{2j}\dot{q}_k\dot{q}_l + 2E_{ijkl}\delta_{2j}\delta_{2k}q_k\dot{q}_l\right.$$

$$+3F_{ijkl}\delta_{2j}\delta_{2k}\delta_{2l}q_k q_l) + \left(\frac{\partial\eta^j}{\partial t} + \dot{q}_k\frac{\partial\eta^j}{\partial q_k} - \dot{q}_j\frac{\partial\xi}{\partial t} - \dot{q}_j\dot{q}_k\frac{\partial\xi}{\partial q_k}\right)(B_{ij} + 3C_{ijkl}\dot{q}_k\dot{q}_l$$

$$+2D_{ijkl}\delta_{2j}\delta_{jl}q_j\dot{q}_k + E_{ijkl}\delta_{2j}\delta_{2k}\delta_{jl}q_j q_k) + K_{ij}\eta^j + G_{ij}\frac{\partial\eta^j}{\partial t} + M_{ij}\frac{\partial^2\eta^j}{\partial t^2} - \lambda_{ik}K_{kj}q_j$$

$$+ \dot{q}_j\left(G_{ik}\frac{\partial\eta^k}{\partial q_j} - G_{ij}\frac{\partial\xi}{\partial t} + 2M_{ik}\frac{\partial^2\eta^k}{\partial t\partial q_j} - M_{ij}\frac{\partial^2\xi}{\partial t^2} - \lambda_{ik}G_{kj}\right) + \dot{q}_j\dot{q}_k\left(-G_{ij}\frac{\partial\xi}{\partial q_k}\right.$$

$$+M_{il}\frac{\partial^2\eta^l}{\partial q_k\partial q_j} - 2M_{ij}\frac{\partial^2\xi}{\partial t\partial q_k}\right) + \ddot{q}_j\left(M_{ik}\frac{\partial\eta^k}{\partial q_j} - 2M_{ij}\frac{\partial\xi}{\partial t} - \lambda_{ik}M_{kj}\right)$$

$$- \dot{q}_j\dot{q}_k\dot{q}_l M_{ij}\frac{\partial^2\xi}{\partial q_k\partial q_l} - \dot{q}_j\ddot{q}_k\left(2M_{ik}\frac{\partial\xi}{\partial q_j} + M_{ij}\frac{\partial\xi}{\partial q_k}\right) = 0 \tag{12.334}$$

整理得

$$\frac{\partial\eta^j}{\partial t}B_{ij} + K_{ij}\eta^j + G_{ij}\frac{\partial\eta^j}{\partial t} + M_{ij}\frac{\partial^2\eta^j}{\partial t^2} + \left(\lambda_{ij}A_{jk}\delta_{2k}\delta_{jk} - \lambda_{ik}K_{kj} - \eta^j A_{ij}\delta_{2j}\right)q_j$$

$$+ q_j q_k\left(-3\eta^j F_{ijkl}\delta_{2j}\delta_{2k}\delta_{2l}\delta_{jl} + \frac{\partial\eta^j}{\partial t}E_{ijkl}\delta_{2j}\delta_{2k}\delta_{jl}\right) + \lambda_{ij}F_{jskl}\delta_{2s}\delta_{2k}\delta_{2l}\delta_{sj}q_j q_k q_l$$

$$+ q_j\dot{q}_k\left(2\frac{\partial\eta^j}{\partial t}D_{ijkl}\delta_{2j}\delta_{jl} - 2\eta^j E_{ijkl}\delta_{2j}\delta_{2k}\delta_{jk}\delta_{kl}\right) + q_j q_k\dot{q}_l\left(\frac{\partial\eta^j}{\partial q_s}E_{ijkl}\delta_{2j}\delta_{2k}\delta_{jl}\delta_{sl}\right.$$

$$+\lambda_{ij}E_{jskl}\delta_{2s}\delta_{2k}\delta_{sj} - \frac{\partial\xi}{\partial t}E_{ijkl}\delta_{2j}\delta_{2k}\right) + q_j\dot{q}_k\dot{q}_l\left(2\frac{\partial\eta^j}{\partial q_s}D_{ijkl}\delta_{2j}\delta_{jl}\delta_{sl} + \lambda_{ij}D_{jskl}\delta_{2s}\delta_{sj}\right.$$

$$-2\frac{\partial\xi}{\partial t}D_{ijkl}\delta_{2j}\right) + \dot{q}_j\left(\lambda_{ij}B_{jk}\delta_{jk} + \frac{\partial\eta^j}{\partial q_s}B_{ij}\delta_{sj} - \frac{\partial\xi}{\partial t}B_{ij} + G_{ik}\frac{\partial\eta^k}{\partial q_j} - G_{ij}\frac{\partial\xi}{\partial t}\right.$$

$$+2M_{ik}\frac{\partial^2\eta^k}{\partial t\partial q_j} - M_{ij}\frac{\partial^2\xi}{\partial t^2} - \lambda_{ik}G_{kj}\right) + \dot{q}_j\dot{q}_k\left(-\frac{\partial\xi}{\partial q_s}B_{ij}\delta_{sk} - \eta^j D_{ijkl}\delta_{2j}\delta_{jl}\right.$$

$$+3\frac{\partial\eta^j}{\partial t}C_{ijkl}\delta_{jl} - G_{ij}\frac{\partial\xi}{\partial q_k} + M_{il}\frac{\partial^2\eta^l}{\partial q_k\partial q_j} - 2M_{ij}\frac{\partial^2\xi}{\partial t\partial q_k}\right) + \dot{q}_j\dot{q}_k\dot{q}_l\left(\lambda_{ij}C_{jskl}\delta_{jk}\right.$$

$$+3\frac{\partial\eta^j}{\partial q_s}C_{ijkl}\delta_{sj} - M_{ij}\frac{\partial^2\xi}{\partial q_k\partial q_l} - 3\frac{\partial\xi}{\partial t}C_{ijkl}\right) - 3\frac{\partial\xi}{\partial q_s}C_{ijkl}\dot{q}_j\dot{q}_k\dot{q}_l\dot{q}_s$$

$$-2\frac{\partial\xi}{\partial q_s}D_{ijkl}\delta_{2j}q_j\dot{q}_k\dot{q}_l\dot{q}_s - \frac{\partial\xi}{\partial q_s}E_{ijkl}\delta_{2j}\delta_{2k}q_j q_k\dot{q}_l\dot{q}_s + \ddot{q}_j\left(M_{ik}\frac{\partial\eta^k}{\partial q_j} - 2M_{ij}\frac{\partial\xi}{\partial t}\right.$$

$$-\lambda_{ik}M_{kj}\right) - \dot{q}_j\ddot{q}_k\left(2M_{ik}\frac{\partial\xi}{\partial q_j} + M_{ij}\frac{\partial\xi}{\partial q_k}\right) = 0 \tag{12.335}$$

由式 (12.335) 得微分方程组

$$\frac{\partial \eta^j}{\partial t} B_{ij} + K_{ij}\eta^j + G_{ij}\frac{\partial \eta^j}{\partial t} + M_{ij}\frac{\partial^2 \eta^j}{\partial t^2} = 0, \quad \lambda_{ij}A_{jk}\delta_{2k}\delta_{jk} - \lambda_{ik}K_{kj} - \eta^j A_{ij}\delta_{2j} = 0$$

$$\frac{\partial \eta^j}{\partial t} E_{ijkl}\delta_{2j}\delta_{2k}\delta_{jl} - 3\eta^j F_{ijkl}\delta_{2j}\delta_{2k}\delta_{2l}\delta_{jl} = 0, \quad \lambda_{ij}F_{jskl}\delta_{2s}\delta_{2k}\delta_{2l}\delta_{sj} = 0$$

$$2\frac{\partial \eta^j}{\partial t} D_{ijkl}\delta_{2j}\delta_{jl} - 2\eta^j E_{ijkl}\delta_{2j}\delta_{2k}\delta_{jk}\delta_{kl} = 0$$

$$\frac{\partial \eta^j}{\partial q_s} E_{ijkl}\delta_{2j}\delta_{2k}\delta_{jl}\delta_{sl} + \lambda_{ij}E_{jskl}\delta_{2s}\delta_{2k}\delta_{sj} - \frac{\partial \xi}{\partial t}E_{ijkl}\delta_{2j}\delta_{2k} = 0$$

$$2\frac{\partial \eta^j}{\partial q_s} D_{ijkl}\delta_{2j}\delta_{jl}\delta_{sl} + \lambda_{ij}D_{jskl}\delta_{2s}\delta_{sj} - 2\frac{\partial \xi}{\partial t}D_{ijkl}\delta_{2j} = 0$$

$$\lambda_{ij}B_{jk}\delta_{jk} + \frac{\partial \eta^j}{\partial q_s}B_{ij}\delta_{sj} - \frac{\partial \xi}{\partial t}B_{ij} + G_{ik}\frac{\partial \eta^k}{\partial q_j} - G_{ij}\frac{\partial \xi}{\partial t} + 2M_{ik}\frac{\partial^2 \eta^k}{\partial t \partial q_j}$$

$$- M_{ij}\frac{\partial^2 \xi}{\partial t^2} - \lambda_{ik}G_{kj} = 0$$

$$- \frac{\partial \xi}{\partial q_s}B_{ij}\delta_{sk} - \eta^j D_{ijkl}\delta_{2j}\delta_{jl} + 3\frac{\partial \eta^j}{\partial t}C_{ijkl}\delta_{jl} - G_{ij}\frac{\partial \xi}{\partial q_k} + M_{il}\frac{\partial^2 \eta^l}{\partial q_k \partial q_j}$$

$$- 2M_{ij}\frac{\partial^2 \xi}{\partial t \partial q_k} = 0$$

$$\lambda_{ij}C_{jskl}\delta_{jk} + 3\frac{\partial \eta^j}{\partial q_s}C_{ijkl}\delta_{sj} - M_{ij}\frac{\partial^2 \xi}{\partial q_k \partial q_l} - 3\frac{\partial \xi}{\partial t}C_{ijkl} = 0$$

$$3\frac{\partial \xi}{\partial q_s}C_{ijkl} = 0, \quad 2\frac{\partial \xi}{\partial q_s}D_{ijkl}\delta_{2j} = 0, \quad \frac{\partial \xi}{\partial q_s}E_{ijkl}\delta_{2j}\delta_{2k} = 0$$

$$M_{ik}\frac{\partial \eta^k}{\partial q_j} - 2M_{ij}\frac{\partial \xi}{\partial t} - \lambda_{ik}M_{kj} = 0, \quad 2M_{ik}\frac{\partial \xi}{\partial q_j} + M_{ij}\frac{\partial \xi}{\partial q_k} = 0 \tag{12.336}$$

最终求得

$$\xi = c_\xi, \quad \eta^j = 0, \quad \lambda_{ij} = 0 \tag{12.337}$$

其中 c_ξ 为任意常数。

进一步得到 Lie 算子

$$X = C_\xi \frac{\partial}{\partial t} \tag{12.338}$$

式 (12.338) 表明了时间平移对称性。

12.8.2.2 Noether 守恒律

非线性气动力和力矩情况下，式 (12.292) 为

$$M_{ij}\ddot{q}_j + G_{ij}\dot{q}_j + K_{ij}q_j - A_{ij}\delta_{2j}q_j - B_{ij}\dot{q}_j - C_{ijkl}\dot{q}_j\dot{q}_k\dot{q}_l - D_{ijkl}\delta_{2j}q_j\dot{q}_k\dot{q}_l$$

$$- E_{ijkl}\delta_{2j}\delta_{2k}q_jq_k\dot{q}_l - F_{ijkl}\delta_{2j}\delta_{2k}\delta_{2l}q_jq_kq_l = 0 \tag{12.339}$$

当且仅当 $G_{ij} = B_{ij}, C_{i2kl} = 0, D_{i22l} = 0, E_{i222} = 0$ 时，存在 Lagrange 函数

$$\mathcal{L} = \frac{1}{2}\left(K_{ij} - A_{ij}\delta_{2j}\right)q_iq_j - \frac{1}{2}M_{ij}\dot{q}_i\dot{q}_j - \frac{1}{4}F_{ijkl}\delta_{2j}\delta_{2k}\delta_{2l}q_iq_jq_kq_l \tag{12.340}$$

如同 12.8.1.2 小节中，Lie 算子为式 (12.319)，Noether 定理为式 (12.320)，将式 (12.319)、(12.340) 代入式 (12.320)，得

$$\left[\xi\frac{\partial}{\partial t} + \eta^j\frac{\partial}{\partial q_j} + \left(\frac{\partial\eta^j}{\partial t} + \dot{q}_k\frac{\partial\eta^j}{\partial q_k} - \dot{q}_j\frac{\partial\xi}{\partial t} - \dot{q}_j\dot{q}_k\frac{\partial\xi}{\partial q_k}\right)\frac{\partial}{\partial\dot{q}_j}\right]$$

$$\times \left[\frac{1}{2}\left(K_{ij} - A_{ij}\delta_{2j}\right)q_iq_j - \frac{1}{2}M_{ij}\dot{q}_i\dot{q}_j - \frac{1}{4}F_{ijkl}\delta_{2j}\delta_{2k}\delta_{2l}q_iq_jq_kq_l\right]$$

$$+ \left[\frac{1}{2}\left(K_{ij} - A_{ij}\delta_{2j}\right)q_iq_j - \frac{1}{2}M_{ij}\dot{q}_i\dot{q}_j - \frac{1}{4}F_{ijkl}\delta_{2j}\delta_{2k}\delta_{2l}q_iq_jq_kq_l\right]D_t\left(\xi\right) = 0$$

$$\tag{12.341}$$

化简得

$$\eta^j\left(K_{ij} - A_{ij}\delta_{j2}\right)q_i + \frac{1}{2}\frac{\partial\xi}{\partial t}\left(K_{ij} - B_{ij}\delta_{j2}\right)q_iq_j - \eta^j F_{ijkl}\delta_{2j}\delta_{2k}\delta_{2l}q_iq_kq_l$$

$$- \frac{1}{4}\frac{\partial\xi}{\partial t}F_{ijkl}\delta_{2j}\delta_{2k}\delta_{2l}q_iq_jq_kq_l + \frac{\partial\eta^j}{\partial t}M_{ij}\dot{q}_i + M_{ij}\left(\frac{\partial\eta^j}{\partial q_k}\delta_{jk} - \frac{3}{2}\frac{\partial\xi}{\partial t}\right)\dot{q}_i\dot{q}_j$$

$$- \frac{3}{2}M_{ij}\frac{\partial\xi}{\partial q_k}\dot{q}_i\dot{q}_j\dot{q}_k + \frac{1}{2}\left(K_{ij} - A_{ij}\delta_{j2}\right)\frac{\partial\xi}{\partial q_k}q_iq_j\dot{q}_k$$

$$- \frac{1}{4}\frac{\partial\xi}{\partial q_k}F_{ijkl}\delta_{2j}\delta_{2k}\delta_{2l}q_iq_jq_kq_l\dot{q}_k = 0 \tag{12.342}$$

由式 (12.342) 得微分方程组

$$\eta^j\left(K_{ij} - A_{ij}\delta_{j2}\right) = 0$$

$$\frac{1}{2}\frac{\partial\xi}{\partial t}\left(K_{ij} - B_{ij}\delta_{j2}\right) = 0$$

$$\eta^j F_{ijkl}\delta_{2j}\delta_{2k}\delta_{2l} = 0$$

$$\frac{1}{4}\frac{\partial \xi}{\partial t}F_{ijkl}\delta_{2j}\delta_{2k}\delta_{2l} = 0$$

$$\frac{\partial \eta^j}{\partial t}M_{ij} = 0$$

$$M_{ij}\left(\frac{\partial \eta^j}{\partial q_k}\delta_{jk} - \frac{3}{2}\frac{\partial \xi}{\partial t}\right) = 0$$

$$\frac{3}{2}M_{ij}\frac{\partial \xi}{\partial q_k} = 0 \tag{12.343}$$

$$\frac{1}{2}\left(K_{ij} - A_{ij}\delta_{j2}\right)\frac{\partial \xi}{\partial q_k} = 0$$

$$\frac{1}{4}\frac{\partial \xi}{\partial q_k}F_{ijkl}\delta_{2j}\delta_{2k}\delta_{2l} = 0$$

解得

$$\xi = c_\xi, \quad \eta^1 = \eta^2 = 0 \tag{12.344}$$

其中 c_ξ 为任意常数。

因此 Lie 算子为

$$X = c_\xi\frac{\partial}{\partial t} \tag{12.345}$$

Noether 算子为

$$\mathcal{N} = c_\xi - c_\xi\dot{q}_1\frac{\delta}{\delta\dot{q}_1} - c_\xi\dot{q}_2\frac{\delta}{\delta\dot{q}_2} \tag{12.346}$$

守恒向量为

$$C = \mathcal{N}\left(\mathcal{L}\right)$$

$$= \left(c_\xi - c_\xi\dot{q}_i\frac{\delta}{\delta\dot{q}_i}\right)\left[\frac{1}{2}\left(K_{ij} - A_{ij}\delta_{2j}\right)q_iq_j - \frac{1}{2}M_{ij}\dot{q}_i\dot{q}_j - \frac{1}{4}F_{ijkl}\delta_{2j}\delta_{2k}\delta_{2l}q_iq_jq_kq_l\right]$$

$$= c_\xi\frac{1}{2}\left(K_{ij} - B_{ij}\delta_{j2}\right)q_iq_j - c_\xi\frac{1}{2}M_{ij}\dot{q}_i\dot{q}_j - c_\xi\frac{1}{4}F_{ijkl}\delta_{2j}\delta_{2k}\delta_{2l}q_iq_jq_kq_l + c_\xi M_{ij}\dot{q}_i\dot{q}_j$$

$$= c_\xi\left[\frac{1}{2}\left(K_{ij} - B_{ij}\delta_{j2}\right)q_iq_j + \frac{1}{2}M_{ij}\dot{q}_i\dot{q}_j - \frac{1}{4}F_{ijkl}\delta_{2j}\delta_{2k}\delta_{2l}q_iq_jq_kq_l\right] \tag{12.347}$$

守恒律为

$$D_t\left(C\right)|_{\frac{\delta\mathcal{L}}{\delta q}=0}$$

$$= c_\xi D_t\left[\frac{1}{2}\left(K_{ij} - B_{ij}\delta_{j2}\right)q_iq_j + \frac{1}{2}M_{ij}\dot{q}_i\dot{q}_j - \frac{1}{4}F_{ijkl}\delta_{2j}\delta_{2k}\delta_{2l}q_iq_jq_kq_l\right]\bigg|_{\frac{\delta\mathcal{L}}{\delta q}=0}$$

$$= 0 \tag{12.348}$$

从而得到

$$\frac{1}{2}K_{ij}q_iq_j - \frac{1}{2}B_{i2}q_iq_2 + \frac{1}{2}M_{ij}\dot{q}_i\dot{q}_j - \frac{1}{4}F_{i222}q_iq_2^3 = \text{const} \tag{12.349}$$

第 13 章　数学物理方程中的应用

数学物理是以研究物理问题为目标的数学理论和数学方法。它是探讨物理现象的数学模型，并对模型已确立的物理问题研究其数学解法，然后根据解答来诠释和预见物理现象，或者根据物理事实来修正原有模型。物理问题的研究一直和数学密切相关。18 世纪以来，在连续介质力学、传热学和电磁场理论中，归结出许多偏微分方程，统称数学物理方程。20 世纪初，数学物理方程的研究开始成为数学物理的主要内容。许多新的偏微分方程问题出现，使数学物理方程的内容进一步丰富起来。

对称性和守恒律对于数学物理方程的求解具有重要意义。本章主要研究各种守恒律在数学物理方程中的应用。13.1 节和 13.2 节分别推导热传导方程和非线性热传导方程的 Ibragimov 守恒律，13.3~13.5 节分别研究非线性热传导方程、Burger 方程和非均匀介质中波动方程的势对称，13.6 节和 13.7 节分别研究非均匀介质中扰动波动方程和带有扰动对流项的非线性扩散方程的近似势对称，13.8 节和 13.9 节分别讨论 Duffing 方程和 Van der Pol 方程在确定性外力和均值为 0 的随机外力情况下的 Lie 对称性分析结果，13.10 节给出布朗运动在无其他外力和特殊外力条件下的 Lie 对称性分析结果，13.11 节和 13.12 节分别推导得到扰动线性波方程和扰动非线性波方程的近似守恒律。

13.1　热传导方程的 Ibragimov 守恒律

13.1.1　伴随方程与 Lagrange 函数

对于热传导方程 $u_t - u_{xx} = 0$，可以计算其伴随方程为 [14]

$$
\begin{aligned}
F^* &= \frac{\delta\left(vF\right)}{\delta u} = \frac{\delta}{\delta u}\left[v\left(u_t - u_{xx}\right)\right] \\
&= \left[\frac{\partial}{\partial u} - \left(D_t\frac{\partial}{\partial u_t} + D_x\frac{\partial}{\partial u_x}\right) + \left(D_t^2\frac{\partial}{\partial u_{tt}} + D_tD_x\frac{\partial}{\partial u_{tx}} + D_x^2\frac{\partial}{\partial u_{xx}}\right) - \cdots\right] \\
&\quad \times \left[v\left(u_t - u_{xx}\right)\right] \\
&= -D_t\left(v\right) - D_x^2\left(v\right) \\
&= -v_t - v_{xx}
\end{aligned}
\tag{13.1}
$$

根据定义，$F^* = 0$ 的形式与 $u_t - u_{xx} = 0$ 一致，则称为自伴随 [29]，显然，在此问题中，$F^* = 0$ 对应于

$$v_t + v_{xx} = 0 \tag{13.2}$$

因此，热传导方程的伴随方程为 $v_t + v_{xx} = 0$，表明热传导方程不是自伴随的。

热传导方程 $u_t - u_{xx} = 0$ 及其伴随方程 $v_t + v_{xx} = 0$ 是二阶 Lagrange 函数 $\mathcal{L} = v(u_t - u_{xx})$ 的 Euler-Lagrange 方程。根据性质 $-vu_{xx} = (-vu_x)_x + u_x v_x$，Lagrange 函数变为 $\mathcal{L} = vu_t + u_x v_x + (-vu_x)_x$，再去掉 Lagrange 函数的散度项 $(-vu_x)_x$，得到一阶 Lagrange 函数 $\mathcal{L} = vu_t + u_x v_x$。两个 Lagrange 函数 (一阶、二阶) 的变分微分为

$$\frac{\delta \mathcal{L}}{\delta v} = u_t - u_{xx}, \quad \frac{\delta \mathcal{L}}{\delta u} = -(v_t + v_{xx}) \tag{13.3}$$

13.1.2 守恒律

热传导方程 $u_t - u_{xx} = 0$ 及其伴随方程 $v_t + v_{xx} = 0$ 具有 Lagrange 函数 [14]

$$\mathcal{L} = v(u_t - u_{xx}) \tag{13.4}$$

首先将如下热传导方程对应的点变换群的无穷小生成元

$$X = 2t\frac{\partial}{\partial x} - xu\frac{\partial}{\partial u} \tag{13.5}$$

扩展至变量 v。

将 X 延拓至热传导方程中的各阶导数，具有形式

$$X = 2t\frac{\partial}{\partial x} - xu\frac{\partial}{\partial u} + [D_t(-xu - 0 \cdot u_t - 2t \cdot u_x) + 0 \cdot u_{tt}^\alpha + 2t \cdot u_{tx}]\frac{\partial}{\partial u_t}$$

$$+ [D_x D_x(-xu - 0 \cdot u_t - 2t \cdot u_x) + 0 \cdot u_{txx}^\alpha + 2t \cdot u_{xxx}]\frac{\partial}{\partial u_{xx}}$$

$$= 2t\frac{\partial}{\partial x} - xu\frac{\partial}{\partial u} - (xu_t + 2u_x)\frac{\partial}{\partial u_t} - (2u_x + xu_{xx})\frac{\partial}{\partial u_{xx}} \tag{13.6}$$

X 作用于 F 得

$$X(F) = \left[2t\frac{\partial}{\partial x} - xu\frac{\partial}{\partial u} - (xu_t + 2u_x)\frac{\partial}{\partial u_t} - (2u_x + xu_{xx})\frac{\partial}{\partial u_{xx}}\right](u_t - u_{xx})$$

$$= -(xu_t + 2u_x) + (2u_x + xu_{xx})$$

$$= -x(u_t - u_{xx}) = -xF \tag{13.7}$$

因此 $\lambda = -x$。代入 η_* 的表达式得 [29]

$$\eta_* = -\left[\lambda v + v D_i\left(\xi^i\right)\right] = xv - v\left[D_t(0) + D_x(2t)\right] = xv \tag{13.8}$$

因此算子 (13.5) 对 v 的扩展具有形式

$$Y = 2t\frac{\partial}{\partial x} - xu\frac{\partial}{\partial u} + \eta_*\frac{\partial}{\partial v} = 2t\frac{\partial}{\partial x} - xu\frac{\partial}{\partial u} + xv\frac{\partial}{\partial v} \tag{13.9}$$

下面寻找由对称性 (13.5) 提供的守恒律。

对于二阶 Lagrange 函数 $\mathcal{L} = v\left(u_t - u_{xx}\right)$，计算守恒向量

$$C^i = \xi^i\mathcal{L} + W^\alpha\left[\frac{\partial\mathcal{L}}{\partial u_i^\alpha} - D_j\left(\frac{\partial\mathcal{L}}{\partial u_{ij}^\alpha}\right)\right] + D_j\left(W^\alpha\right)\frac{\partial\mathcal{L}}{\partial u_{ij}^\alpha} \tag{13.10}$$

记 $t = x^1, x = x^2, u = u^1, v = u^2$，则

$$\xi^1 = 0, \quad \xi^2 = 2t, \quad \eta^1 = -xu, \quad \eta^2 = xv, \quad W = -\left(xu + 2tu_x\right) \tag{13.11}$$

与守恒律 $D_t\left(C^1\right) + D_x\left(C^2\right) = 0$ 对应的守恒向量 $\boldsymbol{C} = \left(C^1, C^2\right)$ 的分量分别为

$$\begin{aligned}
C^1 &= \xi^1\mathcal{L} + W\left[\frac{\partial\mathcal{L}}{\partial u_1} - D_j\left(\frac{\partial\mathcal{L}}{\partial u_{1j}}\right)\right] + D_j(W)\frac{\partial\mathcal{L}}{\partial u_{1j}} \\
C^2 &= \xi^2\mathcal{L} + W\left[\frac{\partial\mathcal{L}}{\partial u_2} - D_j\left(\frac{\partial\mathcal{L}}{\partial u_{2j}}\right)\right] + D_j(W)\frac{\partial\mathcal{L}}{\partial u_{2j}}
\end{aligned} \tag{13.12}$$

整理得

$$\begin{aligned}
C^1 &= 0 \cdot \mathcal{L} - \left(xu + 2tu_x\right)\left[\frac{\partial\mathcal{L}}{\partial u_t} - D_t\left(\frac{\partial\mathcal{L}}{\partial u_{tt}}\right) - D_x\left(\frac{\partial\mathcal{L}}{\partial u_{tx}}\right)\right] \\
&\quad - \left[D_t\left(xu + 2tu_x\right)\frac{\partial\mathcal{L}}{\partial u_{tt}} + D_x\left(xu + 2tu_x\right)\frac{\partial\mathcal{L}}{\partial u_{tx}}\right] \\
&= -v\left(xu + 2tu_x\right) \\
C^2 &= 2t \cdot \mathcal{L} - \left(xu + 2tu_x\right)\left[\frac{\partial\mathcal{L}}{\partial u_x} - D_t\left(\frac{\partial\mathcal{L}}{\partial u_{xt}}\right) - D_x\left(\frac{\partial\mathcal{L}}{\partial u_{xx}}\right)\right] \\
&\quad - \left[D_t\left(xu + 2tu_x\right)\frac{\partial\mathcal{L}}{\partial u_{xt}} + D_x\left(xu + 2tu_x\right)\frac{\partial\mathcal{L}}{\partial u_{xx}}\right] \\
&= 2t \cdot v\left(u_t - u_{xx}\right) - \left(xu + 2tu_x\right)D_x(v) - \left(u + xu_x + 2tu_{xx}\right)(-v) \\
&= v\left(2tu_t + u + xu_x\right) - \left(xu + 2tu_x\right)v_x
\end{aligned} \tag{13.13}$$

向量 $\boldsymbol{C}$ 包含一个伴随方程 $v_t + v_{xx} = 0$ 的任意解 v, 因此能够给出无限个守恒律。例如, $v_t + v_{xx} = 0$ 的解分别取 $v = -1, v = -x$ 或 $v = -\mathrm{e}^t \sin x$, 对应于三个守恒律 [14]:

(1) 当 $v = -1$ 时,

$$C^1 = xu + 2tu_x, \quad C^2 = -\left(2tu_t + u + xu_x\right) \tag{13.14}$$

注意到 $D_t\left(2tu_x\right) = D_tD_x\left(2tu\right) = D_xD_t\left(2tu\right) = D_x\left(2u + 2tu_t\right)$, 因此在保证守恒律 $D_t\left(C^1\right) + D_x\left(C^2\right) = 0$ 不变的同时, 将 C^1 中的项 $2tu_x$ 转化为 C^2 中的项 $2u + 2tu_t$, 因此, 守恒向量简化为

$$C^1 = xu, \quad C^2 = u - xu_x \tag{13.15}$$

(2) 当 $v = -x$ 时, 向量分量为

$$\begin{aligned} C^1 &= x\left(xu + 2tu_x\right) = x^2u + 2txu_x \\ C^2 &= -x\left(2tu_t + u + xu_x\right) + \left(xu + 2tu_x\right) = \left(2t - x^2\right)u_x - 2txu_t \end{aligned} \tag{13.16}$$

类似 (1), 找到关系式

$$\begin{aligned} D_t\left(2txu_x\right) &= D_t\left(2txu_x + 2tu\right) - D_t\left(2tu\right) \\ &= D_tD_x\left(2txu\right) - D_t\left(2tu\right) \\ &= D_x\left(2xu + 2txu_t\right) + D_t\left(-2tu\right) \end{aligned} \tag{13.17}$$

因此将 C^1 中的 $2txu_x$ 替换为 $-2tu$, 并在 C^2 中加上 $2xu + 2txu_t$, 得到简化形式

$$\begin{aligned} C^1 &= x^2u - 2tu = \left(x^2 - 2t\right)u \\ C^2 &= \left(2t - x^2\right)u_x - 2txu_t + 2xu + 2txu_t = \left(2t - x^2\right)u_x + 2xu \end{aligned} \tag{13.18}$$

(3) 当 $v = -\mathrm{e}^t \sin x$ 时,

$$\begin{aligned} C^1 &= \left(xu + 2tu_x\right)\mathrm{e}^t \sin x \\ C^2 &= -\left(2tu_t + u + xu_x\right)\mathrm{e}^t \sin x + \left(xu + 2tu_x\right)\mathrm{e}^t \cos x \end{aligned} \tag{13.19}$$

注意到关系式 $2tu_x\mathrm{e}^t \sin x = D_x\left(2tu\mathrm{e}^t \sin x\right) - 2tu\mathrm{e}^t \cos x$, 因此

$$\begin{aligned} D_t\left(2tu_x\mathrm{e}^t \sin x\right) &= D_xD_t\left(2tu\mathrm{e}^t \sin x\right) + D_t\left(-2tu\mathrm{e}^t \cos x\right) \\ &= D_x\left[\left(2u + 2tu_t + 2tu\right)\mathrm{e}^t \sin x\right] + D_t\left(-2tu\mathrm{e}^t \cos x\right) \end{aligned} \tag{13.20}$$

采用类似方法简化

$$
\begin{aligned}
C^1 &= xue^t \sin x - 2tue^t \cos x = e^t \left(x \sin x - 2t \cos x \right) u \\
C^2 &= -\left(2tu_t + u + xu_x \right) e^t \sin x + \left(xu + 2tu_x \right) e^t \cos x \\
&\quad + \left(2u + 2tu_t + 2tu \right) e^t \sin x \\
&= \left(u + 2tu - xu_x \right) e^t \sin x + \left(xu + 2tu_x \right) e^t \cos x
\end{aligned}
\tag{13.21}
$$

热传导方程也具有 Lie-Bäcklund 对称性。其中一个为

$$
X = \left(xu_{xx} + 2tu_{xxx} \right) \frac{\partial}{\partial u}
\tag{13.22}
$$

将其拓展至 u_t 及 u_{xx} 得

$$
\begin{aligned}
X &= \left(xu_{xx} + 2tu_{xxx} \right) \frac{\partial}{\partial u} + D_t \left(xu_{xx} + 2tu_{xxx} \right) \frac{\partial}{\partial u_t} + D_x D_x \left(xu_{xx} + 2tu_{xxx} \right) \frac{\partial}{\partial u_{xx}} \\
&= \left(xu_{xx} + 2tu_{xxx} \right) \frac{\partial}{\partial u} + \left(xu_{xxt} + 2u_{xxx} + 2tu_{xxxt} \right) \frac{\partial}{\partial u_t} \\
&\quad + \left(2u_{xxx} + xu_{xxxx} + 2tu_{xxxxx} \right) \frac{\partial}{\partial u_{xx}}
\end{aligned}
\tag{13.23}
$$

则

$$
\begin{aligned}
&X \left(u_t - u_{xx} \right) \\
&= \left[\left(xu_{xx} + 2tu_{xxx} \right) \frac{\partial}{\partial u} + \left(xu_{xxt} + 2u_{xxx} + 2tu_{xxxt} \right) \frac{\partial}{\partial u_t} \right. \\
&\quad \left. + \left(2u_{xxx} + xu_{xxxx} + 2tu_{xxxxx} \right) \frac{\partial}{\partial u_{xx}} \right] \left(u_t - u_{xx} \right) \\
&= x \left(u_{xxt} - u_{xxxx} \right) + 2t \left(u_{xxxt} - u_{xxxxx} \right) \\
&= xD_x D_x \left(u_t - u_{xx} \right) + 2tD_x D_x D_x \left(u_t - u_{xx} \right)
\end{aligned}
\tag{13.24}
$$

可知非零项系数分别为 $\lambda_2^{22} = x$ 及 $\lambda_3^{222} = 2t$，得

$$
\begin{aligned}
\eta_* &= -D_x D_x \left(v\lambda_2^{22} \right) + D_x D_x D_x \left(v\lambda_3^{ijk} \right) \\
&= -D_x D_x \left(xv \right) + D_x D_x D_x \left(2tv \right) \\
&= -2v_x - xv_{xx} + 2tv_{xxx}
\end{aligned}
\tag{13.25}
$$

因此将式 (13.22) 扩展至 v 得

$$Y = (xu_{xx} + 2tu_{xxx}) \frac{\partial}{\partial u} + \eta_* \frac{\partial}{\partial v} = (xu_{xx} + 2tu_{xxx}) \frac{\partial}{\partial u} + (2tv_{xxx} - 2v_x - xv_{xx}) \frac{\partial}{\partial v}$$

$$(13.26)$$

对于算子 (13.26)，有

$$\xi^1 = \xi^2 = 0, \quad W = \eta = xu_{xx} + 2tu_{xxx} \tag{13.27}$$

因此守恒向量的分量为

$$C^1 = W \frac{\partial \mathcal{L}}{\partial u_t} = (xu_{xx} + 2tu_{xxx}) v$$

$$C^2 = W \left[-D_x \left(\frac{\partial \mathcal{L}}{\partial u_{xx}} \right) \right] + D_x (W) \frac{\partial \mathcal{L}}{\partial u_{xx}} \tag{13.28}$$

$$= (xu_{xx} + 2tu_{xxx}) v_x - (u_{xx} + xu_{xxx} + 2tu_{xxxx}) v$$

13.2　非线性热传导方程的 Ibragimov 守恒律

13.2.1　伴随方程与 Lagrange 函数

考虑一个非线性热传导方程 [147]

$$u_t^1 - D_i \left[K \left(u^1 \right) u_i^1 \right] = 0, \quad i = 1, 2, 3 \tag{13.29}$$

其中 $K \left(u^1 \right)$ 是 u^1 的函数。

展开式 (13.29) 得到

$$u_t^1 - \frac{\mathrm{d}K \left(u^1 \right)}{\mathrm{d}u^1} u_i^1 u_i^1 - K \left(u^1 \right) u_{ii}^1 = 0, \quad i = 1, 2, 3 \tag{13.30}$$

为了给出守恒律，首先要找出伴随方程及 Lagrange 函数。

假设伴随方程具有形式

$$H_3 u_t^2 + H_2 u_i^2 u_i^2 + H_1 u_{ii}^2 = 0 \tag{13.31}$$

其中相同下标表示求和，H_1, H_2, H_3 是 u^1, u^2 的待定函数。

Lagrange 函数与式 (13.29)、(13.31) 的关系为

$$\frac{\delta \mathcal{L}}{\delta u_2} = u_t^1 - D_i \left[K \left(u^1 \right) u_i^1 \right] = 0, \quad \frac{\delta \mathcal{L}}{\delta u_1} = H_3 u_t^2 + H_2 u_i^2 u_i^2 + H_1 u_{ii}^2 = 0 \tag{13.32}$$

由式 (13.32) 知 Lagrange 函数是一阶微分函数。

首先，任意一个显含自变量 x^1, x^2, x^3, t 的二阶偏微分方程组，具有形式

$$E^\alpha = A_\beta^{\alpha,jk} u_{kj}^\beta + B_\beta^{\alpha,j} u_j^\beta + C_\beta^\alpha u^\beta + D^\alpha = 0, \quad \alpha = \beta = 1, 2, \cdots, N \tag{13.33}$$

其中 $A_\beta^{\alpha,jk}$ 可能包含二阶偏导项，$B_\beta^{\alpha,j}$ 可能包含一阶偏导项，C_β^α 包含零阶偏导项，D^α 为常数。

假设该二阶偏微分方程组是二阶 Euler-Lagrange 方程组，具有一阶 Lagrange 函数，且具有 Noether 守恒律，根据 Noether 对称性算子满足的条件，有

$$X^{(s)}\mathcal{L} + \mathcal{L} D_i(\xi^i) = D_j \mathcal{N}^j(\mathcal{L}) + W^\alpha \frac{\delta \mathcal{L}}{\delta u^\alpha} = 0 \tag{13.34}$$

注意到第二项中的 $\dfrac{\delta \mathcal{L}}{\delta u^\alpha}$ 即 E^α，将式 (13.33) 代入式 (13.34)，得

$$D_j \left(\mathcal{L}\xi^j + W^\alpha \frac{\partial \mathcal{L}}{\partial u_j^\alpha} \right) + W^\alpha \left(A_\beta^{\alpha,jk} u_{kj}^\beta + B_\beta^{\alpha,j} u_j^\beta + C_\beta^\alpha u^\beta + D^\alpha \right) = 0 \tag{13.35}$$

将 D_j 的表达式和 $W^\alpha = \eta^\alpha - \xi^i u_i^\alpha$ 代入式 (13.35)，得

$$\left(\frac{\partial}{\partial x^j} + u_j^\alpha \frac{\partial}{\partial u^\alpha} + u_{jk}^\alpha \frac{\partial}{\partial u_k^\alpha} \right) \left(\mathcal{L}\xi^j + W^\alpha \frac{\partial \mathcal{L}}{\partial u_j^\alpha} \right) + W^\alpha A_\beta^{\alpha,jk} u_{kj}^\beta$$

$$+ \left(\eta^\alpha - \xi^i u_i^\alpha \right) \left(B_\beta^{\alpha,j} u_j^\beta + C_\beta^\alpha u^\beta + D^\alpha \right) = 0 \tag{13.36}$$

整理得

$$\frac{\partial}{\partial x^j} \left(\mathcal{L}\xi^j + \eta^\alpha \frac{\partial \mathcal{L}}{\partial u_j^\alpha} - \xi^i \frac{\partial \mathcal{L}}{\partial u_j^\alpha} u_i^\alpha \right) + \frac{\partial}{\partial u^\beta} \left(\mathcal{L}\xi^j + \eta^\alpha \frac{\partial \mathcal{L}}{\partial u_j^\alpha} - \xi^i \frac{\partial \mathcal{L}}{\partial u_j^\alpha} u_i^\alpha \right) u_j^\beta$$

$$+ \frac{\partial}{\partial u_k^\alpha} \left(\mathcal{L}\xi^j + W^\alpha \frac{\partial \mathcal{L}}{\partial u_j^\alpha} \right) u_{jk}^\alpha + W^\alpha A_\beta^{\alpha,jk} u_{kj}^\beta - \xi^i B_\beta^{\alpha,j} u_j^\beta u_i^\alpha - \xi^i \left(C_\beta^\alpha u^\beta + D^\alpha \right) u_i^\alpha$$

$$+ \eta^\alpha B_\beta^{\alpha,j} u_j^\beta + \eta^\alpha \left(C_\beta^\alpha u^\beta + D^\alpha \right) = 0 \tag{13.37}$$

合并不同偏导项的系数，得到

$$\left[W^\alpha A_\beta^{\alpha,jk} + \frac{\partial}{\partial u_k^\alpha} \left(\mathcal{L}\xi^j + W^\alpha \frac{\partial \mathcal{L}}{\partial u_j^\alpha} \right) \right] u_{kj}^\beta - \left[\xi^i B_\beta^{\alpha,j} + \frac{\partial}{\partial u^\beta} \left(\xi^i \frac{\partial \mathcal{L}}{\partial u_j^\alpha} \right) \right] u_j^\beta u_i^\alpha$$

$$+ \left[\frac{\partial}{\partial u^\alpha} \left(\mathcal{L}\xi^i + \eta^\beta \frac{\partial \mathcal{L}}{\partial u_i^\beta} \right) - \xi^i \left(C_\beta^\alpha u^\beta + D^\alpha \right) - \frac{\partial}{\partial x^j} \left(\xi^i \frac{\partial \mathcal{L}}{\partial u_j^\alpha} \right) + \eta^\beta B_\alpha^{\beta,i} \right] u_i^\alpha$$

$$+ \frac{\partial}{\partial x^j} \left(\mathcal{L} \xi^j + \eta^\alpha \frac{\partial \mathcal{L}}{\partial u_j^\alpha} \right) + \eta^\alpha \left(C_\beta^\alpha u^\beta + D^\alpha \right) = 0 \tag{13.38}$$

对式 (13.38) 中的第一项进一步变形

$$\left[W^\alpha A_\beta^{\alpha,jk} + \frac{\partial}{\partial u_k^\alpha} \left(\mathcal{L} \xi^j + W^\alpha \frac{\partial \mathcal{L}}{\partial u_j^\alpha} \right) \right] u_{kj}^\beta$$

$$= \left[W^\alpha A_\beta^{\alpha,jk} + \frac{\partial}{\partial u_k^\alpha} \left(\mathcal{L} \xi^j \right) + W^\alpha \frac{\partial^2 \mathcal{L}}{\partial u_j^\alpha \partial u_k^\alpha} + \frac{\partial}{\partial u_k^\alpha} \left(\eta^\alpha - \xi^i u_i^\alpha \right) \frac{\partial \mathcal{L}}{\partial u_j^\alpha} \right] u_{kj}^\beta$$

$$= W^\alpha \left(\frac{\partial^2 \mathcal{L}}{\partial u_j^\alpha \partial u_k^\beta} + A_\beta^{\alpha,jk} \right) u_{kj}^\beta + \left[\frac{\partial}{\partial u_k^\alpha} \left(\mathcal{L} \xi^j \right) + \frac{\partial}{\partial u_k^\alpha} \left(\eta^\alpha - \xi^i u_i^\alpha \right) \frac{\partial \mathcal{L}}{\partial u_j^\alpha} \right] u_{kj}^\beta$$

$$= W^\alpha \left(\frac{\partial^2 \mathcal{L}}{\partial u_j^\alpha \partial u_k^\beta} + A_\beta^{\alpha,jk} \right) u_{kj}^\beta + \left(\xi^j \frac{\partial \mathcal{L}}{\partial u_k^\alpha} - \xi^k \frac{\partial \mathcal{L}}{\partial u_j^\alpha} \right) u_{kj}^\beta \tag{13.39}$$

注意到 $\left(\xi^j \frac{\partial \mathcal{L}}{\partial u_k^\alpha} - \xi^k \frac{\partial \mathcal{L}}{\partial u_j^\alpha} \right) u_{kj}^\beta = 0$，因此

$$\left[W^\alpha A_\beta^{\alpha,jk} + \frac{\partial}{\partial u_k^\alpha} \left(\mathcal{L} \xi^j + W^\alpha \frac{\partial \mathcal{L}}{\partial u_j^\alpha} \right) \right] u_{kj}^\beta = W^\alpha \left(\frac{\partial^2 \mathcal{L}}{\partial u_j^\alpha \partial u_k^\beta} + A_\beta^{\alpha,jk} \right) u_{kj}^\beta \tag{13.40}$$

将式 (13.40) 代入式 (13.38) 得到

$$W^\alpha \left(\frac{\partial^2 \mathcal{L}}{\partial u_j^\alpha \partial u_k^\beta} + A_\beta^{\alpha,jk} \right) u_{kj}^\beta - \left[\xi^i B_\beta^{\alpha,j} + \frac{\partial}{\partial u^\beta} \left(\xi^i \frac{\partial \mathcal{L}}{\partial u_j^\alpha} \right) \right] u_j^\beta u_i^\alpha$$

$$+ \left[\frac{\partial}{\partial u^\alpha} \left(\mathcal{L} \xi^i + \eta^\beta \frac{\partial \mathcal{L}}{\partial u_i^\beta} \right) - \xi^i \left(C_\beta^\alpha u^\beta + D^\alpha \right) - \frac{\partial}{\partial x^j} \left(\xi^i \frac{\partial \mathcal{L}}{\partial u_j^\alpha} \right) + \eta^\beta B_\alpha^{\beta,i} \right] u_i^\alpha$$

$$+ \frac{\partial}{\partial x^j} \left(\mathcal{L} \xi^j + \eta^\alpha \frac{\partial \mathcal{L}}{\partial u_j^\alpha} \right) + \eta^\alpha \left(C_\beta^\alpha u^\beta + D^\alpha \right) = 0 \tag{13.41}$$

引理 13.1　如果泛函 $S = \displaystyle\int_V \mathcal{L} \mathrm{d}V$ 对应于一个变分问题，并且泛函不是时空坐标的显函数，即 $S = \displaystyle\int_V \mathcal{L} \left(\boldsymbol{u}, \boldsymbol{u}_{(1)}, \boldsymbol{u}_{(2)}, \cdots, \boldsymbol{u}_{(s)} \right) \mathrm{d}V$，则关于时空的平移变换是该泛函的对称变换。

证明　时空的平移变换满足 $\eta^\alpha = 0, \xi^i = c^i$，其中 c^i 为常数，对应算子为

$$X = c^i \frac{\partial}{\partial x^i} + \cdots \tag{13.42}$$

则 $W^\alpha = 0 - c^i u_i^\alpha = -c^i u_i^\alpha$。

对称性充要条件 (13.34) 化为

$$D_i\left(\xi^i \mathcal{L}\right) + W^\alpha \frac{\partial \mathcal{L}}{\partial u^\alpha} + \sum_{s=1}^{\infty} D_{i_1} \cdots D_{i_s}\left(W^\alpha\right) \frac{\partial \mathcal{L}}{\partial u_{i_1 \cdots i_s}^\alpha}$$

$$= D_i\left(c^i \mathcal{L}\right) + \left(-c^i u_i^\alpha\right) \frac{\partial \mathcal{L}}{\partial u^\alpha} + \sum_{s=1}^{\infty} D_{i_1} \cdots D_{i_s}\left(-c^i u_i^\alpha\right) \frac{\partial \mathcal{L}}{\partial u_{i_1 \cdots i_s}^\alpha}$$

$$= c^i \left[D_i\left(\mathcal{L}\right) - u_i^\alpha \frac{\partial \mathcal{L}}{\partial u^\alpha} - \sum_{s=1}^{\infty} D_{i_1} \cdots D_{i_s}\left(u_i^\alpha\right) \frac{\partial \mathcal{L}}{\partial u_{i_1 \cdots i_s}^\alpha} \right]$$

$$= c^i \left[\frac{\partial \mathcal{L}}{\partial x^i} + u_i^\alpha \frac{\partial \mathcal{L}}{\partial u^\alpha} + \sum_{s=1}^{\infty} D_{i_1} \cdots D_{i_s}\left(u_i^\alpha\right) \frac{\partial \mathcal{L}}{\partial u_{i_1 \cdots i_s}^\alpha} - u_i^\alpha \frac{\partial \mathcal{L}}{\partial u^\alpha} \right.$$

$$\left. - \sum_{s=1}^{\infty} D_{i_1} \cdots D_{i_s}\left(u_i^\alpha\right) \frac{\partial \mathcal{L}}{\partial u_{i_1 \cdots i_s}^\alpha} \right]$$

$$= c^i \frac{\partial \mathcal{L}}{\partial x^i} \tag{13.43}$$

由于 c^i 为非零常数，$\mathcal{L}$ 不是时空坐标的显函数，因此 $c^i \frac{\partial \mathcal{L}}{\partial x^i} = 0$，得证。

定理 13.1　假设有一个确定的偏微分方程组 (13.33)，如果方程组存在一个非退化泛函或 Lagrange 函数，则对于偏微分方程组的任意一个解 u，如下关系式均成立

$$\left(\frac{\partial^2 \mathcal{L}}{\partial u_j^\alpha \partial u_k^\beta} + A_\beta^{\alpha,jk} \right) u_{kj}^\beta = 0$$
$$\frac{\partial \mathcal{L}}{\partial u^\alpha} = u_j^\beta \left[\frac{\partial}{\partial u^\beta}\left(\frac{\partial \mathcal{L}}{\partial u_j^\alpha} \right) + B_\beta^{\alpha,i} \right] + C_\beta^\alpha u^\beta + D^\alpha \tag{13.44}$$

证明　根据引理 13.1 的证明，令 $\eta^\alpha = 0, \xi^i = c^i$，其中 c^i 为常数，并代入式 (13.41)，得

$$-c^i u_i^\alpha \left(\frac{\partial^2 \mathcal{L}}{\partial u_j^\alpha \partial u_k^\beta} + A_\beta^{\alpha,jk} \right) u_{kj}^\beta - c^i \left[B_\beta^{\alpha,j} + \frac{\partial}{\partial u^\beta}\left(\frac{\partial \mathcal{L}}{\partial u_j^\alpha} \right) \right] u_j^\beta u_i^\alpha$$

$$+ c^i \left[\frac{\partial \mathcal{L}}{\partial u^\alpha} - \left(C_\beta^\alpha u^\beta + D^\alpha \right) - \frac{\partial}{\partial x^j}\left(\frac{\partial \mathcal{L}}{\partial u_j^\alpha} \right) \right] u_i^\alpha + c^i \frac{\partial \mathcal{L}}{\partial x^i} = 0 \tag{13.45}$$

注意到 $\dfrac{\partial}{\partial x^j}\left(\dfrac{\partial \mathcal{L}}{\partial u_j^\alpha}\right)=0,\ c^i\dfrac{\partial \mathcal{L}}{\partial x^j}=0$ 及 $c^i\neq 0$, 得

$$\left\{\left(\frac{\partial^2 \mathcal{L}}{\partial u_j^\alpha \partial u_k^\beta}+A_\beta^{\alpha,jk}\right)u_{kj}^\beta+\left[B_\beta^{\alpha,j}+\frac{\partial}{\partial u^\beta}\left(\frac{\partial \mathcal{L}}{\partial u_j^\alpha}\right)\right]u_j^\beta\right.$$

$$\left.+\frac{\partial \mathcal{L}}{\partial u^\alpha}-\left(C_\beta^\alpha u^\beta+D^\alpha\right)\right\}u_i^\alpha=0 \tag{13.46}$$

由于 $\boldsymbol{u}$ 是偏微分方程组的任意一个解, 令大括号中 $\boldsymbol{u}$ 各阶偏导的系数为零, 得到

$$\left(\frac{\partial^2 \mathcal{L}}{\partial u_j^\alpha \partial u_k^\beta}+A_\beta^{\alpha,jk}\right)u_{kj}^\beta=0$$

$$\frac{\partial \mathcal{L}}{\partial u^\alpha}=u_j^\beta\left[\frac{\partial}{\partial u^\beta}\left(\frac{\partial \mathcal{L}}{\partial u_j^\alpha}\right)+B_\beta^{\alpha,i}\right]+C_\beta^\alpha u^\beta+D^\alpha \tag{13.47}$$

得证.

至此, 只需要找出二阶偏微分方程组的所有系数, 代入式 (13.47), 即可求出 Lagrange 函数. 比较式 (13.33) 和式 (13.30)、(13.31), 即

$$\begin{aligned}A_1^{1,jk}u_{kj}^1+A_2^{1,jk}u_{kj}^2+B_1^{1,j}u_j^1+B_2^{1,j}u_j^2=0\\A_1^{2,jk}u_{kj}^1+A_2^{2,jk}u_{kj}^2+B_1^{2,j}u_j^1+B_2^{2,j}u_j^2=0\end{aligned} \tag{13.48}$$

与

$$u_t^1-\frac{\mathrm{d}K\left(u^1\right)}{\mathrm{d}u^1}u_i^1u_i^1-K\left(u^1\right)u_{ii}^1=0$$

$$H_3u_t^2+H_2u_i^2u_i^2+H_1u_{ii}^2=0 \tag{13.49}$$

从而得到

$$\begin{aligned}&A_2^{1,jk}=0,\quad A_1^{1,jj}=-K\left(u^1\right),\ j\neq t,\quad A_1^{1,jk}=0,\ j\neq k\\&A_1^{2,jk}=0,\quad A_2^{2,jj}=H_1,\ j\neq t,\quad A_2^{2,jk}=0,\ j\neq k\\&B_1^{1,t}=1,\quad B_1^{1,i}=-\frac{\partial K\left(u^1\right)}{\partial u^1}u_i^1,\quad B_2^{1,t}=B_2^{1,i}=0\\&B_1^{2,t}=B_1^{2,i}=0,\quad B_2^{2,t}=H_3,\quad B_2^{2,i}=H_2u_i^2\\&C_1^1=C_2^1=C_1^2=C_2^2=0,\quad D^1=D^2=0\end{aligned} \tag{13.50}$$

结合式 (13.44) 中 $\dfrac{\partial^2 \mathcal{L}}{\partial u_j^\alpha \partial u_k^\beta}+A_\beta^{\alpha,jk}=0$, 有

$$\frac{\partial^2 \mathcal{L}}{\partial\left(u_t^1\right)^2}=\frac{\partial^2 \mathcal{L}}{\partial\left(u_t^2\right)^2}=\frac{\partial^2 \mathcal{L}}{\partial u_t^1 \partial u_t^2}=\frac{\partial^2 \mathcal{L}}{\partial u_t^1 \partial u_i^2}$$

$$= \frac{\partial^2 \mathcal{L}}{\partial u_t^2 \partial u_i^1} = \frac{\partial^2 \mathcal{L}}{\partial u_t^2 \partial u_i^2} = 0, \quad i = 1, 2, 3$$

$$\frac{\partial^2 \mathcal{L}}{\partial u_i^1 \partial u_j^1} = \frac{\partial^2 \mathcal{L}}{\partial u_i^2 \partial u_j^2} = \frac{\partial^2 \mathcal{L}}{\partial u_i^1 \partial u_j^2} = 0, \quad i \neq j$$

$$\frac{\partial^2 \mathcal{L}}{\partial u_i^1 \partial u_j^2} = K(u^1) = -H_1, \quad i = j \tag{13.51}$$

从式 (13.51) 中的第一式知 Lagrange 函数分别含 u_t^1, u_t^2 的线性项，并且对含时间偏导的项和含空间偏导的项是分离的，可设

$$\mathcal{L} = u_t^1 f_1(u^1, u^2) + u_t^2 f_2(u^1, u^2) + f_3(u^1, u^2, u_i^1, u_i^2) \tag{13.52}$$

从式 (13.51) 中的第二式、第三式知 $f_3(u^1, u^2, u_i^1, u_i^2)$ 只含 $u_i^1 u_i^2$ 的线性项，因此

$$\mathcal{L} = u_t^1 f_1(u^1, u^2) + u_t^2 f_2(u^1, u^2) + K(u^1) u_i^1 u_i^2 + g(u^1, u^2) \tag{13.53}$$

其中 $g(u^1, u^2)$ 是 u^1, u^2 的函数。

将式 (13.50)、(13.53) 代入式 (13.44) 中的第二式，得

$$H_2 u_i^2 u_i^2 + \left(\frac{\partial f_1}{\partial u^2} - \frac{\partial f_2}{\partial u^1} + H_3 \right) u_t^2 - \frac{\partial g}{\partial u^1} = 0$$

$$\left(\frac{\partial f_1}{\partial u^2} - \frac{\partial f_2}{\partial u^1} - 1 \right) - \frac{\partial g}{\partial u^2} = 0 \tag{13.54}$$

由于方程组 (13.54) 对于任意解均成立，所以

$$H_2 = 0, \quad H_3 = -1, \quad g = \text{const}, \quad \frac{\partial f_1}{\partial u^2} - \frac{\partial f_2}{\partial u^1} - 1 = 0 \tag{13.55}$$

取 $f_1 = \frac{1}{2} u_2, f_2 = -\frac{1}{2} u_1$，则伴随方程和 Lagrange 函数为

$$u_t^2 + K(u_1) u_{ii}^2 = 0$$

$$\mathcal{L} = \frac{1}{2}(u_t^1 u^2 - u_t^2 u^1) + K(u_1) u_i^1 u_i^2 + c^0 \tag{13.56}$$

13.2.2　守恒律

根据守恒律表达式 $D_i \mathcal{N}^i(\mathcal{L}) = 0$，对于 $K(u_1) = K_0$ 为常数的情况，考虑 $\eta^\alpha = 0 \, (\alpha = 1, 2)$ 时牛顿力学中的时空变换，给出守恒律

$$D_k \left[\mathcal{L} \xi^k + (\eta^\alpha - u_i^\alpha \xi^i - u_t^\alpha \tau) \frac{\partial \mathcal{L}}{\partial u_k^\alpha} \right] + D_t \left[\mathcal{L} \tau + (\eta^\alpha - u_i^\alpha \xi^i - u_t^\alpha \tau) \frac{\partial \mathcal{L}}{\partial u_t^\alpha} \right] = 0 \tag{13.57}$$

化简得

$$D_k \left[\mathcal{L}\xi^k - (u_i^\alpha \xi^i + u_t^\alpha \tau) \frac{\partial \mathcal{L}}{\partial u_k^\alpha} \right] + D_t \left[\mathcal{L}\tau - (u_i^\alpha \xi^i + u_t^\alpha \tau) \frac{\partial \mathcal{L}}{\partial u_t^\alpha} \right] = 0 \quad (13.58)$$

展开式 (13.58)，将 Lagrange 函数代入得

$$D_k \left\{ \left[\frac{1}{2} \left(u_t^1 u^2 - u_t^2 u^1 \right) + K_0 u_i^1 u_i^2 + c^0 \right] \xi^k \right\}$$

$$- D_k \left\{ (u_i^\alpha \xi^i + u_t^\alpha \tau) \frac{\partial}{\partial u_k^\alpha} \left[\frac{1}{2} \left(u_t^1 u^2 - u_t^2 u^1 \right) + K_0 u_i^1 u_i^2 + c^0 \right] \right\}$$

$$+ D_t \left\{ \left[\frac{1}{2} \left(u_t^1 u^2 - u_t^2 u^1 \right) + K_0 u_i^1 u_i^2 + c^0 \right] \tau \right\}$$

$$- D_t \left\{ (u_i^\alpha \xi^i + u_t^\alpha \tau) \frac{\partial}{\partial u_t^\alpha} \left[\frac{1}{2} \left(u_t^1 u^2 - u_t^2 u^1 \right) + K_0 u_i^1 u_i^2 + c^0 \right] \right\} = 0 \quad (13.59)$$

由解的任意性，得

$$u_i^1 u_i^2 : \quad -\frac{\mathrm{d}\tau}{\mathrm{d}t} + \frac{\partial \xi^1}{\partial x^1} - \frac{\partial \xi^2}{\partial x^2} - \frac{\partial \xi^3}{\partial x^3} = -\frac{\mathrm{d}\tau}{\mathrm{d}t} + \frac{\partial \xi^2}{\partial x^2} - \frac{\partial \xi^1}{\partial x^1} - \frac{\partial \xi^3}{\partial x^3}$$

$$= -\frac{\mathrm{d}\tau}{\mathrm{d}t} + \frac{\partial \xi^3}{\partial x^3} - \frac{\partial \xi^1}{\partial x^1} - \frac{\partial \xi^2}{\partial x^2} = 0$$

$$u_i^1 u_j^2 : \quad \frac{\partial \xi^i}{\partial x^j} + \frac{\partial \xi^j}{\partial x^i} = 0, \quad i \neq j \quad (13.60)$$

$$u_t^\alpha u^\beta : \quad \frac{\partial \xi^i}{\partial x^i} = \frac{\partial \xi^i}{\partial x^i}, \quad \alpha \neq \beta$$

$$\frac{\partial \xi^1}{\partial x^1} + \frac{\partial \xi^2}{\partial x^2} + \frac{\partial \xi^3}{\partial x^3} + \frac{\mathrm{d}\tau}{\mathrm{d}t} = 0$$

解得

$$\tau = c^t, \quad \xi^i = e^{ijk} \omega^j x^k + c^i \quad (13.61)$$

其中 c^t, c^i, ω^j 是任意独立常数，e^{ijk} 为 Ricci 符号，即

$$e^{ijk} = \begin{cases} 1, & (i, j, k) = (1, 2, 3), (2, 3, 1), (3, 1, 2) \\ -1, & (i, j, k) = (3, 2, 1), (2, 1, 3), (1, 3, 2) \\ 0, & \text{其他} \end{cases} \quad (13.62)$$

将式 (13.61) 代入守恒律 (13.57)，得到守恒律

$$D_k \left\{ \left[\frac{1}{2} \left(u_t^1 u^2 - u_t^2 u^1 \right) + K_0 u_i^1 u_i^2 + c^0 \right] \left(e^{kij} \omega^i x^j + c^k \right) \right\}$$

$$
+ D_t \left\{ \left[\frac{1}{2} \left(u_t^1 u^2 - u_t^2 u^1 \right) + K_0 u_i^1 u_i^2 + c^0 \right] c^t \right\}
$$

$$
- D_k \left\{ \left[u_i^\alpha \left(e^{ijk} \omega^j x^k + c^i \right) + u_t^\alpha c^t \right] \frac{\partial}{\partial u_k^\alpha} \left[\frac{1}{2} \left(u_t^1 u^2 - u_t^2 u^1 \right) + K_0 u_i^1 u_i^2 + c^0 \right] \right\}
$$

$$
- D_t \left\{ \left[u_i^\alpha \left(e^{ijk} \omega^j x^k + c^i \right) + u_t^\alpha c^t \right] \frac{\partial}{\partial u_t^\alpha} \left[\frac{1}{2} \left(u_t^1 u^2 - u_t^2 u^1 \right) + K_0 u_i^1 u_i^2 + c^0 \right] \right\} = 0
$$

$$
\tag{13.63}
$$

分别令 c^t, c^i, ω^j 的系数为零，得到

$$
c^t : D_t \left[\frac{1}{2} \left(u_t^1 u^2 - u_t^2 u^1 \right) + K_0 u_i^1 u_i^2 + c^0 \right] - D_k \left\{ u_t^\alpha \frac{\partial}{\partial u_k^\alpha} \left[\frac{1}{2} \left(u_t^1 u^2 - u_t^2 u^1 \right) + K_0 u_i^1 u_i^2 \right.\right.
$$
$$
\left.\left. + c^0 \right] \right\} - D_t \left\{ u_t^\alpha \frac{\partial}{\partial u_t^\alpha} \left[\frac{1}{2} \left(u_t^1 u^2 - u_t^2 u^1 \right) + K_0 u_i^1 u_i^2 + c^0 \right] \right\} = 0
$$

$$
c^k : D_k \left[\frac{1}{2} \left(u_t^1 u^2 - u_t^2 u^1 \right) + K_0 u_i^1 u_i^2 + c^0 \right] - D_j \left\{ u_k^\alpha \frac{\partial}{\partial u_j^\alpha} \left[\frac{1}{2} \left(u_t^1 u^2 - u_t^2 u^1 \right) + K_0 u_i^1 u_i^2 \right.\right.
$$
$$
\left.\left. + c^0 \right] \right\} - D_t \left\{ u_k^\alpha \frac{\partial}{\partial u_t^\alpha} \left[\frac{1}{2} \left(u_t^1 u^2 - u_t^2 u^1 \right) + K_0 u_i^1 u_i^2 + c^0 \right] \right\} = 0
$$

$$
\omega^j : D_k \left\{ \left[\frac{1}{2} \left(u_t^1 u^2 - u_t^2 u^1 \right) + K_0 u_i^1 u_i^2 + c^0 \right] e^{ijk} x^k - D_k \left\{ u_i^\alpha e^{ijk} x^k \frac{\partial}{\partial u_k^\alpha} \right.\right.
$$
$$
\left.\left. \times \left[\frac{1}{2} \left(u_t^1 u^2 - u_t^2 u^1 \right) + K_0 u_i^1 u_i^2 + c^0 \right] \right\} - D_t \left\{ u_i^\alpha e^{ijk} x^k \frac{\partial}{\partial u_t^\alpha} \left[\frac{1}{2} \left(u_t^1 u^2 - u_t^2 u^1 \right) \right.\right.\right.
$$
$$
\left.\left.\left. + K_0 u_i^1 u_i^2 + c^0 \right] \right\} \right\} = 0
$$

$$
\tag{13.64}
$$

最终得到守恒律

$$
D_t \left(u_i^1 u_i^2 \right) = D_k \left(u_t^1 u_k^2 + u_k^1 u_t^2 \right)
$$

$$
D_t \left[\frac{1}{2} \left(u_i^1 u^2 - u_i^2 u^1 \right) \right] = D_k \left[L \delta_{ik} - K_0 \left(u_i^1 u_k^2 + u_k^1 u_i^2 \right) \right], \quad i = 1, 2, 3
$$

$$
D_t \left[e^{ijk} x^k \frac{1}{2} \left(u_i^1 u^2 - u_i^2 u^1 \right) \right] = D_k \left\{ e^{ijq} x^q \left[L \delta_{ik} - K_0 \left(u_i^1 u_k^2 + u_k^1 u_i^2 \right) \right] \right\}
$$

$$
\tag{13.65}
$$

　　上述守恒律的推导是在牛顿力学的惯性系下进行的，而热传导方程描述了一个物理现象，因此时间平移变换、空间平移变换以及空间旋转变换都是热传导方程的对称变换。但是时空膨胀变换不是一个对称变换。此外，满足条件 (13.55) 中

的条件 $\dfrac{\partial f_1}{\partial u^2} - \dfrac{\partial f_2}{\partial u^1} - 1 = 0$ 的伴随方程有无穷个，所以非线性热传导方程的守恒律有无穷个。

13.3 非线性热传导方程的势对称

考虑如下非线性热传导方程的势对称 [148]

$$\frac{\partial}{\partial x^1}\left(K\left(u\right)\frac{\partial u}{\partial x^1}\right) - \frac{\partial u}{\partial x^2} = 0 \tag{13.66}$$

$R\left\{\boldsymbol{x}, u\right\}$ 即为方程 (13.66)。方程 (13.66) 已经是守恒形式。辅助系统 $S\left\{\boldsymbol{x}, u, v\right\}$ 为

$$\frac{\partial v}{\partial x^1} = u, \quad \frac{\partial v}{\partial x^2} = K\left(u\right)\frac{\partial u}{\partial x^1} \tag{13.67}$$

式 (13.67) 对应的无穷小生成元为

$$X = \xi^1\frac{\partial}{\partial x^1} + \xi^2\frac{\partial}{\partial x^2} + \eta^1\frac{\partial}{\partial u} + \eta^2\frac{\partial}{\partial v} \tag{13.68}$$

其中 $\xi^1, \xi^2, \eta^1, \eta^2$ 为 x_1, x_2, u, v 的函数。

Bluman、Kumei 和 Reid 证明，当且仅当电导率 $K\left(u\right)$ 具有形式 [81]

$$K\left(u\right) = \frac{1}{u^2 + pu + q}\exp\left[r\int\frac{\mathrm{d}u}{u^2 + pu + q}\right] \tag{13.69}$$

方程 (13.66) 才具有与辅助系统 (13.67) 相对应的势对称，其中 p、q 和 r 为任意常数。

方程 (13.66) 相应的势对称的无穷小生成元有两种情况 [149]：

(1)$K\left(u\right) = \lambda\left(u + \kappa\right)^{-2}$，$\lambda$ 和 κ 为任意常数。

那么方程 (13.66) 的势对称为

$$X_{S1} = -x^1\left(v + \kappa x^1\right)\frac{\partial}{\partial x^1} + \left(u + \kappa\right)\left(v + 2\kappa x^1 + x^1 u\right)\frac{\partial}{\partial u}$$

$$+ \left[2\lambda x^2 + \kappa x^1\left(v + \kappa x^1\right)\right]\frac{\partial}{\partial v}$$

$$X_{S2} = -x^1\left[\left(v + \kappa x^1\right)^2 + 2\lambda x^2\right]\frac{\partial}{\partial x^1} + 4\lambda\left(x^2\right)^2\frac{\partial}{\partial x^2}$$

$$+ \left(u + \kappa\right)\left[6\lambda x^2 + \left(v + \kappa x^1\right)^2 + 2x^1\left(u + \kappa\right)\left(v + \kappa x^1\right)\right]\frac{\partial}{\partial u}$$

$$+ \left[\kappa x^1 \left(v + \kappa x^1\right)^2 + 2\lambda x^2 \left(2v + 3\kappa x^1\right)\right] \frac{\partial}{\partial v}$$

$$X_{S3} = \psi\left(z, x^2\right) \frac{\partial}{\partial x^1} - (u + \kappa)^2 \frac{\partial \psi\left(z, x^2\right)}{\partial z} \frac{\partial}{\partial u} - \kappa \psi\left(z, x^2\right) \frac{\partial}{\partial v} \tag{13.70}$$

其中 $z = v + \kappa x^1$，且 $\omega = \psi\left(z, x^2\right)$ 是线性热传导方程的任意一个解 [150]

$$\lambda \frac{\partial^2 \omega}{\partial z^2} - \frac{\partial \omega}{\partial x^2} = 0 \tag{13.71}$$

(2) $K\left(u\right) = \dfrac{1}{u^2 + pu + q} \exp\left[r \displaystyle\int \dfrac{\mathrm{d}u}{u^2 + pu + q}\right]$，$p, q, r$ 是任意常数，且 $p^2 - 4q - r^2 \neq 0$。

那么方程 (13.66) 拥有势对称

$$X_S = v \frac{\partial}{\partial x^1} + (r - p) x^2 \frac{\partial}{\partial x^2} - \left(u^2 + pu + q\right) \frac{\partial}{\partial u} - \left(qx^1 + pv\right) \frac{\partial}{\partial v} \tag{13.72}$$

需要注意的是，如果 $K\left(u\right) = \lambda \left(u + \kappa\right)^{-4/3}$，那么式 (13.67) 给出的 $S\{\boldsymbol{x}, u, v\}$ 没有 Lie 对称变换，因为 $R\{\boldsymbol{x}, u\}$ 的无穷小生成元形式为

$$X = \left(x^1\right)^2 \frac{\partial}{\partial x^1} - 3x^1 \left(u + \kappa\right) \frac{\partial}{\partial u} \tag{13.73}$$

13.4　Burger 方程的势对称

Burger 方程是一种带有非线性项的反应扩散方程，是孤立子理论的重要方程之一，涉及的大量问题来自物理、化学和生物学中的众多数学模型，对反应扩散方程的研究具有十分重要的实际意义。

考虑如下 Burger 方程的势对称

$$\frac{\partial^2 u}{\partial \left(x^1\right)^2} - u \frac{\partial u}{\partial x^1} - \frac{\partial u}{\partial x^2} = 0 \tag{13.74}$$

$R\{\boldsymbol{x}, u\}$ 即为方程 (13.74)。方程 (13.74) 可以写成守恒形式

$$D_1 \left(2\frac{\partial u}{\partial x^1} - u^2\right) - D_2 \left(2u\right) = 0 \tag{13.75}$$

与方程 (13.75) 对应的辅助系统 $S\{\boldsymbol{x}, u, v\}$ 为

$$\frac{\partial v}{\partial x^1} = 2u, \qquad \frac{\partial v}{\partial x^2} = 2\frac{\partial u}{\partial x^1} - u^2 \tag{13.76}$$

Krasil'Shchik 和 Vinogradov 证明偏微分方程组对 Lie 对称变换存在有限参数 Lie 变换群, 其无穷小生成元为 [151]

$$X_S = \mathrm{e}^{v/4} \left\{ \left[\frac{2\partial\psi(\boldsymbol{x})}{\partial x^1} + \psi(\boldsymbol{x})u \right] \frac{\partial}{\partial u} + 4\psi(\boldsymbol{x})\frac{\partial}{\partial v} \right\} \tag{13.77}$$

其中 $\psi(\boldsymbol{x})$ 是线性热力学方程的任意一个解, 该方程为

$$\frac{\partial\psi}{\partial x^1} - \frac{\partial^2\psi}{\partial(x^1)^2} = 0 \tag{13.78}$$

式 (13.77) 的无穷小生成元坐标为

$$\xi_S^1(\boldsymbol{x},u,v) = \xi_S^2(\boldsymbol{x},u,v) \equiv 0$$

$$\eta_S = (\boldsymbol{x},u,v) = \mathrm{e}^{v/4}\left[2\frac{\partial\psi(\boldsymbol{x})}{\partial x^1} + \psi(\boldsymbol{x})u\right] \tag{13.79}$$

$$\varsigma_S^1 = (\boldsymbol{x},u,v) = 4\mathrm{e}^{v/4}\psi(\boldsymbol{x})$$

那么, 式 (13.77) 定义了方程 (13.75) 的一个势对称。

如果 $(u(\boldsymbol{x}), v(\boldsymbol{x}))$ 满足式 (13.76), 那么 $u(\boldsymbol{x})$ 满足方程 (13.75), $v(\boldsymbol{x})$ 满足 $T\{\boldsymbol{x}, \boldsymbol{v}\}$, 形式为

$$\frac{\partial^2 v}{\partial(x^1)^2} - \frac{\partial v}{\partial x^2} - \frac{1}{4}\left(\frac{\partial v}{\partial x^1}\right)^2 = 0 \tag{13.80}$$

方程 (13.80) 是方程 (13.75) 的积分形式。方程 (13.80) 对于 Lie 对称变换存在有限参数 Lie 变换群, 无穷小生成元为

$$Y = \mathrm{e}^{v/4}\psi(x)\frac{\partial}{\partial v} \tag{13.81}$$

因此无穷小生成元 (13.77) 对应方程 (13.75) 的一个势对称, 对应积分形式方程 (13.80) 的一个 Lie 对称变换 [152,153]。

13.5 非均匀介质中波动方程的势对称

考虑如下带有变量 $c(x^1)$ 的波动方程的势对称 [154,155]

$$\frac{\partial^2 u}{\partial(x^2)^2} - c^2(x^1)\frac{\partial^2 u}{\partial(x^1)^2} = 0 \tag{13.82}$$

$R\{\boldsymbol{x},u\}$ 即为方程 (13.82)。方程 (13.82) 可以写成守恒形式

$$D_1\left(\frac{\partial u}{\partial x^1}\right) - D_2\left(\frac{1}{c^2(x^1)}\frac{\partial u}{\partial x^2}\right) = 0 \tag{13.83}$$

与方程 (13.83) 对应的辅助系统 $S\{\boldsymbol{x},u,v\}$ 为

$$\frac{\partial v}{\partial x^1} = \frac{1}{c^2(x^1)}\frac{\partial u}{\partial x^2}, \quad \frac{\partial v}{\partial x^2} = \frac{\partial u}{\partial x^1} \tag{13.84}$$

Bluman、Reid 和 Kumei 证明方程 (13.82) 中的波速 $c(x^1)$ 满足方程 [81]

$$cc'(c/c')'' = \mu \tag{13.85}$$

拥有与辅助系统相对应的势对称，其中 μ 为常数。

方程 (13.82) 有 4 参数非平凡 Lie 对称变换群 G_R，当且仅当其波速满足

$$c^2(\alpha' - H\alpha)' = \sigma^2\alpha \tag{13.86}$$

其中 $H = c'/c$，且 α 为

$$\alpha^2(x^1) = \rho(2H' + H^2)^{-1} \tag{13.87}$$

方程 (13.82) 有 4 参数非平凡 Lie 对称变换群 G_R 的另一种情况是，其波速满足五阶常微分方程

$$\left\{c^2\left[\frac{H'''}{2H' + H^2} + 3\frac{\left[2(H')^3 - 2HH'H'' - (H'')^2\right]}{(2H' + H^2)^2}\right]\right\}' = 0 \tag{13.88}$$

其中 $H = c'/c$。

方程 (13.82) 对应的辅助系统 (13.84) 有 4 参数非平凡 Lie 对称变换群 G_R，当且仅当波速 $c(x^1)$ 满足式 (13.85) 或等价的四阶微分方程

$$\left[cc'(c/c')''\right]' = 0 \tag{13.89}$$

Bluman 和 Kumei 证明 [156] 波速 $c(x^1)$ 同时满足式 (13.88) 和 (13.89)，当且仅当 $c(x^1)$ 满足

$$(c/c')'' = 0 \tag{13.90}$$

或

$$c^2c'c'' + c(c')^2c'' - c^2(c'')^2 - \frac{1}{4}(c')^4 = 0 \tag{13.91}$$

式 (13.90) 的解为

$$c\left(x^1\right) = \left(Ax^1 + B\right)^C \tag{13.92}$$

式 (13.91) 的解由两组解组成 [157]，隐式表达为

$$\sqrt{c\left(x^1\right)} - \arctan C\sqrt{c\left(x^1\right)} = Ax^1 + B \tag{13.93}$$

以及

$$2\sqrt{c\left(x^1\right)} + \ln\left|\left(\sqrt{c\left(x^1\right)} - C\right)\Big/\left(\sqrt{c\left(x^1\right)} + C\right)\right| = Ax^1 + B \tag{13.94}$$

其中 A、B 和 C 为任意常数。

波速 $c\left(x^1\right)$ 同时满足微分方程 (13.90) 和 (13.91)，当且仅当

$$c\left(x^1\right) = \left(Ax^1 + B\right)^2 \tag{13.95}$$

或

$$c\left(x^1\right) = \left(Ax^1 + B\right)^{2/3} \tag{13.96}$$

如果波速满足式 (13.88)，但不满足式 (13.90) 或 (13.91)，那么 $R\left\{\boldsymbol{x}, u\right\}$ 存在 Lie 对称变换无穷小生成元，但是其辅助系统 $S\left\{\boldsymbol{x}, u, v\right\}$ 没有对应的 Lie 对称变换无穷小生成元。

例如，波速 $c\left(x^1\right) = 1 - \left(x^1\right)^2$ 满足式 (13.88)，但是不满足式 (13.90) 或式 (13.91)。这种情况下，波动方程 $R\left\{\boldsymbol{x}, u\right\}$ 的形式为

$$\frac{\partial^2 u}{\partial\left(x^2\right)^2} - \left[1 - \left(x^1\right)^2\right]^2 \frac{\partial^2 u}{\partial\left(x^1\right)^2} = 0 \tag{13.97}$$

有 4 参数 Lie 对称变换群 G_R，无穷小生成元为

$$\begin{aligned}
&X_1 = u\frac{\partial}{\partial u}, \quad X_2 = \frac{\partial}{\partial x^2}, \quad X_3 = \left[1 - \left(x^1\right)^2\right]\frac{\partial}{\partial x^1} - x^1 u\frac{\partial}{\partial u} \\
&X_4 = x^2\left[1 - \left(x^1\right)^2\right]\frac{\partial}{\partial x^1} + \frac{1}{2}\ln\left|\frac{x^1 + 1}{x^1 - 1}\right|\frac{\partial}{\partial x^2} - x^1 x^2 u\frac{\partial}{\partial u}
\end{aligned} \tag{13.98}$$

但是辅助系统 $S\left\{\boldsymbol{x}, u, v\right\}$ 为

$$\frac{\partial v}{\partial x^1} = \frac{1}{\left[1 - \left(x^1\right)^2\right]^2}\frac{\partial u}{\partial x^2}, \quad \frac{\partial v}{\partial x^2} = \frac{\partial u}{\partial x^1} \tag{13.99}$$

只有 2 参数平凡 Lie 对称变换群 G_R, 无穷小生成元为

$$X_{S1} = u\frac{\partial}{\partial u} + v\frac{\partial}{\partial v}, \quad X_{S2} = \frac{\partial}{\partial x^2} \tag{13.100}$$

如果波速 $c\left(x^1\right)$ 为式 (13.92) 的形式, 且

$$A = 1, \quad B = 0, \quad c\left(x^1\right) = \left(x^1\right)^C, \quad C \neq 0, 1 \tag{13.101}$$

那么 $R\left\{\boldsymbol{x}, u\right\}$ 有群 G_R, 无穷小生成元为

$$X_1 = u\frac{\partial}{\partial u}, \quad X_2 = \frac{\partial}{\partial x^2}, \quad X_3 = x^1\frac{\partial}{\partial x^1} + (1-C)\,x^2\frac{\partial}{\partial x^2}$$

$$X_4 = 2x^1x^2\frac{\partial}{\partial x^1} + \left[(1-C)\left(x^2\right)^2 + \frac{\left(x^1\right)^{2-2C}}{1-C}\right]\frac{\partial}{\partial x^2} + Cx^2u\frac{\partial}{\partial u} \tag{13.102}$$

且辅助系统 $S\left\{\boldsymbol{x}, u, v\right\}$ 有群 G_R, 无穷小生成元为

$$X_{S1} = u\frac{\partial}{\partial u} + v\frac{\partial}{\partial v}, \quad X_{S2} = \frac{\partial}{\partial x^2}$$

$$X_{S3} = x^1\frac{\partial}{\partial x^1} + (1-C)\,x^2\frac{\partial}{\partial x^2} - Cv\frac{\partial}{\partial v}$$

$$X_{S4} = 2x^1x^2\frac{\partial}{\partial x^1} + \left[(1-C)\left(x^2\right)^2 + \frac{\left(x^1\right)^{2-2C}}{1-C}\right]\frac{\partial}{\partial x^2} \tag{13.103}$$

$$+ \left[(2C-1)\,x^2u - x^1v\right]\frac{\partial}{\partial u} - \left[x^2v + \left(x^1\right)^{1-2C}u\right]\frac{\partial}{\partial v}$$

因此, 对于 $i = 1, 2, 3$, X_{Si} 与 X_i 对应, 但是 X_{S4} 与 X_4 不对应, 因为 $\partial/\partial u$ 的系数不同, 即

$$\eta_{S4}\left(\boldsymbol{x}, u, v\right) = (2C-1)\,x^2u - x^1v \neq \eta_4\left(\boldsymbol{x}, u\right) = Cx^2u \tag{13.104}$$

13.6　非均匀介质中扰动波动方程的近似势对称

描述在非均匀介质中变速波传播的扰动波动方程形式为 [78]

$$u_{tt} + \varepsilon u_t = c^2\left(x\right)u_{xx} \tag{13.105}$$

其无扰动方程为

$$u_{tt} = c^2\left(x\right)u_{xx} \tag{13.106}$$

从而方程 (13.106) 的辅助系统为

$$u_x = v_t, \quad u_t = c^2(x) v_x \tag{13.107}$$

当且仅当波速 $c(x)$ 满足方程

$$cc' \left(c/c'\right)'' = \mu \tag{13.108}$$

其中 μ 是常数，方程 (13.106) 拥有势对称。

那么方程 (13.106) 的势对称如表 13.1 中所列。

表 13.1 方程 (13.106) 的势对称

$c(x)$	无穷小生成元
$x^a, a \neq 0, 1$	$V_0^1 = x\dfrac{\partial}{\partial x} + (1-a)\,t\dfrac{\partial}{\partial t} - av\dfrac{\partial}{\partial v}$
	$V_0^2 = 2tx\dfrac{\partial}{\partial x} + \left[(1-a)\,t^2 + \dfrac{1}{1-a}x^{2-2a}\right]\dfrac{\partial}{\partial t}$
	$\quad + \left[(2a-1)\,tu - xv\right]\dfrac{\partial}{\partial u} - \left(tv + x^{1-2a}u\right)\dfrac{\partial}{\partial v}$
x	$V_0^3 = 2tx\dfrac{\partial}{\partial x} + 2\ln x\dfrac{\partial}{\partial t} + (tu - xv)\dfrac{\partial}{\partial u} - \left(tv + x^{-1}u\right)\dfrac{\partial}{\partial v}$
	$V_0^4 = \dfrac{\partial}{\partial x} - t\dfrac{\partial}{\partial t} - v\dfrac{\partial}{\partial v}$
e^x	$V_0^5 = -4t\dfrac{\partial}{\partial x} + 2\left(t^2 + \mathrm{e}^{-2x}\right)\dfrac{\partial}{\partial t} + 2\left(v - 2tu\right)\dfrac{\partial}{\partial u} + 2\mathrm{e}^{-2x}u\dfrac{\partial}{\partial v}$
	$V_0^6 = \mathrm{e}'\left\{\dfrac{2\tilde{c}}{\tilde{c}'}\dfrac{\partial}{\partial x} + 2\left[\left(\dfrac{\tilde{c}}{\tilde{c}'}\right)' - 1\right]\dfrac{\partial}{\partial t} + \left\{\left[2 - \left(\dfrac{\tilde{c}}{\tilde{c}'}\right)'\right]u - \dfrac{\tilde{c}}{\tilde{c}'}v\right\}\dfrac{\partial}{\partial u}\right.$
	$\left. \quad - \left[\left(\dfrac{\tilde{c}}{\tilde{c}'}\right)'v + \dfrac{1}{\tilde{c}\tilde{c}'}\right]\dfrac{\partial}{\partial v}\right\}$
$\tilde{c}(x)$	$V_0^7 = \mathrm{e}^{-1}\left\{\dfrac{2\tilde{c}}{\tilde{c}'}\dfrac{\partial}{\partial x} + 2\left[1 - \left(\dfrac{\tilde{c}}{\tilde{c}'}\right)'\right]\dfrac{\partial}{\partial t} + \left\{\left[2 - \left(\dfrac{\tilde{c}}{\tilde{c}'}\right)'\right]u + \dfrac{\tilde{c}}{\tilde{c}'}v\right\}\dfrac{\partial}{\partial u}\right.$
	$\left. \quad - \left[\left(\dfrac{\tilde{c}}{\tilde{c}'}\right)'v - \dfrac{1}{\tilde{c}\tilde{c}'}u\right]\dfrac{\partial}{\partial v}\right\}$

在表 13.1 中，$\tilde{c}(x)$ 满足方程 (13.108)，且 $\mu \neq 0$，它不能显式地求解，但可以化简为如下一阶微分方程之一 [78]

$$
\begin{aligned}
c' &= \nu^{-1}\sin\left(\nu\ln c\right) \\
c' &= \nu^{-1}\sinh\left(\nu\ln c\right) \\
c' &= \ln c \\
c' &= \nu^{-1}\cosh\left(\nu\ln c\right)
\end{aligned}
\tag{13.109}
$$

对于 $\mu = 0$，由方程 (13.108) 可以看出

$$c(x) = \mathrm{e}^x \quad \text{或} \quad c(x) = x^a \tag{13.110}$$

其中 a 为任意常数。

为了找到方程 (13.105)，即带有扰动的波传播方程的近似势对称，需要关注拥有近似势对称的条件。

构造辅助系统

$$u_t + \varepsilon u = c^2(x) v_x, \quad u_x = v_t \tag{13.111}$$

注意方程 (13.105) 的近似势对称由方程 (13.106) 的近似势对称得到。现在通过一个例子说明如何找到方程 (13.105) 的近似势对称。对于 V_0^5，假设式 (13.110) 有近似 Lie 对称性

$$V^5 = V_0^5 + \varepsilon V_1^5 \tag{13.112}$$

其中

$$V_1^5 = \xi(x,t,u,v) \frac{\partial}{\partial x} + \tau(x,t,u,v) \frac{\partial}{\partial t} + \phi(x,t,u,v) \frac{\partial}{\partial u} + \psi(x,t,u,v) \frac{\partial}{\partial v} \tag{13.113}$$

可以通过三步算法来确定 $V_1^{5[78]}$。函数 $\boldsymbol{H} = (H_1, H_2)$ 的形式为

$$\begin{aligned}
H_1 &= \frac{1}{\varepsilon} V_0^5 (u_x - v_t) \Big|_{u_x = v_t, u_t + \varepsilon u = \mathrm{e}^{2x} v_x} = 0 \\
H_2 &= \frac{1}{\varepsilon} V_0^5 (u_x + \varepsilon u - \mathrm{e}^{2x} v_x) \Big|_{u_x = v_t, u_t + \varepsilon u = \mathrm{e}^{2x} v_x} = 2v + 4tu
\end{aligned} \tag{13.114}$$

进而得到式 (13.111) 的不变性条件，即

$$\begin{aligned}
V_1^5 (u_x - v_t) \big|_{u_x = v_t, u_t = \mathrm{e}^{2x} v_x} &= 0 \\
V_1^5 (u_t - \mathrm{e}^{2x} v_x) \big|_{u_x = v_t, u_t = \mathrm{e}^{2x} v_x} + 2v + 4tu &= 0
\end{aligned} \tag{13.115}$$

那么推出 ξ, τ, ϕ, ψ 满足关系

$$\xi_u = \xi_v = \tau_u = \tau_v = 0, \quad \phi = f_1(x,t) u + g_1(x,t) v, \quad \psi = f_2(x,t) u + g_2(x,t) v \tag{13.116}$$

所以 ξ, τ 和 $f_i, g_i (i = 1, 2)$ 满足超定系统

$$\begin{aligned}
&f_1 = g_2 + \xi, \quad g_1 = \mathrm{e}^{2x} f_2, \quad f_{1t} = \mathrm{e}^{2x} f_{2x} - 4t, \quad g_{1t} = \mathrm{e}^{2x} g_{2x} - 2 \\
&f_{2t} = f_{1x}, \quad g_{2t} = g_{1x}, \quad \tau_t = \xi_x - \xi, \quad \xi_t = \mathrm{e}^{2x} \tau_x
\end{aligned} \tag{13.117}$$

求解系统 (13.117) 可以得到

$$\xi = \mathrm{e}^{-2x} + 3t^2 + c_2 t + c_3, \quad \tau = -3\mathrm{e}^{-2x}t - t^3 - \frac{1}{2}c_2\left(t^2 + \mathrm{e}^{-2x}\right) - c_3 t + c_4$$

$$f_1 = \frac{5}{2}\mathrm{e}^{-2x} + 3t^2 + c_2 t + c_1 + c_3, \quad f_2 = -5t\mathrm{e}^{-2x} - \frac{1}{2}c_2\mathrm{e}^{-2x}$$

$$g_1 = -5t - \frac{1}{2}c_2, \quad g_2 = \frac{3}{2}\mathrm{e}^{-2x} + c_1$$

$$\tag{13.118}$$

其中 $c_i\,(i = 1, 2, 3, 4)$ 为常数。

由此，得到方程 (13.105) 的一个非平凡近似势对称 V^5，波速为 $c(x) = \mathrm{e}^x$。该情况与其他情况一同列在表 13.2 中 [78]。

表 13.2　方程 (13.105) 的近似势对称

$c(x)$	无穷小生成元
$x^a, a \neq 1$	$V^1 = V_0^1 + \dfrac{a-1}{2a}\varepsilon\left[(tu + xv)\dfrac{\partial}{\partial u} + \left(x^{1-2a}u + tv\right)\dfrac{\partial}{\partial v}\right]$
	$V^2 = V_0^2 + \varepsilon\left\{\left[\dfrac{3}{2a}tx^{2-2a} + \dfrac{(1-a)^2}{2a}t^3\right]\dfrac{\partial}{\partial t} + \left[\dfrac{1}{2a(1-a)}x^{3-2a} + \dfrac{3(1-a)}{2a}t^2 x\right]\dfrac{\partial}{\partial x}\right.$
	$+ \left\{\left[-\dfrac{5}{4a}x^{2-2a} + \dfrac{(1-a)(6a-5)}{4a}t^2\right]u - \dfrac{5(1-a)}{2a}xtv\right\}\dfrac{\partial}{\partial u}$
	$+ \left.\left\{-\dfrac{5(1-a)}{2a}tx^{1-2a}u + \left[\dfrac{3a-5}{4a(1-a)}x^{2-2a} - \dfrac{5(1-a)}{4a}t^2\right]v\right\}\dfrac{\partial}{\partial v}\right\}$
x	$V^3 = V_0^3 + \varepsilon\left(t\dfrac{\partial}{\partial t} + x\ln x\dfrac{\partial}{\partial x} - v\ln x\dfrac{\partial}{\partial v}\right)$
	$V^4 = V_0^4 + \varepsilon\left(\dfrac{1}{2}v\dfrac{\partial}{\partial u} + \dfrac{1}{2}\mathrm{e}^{-2x}u\dfrac{\partial}{\partial v}\right)$
e^x	$V^5 = V_0^5 + \varepsilon\left\{\left(\mathrm{e}^{-2x} + 3t^2\right)\dfrac{\partial}{\partial x} - \left(3t\mathrm{e}^{-2x} + t^3\right)\dfrac{\partial}{\partial t}\right.$
	$+ \left.\left[\left(\dfrac{5}{2}\mathrm{e}^{-2x} + 3t^2\right)u - 5tv\right]\dfrac{\partial}{\partial u} + \left(\dfrac{3}{2}\mathrm{e}^{-2x}v - 5t\mathrm{e}^{-2x}u\right)\dfrac{\partial}{\partial v}\right\}$

13.7　带有扰动对流项的非线性扩散方程的近似势对称

考虑带有扰动对流项的非线性扩散方程 [78]

$$u_t = (D(u)u_x)_x + \varepsilon(K(u))_x \tag{13.119}$$

其无扰动方程为

$$u_t = (D(u)u_x)_x \tag{13.120}$$

方程 (13.120) 的辅助系统为

$$
\begin{aligned}
u &= v_x \\
v_t &= D\left(u\right) u_x
\end{aligned}
\tag{13.121}
$$

直接给出方程 (13.120) 的势对称如表 13.3 所列。

表 13.3　方程 (13.120) 的势对称

$D\left(u\right)$	无穷小生成元
任意的	$X_0^1 = \dfrac{\partial}{\partial v}, \quad X_0^2 = \dfrac{\partial}{\partial t}, \quad X_0^3 = \dfrac{\partial}{\partial x}, \quad X_0^4 = x\dfrac{\partial}{\partial x} + 2t\dfrac{\partial}{\partial t} + v\dfrac{\partial}{\partial v}$
$u^v, v \neq -2$	$X_0^1, X_0^2, X_0^3, X_0^4, X_0^5 = x\dfrac{\partial}{\partial x} + \dfrac{2}{v}u\dfrac{\partial}{\partial u} + \left(1 + \dfrac{2}{v}\right)v\dfrac{\partial}{\partial v}$
	$X_0^1, X_0^2, X_0^3, X_0^4, X_0^5, X_0^6 = -xv\dfrac{\partial}{\partial x} + u\left(v + xu\right)\dfrac{\partial}{\partial u} + 2t\dfrac{\partial}{\partial v}$
u^{-2}	$X_0^7 = -x\left(v^2 + 2t\right)\dfrac{\partial}{\partial x} + 4t^2\dfrac{\partial}{\partial t} + u\left(v^2 + 6t + 2xuv\right)\dfrac{\partial}{\partial u} + 4tv\dfrac{\partial}{\partial v}$
	$X_0^\infty = \theta\left(v, t\right)\dfrac{\partial}{\partial x} - u^2\dfrac{\partial\theta}{\partial v}\dfrac{\partial}{\partial u}$
$\dfrac{\exp\left(r\displaystyle\int\dfrac{du}{u^2 + pu + q}\right)}{u^2 + pu + q}$	$X_0^1, X_0^2, X_0^3, X_0^4, X_0^8 = v\dfrac{\partial}{\partial x} + \left(r - p\right)t\dfrac{\partial}{\partial t} - \left(u^2 + pu + q\right)\dfrac{\partial}{\partial u} - \left(qx + pv\right)$

方程 (13.119) 的辅助系统为

$$
u = v_x, \quad v_t = D\left(u\right) u_x + \varepsilon K\left(u\right)
\tag{13.122}
$$

现在说明如何确定方程 (13.119) 与表 13.3 中的对称变换相对应的近似势对称 [78]。

对于 $D = u^{-2}$，方程 (13.120) 的一个非平凡势对称是 X_0^7，直接计算得到

$$
\begin{aligned}
&X_0^7 \left(v_t - u^{-2}u_x - \varepsilon K\left(u\right)\right)\big|_{u=v, v_t=u^{-2}u_x+\varepsilon K(u)} \\
&= \varepsilon\left[\left(2xuv - 4t\right)K - \left(6tu + uv^2 + 2xu^2v\right)K'\right]
\end{aligned}
\tag{13.123}
$$

所以 **H** 函数为

$$
\boldsymbol{H} = \left(0, \left(2xuv - 4t\right)K - \left(6tu + uv^2 + 2xu^2v\right)K'\right)
\tag{13.124}
$$

令 X_1^7 为式 (13.113) 形式的算子，不变量无穷小法则要求 ξ, τ, ϕ, ψ 满足系统

$$
\tau_x = \tau_u = \tau_v = \psi_u = 0
$$

$$
\phi = \left(\frac{1}{2}\tau_1 - \xi_x\right)u - \xi_v u^2
$$

$$\psi_v - \phi_u - \tau_t + \xi_x + \frac{2}{u}\phi = 0$$

$$\psi_t - \xi_t u - (4t - 2xuv)K - (6tu + uv^2 + 2xu^2 v)K' - u^{-2}(\phi_x + u\phi_v) = 0$$

$$\tag{13.125}$$

系统 (13.125) 的解为

$$\tau = -2d_1 t^2 + d_2 t + d_3$$

$$\xi = \frac{\alpha}{4}x^2 v^2 + \frac{1}{2}d_1 xv^2 + (d_5 x + d_6)v + \frac{\alpha}{2}x^2 t + d_1 tx - \frac{5}{2}\beta t^2 + d_4 x + d_7$$

$$\quad + \int^v \int^s p(s,t)\,\mathrm{d}s\mathrm{d}v$$

$$\phi = -2d_1 tv + \frac{d_2}{2}v - 2d_5 t + d_7$$

$$\psi = \left(-\frac{\alpha}{2}xv^2 - \alpha xt - 3d_1 t - \frac{1}{2}d_1 v^2 - d_5 v - d_4 + \frac{1}{2}d_2\right)u$$

$$\quad - \left[\frac{1}{2}\alpha x^2 v + d_1 xv + d_5 x + \int^s p(s,t)\,\mathrm{d}s + d_8\right]u^2$$

$$K(u) = \frac{\beta}{2}u - \frac{\alpha}{2}u^{-1} \tag{13.126}$$

其中, $d_i\,(i = 1, 2, \cdots, 8)$ 是常数, $p(v,t) = q(v,t) - \beta t$, 且 q 满足热传导方程

$$q_t = q_{vv} \tag{13.127}$$

因此, 得到如下方程的非平凡势对称 X^7

$$u_t = \left(u^{-2}u_x\right)_x + \frac{1}{2}\varepsilon\left(\beta u - \alpha u^{-1}\right)_x \tag{13.128}$$

这种情况的结果已经列在了表 13.4 中。根据同样的方法, 可以确定方程 (13.119) 所有的近似势对称, 结果列在表 13.4 中 [78]。

表 13.4 中, $K_1(u)$ 为

$$K_1(u) = \gamma u^{\frac{v+2}{2}} - \left(1 + \frac{4}{v} - \alpha\right)u - \frac{v}{v+2}\beta \tag{13.129}$$

$K_2(u)$ 满足

$$\left(u^2 + pu + q\right)K_2' - (u+r)K_2 = \alpha u + \beta \tag{13.130}$$

求解方程 (13.130) 得

表 13.4　方程 (13.119) 的近似势对称

$D(u)$	$K(u)$	无穷小生成元
$u^v, v \neq -2$	$K_1(u)$	$X^5 = X_0^5 + \varepsilon\left[\left(\frac{1}{2}x^2 + \alpha t\right)\frac{\partial}{\partial x} + \left(\frac{v+2}{v}v + \frac{2}{v}xu\right)\frac{\partial}{\partial u}\right.$ $\left. + \left(\frac{v+2}{v}xv + \beta t\right)\frac{\partial}{\partial v}\right]$
	$\alpha u^{-1} - \beta \ln u + \gamma u$	$X^4 = x\frac{\partial}{\partial x} - u\frac{\partial}{\partial u} + \varepsilon\left\{\frac{1}{2}\left(\alpha x^2 + \beta x v\right)\frac{\partial}{\partial x}\right.$ $\left. - \left[\left(\alpha x + \frac{1}{2}\beta v\right)u + \frac{1}{2}\beta x u^2\right]\frac{\partial}{\partial u}\right\}$
u^{-2}	$\frac{1}{2}\beta u - \frac{1}{2}\alpha u^{-1}$	$X^7 = X_0^7 + \varepsilon\left\{\left[\frac{1}{4}\alpha\left(x^2 v^2 + 2x^2 t\right) - \frac{1}{2}\beta\left(tv^2 + 5t^2\right)\right]\frac{\partial}{x}\right.$ $\left. - \left[\frac{1}{2}\alpha\left(xv^2 + 2xt\right)u + \left(\frac{\alpha}{2}x^2 v - \beta t v\right)u^2\right]\frac{\partial}{\partial u}\right\}$
	$\beta u - \alpha u^{-1}$	$X^6 = X_0^6 + \varepsilon\left\{\left(\frac{1}{2}\alpha x^2 v - \beta t v\right)\frac{\partial}{\partial x}\right.$ $\left. - \left[\alpha x u v + \left(\frac{1}{2}\alpha x^2 - \beta t\right)u^2\right]\frac{\partial}{\partial u}\right\}$
$\dfrac{\exp\left(r\int\dfrac{\mathrm{d}u}{u^2+pu+q}\right)}{u^2+pu+q}$	$K_2(u)$	$X^8 = X_0^8 + \varepsilon\left(\alpha\frac{\partial}{\partial x} - \beta\frac{\partial}{\partial v}\right)$

$K_2(u) =$

$$
\begin{cases}
(u^2+pu+q)^{\frac{1}{2}}\left(\dfrac{2u+p+\sqrt{p^2-4q}}{2u+p-\sqrt{p^2-4q}}\right)^{\frac{p-2r}{2\sqrt{p^2-4q}}} \\
\times\left[\mu + \displaystyle\int^u \dfrac{\alpha u + \beta}{(u^2+pu+q)^{3/2}}\left(\dfrac{2u+p-\sqrt{p^2-4q}}{2u+p+\sqrt{p^2-4q}}\right)^{\frac{p-2r}{2\sqrt{p^2-4q}}}\mathrm{d}u\right], \quad p^2 > 4q \\[4mm]
(u^2+pu+q)^{\frac{1}{2}}\exp\left(\dfrac{2r-p}{\sqrt{4q-p^2}}\arctan\dfrac{2u+p}{\sqrt{4q-p^2}}\right) \\
\times\left[\mu + \displaystyle\int^u \dfrac{\alpha u + \beta}{(u^2+pu+q)^{3/2}}\exp\left(\dfrac{p-2r}{\sqrt{4q-p^2}}\arctan\dfrac{2u+p}{\sqrt{4q-p^2}}\right)\mathrm{d}u\right], \quad p^2 < 4q \\[4mm]
\left(u+\dfrac{p}{2}\right)\exp\left(\dfrac{\frac{p}{2}-r}{u+\frac{p}{2}}\right)\left[\mu + \displaystyle\int^u \dfrac{\alpha u + \beta}{\left(u+\frac{p}{2}\right)^3}\exp\left(\dfrac{r-\frac{p}{2}}{u+\frac{p}{2}}\right)\mathrm{d}u\right], \quad p^2 = 4q
\end{cases}
$$

$$\tag{13.131}$$

13.8　Duffing 方程的 Lie 对称性

Duffing 方程是描述共振现象、调和振动、次调和振动、拟周期振动、概周期振动、奇异吸引子和混沌现象 (或随机过程) 的简单数学模型。因此，在非线性振动中研究 Duffing 方程具有重要意义 [139,158]。

考虑 Duffing 方程 [140]

$$m\frac{\mathrm{d}^2x}{\mathrm{d}t^2} + c\frac{\mathrm{d}x}{\mathrm{d}t} + kx + k_1x^3 = f(t) \tag{13.132}$$

其中 m, c, k, k_1 都是常数，$f(t)$ 是外激励。

13.8.1 确定性外力

若 $f(t)$ 是确定的，方程 (13.132) 写为

$$G(t, x, x_t, x_{tt}) = mx_{tt} + cx_t + kx + k_1x^3 - f(t) = 0 \tag{13.133}$$

设 Lie 算子为

$$X = \xi(t, x)\frac{\partial}{\partial t} + \eta(t, x)\frac{\partial}{\partial x} + \zeta_1(t, x)\frac{\partial}{\partial x_t} + \zeta_2(t, x)\frac{\partial}{\partial x_{tt}} \tag{13.134}$$

其中

$$\begin{aligned}
\zeta_1 &= D_t(\eta) - x_t D_t(\xi) = \eta_t - x_t\xi_t \\
\zeta_2 &= D_t(\zeta_1) - x_{tt}D_t(\xi) = \eta_{tt} - x_t\xi_{tt} - x_{tt}\xi_t
\end{aligned} \tag{13.135}$$

则

$$\begin{aligned}
XG &= \left(\xi\frac{\partial}{\partial t} + \eta\frac{\partial}{\partial x} + \zeta_1\frac{\partial}{\partial x_t} + \zeta_2\frac{\partial}{\partial x_{tt}}\right)(mx_{tt} + cx_t + kx + k_1x^3 - f) \\
&= -\xi f_t + \eta(k + 3k_1x^2) + (\eta_t - x_t\xi_t)c + (\eta_{tt} - x_t\xi_{tt} - x_{tt}\xi_t)m
\end{aligned} \tag{13.136}$$

对于 Lie 对称性，有

$$XG = \lambda G = \lambda(mx_{tt} + cx_t + kx + k_1x^3 - f) \tag{13.137}$$

并且

$$\eta_t - x_t\xi_t = \frac{\partial\eta}{\partial t} + x_t\frac{\partial\eta}{\partial x} - x_t\left(\frac{\partial\xi}{\partial t} + x_t\frac{\partial\xi}{\partial x}\right) = \frac{\partial\eta}{\partial t} + \left(\frac{\partial\eta}{\partial x} - \frac{\partial\xi}{\partial t}\right)x_t - \frac{\partial\xi}{\partial x}x_t^2$$

$$\eta_{tt} - x_t\xi_{tt} - x_{tt}\xi_t$$

$$= \frac{\partial^2\eta}{\partial t^2} + 2x_t\frac{\partial^2\eta}{\partial t\partial x} + x_t^2\frac{\partial^2\eta}{\partial x^2} - x_t\left(\frac{\partial^2\xi}{\partial t^2} + 2x_t\frac{\partial^2\xi}{\partial t\partial x} + x_t^2\frac{\partial^2\xi}{\partial x^2}\right) - x_{tt}\left(\frac{\partial\xi}{\partial t} + x_t\frac{\partial\xi}{\partial x}\right)$$

$$= \frac{\partial^2\eta}{\partial t^2} + x_t\left(2\frac{\partial^2\eta}{\partial t\partial x} - \frac{\partial^2\xi}{\partial t^2}\right) - x_{tt}\frac{\partial\xi}{\partial t} + x_t^2\left(\frac{\partial^2\eta}{\partial x^2} - 2\frac{\partial^2\xi}{\partial t\partial x}\right) - x_{tt}x_t\frac{\partial\xi}{\partial x} - x_t^3\frac{\partial^2\xi}{\partial x^2}$$

$$\tag{13.138}$$

由式 (13.136)~(13.138)，得

$$-\xi f_t + \eta\left(k + 3k_1 x^2\right) + \left[\frac{\partial \eta}{\partial t} + \left(\frac{\partial \eta}{\partial x} - \frac{\partial \xi}{\partial t}\right)x_t - \frac{\partial \xi}{\partial x}x_t^2\right]c + \left[\frac{\partial^2 \eta}{\partial t^2}\right.$$

$$+x_t\left(2\frac{\partial^2 \eta}{\partial t \partial x} - \frac{\partial^2 \xi}{\partial t^2}\right) - x_{tt}\frac{\partial \xi}{\partial t} + x_t^2\left(\frac{\partial^2 \eta}{\partial x^2} - 2\frac{\partial^2 \xi}{\partial t \partial x}\right) - x_{tt}x_t\frac{\partial \xi}{\partial x} - x_t^3\frac{\partial^2 \xi}{\partial x^2}\right]m$$

$$= \lambda\left(mx_{tt} + cx_t + kx + k_1 x^3 - f\right) \tag{13.139}$$

比较 x 的各阶导数项的系数可得

$$x_t x_{tt} : \frac{\partial \xi}{\partial x} = 0$$

$$x_t^3 : \frac{\partial^2 \xi}{\partial x^2} = 0$$

$$x_t^2 : -c\frac{\partial \xi}{\partial x} + \left(\frac{\partial^2 \eta}{\partial x^2} - 2\frac{\partial^2 \xi}{\partial t \partial x}\right)m = 0$$

$$x_{tt} : -m\frac{\partial \xi}{\partial t} = \lambda m \tag{13.140}$$

$$x_t : c\frac{\partial \eta}{\partial x} - c\frac{\partial \xi}{\partial t} + \left(2\frac{\partial^2 \eta}{\partial t \partial x} - \frac{\partial^2 \xi}{\partial t^2}\right)m = \lambda c$$

$$x_t^0 : -\xi f_t + \eta\left(k + 3k_1 x^2\right) + \frac{\partial \eta}{\partial t}c + \frac{\partial^2 \eta}{\partial t^2}m = \lambda\left(kx + k_1 x^3 - f\right)$$

由式 (13.140) 中前四式可得

$$\frac{\partial \xi}{\partial x} = 0, \quad \frac{\partial^2 \eta}{\partial x^2} = 0, \quad \frac{\partial \xi}{\partial t} = -\lambda \tag{13.141}$$

从而得到

$$\xi = \xi\left(t\right), \quad \eta = c_1\left(t\right)x + c_2\left(t\right), \quad \lambda = -\frac{\mathrm{d}\xi}{\mathrm{d}t} \tag{13.142}$$

其中 c_1, c_2 是关于 t 的函数。

将式 (13.142) 代入式 (13.140) 中的后两式，得

$$cc_1 - c\frac{\mathrm{d}\xi}{\mathrm{d}t} + \left(2\frac{\mathrm{d}c_1}{\mathrm{d}t} - \frac{\mathrm{d}^2\xi}{\mathrm{d}t^2}\right)m = -\frac{\mathrm{d}\xi}{\mathrm{d}t}c$$

$$-\xi f_t + \left(c_1 x + c_2\right)\left(k + 3k_1 x^2\right) + \frac{\mathrm{d}c_1}{\mathrm{d}t}xc + \frac{\mathrm{d}^2c_1}{\mathrm{d}t^2}xm + \frac{\mathrm{d}c_2}{\mathrm{d}t}c + \frac{\mathrm{d}^2c_2}{\mathrm{d}t^2}m$$

$$= -\frac{\mathrm{d}\xi}{\mathrm{d}t}\left(kx + k_1x^3 - f\right) \tag{13.143}$$

比较式 (13.143) 中的第二式 x 的不同指数项的系数可得

$$\begin{aligned}
&x^3 : c_1 3k_1 = -\frac{\mathrm{d}\xi}{\mathrm{d}t}k_1 \\
&x^2 : c_2 3k_1 = 0 \\
&x : c_1 k + \frac{\mathrm{d}c_1}{\mathrm{d}t}c + \frac{\mathrm{d}^2 c_1}{\mathrm{d}t^2}m + \frac{\mathrm{d}\xi}{\mathrm{d}t}k = 0 \\
&x^0 : -\xi f_t + c_2 k + \frac{\mathrm{d}c_2}{\mathrm{d}t}c + \frac{\mathrm{d}^2 c_2}{\mathrm{d}t^2}m = \frac{\mathrm{d}\xi}{\mathrm{d}t}f
\end{aligned} \tag{13.144}$$

由式 (13.144) 中前两式得到

$$c_1 = -\frac{1}{3}\frac{\mathrm{d}\xi}{\mathrm{d}t}, \quad c_2 = 0 \tag{13.145}$$

将式 (13.145) 代入式 (13.143) 中的第一式和式 (13.144) 中的后两式, 得

$$\begin{aligned}
&-c\frac{1}{3}\frac{\mathrm{d}\xi}{\mathrm{d}t} - c\frac{\mathrm{d}\xi}{\mathrm{d}t} + \left(-\frac{2}{3}\frac{\mathrm{d}^2\xi}{\mathrm{d}t^2} - \frac{\mathrm{d}^2\xi}{\mathrm{d}t^2}\right)m = -\frac{\mathrm{d}\xi}{\mathrm{d}t}c \\
&-\frac{1}{3}\frac{\mathrm{d}\xi}{\mathrm{d}t}k - \frac{1}{3}\frac{\mathrm{d}^2\xi}{\mathrm{d}t^2}c - \frac{1}{3}\frac{\mathrm{d}^3\xi}{\mathrm{d}t^3}m + \frac{\mathrm{d}\xi}{\mathrm{d}t}k = 0 \\
&-\xi f_t = \frac{\mathrm{d}\xi}{\mathrm{d}t}f
\end{aligned} \tag{13.146}$$

整理得

$$\begin{aligned}
&-\frac{\mathrm{d}^2\xi}{\mathrm{d}t^2}5m = c\frac{\mathrm{d}\xi}{\mathrm{d}t} \\
&2\frac{\mathrm{d}\xi}{\mathrm{d}t}k - \frac{\mathrm{d}^2\xi}{\mathrm{d}t^2}c - \frac{\mathrm{d}^3\xi}{\mathrm{d}t^3}m = 0 \\
&-\xi f_t = \frac{\mathrm{d}\xi}{\mathrm{d}t}f
\end{aligned} \tag{13.147}$$

将式 (13.147) 中的第一式代入第二式, 得

$$\frac{\mathrm{d}\xi}{\mathrm{d}t}\left(k + \frac{2c^2}{25m}\right) = 0 \tag{13.148}$$

对于一般情况 $k + \dfrac{2c^2}{25m} \neq 0$, 从而得到

$$\frac{\mathrm{d}\xi}{\mathrm{d}t} = 0 \tag{13.149}$$

由式 (13.147) 中的最后一式，当 $f_t = 0$ 时，即 f 为常数时，得到

$$\xi = l, \quad \eta = 0 \tag{13.150}$$

其中 l 为任意常数。

　　Lie 算子为

$$X = l\frac{\partial}{\partial t} \tag{13.151}$$

当 $f_t \neq 0$ 时，有

$$\xi = 0, \quad \eta = 0 \tag{13.152}$$

此时该问题不存在对称性。

13.8.2　均值为 0 的随机外力

　　若 $f(t)$ 是均值为 0 的随机力，方程 (13.132) 两边同时乘以 x

$$mx\frac{\mathrm{d}^2 x}{\mathrm{d}t^2} + cx\frac{\mathrm{d}x}{\mathrm{d}t} + kx^2 + k_1 x^4 = xf(t) \tag{13.153}$$

变形得

$$\frac{1}{2}\frac{\mathrm{d}^2}{\mathrm{d}t^2}\left(mx^2\right) - m\dot{x}^2 + \frac{c}{2}\frac{\mathrm{d}}{\mathrm{d}t}x^2 + kx^2 + k_1 x^4 = xf(t) \tag{13.154}$$

对式 (13.154) 求平均，并注意求平均与对时间求导数次序可以交换，即

$$\overline{\frac{\mathrm{d}}{\mathrm{d}t}x^2} = \frac{\mathrm{d}}{\mathrm{d}t}\overline{x^2}, \quad \overline{\frac{\mathrm{d}}{\mathrm{d}t}\left(mx^2\right)} = \frac{\mathrm{d}}{\mathrm{d}t}\overline{mx^2} \tag{13.155}$$

式 (13.154) 化为

$$\frac{1}{2}\frac{\mathrm{d}^2}{\mathrm{d}t^2}\overline{mx^2} - \overline{m\dot{x}^2} + \frac{c}{2}\frac{\mathrm{d}}{\mathrm{d}t}\overline{x^2} + k\overline{x^2} + k_1\overline{x^4} = \overline{xf(t)} \tag{13.156}$$

根据能量均分定理，有

$$\frac{1}{2}\overline{m\dot{x}^2} = \frac{1}{2}k_{\mathrm{B}}T \tag{13.157}$$

其中，k_{B} 是 Boltzmann 常数，T 是温度。

　　由于 $f(t)$ 均值为 0，有

$$\overline{xf(t)} = \bar{x}\overline{f(t)} = \bar{x} \cdot 0 = 0 \tag{13.158}$$

将式 (13.157)、(13.158) 代入式 (13.156)，得

$$\frac{\mathrm{d}^2}{\mathrm{d}t^2}\overline{mx^2} - 2k_\mathrm{B}T + c\frac{\mathrm{d}}{\mathrm{d}t}\overline{x^2} + 2k\overline{x^2} + 2k_1\overline{x^4} = 0 \tag{13.159}$$

将 $\overline{x^2}$ 看作整体，记为 u，式 (13.159) 写作

$$G = mu_{tt} + cu_t + 2ku + 2k_1u^2 - 2k_\mathrm{B}T = 0 \tag{13.160}$$

设 Lie 算子为

$$X = \xi(t, u)\frac{\partial}{\partial t} + \eta(t, u)\frac{\partial}{\partial u} + \zeta_1(t, u)\frac{\partial}{\partial u_t} + \zeta_2(t, u)\frac{\partial}{\partial u_{tt}} \tag{13.161}$$

其中

$$\begin{aligned}\zeta_1 &= D_t(\eta) - u_t D_t(\xi) = \eta_t - u_t\xi_t \\ \zeta_2 &= D_t(\zeta_1) - u_{tt}D_t(\xi) = \eta_{tt} - u_t\xi_{tt} - u_{tt}\xi_t\end{aligned} \tag{13.162}$$

则

$$\begin{aligned}XG &= \left(\xi\frac{\partial}{\partial t} + \eta\frac{\partial}{\partial u} + \zeta_1\frac{\partial}{\partial u_t} + \zeta_2\frac{\partial}{\partial u_{tt}}\right)(mu_{tt} + cu_t + 2ku + 2k_1u^2 - 2k_\mathrm{B}T) \\ &= 2\eta(k + 2k_1u) + (\eta_t - u_t\xi_t)c + (\eta_{tt} - u_t\xi_{tt} - u_{tt}\xi_t)m\end{aligned} \tag{13.163}$$

对于 Lie 对称性，有

$$XG = \lambda G = \lambda(mu_{tt} + cu_t + 2ku + 2k_1u^2 - 2k_\mathrm{B}T) \tag{13.164}$$

并且

$$\eta_t - u_t\xi_t = \frac{\partial\eta}{\partial t} + u_t\frac{\partial\eta}{\partial u} - u_t\left(\frac{\partial\xi}{\partial t} + u_t\frac{\partial\xi}{\partial u}\right) = \frac{\partial\eta}{\partial t} + \left(\frac{\partial\eta}{\partial u} - \frac{\partial\xi}{\partial t}\right)u_t - \frac{\partial\xi}{\partial u}u_t^2$$

$$\begin{aligned}&\eta_{tt} - u_t\xi_{tt} - u_{tt}\xi_t \\ &= \frac{\partial^2\eta}{\partial t^2} + 2u_t\frac{\partial^2\eta}{\partial t\partial u} + u_t^2\frac{\partial^2\eta}{\partial u^2} - u_t\left(\frac{\partial^2\xi}{\partial t^2} + 2u_t\frac{\partial^2\xi}{\partial t\partial u} + u_t^2\frac{\partial^2\xi}{\partial u^2}\right) - u_{tt}\left(\frac{\partial\xi}{\partial t} + u_t\frac{\partial\xi}{\partial u}\right) \\ &= \frac{\partial^2\eta}{\partial t^2} + u_t\left(2\frac{\partial^2\eta}{\partial t\partial u} - \frac{\partial^2\xi}{\partial t^2}\right) - u_{tt}\frac{\partial\xi}{\partial t} + u_t^2\left(\frac{\partial^2\eta}{\partial u^2} - 2\frac{\partial^2\xi}{\partial t\partial u}\right) - u_{tt}u_t\frac{\partial\xi}{\partial u} - u_t^3\frac{\partial^2\xi}{\partial u^2}\end{aligned} \tag{13.165}$$

由式 (13.163)~(13.165)，得

$$2\eta(k + 2k_1u) + \left[\frac{\partial\eta}{\partial t} + \left(\frac{\partial\eta}{\partial u} - \frac{\partial\xi}{\partial t}\right)u_t - \frac{\partial\xi}{\partial u}u_t^2\right]c + \left[\frac{\partial^2\eta}{\partial t^2}\right.$$

$$+u_t\left(2\frac{\partial^2\eta}{\partial t\partial u}-\frac{\partial^2\xi}{\partial t^2}\right)-u_{tt}\frac{\partial\xi}{\partial t}+u_t^2\left(\frac{\partial^2\eta}{\partial u^2}-2\frac{\partial^2\xi}{\partial t\partial u}\right)-u_{tt}u_t\frac{\partial\xi}{\partial u}-u_t^3\frac{\partial^2\xi}{\partial u^2}\right]m$$

$$=\lambda\left(mu_{tt}+cu_t+2ku+2k_1u^2-2k_BT\right) \tag{13.166}$$

比较 u 的各阶导数项的系数可得

$$u_tu_{tt}:\frac{\partial\xi}{\partial u}=0$$

$$u_t^3:\frac{\partial^2\xi}{\partial u^2}=0$$

$$u_t^2:-c\frac{\partial\xi}{\partial u}+\left(\frac{\partial^2\eta}{\partial u^2}-2\frac{\partial^2\xi}{\partial t\partial u}\right)m=0$$

$$u_{tt}:-m\frac{\partial\xi}{\partial t}=\lambda m$$

$$u_t:c\frac{\partial\eta}{\partial u}-c\frac{\partial\xi}{\partial t}+\left(2\frac{\partial^2\eta}{\partial t\partial u}-\frac{\partial^2\xi}{\partial t^2}\right)m=\lambda c$$

$$u_t^0:2\eta\left(k+2k_1u\right)+\frac{\partial\eta}{\partial t}c+\frac{\partial^2\eta}{\partial t^2}m=2\lambda\left(ku+k_1u^2-k_BT\right) \tag{13.167}$$

由式 (13.167) 中的前四式可得

$$\frac{\partial\xi}{\partial u}=0,\quad\frac{\partial^2\eta}{\partial u^2}=0,\quad\frac{\partial\xi}{\partial t}=-\lambda \tag{13.168}$$

从而得到

$$\xi=\xi\left(t\right),\quad\eta=c_1\left(t\right)u+c_2\left(t\right),\quad\lambda=-\frac{\mathrm{d}\xi}{\mathrm{d}t} \tag{13.169}$$

其中 c_1,c_2 是关于 t 的函数。

将式 (13.169) 代入式 (13.167) 中的后两式，得

$$cc_1-c\frac{\mathrm{d}\xi}{\mathrm{d}t}+\left(2\frac{\mathrm{d}c_1}{\mathrm{d}t}-\frac{\mathrm{d}^2\xi}{\mathrm{d}t^2}\right)m=-\frac{\mathrm{d}\xi}{\mathrm{d}t}c$$

$$2\left(c_1u+c_2\right)\left(k+2k_1u\right)+\frac{\mathrm{d}c_1}{\mathrm{d}t}uc+\frac{\mathrm{d}c_2}{\mathrm{d}t}c+\frac{\mathrm{d}^2c_1}{\mathrm{d}t^2}um+\frac{\mathrm{d}^2c_2}{\mathrm{d}t^2}m \tag{13.170}$$

$$=-2\frac{\mathrm{d}\xi}{\mathrm{d}t}\left(ku+k_1u^2-k_BT\right)$$

比较式 (13.170) 中的第二式 u 的不同指数项的系数可得

$$u^2 : 4c_1 k_1 = -2\frac{\mathrm{d}\xi}{\mathrm{d}t}k_1$$

$$u : 2\left(c_1 k + 2k_1 c_2\right) + \frac{\mathrm{d}c_1}{\mathrm{d}t}c + \frac{\mathrm{d}^2 c_1}{\mathrm{d}t^2}m = -2\frac{\mathrm{d}\xi}{\mathrm{d}t}k \qquad (13.171)$$

$$u^0 : 2c_2 k + \frac{\mathrm{d}c_2}{\mathrm{d}t}c + \frac{\mathrm{d}^2 c_2}{\mathrm{d}t^2}m = 2\frac{\mathrm{d}\xi}{\mathrm{d}t}k_{\mathrm{B}}T$$

由式 (13.171) 中的第一式得

$$c_1 = -\frac{1}{2}\frac{\mathrm{d}\xi}{\mathrm{d}t} \qquad (13.172)$$

将式 (13.172) 代入式 (13.171) 中的第二式得

$$2\left(-\frac{1}{2}\frac{\mathrm{d}\xi}{\mathrm{d}t}k + 2k_1 c_2\right) - \frac{1}{2}\frac{\mathrm{d}^2\xi}{\mathrm{d}t^2}c - \frac{1}{2}\frac{\mathrm{d}^3\xi}{\mathrm{d}t^3}m = -2\frac{\mathrm{d}\xi}{\mathrm{d}t}k \qquad (13.173)$$

由式 (13.171) 中的第三式和式 (13.173)，考虑 k, c, m 的一般情况，得到

$$\frac{\mathrm{d}\xi}{\mathrm{d}t} = 0, \quad c_2 = 0 \qquad (13.174)$$

从而得到

$$\xi = l, \quad \eta = 0 \qquad (13.175)$$

其中 l 为任意常数。

Lie 算子为

$$X = l\frac{\partial}{\partial t} \qquad (13.176)$$

13.9 Van der Pol 方程的 Lie 对称性

许多机械的或电的非线性振动问题常可划归为所谓的 Van der Pol 方程 [159,160]。考虑 Van der Pol 方程 [161]

$$\frac{\mathrm{d}^2 x}{\mathrm{d}t^2} + e\left(x^2 - 1\right)\frac{\mathrm{d}x}{\mathrm{d}t} + kx = cf\left(t\right) \qquad (13.177)$$

其中，e, k, c 都是常数，$f\left(t\right)$ 是外激励。

13.9.1　确定性外力

若 $f(t)$ 是确定的，方程 (13.177) 写为

$$G(t, x, x_t, x_{tt}) = x_{tt} + e(x^2 - 1)x_t + kx - cf(t) = 0 \tag{13.178}$$

设 Lie 算子为

$$X = \xi(t,x)\frac{\partial}{\partial t} + \eta(t,x)\frac{\partial}{\partial x} + \zeta_1(t,x)\frac{\partial}{\partial x_t} + \zeta_2(t,x)\frac{\partial}{\partial x_{tt}} \tag{13.179}$$

其中

$$\begin{aligned} \zeta_1 &= D_t(\eta) - x_t D_t(\xi) = \eta_t - x_t\xi_t \\ \zeta_2 &= D_t(\zeta_1) - x_{tt}D_t(\xi) = \eta_{tt} - x_t\xi_{tt} - x_{tt}\xi_t \end{aligned} \tag{13.180}$$

则

$$XG = \left(\xi\frac{\partial}{\partial t} + \eta\frac{\partial}{\partial x} + \zeta_1\frac{\partial}{\partial x_t} + \zeta_2\frac{\partial}{\partial x_{tt}}\right)\left[x_{tt} + e(x^2-1)x_t + kx - cf\right]$$

$$= -\xi cf_t + \eta(2exx_t + k) + (\eta_t - x_t\xi_t)e(x^2-1) + (\eta_{tt} - x_t\xi_{tt} - x_{tt}\xi_t) \tag{13.181}$$

对于 Lie 对称性，有

$$XG = \lambda G = \lambda\left[x_{tt} + e(x^2-1)x_t + kx - cf\right] \tag{13.182}$$

并且

$$\eta_t - x_t\xi_t = \frac{\partial\eta}{\partial t} + x_t\frac{\partial\eta}{\partial x} - x_t\left(\frac{\partial\xi}{\partial t} + x_t\frac{\partial\xi}{\partial x}\right) = \frac{\partial\eta}{\partial t} + \left(\frac{\partial\eta}{\partial x} - \frac{\partial\xi}{\partial t}\right)x_t - \frac{\partial\xi}{\partial x}x_t^2$$

$$\begin{aligned} &\eta_{tt} - x_t\xi_{tt} - x_{tt}\xi_t \\ &= \frac{\partial^2\eta}{\partial t^2} + 2x_t\frac{\partial^2\eta}{\partial t\partial x} + x_t^2\frac{\partial^2\eta}{\partial x^2} - x_t\left(\frac{\partial^2\xi}{\partial t^2} + 2x_t\frac{\partial^2\xi}{\partial t\partial x} + x_t^2\frac{\partial^2\xi}{\partial x^2}\right) \\ &\quad - x_{tt}\left(\frac{\partial\xi}{\partial t} + x_t\frac{\partial\xi}{\partial x}\right) \\ &= \frac{\partial^2\eta}{\partial t^2} + x_t\left(2\frac{\partial^2\eta}{\partial t\partial x} - \frac{\partial^2\xi}{\partial t^2}\right) - x_{tt}\frac{\partial\xi}{\partial t} + x_t^2\left(\frac{\partial^2\eta}{\partial x^2} - 2\frac{\partial^2\xi}{\partial t\partial x}\right) \\ &\quad - x_{tt}x_t\frac{\partial\xi}{\partial x} - x_t^3\frac{\partial^2\xi}{\partial x^2} \end{aligned} \tag{13.183}$$

由式 $(13.181) \sim (13.183)$，得

$$- \xi c f_t + \eta \left(2 e x x_t + k \right) + \left[\frac{\partial \eta}{\partial t} + \left(\frac{\partial \eta}{\partial x} - \frac{\partial \xi}{\partial t} \right) x_t - \frac{\partial \xi}{\partial x} x_t^2 \right] e \left(x^2 - 1 \right) + \frac{\partial^2 \eta}{\partial t^2}$$

$$+ x_t \left(2 \frac{\partial^2 \eta}{\partial t \partial x} - \frac{\partial^2 \xi}{\partial t^2} \right) - x_{tt} \frac{\partial \xi}{\partial t} + x_t^2 \left(\frac{\partial^2 \eta}{\partial x^2} - 2 \frac{\partial^2 \xi}{\partial t \partial x} \right) - x_{tt} x_t \frac{\partial \xi}{\partial x} - x_t^3 \frac{\partial^2 \xi}{\partial x^2}$$

$$= \lambda \left[x_{tt} + e \left(x^2 - 1 \right) x_t + k x - c f \right] \tag{13.184}$$

比较 x 的各阶导数项的系数可得

$$x_t x_{tt} : \frac{\partial \xi}{\partial x} = 0$$

$$x_t^3 : \frac{\partial^2 \xi}{\partial x^2} = 0$$

$$x_t^2 : -e \frac{\partial \xi}{\partial x} \left(x^2 - 1 \right) + \left(\frac{\partial^2 \eta}{\partial x^2} - 2 \frac{\partial^2 \xi}{\partial t \partial x} \right) = 0 \tag{13.185}$$

$$x_{tt} : -\frac{\partial \xi}{\partial t} = \lambda$$

$$x_t : \eta 2 e x + \left(\frac{\partial \eta}{\partial x} - \frac{\partial \xi}{\partial t} \right) e \left(x^2 - 1 \right) + \left(2 \frac{\partial^2 \eta}{\partial t \partial x} - \frac{\partial^2 \xi}{\partial t^2} \right) = \lambda e \left(x^2 - 1 \right)$$

$$x_t^0 : -\xi c f_t + \eta k + \frac{\partial \eta}{\partial t} e \left(x^2 - 1 \right) + \frac{\partial^2 \eta}{\partial t^2} = \lambda \left(k x - c f \right)$$

由式 (13.185) 中的前四式可得

$$\frac{\partial \xi}{\partial x} = 0, \quad \frac{\partial^2 \eta}{\partial x^2} = 0, \quad \frac{\partial \xi}{\partial t} = -\lambda \tag{13.186}$$

从而得到

$$\xi = \xi \left(t \right), \quad \eta = c_1 \left(t \right) x + c_2 \left(t \right), \quad \lambda = -\frac{\mathrm{d} \xi}{\mathrm{d} t} \tag{13.187}$$

其中 c_1, c_2 是关于 t 的函数。

将式 (13.187) 代入式 (13.185) 中的后两式，得

$$\left(c_1 x + c_2 \right) 2 e x + \left(c_1 - \frac{\mathrm{d} \xi}{\mathrm{d} t} \right) e \left(x^2 - 1 \right) + \left(2 \frac{\mathrm{d} c_1}{\mathrm{d} t} - \frac{\mathrm{d}^2 \xi}{\mathrm{d} t^2} \right) = -\frac{\mathrm{d} \xi}{\mathrm{d} t} e \left(x^2 - 1 \right)$$

$$- \xi c f_t + \left(c_1 x + c_2 \right) k + \left(\frac{\mathrm{d} c_1}{\mathrm{d} t} x + \frac{\mathrm{d} c_2}{\mathrm{d} t} \right) e \left(x^2 - 1 \right) + \frac{\mathrm{d}^2 c_1}{\mathrm{d} t^2} x$$

$$+ \frac{\mathrm{d}^2 c_2}{\mathrm{d}t^2} = -\frac{\mathrm{d}\xi}{\mathrm{d}t}(kx - cf) \tag{13.188}$$

比较式 (13.188) 中 x 的不同指数项的系数可得

$$x^3 : \frac{\mathrm{d}c_1}{\mathrm{d}t}e = 0$$

$$x^2 : 3c_1 e = 0, \quad \frac{\mathrm{d}c_2}{\mathrm{d}t}e = 0$$

$$x : 2c_2 e = 0, \quad c_1 k - \frac{\mathrm{d}c_1}{\mathrm{d}t}e + \frac{\mathrm{d}^2 c_1}{\mathrm{d}t^2} = -\frac{\mathrm{d}\xi}{\mathrm{d}t}k$$

$$x^0 : -c_1 e + 2\frac{\mathrm{d}c_1}{\mathrm{d}t} - \frac{\mathrm{d}^2 \xi}{\mathrm{d}t^2} = 0, \quad -\xi c f_t + c_2 k - \frac{\mathrm{d}c_2}{\mathrm{d}t}e + \frac{\mathrm{d}^2 c_2}{\mathrm{d}t^2} = \frac{\mathrm{d}\xi}{\mathrm{d}t}cf \tag{13.189}$$

由式 (13.189) 中的前四式得到

$$c_1 = c_2 = 0 \tag{13.190}$$

将式 (13.190) 代入式 (13.189) 中的后三式得

$$\frac{\mathrm{d}\xi}{\mathrm{d}t} = 0, \quad -\xi f_t = \frac{\mathrm{d}\xi}{\mathrm{d}t}f \tag{13.191}$$

由式 (13.191) 中的最后一式，当 $f_t = 0$ 时，即 f 为常数时，得

$$\xi = l, \quad \eta = 0 \tag{13.192}$$

其中 l 为任意常数。

Lie 算子为

$$X = l\frac{\partial}{\partial t} \tag{13.193}$$

当 $f_t \neq 0$ 时，有

$$\xi = 0, \quad \eta = 0 \tag{13.194}$$

此时该问题不存在对称性。

13.9.2 均值为 0 的随机外力

若 $f(t)$ 是均值为 0 的随机力，方程 (13.177) 两边同时乘以 x

$$x\frac{\mathrm{d}^2 x}{\mathrm{d}t^2} + xe(x^2 - 1)\frac{\mathrm{d}x}{\mathrm{d}t} + kx^2 = cxf(t) \tag{13.195}$$

变形得

$$\frac{1}{2}\frac{\mathrm{d}^2}{\mathrm{d}t^2}\left(x^2\right) - \dot{x}^2 + \frac{1}{2}e\left(x^2 - 1\right)\frac{\mathrm{d}}{\mathrm{d}t}\left(x^2\right) + kx^2 = cxf\left(t\right) \tag{13.196}$$

对式 (13.196) 求平均，化为

$$\frac{1}{2}\frac{\mathrm{d}^2}{\mathrm{d}t^2}\overline{x^2} - \overline{\dot{x}^2} + \frac{1}{2}e\left(\overline{x^2} - 1\right)\frac{\mathrm{d}}{\mathrm{d}t}\overline{x^2} + k\overline{x^2} = \overline{cxf\left(t\right)} \tag{13.197}$$

根据能量均分定理，有

$$\frac{1}{2}\overline{\dot{x}^2} = \frac{1}{2}k_{\mathrm{B}}T \tag{13.198}$$

其中，k_{B} 是 Boltzmann 常数，T 是温度。

由于 $f(t)$ 均值为 0，有

$$\overline{xf\left(t\right)} = \bar{x}\overline{f\left(t\right)} = \bar{x}\cdot 0 = 0 \tag{13.199}$$

将式 (13.198)、(13.199) 代入式 (13.197)，得

$$\frac{\mathrm{d}^2}{\mathrm{d}t^2}\overline{x^2} - 2k_{\mathrm{B}}T + e\left(\overline{x^2} - 1\right)\frac{\mathrm{d}}{\mathrm{d}t}\overline{x^2} + 2k\overline{x^2} = 0 \tag{13.200}$$

将 $\overline{x^2}$ 看作整体，记为 u，式 (13.200) 写作

$$G = u_{tt} + e\left(u - 1\right)u_t + 2ku - 2k_{\mathrm{B}}T = 0 \tag{13.201}$$

设 Lie 算子为

$$X = \xi\left(t, u\right)\frac{\partial}{\partial t} + \eta\left(t, u\right)\frac{\partial}{\partial u} + \zeta_1\left(t, u\right)\frac{\partial}{\partial u_t} + \zeta_2\left(t, u\right)\frac{\partial}{\partial u_{tt}} \tag{13.202}$$

其中

$$\begin{aligned}
\zeta_1 &= D_t\left(\eta\right) - u_t D_t\left(\xi\right) = \eta_t - u_t\xi_t \\
\zeta_2 &= D_t\left(\zeta_1\right) - u_{tt}D_t\left(\xi\right) = \eta_{tt} - u_t\xi_{tt} - u_{tt}\xi_t
\end{aligned} \tag{13.203}$$

则

$$\begin{aligned}
XG &= \left(\xi\frac{\partial}{\partial t} + \eta\frac{\partial}{\partial u} + \zeta_1\frac{\partial}{\partial u_t} + \zeta_2\frac{\partial}{\partial u_{tt}}\right)\left[u_{tt} + e\left(u - 1\right)u_t + 2ku - 2k_{\mathrm{B}}T\right] \\
&= 2\eta k + \left(\eta_t - u_t\xi_t\right)e\left(u - 1\right) + \left(\eta_{tt} - u_t\xi_{tt} - u_{tt}\xi_t\right)
\end{aligned} \tag{13.204}$$

对于 Lie 对称性，有

$$XG = \lambda G = \lambda\left[u_{tt} + e\left(u-1\right)u_t + 2ku - 2k_{\mathrm{B}}T\right] \tag{13.205}$$

并且

$$\eta_t - u_t\xi_t = \frac{\partial\eta}{\partial t} + u_t\frac{\partial\eta}{\partial u} - u_t\left(\frac{\partial\xi}{\partial t} + u_t\frac{\partial\xi}{\partial u}\right) = \frac{\partial\eta}{\partial t} + \left(\frac{\partial\eta}{\partial u} - \frac{\partial\xi}{\partial t}\right)u_t - \frac{\partial\xi}{\partial u}u_t^2$$

$$\eta_{tt} - u_t\xi_{tt} - u_{tt}\xi_t$$

$$= \frac{\partial^2\eta}{\partial t^2} + 2u_t\frac{\partial^2\eta}{\partial t\partial u} + u_t^2\frac{\partial^2\eta}{\partial u^2} - u_t\left(\frac{\partial^2\xi}{\partial t^2} + 2u_t\frac{\partial^2\xi}{\partial t\partial u} + u_t^2\frac{\partial^2\xi}{\partial u^2}\right)$$

$$\quad - u_{tt}\left(\frac{\partial\xi}{\partial t} + u_t\frac{\partial\xi}{\partial u}\right)$$

$$= \frac{\partial^2\eta}{\partial t^2} + u_t\left(2\frac{\partial^2\eta}{\partial t\partial u} - \frac{\partial^2\xi}{\partial t^2}\right) - u_{tt}\frac{\partial\xi}{\partial t} + u_t^2\left(\frac{\partial^2\eta}{\partial u^2} - 2\frac{\partial^2\xi}{\partial t\partial u}\right)$$

$$\quad - u_{tt}u_t\frac{\partial\xi}{\partial u} - u_t^3\frac{\partial^2\xi}{\partial u^2} \tag{13.206}$$

由式 (13.204)∼(13.206)，得

$$\eta 2k + \left[\frac{\partial\eta}{\partial t} + \left(\frac{\partial\eta}{\partial u} - \frac{\partial\xi}{\partial t}\right)u_t - \frac{\partial\xi}{\partial u}u_t^2\right]e\left(u-1\right) + \frac{\partial^2\eta}{\partial t^2} + u_t\left(2\frac{\partial^2\eta}{\partial t\partial u} - \frac{\partial^2\xi}{\partial t^2}\right)$$

$$- u_{tt}\frac{\partial\xi}{\partial t} + u_t^2\left(\frac{\partial^2\eta}{\partial u^2} - 2\frac{\partial^2\xi}{\partial t\partial u}\right) - u_{tt}u_t\frac{\partial\xi}{\partial u} - u_t^3\frac{\partial^2\xi}{\partial u^2}$$

$$= \lambda\left[u_{tt} + e\left(u-1\right)u_t + 2ku - 2k_{\mathrm{B}}T\right] \tag{13.207}$$

比较 u 的各阶导数项的系数可得

$$u_t u_{tt} : \frac{\partial\xi}{\partial u} = 0$$

$$u_t^3 : \frac{\partial^2\xi}{\partial u^2} = 0$$

$$u_t^2 : -e\left(u-1\right)\frac{\partial\xi}{\partial u} + \left(\frac{\partial^2\eta}{\partial u^2} - 2\frac{\partial^2\xi}{\partial t\partial u}\right) = 0 \tag{13.208}$$

$$u_{tt} : -\frac{\partial\xi}{\partial t} = \lambda$$

$$u_t : e\left(u-1\right)\left(\frac{\partial\eta}{\partial u} - \frac{\partial\xi}{\partial t}\right) + \left(2\frac{\partial^2\eta}{\partial t\partial u} - \frac{\partial^2\xi}{\partial t^2}\right) = \lambda e\left(u-1\right)$$

$$u_t^0 : 2\eta k + \frac{\partial \eta}{\partial t} e (u - 1) + \frac{\partial^2 \eta}{\partial t^2} = 2\lambda (ku - k_B T)$$

由式 (13.208) 中的前四式可得

$$\frac{\partial \xi}{\partial u} = 0, \quad \frac{\partial^2 \eta}{\partial u^2} = 0, \quad \frac{\partial \xi}{\partial t} = -\lambda \tag{13.209}$$

从而得到

$$\xi = \xi(t), \quad \eta = c_1(t) u + c_2(t), \quad \lambda = -\frac{d\xi}{dt} \tag{13.210}$$

其中 c_1, c_2 是关于 t 的函数。

将式 (13.210) 代入式 (13.208) 中的后两式，得

$$e (u - 1) \left(c_1 - \frac{d\xi}{dt} \right) + \left(2\frac{dc_1}{dt} - \frac{d^2\xi}{dt^2} \right) = -\frac{d\xi}{dt} e (u - 1)$$

$$2 (c_1 u + c_2) k + \left(\frac{dc_1}{dt} u + \frac{dc_2}{dt} \right) e (u - 1) + \frac{d^2 c_1}{dt^2} u + \frac{d^2 c_2}{dt^2} = -2\frac{d\xi}{dt} (ku - k_B T)$$

$$\tag{13.211}$$

比较式 (13.211) 中 u 的不同指数项的系数可得

$$u^2 : \frac{dc_1}{dt} e = 0$$

$$u : e \left(c_1 - \frac{d\xi}{dt} \right) = -\frac{d\xi}{dt} e, \quad 2c_1 k - \frac{dc_1}{dt} e + \frac{dc_2}{dt} e + \frac{d^2 c_1}{dt^2} = -2\frac{d\xi}{dt} k$$

$$u^0 : -e \left(c_1 - \frac{d\xi}{dt} \right) + \left(2\frac{dc_1}{dt} - \frac{d^2\xi}{dt^2} \right) = \frac{d\xi}{dt} e, \quad 2c_2 k - \frac{dc_2}{dt} e + \frac{d^2 c_2}{dt^2} = 2\frac{d\xi}{dt} k_B T$$

$$\tag{13.212}$$

由式 (13.212) 中的第二式得到

$$c_1 = 0 \tag{13.213}$$

将式 (13.213) 代入式 (13.212) 中的第三、四式得

$$\frac{dc_2}{dt} e = -2\frac{d\xi}{dt} k$$

$$\frac{d^2\xi}{dt^2} = 0 \tag{13.214}$$

$$c_2 k = (k_B T - k) \frac{d\xi}{dt}$$

将式 (13.214) 代入式 (13.212) 中的最后一式, 得

$$c_2 k = (k_B T - k) \frac{\mathrm{d}\xi}{\mathrm{d}t} \tag{13.215}$$

考虑一般情况, 则有

$$c_2 = 0, \quad \frac{\mathrm{d}\xi}{\mathrm{d}t} = 0 \tag{13.216}$$

从而得到

$$\xi = l, \quad \eta = 0 \tag{13.217}$$

其中 l 为任意常数。

Lie 算子为

$$X = l \frac{\partial}{\partial t} \tag{13.218}$$

13.10　布朗运动的 Lie 对称性

布朗运动是悬浮在液体或气体中的微粒所做的永不停息的无规则运动。它是一种正态分布的独立增量连续随机过程, 是随机分析中的基本概念之一 [162,163]。布朗运动在一个方向上的投影方程为 [164]

$$m \frac{\mathrm{d}^2 x}{\mathrm{d}t^2} = -a \frac{\mathrm{d}x}{\mathrm{d}t} + F(t) + \mathcal{F} \tag{13.219}$$

其中, 右边第一项是黏滞阻力, 第二项 $F(t)$ 是均值为 0 的随机力, 第三项 $\mathcal{F}$ 为其他外力。

式 (13.219) 两边同时乘以 x 得

$$m x \frac{\mathrm{d}^2 x}{\mathrm{d}t^2} = -a x \frac{\mathrm{d}x}{\mathrm{d}t} + x F(t) + x \mathcal{F} \tag{13.220}$$

变形得

$$\frac{1}{2} \frac{\mathrm{d}^2}{\mathrm{d}t^2} \left(m x^2 \right) - m \dot{x}^2 = -\frac{a}{2} \frac{\mathrm{d}}{\mathrm{d}t} x^2 + x F(t) + x \mathcal{F} \tag{13.221}$$

式 (13.221) 对大量颗粒求平均, 并注意求平均与对时间求导数次序可以交换, 即

$$\overline{\frac{\mathrm{d}}{\mathrm{d}t} x^2} = \frac{\mathrm{d}}{\mathrm{d}t} \overline{x^2}, \quad \overline{\frac{\mathrm{d}}{\mathrm{d}t} m x^2} = \frac{\mathrm{d}}{\mathrm{d}t} \overline{m x^2} \tag{13.222}$$

式 (13.221) 转化为

$$\frac{1}{2}\frac{\mathrm{d}^2}{\mathrm{d}t^2}\left(\overline{mx^2}\right) - \overline{m\dot{x}^2} + \frac{a}{2}\frac{\mathrm{d}}{\mathrm{d}t}\overline{x^2} - \overline{xF(t)} - \overline{x\mathcal{F}} = 0 \tag{13.223}$$

根据能量均分原理，有

$$\frac{1}{2}\overline{m\dot{x}^2} = \frac{1}{2}k_{\mathrm{B}}T \tag{13.224}$$

其中，k_{B} 是 Boltzmann 常数，T 是温度。

此外

$$\overline{xF(t)} = \overline{x}\,\overline{F(t)} = \overline{x}\cdot 0 = 0 \tag{13.225}$$

将式 (13.224)、(13.225) 代入式 (13.223) 得

$$\frac{\mathrm{d}^2}{\mathrm{d}t^2}\left(\overline{x^2}\right) + \frac{a}{m}\frac{\mathrm{d}}{\mathrm{d}t}\overline{x^2} - 2\overline{x\mathcal{F}} - \frac{2k_{\mathrm{B}}T}{m} = 0 \tag{13.226}$$

13.10.1　无其他外力

此时 $\mathcal{F} = 0$，式 (13.226) 简化为

$$\frac{\mathrm{d}^2}{\mathrm{d}t^2}\left(\overline{x^2}\right) + \frac{a}{m}\frac{\mathrm{d}}{\mathrm{d}t}\overline{x^2} - \frac{2k_{\mathrm{B}}T}{m} = 0 \tag{13.227}$$

将 $\overline{x^2}$ 看作整体，记为 u，式 (13.227) 写作

$$u_{tt} + \frac{a}{m}u_t - \frac{2k_{\mathrm{B}}T}{m} = 0 \tag{13.228}$$

设 Lie 算子为

$$X = \xi(t, u)\frac{\partial}{\partial t} + \eta(t, u)\frac{\partial}{\partial u} \tag{13.229}$$

二阶延拓为

$$\begin{aligned}
X &= \xi\frac{\partial}{\partial t} + \eta\frac{\partial}{\partial u} + (\eta_t - u_t\xi_t)\frac{\partial}{\partial u_t} + (\eta_{tt} - 2u_{tt}\xi_t - u_t\xi_{tt})\frac{\partial}{\partial u_{tt}}\\
&= \xi\frac{\partial}{\partial t} + \eta\frac{\partial}{\partial u} + \left[\frac{\partial\eta}{\partial t} + \left(\frac{\partial\eta}{\partial u} - \frac{\partial\xi}{\partial t}\right)u_t - \frac{\partial\xi}{\partial u}u_t^2\right]\frac{\partial}{\partial u_t} + \left\{\left[\frac{\partial^2\eta}{\partial t^2}\right.\right.\\
&\quad + \left(\frac{\partial^2\eta}{\partial t\partial u} - \frac{\partial^2\xi}{\partial t^2}\right)u_t - \frac{\partial^2\xi}{\partial t\partial u}u_t^2\right] + u_t\left[\frac{\partial^2\eta}{\partial t\partial u} + \left(\frac{\partial^2\eta}{\partial u^2} - \frac{\partial^2\xi}{\partial t\partial u}\right)u_t - \frac{\partial^2\xi}{\partial u^2}u_t^2\right]\\
&\quad \left. - u_{tt}\left(\frac{\partial\xi}{\partial t} + \frac{\partial\xi}{\partial u}u_t\right)\right\}\frac{\partial}{\partial u_{tt}}
\end{aligned}$$

$$
= \xi \frac{\partial}{\partial t} + \eta \frac{\partial}{\partial u} + \left[\frac{\partial \eta}{\partial t} + \left(\frac{\partial \eta}{\partial u} - \frac{\partial \xi}{\partial t} \right) u_t - \frac{\partial \xi}{\partial u} u_t^2 \right] \frac{\partial}{\partial u_t} + \left[\frac{\partial^2 \eta}{\partial t^2} + \left(2 \frac{\partial^2 \eta}{\partial t \partial u} \right. \right.
$$

$$
\left. \left. - \frac{\partial^2 \xi}{\partial t^2} \right) u_t + \left(\frac{\partial^2 \eta}{\partial u^2} - 2 \frac{\partial^2 \xi}{\partial t \partial u} \right) u_t^2 - \frac{\partial^2 \xi}{\partial u^2} u_t^3 - \frac{\partial \xi}{\partial t} u_{tt} - \frac{\partial \xi}{\partial u} u_t u_{tt} \right] \frac{\partial}{\partial u_{tt}}
$$

$$
\tag{13.230}
$$

设 $\lambda = \lambda(t, u)$ 为任意函数，式 (13.228) 的 Lie 对称性要求为

$$
X \left(u_{tt} + \frac{a}{m} u_t - \frac{2 k_{\mathrm{B}} T}{m} \right) = \lambda \left(u_{tt} + \frac{a}{m} u_t - \frac{2 k_{\mathrm{B}} T}{m} \right) \tag{13.231}
$$

整理得

$$
\left(\lambda + \frac{\partial \xi}{\partial t} \right) u_{tt} + \frac{\partial \xi}{\partial u} u_t u_{tt} + \frac{\partial^2 \xi}{\partial u^2} u_t^3 + \left(\frac{a}{m} \frac{\partial \xi}{\partial u} - \frac{\partial^2 \eta}{\partial u^2} + 2 \frac{\partial^2 \xi}{\partial t \partial u} \right) u_t^2
$$

$$
+ \left[\frac{a}{m} \lambda - \frac{a}{m} \left(\frac{\partial \eta}{\partial u} - \frac{\partial \xi}{\partial t} \right) - 2 \frac{\partial^2 \eta}{\partial t \partial u} + \frac{\partial^2 \xi}{\partial t^2} \right] u_t - \frac{2 k_{\mathrm{B}} T}{m} \lambda - \frac{\partial^2 \eta}{\partial t^2} - \frac{a}{m} \frac{\partial \eta}{\partial t} = 0
$$

$$
\tag{13.232}
$$

令 u 各阶导数的系数为零，得到

$$
u_{tt} : \lambda + \frac{\partial \xi}{\partial t} = 0
$$

$$
u_t u_{tt} : \frac{\partial \xi}{\partial u} = 0
$$

$$
u_t^3 : \frac{\partial^2 \xi}{\partial u^2} = 0
$$

$$
u_t^2 : \frac{a}{m} \frac{\partial \xi}{\partial u} - \frac{\partial^2 \eta}{\partial u^2} + 2 \frac{\partial^2 \xi}{\partial t \partial u} = 0 \tag{13.233}
$$

$$
u_t : \frac{a}{m} \lambda - \frac{a}{m} \left(\frac{\partial \eta}{\partial u} - \frac{\partial \xi}{\partial t} \right) - 2 \frac{\partial^2 \eta}{\partial t \partial u} + \frac{\partial^2 \xi}{\partial t^2} = 0
$$

$$
u_t^0 : \frac{2 k_{\mathrm{B}} T}{m} \lambda + \frac{\partial^2 \eta}{\partial t^2} + \frac{a}{m} \frac{\partial \eta}{\partial t} = 0
$$

由式 (13.233) 中前三式知

$$
\xi = \xi(t), \quad \lambda = -\frac{\mathrm{d} \xi}{\mathrm{d} t} \tag{13.234}
$$

将式 (13.234) 代入式 (13.233) 中的后三式得

$$
\frac{\partial^2 \eta}{\partial u^2} = 0
$$

$$-\frac{a}{m}\frac{\partial\eta}{\partial u}-2\frac{\partial^2\eta}{\partial t\partial u}+\frac{\mathrm{d}^2\xi}{\mathrm{d}t^2}=0$$

$$\frac{\partial^2\eta}{\partial t^2}+\frac{a}{m}\frac{\partial\eta}{\partial t}=\frac{2k_{\mathrm{B}}T}{m}\frac{\mathrm{d}\xi}{\mathrm{d}t} \tag{13.235}$$

由式 (13.235) 中第一式, 解得

$$\eta=c_1\left(t\right)u+c_2\left(t\right) \tag{13.236}$$

其中 c_1,c_2 是关于 t 的函数。

考虑 c_2 为常数 c_η 的简单情况, 将式 (13.236) 代入式 (13.235) 中的后两式, 得

$$-\frac{a}{m}c_1-2\frac{\mathrm{d}c_1}{\mathrm{d}t}+\frac{\mathrm{d}^2\xi}{\mathrm{d}t^2}=0$$

$$\frac{\mathrm{d}^2c_1}{\mathrm{d}t^2}u+\frac{a}{m}\frac{\mathrm{d}c_1}{\mathrm{d}t}u=\frac{2k_{\mathrm{B}}T}{m}\frac{\mathrm{d}\xi}{\mathrm{d}t} \tag{13.237}$$

由于式 (13.237) 中第二式右边只是 t 的函数, 得到

$$\frac{\mathrm{d}^2c_1}{\mathrm{d}t^2}+\frac{a}{m}\frac{\mathrm{d}c_1}{\mathrm{d}t}=0, \quad \frac{\mathrm{d}\xi}{\mathrm{d}t}=0 \tag{13.238}$$

解得

$$\xi=c_\xi, \quad c_1\left(t\right)=c_3\mathrm{e}^{-\frac{a}{m}t}+c_4 \tag{13.239}$$

其中 c_ξ 是任意常数。

将式 (13.239) 代入式 (13.237) 中的第一式得

$$-\frac{a}{m}\left(c_3\mathrm{e}^{-\frac{a}{m}t}+c_4\right)+2\frac{a}{m}c_3\mathrm{e}^{-\frac{a}{m}t}=0 \tag{13.240}$$

化简得

$$\frac{a}{m}\left(-c_3\mathrm{e}^{-\frac{a}{m}t}+c_4\right)=0 \tag{13.241}$$

因此

$$c_3=0, \quad c_4=0 \tag{13.242}$$

综上

$$\xi=c_\xi, \quad \eta=c_\eta \tag{13.243}$$

Lie 算子为

$$X=c_\xi\frac{\partial}{\partial t}+c_\eta\frac{\partial}{\partial u}=c_\xi\frac{\partial}{\partial t}+c_\eta\frac{\partial}{\partial \overline{x^2}} \tag{13.244}$$

因此关于时间和均方位移的平移变换是方程 (13.227) 的对称变换。

对于 c_2 为关于 t 的函数的情况, ξ,η 都较为复杂, 留给读者思考。

13.10.2　特殊外力

假设其他外力与微粒的位置有关，且取值为 $\mathcal{F} = \dfrac{1}{2}px$，$p$ 为非零常数。此时式 (13.226) 简化为

$$\frac{\mathrm{d}^2}{\mathrm{d}t^2}\left(\overline{x^2}\right) + \frac{a}{m}\frac{\mathrm{d}}{\mathrm{d}t}\overline{x^2} - p\overline{x^2} - \frac{2k_{\mathrm{B}}T}{m} = 0 \tag{13.245}$$

将 $\overline{x^2}$ 看作整体，记为 u，式 (13.245) 写作

$$u_{tt} + \frac{a}{m}u_t - pu - \frac{2k_{\mathrm{B}}T}{m} = 0 \tag{13.246}$$

设 Lie 算子为

$$X = \xi\left(t, u\right)\frac{\partial}{\partial t} + \eta\left(t, u\right)\frac{\partial}{\partial u} \tag{13.247}$$

二阶延拓为

$$\begin{aligned}
X &= \xi\frac{\partial}{\partial t} + \eta\frac{\partial}{\partial u} + \left(\eta_t - u_t\xi_t\right)\frac{\partial}{\partial u_t} + \left(\eta_{tt} - 2u_{tt}\xi_t - u_t\xi_{tt}\right)\frac{\partial}{\partial u_{tt}} \\
&= \xi\frac{\partial}{\partial t} + \eta\frac{\partial}{\partial u} + \left[\frac{\partial\eta}{\partial t} + \left(\frac{\partial\eta}{\partial u} - \frac{\partial\xi}{\partial t}\right)u_t - \frac{\partial\xi}{\partial u}u_t^2\right]\frac{\partial}{\partial u_t} + \left\{\left[\frac{\partial^2\eta}{\partial t^2}\right.\right. \\
&\quad + \left(\frac{\partial^2\eta}{\partial t\partial u} - \frac{\partial^2\xi}{\partial t^2}\right)u_t - \frac{\partial^2\xi}{\partial t\partial u}u_t^2\right] + u_t\left[\frac{\partial^2\eta}{\partial t\partial u} + \left(\frac{\partial^2\eta}{\partial u^2} - \frac{\partial^2\xi}{\partial t\partial u}\right)u_t - \frac{\partial^2\xi}{\partial u^2}u_t^2\right] \\
&\quad \left. -u_{tt}\left(\frac{\partial\xi}{\partial t} + \frac{\partial\xi}{\partial u}u_t\right)\right\}\frac{\partial}{\partial u_{tt}} \\
&= \xi\frac{\partial}{\partial t} + \eta\frac{\partial}{\partial u} + \left[\frac{\partial\eta}{\partial t} + \left(\frac{\partial\eta}{\partial u} - \frac{\partial\xi}{\partial t}\right)u_t - \frac{\partial\xi}{\partial u}u_t^2\right]\frac{\partial}{\partial u_t} + \left[\frac{\partial^2\eta}{\partial t^2} + \left(2\frac{\partial^2\eta}{\partial t\partial u}\right.\right. \\
&\quad \left. -\frac{\partial^2\xi}{\partial t^2}\right)u_t + \left(\frac{\partial^2\eta}{\partial u^2} - 2\frac{\partial^2\xi}{\partial t\partial u}\right)u_t^2 - \frac{\partial^2\xi}{\partial u^2}u_t^3 - \frac{\partial\xi}{\partial t}u_{tt} - \frac{\partial\xi}{\partial u}u_tu_{tt}\right]\frac{\partial}{\partial u_{tt}}
\end{aligned} \tag{13.248}$$

设 $\lambda = \lambda\left(t, u\right)$ 为任意函数，式 (13.246) 的 Lie 对称性要求

$$X\left(u_{tt} + \frac{a}{m}u_t - pu - \frac{2k_{\mathrm{B}}T}{m}\right) = \lambda\left(u_{tt} + \frac{a}{m}u_t - pu - \frac{2k_{\mathrm{B}}T}{m}\right) \tag{13.249}$$

整理得

$$\left(\lambda + \frac{\partial\xi}{\partial t}\right)u_{tt} + \frac{\partial\xi}{\partial u}u_tu_{tt} + \frac{\partial^2\xi}{\partial u^2}u_t^3 + \left(\frac{a}{m}\frac{\partial\xi}{\partial u} - \frac{\partial^2\eta}{\partial u^2} + 2\frac{\partial^2\xi}{\partial t\partial u}\right)u_t^2$$

$$+ \left[\frac{a}{m}\lambda - \frac{a}{m}\left(\frac{\partial \eta}{\partial u} - \frac{\partial \xi}{\partial t} \right) - 2\frac{\partial^2 \eta}{\partial t \partial u} + \frac{\partial^2 \xi}{\partial t^2} \right] u_t - \left(pu + \frac{2k_{\mathrm{B}}T}{m} \right)\lambda - \frac{\partial^2 \eta}{\partial t^2}$$

$$- \frac{a}{m}\frac{\partial \eta}{\partial t} + p\eta = 0 \tag{13.250}$$

令 u 各阶导数的系数为零, 得到

$$u_{tt} : \lambda + \frac{\partial \xi}{\partial t} = 0$$

$$u_t u_{tt} : \frac{\partial \xi}{\partial u} = 0$$

$$u_t^3 : \frac{\partial^2 \xi}{\partial u^2} = 0$$

$$u_t^2 : \frac{a}{m}\frac{\partial \xi}{\partial u} - \frac{\partial^2 \eta}{\partial u^2} + 2\frac{\partial^2 \xi}{\partial t \partial u} = 0$$

$$u_t : \frac{a}{m}\lambda - \frac{a}{m}\left(\frac{\partial \eta}{\partial u} - \frac{\partial \xi}{\partial t} \right) - 2\frac{\partial^2 \eta}{\partial t \partial u} + \frac{\partial^2 \xi}{\partial t^2} = 0$$

$$u_t^0 : \left(pu + \frac{2k_{\mathrm{B}}T}{m} \right)\lambda + \frac{\partial^2 \eta}{\partial t^2} + \frac{a}{m}\frac{\partial \eta}{\partial t} - p\eta = 0 \tag{13.251}$$

由式 (13.251) 中的前三式知

$$\xi = \xi(t), \quad \lambda = -\frac{\mathrm{d}\xi}{\mathrm{d}t} \tag{13.252}$$

将式 (13.252) 代入式 (13.251) 中的后三式得

$$\frac{\partial^2 \eta}{\partial u^2} = 0$$

$$-\frac{a}{m}\frac{\partial \eta}{\partial u} - 2\frac{\partial^2 \eta}{\partial t \partial u} + \frac{\mathrm{d}^2 \xi}{\mathrm{d}t^2} = 0 \tag{13.253}$$

$$\frac{\partial^2 \eta}{\partial t^2} + \frac{a}{m}\frac{\partial \eta}{\partial t} - p\eta = \left(pu + \frac{2k_{\mathrm{B}}T}{m} \right)\frac{\mathrm{d}\xi}{\mathrm{d}t}$$

由式 (13.253) 中的第一式, 解得

$$\eta = c_1(t)u + c_2(t) \tag{13.254}$$

其中 c_1, c_2 是关于 t 的函数。

考虑 c_2 为常数 c_η 的简单情况, 将式 (13.254) 代入式 (13.253) 中的后两式, 得

$$-\frac{a}{m}c_1 - 2\frac{\mathrm{d}c_1}{\mathrm{d}t} + \frac{\mathrm{d}^2\xi}{\mathrm{d}t^2} = 0$$

$$\frac{\mathrm{d}^2c_1}{\mathrm{d}t^2}u + \frac{a}{m}\frac{\mathrm{d}c_1}{\mathrm{d}t}u - p\left(c_1 u + c_\eta\right) = \left(pu + \frac{2k_{\mathrm{B}}T}{m}\right)\frac{\mathrm{d}\xi}{\mathrm{d}t} \tag{13.255}$$

由于式 (13.255) 中第二式右边只是 t 的函数, 得到

$$p\frac{\mathrm{d}\xi}{\mathrm{d}t} = \frac{\mathrm{d}^2c_1}{\mathrm{d}t^2} + \frac{a}{m}\frac{\mathrm{d}c_1}{\mathrm{d}t} - pc_1, \quad \frac{2k_{\mathrm{B}}T}{m}\frac{\mathrm{d}\xi}{\mathrm{d}t} = -pc_\eta \tag{13.256}$$

由式 (13.256) 中的第二式得

$$\xi(t) = -\frac{pm}{2k_{\mathrm{B}}T}c_\eta t + c_\xi \tag{13.257}$$

由式 (13.256) 中的第一式, 令

$$\beta^2 + \frac{a}{m}\beta - p = 0 \tag{13.258}$$

其两根为 $\beta_{1,2}$, 且 $\beta_{1,2} \neq 0$, 可能取复数, 则

$$c_1(t) = c_3 \mathrm{e}^{\beta_1 t} + c_4 \mathrm{e}^{\beta_2 t} + \frac{pm}{2k_{\mathrm{B}}T}c_\eta \tag{13.259}$$

其中 c_3, c_4 为任意常数。

将 $\xi(t), c_1(t)$ 的表达式代入式 (13.255) 中的第一式得

$$\frac{a}{m}\left(c_3 \mathrm{e}^{\beta_1 t} + c_4 \mathrm{e}^{\beta_2 t} + \frac{pm}{2k_{\mathrm{B}}T}c_\eta\right) + 2\frac{\mathrm{d}}{\mathrm{d}t}\left(c_3 \mathrm{e}^{\beta_1 t} + c_4 \mathrm{e}^{\beta_2 t} + \frac{pm}{2k_{\mathrm{B}}T}c_\eta\right) = 0 \tag{13.260}$$

整理得

$$c_3\left(\frac{a}{m} + 2\beta_1\right)\mathrm{e}^{\beta_1 t} + c_4\left(\frac{a}{m} + 2\beta_2\right)\mathrm{e}^{\beta_2 t} + c_\eta \frac{pa}{2k_{\mathrm{B}}T} = 0 \tag{13.261}$$

(1) 若 c_3, c_4 非零, 得 $\beta_{1,2} = -\frac{a}{2m}$, 式 (13.261) 成立则要求 $p = -\frac{a^2}{4m^2}, c_\eta = 0$, c_1 表达式为

$$c_1(t) = (c_3 + c_4)\mathrm{e}^{-\frac{a}{2m}t} \tag{13.262}$$

随时间的增大, c_1 趋于零。

(2) 若 $p \neq -\frac{a^2}{4m^2}$, 式 (13.261) 成立则要求 $c_3, c_4, c_\eta = 0$, c_1 表达式为

$$c_1(t) = 0 \tag{13.263}$$

综合 (1)、(2)，得

$$c_1(t) = 0 \tag{13.264}$$

因此

$$\xi = c_\xi, \quad \eta = 0 \tag{13.265}$$

Lie 算子为

$$X = c_\xi \frac{\partial}{\partial t} \tag{13.266}$$

因此关于时间的平移变换是方程 (13.245) 的对称变换。

对于 c_2 为关于 t 的函数的情况，ξ, η 都较为复杂，留给读者思考。

13.11 扰动线性波方程的近似守恒律

考虑扰动线性波方程 [33,67]

$$f = u_{tt} - u_{xx} + \varepsilon u_t = 0 \tag{13.267}$$

13.11.1 近似 Noether 守恒律

方程 (13.267) 相应的部分 Lagrange 函数为

$$\mathcal{L} = \frac{1}{2}u_x^2 - \frac{1}{2}u_t^2 \tag{13.268}$$

将 Euler-Lagrange 算子作用于部分 Lagrange 函数，可得

$$\begin{aligned}
\frac{\delta\mathcal{L}}{\delta u} &= \frac{\partial\mathcal{L}}{\partial u^\alpha} + \sum_{s\geqslant 1}^{\infty}(-1)^s D_{i_1}\cdots D_{i_s}\frac{\partial\mathcal{L}}{\partial u_{i_1\cdots i_s}^\alpha} \\
&= 0 - D_{i_1}\frac{\partial\mathcal{L}}{\partial u_{i_1}^\alpha} = -\left(D_x\frac{\partial\mathcal{L}}{\partial u_x} + D_t\frac{\partial\mathcal{L}}{\partial u_t}\right) \\
&= u_{tt} - u_{xx} = -\varepsilon u_t
\end{aligned} \tag{13.269}$$

部分 Lagrange 函数 $\mathcal{L}$ 的近似 Noether 算子需满足方程

$$X(\mathcal{L}) + \mathcal{L}D_i(\xi^i) = W^\beta\frac{\delta\mathcal{L}}{\delta u^\beta} + D_i(B^i) + O(\varepsilon^{k+1}) \tag{13.270}$$

从而得到方程

$$(X_0 + \varepsilon X_1)\mathcal{L} + D_i(\xi_0^i + \varepsilon\xi_1^i)\mathcal{L}$$

$$= \left[\left(\eta_0 - \xi_0^j u_j\right) + \varepsilon \left(\eta_1 - \xi_1^j u_j\right)\right] \left(-\varepsilon u_t\right) + D_i \left(B_0^i + \varepsilon B_1^i\right) \tag{13.271}$$

通过分离小参数 ε 的 0 阶和 1 阶项，可以得到

$$X_0 \mathcal{L} + D_i \left(\xi_0^i\right) \mathcal{L} = D_i \left(B_0^i\right) \tag{13.272}$$

$$X_1 \mathcal{L} + D_i \left(\xi_1^i\right) \mathcal{L} = \left(\eta_0 - \xi_0^j u_j\right)\left(-u_t\right) + D_i \left(B_0^i\right) \tag{13.273}$$

决定方程 (13.272) 为

$$\zeta_{0t}\left(-u_t\right) + \zeta_{0x}\left(u_x\right) + \left(D_t \xi_0^1 + D_x \xi_0^2\right)\left(\frac{1}{2}u_x^2 - \frac{1}{2}u_t^2\right) = D_t B_0^1 + D_x B_0^2 \tag{13.274}$$

展开方程 (13.274)，令 u 的一阶偏导数项的系数为零，可以得到

$$\zeta_{0u}^1 = 0, \quad \zeta_{0u}^2 = 0$$

$$\xi_{0x}^1 - \xi_{0x}^2 = 0$$

$$-\eta_{0u} + \frac{1}{2}\xi_{0t}^1 - \frac{1}{2}\xi_{0x}^2 = 0$$

$$\eta_{0u} + \frac{1}{2}\xi_{0t}^1 - \frac{1}{2}\xi_{0x}^2 = 0 \tag{13.275}$$

$$-\eta_{0t} = B_{0u}^1$$

$$-\eta_{0x} = B_{0u}^2$$

$$B_{0u}^1 + B_{0x}^2 = 0$$

求解方程组 (13.275)，得到

$$\begin{aligned}
\xi_0^1 &= c\left(t, x\right), \quad \xi_0^2 = d\left(t, x\right), \quad \eta_0 = b\left(t, x\right) \\
B_0^1 &= -b_t u + e\left(t, x\right), \quad B_0^2 = -b_x u + f\left(t, x\right)
\end{aligned} \tag{13.276}$$

其中

$$c_x = d_t, \quad c_t = d_x, \quad b_{tt} - b_{xx} = 0, \quad t_t + f_x = 0 \tag{13.277}$$

因此，可以得到不含扰动的方程算子

$$X_0^1 = \partial_t, \quad X_0^2 = \partial_x, \quad X_0^3 = t\partial_t + x\partial_x \tag{13.278}$$

(1) 如果 $X_0^1 = \partial_t$，则有

$$\xi_0^1 = 1, \quad \xi_0^2 = 0, \quad \eta = 0 \tag{13.279}$$

由式 (13.273) 可得

$$\zeta_{1t}\left(-u_t\right)+\zeta_{1x}\left(u_x\right)+\left(D_t\xi_1^1+D_x\xi_1^2\right)\left(\frac{1}{2}u_x^2-\frac{1}{2}u_t^2\right)=u_t^2+D_tB_1^1+D_xB_1^2 \quad (13.280)$$

展开方程 (13.280) 并令 u 的一阶偏导数项的系数为零, 可以得到

$$\xi_{1u}^1=0,\quad \xi_{1u}^2=0$$

$$\xi_{1x}^1-\xi_{1t}^2=0$$

$$-\eta_{1u}+\frac{1}{2}\xi_{1u}^1-\frac{1}{2}\xi_{1x}^2=1$$

$$\eta_{1u}+\frac{1}{2}\xi_{1t}^1-\frac{1}{2}\xi_{1x}^2=0 \quad\quad\quad (13.281)$$

$$-\eta_{1t}=B_{1u}^1$$

$$\eta_{1x}=B_{1u}^2$$

$$B\xi_{1t}^1+B_{1x}^2=0$$

求解方程组 (13.281) 可以得到

$$\xi_1^1=g\left(t,x\right),\quad \xi_1^2=h\left(t,x\right),\quad \eta_1=-\frac{u}{2}+a\left(t,x\right)$$
$$B_1^1=-a_tu+i\left(t,x\right),\quad B_1^2=a_xu+j\left(t,x\right) \quad (13.282)$$

其中

$$g_x=h_t,\quad g_t=1+h_x,\quad a_{tt}-a_{xx}=0,\quad i_t+j_x=0 \quad (13.283)$$

令 $i=j=0$, 可以得到近似 Noether 算子

$$X^1=\partial_t+\varepsilon\left(\partial_t-x\partial_x-\frac{u}{2}\partial_u\right),\quad X^2=\partial_t+\varepsilon\left[(1-x)\partial_x-\frac{u}{2}\partial_u\right] \quad (13.284)$$

则 X^1 的近似守恒向量为

$$\boldsymbol{T}^1=\left(-\frac{1}{2}u_x^2-\frac{1}{2}u_t^2+\varepsilon\left(-\frac{1}{2}u_x^2-\frac{1}{2}u_t^2-\frac{1}{2}uu_t+xu_tu_x\right),\right.$$

$$\left.u_tu_x+\varepsilon\left(-\frac{1}{2}xu_x^2-\frac{1}{2}xu_t^2+\frac{1}{2}uu_x+u_tu_x\right)\right) \quad (13.285)$$

及

$$D_iT_1^i=u_t\left(u_{xx}-u_{tt}\right)+\varepsilon\left[-u_t^2+\left(xu_x-u_t-\frac{1}{2}u\right)\left(u_{tt}-u_{xx}\right)\right]$$

$$= u_t \left(u_{xx} - u_{tt} - \varepsilon u_t \right) + \varepsilon \left(xu_x - u_t - \frac{1}{2}u \right) \left(u_{tt} - u_{xx} \right)$$

$$= -u_t \left(xu_x - u_t - \frac{1}{2}u \right) \varepsilon^2 = O \left(\varepsilon^2 \right) \tag{13.286}$$

则 X^2 的近似守恒向量为

$$\boldsymbol{T}^2 = \left(-\frac{1}{2}u_x^2 - \frac{1}{2}u_t^2 + \varepsilon \left(-\frac{1}{2}uu_t - u_tu_x + xu_tu_x \right), \right.$$

$$\left. u_tu_x + \varepsilon \left(-\frac{1}{2}xu_x^2 - \frac{1}{2}xu_t^2 + \frac{1}{2}u_x^2 + \frac{1}{2}u_t^2 + \frac{1}{2}uu_x \right) \right) \tag{13.287}$$

及

$$D_iT_1^i = u_t \left(u_{xx} - u_{tt} - \varepsilon u_t \right) + \varepsilon \left(xu_x - u_x - \frac{1}{2}u \right) \left(u_{tt} - u_{xx} \right)$$

$$= -u_t \left(xu_x - u_x - \frac{1}{2}u \right) \varepsilon^2 = O \left(\varepsilon^2 \right) \tag{13.288}$$

(2) 如果 $X_0^2 = \partial_x$，则有

$$\xi_0^1 = 0, \quad \xi_0^2 = 1, \quad \eta = 0 \tag{13.289}$$

此时近似 Noether 算子为

$$X^3 = \partial_x + \varepsilon \left(\partial_t + t\partial_x \right), \quad X^4 = \partial_x + \varepsilon \left(1 + t \right) \partial_x, \quad X^5 = \partial_x + \varepsilon \left(-x\partial_t + \partial_x \right) \tag{13.290}$$

通过这些算子可以得到守恒向量

$$\boldsymbol{T}_3 = \left(-u_tu_x + \varepsilon \left(-\frac{1}{2}u_x^2 - \frac{1}{2}u_t^2 - tu_tu_x \right), \frac{1}{2}u_x^2 + \frac{1}{2}u_t^2 \right.$$

$$\left. + \varepsilon \left(\frac{1}{2}tu_x^2 + \frac{1}{2}u_t^2 + u_tu_x \right) \right)$$

$$\boldsymbol{T}_4 = \left(-u_tu_x - \varepsilon \left(t + 1 \right) u_tu_x, \frac{1}{2}u_x^2 + \frac{1}{2}u_t^2 + \varepsilon \left(t + 1 \right) \left(\frac{1}{2}tu_x^2 + \frac{1}{2}u_t^2 \right) \right) \tag{13.291}$$

$$\boldsymbol{T}_5 = \left(-u_tu_x - \varepsilon \left(\frac{1}{2}xu_x^2 + \frac{1}{2}xu_t^2 - u_tu_x \right), \frac{1}{2}u_x^2 + \frac{1}{2}u_t^2 \right.$$

$$\left. + \varepsilon \left(\frac{1}{2}u_x^2 + \frac{1}{2}u_t^2 - xu_tu_x \right) \right)$$

(3) 如果 $X_0^3 = t\partial_t + x\partial_x$，则有

$$\xi_0^1 = t, \quad \xi_0^2 = x, \quad \eta = 0 \tag{13.292}$$

此时近似 Noether 算子为

$$X^6 = t\partial_t + x\partial_x + \varepsilon\left[\left(x - x^2\right)\partial_t + (t - tx)\partial_x - \frac{1}{2}tu\partial_u\right]$$

$$X^7 = t\partial_t + x\partial_x + \varepsilon\left[-x^2\partial_t + (1 - tx)\partial_x - \frac{1}{2}tu\partial_u\right] \tag{13.293}$$

$$X^8 = t\partial_t + x\partial_x + \varepsilon\left[\left(t + t^2\right)\partial_t + (t + tx)\partial_x - \frac{1}{2}tu\partial_u\right]$$

相应的守恒向量为

$$\begin{aligned}
\boldsymbol{T}_6 = &\left(-\frac{1}{2}t\left(u_t^2 + u_x^2\right) - xu_tu_x + \varepsilon\left[\frac{1}{4}u^2 - \frac{1}{2}\left(x - x^2\right)u_x^2 - \frac{1}{2}\left(x - x^2\right)u_t^2\right.\right. \\
&\left.- \frac{1}{2}tu_t - (t - tx)u_tu_x\right], \frac{1}{2}x\left(u_t^2 + u_x^2\right) + tu_tu_x \\
&\left.+ \varepsilon\left[(t - tx)\left(\frac{1}{2}u_x^2 + \frac{1}{2}u_t^2\right) + \frac{1}{2}tuu_x - \left(x - x^2\right)u_tu_x\right]\right)
\end{aligned}$$

$$\begin{aligned}
\boldsymbol{T}_7 = &\left(-\frac{1}{2}t\left(u_t^2 + u_x^2\right) - xu_tu_x + \varepsilon\left[\frac{1}{4}u^2 + \frac{1}{2}x^2u_x^2 + \frac{1}{2}x^2u_t^2 - \frac{1}{2}tuu_t\right.\right. \\
&\left.- (1 - tx)u_tu_x\right], \frac{1}{2}x\left(u_t^2 + u_x^2\right) + tu_tu_x \tag{13.294} \\
&\left.+ \varepsilon\left[(1 - tx)\left(\frac{1}{2}u_x^2 + \frac{1}{2}u_t^2\right) + \frac{1}{2}tu_tu_x - x^2u_tu_x\right]\right)
\end{aligned}$$

$$\begin{aligned}
\boldsymbol{T}_8 = &\left(-\frac{1}{2}t\left(u_t^2 + u_x^2\right) - xu_tu_x + \varepsilon\left[\frac{1}{4}u^2 - \frac{1}{2}\left(t^2 + t\right)u_x^2 - \frac{1}{2}\left(t^2 + t\right)u_t^2\right.\right. \\
&\left.- \frac{1}{2}tuu_t - (tx + x)u_tu_x\right], \frac{1}{2}x\left(u_t^2 + u_x^2\right) + tu_tu_x \\
&\left.+ \varepsilon\left[(tx + x)\left(\frac{1}{2}u_x^2 + \frac{1}{2}u_t^2\right) + \frac{1}{2}tuu_x + \left(t^2 + t\right)u_tu_x\right]\right)
\end{aligned}$$

13.11.2 近似 Ibragimov 守恒律

设近似 Lie 算子为

$$X = X_0 + \varepsilon X_1 \tag{13.295}$$

将算子 X 延拓至需要的项

$$
\begin{aligned}
X_0 &= \xi_0^t \frac{\partial}{\partial t} + \xi_0^x \frac{\partial}{\partial x} + \eta_0 \frac{\partial}{\partial u} + \left[D_t \left(\eta_0 - u_t \xi_0^t - u_x \xi_0^x \right) + u_{tt} \xi_0^t + u_{tx} \xi_0^x \right] \frac{\partial}{\partial u_t} \\
&\quad + \left[D_t D_t \left(\eta_0 - u_t \xi_0^t - u_x \xi_0^x \right) + u_{ttt} \xi_0^t + u_{ttx} \xi_0^x \right] \frac{\partial}{\partial u_{tt}} \\
&\quad + \left[D_x D_x \left(\eta_0 - u_t \xi_0^t - u_x \xi_0^x \right) + u_{xxt} \xi_0^t + u_{xxx} \xi_0^x \right] \frac{\partial}{\partial u_{xx}} \\
&= \xi_0^t \frac{\partial}{\partial t} + \xi_0^x \frac{\partial}{\partial x} + \eta_0 \frac{\partial}{\partial u} + \left[D_t \left(\eta_0 \right) - u_t D_t \left(\xi_0^t \right) - u_x D_t \left(\xi_0^x \right) \right] \frac{\partial}{\partial u_t} \\
&\quad + \left[D_t D_t \left(\eta_0 \right) - u_{tt} D_t \left(\xi_0^t \right) - u_{tx} D_t \left(\xi_0^x \right) - u_t D_t D_t \left(\xi_0^t \right) - u_x D_t D_t \left(\xi_0^x \right) \right] \frac{\partial}{\partial u_{tt}} \\
&\quad + \left[D_x D_x \left(\eta_0 \right) - u_{xt} D_x \left(\xi_0^t \right) - u_{xx} D_x \left(\xi_0^x \right) - u_t D_x D_x \left(\xi_0^t \right) - u_x D_x D_x \left(\xi_0^x \right) \right] \frac{\partial}{\partial u_{xx}} \\
&= \xi_0^t \frac{\partial}{\partial t} + \xi_0^x \frac{\partial}{\partial x} + \eta_0 \frac{\partial}{\partial u} + \left(\eta_{0,t} - u_t \xi_{0,t}^t - u_x \xi_{0,t}^x \right) \frac{\partial}{\partial u_t} + \big(\eta_{0,tt} - u_{tt} \xi_{0,t}^t - u_{tx} \xi_{0,t}^x \\
&\quad - u_t \xi_{0,tt}^t - u_x \xi_{0,tt}^x \big) \frac{\partial}{\partial u_{tt}} + \left(\eta_{0,xx} - u_{tx} \xi_{0,x}^t - u_{xx} \xi_{0,x}^x - u_t \xi_{0,xx}^t - u_x \xi_{0,xx}^x \right) \frac{\partial}{\partial u_{xx}}
\end{aligned}
$$

$$\text{(13.296)}$$

$$
\begin{aligned}
X_1 &= \xi_1^t \frac{\partial}{\partial t} + \xi_1^x \frac{\partial}{\partial x} + \eta_1 \frac{\partial}{\partial u} + \left(\eta_{1,t} - u_t \xi_{1,t}^t - u_x \xi_{1,t}^x \right) \frac{\partial}{\partial u_t} + \big(\eta_{1,tt} - u_{tt} \xi_{1,t}^t - u_{tx} \xi_{1,t}^x \\
&\quad - u_t \xi_{1,tt}^t - u_x \xi_{1,tt}^x \big) \frac{\partial}{\partial u_{tt}} + \left(\eta_{1,xx} - u_{tx} \xi_{1,x}^t - u_{xx} \xi_{1,x}^x - u_t \xi_{1,xx}^t - u_x \xi_{1,xx}^x \right) \frac{\partial}{\partial u_{xx}}
\end{aligned}
$$

$$\text{(13.297)}$$

列方程组

$$
X_0 \left(u_{tt} - u_{xx} \right) = 0, \quad X_1 \left(u_{tt} - u_{xx} \right) + X_0 \left(u_t \right) = 0 \tag{13.298}
$$

展开得到

$$
\begin{aligned}
&\left(\eta_{0,tt} - u_{tt} \xi_{0,t}^t - u_{tx} \xi_{0,t}^x - u_t \xi_{0,tt}^t - u_x \xi_{0,tt}^x \right) \\
&- \left(\eta_{0,xx} - u_{tx} \xi_{0,x}^t - u_{xx} \xi_{0,x}^x - u_t \xi_{0,xx}^t - u_x \xi_{0,xx}^x \right) = 0 \\
&\left(\eta_{1,tt} - u_{tt} \xi_{1,t}^t - u_{tx} \xi_{1,t}^x - u_t \xi_{1,tt}^t - u_x \xi_{1,tt}^x \right) \\
&- \left(\eta_{1,xx} - u_{tx} \xi_{1,x}^t - u_{xx} \xi_{1,x}^x - u_t \xi_{1,xx}^t - u_x \xi_{1,xx}^x \right) \\
&+ \left(\eta_{0,t} - u_t \xi_{0,t}^t - u_x \xi_{0,t}^x \right) = 0
\end{aligned}
$$

$$\text{(13.299)}$$

首先求解式 (13.299) 中的第一式，整理得

$$
\eta_{0,tt} - \eta_{0,xx} - \left(\xi_{0,tt}^t - \xi_{0,xx}^t \right) u_t - \left(\xi_{0,tt}^x - \xi_{0,xx}^x \right) u_x - \left(\xi_{0,t}^x - \xi_{0,x}^t \right) u_{tx}
$$

$$-\xi_{0,t}^t u_{tt} + \xi_{0,x}^x u_{xx} = 0 \tag{13.300}$$

令 u 各阶偏导项的系数为零，得到

$$
\begin{aligned}
u_t^0 &: \eta_{0,tt} - \eta_{0,xx} = 0 \\
u_t &: \xi_{0,tt}^t - \xi_{0,xx}^t = 0 \\
u_x &: \xi_{0,tt}^x - \xi_{0,xx}^x = 0 \\
u_{tx} &: \xi_{0,t}^x - \xi_{0,x}^t = 0 \\
u_{tt} &: \xi_{0,t}^t = 0 \\
u_{xx} &: \xi_{0,x}^x = 0
\end{aligned}
\tag{13.301}
$$

解得

$$\xi_0^t = C_t x + C_2, \quad \xi_0^x = C_t t + C_3, \quad \eta_0 = g\,(t-x) \tag{13.302}$$

其中 C_t, C_2, C_3 是任意常数。

将式 (13.302) 代入式 (13.299) 中的第二式，并整理得

$$
\begin{aligned}
&\eta_{1,tt} - \eta_{1,xx} + g'\,(t-x) - \left(\xi_{1,tt}^t - \xi_{1,xx}^t\right) u_t - \left(\xi_{1,tt}^x - \xi_{1,xx}^x + C_t\right) u_x \\
&- \left(\xi_{1,t}^x - \xi_{1,x}^t\right) u_{tx} - \xi_{1,t}^t u_{tt} + \xi_{1,x}^x u_{xx} = 0
\end{aligned}
\tag{13.303}
$$

同理有方程组

$$
\begin{aligned}
u_t^0 &: \eta_{1,tt} - \eta_{1,xx} + g'\,(t-x) = 0 \\
u_t &: \xi_{1,tt}^t - \xi_{1,xx}^t = 0 \\
u_x &: \xi_{1,tt}^x - \xi_{1,xx}^x + C_t = 0 \\
u_{tx} &: \xi_{1,t}^x - \xi_{1,x}^t = 0 \\
u_{tt} &: \xi_{1,t}^t = 0 \\
u_{xx} &: \xi_{1,x}^x = 0
\end{aligned}
\tag{13.304}
$$

解得

$$C_t = 0, \quad \xi_1^t = C_4 x + C_5, \quad \xi_1^x = C_4 t + C_6, \quad \eta_1 = h\,(t-x) \tag{13.305}$$

其中 C_4, C_5, C_6 是任意常数。

取 $\eta_0 = C_0, \eta_1 = C_1$，则算子坐标为

$$
\begin{aligned}
\xi_0^t &= C_2, \quad \xi_0^x = C_3, \quad \eta_0 = C_0 \\
\xi_1^t &= C_4 x + C_5, \quad \xi_1^x = C_4 t + C_6, \quad \eta_1 = C_1
\end{aligned}
\tag{13.306}
$$

因此近似 Lie 算子为

$$X = C_2 \frac{\partial}{\partial t} + C_3 \frac{\partial}{\partial x} + C_0 \frac{\partial}{\partial u} + \varepsilon \left[(C_4 x + C_5)\frac{\partial}{\partial t} + (C_4 t + C_6)\frac{\partial}{\partial x} + C_1 \frac{\partial}{\partial u}\right]$$

$$= [C_2 + \varepsilon(C_4 x + C_5)] \frac{\partial}{\partial t} + [C_3 + \varepsilon(C_4 t + C_6)] \frac{\partial}{\partial x} + (C_0 + \varepsilon C_1) \frac{\partial}{\partial u} \quad (13.307)$$

延拓算子及特征函数为

$$X = [C_2 + \varepsilon(C_4 x + C_5)] \frac{\partial}{\partial t} + [C_3 + \varepsilon(C_4 t + C_6)] \frac{\partial}{\partial x} + (C_0 + \varepsilon C_1) \frac{\partial}{\partial u}$$

$$+ \varepsilon(-C_4 u_x) \frac{\partial}{\partial u_t} + \varepsilon(-C_4 u_{tx}) \frac{\partial}{\partial u_{tt}} + \varepsilon(-C_4 u_{tx}) \frac{\partial}{\partial u_{xx}} \quad (13.308)$$

$$W = C_0 + \varepsilon C_1 - u_t [C_2 + \varepsilon(C_4 x + C_5)] - u_x [C_3 + \varepsilon(C_4 t + C_6)]$$

$$= C_0 - C_2 u_t - C_3 u_x + \varepsilon(C_1 - C_5 u_t - C_6 u_x - C_4 x u_t - C_4 t u_x) \quad (13.309)$$

Noether 算子为

$$\mathcal{N}^t = \xi^t + W \frac{\delta}{\delta u_t} + \sum_{s=1}^{\infty} D_{i_1} \cdots D_{i_s} (W) \frac{\delta}{\delta u_{t i_1 \cdots i_s}}$$

$$\mathcal{N}^x = \xi^x + W \frac{\delta}{\delta u_x} + \sum_{s=1}^{\infty} D_{i_1} \cdots D_{i_s} (W) \frac{\delta}{\delta u_{x i_1 \cdots i_s}} \quad (13.310)$$

设方程 (13.267) 的 Lagrange 函数为

$$\mathcal{L} = v(u_{tt} - u_{xx} + \varepsilon u_t) \quad (13.311)$$

变量 $\boldsymbol{w} = (u, v)$，则

$$\frac{\delta \mathcal{L}}{\delta w^\alpha} = \begin{cases} \dfrac{\delta \mathcal{L}}{\delta v} = u_{tt} - u_{xx} + \varepsilon u_t = 0, & \alpha = 2 \\[2mm] \dfrac{\delta \mathcal{L}}{\delta u} = v_{tt} - v_{xx} - \varepsilon v_t = 0, & \alpha = 1 \end{cases} \quad (13.312)$$

守恒向量为

$$C^t = \mathcal{N}^t(\mathcal{L}) = \left[\xi^t + W \frac{\delta}{\delta u_t} + \sum_{s=1}^{\infty} D_{i_1} \cdots D_{i_s} (W) \frac{\delta}{\delta u_{t i_1 \cdots i_s}} \right] v(u_{tt} - u_{xx} + \varepsilon u_t)$$

$$= [C_2 + \varepsilon(C_4 x + C_5)] v(u_{tt} - u_{xx} + \varepsilon u_t) + [C_0 - C_2 u_t - C_3 u_x + \varepsilon(C_1 - C_5 u_t$$

$$- C_6 u_x - C_4 x u_t - C_4 t u_x)] \frac{\delta[v(u_{tt} - u_{xx} + \varepsilon u_t)]}{\delta u_t} + D_t [C_0 - C_2 u_t - C_3 u_x$$

$$+ \varepsilon(C_1 - C_5 u_t - C_6 u_x - C_4 x u_t - C_4 t u_x)] \frac{\delta[v(u_{tt} - u_{xx} + \varepsilon u_t)]}{\delta u_{tt}}$$

$$= C_2 v \left(u_{tt} - u_{xx} \right) + \varepsilon \left[\left(C_4 x + C_5 \right) \left(u_{tt} - u_{xx} \right) + C_2 u_t \right] v$$

$$+ \left[C_0 - C_2 u_t - C_3 u_x + \varepsilon \left(C_1 - C_5 u_t - C_6 u_x - C_4 x u_t - C_4 t u_x \right) \right] \left(\varepsilon v - v_t \right)$$

$$+ \left[-C_2 u_{tt} - C_3 u_{tx} + \varepsilon \left(-C_5 u_{tt} - C_6 u_{tx} - C_4 x u_{tt} - C_4 u_x - C_4 t u_{tx} \right) \right] v + O \left(\varepsilon^2 \right)$$

$$= - \left(C_2 u_{xx} + C_3 u_{tx} \right) v - \left(C_0 - C_2 u_t - C_3 u_x \right) v_t$$

$$+ \varepsilon \left[\left(C_0 - C_3 u_x - C_4 u_x - C_6 u_{tx} - C_4 t u_{tx} - C_4 x u_{xx} - C_5 u_{xx} \right) v \right.$$

$$\left. - \left(C_1 - C_5 u_t - C_6 u_x - C_4 x u_t - C_4 t u_x \right) v_t \right] + O \left(\varepsilon^2 \right) \tag{13.313}$$

$$C^x = \mathcal{N}^x \left(\mathcal{L} \right) = \left[\xi^x + W \frac{\delta}{\delta u_x} + \sum_{s=1}^{\infty} D_{i_1} \cdots D_{i_s} \left(W \right) \frac{\delta}{\delta u_{x i_1 \cdots i_s}} \right] v \left(u_{tt} - u_{xx} + \varepsilon u_t \right)$$

$$= \left[C_3 + \varepsilon \left(C_4 t + C_6 \right) \right] v \left(u_{tt} - u_{xx} + \varepsilon u_t \right) + \left[C_0 - C_2 u_t - C_3 u_x + \varepsilon \left(C_1 - C_5 u_t \right. \right.$$

$$\left. \left. - C_6 u_x - C_4 x u_t - C_4 t u_x \right) \right] v_x + D_x \left[C_0 - C_2 u_t - C_3 u_x + \varepsilon \left(C_1 - C_5 u_t \right. \right.$$

$$\left. \left. - C_6 u_x - C_4 x u_t - C_4 t u_x \right) \right] \left(-v \right)$$

$$= C_3 v \left(u_{tt} - u_{xx} \right) + \varepsilon \left[\left(C_4 x + C_6 \right) \left(u_{tt} - u_{xx} \right) + C_3 u_t \right] v + \left[C_0 - C_2 u_t - C_3 u_x \right.$$

$$\left. + \varepsilon \left(C_1 - C_5 u_t - C_6 u_x - C_4 x u_t - C_4 t u_x \right) \right] v_x + \left[-C_2 u_{tx} - C_3 u_{xx} + \varepsilon \left(-C_5 u_{tx} \right. \right.$$

$$\left. \left. - C_6 u_{xx} - C_4 u_t - C_4 x u_{tx} - C_4 t u_{xx} \right) \right] \left(-v \right) + O \left(\varepsilon^2 \right)$$

$$= \left(C_3 u_{tt} + C_2 u_{tx} \right) v + \left(C_0 - C_2 u_t - C_3 u_x \right) v_x + \varepsilon \left[\left(C_4 x u_{tt} + C_6 u_{tt} - C_4 x u_{xx} \right. \right.$$

$$\left. \left. + C_3 u_t + C_4 u_t + C_5 u_{tx} + C_4 x u_{tx} + C_4 t u_{xx} \right) v + \left(C_1 - C_5 u_t - C_6 u_x - C_4 x u_t \right.$$

$$\left. \left. - C_4 t u_x \right) v_x \right] + O \left(\varepsilon^2 \right) \tag{13.314}$$

守恒律为

$$D_t \left(C^t \right) + D_x \left(C^x \right) \big|_{\frac{\delta \mathcal{L}}{\delta w^\alpha} = 0} = O \left(\varepsilon^2 \right) \tag{13.315}$$

13.12 扰动非线性波方程的近似 Noether 守恒律

研究扰动非线性波动方程 [165,166]

$$u_{tt} - u_{xx} - Au + Bu^3 = \varepsilon u, \quad A \neq 0, \quad B \neq 0 \tag{13.316}$$

容易验证方程 (13.316) 有部分 Lagrange 函数

$$\mathcal{L} = \frac{1}{2} u_x^2 - \frac{1}{2} u_t^2 \tag{13.317}$$

近似 Euler-Lagrange 方程为

$$\frac{\delta \mathcal{L}}{\delta u} = \frac{\partial \mathcal{L}}{\partial u} - D_1 \frac{\partial \mathcal{L}}{\partial u_t} - D_2 \frac{\partial \mathcal{L}}{\partial u_x} = u_{tt} - u_{xx} = \varepsilon u + Au - Bu^3 \tag{13.318}$$

从而得到方程

$$(X_0 + \varepsilon X_1) \mathcal{L} + D_i \left(\xi_0^i + \varepsilon \xi_1^i \right) \mathcal{L}$$

$$= \left[\left(\eta_0 - \xi_0^j u_j \right) + \varepsilon \left(\eta_1 - \xi_1^j u_j \right) \right] \left(\varepsilon u + Au - Bu^3 \right) + D_i \left(B_0^i + \varepsilon B_1^i \right) \tag{13.319}$$

近似 Lie-Bäcklund 算子表示为

$$X = X_0 + \varepsilon X_1$$

$$= \left(\xi_0^1 + \varepsilon \xi_1^1 \right) \frac{\partial}{\partial t} + \left(\xi_0^2 + \varepsilon \xi_1^2 \right) \frac{\partial}{\partial x} + \left(\eta_0 + \varepsilon \eta_1 \right) \frac{\partial}{\partial u} + \zeta_0 \frac{\partial}{\partial u_t} + \zeta_1 \frac{\partial}{\partial u_x}$$

$$= \zeta_{0,1} \frac{\partial}{\partial u_t} + \zeta_{0,2} \frac{\partial}{\partial u_x} + \varepsilon \left(\zeta_{1,1} \frac{\partial}{\partial u_t} + \zeta_{1,2} \frac{\partial}{\partial u_x} \right) \tag{13.320}$$

利用展开公式

$$D_t = \frac{\partial}{\partial t} + u_t \frac{\partial}{\partial u} + u_{tt} \frac{\partial}{\partial u_t} + u_{tx} \frac{\partial}{\partial u_x}$$

$$D_x = \frac{\partial}{\partial x} + u_x \frac{\partial}{\partial u} + u_{xt} \frac{\partial}{\partial u_t} + u_{xx} \frac{\partial}{\partial u_x} \tag{13.321}$$

$$\zeta_{0t} = D_t \left[\eta_0 - \left(\xi_0^1 u_t + \xi_0^2 u_x \right) \right] + \xi_0^1 u_{tt} + \xi_0^2 u_{tx}$$

$$\zeta_{0x} = D_x \left[\eta_0 - \left(\xi_0^1 u_t + \xi_0^2 u_x \right) \right] + \xi_0^1 u_{xt} + \xi_0^2 u_{xx}$$

将方程 (13.319) 展开，各部分展开为

$$(X_0 + \varepsilon X_1) \mathcal{L}$$

$$= \left(\xi_0^1 + \varepsilon \xi_1^1 \right) \frac{\partial \mathcal{L}}{\partial t} + \left(\xi_0^2 + \varepsilon \xi_1^2 \right) \frac{\partial \mathcal{L}}{\partial x} + \left(\eta_0 + \varepsilon \eta_1 \right) \frac{\partial \mathcal{L}}{\partial u} + \zeta_0 \frac{\partial \mathcal{L}}{\partial u_t} + \zeta_1 \frac{\partial \mathcal{L}}{\partial u_x}$$

$$= -\zeta_0 u_t + \zeta_1 u_x \tag{13.322}$$

$$D_i \left(\xi_0^i + \varepsilon \xi_1^i \right) \mathcal{L}$$

$$= D_t \left(\xi_0^1 + \varepsilon \xi_1^1 \right) \mathcal{L} + D_x \left(\xi_0^2 + \varepsilon \xi_1^2 \right) \mathcal{L}$$

$$= \left[\xi_{0t}^1 + u_t \xi_{0u}^1 + \varepsilon \left(\xi_{1t}^1 + u_t \xi_{1u}^1 \right) \right] \mathcal{L} + \left[\xi_{0x}^2 + u_x \xi_{0u}^2 + \varepsilon \left(\xi_{1x}^2 + u_x \xi_{1u}^2 \right) \right] \mathcal{L} \tag{13.323}$$

$$\left[\left(\eta_0 - \xi_0^j u_j\right) + \varepsilon\left(\eta_1 - \xi_1^j u_j\right)\right] = \left(\eta_0 - \xi_0^1 u_t - \xi_0^2 u_x\right) + \varepsilon\left(\eta_1 - \xi_1^1 u_t - \xi_1^2 u_x\right) \tag{13.324}$$

$$D_i\left(B_0^i + \varepsilon B_1^i\right)$$
$$= D_t B_0^1 + D_x B_0^2 + \varepsilon\left(D_t B_1^1 + D_x B_1^2\right)$$
$$= B_{0t}^1 + u_t B_{0u}^1 + B_{0x}^2 + u_x B_{0u}^2 + \varepsilon\left(B_{1t}^1 + u_t B_{1u}^1\right) + \varepsilon\left(B_{1x}^2 + u_x B_{1u}^2\right) \tag{13.325}$$

方程 (13.322) 中的 ζ_0, ζ_1 分别为

$$\zeta_0 = \eta_{0t} + \eta_{0u} u_t - \left(\xi_{0t}^1 + \xi_{0u}^1 u_t\right) u_t - \left(\xi_{0t}^2 + \xi_{0u}^2 u_t\right) u_x$$
$$- \varepsilon\left[\eta_{1t} + \eta_{1u} u_t - \left(\xi_{1t}^1 + \xi_{1u}^1 u_t\right) u_t - \left(\xi_{1t}^2 + \xi_{1u}^2 u_t\right) u_x - \xi_1^1 u_{tt} - \xi_1^2 u_{tx}\right]$$
$$+ \varepsilon\left(\xi_1^1 u_{tt} + \xi_1^2 u_{tx}\right) \tag{13.326}$$

$$\zeta_1 = \eta_{0x} + \eta_{0u} u_x - \left(\xi_{0x}^1 + \xi_{0u}^1 u_x\right) u_t - \left(\xi_{0x}^2 + \xi_{0u}^2 u_x\right) u_x$$
$$- \varepsilon\left[\eta_{1x} + \eta_{1u} u_x - \left(\xi_{1x}^1 + \xi_{1u}^1 u_x\right) u_t - \left(\xi_{1t}^2 + \xi_{1u}^2 u_x\right) u_x - \xi_1^1 u_{tx} - \xi_1^2 u_{xx}\right]$$
$$+ \varepsilon\left(\xi_1^1 u_{tx} + \xi_1^2 u_{xx}\right) \tag{13.327}$$

在方程 (13.319) 的展开式中, 将 ε 的 0 阶系数以及 u 的各阶导数的系数取为零, 得到

$$\begin{aligned}
&\xi_{0u}^1 = 0, \quad \xi_{0u}^2 = 0, \quad -\xi_{0x}^1 + \xi_{0t}^2 = 0\\
&Au\xi_0^1 - \eta_{0t} - Bu^3\xi_0^1 - B_{0u}^1 - \xi_{0u}^1 = 0\\
&\frac{1}{2}\xi_{0t}^1 + \eta_{0u} - \frac{1}{2}\xi_{0x}^2 = 0\\
&-B_{0u}^2 + Au\xi_0^2 - Bu^3\xi_0^2 + \eta_{0x} = 0\\
&-B_{0t}^1 - B_{0x}^2 + Bu^3\eta_0 - Au\eta_0 = 0
\end{aligned} \tag{13.328}$$

求解式 (13.328) 得

$$\begin{aligned}
&\xi_0^1 = 2c_2 x - c_4 + c_3 + c_1, \quad \xi_0^2 = 2c_2 t + c_4 + c_3, \quad \eta_0 = 0\\
&B_0^1 = \left(2c_2 x - c_4 + c_3 + c_1\right)\left(-\frac{1}{4}Bu^3 + \frac{1}{2}Au^2\right) + e(t, x)\\
&B_0^2 = \left(2c_2 t + c_4 + c_3\right)\left(-\frac{1}{4}Bu^3 + \frac{1}{2}Au^2\right) + f(t, x)\\
&e_t + f_x = 0
\end{aligned} \tag{13.329}$$

其中 c_1, c_2, c_3, c_4 为任意常数。

从而可得 Noether 算子

$$X_0 = (2c_2x - c_4 + c_3 + c_1)\frac{\partial}{\partial t} + (2c_2t + c_4 + c_3)\frac{\partial}{\partial x} \tag{13.330}$$

同样，令方程 (13.319) 的一阶项系数以及 u 的各阶导数单项式系数为零，则有

$$\xi^1_{1u} = 0, \quad \xi^2_{1u} = 0$$

$$\eta_{1u} + \frac{1}{2}\xi^1_{1t} - \frac{1}{2}\xi^2_{1x} = 0$$

$$-Au\xi^1_1 - Bu^3\xi^1_1 - B^1_{1u} + (2c_2x - c_4 + c_3 + c_1)u - \eta_{1t} = 0 \tag{13.331}$$

$$-\xi^1_{1x} + \xi^2_{1t} = 0$$

$$Bu^3\eta_1 - Au\eta_1 - B^1_{1t} - B^2_{1x} = 0$$

$$(2c_2t + c_4 + c_3)u + Au\xi^2_1 - Bu^3\xi^2_1 + \eta_{1x} - B^2_{1u} = 0$$

求解式 (13.331) 得到

$$\xi^1_1 = 2c_6x + c_7 + c_8, \quad \xi^2_1 = 2c_6t - c_7 + c_8 + c_5, \quad \eta_1 = 0$$

$$B^1_1 = (2c_6x + c_7 + c_8)\left(-\frac{1}{4}Bu^3 + \frac{1}{2}Au^2\right) + (2c_2x - c_4 + c_3 + c_1)u^2 + i(t, x)$$

$$B^2_1 = (2c_6t - c_7 + c_8 + c_5)\left(-\frac{1}{4}Bu^3 + \frac{1}{2}Au^2\right) + (2c_2t + c_4 + c_3)u^2 + j(t, x)$$

$$i_t + j_x = 0 \tag{13.332}$$

其中 c_5, c_6, c_7, c_8 为任意常数。

因此，可求得近似 Noether 算子的一般形式为

$$\begin{aligned}X = {} &(2c_2x - c_4 + c_3 + c_1)\frac{\partial}{\partial t} + (2c_2t + c_4 + c_3)\frac{\partial}{\partial x} \\ &+ \varepsilon\left[(2c_6x + c_7 + c_8)\frac{\partial}{\partial t} + (2c_6t - c_7 + c_8 + c_5)\frac{\partial}{\partial x}\right]\end{aligned} \tag{13.333}$$

近似守恒律表示为

$$D_iT^i = O\left(\varepsilon^{k+1}\right) \tag{13.334}$$

其中

$$T^i = B^i - \mathcal{L}\xi^i - W^\beta\frac{\partial\mathcal{L}}{\partial u^\beta_i} + \cdots + O\left(\varepsilon^{k+1}\right) \tag{13.335}$$

对于 $i = 1, 2$ 有

$$T^i = T_0^i + \varepsilon T_1^i$$

$$T^1 = \left(B_0^1 + \varepsilon B_1^1\right) - \mathcal{L}\left(\xi_0^1 + \varepsilon \xi_1^1\right)$$
$$+ \left[\eta_0 + \varepsilon \eta_1 - \left(\xi_0^1 + \varepsilon \xi_1^1\right) u_t - \left(\xi_0^2 + \varepsilon \xi_1^2\right) u_x\right] \frac{\partial \mathcal{L}}{\partial u_t} \quad (13.336)$$

$$T^2 = \left(B_0^2 + \varepsilon B_1^2\right) - \mathcal{L}\left(\xi_0^2 + \varepsilon \xi_1^2\right)$$
$$+ \left[\eta_0 + \varepsilon \eta_1 - \left(\xi_0^1 + \varepsilon \xi_1^1\right) u_t - \left(\xi_0^2 + \varepsilon \xi_1^2\right) u_x\right] \frac{\partial \mathcal{L}}{\partial u_x}$$

因此, 有

$$T^1 = \varepsilon \left[\left(-\frac{1}{4}Bu^3 + \frac{1}{2}Au^2 - \frac{1}{2}u_x^2 - \frac{1}{2}u_t^2\right) \cdot (2c_6 x + c_7 + c_8)\right.$$
$$\left. + \frac{1}{2}u^2 (2c_6 t - c_7 + c_8 + c_5) - u_t u_x (2c_6 t - c_7 + c_8 + c_5)\right]$$
$$+ \left(-\frac{1}{4}Bu^3 + \frac{1}{2}Au^2 - \frac{1}{2}u_x^2 - \frac{1}{2}u_t^2\right) \cdot (2c_2 x - c_4 + c_3 + c_1)$$
$$- u_t u_x (2c_2 t + c_4 + c_3) \quad (13.337)$$

$$T^2 = \varepsilon \left[\left(-\frac{1}{4}Bu^3 + \frac{1}{2}Au^2 + \frac{1}{2}u_x^2 + \frac{1}{2}u_t^2\right) \cdot (2c_6 x - c_7 + c_8 + c_5)\right.$$
$$\left. + \frac{1}{2}u^2 (2c_2 t + c_4 + c_3) + u_t u_x (2c_6 x + c_7 + c_8)\right]$$
$$+ \left(-\frac{1}{4}Bu^3 + \frac{1}{2}Au^2 + \frac{1}{2}u_x^2 + \frac{1}{2}u_t^2\right) \cdot (2c_2 t + c_4 + c_3)$$
$$+ u_t u_x (2c_2 x - c_4 + c_3 + c_1) \quad (13.338)$$

代入守恒律 (13.334), 得

$$D_i T^i = - \left[(2c_6 x + c_7 + c_8) u u_t + (2c_6 t - c_7 + c_8 + c_5) u u_x\right] \varepsilon^2 \quad (13.339)$$

式 (13.339) 即为方程 (13.316) 的近似守恒律.

参 考 文 献

[1] 邢誉峰, 李敏. 计算固体力学原理与方法. 北京: 北京航空航天大学出版社, 2011.

[2] 胡海昌. 弹性力学的变分原理及其应用. 北京: 科学出版社, 1981.

[3] 胡海昌. 变分学. 北京: 中国建筑工业出版社, 1987.

[4] 钱伟长. 变分法与有限元. 北京: 科学出版社, 1980.

[5] Washizu K. Variational Methods in Elasticity and Plasticity. London: Pergamon Press Limited, 1968.

[6] Hellinger E. Der Allgemeine Ansatz der Meshanik der Kontinua. Encyclopadia der Mathematishen Wissenshaften, 1914, 4(4): 602-694.

[7] Reissner E. On a variational theorem in elasticity. Journal of Mathematics and Physics, 1950, 29(2): 90-95.

[8] 钱令希. 余能理论. 中国科学, 1950, 1(2): 449-456.

[9] 胡海昌. 论弹性体力学与受范性体力学中的一般变分原理. 物理学报, 1954, 3: 259-291.

[10] Washizu K. On the variational principles of elasticity and plasticity. Aeroelastic and Structures Research Laboratory, Massachusettes Institute of Technology, Technical Report 12-18, 1955.

[11] Biot M A. Thermoelasticity and irreversible thermodynamics. Journal of Applied Physics, 1956, 27: 240-253.

[12] 钱伟长. 高阶拉氏乘子法和弹性理论中更一般的广义变分原理. 应用数学和力学, 1983, 4(2): 137-150.

[13] 钱伟长. 弹性理论中广义变分原理的研究及其在有限元计算中的应用. 机械工程学报, 1979, 15(2): 1-23.

[14] Ibragimov N H. A new conservation theorem. Journal of Mathematical Analysis and Applications, 2007, 333(1): 311-328.

[15] Lie S. Theorie der Transformationsgruppen: I. Leipzig: B. G. Teubner, 1888.

[16] Lie S. Theorie der Transformationsgruppen: II. Leipzig: B. G. Teubner, 1890.

[17] Lie S. Theorie der Transformationsgruppen: III. Leipzig: B. G. Teubner, 1893.

[18] Hawkins T. Emergence of the Theory of Lie Groups. New York: Springer-Verlag, 2000.

[19] Yaglom I M. Felix Klein and Sophus Lie: Evolution of the Idea of Symmetry in the Nineteenth Century. Boston: Birkhauser, 1988.

[20] Bluman G W, Kumei S. Symmetries and Differential Equations. New York: Springer Science and Business Media, 1989.

[21] Cohen A. An Introduction to the Lie Theory of One-Parameter Groups. New York: D. C. Heath & Co. Publishers, 1911.

[22] Page J M. Ordinary Differential Equations, with an Introduction to Lie's Theory of the Group of One Parameter. London: Macmillan and Co. Limited, 1897.

[23] Hill J M. Differential Equations and Group Methods for Scientists and Engineers. Boca Raton: CRC Press, 1992.

[24] 孙博华. 量纲分析与 Lie 群. 北京: 高等教育出版社, 2016.

[25] Ibragimov N H. CRC Handbook of Lie Group Analysis of Differential Equations, Vol. 2: Applications in Engineering and Physical Sciences. Boca Raton: CRC Press, 1995.

[26] Ibragimov N H. Transformation Groups and Lie Algebras. Beijing: Higher Education Press, 2013.

[27] Hydon P E. Symmetry Methods for Differential Equations: A Beginner's Guide. New York: Cambridge University Press, 2000.

[28] Ibragimov N K. Group analysis of ordinary differential equations and the invariance principle in mathematical physics. Russian Math: Surveys, 1992, 47(2): 89-156.

[29] Olver P J. Applications of Lie Groups to Differential Equations. 2nd ed. New York: Springer-Verlag, 1993.

[30] 严志达, 许以超. Lie 群及其 Lie 代数. 北京: 高等教育出版社, 1985.

[31] Erdmann K, Wildon M J. Introduction to Lie Algebras. London: Springer-Verlag, 2006.

[32] Emanuel G. Solution of Ordinary Differential Equations by Continuous Groups. Boca Raton: Chapman & Hall/CRC, 2001.

[33] Ibragimov N H, Mahomed F M. CRC Handbook of Lie Group Analysis of Differential Equations, Vol. 3: New Trends in Theoretical Developments and Computational Methods. Boca Raton: CRC Press, 1996.

[34] 张韵华. 前途无量的符号计算系统. 研究生教育研究, 1994(01): 31-34.

[35] 张韶华, 王新茂. 符号计算系统 Maple 教程. 合肥: 中国科学技术大学出版社, 2007.

[36] 徐潇, 李远. MATLAB 面向对象编程: 从入门到设计模式. 北京: 北京航空航天大学出版社, 2015.

[37] Hastings C, Mischo K, Morrison M. Wolfram Mathematica 实用编程指南. Wolfram 传媒汉化小组译. 北京: 科学出版社, 2018.

[38] 张韵华. 符号计算系统 Mathematica 教程. 北京: 科学出版社, 2001.

[39] 刘晓霞. 若干非线性偏微分方程 (组) 的 Lie 对称、不变解及守恒律研究. 呼和浩特: 内蒙古工业大学, 2015.

[40] Feger R, Kephart T W. LieART - A Mathematica application for Lie algebras and representation theory. Computer Physics Communications, 2015, 192: 166-195.

[41] 王美丽. 非线性偏微分方程的对称性、构造性求解问题. 宁波: 宁波大学, 2015.

[42] 张善卿. 微分方程精确解及李对称符号计算研究. 上海: 华东师范大学, 2004.

[43] Fourier J B J. Analytical Theory of Heat. New York: Dover Publications, 1955.

[44] Ibragimov N H, Kara A H, Mahomed F M. Lie-Bäcklund and Noether symmetries with applications. Nonlinear Dynamics, 1998, 15(2): 115-136.

[45] Kosmann-Schwarzbach Y. The Noether Theorems: Invariance and Conservation Laws in the Twentieth Century. New York: Springer, 2010.

[46] Noether E. Invariant variation problems. Transport Theory and Statistical Physics, 1971, 1(3): 186-207.

[47] Anco S C, Bluman G W. Direct construction method for conservation laws of partial differential equations. Part I: Examples of conservation law classifications. European Journal of Applied Mathematics, 2002, 13(5): 545-566.

[48] Anco S C, Bluman G W. Direct construction method for conservation laws of partial differential equations. Part II: General treatment. European Journal of Applied Mathematics, 2002, 13(5): 567-585.

[49] Ibragimov N H. Elementary Lie Group Analysis and Ordinary Differential Equations. Chichester: John Wiley and Sons, Ltd, 1999.

[50] Ibragimov N H, Shabat A B. Korteweg–de Vries equation from the group-theoretic point of view. Dokl. Akad. NaukSSSR, 1979, 244(1): 57-61.

[51] Anderson I M, Fels M E, Torre C G. Group invariant solutions without transversality. Communications in Mathematical Physics, 2000, 212(3): 653-686.

[52] Wolf T. A comparison of four approaches to the calculation of conservation laws. European Journal of Applied Mathematics, 2002, 13(2): 129-152.

[53] 夏道行. 实变函数论与泛函分析 (上册). 2 版. 北京: 高等教育出版社, 1983.

[54] 王永革. 应用泛函分析. 北京: 北京航空航天大学出版社, 2012.

[55] Ibragimov N H. Quasi-self-adjoint differential equations. Archives of ALGA, 2007, 4: 55-60.

[56] Ibragimov N H. Nonlinear self-adjointness in constructing conservation laws. Archives of ALGA, 2010, 7(8): 1-99.

[57] Ibragimov N H. Integrating factors, adjoint equations and Lagrangians. Journal of Mathematical Analysis and Applications, 2006, 318(2): 742-757.

[58] Grigoriev Y N, Ibragimov N H, Kovalev V F, et al. Symmetries of Integro-Differential Equations: With Applications in Mechanics and Plasma Physics. Dordrecht: Springer, 2010.

[59] Ibragimov N H. Transformation Groups Applied to Mathematical Physics. Dordrech: D. Reidel Publishing Co., 1985.

[60] Rogers C. Application of a reciprocal transformation to a two-phase Stefan problem. Journal of Physics A: Mathematical and General, 1985, 18(3): L105.

[61] Bluman G W, Cheviakov A F, Anco S C. Applications of Symmetry Methods to Partial Differential Equations. New York: Springer Science and Business Media, 2010.

[62] Baikov V A, Gazizov R K, Ibragimov N H. Approximate symmetries. Matematicheskii Sbornik, 1988, 178(4): 435-450.

[63] Gazizov R K. Lie algebras of approximate symmetries. Journal of Nonlinear Mathematical Physics, 1996, 3(1-2): 96-101.

[64] Svetlana K. Nonclassical approximate symmetries of evolution equations with a small parameter. Symmetry Integrability and Geometry-methods and Applications, 2006, 2(4): 40.

[65] Kara A H, Mahomed F M, Unal G. Approximate symmetries and conservation laws with applications. International Journal of Theoretical Physics, 1999, 38(9): 2389-2399.

[66] Jamal S. Approximate conservation laws of nonvariational differential equations. Mathematics, 2019, 7(7): 574.

[67] Johnpillai A G, Kara A H, Mahomed F M. Approximate Noether-type symmetries and conservation laws via partial Lagrangians for PDEs with a small parameter. Journal of Computational and Applied Mathematics, 2009, 223(1): 508-518.

[68] Baikov V A, Gazizov R K, Ibragimov N K. Perturbation methods in group analysis. Journal of Soviet Mathematics, 1991, 55(1): 1450-1490.

[69] Zhang Z Y, Chen Y F. Determination of approximate non-linear self-adjointness and approximate conservation law. IMA Journal of Applied Mathematics, 2015, 80(3): 728-746.

[70] Bakov V A, Gazizov R K, Ibragimov N K. Approximate symmetries. Mathematics of the USSR-Sbornik, 1989, 64(2): 427-441.

[71] Gazizov R K, Ibragimov N H. Lie symmetry analysis of differential equations in finance. Nonlinear Dynamics, 1998, 17(4): 387-407.

[72] Ibragimov N H, Anderson R L. Lie-Bäcklund tangent transformations. Journal of Mathematical Analysis and Applications, 1977, 59(1): 145-162.

[73] Kara A H, Mahomed F M. Noether-type symmetries and conservation laws via partial Lagrangians. Nonlinear Dynamics, 2006, 45(3-4): 367-383.

[74] Hejazi S R, Hosseinpour S, Lashkarian E. Approximate symmetries, conservation laws and numerical solutions for a class of perturbed linear wave type system. Quaestiones Mathematicae, 2019, 42(10): 1393-1409.

[75] Zhang Z Y. Approximate nonlinear self-adjointness and approximate conservation laws. Journal of Physics A: Mathematical and Theoretical, 2013, 46(15): 155203.

[76] Zhang Z Y. Determination of approximate non-linear self-adjointness and approximate conservation law. IMA Journal of Applied Mathematics, 2015, 80: 728-746.

[77] Ibragimov N H, Kovalev V F. Approximate and Renormgroup Symmetries. Beijing: Higher Education Press, 2009.

[78] Kara A H, Mahomed F M, Qu C. Approximate potential symmetries for partial dif-

ferential equations. Journal of Physics A: Mathematical and General, 2000, 33(37): 6601.

[79] Bluman G W, Cole J D. The general similarity solution of the heat equation. Journal of Mathematics and Mechanics, 1969, 18(11): 1025-1042.

[80] Bluman G W, Reid G J. New symmetries for ordinary differential equations. IMA Journal of Applied mathematics, 1988, 40(2): 87-94.

[81] Bluman G W, Reid G J, Kumei S. New classes of symmetries for partial differential equations. Journal of Mathematical Physics, 1988, 29(4): 806-811.

[82] Ibragimov N H, Torrisi M, Valenti A. Modern Group Analysis: Advanced Analytical and Computational Methods in Mathematical Physics. Proceedings of the International Workshop Acireale, Catania, Italy, October 27-31, 1992. Springer Science and Business Media, 2011.

[83] 蒋庆. 论 Noether 定理、变分原理与弹性和粘弹性力学的守恒律. 力学学报, 1985, 6: 545-551.

[84] 张鸿庆, 朝鲁, 唐立民. 偏微分方程组的对称群及其在弹性力学方程组中应用. 大连理工大学学报, 1997, 37(3): 247-252.

[85] 周建方, 卓家寿, 李典庆. Hamilton 体系下弹性力学半解析法的一个守恒律. 河海大学学报 (自然科学版), 2000, 5: 41-43.

[86] 卞松德. 用位移法求解弹性力学平面问题. 上海工业大学学报, 1992, 13(1): 32-40.

[87] 邱利琼. 弹性平面问题求特解的方法及应用. 重庆大学学报 (自然科学版), 2002, 25(9): 63-65.

[88] 侯祥林, 李琦, 郑夕健. 按位移求解弹性力学平面问题的解析构造解研究. 计算力学学报, 2015, 32(3): 411-417.

[89] 胡海昌. 横观各向同性体的弹性力学空间问题. 物理学报, 1953, 9(2): 76-90.

[90] Kaynak C, Ankara A, Baker T J. Effects of short cracks on fatigue life calculations. International Journal of Fatigue, 1996, 18(1): 25-31.

[91] Pugno N, Ciavarella M, Cornetti P, et al. A generalized Paris' law for fatigue crack growth. Journal of the Mechanics and Physics of Solids, 2006, 54: 1333-1349.

[92] Paris P C, Gomez R E, Anderson W E. A rational analytic theory of fatigue. The Trend in Engineering, 1961, 13(1): 9-14.

[93] Paris P C, Erdogan F. A critical analysis of crack growth propagation laws. Transactions of the ASME Journal of Basic Engineering, 1963, 85(4): 528-534.

[94] Shi W C. Path-independent integrals and crack extension force for functionally graded materials. International Journal of Fracture, 2003, 119(4): L83-L89.

[95] Koizumi M. The concept of FGM. Ceramic Transactions, Functionally Gradient Materials, 1993, 34: 1042-1122.

[96] Freund L B. Stress intensity factor calculations based on a conservation integral. International Journal of Solids and Structures, 1978, 14(3): 241-250.

[97] Jin Z H, Noda N. Crack-tip singular fields in nonhomogeneous materials. ASME Journal of Applied Mechanics, 1994, 61: 738-740.

[98] Rice J R. Mathematical analysis in the mechanics of fracture. //Liebowitz H. Fracture: An Advanced Treatise II. New York: Academic Press, 1968, 191-310.

[99] Shi W C. Conservation integrals in the sense of Noether's theorem for an analytic function on a physical plane and application. Applied Mathematics and Computation, 2012, 219(6): 3009-3016.

[100] Logan J D. Invariant Variational Principles. New York: Academic Press, 1977.

[101] Herrmann A G. On conservation laws of continuum mechanics. International Journal of Solids and Structures, 1981, 17(1): 1-9.

[102] Olver P J. Conservation laws in elasticity – I: general results. Archive for Rational Mechanics and Analysis, 1984, 85: 119-129.

[103] Olver P J. Conservation laws in elasticity – II: linear homogeneous isotropic elasto-statics. Archive for Rational Mechanics and Analysis, 1984, 85: 131-160.

[104] Rice J R. A path independent integral and the approximate analysis of strain concen-tration by notches and cracks. Journal of Applied Mechanics, 1968, 35(2): 379-386.

[105] Muskhelishvili N I. Some Basic Problems of the Mathematical Theory of Elasticity: Fundamental Equations Plane Theory of Elasticity Torsion and Bending. Dordrecht: Springer, 1977.

[106] Fleck N A, Hutchinson J W, Suo Z G. Crack path selection in a brittle adhesive layer. International Journal of Solids and Structures, 1991, 27(13): 1683-1703.

[107] 梁拥成. V 型切口脆性断裂的研究. 合肥: 合肥工业大学, 2003.

[108] 李有堂, 剡昌峰, 郑克宇. V 型切口尖端的弹塑性应力奇异性问题. 甘肃工业大学学报, 2002, 28(3): 125-128.

[109] Shi W C, Lu L. Conservation laws from any conformal transformations and the pa-rameters for a sharp V-notch in plane elasticity. International Journal of Solids and Structures. 2013, 50: 1394-1401.

[110] Carpenter W C. Mode I and mode II stress intensities for plates with cracks of finite opening. International Journal of Fracture, 1984, 26: 201-214.

[111] Gross B, Mendelson A. Plane elastostatic analysis of V-notched plates. International Journal of Fracture Mechanics, 1972, 8(3): 267-276.

[112] 傅向荣, 龙驭球. 解析试函数法分析平面切口问题. 工程力学, 2003, 20(4): 33-38.

[113] Shi W C. Path-independent integral for the sharp V-notch in longitudinal shear prob-lem. International Journal of Solids and Structures, 2011, 48: 567-572.

[114] Knowles J K, Sternberg E. On a class of conservation laws in linearized and finite elastostatics. Archive for Rational Mechanics and Analysis, 1972, 44(3): 187-211.

[115] Shi W C, Gao Q H, Li H H. On conservation laws in geometrically nonlinear elasto-dynamic field of non-homogenous materials. International Journal of Engineering

Science, 2006, 44(15): 1007-1022.

[116] Seweryn A, Molski K. Elastic stress singularities and corresponding generalized stress intensity factors for angular corners under various boundary conditions. Engineering Fracture Mechanics, 1996, 55(4): 529-556.

[117] Korteweg D J, de Vries G. On the change of form of long waves advancing in a rectangular canal, and on a new type of long stationary waves. Philosophical Magazine, 1895, 39, 422-443.

[118] 黄健. KdV-Burgers 方程的分解算法. 济南: 山东大学, 2012.

[119] Ibragimov N K, Shabat A B. The Korteweg-de Vries equation from the group point of view. Doklady Akademii nauk SSSR, 1979, 244(1): 57-61.

[120] Tu G Z. The Lie algebra of invariant group of the KdV, MKdV, or Burgers equation. Letters in Mathematical Physics, 1979, 3(5): 387-393.

[121] Krook M, Wu T T. Formation of Maxwellian Tails. Physical Review Letters, 1976, 36(19): 1107-1109.

[122] Euler N, Leach P G L, Mahomed F M, et al. Symmetry vector fields and similarity solutions of a nonlinear field equation describing the relaxation to a Maxwell distribution. International Journal of Theoretical Physics, 1988, 27(6): 717-723.

[123] Alazard T. Low Mach number limit of the full Navier-Stokes equations. Archive for Rational Mechanics and Analysis, 2006, 180(1): 1-73.

[124] 胡玉兰, 额尔敦布和. 基于对称–共轭对称 '对' 方法和 Ibragimov 新守恒定理构造 Navier-Stokes 系统的守恒律. 内蒙古工业大学学报 (自然科学版), 2018, 37(6) :406-412.

[125] Ray J R. Noether's theory in classical mechanics. American Journal of Physics, 1972, 40(3): 493-494.

[126] Djukic D D S, Vujanovic B D. Noether's theory in classical nonconservative mechanics. Acta Mechanica, 1975, 23(1): 17-27.

[127] 张毅, 梅凤翔. 单面约束力学系统的 Noether 理论. 应用数学和力学, 2000, 21(1): 53-60.

[128] 冯承天. 力学框架下的 Noether 定理. 上海师范大学学报 (自然科学版), 1996, 4: 19-22.

[129] 李建荣. 对称性与动量、角动量、能量守恒定律. 曲靖师范学院学报, 2001, 20(3): 31-33.

[130] 梅凤翔. 关于力学系统的守恒量——分析力学札记之四. 力学与实践, 2000, 22(1): 49-51.

[131] 凌寅生, 姜莉. 经典力学中的 Noether 定理及其应用. 大学物理, 1998, 17(11): 8-10.

[132] Djukic D S, Strauss A M. Noether's theory for nonconservative generalized mechanical systems. Journal of Physics A - General Physics, 1980, 13(2): 431-435.

[133] 刘文森. 经典力学系统的对称性和守恒定律. 山西大学学报 (自然科学版), 1978, 1: 80-89.

[134] 楼智美. 两自由度弱非线性耦合系统的一阶近似 Lie 对称性与近似守恒量. 物理学报, 2013, 66(22): 5-9.

[135] 楼智美, 梅凤翔, 陈子栋. 弱非线性耦合二维各向异性谐振子的一阶近似 Lie 对称性与近似守恒量. 物理学报, 2012, 61(11): 45-93.

[136] 楼智美. 微扰力系统一阶近似守恒量与对称性研究. 华东师范大学学报, 2017, 3: 99-106.

[137] 陈予恕. 非线性振动. 北京: 高等教育出版社, 2002.

[138] 王海期. 非线性振动. 北京: 高等教育出版社, 1992.

[139] Lakshmanan M, Murali K. Chaos in Nonlinear Oscillators: Controlling and Synchronization. Singapore: World Scientific, 1996.

[140] Kovacic I, Brennan M J. The Duffing Equation: Nonlinear Oscillators and Their Behaviour. West Sussex: John Wiley and Sons, Ltd, 2011.

[141] 陈予恕. 非线性振动系统的分叉和混沌理论. 北京: 高等教育出版社, 1993.

[142] 高普云. 非线性动力学——分叉、混沌与孤立子. 长沙: 国防科技大学出版社, 2005.

[143] 尹传家. 飞行器的颤振. 北京: 原子能出版社, 2007.

[144] 张瑜. 二元机翼颤振的复杂响应. 成都: 西南交通大学, 2013.

[145] Ashley H, Zartarian G. Piston theory-a new aerodynamic tool for the aeroelastician. Journal of the Aeronautical Sciences, 1956, 23(12): 1109-1118.

[146] 丁千, 陈予恕. 机翼颤振的非线性动力学和控制研究. 科技导报, 2009, 27(2): 53-61.

[147] Shi W C. A new systematic approach to derive functionals and nonclassical conservation laws. International Journal of Applied Mechanics, 2015, 7(5): 1550077.

[148] Yoshikawa A, Yamaguti M. On some further properties of solutions to a certain semilinear system of partial differential equations. Publications of the Research Institute for Mathematical Sciences, 1974, 9(3): 577-595.

[149] Thomas H C. Heterogeneous ion exchange in a flowing system. Journal of the American Chemical Society, 1944, 66(10): 1664-1666.

[150] Schwarz F. Automatically determining symmetries of partial differential equations. Computing, 1985, 34(2): 91-106.

[151] Krasil'Shchik I S, Vinogradov A M. Nonlocal symmetries and the theory of coverings. Acta Applicandae Mathematicae, 1984, 2: 79-86.

[152] Bluman G, Kumei S. On invariance properties of the wave equation. Journal of mathematical physics, 1987, 28(2): 307-318.

[153] Akhatov I S, Gazizov R K, Ibragimov N H. Group classification of equations of nonlinear filtration. Doklady Akademii Nauk, Russian Academy of Sciences, 1987, 293(5): 1033-1035.

[154] Whitham G B. Linear and Nonlinear Waves. New York: John Wiley and Sons, Inc, 1999.

[155] Hasegawa A. Propagation of wave intensity shocks in nonlinear interaction of waves and particles. Physics Letters A, 1974, 47(2): 165-166.

[156] Bluman G W, Kumei S. Use of group analysis in solving overdetermined systems of ordinary differential equations. Journal of mathematical analysis and applications,

1989, 138(1): 95-105.

[157] Konopelchenko B G, Mokhnachev V G. On the group theoretical analysis of differential equations. Journal of Physics A: Mathematical and General, 1980, 13(10): 3113.

[158] 李银山, 郝黎明, 树学锋. 强非线性 Duffing 方程的摄动解. 太原理工大学学报, 2000, 31(5): 516-520.

[159] 宁彦卿, 王志华, 陈弘毅. 利用 Van der Pol 方程分析 MOS LC 差分振荡器. 微电子学, 2006, 36(1): 4-8.

[160] Wirkus S, Rand R. The dynamics of two coupled van der Pol oscillators with delay coupling. Nonlinear Dynamics, 2015, 30(3): 205-221.

[161] Zheng S S, Fu X L. Periodic motion of the van der Pol equation with impulsive effect. International Journal of Bifurcation and Chaos, 2015, 25(9): 1187-1198.

[162] 王梓坤. 布朗运动与位势. 北京: 科学出版社, 1983.

[163] 王煜. 一类混合分数布朗运动的参数估计及其应用. 大连: 大连理工大学, 2019.

[164] Ibe O C. Markov Processes for Stochastic Modeling. 2nd ed. Waltham: Elsevier, 2013.

[165] 苏敬蕊, 王岩岩, 李吉娜, 等. 一类扰动波动方程的近似守恒律和守恒向量. 西北大学学报 (自然科学版), 2011, 41(3): 395-398.

[166] Zhang Z Y. Conservation laws of partial differential equations: Symmetry, adjoint symmetry and nonlinear self-adjointness. Computers and Mathematics with Applications, 2017, 74(12): 3129-3140.

索　引